今 日 人 类 学 民 族 学 论 丛
Anthropology and Ethnology Today Series

学科、学术、学人的薪火相传

第二届中国人类学民族学中青年学者高级研修班文集

XUEKE XUESHU XUEREN DE XINHUOXIANGCHUAN

DIERJIE ZHONGGUO RENLEIXUE MINZUXUE ZHONGQINGNIAN XUEZHE GAOJI YANXIUBAN WENJI

黄忠彩◎主编

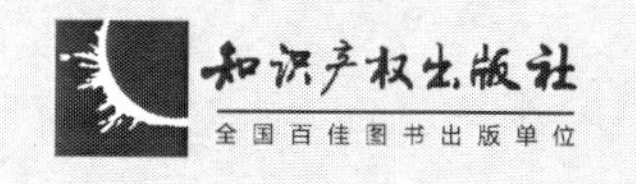

图书在版编目（CIP）数据

学科、学术、学人的薪火相传：第二届中国人类学民族学中青年学者高级研修班文集/黄忠彩主编．—北京：知识产权出版社，2016.3

ISBN 978－7－5130－4009－9

Ⅰ.①学… Ⅱ.①黄… Ⅲ.①人类学—文集②民族学—文集 Ⅳ.①Q98－53 ②C95－53

中国版本图书馆CIP数据核字（2015）第319812号

责任编辑：石红华　纪萍萍　　**责任校对**：谷　洋
封面设计：张　冀　　**责任出版**：孙婷婷

学科、学术、学人的薪火相传
——第二届中国人类学民族学中青年学者高级研修班文集
黄忠彩　主编

出版发行：	知识产权出版社有限责任公司	**网　　址**：	http：//www.ipph.cn
社　　址：	北京市海淀区西外太平庄55号	**邮　　编**：	100081
责编电话：	010－82000860转8130	**责编邮箱**：	shihonghua@sina.com
发行电话：	010－82000860转8101/8102	**发行传真**：	010－82000893/82005070/82000270
印　　刷：	北京中献拓方科技发展有限公司	**经　　销**：	各大网上书店、新华书店及相关专业书店
开　　本：	787mm×1092mm　1/16	**印　　张**：	30.5
版　　次：	2016年3月第1版	**印　　次**：	2016年3月第1次印刷
字　　数：	547千字	**定　　价**：	88.00元

ISBN 978-7-5130-4009-9

目　录

田野调查

理论探讨

政策建议

田野调查

灵验与认同

——对京西乡村天主教群体日常生活的考察

曹　荣*

（中国劳动关系学院）

乡土社会并非均质的、纯一的（homogeneous），它包容了许多异质性的（heterogeneous）文化。嵌入到乡土社会的天主教，在与乡土社会长期的互动中，逐渐成为乡土社会生活的一部分，甚至成为一些村落或家族的传统。乡村天主教信徒也成为乡土社会中的一个特殊的“民”，他们互称为“教友”。探讨乡民何以接受外来宗教，一直以来都是海外汉学和中国基督教研究的一项重要内容。

在乡土社会中，神灵的灵验是吸引人们膜拜的重要动机。桑格瑞（Sangren）在对中国民间宗教研究中，以台湾民间信仰为个案分析了中国民间信仰体系中灵、灵验（efficacy）的核心地位。❶ 许多研究者也强调灵验是驱动人们信仰选择的重要因素。❷ 谢和耐甚至明确主张：“在平民中，支持一种宗教的最好的论据就是其神效。此外，如果这种宗教表现得有好处和容易实施，那么它就能赢得所有人的赞成。所以那些批评外来宗教的人考虑的也是其灵验的功效。”❸

在教友的日常生活中，流传着大量的“灵验”与“奇迹”的事例与传

* 作者简介：曹荣，民俗学博士，中国劳动关系学院讲师。（北京，100048）

❶ Sangren, P. S. History and Magical Power in a Chinese Community. Stanford: Stanford University Press. 1987.

❷ 相关研究和观点参见：[美] 韦斯思谛. 中国大众宗教 [M]. 陈仲丹，译. 南京：江苏人民出版社，2006；赵旭东. 权力与公正：乡土社会的纠纷解决与权威多元 [M]. 天津：天津古籍出版社，2003；岳永逸. 灵验·磕头·传说：民众信仰的阴面与阳面 [M]. 北京：生活·读书·新知三联书店，2011.

❸ [法] 谢和耐. 中国和基督教：中国和欧洲文化之比较 [M]. 耿昇，译. 上海：上海古籍出版社，1991：150.

说。“灵验”“奇迹”成为外来宗教切入乡土社会的重要方式，它在天主教信仰与乡土社会的传统、乡民的心理之间搭起了一座桥梁。灵验与奇迹的实际功效，契合了乡民的心理，也使得天主教在乡土社会中获得了一定的灵力资本，吸引了部分外教人士的皈依。本文通过对京西斋堂川地区一天主教村落——后桑村的考察，探究灵验之于乡村天主教信徒日常生活的意义，以及天主教嵌入乡土社会的文化逻辑。

一、后桑村：因“神效”而皈依的村落

桑村是位于京西门头沟区斋堂川地区的一个天主教信徒与非信徒杂居的村落。从姓氏、家族与村落的关系来看，桑村是一个杂姓聚居的双主姓村。根据2007年户口统计，桑村现有424户，776人，主要以张、杨两姓为主，占到本村人口的90%。“本地居”的姓氏还有高姓，共有5户人家。外来户有李姓1户、傅姓1户。村民普遍认为村落的主姓张姓、杨姓和高姓具有亲属关系，都是“一个根子来的”。

桑村村落略呈长方形，北高东低。从地形上看，桑村被天然地划分为南、北两个部分。北部的小盆地就成了一个较为封闭的小聚落。村里人将北部的聚落称为“后桑村”，将南边的聚落称为“前桑村”。两个聚落不仅在物理空间上呈现出二分的状况，其信仰空间也一分为二，界线分明。后村的居民都是世代的天主教信徒，有教堂和圣母山位于聚落的中央。前村的居民绝大部分都是非天主教信徒，自称是“大教的”。

后桑村是斋堂川地区天主教的中心，被称为圣村。每逢天主教的节日，周边村落的教友都会来到村中的教堂与圣母山礼拜。后桑村天主教传入的时间较早，在鸦片战前，就已有外国的神父在此传教。

虽然地方学者已经将天主教传入桑村的时间大致确定在元代，但这对于桑村的教友和大教来说却没有多少意义，人们也不大在意天主教传来的准确时间。前桑村“大教的”老人告诉我，“天主教是他们一辈辈传过来的，他爷爷的爷爷就信，他们自然就信了，好多代了。我父母、我爷爷都不信，我们也就不信。”教友们的说法也与此相似，但是追根究源，教友们都认为是一个外国神父传过来的。

听老辈人讲，我们村的天主教是一个黄头发、高鼻梁的外国神父传过来的。那时候村里正发瘟疫，好多人上吐下泻，说死就死，还传染，而且人死得越来越多。人死得太多了，后来人死在大街上都没有人管了。再后来有一个黄头发、高鼻梁的外国神父从村子北边过来了，翻过北山大沟，

到了后桑村。一边走一边摇着木把的铃铛，说他能治这种病，满大街地喊他能治这种病。这时，村里得病的人家就找他看病。神父就给病人扎药针，还熬了一大锅汤药，让村里人都喝他熬好的药汤，结果还真把这个病治住了。我们的老祖宗就知道这是神在搭救我们，我们后村就都信主了。从那以后，神父就在这里开始他的福传工作。这些都是我听我姥爷讲的，我姥爷又是听他妈妈讲的，这事情教友们都知道，父母一代代说下来的。[1]

教友广民[2]对传教士治病的过程进行了合理化的解释，认为教友得到治愈的原因在于传教士带来的西方的汤药和针剂。但是更多的教友则直接地认为这是“神迹”，洋神父带来的药水其实就是圣水[3]，“是天主的大能救了我们的老祖宗”。传教士帮村民们治疗疾病，村里人因病被治愈的奇迹而全家人信教，甚至全聚落信教，这样就形成了村落中家庭传教的特征。

正如《圣经》中的许多故事所说，耶稣基督在传教的过程中，就显示了许多“神迹”，在治愈疾病的同时，也获得了坚定的信徒。“神迹”在个别人身上的显现，又带动了周围人群的皈依，尤其是患者所在家庭、社群的皈依。对于传教士来说，治病的行为“应该是耶稣之爱的阐释与耶稣传达爱的方法的模仿者”，治病也就具有了一种神秘的象征性的魔力作用。传教士将医疗的结果直接归结于基督神秘的力量，对于病体的控制实际上也就变成了信仰传播的工具。[4]

事实上，乡土社会中的民众对于类似的“神效”并不陌生。在斋堂川人的日常生活当中，存在着大量的驱鬼、避邪、招魂等以治愈肉体或精神疾病的仪式活动。乡村庙宇神灵灵验与否往往就在于神灵是否能够满足人们的功利性的需求。从这一点上可以说，“神效”的实质是宗教的功利性功能对人们需求的满足。在医疗条件较差的乡村，神灵能否显灵治愈疾病成为人们评价神灵灵验的重要标准。在遇到灾疫之时，人们也会自然地转向灵验神灵求助。因此，传统乡土文化的熏陶和功利性的宗教心理，使得传教士显示的“神迹”很自然地唤醒了乡民对于中国本土诸多神灵显圣救赎世人的想象。而外国传教士作为一个“黄头发、高鼻梁”来自山外的异

---

[1] 访谈人：曹荣；信息提供人：广民；访谈时间：2005 年 12 月 23 日；访谈地点：后桑村广民家中。

[2] 广民，男，生于 1952 年，高中文化程度，后桑村教友。

[3] “圣水”指的是被神父通过仪式祝圣过的水，教友认为圣水具有驱邪的魔力。

[4] 参见杨念群. 西医传教士的双重角色在中国本土的结构性紧张［J］. 中国社会学科季刊，1997：367.

人形象，又多少唤起了人们对“远来的和尚会念经”的想象。传教士“救赎—皈依”的传教方式与乡土社会的风俗和民众的上述心理也就有了契合之处，来自西方的天主教在村落瘟疫流行的契机中，获得了一块扎根的土壤。

对于世代信奉天主教的教友来说，这一传说不仅回答了天主教在村落传承的源流，也在表明天主教扎根乡土社会的合法性和教友接受天主教的合理性，即天主教拯救了村民。天主教传教士以传教为目的，以治病为契机，介入到了原本较为纯一的村落生活中，并因治病显现的神迹，获得了最初也是最为稳固的天主教信徒。由此，信奉天主教成为一些家庭的传统，形成了一个与原有村落居民不同的群体。村落内部因信仰的差异，两大群体开始初步形成。作为异质性文化的天主教，使原本纯一的村民分裂成了两类群体，并以制度性的宗教观念和实践建立了新的宗教群体的生活空间，使原有的村落格局和村落秩序发生了深刻的变化。

依靠“神效”嵌入到乡土社会的天主教，其传播也充分依托灵验。而这种灵验，表现在两个方面，一是神之于个体的灵验，二是神之于村落的灵验。

二、神之于个体的灵验：治疗“邪病”

斋堂川人将疾病分为两类：一类是可以通过医疗手段治愈的疾病；另外一类被称为“邪病”，是医疗手段无法治愈的，只能求助于灵验的事物才能得以化解。人们认为“邪病”通常是由鬼或精怪附体所引起的。斋堂川人将鬼或精怪的附体称为“撞客”。在调查中，我曾多次听到人们讲述有关“撞客”的事例，其中最多的是有关“四大门”附身的事例。斋堂川人将蛇、狐狸、刺猬、黄鼠狼称为“四大门”，认为许多疾病和祸福都由其左右。解放前，一些人家屋后或院外盖有“仙人堂”，供奉的就是“四大门”或者“五大仙”[1]。遇到“撞客”时，人们通常会求助阴阳先生，通过一定的仪式将“撞客”的人“解了”。在斋堂川，乡村天主教也承担类似的功能。教友认为“撞客”是由于魔鬼的力量造成的，天主教的仪式如洒圣水、念经可以帮助驱除魔鬼，治疗“邪病”。对于乡民来说，天主教的相关仪式和阴阳先生作法都是可供选择的治疗“邪病”的一种途径。

---

[1] 斋堂川人也有的在“四大门”动物之外再加上老鼠，称之为“五大仙”。有关“四大门”或“五大仙”的研究可以参看李慰祖. 四大门［M］. 北京：北京大学出版社，2011.

灵验是促动人们作出选择的重要原因，因灵验而皈依天主教成为乡村天主教横向传播的重要方式。在调查中，我曾多次听到人们有关这类灵验的故事。

小吕❶是桑村邻村的一名教友。在皈依天主教之前，曾生过一场大病，医院也难以诊断是什么病，周围的人认为是蟒蛇精附了身。在后桑村领洗后，小吕的病就好了。教友通常都会以他的例子来证明天主教的“灵验”。

小吕没领洗之前，害了一场大病，医生也不知道怎么回事。他整天糊里糊涂的，一会儿好，一会儿差。他自己说身上像给大蛇捆住了一样，每到晚上都被捆得难受。夏天脱掉上衣，那身上都是一道一道的，就是被大蟒蛇精给裹的。吃什么药都没用。有人就说了，他是蟒蛇精附体，你去后桑村吧，那有个教堂，说不定能治你的病。小吕就到教堂找神父去了。他一到后桑村立马感到身体好多了，神父就让他在村里找户人家住下，经常到堂里看看。他就到广民家去了，广民妈就给他腾出了一个屋，同吃同住。广民妈每天都给他洒圣水、念经。一些热心的教友也帮衬他，过来给他念经，驱除魔鬼。他在广民家住了小半个月，感觉好多了。可是出了村不久之后又犯了。他就又回到广民家住。广民妈就给他讲天主教的道理，他就领洗了，还认了广民妈作干妈。领洗之后，小吕就彻底好了，还带动他老婆、孩子、老岳母领了洗。现在四大瞻礼的时候，他们家都会到堂里过瞻礼。❷

在2005年、2006年的圣诞节期间，我曾见过到教堂参加圣诞瞻礼的小吕，他告诉我信主真的很灵，自从领洗以后病就好了。在教友那里，领洗象征着小吕实现了身份的转变，并由此获得了上帝的庇佑。而这一灵验故事的流传也增加了后桑村的神圣性。

这种灵验的事例也发生在荣华❸的身上。

我上初中的时候，我得过那个邪病，被狐狸附身了。一天，我们吃饭的时候，那时候都端着一个大锅碗。端着这个碗就上坡上，哈哈的乐起来。后来回家，到家里也不散。那会儿有个阴阳先生，哥哥嫂子就买了几瓶二锅头酒给阴阳先生，先生给我画了一道符带上，说你戴上这个符，它不搅你。他说有一个狐狸跟着我呢，让我戴着符一百天就好了。赶一百天

❶ 小吕，男，生于1963年，高中文化程度。

❷ 访谈人：曹荣；信息提供人：水花；访谈时间：2007年7月21日；访谈地点：后桑村水花家中。

❸ 荣华，女，1948年生，初中文化程度，前桑村教友。

也戴够了，可是也没好，又呼哧溜丢[1]的做梦我结了婚上这儿（指前桑村）来，孩子都多大了，还呼哧溜丢的做梦。我那会儿，跟着广民、秀芝做活，都是教友。秀芝一歇着就给我们讲故事，讲一些教里的故事，就像我给你讲的一样。还有那个四宝他妈，一个老娘子[2]。这不她介绍我入了的。入了呢，你半信不信不成啊。那得日子长了，多念经，得真信。按照天主教来说，天主想帮你，把这个魔鬼打走了。这会儿就不呼哧溜丢地（做梦），我睡觉踏实了。为啥说呢，入教有个依靠……信主很灵，也有了依靠。[3]

从小吕、荣华的例子可以看出，阴阳先生和天主教都是在乡村遇到类似事情的一种选择。在这里灵验与否才是检验信教与否的试金石。信什么神，求助阴阳先生还是天主教都并不重要，关键是要看信的效果如何。在这种情况下，对于普通的乡民来说，天主教与其他宗教并没有太多的区别，它只不过提供了一种新的可以恢复生活秩序的工具。在荣华这里，天主教比起阴阳先生要灵得多，因此她最终选择皈依天主教，得到了“依靠”。作为制度化宗教的天主教虽然在教义、仪式等方面与民俗宗教有着巨大的差异，但是乡民对于“灵验”的渴望和追求，却使得二者具有了相似性的功能，并进而促动人们的皈依。

复活节期间，许多非信徒也到后桑村取圣水[4]，取回后用以服药，据传可以增加药的疗效，也可以去除“邪病”。这些来取圣水的人并不了解天主教的教义，也无意加入天主教，但是却充满了对于圣水灵力的渴望。而对于老教友来说，灵验不仅仅证明了上帝的“大能”，也彰显了天主教在乡土社会中的合法性和象征性的权威。因而，教友们乐于向小吕、荣华这样中了“邪病”的人提供帮助，神在小吕、荣华身上显现的“奇迹”证明了天主教神的灵验，也从侧面说明了乡村天主教群体的神圣性。这类有关灵验的民间叙事经过教友们反复言说和加工，已经成为一种集体性的传奇故事。教友在向外来人介绍天主教的时候，并不是以宣讲宗教的教义为开端，而总是倾向于从讲述这类灵验故事开始，上帝的灵验似乎无处不在。

---

[1] 斋堂川方言，即稀里糊涂的意义。

[2] 斋堂川方言，指老年妇女。

[3] 访谈人：曹荣；信息提供人：荣华；访谈时间：2007 年 7 月 15 日；访谈地点：前桑村荣华家中。

[4] 访谈人：曹荣；信息提供人：荣华；访谈时间：2007 年 7 月 15 日；访谈地点：前桑村荣华家中。

三、神之于村落的灵验：消灾解难

在信众看来，神的灵验不仅施之于个体，也施之于村落和群体。前文所述山外来的神父施以圣水将村民从瘟疫中拯救出来，即灵验施之于村落的表现。经由这一“奇迹”，后桑村村民皈依了天主教，成为教友心目中的圣村。而在日常村落生活中，消灾是神之于村落的灵验的最普遍的体现。在乡土社会中，民俗宗教提供了大量的神灵符号以应对灾异的出现。龙王庙、虫王庙、马王庙、娘娘庙等乡村庙宇在村落生活中承担了相应的功能。当个人生活和村落生活秩序失衡、无序的时候，对神灵的膜拜可以有效地减少个体及群体的心理恐慌和忧惧。[1] 神灵灵验的意义也就在于它满足了乡土社会中的各种需求。个体生活和村落生活秩序的重新恢复，则昭示了神灵的灵验，并进一步增强了神灵的“灵力资本”。

斋堂川地区灾害频繁，尤其是旱灾更是时常发生，严重威胁着人们的生产和生活。人们通过各种方式应对灾害，求助神灵祈雨成为人们应对灾害的重要方式。斋堂川祈雨有三种形式，一种是村落范围内的求雨。斋堂川几乎每个村落都有一座龙王庙及与龙王庙相对应的龙潭。川里有“大旱不过五月十三”的俗语，因为五月十三是关老爷的生日，在这一天关老爷要磨刀，多少都会下点雨。如果过了五月十三还没有下雨，斋堂川的村人们就要到各自村子的龙王庙向龙王爷求雨。也有的村子到大庙，即关帝庙祈雨。前桑村原先有龙王庙，遇到大旱之年时，人们会准备供品祭祀龙王。若祈雨无效时，人们还会曝晒龙王和鞭打龙王，惩罚龙王的不灵验。龙王庙被天主教占据后，前桑村的人会选出十二个寡妇头戴柳枝，刷簸箕求雨。1948 年的时候，斋堂川地区发生了大旱，因为这里是老解放区，各村的干部都不准人们进行“迷信”活动。桑村的村干部也响应号召，不允许人们祈雨。村里人就商议让村中的军烈属领头组织祈雨，因为村里人认为“军烈属比较硬气，村干部不敢惹”。军烈属所象征的特殊权威，使得桑村最后一次祈雨得以冲破阻力顺利进行。第二种形式是“偷龙王”。大旱年景的时候，若有的村落祈雨成功，别的村落就试图以偷的方式获得神灵的灵力。通常的情况是这样的：人们抬着神轿赶到灵力大的龙王庙前，将庙内的龙王放在神轿上，抬回本村安放在本村龙王庙的神座上，待祈雨成功后再放回原处。被偷的村落往往装作不知，默许人们将龙王抬走。但

---

[1] 马林洛夫斯基. 文化论［M］. 费孝通，译. 北京：华夏出版社，2002.

是有时候，也会因“偷龙王”而发生争执。因此，“偷龙王”的村落往往要挑选强壮的年轻人去保驾。桑村也曾有过“偷龙王”的活动。前、后桑村都会派出年轻力壮的小伙子去保驾，但后桑村的教友并不参与膜拜龙王，只是出一份力量而已。如果整个斋堂川都发生了大旱，人们就要起“龙王大会”，到黑龙潭求黑龙爷施舍雨水，这是该地区祈雨的第三种形式。人们认为黑龙潭的黑龙爷比起各个村子的龙王具有更大的灵力。传说黑龙潭的黑龙爷十分灵验，斋堂川人每次起“龙王大会”都能适时地求到雨水。“龙王大会”是斋堂川地域范围内的祭祀活动，川内的各个村子都会派人参加，并在祈雨的仪式活动中承担相应的角色。前、后桑村都会派人参加五十八村“龙王大会”，但是后桑村也只是派人参加“抢水”，对期间一切祭祀龙王的活动都不参与。教友部分地参与地域社会的公共仪式，既体现了对于斋堂川地域社会的认同，也保持了教友的身份。

对于后桑村教友来说，虽然他们只是部分地参与“龙王大会”，但是向龙王爷求雨毕竟被视为是与其教友身份相悖的“迷信”与“异端”行为。教友在应对旱灾时，有自己的祈雨方式。老教友回忆，在旱灾发生时，后桑村热心的教友就会到圣母山拜苦路，念求雨的经文，向圣母祈雨。事实上，在教友最常用的《圣教日课》中就包含着许多应对各种灾害的经文。如求免患难诵、求丰年诵、旱时求雨诵、淫雨求晴诵、遇暴风地震诵、求免瘟疫诵、遇流疫求止诵、遇火灾求灭诵等。

解放前，神父有时候也会在圣母山的祭台前举行求雨弥撒。通常情况下，教友们以拜苦路、念《玫瑰经》、向圣母圣像祈祷的方式求雨。老人们说，向圣母苦求是非常灵验的。广民讲述道：

后桑村的广大教友都深信，不管出现什么艰难困苦，也不管遇到多大的灾难危情，只要苦求圣母，没有圣母不相帮的。因此，不管是本村还是邻村，发生了瘟情，求圣母给解除。发生旱灾求圣母降雨免灾。出现兵乱求圣母保护。现在健在的七八十岁的老年人还经常说，不管出现了什么灾难，只要到圣母山求圣母，圣母没有不允的。以前常出现旱灾，有的时候地里庄稼都干了，一根火柴就能燃着，将面临着颗粒不收、来年饿死人的境地。外村人也求雨，什么抬龙王，取圣水（到大寒岭取泉水），什么七个寡妇刷簸箕[1]等，都求不下雨来。可是我们教友，到圣母山求圣母，拜苦路念《玫瑰经》，最多念到第七天上，往往经还没有念完，大雨就降下

---

[1] 该习俗的具体情形参见刘铁梁．中国民俗文化志：北京门头沟卷［M］．北京：中央编译出版社，2006：138－145．

来了，教友们跑着回家，这样的例子并不是一两次。[1]

广民将圣母的灵验与某些民俗宗教的不灵验进行了对比，强调天主教的灵力大于某些民俗宗教的灵力。现在遇到旱灾时，教友们有时也会祈雨，方式就是在早课、晚课祈祷时在祈祷辞中加上“求天主赐予雨露”[2]。消除村落和教友群体的灾难是神之灵验的体现，它减缓了群体的心理紧张，对于村落生活秩序的恢复起到了良好的调节作用。而灵验的发生，尤其是在与某些民俗宗教不灵的对比中，又再一次强化了教友对其天主教信徒身份的认同。

结　语

从以上的叙述中我们可以看出，乡村天主教的相关仪式并不总是指向个体的救赎，指向终极关切。事实上，为了更好地切入到乡民的生活中，它需不断显现灵力，表现出高于民俗宗教神灵的灵力，以应对个体生活和村落生活所面临的失衡和异常。

故而，在普通乡民那里，乡村天主教与民俗宗教并没有截然的分野。灵验勾连着两个具有不同象征符号及行为实践的信仰体系。对于灵验的追求契合了乡民实用主义的信仰心理倾向，乡民的这种宗教意识并没有因他们皈依天主教而发生实质性的变化，反倒是按照这种意识、本着传统的宗教期望作出了信仰选择。因而小吕、荣华皈依天主教的事例，并不与乡土社会的逻辑相冲突，反而是乡土社会逻辑的结果。[3] 对于灵验的追求和神灵更大灵力的膜拜，使得乡土社会中的民众，很容易跨越不同宗教的门槛。灵验在天主教信仰与乡土社会的传统、乡民的心理之间搭起了一座桥

---

[1] 广民：《圣母护佑的地方》，参见曹荣．乡村天主教群体的信仰与生活，附录一［D］．北京：北京师范大学博士学位论文，2008.

[2] 由于退耕还林等政策的施行，村民不再以农业生产为主要生计方式，村内的青壮年大多到城区和镇上工作。对于村民来说，无论大教还是教友，农业收成的好坏对于生活已没有决定性的影响，求雨不再是一件重要的事情。因此，近年来尽管发生了持续的旱灾，神父却没有举行过求雨弥撒，只有少数的教友在早、晚课的祈祷中，加上求雨的意愿。求雨的教友认为，由于绝大多数的人不再关心是否下雨，即使一些人向圣母求雨，圣母也听不见，也就不会降雨。

[3] 在调查过程的中，我也听说了一些天主教信徒不再信仰天主教的事例，教友称之为“背了教”或“滚了教”。一位教友告诉我，她的亲戚的一位朋友在她的劝说下入了教。可是不到半年就“滚了教”。因为很长一段时间，她过得很不如意，无论她怎么向上帝祈祷也无济于事。于是她在别人的劝说下去雍和宫拜佛，据说拜过之后她的生活就有了转机，从此以后便不再去教堂，而在家里供起了佛堂。

梁。乡村天主教群体及大教群体对灵验的共同渴求，使得他们具有了观念上的契合点。上帝的灵验和乡土社会各种神灵的灵验在功能上是相同的，在乡民的眼中具有相似的逻辑。

对于乡村天主教来说，上帝的灵验是神圣的，它证明了上帝确实是万物的主宰；同时，灵验又具有世俗的价值和功能，关切到人们现实的生活需求。因此不断地生产出灵验，传播灵验的故事是天主教在乡土社会中不断拓展的需要。在灵验故事的传播中，天主教在乡土社会的“灵力资本”也会不断增加。而对于教友来说，灵验不仅可以应对个体生活和村落生活的失衡和异常，对于灵验的肯定和讲述更是强化身份认同的重要方式。正是在对灵验事件，尤其是天主教相较民俗宗教神灵具有更大灵力的不断讲述中，作为乡民的乡村天主教群体的宗教属性得以辨识和强化。

从“走姑娘”民俗考察侗族传统文化特质及其变迁

——以黎平黄岗侗寨为个案

张　勤

（复旦大学中文系）

一、“走姑娘”民俗的实地考察

2010年7月27日（农历6月16日）晚8点左右，笔者一行4人到达贵州省黎平县，对这个位于贵州省最南部的侗族苗族聚居地区进行了为期60余天的实地考察，期间有幸受邀参加了在黎平县双江乡黄岗侗寨pao^{33}t i^{53}鼓楼举行的“走姑娘”活动。“走姑娘”，侗语为tsəu^{31}ku^{33}niaη^{33}，其汉译名称有“戏姑娘”、“找姑娘”、“要姑娘”等。这是曾经流行于南部侗区的一种男女交往的群体性社交行为。参加这次“走姑娘”活动的一方是黄岗的青年男子，人数25人，年龄在17～33岁；活动的另一方是来自其邻近的占里侗寨的姑娘，人数20人，年龄在13～16岁。

姑娘们和她们的母亲早上8点左右从占里出发，中午11点左右到达黄岗。随后，黄岗侗寨的男性村民和来自占里的客人前往pao^{33}t i^{53}鼓楼和pu^{53}lei^{31}家仓楼共进早饭。早饭由黄岗全村村民共同提供，主要有酸鱼、酸肉、糯米饭和糯米酒，皆为侗族传统食品。出席pao^{33}t i^{53}鼓楼宴席的有占里的母亲们和黄岗侗寨寨老吴老董、黄岗小学校长吴明章以及鬼师吴广新。占里姑娘们则被黄岗小伙子们邀请到pu^{53}lei^{31}家仓楼。在pao^{33}t i^{53}鼓楼就餐的母亲们可以与黄岗男人杂处而坐，pu^{53}lei^{31}家仓楼的占里姑娘则必须与黄岗青年男子分坐于长桌的两旁。饭后，双方开始对歌，黄岗男人用“迎客歌”，占里母亲们则回以“赞美歌”，为“走姑娘”活动拉开了序幕。接下来男女青年之间的对歌是“走姑娘”活动最精彩的部分。对歌的曲目是参与者即兴演唱的，主要内容包括男女相识、相恋、相约、私会等内容，曲调以 kan^{33} tsai^{53} （“赶赛”） 为主。由于占里姑娘年龄普遍偏小，大部分都是第一次参加“走姑娘”的活动，因此在对歌初期，黄岗男子往往要接连唱上两三首歌曲，姑娘们才开口。三四个回合之后，双方逐渐进入了一应一答的局面。为了战胜对方，彼此都会在在曲调、歌词等方面为难对方，因此常常出现歌词不合、走调、应答不及等情况。四五个回合之后，双方稍事休息。这时黄岗的年轻人会不停地向占里姑娘劝酒夹菜，而姑娘们往往要喝上七八杯酒后方能作罢。当然，占里姑娘也会用同样方式来“对付”黄岗小伙子们，整个仓楼笼罩在一片热闹的气氛中。

对歌的时间从下午 2 点 30 分一直持续到晚上 7 点。晚饭后，母亲们到村民家休息，姑娘与小伙子们继续对歌。经过了一个下午的接触，双方在接下来的对歌中表现得更为熟络，尤其是占里的姑娘，俨然成为活动的主导，无论是对歌，还是劝酒都略胜一筹。一直到凌晨 1 点左右“走姑娘”活动才结束，对歌、聊天、喝酒是活动的主要内容。期间不时有黄岗小伙和占里姑娘从热闹的人群中退出，有的到二楼僻静处聊天，有的悄悄地溜下楼，一前一后地消失在月夜中。当看见这样的情景，母亲们大都会嘴角微微上扬，静静地离开仓楼。或许接下来她们所要做的就是为即将到来的婚礼准备嫁妆了。正如《侗族款词 · 耶歌 · 酒歌》中所唱：“养女坐夜搓麻，养男走寨谈琵琶。我儿游到你的村寨，老人睡在床上莫说话。你儿游到我的村寨，我也一样闭嘴巴。火堂边排座，月光下戏打，蹲在屋角，走过檐廊，头插鸡尾，耳吊银花。”入夜之时，侗族青年男女怀抱琵琶，对歌谈情，老人们也会相机避开，为其制造机会。这与清嘉靖陈浩在《百苗图》中对古州地区（今贵州省黔东南榕江地区）侗族恋爱婚姻习俗的记载，“男弦而女歌，其清音不绝……相悦者，自行配合，亦名‘跳月’。虽父母在旁观之，亦不为意也。”是大致吻合的。第二天中午 11 点钟左右，黄岗青年聚集在 pao^{33}t i^{53}鼓楼下，小伙子们分为两部分，一部分人拿着点燃的鞭炮冲入人群中，故意挡住姑娘们的去路。另一部分人则负责挑上各家准备的糯米、酸鱼、酸肉、米酒等食物来护送占里姑娘们返回占里。在一片鞭炮声、嬉笑声和惊叫声中，“走姑娘”活动宣告结束。

笔者在随后的调查中了解到，“走姑娘”活动在黎平、从江两县已不多见。黄岗附近的四寨、小黄等侗寨一般只在春节前后举行这项活动，这与黄岗特殊的自然地理环境有着一定的联系。

黄岗侗寨地处贵州省黎平县双江乡，在地理位置上与从江县高增乡小黄接壤，距乡政府所在地 25 公里。全村辖 11 个行政小组，共 325 户，

1629人，分两个自然寨居住，与笔者曾经考察过的黔东南二十余个侗寨相比，无论是在饮食、建筑，还是在民间习俗、宗教祭祀等各个方面，黄岗都保存着较为原始和鲜明的侗族特征。黄岗四周群山环抱，山上树木茂密，一条2米多宽的小河从寨中缓缓穿行，村民日常生活洗涮主要集中在上游，下游供农田灌溉使用。寨头还有两口距今有两百余年历史的水井，是全寨的饮用水源。黄岗属亚热带季风气候，冬无严寒，夏无酷暑，因此这里的侗族村民在生活上保存着喝生水、跣足、米汤洗发等传统习俗。在饮食上，黄岗人依然延续着食用“糯禾”的传统。在他们看来，“糯米是给人吃的，籼米是用来喂猪的”。因此黄岗侗家人终年食用糯米，并且还继续沿用古老的指食习惯。在黄岗的鱼塘、稻田上我们随处能看到一座座用木板搭建、没有顶盖的厕所。这是一种用一米来高的木板搭建于鱼塘、稻田上的简易卫生间，由于人如厕时往往能见到水中悠然自得的鱼儿，故取名为“观鱼台”。鱼养稻，稻养人，人养鱼，这便构成了侗族传统的稻作生产模式。黄岗糯禾的产量普遍较低，村民种植的糯米基本用于满足自己的生活所需。加之黄岗目前只有一条村级公路与外界联系，所以这里的糯米、鱼、猪、鸡、鸭等物质产品基本上用于维持自身的生活，极少一部分才用于市场交换。可以说，在物质消耗与生产基本保持平衡状态下，黄岗人的生活方式呈现出一种原生态的自然循环模式。

稳定的生存状态，加之食糯、指食、喝生水等与外界大相径庭的生活习惯，使得黄岗出外谋生的年轻人很少。据笔者统计，在黄岗35岁以下的年轻人中，只有不到20%的人在外务工，绝大部分年轻人仍然延续着父辈们男耕女织的传统生活。特殊的地理环境和自然条件，原生态自然循环状态下所形成的稳定的、封闭的生活方式，一定程度上维系了黄岗“走姑娘”习俗的传承与延续。只要寨子里有相当数量的年轻人，活动就可以随时举行。尤其是在农历的二月、六月和腊月以及寒暑假期间，“走姑娘”活动是黄岗侗寨最常见、最热闹的群众性盛会。

二、“走姑娘”民俗中的群体性文化特质

从田野考察的材料来看，“走姑娘”活动作为一种群体性社会交往行为，与侗族传统的“款约社制”文化有着密切的联系。

侗族人民世代居住在我国的西南地区，尤以贵州、湖南、广西三省交界地区最为集中。在这个区域内，既有武陵山、雪峰山、八十万大山、苗岭、雷公山等山系与山脉纵横南北东西，又有长江、珠江数百余条的干流

与支流密集分布。山高林深，沟壑纵横，河道狭窄，水流湍急，这样的自然地理环境对于世居于此的侗族人而言，无论对外交往还是自身的生存取食都是异常地艰难。为了占据较有优势的小生态环境，在与其他族群的竞争中占有更多的、相对适宜的生态资源，散居在各处的侗族人民建立起一个共同的村寨联盟机制——“款”（kuan[31]），这是侗族人以族源为基础，以地缘为纽带的组织形式。族源的认同使得“款”在文化特征上具有很强的稳定性。相同的民族符号和基本的价值取向让“款”组织成为一个具有统一的民族认同感和价值标准的，以归属性和内聚性为主要特征的村寨联合体。它通过“立碑戒告，万古不移”的“款约”将分散于周边的侗族村寨组织起来进行民主管理。“款”在侗语中表示“讲述”“告知”的意思。南宋周去非在《岭外代答·蛮俗门·款塞》中记载：“款者誓词也。今人谓中心之事为款，狱事以情实为款，蛮夷效顺，以其中心情实发为誓词，故曰款也。”关于款约社制的历史，有学者指出，早在秦汉时期的湘黔桂交界地区的就已有“款”的记载。到了唐末五代时期由于战乱频繁，藩镇割据，作为一种民间联盟性质的款组织在侗族地区得到了大的发展，出现了以杨承磊为代表的“十洞头领”的款首。款约社制的一些基本特征在这个时期亦已形成，如款的明誓方式——竖碑立约，款的章程——款约，款的活动方式——立款、走寨等。❶ 目前在侗族聚居地区还依然流传着与“款”相关的传说。相传在久远的年代，侗家人都生活在崇山峻岭中，由于交通不便，彼此很少往来，因此常常受到异族的侵犯。侗家人为此吃了不少苦头。后来有两位侗族老人建议，各个侗寨相互每年走访一次，一来互通消息共同御敌，二来增强感情，并以石为誓，遂成风俗，沿袭至今。在侗族古歌中也有《九十九老人议“款”》的故事。

从“款”的产生和作用来看，它是一定地域因素和历史条件相结合的产物。由于没有统一的组织结构和严格的法令规范，缺乏一个权威、有效的管理机制，所以随着时间的推移、生产力的提高、生活环境的改善和稳定，建立在“款”的基础上的这种村寨间互相依赖、相互护持的关系越来越有限。对外御敌，对内解决族内纠纷已经不再成为“款约社制”的主要目的，以军事政治联盟为主要性质的群体社交活动也逐渐丧失了存在的土壤。以地缘性和血缘性相结合的族群心理认同机制和群体往来的社交形式却通过“走姑娘”的活动保存下来。黄岗“走姑娘”活动是黄岗青年男女

---

❶ 参见姚丽娟，石开忠. 侗族地区的社会变迁［M］. 北京，中央人民大学出版社，2005：28－29.

与毗邻的占里或小黄的青年男女，以群体参与的方式进行的社交活动。关于“走姑娘”的来源，黄岗流传着这样一个传说：在远古“老祖宗”的时候，黄岗侗家人常常受到“蛮子”（苗族人）和“汉人”的欺负，所以黄岗和占里、小黄的侗家人常常一起“赶他们”。“时间长了”，黄岗侗家人与占里、小黄的侗家人“处久了，有感情了，一些黄岗的侗家仔娶了占里和小黄的姑娘。”“赶走蛮子、汉人以后，黄岗侗家人就常常和占里、小黄‘走姑娘’了。”[1]在笔者的调查中，黄岗本村的姑娘小伙之间是从不进行“走姑娘”活动的。结合黄岗以同村通婚为主的婚姻状况来看，“走姑娘”活动并不是出于“族外婚”的目的，它与“款”一样，都是建立在血缘、地缘、语言、习俗等一致性上的社会互动，是一种共同的“族类意识”（格尔茨语）的实体化。一旦“款”组织出现的历史基础、外部形势发生了变化，随着因争夺有限生存资源发生的斗争日渐消失，“款”组织军事政治联盟的特质通过重新诠释和调整，逐渐演变成同族之间礼节性往来的群体社交活动。从黄岗“走姑娘”活动参与双方的地理范围来看，它是对古老的“款”组织中族群认同心理的继承与变革。“走姑娘”作为一种群体性社交活动，是代表着侗族人民民族属性的符号，以内聚性和归属性作为区别于其他族群的基本特征，在其看似散漫、嬉戏的框架下，依然延续着同一族群彼此依赖、互为股肱的“原生依附”（格尔茨语）的情感。

三、“走姑娘”民俗中两性交往的文化特质

“走姑娘”一方面继承了“款约社制”中的群体性文化特质，另一方面它又与贵州少数民族两性交往的习俗有着千丝万缕的关系，在两性关系中呈现出特殊的文化内涵。

在黄岗“走姑娘”活动中，姑娘一方由母亲陪伴而来，男方则不然。在与黄岗小伙初次对歌时，占里姑娘略显腼腆，她们的母亲不停地在旁给予鼓励，更有甚者还将女儿直接从座位上“拉”起来，“推”到前来对歌的小伙子面前。如果女儿因害羞扭捏，母亲们则还会面露愠色。随后笔者采访了其中一位母亲。老人告诉笔者，女儿长大了，要嫁人了，不和侗家仔对歌应答，就没有人会认识她，老人们也会觉得没有面子。对于这群来自占里的姑娘而言，能在“走姑娘”的活动中和黄岗小伙子应答对歌，吸

---

[1] 参见姚丽娟，石开忠. 侗族地区的社会变迁［M］. 北京，中央人民大学出版社，2005：28－29.

引他们的眼光是值得骄傲的事情。这不但关乎自己的婚姻，还关系着家庭的荣耀。因此在“走姑娘”活动中，经常能看见母亲们不时地为女儿整理头发和衣服的场景。与女儿们的矜持相比，母亲们似乎表现得更加热情。在侗族人看来，凡是参加过“走姑娘”活动的侗家少女，就意味着在形式上具备了成为一名成熟女人的资格。这项活动不但对于经历者自身是个“重要时刻”，对于她的家人来说，也是一个“重要时刻”。因此相较于黄岗男子随意的着装，占里姑娘无论是从白色的外衣、丈青色的围裙、黑色的绑腿、乌亮的长发、精美的银饰等装束来看，都是经过精心的设计和打扮的。

从参加活动的占里姑娘的年龄构成来看，平均年龄不超过15岁。对于城市里的大部分女孩子而言，这个阶段还是可以在母亲怀里恣意撒娇的年龄。但是对于大部分地处偏远山区的侗族姑娘来说，迫于传宗接代的世俗压力，在她们还是童蒙的时候，就已经在母亲或姐姐们的带领下开始学习唱侗歌、弹琴、刺绣、缝制侗布衣裙等。有的还在月堂、鼓楼旁观察“走姑娘”时兄长和姐姐们的互动，所有的一切都被视为自己以后能顺利出嫁而做的功课。“走姑娘”活动就是她们展示才能、吸引异性的最好机会。活动的参与，对于侗族姑娘而言，意味着“个人从生命或社会地位的一个阶段过渡到另一个阶段”❶。与宗教仪式相比，“走姑娘”活动可以被视为充满世俗色彩的“生命转折仪式”，当侗族姑娘通过了这个仪式后，就意味着她将成为某个人的妻子，某个人的母亲，过去的角色及与此相伴的全部行为都要被除去。与之前的身份相比，妻子、母亲是任何一位女性已经预定好的地位，林顿称之为“先赋地位”，是女性难以避开的社会地位。侗族姑娘一旦参加过“走姑娘”活动就代表着其“先赋地位”的获得。因此，在大部分有女孩的侗家人眼中，“走姑娘”活动是一个极为重要的日子。在生理上已经成熟的侗族姑娘可以通过这项聚集性的活动，公开地宣称其生理和与之伴生的身份以及社会地位的变化，进而获得社会或集团的承认。从性别层面上看，“走姑娘”活动乃是一个关于女子“先赋地位”重新获得社会认可的再生性仪式，是在嬉戏、打闹、肆意欢愉的表现形式下，包含着严肃内容和神圣意义的女性生理文化的象征。

与侗族女子不同，侗族男子成年并不需要举行相应的仪式来公开宣称自己由男孩到男人的转变。我们在讨论“走姑娘”活动对侗族女孩的影响

---

❶ ［英］维克多·特纳. 象征之林［M］. 赵玉燕，欧阳敏，等，译. 北京，商务印书馆，2006：7.

时，倾向于强调这项活动作为青春期的仪式，带有神圣和严肃的象征意义。值得注意的是，侗族姑娘年龄超过十七八岁，她们就会主动地不再参加“走姑娘”的活动。尤其是结婚的女子，会更为严格地遵守这个习俗，而男子则不然。只要寨里举行“走姑娘”活动，许多有婚约在身的男子，包括部分已婚男子也可以参加。他们出现在“走姑娘”活动现场，自由地与姑娘们进行嬉戏、打闹，甚至调情，女方也都丝毫不忌讳男方已有婚姻的事实。参加黄岗“走姑娘”活动的25位男性中就有2人为已婚男子。据此来看，“走姑娘”作为一种两性交往的民俗，它对男女行为的约束和影响并不相同，这与侗族社会对男女性别角色的传统认识相关。

“性别角色是以性别为标准进行划分的一种社会角色，是由于人们的性别不同而产生的符合于一定社会期望的品质特征，包括男女两性所持的不同态度、人格特征和社会行为模式。”[1] 从人类早期社会分工开始，由于男女性别的不同，他们在社会、家庭和自然发展中扮演的角色也不相同。在侗族社会，绝大部分妇女都认为自己应该承担起大部分的生产和家务劳动，而男子也认为这是天经地义的事。在对黄岗和邻近的村寨进行调查时，笔者发现，侗族村寨中男人们三三两两聚集在鼓楼下唱歌聊天时，侗族妇女却继续在田里和家中勤勤恳恳地劳作。无怪乎刘锡蕃在《岭表纪蛮》中有这样的记述：“凡耕耘、烹饪、纺织、贸易、养育、负担诸事，女子皆能任之。故其立家庭同为经济重要之人物，有时并能赡养男子。”在西北地区的少数民族，如藏族、土族等少数民族的妇女，她们由于受到宗教的影响，相信现世的艰辛与付出可以得到来世的回报，因此在她们传统的性别观中体现出的是容忍、宽厚、仁慈的宗教精神。但是侗族妇女却不一样。侗族人并没有恒一的宗教信仰，准确地说，大部分侗族人信奉自然神灵。以黄岗为例，这里的侗族人祭祀的对象是位于村头溪边的两块大石头和山上的某棵树。与宗教对性别观念的影响不同，侗族社会的性别观是传统的“男尊女卑”思想下的产物。

与我国大部分少数民族一样，侗族的一夫一妻制也以私有制为经济基础，在这样的家庭结构中，作为一家之主的成年男子不仅拥有夫权、父权，同时还具有“统治者”的性质，掌管着家里所有的事务；而妻子所能做的就只有顺服与遵从。长久的观念和习俗早已使侗族妇女习惯于“自然而然”地顺从丈夫，所以她们的女儿也应该这样去做。对侗族女人而言，

---

[1] 李育红，王兰. 西北少数民族妇女观念结构和行为方式的价值取向研究［J］//刘曼元. 西北少数民族女性/性别研究［C］. 北京，民族出版社，2007：139.

找到中意的丈夫并保持稳定的夫妻关系，同时还能拥有2～3个孩子是她们最重要、也是最现实的奋斗目标。因此，当笔者与黄岗已婚妇女进行访谈时，她们中大部分对已婚男子参加“走活动”的反应是大致一致的，认为这是正常的事。同时，由于居住环境的封闭，对于大部分侗族女孩来说，参加“走姑娘”活动是她们唯一的择偶途径。所以尽管男方已经有婚约在身，或已经结婚，都不会妨碍她们对心上人的主动追求。据村里人介绍，直到20世纪90年代，因“走姑娘”而家庭破裂的事情在黄岗、占里等侗寨还时常发生。“走姑娘”活动中表现出来的两性交往的不平衡，既是侗族社会传统性别观念的产物，也是侗族传统的“男逸女劳”思想的具体表现。

四、社会文化变迁中“走姑娘”活动

特定的地理环境、滞后的交通状况使得黄岗传统的民族文化长期处于一种平衡和稳定的状态。但是在市场经济全方位渗透的大环境中，随着交通条件的改善、教育程度的提高，黄岗原来所持有的孤立的、小型的、低度发展的文化状态目前正在受到来自现代都市文明的冲击。“走姑娘”作为侗族传统民俗活动，在内容和表现形式上也发生着变化，出现了许多新的文化变特质。

首先是活动举行的时间发生了改变，这在一定程度上与黄岗教育状况的改善有着密切的关系。随着义务教育在黄岗的普及，越来越多的侗族家庭认识到读书就如同侗族大歌一样，对孩子成长同样重要。过去黄岗的孩子，大都在田里、鼓楼下玩耍，现在课堂、操场成为他们主要的生活娱乐场所。加之黄岗和占里都没有初中，所有需要接受初中教育的孩子必须到25公里以外的双江乡和高增乡上学，凡是参加高中学习的孩子还必须到更远的黎平县接受教育。从黄岗到黎平，乘车往返大致需要10余小时，车费在100元左右，因此大部分学生选择比较经济的寄宿方式就读。这在客观上大大地减少了年轻人在家的时间，因此黄岗“走姑娘”活动也会选择寒暑假进行，活动时间也由传统的2～3天缩短为1天。

教育程度的提高对于侗族女孩的影响也是十分明显的。尽管迫于母亲和家庭的压力，相美和其他两位接受过初中教育的侗族姑娘也出现在活动现场。但是在整个活动过程中，她们总是站在圈子的最外面，用一种旁观者的姿态看着场中被热情的青年男子团团围住的伙伴们，而这些姑娘大部分是小学毕业以后一直辍学在家的姑娘。与女伴们的“谑浪笑歌”相比，相美她们始终处于一种游离、边缘的状态。当有男子邀请她们喝酒、对歌时，她们会立即低下头，一言不发。青年男子也只好悻悻然转身去找场中最热情的姑娘继续喝酒、对歌，慢慢地黄岗的侗家仔们几乎忘记了她们的存在。在笔者随后对相美等三位姑娘的访谈中了解到，相美她们在“走姑娘”活动中表现出的沉默寡言，并不是源于受教育后产生的优越感，而是在主流文化教育下，对民族传统文化产生“疏离”心理导致的结果。以主流文化为主体的“正式教育”以及远离村寨的校园生活告诉相美她们，女孩子过分与异性亲近是“不规矩”的行为，会被老师和同学批评与嘲笑；一旦订婚就会成为同学们议论的话题；过早的结婚不但意味着失去自由，并且还是违法行为。学校既是这群女孩子接受教育的场所，同时也如同一个新的“文化社区”，生活在当中的这些侗族姑娘们必须接受和遵守“社区”中的运行规则，而这个规则是靠着具有权威性的主流文化和社会期许来制定的。只有遵守这些规则，才能被“社区”中其他成员认可。因此，“走姑娘”活动中姑娘们为了吸引更多的异性目光表现出的热情、主动，甚至出现的肢体接触等行为，在相美她们看来，都是不合时宜的。相反地，一个姑娘为了树立自己在他人心目中的良好印象，在“走姑娘”这样一种公共化的两性交往活动中，面对男性的邀请，保持矜持才是合情合理的。

学校教育中的主流文化与本民族文化之间存在着的强弱、主次之别，学校与黄岗村客观上存在的时空距离，导致了这些长期生活在校园里的侗族女孩对本民族传统文化的“疏离”心理和抑止行为的产生。尤其是对那些已经接受或正在接受高中以上教育的女孩子而言，“走姑娘”已经不再是她们寻找配偶的合适途径。随着近几年农村义务教育的普及，越来越多的侗族女孩走入学校，参加“走姑娘”活动的女性人数也在不断地减少。据笔者调查，除了黄岗在“喊天节”、“春节”等传统节日和寒暑假还举行“走姑娘”活动以外，邻近的小黄、四寨等侗族村寨基本上也不再举行此项活动。

一方面，学校教育影响和改变着侗族年轻人对“走姑娘”的态度；另一方面，年轻人的外出务工，在客观上也限制了黄岗“走姑娘”活动的参与人数与规模。与贵州省其他地区的少数民族村寨一样，随着农村城镇化的推进和市场经济的冲击，年轻人外出务工在黄岗成为一个普遍现象。外出务工对于黄岗年轻人而言，是他们感受和体验现代文明与都市生活最便宜最快捷的方式。新的生活环境、新的职业不但改变着他们传统的生活方式，更为重要的是这部分年轻人的价值观念和思维方式也发生了很大的变化。以择偶为例，长期的外出务工，异性接触面的扩大，使得黄岗年轻人在结婚对象的选择上，突破了传统的族源和地域限制。另外，中东部和沿海地区的生活压力、严酷的生存竞争客观上也推迟了他们结婚生育的年龄。现代都市文明也随着务工人员的返乡逐渐涌入黄岗，在思想观念、生活方式、价值取向等各个方面与黄岗传统的侗族文化发生着碰撞。就以“走姑娘”民俗而言，在黄岗，务工返乡的年轻人大部分是不参加此项活动的，即使参加也是以轻松的心态将其视为一种娱乐游戏。

基于交通环境改善下的黄岗传统经济模式的转变，所产生的男女家庭地位的变化，在一定程度上也给“走姑娘”活动带来潜移默化的影响。随着2002年从江到黄岗的村级公路开通，黄岗与外界的交流日趋频繁，传统的马驮牛拉的交通方式被逐渐取代。以牛、马等作为主要交通工具的牲畜养殖日渐衰落，种田成为目前侗族男子所从事的最主要的劳动。由劳动分工所决定的侗族传统性别差异在逐渐缩小，以男性为主要角色的劳动生产结构发生了改变，这在客观上使男女在家庭中的地位日趋平等。交通条件的改善，以家庭为主要单位的民族工艺品的加工和对外贸易成为黄岗许多家庭获得财富的主要渠道。由单个家庭组成的、既是消费者又是生产者的传统经济结构正在被破坏。经济生产的多元化选择正在缓慢地冲击着黄岗这个传统农本社会的单一狭窄的经济结构。在目前黄岗的部分家庭中，随着侗族传统农产品和手工艺品的商业贸易的出现，女性已经成为家庭的主要经济来源，她们对家庭的贡献日渐凸显。经济地位的改变，为妇女们在生活各个方面寻求更多的平等和尊重提供了基础。因此，在黄岗也有不少侗族妇女公开反对并阻止丈夫参与“走姑娘”活动。

教育、交通、经济结构等方面的改变，导致了黄岗日益卷入外部世界之中，并与侗族传统社会的思想观念和生活方式日益疏远。黄岗“走姑娘”民俗是传统侗族文化变迁的一个缩影，它保留了作为侗族传统文化的民族性，同时也受到来自都市的现代文明的冲击，在与现代接触的过程中，十百年来不变的文化特质也在缓慢地发生着改变。

注释

❶期间黄岗和占里的侗家人为了欢迎笔者一行人，还穿插了一首名为“ka^{31} sa^{33} k’uən^{53}”的礼俗歌。

❷吴老董：男，77岁，黄岗taŋ^{33} ləu^{31}鼓楼寨老，小学文化程度。

❸相美，黄岗侗族少女，15岁，初中毕业，目前辍学在家。

当代湘西苗族土家化与土家族苗化现象探析*

李　然**

（中南民族大学民族学与社会学学院）

族群间日益频繁的交流和大量的族际通婚，造成了各族群成员之间边界的日益模糊化，并使部分成员处于被其他族群同化的过程之中。由于各族群间可能存在凝聚力的强弱程度、成员边界的清晰程度以及对其他族群的排斥程度上存在差异，这些因素都可能影响其成员个体或群体改变族群身份。随着时间的推移，部分人口能够穿越族群边界，从而这些边界实际上是有明显弹性的。[1](pp. 20–25)湘西土家族苗族相互转化古已有之，如《苗疆风俗考》载："永保苗人与永绥乾州毗邻，各寨去县治绝远者，系生苗；其去保靖县与古丈坪稍近，如哄哄寨之属，虽系苗种落，沾化日久，别号土蛮"。《古丈坪厅志》也转引《苗防备览》说，"是古厅确有一种土蛮，为苗人归化在先者，今厅有土蛮坡汛，以土蛮所聚为名。"[2](卷九·民族上)董珞也关注到了湘西泸溪大陂流、小陂流土家族苗化、苗族土家化现象。[3]族群转化现象涉及族群/民族认同的若干基本问题，即这种认同是原生的、工具性的，还是建构的，以及划分族群的标准是依据文化特征还是血统等等。笔者通过对湘西几个土家族苗族相互转化的案例的调查来对族群转化和相关问题作出解析。

---

* 基金来源：国家社科基金青年项目"当代湘西土家族苗族文化互动与族际关系研究"（09CMZ023）；教育部新世纪优秀人才支持计划项目"武陵民族地区和谐发展研究——基于民族学视角的分析"（NCET090098）；教育部人文社会科学研究项目"近三十年来湘西苗族国家认同变迁及新形势下的建构对策研究"（10YJA850035）。

** 作者简介：李然（1976—），男，中南民族大学民族学与社会学学院副教授、博士、硕士生导师，研究方向：南方民族文化与社会发展。

一、湘西土家族苗化和苗族土家化案例

（一）保靖县丰宏、棉花旗村落的苗族土家化和土家族苗化

湘西吕洞山地区的丰宏、棉花旗曾经是保靖苗族龙姓和梁姓的发源地。保靖苗族各主要分支迁入的历程，据《苗族史诗》载，“这批最后迁来县境吕洞山区的苗族先民多属龙姓……龙姓苗族又同数次从江西，经常德，溯沅水，沿北河（酉水）长途上迁定居棉花旗的梁姓，丰宏的龙姓……会同在吕洞山下的‘赚球赚拔’（今夯沙乡桥堡寨），中心乡的翁百，仁大奇等苗寨，隆重举行一次大规模的‘鼓社鼓会’活动，决定以姓氏为主体，分散定居，各立村寨。”[4](p104)现今吕洞山区的苗族就是以这部分苗族先民为主体，并融合汉族及其他民族的部分先民而形成的。

今天，梁姓人仍声称棉花旗是保靖梁姓的发源地，但他们却以土家族自居，并说，梁姓迁出的起因是他们先祖认识的一个苗伙计把他们赶出去的：

湘西梁家人都是从老屋场出去的。先是两家人住这里，后来请了个苗伙计，认的一个老庚。巴茅河有条小溪，过去没人住，很多刺。过后，苗伙计起心了，借100头水牛放在里头，水牛放一个月，打通了路，就把我们梁家人撵散了。我们那里的燕子坳埋的有座坟。他们日里不敢来就夜里来。那座坟上有几朵茅草花花，他夜里来看见九朵茅杆花花就是九秆大旗插在那里，就不敢来了。过后，日里来侦察，什么也没见，草也没见，草也没倒一根。后来，坟一敞开，一股黑烟冲上去了，旗子也没有了，人家就把我们梁家人撵散了。过后土家、苗家我们搞不清楚。反正到中心、水田、鱼塘、马路都是苗族。可能原来在这里也是土族。

（报道人，保靖县涂乍乡棉花旗人，男，LZHZH，土家族，村主任，60岁）

棉花旗地处保靖的水银、涂乍土家族聚居区与葫芦、中心、水田苗族聚居区的交界处，也是湘西土家族、苗族分布的南北分界线。这个故事隐晦地传达出，土家族、苗族曾在这里发生了频繁的接触，对当地的资源进行了争夺，导致梁家人从这里出走，发生了分化，一部分转化为土家族，一部分仍然是苗族。棉花旗人显然更认同自己的祖先是土家族，但他们的文化表现出土家族、苗族相互交融的痕迹。棉花旗梁姓人既过土家族的六月年，又过十月年、四月八、吃眼屎饭（全家人不洗脸即吃饭，凤凰土家

族称“腿屎饭”)。而且曾经既保留了中柱的家先，又在中堂设神龛，和周围的向姓土家族、龙姓土家族、苗族都不相同。周围的苗族人也认可棉花旗人的土家族身份。绿绿河苗寨人说，棉花旗梁家人往日会讲土话。棉花茄人的土家族身份也得到了国家的确认，户籍调查显示，棉花旗所在的绿绿河村（行政村）土家族 448 人，苗族 138 人，棉花旗人全为土家族。

丰宏是保靖龙姓迁徙的中转站和发源地。周围的龙姓人也认为丰宏坡龙姓人是土家族。如坡下的绿绿河、中心乡的乌梢河乃至水田的龙姓人都认为自己祖上是从丰宏坡上搬下来的。这一带的苗族和土家族的龙姓人字辈都相同，都是“国正天心顺，官清民自安，启贤夫合少，子孝父心宽，天子重英豪，文章都尔朝，万邦皆下品，维有读书高”。20 世纪 80 年代前，每年的七月二十五日，坡下绿绿河的龙姓人还上来一起过小年。但如今丰宏坡人都自认为是土家族，政府也认为他们是土家族。户籍调查显示，丰宏村土家族 2056 人，苗族 93 人，汉族 6 人。丰宏坡具有浓厚的土家族文化特征。村中有一个远近闻名的土老司（梯玛），会给别人“解钱”，会跳八宝铜铃舞。

搬下丰宏坡的龙姓人也发生了分化。中心乡的乌梢河由于邻近苗族，带有浓厚的苗族风俗，而且也被视为苗族。绿绿河村住在绿绿河边靠近丰宏坡的一寨人，被称作客寨（二组），是土家族；河对岸的则被称为苗寨（一组）。

绿绿河苗寨的龙家人也承认他们祖先是从丰宏坡上搬下来的，祖先是土家族，因为先搬到苗族地方去住才变成了苗族。在棉花旗人看来，苗寨和客寨的龙姓人话音不同，苗寨比客寨要团结，办好事的待客方式等风俗有很大差别，如苗寨办好事兴邀客，不光亲戚六眷，连寨上的人也要邀请。绿绿河客寨人虽然自认为是土家族，并由政府认定为土家族，但走出山外仍然被人视为“苗族”，被戏谑地称为“苗子”，他们也并不恼怒。

当地的土家族人对这种族群转化似乎已习以为常，丰宏的土老司这样解释道：“我们坡上是土家族，搬到苗族的就是苗族了。搬出去，要因地制宜，要适应地方的风俗习惯。你到苗族去，你要讲苗话；你到土家族去，你就讲土家族话，到汉族去就讲汉族话。归根结底到三五代人以后，他讲他的苗话，你讲你的土话，都讲不到原来的话了。”

（二）古丈县双溪沿岸村寨的苗族土家化与土家苗族化

上文案例是历史上长期文化接触而导致文化变迁已经定型的现象，双溪沿岸的村寨则正处在转化的过程中。双溪乡有两条河流，西岐河和梳头溪，两河在官坝交汇，流经溪流墨和洞上，汇入古阳河。西岐河沿岸分布着夯巴拐、唐西岐、大西岐、中西岐、石堤、塘上等6个自然寨。梳头溪由大寨和源头寨组成，是一个纯粹的土家族村落。西岐河沿岸的寨子中，塘上和官坝寨、龙颈坳属官坝村，其余的几个寨子组成西岐村。官坝和西岐村各寨都曾是典型的苗族村落。据光绪二十八年清查，“官坝、西期、龙头坳、排口寨、岩寨、失堤、官坝上十共户一百一十五，口五百四十七”，光绪三十三年“官坝木寨三十户，下官坝六户、龙家坳寨八户。石堤寨一十二户。圹上六户。”[2](卷十)但现在，他们则出现了分化，只有官坝本寨和龙颈坳保持鲜明的苗族特色。自大西岐以上，这些苗族已经不会说苗话了。村民也说他们苗不苗、土不土、客不客了。但户籍调查显示，官坝村有苗族1091人，土家族177人；梳头溪村有苗族25人，土家族907人；溪流墨村有苗族385人，土家族903人。

这个地区族群转化历程比较复杂。西岐河中游的“石堤”，土家语意为“狩猎的地方”，过去也曾记作“石铁”，也是一个土家族的地名。今天他们却被周围人视为苗族。而最上游的“夯巴拐”寨完全是个苗族地名，可村民却被认为是土家族。造成这种错位原因，一是西岐河沿岸的村落和周围梳头溪、溪流墨开亲较多，另外西岐与保靖县的土家乡镇仙仁接壤。二是历史上行政区域的划分造成的结果。据当地人介绍，民国时期，这个弹丸之地的几个村寨分属保靖、永顺、古丈三县管辖：大西岐以上，夯巴拐和唐西岐属保靖，大西岐和梳头溪属永顺，中西岐和石堤以下、官坝属古丈。

今天的石堤寨人虽然户籍上都是苗族，但其苗族文化和意识已经很淡薄了，20世纪80年代很多小孩就不会讲苗话了。现在他们认为官坝寨、龙鼻咀穿苗装、讲苗话的才算苗族。他们和官坝人在一起就说苗话，和其他人就讲客话。

这样的转化也发生在和溪流墨相邻的洞上村和梳头溪村。洞上以张姓居多，先祖为苗族，但现在周围的人很难辨别他们是苗族还是土家族。他们的苗鼓、苗装等已失传了，讲客话，过年过节也和溪流墨村相同，与溪流墨的交往也比同官坝的多。所以，他们也被当地人视为土家族。梳头溪的土家族是从断龙山搬下来的，总共不到五代人。村中也有苗族文化的遗留，如至今还存在和苗族一样中柱安家先和相关禁忌的遗俗，以及枫树崇拜等。

二、土家族苗化和苗族土家化的原因

湘西的土家族苗化和苗族土家化既是因为族群接触交往和文化互动中

的文化相互传播和采借而导致的文化变迁与转型的结果，也有相关族群对国家民族政策的调整和实施所作出的生存策略上的回应。

（一）民族政策和文化互动的交互作用，使得族群的法律身份与文化身份出现错位

1. 现行民族政策使族群的法律身份固定化、清晰化

明确的族籍和族界是人们对于他们所处的互动场景以及彼此行为异同形成的某种定义和看法。这种定义和看法有助于而不是阻碍了他们的互动。[5](p345)族群本是建立在共同的文化基础之上自认为和被认为的一种人类群体，但国家通过民族识别、户籍登记、建立民族自治地方和制定实施特殊的民族政策法规等，使各族群在相互认同方面的族群意识边界、法律身份边界、“当家做主”的地理行政边界，以及在社会管理上和资源分配上的边界清晰明确。按照这种制度安排，在多民族联合自治区域，也有可能使各族群被划分为不同利益表达的群体，从而形成联合自治体制下独特的族群竞争与合作的格局。

在湘西，苗族被确认为少数民族身份并率先建立了自己的自治区域和自治机关——湘西苗族自治州后，就从一个文化群体演变为“文化—政治群体”。随后，长期同化于汉族中的土家族也被识别为一个少数族群，并和苗族一起组成了联合自治地方——湘西土家族苗族自治州。苗族、土家族的族群身份便具有了法律意义和政治意义，身份被固定下来。湘西各种文化也被贴上相应的族群身份标签。

湘西土家族、苗族共享自治权利和少数民族优惠政策。这就要求在现实的政治、经济资源分配和竞争中要有相应的制度安排来使族群身份清晰化。政府必须采取法定措施确认每个公民的“族群”身份，把“族群”和“族群边界”制度化。“族群身份”的改变必须得到政府的认可，需要通过村委会、派出所和县、州民委的层层审批，遵循严格的法律规定和程序。他们的族群身份一旦被固定下来一般不会再更改。这样也便于他们自动分别归类于各自的群体。“边界的维护是一个族群的中心任务。一个族群如果失去了维护边界所需要的自外部进入的阻力和内部同化的压力，其成员就会不再具有相互认同的标志”。[6]这种安排对于湘西土家族、苗族之间的相互交往和文化融合无疑制造了制度性的障碍。一方面，土家族、苗族的族群分类是按照法律，即身份证、档案来确认，与是否具有相应的文化特征关系不大；另一方面，虽然已经丧失文化特征，但却需要不断强化民族文化来增进民族意识。新中国成立后，在“民族识别”和民族区域自治、

民族文化资源保护与开发中，湘西各族群就开始有意识，无意识地选择性搜集和利用各种“史料”来构建“民族话语”，包括在对史料进行重新诠释的基础上构建“民族”历史。如苗族、土家族都通过对史籍、神话、传说以及近代出土文物重构了族群发展史，为这种现实中不证自明的族群法律身份作注。

族群边界的“清晰化”和个体“族群身份”的固定化，使当代湘西有了一个稳定和清晰的族群格局和秩序，便于土家族、苗族联合行使自治权利，公平合理地参与各种资源竞争，分享国家的优惠政策。但是这也使得族群边界有时会成为一个社会问题。“当族群身份与某些优惠政策或歧视政策相关联时，族群边界就进一步成为政治问题。这些制度、措施、政策的制定、实施会诱生、固化、加强族群意识，鼓励族群通过政治手段追求本族群的政治与经济利益。”[7](p611) 其后果，轻则引起族群间的竞争和冲突，如果这种持续性的恶性竞争导致族群分层，族群意识不断强化，就会通过“民族主义”运动建立起独立的“民族国家”或出现族群的政治分裂。虽然在湘西这种严重的政治分裂不会出现，但利用族群身份，参与各类资源的竞争和冲突则是极有可能出现的现象。

2. 文化互动导致了族群文化身份的模糊化

从族群关系的长远发展角度来看，随着持久、深入的文化互动，族群交往的历史发展大趋势只能是相互融合不是进一步分化，是族群成员间边界的“模糊化”而不是“清晰化”。从族群文化上看，土家族苗族文化相互交融，文化边界逐渐模糊。虽然湘西各种民族民间文化已经被纷纷贴上族群身份的标签，但在现实生活中，这种标签常常被人所忽视，“拥有权”和“使用权”经常相互交叉。湘西土家族、苗族作为两个世居少数族群，“错居杂处，他们的文化既各自传承，又相互交流”，“相互依存、相互渗透、相互转化”，传播、取代、变通、交融共存。[8] 湘西学者也认为，湘西文化呈现一种以土著原始文化为底，以楚文化为主流，以巴文化为干流，以汉文化为显流的多元一体的格局。[9](p30-85) 笔者在田野调查中也发现，凤凰吉信镇土家族、苗族一起信奉白帝天王，一起做“土地会”、“观音会”，他们已经撕掉了文化标签。

族群间的文化身份可以相互转化。“一个群体之所以成为一个族群，并不是由于它可以被测量的或被观察到的，区别于其他族群的差异程度，相反，这是因为在群体内和群体外的人都认为它是一个族群；群体内和群体外的人们的语言、感觉和行为让它看起来就像一个独立的群体”[10](p156) 如前文中双溪乡西岐河两岸苗寨的苗家人由于长期和周围土家族开亲、交往，一些显性的族群文化特征如语言、服饰都已经丧失，并且大量接受了土家族的生活习俗和民间信仰。他们不仅不再认同自己的苗族身份，“土不土、苗不苗”，也被官坝苗族人称为“假苗族”。而在绿绿河、棉花旗的龙姓和梁姓土家族长期和苗族居住，虽然被确认为土家族，但他们走出山村，到涂乍赶集，仍然被那里的土家族人戏称为“苗子”。

因此，在这里，族群情感与工具因素相互交织，“一方面，国家介入民族识别，通过法令将官方认定的民族变成永久性的范畴；另一方面，工具论的利益只要符合国家的政策，也会在某一民族范畴中持续下去。”[11](p268)

（二）多民族成分家庭的增加

土家族、苗族长期交错杂居，和睦相处，血脉相连。“土家老子客家娘，苗家姑娘土家郎”，多民族家庭大量存在。根据湖南省统计局统计，湘西的多民族家庭达到了较高的水平，有两个及以上民族的户比例为25.5%。[12]多民族家庭的出现是民族平等团结的体现。族群通婚促进了对彼此文化的了解、赞赏与采借，减少了对对方文化的偏见。而正是这种因通婚而带来的文化互动改善了历史上这些多族群聚居区内的族群关系。

族际通婚可以促使土家族苗族相互穿越彼此的族群边界，促成相互认同。据一位80余岁的老人对西岐河各寨族群转化的回忆，西岐和官坝原来是一个公公的，西岐的苗族以前从语言到节庆、信仰、祭祀都与土家族不同。解放前，下官坝还有人家吃过牛（锥牛）、还愿、敬傩神公公、傩神娘娘。后来，因西岐的大公公比官坝那个公公开明可亲，才形成了今天这样的局面。因为族际通婚标志着把一个“异族人”吸收进了“本族”的族群。在这种多族群家庭中，一方面通过血缘融合淡化了族群边界和社会边界，双方都进入到对方族群的家庭、社区组织、社会组织之内；另一方面在家庭内部和通婚双方家族之间在语言、风俗、信仰上的相互交流，无疑会有助于增进对对方文化的了解和认同，消除历史上残存的文化偏见。久而久之，就会将异文化内化为自身文化，并形成新的族群认同。

（三）多民族家庭子女民族成分选择的多样化

出生于不同族群通婚家庭中的子女对于自己族群身份的选择既可以反映出湘西族群关系的基本格局，也是湘西土家族与苗族之间相互转化得以完成的原因。

1. 父母的选择多样化

在我国，族群的成员身份确定的依据是他们的父母、祖父母或外祖父母的民族成分。通过对族际通婚家庭父母对子女民族成分选择的问卷调查可以看出：土家族、苗族都对子女的民族成分的选择存在多样化的倾向。户籍资料调查也发现，多民族家庭中，父母对子女民族成分的选择呈多样化的趋势：一是子女的民族成分多随父亲的民族成分，二是汉族和土家族、苗族通婚则多选择土家族或苗族身份，三是土家族、苗族或其他少数民族之间通婚中如有多子女的情况，有时会出现为几个子女选择不同的族群身份（见表1）。

表1　父母对子女族群身份选择的态度

	民族	随您	随您配偶	有的随您，有的随您配偶	其他
您孩子的民族成分	土家	59.09	27.27	13.64	
	苗族	70.00	20.00	10.00	

2. 子女的选择性认同与族籍迷失

子女在族群身份的初始选择中多处于被动的地位。但个体很早就能意识到他的族群身份，以及与其他族群成员的差异。在随后的社会化过程中群体认同也会被逐渐内化。戈登认为："一旦一个社会的族群类型被建立，人们就会被自然地划分到这些类别中，并且不完全由人们的意识所决定。"[13](p12)在族群界限并不严格以及有大量跨族际婚姻的多族群社会，族群性的这种特性变得更加显著。因此，个人在就其族群身份上"他们是谁"作决断时，有些人是主观的，而另一些人是无意识的。在湘西，不同民族混合婚姻的后代，他们虽然在法律身份上不能变更自己的族群身份，但在现实的族群互动中，却可以通过对当地主导族群的认同来提高他们的地位。因为一个人如何被对待，主要根据他所属的族群在社会中的地位。在多族群社会，族群性是决定"在这里能得到什么"和"得到多少"的一个非常重要的因素。而在湘西，决定"在这里能得到什么"和"得到多少"在不同的场合下，标准是不一样的。在日常交往中，人们凭借的是"文化身份"；在升学、提干等政治场合是按"法律身份"的。如在笔者的调查对象中，一些土家族、苗族与汉族通婚家庭的子女对外界一般会声称自己是客家，只有在进一步追问下他们才会确认自己的土家族或苗族身份。而在他们的身份证和户籍上则会明确地标明自己的少数族群身份。在一些土家族苗族通婚家庭中，子女通常会对族群身份作策略性选择。在这种族群法律身份和文化身份的错位中，他们采取选择性认同，并由此而产生了"族籍迷失"。

三、结　语

1. 湘西土家族苗化和苗族土家化反映了湘西各族群间竞争又合作的复杂族群关系

文化互动与族群关系互为表里，族群关系是文化互动的结果，文化互动是族群关系的动态表现形式。湘西土家族、苗族文化互动过程中族群边界的固守与消融，以及他们对维持族群边界的文化事象的选择与利用，正是他们之间竞争又合作的族群关系的复杂写照。

2. 湘西土家族苗化和苗族土家化反映了族群认同的多重性

首先，湘西土家族苗族之间的相互转化并得到相关族群的认可，是因为丧失或具备了相关族群的文化要素和特征，表明这种族群认同带有“文化论”或客观特征论的特点，即把族群当做一种社会文化的承载和区分单位。[5](p342)其次，土家族、苗族把对对方文化的采借与族群身份的选择作为一种生存策略，即将族群文化和族群认同作为族群边界来区分我群与他群而进行组织和动员，带有一定的工具论色彩。最后，在国家民族政策体制之下，这种转化的巩固需要不断被建构。

参考文献

[1] Barth, Fredrik. Ethnic Groups and Boundaries [M]. Prospect Heights: Waveland Press Inc., 1969.

[2] 董鸿勋. 古丈坪厅志 [M]. 光绪三十三年（1907）铅印本.

[3] 董珞. 巴风土韵 [M]. 武汉：武汉大学出版社，1999.

[4]《保靖县民族志》编纂小组. 保靖县民族志 [M]. 保靖：保靖县印刷厂，2007.

[5] 庄孔韶. 人类学通论 [M]. 太原：山西教育出版社，2002.

[6] Kaufmann, Eric. Liberal Ethnicity: Beyond Liberal Nationalism and Minority Right [J]. Ethnic and Racial Studies. 2000, Vol. 23 (No. 6).

[7] 马戎. 民族社会学——社会学的族群关系研究 [M]. 北京：北京大学出版社，2004.

[8] 董珞. 湘西北各民族文化互动试探 [J]. 民族研究，2001 (5).

[9] 郑英杰. 文化的化理剖析：湘西伦理文化论 [M]. 贵阳：贵州民族出版社，2000.

[10] Hughes, Everett C., Helen M. Hughes. Where peoples Meet: Racial and Ethnic Frontiers [M]. Glencoe, Ill.: Free Press, 1952.

[11] [美] 斯迪文·郝瑞. 田野中的族群关系与民族认同——中国西南彝族社区考察

研究［M］. 巴莫阿依，曲木铁西，译. 南宁：广西人民出版社，2000.

［12］石梅. 湖南省家庭户规模呈缩小趋势［J/OL］. 统计信息，［2006］136 期［2006 - 07 - 17］http：//www.hntj.gov.cn/fxbg/2006fxbg/2006tjxx/200607170108_1_0.pdf

［13］［美］马丁·N. 麦格. 族群社会学：美国及全球视角下的种族和族群关系［M］. 祖力亚提·司马义，译. 北京：华夏出版社，2007.

少数民族的文化重构与本真性的保持*

——以景宁畲族自治县的畲族文化重构为例

方清云**

（中南民族大学民族学与社会学院）

在世界经济一体化的背景下，各少数民族为了适应不断变化的文化生境，必须不断地进行传统文化的自觉和重构。如何有效地实现传统文化的现代转型，增强传统文化在现代社会的适应力和生存力，已经成为当前少数民族面临的最大的现实和难题。“文化搭台、经济唱戏”已经成为很多民族地区发展经济的惯常做法，民族（俗）旅游也成了很多民族地区新的经济增长点。在此背景下，少数民族的文化重构出现了明显的功利化倾向，少数民族文化的“本真性”遭到了破坏，民族文化出现模糊化和趋同化的趋势。如何在文化重构的过程中，保持文化的“本真性”不被破坏，使各少数民族能够与时俱进，顺应时代发展，同时又能保持本民族文化的独特性，避免少数民族传统文化重构过程中的面目全非或千人一面，这是当代少数民族传统文化面临的迫在眉睫的问题。本文以浙江省景宁畲族自治县近年来的文化重构为例，通过分析文化重构方式中的“原生性”重构和“借用性”重构及引发的讨论，探讨少数民族如何在文化重构的过程中保持文化“本真性”的问题。

---

* 基金项目：2010年度教育部哲学社会科学研究重大课题攻关项目，坚持和完善中国特色的民族政策研究（批准号：10JZD0031），子课题名称：市场经济与城市（镇）化背景下的散杂居少数民族政策研究。2012年中南民族大学南方少数民族研究中心与浙江省景宁畲族自治县横向合作项目：少数民族传统文化与民族地区的可持续发展研究（项目编号：HSY12006）。

** 作者简介：方清云，女，汉族，1977年7月，湖北武汉人，民族学博士，讲师。中南民族大学民族学与社会学院，中南民族大学南方少数民族研究中心，中南民族大学“散杂居区少数民族研究团队”。主要研究方向：散杂居民族问题研究，畲族研究。

一、文化重构与“本真性”

“重构”一词“最早是用于计算机软件设计的词。所谓重构是这样一个过程：在不改变代码外在行为的前提下，对代码作出修改，以改进程序的内部结构。”❶ 罗康隆先生在本文化与异文化的交流互动中给出了文化重构的定义，认为“文化重构是指在族际文化制衡中，一种文化受到来自异种文化的一组文化因子持续作用后，将这组作用作为外部生境的构成要素去进行加工改造，从而将其中有用的内容有机地置入固有文化之中，导致了该种文化的结构重组和运作功能的革新，这种文化的适应性更替就是文化重构。”❷本文中的文化重构，既包括文化内部文化因子重组所进行的文化重构，也包括借用外来文化因子进行的文化重构。无论哪种重构，都有一个共同的目的，就是为了让文化随着文化生境的变化而变化，使重构后的文化更具适应力和生存力。总之，文化重构是文化变迁的一种，是文化变迁中的有目的的变迁，是文化适应不断变化的文化生境的必由之路，贯穿了各少数民族文化发展的始终。当代少数民族文化重构的规模和强度在历史上都是空前的，因为中国正在经历着从政治体制到经济体制的全面变革，这种变革为文化重构提供了契机，也对文化重构提出了挑战。

“本真性”是一个舶来的概念，源自希腊语“anthentes”，也被译为原真性、原生性、可靠性、准确性等。这一概念被广泛地运用于哲学、文艺学、民俗学、民族学、人类学等学科的相关研究中，在民族学、人类学、民俗学领域主要用来讨论非物质文化遗产保护和民族旅游带来的文化商品化、文化复制性等问题。本真性“是指一事物仍然是它自身的那种专有属性，是衡量一种事物不是他种事物或者没有蜕变、转化为他种事物的一种规定性尺度。”❸ 与之密切相关的另一个词是“原生态”，这个词最早来自于自然科学，指的是人类活动没有触及的纯天然的自然景观或自然环境。“原生态文化”在我国于2004年由官方提出后广为流传也备受争议。很多

---

❶ ［美］Martin Fowler. 重构［M］. 侯捷，熊节，译. 北京：中国电力出版社，2003：53－55.

❷ 罗康隆. 文化适应与文化制衡［M］. 北京：民族出版社，2007：178.

❸ 刘魁立. 非物质文化遗产的共享性、本真性与人类文化多样性发展［J］. 山东社会科学，2010（3）.

学者对“原生态文化”持否定意见[1]，认为它是一个商业气息浓厚的词，强调“原汁原味”的文化，强调静止、不发展、不变迁，这是一个伪命题。因为任何文化都是不断变化发展才以今天的面目示人的，静止不变地保持文化产生之初的本来面目本来就是一种不可实现的臆想，“原生态文化”是一种不存在的文化。“本真性”和“原生态”是两个有联系有区别的概念，它们的联系体现在这两个概念都强调对文化本来面貌的保留和保护。二者的区别在于“原生态”强调保护的本来面目是文化诞生之初的、静止不变的、也根本不存在的“原汁原味的文化”，否认文化重构，将文化导向故步自封；“本真性”则强调文化保护是在文化变迁中实现的，认为“文化的变化是不可避免的，只要变化不失其本真性，只要文化事象的基本功能、该事象对人的价值关系不发生本质改变，就是可以正常看待的。”[2] 少数民族文化本真性的保持具有重要意义，它是避免文化经济化和庸俗化的需要，是保持文化独立品性的需要，是保持文化多元化的需要，是保持文化创造力的需要，是少数民族固守精神家园的需要。

二、当代景宁畲族文化重构的现状

畲族主要分布于我国闽、浙、赣、粤、黔、皖、湘七省 80 多个县（市）内的部分山区，“根据 2000 年第五次全国人口普查统计，畲族人口总数约为 709592 人”[3]。畲族是一个高度散杂居的民族，除了景宁畲族自治县之外，大多数畲族都以散杂居的状态分布。散杂居的分布态势使畲族文化受其他民族文化，尤其是汉族文化的影响很大。如何在现代化发展背景下，实现畲族文化的当代重构，使其既能适应现代化发展的进程，又能将畲族传统文化有效地传承下去，已经成为畲族民族文化精英和民族先觉者热烈讨论的话题。景宁畲族自治县作为我国唯一的畲族聚居区，近年来采取了很多积极措施弘扬畲族传统文化，为畲族文化的当代重构作出了不容忽视的贡献。

---

[1] 参阅叶舒宪．想象的原生态［N］．人民政协报，2010－8－30．纳日碧力戈．“原生态”还是“活生态”［J］．原生态文化学刊，2010（3）．

[2] 刘魁立．非物质文化遗产的共享性、本真性与人类文化多样性发展［J］．山东社会科学，2010（3）．

[3] 《畲族简史》编写组，《畲族简史》修订本编写组．畲族简史［M］．北京：民族出版社，2008：1．

（一）景宁畲族文化重构的表现

景宁畲族自治县是浙江省唯一的少数民族自治县，也是华东地区唯一的民族自治县，独特的地理区位优势，使其一方面获得了来自中央和地方各项优惠政策的扶持，同时又因为浙江省经济发展的辐射，使其传统文化生存的文化生境发生了很大的变化，文化重构态势十分显著，主要表现在以下几个方面。

第一，对畲族图腾信仰的重构。

传统的畲族图腾信仰包括“凤凰说”和“盘瓠说”两说。“凤凰说”源自畲族的女性始祖三公主出嫁时，百鸟之王凤凰衔来“凤凰装”做嫁衣的神话，今天畲族女性出嫁时梳“凤凰髻”即这一信仰在生活中的表现。“盘瓠说”源自畲族男性始祖的诞生神话，说盘瓠最初为高辛帝皇后耳中掏出的一条虫，“后置以瓠篱，复之以盘……因名盘瓠”[1]。此外也有“龙鱼说”和“麒麟说”等不同说法。在畲族传统文化中，“盘瓠说”较诸“凤凰说”更占据主导地位，盘瓠信仰不仅以故事传说的形式在畲族中祖祖辈辈地传承，并且以祖图、族谱等形式加以保存，还以祖杖的形式加以雕刻崇拜。此外，畲族的山歌、日常生活禁忌、民族服饰中都有盘瓠信仰的影子。正如厦门大学郭志超教授在2007年的全国畲族学术研讨会上所言，“如果说畲族研究是一个金字塔型结构的话，盘瓠信仰的研究就是这个金字塔的塔尖。”

但在现实生活中，越来越多的畲族同胞认为“盘瓠信仰”是汉族文人对畲族的诬蔑，是封建统治者和大汉族主义者对他们历史的篡改，他们坚决不接受并且强烈要求正本清源。2006年6月18日，以浙江省苍南县畲族为首的畲族人上访、申诉，集体抗议“盘瓠信仰”的说法。这一事件被称为“六一八事件”，是畲族人坚决反对“盘瓠信仰”提法的最尖锐、最激烈的一次行动。今天在景宁畲族自治县，“盘瓠说”已经不再为人们所提及，“凤凰说”取得了广泛共识并在景宁得以推广。在景宁畲族自治县的畲族聚居村落，精心设计的凤凰图案被作为本民族标志，印制在对外宣传的各类印刷品、包装袋，以及畲族民居的外墙面上。尤为典型的是，景宁畲族每年最隆重、规模最大的“三月三”传统节日庆典活动，凤凰已经开始作为本民族象征向国内外来宾推介。当笔者问及为什么不再提及“盘瓠信仰”时，当地一位畲族知识分子说，“盘瓠信仰”容易让人联想到给畲族人民感情带

---

[1] 干宝. 搜神记：卷一四.

来伤害的“犬图腾”；而如果将“盘瓠信仰”引申为“龙麒崇拜”，又容易与汉民族的“龙崇拜”混淆，没有典型性，干脆避而不谈了。

第二，畲族三月三节日文化的重构。

“三月三”是畲族的传统节日，在畲族人民心中是可以与春节相提并论的重大节日。传统“三月三”节日的主要内容包括：“打山歌”、吃乌米饭和踏青欢聚等活动，这是畲族人民自娱自乐和加强内部交流的节日。民族旅游经济的发展推动了畲族“三月三”活动的不断重构，调查显示，外来文化因子的不断补充使畲族“三月三”节日已经与传统面貌有了很大差异。除了保留畲族“三月三”的传统活动之外，庆祝活动中每年都有新增加的内容。例如，2005 年，畲族“三月三”增加了畲族婚俗表演、畲族“打草鞋”表演、畲族歌舞表演、畲族惠明茶道表演；2007 年，畲族“三月三”举办了摄影展、音乐作品创作演唱与研讨会、旅游推介洽谈会等活动，还引入了中央电视台等现代传播媒介的传播手段；2008 年，畲族“三月三”增加了与台湾少数民族联欢活动；2009 年，“三月三”举办了“畲族服装大赛”；2010 年，“三月三”活动借用了网络媒介手段，举办“首届网络文化节”，组织网友发博文、发帖参与景宁“三月三”活动；2011 年，“三月三”举办了“中国电影家协会送欢乐下基层”活动；2012 年，“三月三”活动增加了植树活动、海峡两岸民族乡镇发展座谈会、“中国畲族博物馆开馆仪式”等活动。

畲族“三月三”文化丛中小部分新增文化元素（如畲族婚俗表演、畲族“打草鞋”表演、畲族歌舞表演、畲族惠明茶道表演）早已存在于畲族的传统文化中，只是之前并不属于畲族“三月三”节日庆典的一部分。这一部分文化元素借用到“三月三”庆典活动中，使本民族传统文化更丰富多彩，更加特色鲜明。另外一部分文化元素是畲族文化中原本不存在的、从异质文化中借用而来的，如服装表演、摄影展、音乐作品创作演唱与研讨、旅游推介洽谈会、植树活动等。大量借用这些外来文化元素已经导致畲族传统文化的本来面目被模糊。

第三，畲族民居的文化重构。

畲族的传统民居没有相对统一的建筑模式或建筑风格，其突出特点是以居住地的基本建筑风格为基础，依地形山势而建，以宜居和方便生产生活为目的。分布在不同区域的畲族民居表现出鲜明的地域性特征，如贵州畲族民居往往具有干栏式建筑的特征，民居分为上下两层，底层局部或全部架空，用作厨房、厕所、猪圈、堆放农作物、柴草，或放养家禽、牲畜及雨天做活等，楼上为卧室和起居室；浙南畲族的民居呈现出明显的江南徽派民居特色，是“浙南畲族原生的居住文化与江南的徽派民居文化相交融”的产物[1]；居于福建的畲族民居则表现出显著的闽南风格，屋檐都以白灰装饰成白色条带，屋脊端头瓦件高高上翘。笔者曾在江西省贵溪市樟坪畲族乡做过为期半年的田野调查，发现除了正厅供奉的祖宗牌位不同，当地畲族民居与汉族民居在外观上没有任何差别。

今天的景宁畲族县，畲族民居正在形成鲜明的、统一的畲族族属特色。澄照乡的金坵村、东坑镇的马坑村的民居窗户用木格式，镶上“畲”字样，在墙面或中堂楼上前廊栏杆镌刻或镶入彩带，用不同字体写上蓝、雷、钟、盘畲族的主姓，在墙面上镌刻畲族标志性的凤凰图案。外舍乡岗石村、鹤溪镇敕木村的民居外墙统一用深黄的古泥墙颜色作为墙体主色调，着力打造传统特色泥巴墙。当代畲族民居的屋顶、山墙、墙身、节点细部等装饰元素都体现出了畲族建筑的鲜明特色，从文化根源来考察，这些新造民居的文化因子深植于畲族的图腾信仰、传统手工艺、民族姓氏等文化中，而将其外化为可见的图案用于装点民居，则经历了一个创造性的具象化过程。

三、畲族文化重构的反思：如何在文化重构中保持文化的本真性

文化因子又称文化元素、文化特质，是文化人类学文化传播学派从微观的角度分析文化传播路径的一个重要术语，是对文化复合体进行解构研究的最小单位。分析文化重构中原生性文化因子和借用性文化因子所占的比例，就可以判断文化本真性的保持状况。当代景宁畲族文化重构方式可以分为四种，第一种是文化因子替代性重构，如对畲族图腾信仰的文化重构；第二种是内部文化因子的结构重组性重构，如“三月三”节日庆典中将日常民俗纳入“三月三”文化庆典活动中；第三种是内部文化因子的新造性重构，如对畲族民居的文化重构；第四种是外来文化因子的借用性重构，如“三月三”节日庆典中引入了很多畲族原本不存在的文化因子。前三种文化重构方式均建立在内部文化因子基础上，我们暂且将其称为“原生性”文化重构。“原生性”文化重构，能够较好地保持本民族文化的本真性，并能得到畲族主体和社会的广泛认同。第四种文化重构方式是大量借用外来文化因子进行文化结构和内容的建构，我们暂且称其为“借用

---

[1] 丁占勇. 浙南畲族传统民居探究［EB/OL］. 中国民族宗教网，民族理论版：http：//www.mzb.com.cn/html/report/197639 - 1.htm.

性”文化重构。尽管它使畲族传统文化的现代性、丰富性都得到了大大的提升，但也导致了传统文化特征的模糊，使传统文化重构出现趋同化，给民族文化的认同带来了困扰。

探讨畲族文化的当代重构及本真性保持的问题，对我们理解和分析少数民族传统文化的重构有重要的启示。

（一）借用外来文化因子要适度

我国各民族在相处过程中，也不可避免地互相借用对方文化因子，整合进自己的文化系统中，这在文化变迁理论中被称为文化涵化。借用外来文化因子为我所用，是不同文化交流和相互影响的重要方式，也是文化自我发展的需要。但是如果这类“借用性”文化重构不能把握好“度”，则会使文化的本真性遭到破坏。

文化模式是以一定的价值系统为核心，并按一定结构组织起来的文化内涵之整体，是融语言、信仰、生活方式、价值观念于一体，融器物文化、制度文化、精神文化以及人本身的文化性格于一体，组成的具有独特个性的体系。文化模式具有系统性、选择性和整合性，任何一个文化在借用外来文化因子时，都要首先经过一个选择的过程，只有与本文化个性相近的文化因子才能纳入文化模式中，再经过本文化模式的整合和改造，外来文化因子才能成为本文化有机组成的一部分。由此可见，任何一个文化因子要进入另外一个文化模式，都会经历一个选择、改造、为我所用的过程。如果在外力的作用下，强行将外来文化因子引入某一文化模式，则外来文化因子与本民族文化因子难以整合。尤其是当外来文化因子在数量上呈现压倒性趋势时，本民族文化就会呈现出不伦不类的尴尬状态，其本真性将受到极大的破坏。

景宁畲族“三月三”借入了大量的外来文化因子，在内容上，基本上囊括了当前所有的流行元素，在功能上从“娱神”、“娱己”，转向了“娱人”，并且还打上了鲜明的国家意志的烙印，具有了推动两岸文化交流的功能。文化内容上的丰富性和功能上的多样性本身并不会造成文化本真性的破坏，但是由于这些外来文化因子在短期内还没来得及经过经过文化模式的整合，而使这些丰富性缺乏畲族特色，最终将这种文化多样性导向无个性和模糊性。“节日期间，笔者已经完全找不到‘三月三’乌饭节的影子，而被一种嘉年华式的节日氛围所包裹。”[1] 属于畲族的“三月三”庆典结果演变成

---

[1] 马威. 嵌入理论下的民俗节庆变迁［J］. 西南民族大学学报（哲学社会科学版），2010（2）.

了任何地方、任何人都可以举办的盛会，最大的特点也变为了狂欢。

（二）要尊重少数民族历史文化的传统

文化三分法将文化分为物质文化、制度文化和精神文化，其中精神文化是文化的核心层。宗教信仰又是精神文化的核心层面，具有很强的民族凝聚力和向心力，是维系民族的深层原因。因此，对民族宗教信仰文化的重构一定要慎重，因为这不仅涉及民族文化本真性的改变，更涉及民族文化的本质改变。

畲族的“盘瓠说”是畲族文化的精髓，是畲族文化的标志性特质，是畲族人民精神皈依的家园，这在畲族早期的历史文化研究中早已成为定论。然而当代景宁畲族在进行图腾文化重构时，用占次要位置的“凤凰说”取代了“盘瓠说”并加以推行，却并未引起大的争议，这一现象发人深省。事实上，浙江景宁畲族对图腾信仰的替代性重构并未取得全体畲族的广泛认同，比如江西贵溪樟坪畲族乡、福建漳浦赤岭畲族乡，仍然用雕塑、图腾柱等形式表明了本民族的“盘瓠信仰”。那么为什么畲族图腾信仰说并未引起来自族群内部和外部的异议呢？有人可能会说，这是由于“六一八”事件使这一问题成为敏感话题，所以学者和民族主体对此问题采取回避态度。这一说法有一定道理，但是笔者以为更重要的原因是因为图腾信仰的重构秉持了其一以贯之的传统，顺应了畲族图腾文化发展的历史规律，因此并未破坏文化的本真性。

很多学者通过对畲族族谱的研究，发现对图腾文化的重构是随着畲族民族自我意识的觉醒而开始的。隋唐时期聚居在闽西、闽南等地的畲族，族谱中多不见盘瓠传说及相关记述，而生活在明清时期迁徙地区，如闽东、浙南，甚至江西、广东等地的畲族，族谱中都有盘瓠传说，并且在故事情节和人物名称等方面，出现了一些差异：首先，增加了盘瓠诞生的神异性；其次，增加了金钟变身的情节（即从与人不同的形象转变为人形）等等。“增加一些内容，特别强调他们是皇亲贵胄，祖上对汉族来说有大大的功劳，所以历代皇帝都让他们免差役，有‘逢山逢田，任其耕种’的特权”，为本民族在与他族之间的纷争中，提供一份有力的“合法”依据。[1] 可见，自明清以来畲族的图腾信仰的重构一直在持续进行。“六一

---

[1] 石奕龙．明清时期畲族盘瓠传说的再发明及其原因［J］．华语广播网，［DB/OL］http：//gb. cri. cn/1321/2009/06/29/157s2548912. htm．（本文作为2007年全国畲族学术研讨会会议论文在会议上宣读和交流，但并未收入会议论文集。笔者推测是由于该论题的涉及畲族盘瓠信仰的敏感话题所致）

八”事件标志着当代畲族民族自尊心的极大增强，也表明“盘瓠说”已经到了不得不重构的紧急关头。“凤凰说”取代了畲族讳莫如深的“盘瓠说”，代表了大多数畲族人民的意愿，顺应了畲族历史文化发展的潮流。所以“凤凰说”替代“盘瓠说”的文化重构，虽然触及了畲族文化的核心，但并未破坏畲族文化的本真性。至于“凤凰说”能否“独尊一说”，获得全体畲族的一致认可，成为畲族图腾信仰重构的终极版本，还须留待时间的检验。

经验与反思：民族学视野下的湘西地区民族政策

——以油茶种植的政策扶持变迁为例

麻春霞[*]

（吉首大学人类学与民族学研究所）

引言：问题的提出

湘西地区是湖南省相对贫困的地区，因而相当一段时间以来，在这里执行的民族政策，基本上都是围绕“扶贫攻坚”这一理念而展开的，比如：扶持油茶种植的政策就深深地打上了这一时代的烙印。这种“扶贫攻坚”式的政策，其要点包括如下四个方面：其一是认定这里是真正的贫困地区，并进而认定这里的民族传统文化的“特殊性”是导致该地区贫困的重要原因之一；其二是坚信通过技术的改革、资金的投入、生产方式的变革和政策的倾斜，可以帮助这里的各族居民摆脱长期积累起来的贫困状况，因而也才有“扶贫攻坚计划”这一政策思路的提出和实行；其三是坚信随着社会经济的发展，这里各民族很多的传统文化也肯定会逐步地转型，逐步失去其“特殊性”，最终与全国一道步入现代化；其四是认定目前各种社会矛盾都是因为经济发展不平衡，或者是历史积淀下来的原因而造成的暂时现象，因而只要经济发展了，民族间的经济摩擦、紧张关系等也就会迎刃而解。

作为一种时代的理念，上述四个要点长期支配着湘西地区民族政策的

---

* 作者简介：麻春霞（1979—）女，汉族，湖南吉首人，吉首大学人类学与民族学研究所讲师，研究方向：生态人类学。联系方式：13407439418，E-mail：zcx79@163.com。

制定与实施，以致“贫困”成了湘西地区形象的代名词。在这样一种价值判断的引导下，为湘西地区各族居民争取更多的经济投资和政策优惠成了这里民族工作的主导内容。但在贯彻这一理念的过程中，不仅是学者，就连当地的各族乡民都逐步地发现湘西地区在历史上并非一直贫困，就是在20世纪50年代以前，这里还是全国少有的经济发达地区之一。这里出产的油茶占全国油茶总产量的1/3强。

在20世纪50～60年代，中国油茶的总产量高达30多万吨，与同时期世界各种食用木本植物油的年产量差不多持平，比如世界四大木本油料植物中的橄榄油、椰子油、油棕油就是如此。可是，在经历了50多年后，产自世界其他地区的三种木本植物油的产量都分别提高到了年产200万吨左右，而湘西地区在近半个世纪的扶贫后，油茶产量反而从10万吨萎缩到了不足7万吨，与此同时，我国的油茶总产量也差不多萎缩到了27万吨。值得反思之处在于，为什么如此优惠的政策、高额的资助，却导致了这里的主导产业不进反退？本文正是立足于我国“十二五”期间食用植物油产业结构调整的需要，总结近半个世纪以来湘西地区民族政策执行的经验，试图回答政策的目标与效果偏离的成因，并探寻有助于产业调整成功的对策。

一、民族政策的梳理

进入21世纪后，中国经济的迅猛发展，世界各国间势力均衡的激烈变迁，致使不少突发性问题会猛然插入民族工作的圈子之中去，给民族工作提出了新的内容和挑战，如生态建设问题、民族迁徙问题、涉外问题等。这样一些新问题都会使得长期以来总以为民族问题不外乎是统战问题，或者是扶贫问题的老观念面临严峻的挑战。如若把这些新内容与此前曾经执行过的民族政策作一番梳理，通常会使很多民族工作者感到非常困惑。举例说，一段时间以来，不少民族工作者都习惯认为湘西地区各民族的传统文化具有“特殊性”，在经济发展的过程中通常起的都是副作用，没有价值可言，而事实却并非如此。他们之所以产生这样的一种习惯性看法，其根本原因在于他们忽略了实际的经济行为在具体的文化背景下，是依赖在文化中的角色的形式进行组织的。[1]据此可知，如若没有湘西各民族的传统文化，湘西地区的此前发展都不可能实现。然而，不管是高层政策的制定者，还是底层政策的执行者，进一步挖掘民族文化资源，打造民族文化旅游品牌，是加快湘西地区民族文化旅游业发展的必然选择的意识已经得到了逐步的树立。[2]原先误以为是发挥制约因素的文化事项，到了今天反而成了需要保护的“非物质文化”遗产；原先作为申请照顾理由的“特殊性”，时下反而成了推动湘西地区经济发展的重要资源。又比如，早年总是认为从事农业生产、畜牧业生产以及手工业生产是导致经济落后的根本原因，要快速地发展经济就要搞项目、就要招商引资、就要改变传统的手工生产方式，引进高科技。可是，在湘西地区民族旅游业的兴起并日趋火爆的背景下，各民族的传统建筑、传统生活方式，以及各民族的传统手工生产手段，反而成了开展民族旅游的特色人文资源，成了吸引外来游客和投资者的巨大文化资本。以致时下湘西地区不少政策决策人，不得不暗自庆幸前些年幸亏没有将那些破破烂烂的传统建筑撤掉；当地的居民没有将家中的坛坛罐罐给甩了，没有将自家的油茶树全部给砍了；研究人员也没有建言废掉那些落后的“神秘”。再比如，以往为了彰显社会经济的发展，在湘西地区就曾力图组建锰矿业“航空母舰”，极力要将各种小型的锰矿企业拼装为大型的企业，但却并不关注锰矿的无序开发对环境的损害和污染。当时的提法是经济发展了，就有钱了，有了钱一切就好办了，就有能力回头再来治理污染。如若经济不发展，没有钱，即令没有污染，这些藏于地底的锰矿又有什么价值可言？摆在那儿岂不浪费？但是到了今天，当广大的人们突然发现污染已经造成了种种灾难，而且已经波及自身安全的时候，这才猛醒，才想到要投资防治污染。而治理污染所需要耗费的人力、物力和财力往往要比这些企业已获得的利润还要高，而且持续时间更久、周期更长。与此同时，更重要的还在于，长期以来所执行的牺牲第一产业，推动第二、三产业发展的扶贫思路，待到了追求“绿色食品”、“生态食品”、“安全食品”的今天，当年被视为很“当然”的民族决策思路，一下子变得完全不合时宜了，有的甚至是截然相反的。而恩格斯早就明确指出了“政治经济学本质上是一门历史的科学”，[3]既然是一门历史的科学，那么不难看出，任何经济政策的制定不可能对一切民族和一切历史时代都是完全吻合的，[4]而我们恰恰犯了这个致命的错误。

这样的反思和痛苦、困惑和迷茫不属于个人，也不专属某一个小团体，而是摆在全国各地区民族工作者面前的一个共性难题，只不过在湘西地区表现得尤为突出罢了。同时，这也是需要民族学加以引导的关乎国计民生的大事之一。具体到湘西地区推广发展油茶产业的政策而言，就有如下两个方面的事实值得澄清。

其一，长期执行的民族政策忽略了引导湘西地区油茶产地品牌的形成。世界各国的农业发展实践无不证明，农业的发展必须依靠政府的强大支持，[5]同样，油茶产业的发展也是需要政府的大力支持才能获得发展的，而更关键的是在于我们的政策却没有支持、指导形成湘西地区油茶产地品牌，而是把油茶作为一种准备淘汰掉的落后产业去对待。20世纪50年代，在国家政策的指引下，这里的传统油茶产业得到了较好、较快地开发与利用。调查表明，湘西地区各民族油茶农在茶林的种植和管理方面所达到的技术水准并不落后于中国任何一个地区的油茶种植，他们培育下的油茶林的单位面积产量甚至比西方油橄榄的单位面积产量还高，茶油的食用品质也与橄榄油相近，某些食用特性甚至还超过了油橄榄。可是，在国际市场上，油橄榄被称为是“绿色的金子”，而中国的茶油却出不了国门。因此，在这样的政策导向下，湘西地区的油茶产业虽然得到了一定的增长，但政策并没有引导和扶持这里的油茶建构属于自己的产地品牌，无法将其具有的巨大市场潜力切入整个国内和国际食用油市场。其结果是，湘西地区出产的茶油，只能在当地自产自销，不仅在国内市场的销售额无法提升，而且根本无法进入国际市场。因此，我们只能眼睁睁地看着橄榄油的市场价格节节飙升，而茶油是什么东西，在国际贸易圈中连名字都不被外国人所知的情况比比皆是。

市场实践表明，品牌效应在当今市场经济中，是具有重要意义的无形资本。油茶这种农产品，其品质既取决于产地，又取决于作物品种本身，更得仰仗精细地加工。因而，油茶从生产到加工到成品的各个环节都需要手工操作，而且手工劳动力的技术含量对产品价格发挥着至关重要的作用。也正因为如此，西方才把橄榄油吹嘘为“绿色的金子”，“抗拒脑血栓的医疗保健食用油”。因此，产地品牌所发挥的功能就是将这些特异性熔为一炉，进而真正达到“你无我有，你有我优”的目的。可是，湘西地区的油茶却没有自己的产地优势品牌，只能按照普通的食用油产品销售。由于最优质的食用茶油卖出的是最低的市场价格，最终导致生产者随着时间的推移，从盈利跌落到亏本，最后表现为整个湘西地区油茶产业的全面萎缩。当然这个原因不是湘西地区所独有，而是此前的民族政策疏于考虑的，这是中国少数民族油茶产区的通病。因此，湘西地区的政府，如果要“亡羊补牢”的话，从现在开始就应当借助民族政策这个杠杆，鼓励和推动湘西地区油茶产地品牌的申报，真正履行好地方政府品牌监管的职责。[6]一旦成功，不仅救活了湘西地区的油茶产业，而且湘西地区的民族政策能创造了湘西地区21世纪民族政策新形象。

其二，政策不稳定致使油茶产业的发展无所适从。早年的政策倾向于鼓励农民大力种植油茶，以形成湘西地区的一大产业，提高湘西地区的经济实力。在这样的政策指引之下，湘西地区传统的油茶种植得到了开发和利用，获得了一定的发展，并且得到了丰厚的回报。可是，好景不长，在种植一段时间过后，政策又发生了巨大的转变：鼓励乡民砍掉油茶树，改种柑橘树。如此一来，原先成片的油茶树转眼就被满山的柑橘树所取代。近年来，湘西地区柑橘产业得到了迅猛的发展，由此助推了国内柑橘市场的急剧饱和。这是因为，整个柑橘种植产业并不仅仅是在湘西地区，而是在湖南省乃至全国也还有很多地区都把推广柑橘种植作为推动经济发展的赌注。更何况湘西地区的柑橘产业竞争力根本无法与其他地区相抗衡。如此一来，柑橘的市场价格年年暴跌，以致广大农民辛辛苦苦种植出来的柑橘树，还来不及收回成本，就得眼睁睁地等待着被砍掉。

市场调查表明，在橘子的收购高峰期，柑橘的平均价格，每市斤才0.5元左右，而批发价1元3斤的现象俯拾即是。这样的结果显然不是广大橘农的初衷，更不是湘西地区领导的预期。更大的麻烦还在于，柑橘像油茶种植一样，是无法实施机械化的产业，而且都是长线产业，从种到稳定收获起码要等到五年，故而即令下决心砍掉柑橘树，恢复油茶种植，全州的乡民还得忍受五年，甚至更久的经济煎熬。近年来，油茶产业在政策的调整之下，又有回头、升温之趋势。但是，每一个乡民都清醒地意识到：后悔毫无意义，摆在眼前的只有一条出路，那就是把自己历年的辛苦劳动所得全部付诸东流、交学费。农民痛心，州领导更是痛心，但州领导在痛心之余，除了自责之外别无他法。

总之，油茶产业本来可以成为湘西地区21世纪经济的增长点，但由于品牌没有形成，政策执行又极不稳定，结果导致了就在眼皮底下的发展机遇变成了只能望洋兴叹的泡沫。油茶产业无论是国内，还是国外；是纵向，还是横向，其发展空间和可持续潜力都远远胜于柑橘种植。其理由有二：一是油茶产业和柑橘产业扩大种植的结果完全两样，那就是单位面积所能获得的产值，油茶远远高于柑橘，是柑橘的好几倍，而且加工为精炼茶油后，是一种极耐存储的产品，可以相对较长时间地等待市场价格的回升，而柑橘顶多也就个把月的保鲜期，无法等到价格的回升。二是食用油是人们生活中餐餐的必需品，而柑橘则是人们生活中可以随意置换的水果、生活的调料罢了，因而油茶的市场稳定性远远高出柑橘。而且，随着人们对生态产品需求的提升，本身就有“东方橄榄油”之称的茶油，[7]其价格上涨的空间还会更大。同时，更因为油茶的种植区具有很强的选择性，不可能在全国大面积地推广，因而其竞争力也比柑橘要强得多。从这两个理由出发，发展油茶产业都比盲目发展柑橘产业要稳妥得多，而且收益只会不断地提升而不会下降，国际国内市场都存在着一个巨大、潜在的植物油消费市场。[8]因此，就市场运行的特点而言，忽略了油茶的优势，显然是一个难以弥补的损失。

在反思历年政策的基础上，我们不得不承认湘西地区有着浓厚的各民族传统文化，这些传统文化都与油茶种植技术息息相关。这些传统文化现在还能发挥作用，还处在活态传承的状态之下。有了它们的支撑，有了政府的支持，加之又有市场导向作指引，湘西地区未来油茶产业的发展肯定是一个美好的前景。但要使这个前景得以实现，就得先解决一个关键性的难题，那就是政策决策者的思路要因地制宜，要不断地总结经验、吸取教训，并立足于湘西地区各民族的传统文化，当机立断、着眼未来，不断提出创新发展的思路。只有这样，湘西地区油茶产业也才渴望获得再发展。

二、传统文化在油茶产业发展中的利用价值

世居于湘西地区的少数民族包括土家族、苗族、侗族和瑶族等。这些民族都拥有丰富的油茶种植经验和技术，而且他们的民族文化都与油茶种植息息相关，因而只要这些传统文化还处在活态传承状态，重新推动湘西地区油茶产业的复兴与发展就有充分的社会保障。这里仅以土家族与侗族传统文化的相关事项为例，略加说明。

在怀化地区的各侗族自治县，每个村寨原先都有成片的油茶林，这样的油茶林都是由村寨集体管理、集体经营，而且是共同受益。所产出的茶油，除了满足村民的自我消费之外，其余大都投入到了市场销售之中。我们从中不难看出侗族村寨居民日常的食用油结构，主要是仰仗于茶油。除了获得巨大的经济收入之外，同时还伴生出了众多与油茶种植和加工密切相关的民族习俗和社会礼仪。比如，在有茶苞的时节，或者是茶林中混种的杨梅结实季节，茶林都会成为侗族青年男女谈情说爱的最佳场所。在开辟茶林，或者是种植茶树时，它们又能够提供跨村寨合作交往、换工、增进友谊的最佳机遇。同时，收割茶籽也是一项村寨共同的集体劳动，是一种将劳动和娱乐融为一体的集体活动，这样的集体活动要持续到茶籽收割完为止。因而，就某种意义上说，茶林不仅是生产基地，而且也是集体活动的场所和休闲地。

茶树林除了产出茶籽外，还能综合产出多种生物产品和林化产品，因为茶树是最好的蜜源植物，只要有油茶林就可能伴生产出蜂蜜和蜂蜡。茶

树在更新时还能产出燃料，还能培养美味可口的茶树菇。茶籽榨油后形成的茶饼既是肥料，又是杀虫剂，而且经过化学加工后，还可以提取清洁剂和杀虫剂等等。同时，茶树林中又还可以放养鸡和牛等家畜。可以说侗族居民日常生活的饮食起居不可避免地与油茶结下不解之缘，侗族的传统文化正是因为油茶的种植而生色不少。也正因为如此，湘西地区的侗族居民才会对油茶念念不忘，迫切希望恢复油茶产业，特别是在因柑橘种植蒙受了巨大的损失后，更是对油茶产业充满希望。如果我们的民族政策能够与时俱进、顺乎民情，做脚踏实地的“亡羊补牢”工作，那么发展湘西地区的油茶产业应当是一件利国利民的好事情。

与侗族相似，在湘西地区的土家族村寨中，每一个村寨也拥有自己的集体油茶林，或者是个体油茶林，甚至不少土家族的宗族组织还将集体油茶林的收入作为祭祀资金的来源和集体活动的经费来源。这样的油茶林至今还保留着集体公有的形式，即使是那些分到各家户的油茶林，在更新和收割时，各项劳动同样像侗族村寨一样具有集体劳动的性质。土家族的传统油茶加工工艺好，他们的每个社区原先都有自己的加工作坊。在田野中，我们深深地感受到以前加工油茶的老一辈手艺人，至今还在传承着他们传统的技艺。更何况油茶加工工艺本身就是一种需要保护和传承的“非物质文化”项目。有了这样的传统，申报油茶产地品牌，基础极为坚实，需要等待的仅是我们的政策如何能在油茶种植业的复兴上与时俱进，支持湘西地区树立自己的油茶产地品牌。

土家族与侗族相同，在传统的生活中也与油茶结下了不解之缘：很多风味食品都是由油茶加工而成，油茶的副产品还是很多生活用品的来源，因而在土家族地区恢复油茶产业的社会基础同样良好。而且土家族地区由于油茶林经营的规模比较大，实施集约管理更为有利，茶油加工技术的创新和与现代科学技术接轨也更容易做好。有了这样的传统文化作支撑，再加上我们对当前及其今后的发展趋势作一番深刻的具有前瞻性的剖析后，特别是从民族学的视角，在新的高度上重新修补和制定湘西地区的民族政策，我们会发现民族政策是完全能够与湘西地区油茶产业的复兴相吻合的。

民族学的最新研究成果表明，民族及其文化都是可以稳态延续的动态实体，而且任何一种民族文化都具有能动创新、能动适应的禀赋。也就是说每一个民族，哪怕是最弱小的民族，都不缺乏自我创新的能力和适应的禀赋，如果要与贫困作战的话，由于民族文化具有功能性，[9]肯定可以在其间发挥积极作用。为了调动这种积极性，任何形式的民族政策，关键是要激活各民族文化的创新潜力，而且需要随着发展的需要，民族政策自身也需要不断地作出调整以便适应新的社会形势需要。这样的理解和早年将湘西地区各民族的贫困绝对化，显然存在着很大的差距。而事实也恰好表明，湘西地区各民族的很多传统文化事项，在过去的一段时间里，并没有发生实质性的变化，但它的社会经济价值却变得很不一样了，比如土家族的油茶生产就是如此。在过去的一段时间内，政策曾经认定土家族地区经营油茶不利于社会经济的快速发展，可是到了今天，同样是经营油茶却可以和很多现行的关键政策相接轨，比如退耕还林政策。

一个根本的事实在于，退耕还林政策要求退出耕地要与植树同步进行，可是它却不理会所种植的苗木是否百分之百的成活，或者是成林，更没有考虑到这些被引种的苗木是否适合当地的自然与生态背景。然而，鼓励土家族、侗族、苗族等居民从事油茶种植，不仅不愁森林不能恢复，而且还不必担心外来物种污染，同样也无须为他们的脱贫犯愁，国家也无须投入巨额的资金去雇人植树造林。因为，这里的各族居民都具有与油茶林培育相关的本土生态知识、技术和技能。尽管近半个世纪以来，由于受到石化产品的冲击，特别是前些年为了追求经济效益而有意识地压缩这一地区的经济林木规模，致使这些本土生态知识、技术和技能濒临失传的危险，但这些本土生态知识、技术和技能在加快退耕还林的速度上却具有无法替代的优势，而且形成的经济效益和生态效益又比天然林还要好。因而，湘西地区各民族居民的传统油茶抚育技术既能达到生态建设的目的，同时又能够推动当地的经济发展，可谓一举多得。

时下，湘西地区各民族传统油茶种植技术、传统文化不断获得开发与利用，而且已经取得了一定的成效。面对这样的情形，回顾我们以往的政策，我们必须正面回答：这里各民族的传统文化到底是现代化进程的“绊脚石”，是导致湘西地区地区贫困的根源，还是湘西地区获得进一步发展的物质精神财富等等。诸如此类问题如果没有从政策的角度去加以澄清，没有在社会层面得到认清，认清民族传统文化的实质和禀赋，湘西地区油茶产业的发展同样无法走上健康的道路。对此，民族学的研究只能得出这样的解答，那就是经济的运行、社会的发展本身就是民族文化的有机构成部分。社会经济的发展，总是在特定的民族文化规约下才能得以实现，并健康稳态运行。抛开民族文化，一味地去追求现代化、追求高科技、追求短期的高效益而获得的社会经济发展并不能生根，其根本实质是漂浮的，不具备稳定性，因而激活我们自己的民族文化是完全必要的。

三、生态建设与油茶产业的发展

生态建设是一个新的命题，与环境污染作斗争也是一个新的概念，当然也是此前的民族政策长期没有考虑过的问题。可是到了今天，生态建设已经成了我国的一项基本国策，民族政策显然也无法将其置之度外。而且，这么多年的生态建设实践表明，生物多样性是经济和社会持续、稳定发展的基础，[10]而发展油茶产业在维护生物多样性方面，具有种植其他油料作物所无法取代的重大价值。

在反思这些年来所执行的有关生态建设的各项民族政策之后，不难发现其间有很多的不合理现象，其中有两个不合理现象最为突出：一方面，把生态建设与资源利用彻底剥离开来，这就导致在生态建设实践中，经济发展与生态公益价值的追求难以兼容；另一方面，认为只有现代科学技术才是治理生态灾变的最佳手段。搞生态建设必须要引进外来先进技术，当地各民族的本土生态知识、技术和技能是落后、低下的，是不能够完成生态建设任务的。如此一来，当地各民族的本土生态知识、技术和技能一直处于被长期冷落的境况也就不足为怪了。近年来，通过一代又一代民族学家的不断努力，各民族的本土生态知识、技术和技能得到了不断地挖掘、整理和解读，逐步澄清了上述混淆的观念。并证明各民族的本土生态知识、技术和技能不仅不是落后的代名词，而且还能帮助我们解决目前已经露头的生态灾变，也可以解决还没有露头的生态问题。[11]也只有到了这个时候，湘西地区各民族的传统生态知识、技术和技能才不再是被视为经济发展和生态建设的累赘，反而是需要发掘和利用的精神财富。这完全证明了我们在搞生态建设的时候，不能只是一味地追求结果达到与否，而是要考虑到如何使得整个过程代价付出小一些的问题。[12]

可是在经历了20多年的尝试后，也就是到了当代生态民族学逐步引起世人关注的时候，一些民族政策的制定者和执行者才慢慢地意识到，西方的集约农牧业有它所适应的自然生态背景，概念的提出也是基于西方特定的自然与生态背景。而根本事实在于，湘西地区的自然与生态背景恰好不是这样的，生搬硬套西方成套的集约农牧业经营，在湘西地区加以推广，甚至强制性执行，不仅成本高，产品的品质也低下，而且还要危及湘西地区的生态安全，并波及周边地区。可是，如果对湘西地区传统油茶生产方式进行深度挖掘，并推动其创新，推动传统本土生态知识与现代科技的接轨，那么不仅湘西地区的居民可以找到属于自己的自尊和自信，也可以利用传统的生产项目赢得发展的机遇，并且坐收生态维护的功效。这样的事实同样会使得民族政策的制定者和执行者感到意外，并使很多人都不得不相信“奇迹并不产生在大自然之间，而是产生在我们对大自然的知识之中”。[13]湘西地区各民族的本土知识，正好是他们对所处自然生态环境认识的集中表现。在生态环境众多要素没有发生巨变的情况下，湘西地区各民族的生态知识，在消除生态灾变，维护生态安全中，肯定可以继续发挥其独特的价值。

四、余　论

油茶产业在湘西地区的各民族中有着悠久的历史和辉煌的业绩，由此而积累起来的各民族本土知识、技术和技能，本来应当是一笔精神财富，是湘西各民族步入现代化的依赖和发展的捷径。仅仅是因为一段时间以来，我们对国外木本油料作物的发展趋势缺乏本质了解，生态建设没有引起足够的重视，对各民族的本土知识、技术和技能在不同程度上都存在着偏见，特别是将经济发展、脱贫致富与生态建设剥离开来，从而导致了过去一段时间以来，出台的不少民族政策在无意中抑制了湘西地区油茶产业的发展，拉大了油茶与世界其他地区三大木本油料植物的差距，最终导致了一连串的不利后果。这就必然导致既不能很好地完成帮助少数民族完成脱贫致富的任务，又不能医治生态灾变留下的创伤，同时还影响到了湘西地区各民族的现代化进程。最严重的还在于，它严重损害了湘西地区各民族的“非物质文化”的传承与保护。到了今天，在有了民族学学科的相关理论的指导后，民族政策如何与时俱进有望获得一个新的思路。在这样的背景下，对湘西地区的油茶产业“亡羊补牢”自然成了调整民族政策的最佳突破口。

对民族政策的反思，据此可以聚焦到一个点，那就是应当尊重各民族的传统文化，而这在1981年6月的《关于建国以来党的若干历史问题的决议》中就已经明确指出了要保障各少数民族地区根据本地实际情况贯彻执行党和国家政策的自主权，[14]而这必然就包括了尊重各民族的传统文化内涵。至此，所有的经验也可以汇总为一条，那就是民族政策不是孤立的优惠操作，而是我国整个发展决策中的一个有机组成部分。只要在反思中吸取经验，坚决利用好非“一刀切”的民族政策所发挥的作用，[15]那么不仅民族政策很容易做到与时俱进，而且湘西地区油茶产业的发展也可以在民族政策的保护下得到迅速复兴。

参考文献

[1] 罗康隆，曾宪军. 经济人类学视野中民族经济发展分析 [J]. 吉首大学学报（社会科学版），2009（3）：23－24.

[2] 石建国. 如何做好民族文化旅游资源的保护与开发 [J]. 民族论坛，2009（01）：22.

[3] 马克思，恩格斯. 马克思恩格斯选集：第3卷 [M]. 北京：人民出版社，1975：186.

[4] 陈庆德，潘春梅. 民族经济研究的理论溯源 [J]. 民族研究，2009（5）：45.

[5] 谢家智. 农业保险区域化发展问题研究 [J]. 农业现代化研究，2004（1）：33.

[6] 吴传清. 区域产业集群品牌的产权和监管探讨——以“浏阳花炮”为例 [J]. 武汉大学学报（哲学社会科学版），2010（11）：886.

[7] 傅长根，周鹏. 植物油领域的新军—茶油 [J]. 江西食品工业，2003（2）：19－21.

[8] 中国植物油贸易政策改革回顾及消费市场展望 [J]. 中国油脂，1994（2）：6.

[9] 杨庭硕，罗康隆，潘盛之. 民族·文化与生境 [M]. 贵阳：贵州人民出版社，1992：2.

[10] Millennium Ecosystem Assessment. Ecosystems and Human Well－being：Synthesis [M]. Washington DC：Island Press，2005.

[11] 杨庭硕，田红. 本土生态知识引论 [M]. 北京：民族出版社，2010：2.

[12] 杨庭硕. 生态维护之文化剖析 [J]. 贵州民族研究，2003（1）：58.

[13] [德] 拉纳埃·霍尔白. 人类的伙伴——动、植物的神力 [M]. 曹乃云，李翔，译. 长春：吉林人民出版社，2001：243.

[14] 中共中央文献研究室. 三中全会以来重要文献选编：下[M]. 北京：人民出版社，1982：789.

[15] 金英顺. 民族自治州发展对策初探 [J]. 中国民族，2010（08）：65.

山村的巫术

——环县影戏的艺术人类学解读（一）

杨　静*

（四川师范大学文学院）

2012年5月底，享有“艺术界的奥运会”美誉的国际木偶节在中国成都隆重举办。一支来自中国西北山村的环县道情皮影戏班，在这场“世界最高水平的木偶艺术盛宴”中，与来自五大洲45个国家的66个木偶艺术团以及中国内地和台湾地区的36个木偶艺术团同台献艺，并获得了“最佳传承奖”的殊荣。事实上，继2002年环县被评为“皮影之乡”、2006年环县道情皮影戏进入首批国家级非物质文化遗产名录以来，环县影戏的名气越来越大，频频出现在各种国家级甚至世界级的舞台上。在华丽的都市大舞台上酣畅淋漓的影戏表演，在环县山村又是怎样一种存在和演绎？

2005年至2008年间，笔者曾多次赴环县进行田野调查，发现在不同的时空语境下，环县影戏有着巫术、技术和艺术三种不同形式的存在。而这三种形态应该都是“人—环境—文化”相互作用的产物。本文以田野调查资料为基础，把环县影戏还原于环县山村的自然生态环境和文化生态环境语境中，并尝试运用人类学理论对其进行解读，以探及环县影戏的文化本质。

一、西北山村：环县

环县影戏是甘肃陇东地区——确切地说，是庆阳市环县及周边地区普遍流行的一种民间小戏。

环县，隶属甘肃省东部的庆阳市，位于东经106°21′40″至107°44′40″，北纬36°01′06″至37°09′10″之间，是陕、甘、宁三省（区）交界之地。环县东西宽约124公里，南北长约127公里，总面积9236平方公里，其中耕

* 作者简介：杨静，女，文学博士，四川师范大学文学院副教授。

地面积400万亩，人均12亩。现辖4个镇、16个乡和一个旅游办公室[1]，252个村，1500个村民小组，7.43万户，34.52万人。

环县的历史十分悠久，所在的庆阳地区是周人的发祥地，也是华夏农耕文化的发祥地之一。千年传承的农耕文明以及围绕农业生产、农民作息而举行的各种庙会活动、婚表仪式、人生礼仪等习俗延续至今，为环县影戏的生存与发展提供了适宜的生存环境。

环县地处毛乌素沙漠边缘的丘陵沟壑区，山大沟深，地形复杂，山、川、原兼有，梁、峁、谷相间。全境90%以上的面积为黄土所覆盖，土层厚度在60~240米之间。环江是这里最大的河流，就着环县西北高、东南低的地势从中穿过，环江及其水系流过的地方，形成地势低洼、平坦的河谷，当地称之为“川”。由于土地肥沃、灌溉充足，川是比较适合农作物生长和人畜居住的“富庶”之地。但是，从地貌分布来看，土地相对富饶、灌溉相对便利、人居环境相对较好的河谷地带占全县面积的10%不到。除了环江两岸，环县还有几个较大的川，如安塞川（即樊家川）、合道川、耿湾川、虎洞川、罗山川等。川之外的地方，当地人统称为“山里”或“山后”，当地有句俗语这样说：“嫁女不嫁山背后，要嫁先问窖几口。”“山里”因地形复杂、土壤贫瘠、水土流失严重、气候恶劣等客观原因，人们完全靠天吃饭，生活相对艰苦、贫困。因此，在当地就有“川里人”和“山里人”之区别，其生活方式也不尽相同。

环县的地理位置十分重要，北上可通宁、蒙，南下可达陕、豫，在中国历史上是历朝中央政权与北方戎族长期对峙相争的边地。清代高观鲤所修的《环县志》这样描述：“其地西北与固原、宁夏唇齿，东北一带乃花马池、定边出入之要津。自灵州而南至郡城，由固原迤东至延绥，相距各四百余里，其中唯此一县襟带四方，实银夏之门户，豳宁之锁钥也。”[2]散布境内的长城、古墩、高台、烽燧、城墙等遗址都是环县边疆史的见证。据当地学者康秀林说，仅宋、元、明、清在本县修筑的城、堡、寨、关就有30余座，至今保留较完整的有甜水城、洪德城、环县城、木钵城、曲子双城等。[3]从环县的地名中我们也可以看出其战略地位的重要。在今天的环县境内，以堡、寨、城、百户、旗等有着浓重军事和屯田特点的名字为地名的情况仍保留不少。如甜水堡、惠丁堡、团堡寨、永和寨、兴平城、

---

[1] 该“旅游办公室”为四合原旅游办公室。

[2] ［清］高观鲤修纂. 环县志［M］. 乾隆年间刻本。

[3] 参见康秀林. 情系环江［M］. 北京：作家出版社，2008：4.

木钵城、刘百户、沈百户、曹旗、黄旗等。[1] 堡、寨、城都是战争防御工事，百户、旗都是最基层的军事组织。环县历来是军事重地，其稳定关系到整个统治王朝的政局稳定。每当新王朝建立时，都会对该地实施军屯、民屯、移民、减轻徭役等安抚措施。因此在和平时期维持环县人口的增殖、人民生活稳定、农业发展、积累社会财富，不仅具有稳定边疆的作用，更有战备作用，有着重要的政治和社会价值。环县及周边的农耕文化在这一大环境下，形成了“耕时为农，战时为军”的具有浓厚军事色彩的生活状态。在近代中国历史上，环县也曾经扮演了非常重要的角色，是早在 1936 年就解放的革命老区，属于建立了红色政权的陕甘宁边区的一部分。20 世纪上半叶，中国共产党把“农村包围城市”作为夺取政权的战略方针，许多偏僻的乡村成为了最早解放的地区，环县就是其中之一。1936 年，环县宣布解放，中国工农红军陕甘宁边区政府所在地就设在环县河连湾。周恩来、彭德怀、陈赓、李富春、蔡畅等老一辈无产阶级革命家都在这里战斗和生活过，叶剑英、邓发等首长还在兴隆山庙宇的神龛下宿营，习仲勋担任环县第一任县委书记。随着新中国的建立，政权重心从农村转向城市，这些地方由于地理位置偏远、经济发展落后，一段时间几乎成了贫穷的代名词。

环县的贫穷不只是千百年战争的结果，也与持续至今的自然灾害有关。环县位于中国大陆腹地，属大陆性半干旱气候，无霜期短，干旱少雨，灾害频繁。清《环县志》描述环县气候是“风高土燥，秋早春迟”，加之县境多为山坡地，植被差，雨后径流量大，渗透少，植物生长完全依靠自然降水，沛则丰，旱则歉。年降水量 400 毫米以下，蒸发量却可以达到 1600 ~ 2000 毫米，是降水量的 3 ~ 4 倍。旱灾、洪灾、雪灾、霜灾、风灾、雹灾、虫灾、鼠灾、瘟疫等都是这里频发的灾害。笔者根据新《环县志》中《环县自然灾害情况表》（1949—1985）统计，在这 37 年当中，有旱灾 36 次、冻灾 36 次、水灾 36 次、雹灾 37 次、虫灾 17 次、风灾 14 次。[2] 2007 年 6 月，笔者去环县做调查时，就遇到了近 60 年来的特大旱灾。环县是千年传承的农耕之地，地理位置的特殊性造成的自然环境的恶劣，使得这里的农民在“风不调、雨不顺”的境况下艰难生存。山区的封闭和远离政治中心的状况，更加剧了贫困的程度。它是全省 41 个国家级贫困县和 20 个干旱县之一。

---

[1] 参见康秀林. 情系环江［M］. 北京：作家出版社，2008：46.

[2] 参见《环县志》编纂委员会. 环县志［M］. 兰州：甘肃人民出版社，1993：22 - 23.

二、山村信仰与仪式

中国的民间戏曲几乎都有与当地既有的民间信仰结合，有着祛灾求福的祭祀功能。环县地区的民间信仰便接纳了来自陕西的影戏表演，并使之成为人们生活中不可缺少的一部分。由于用道情演唱，伴奏乐器也使用了渔鼓和简板，环县影戏因此被冠以“道情”之名。又因道情与道教之渊源，加之环县影戏保留了敬神功能，故环县影戏被看作与道教关系甚密，当地民众也说他们是信仰道教的。本土学者、环县非遗保护中心主任王立洲认为，“道情皮影就是环县文化的根基，是道教文化在环县民间化和世俗化的产物”❶。始建于明代的兴隆山（俗称东老爷山），是方圆百里最大的道观，被认为是环县道情皮影戏的孕育福地，供奉的主神是中国北方较为常见的无量祖师（俗称“祖师爷”）。尽管从残存的三重石刻山门和十几座庙宇还能依稀感受到当年的规模和盛况，但笔者 2007 年和 2008 年在此调查期间仅见一位住观道士，与县志记载的“1927 年全县有道徒 42 人，住持 1 人，现有道徒 1 人（住兴隆山）”❷ 无异。由于兴隆山地处三省交界之地，而且影响较大，因此每年农历三月初三祖师爷诞辰之日，兴隆山必会举办盛大的庙会，除了必演的皮影戏，还有盛大的斋醮仪式和物资交流。庙会的组织者是当地的大小会长，承担斋醮法事的是来自邻乡的阴阳班子，除此之外便是皮影戏班的酬神还愿。而在此期间，这位道士既不主持什么仪式，也不参与以上三类人群的具体活动，而是一直跑前忙后扮演着一个听从指挥、服从安排的服务角色。据说，平日里他也就负责开关庙门、蜡烛香火等琐碎之事，其他大事由阴阳先生和会长们来决策。可见，这位道袍加身的“道士”并非真正意义上的神职人员，兴隆山虽然供奉道教神灵，但也并非宗教意义上的道教圣地。因此，环县地区的信仰与宗教意义上的道教是有差别的，应属于“民俗宗教”❸ 或者“普化的宗教”❹ 的范畴。

环县影戏能够首批进入国家非物质文化遗产保护名录并受到各方关

---

❶ 王立洲．环州灯影［M］．未公开发行，2011：7－8．

❷ 《环县志》编纂委员会．环县志［M］．兰州：甘肃人民出版社，1993：382．

❸ 参见［日］渡边欣雄．汉族的民俗宗教：社会人类学的研究［M］．周星，译．天津：天津人民出版社，1998．

❹ 参见李亦园．宗教与神话论集［M］．台北：台湾立绪文化事业有限公司，1998．

注，主要原因是其相对原生态地[1]保存了中国影戏的诸多功能和文化内涵。而且在环县，至今还有几十个戏班在民间演出，规模之大堪称全国之最。其他地方濒临消亡甚至已经消亡的影戏，在环县却如此大规模地保存下来，这不仅与环县山区封闭的自然条件密切相关，更与当地民间信仰唇齿相依。环县村庙众多，已经形成了“村村有庙、有庙必有庙会、有庙会必唱皮影戏”的地域习俗。因此，皮影戏班众多的原因就在于村庙众多，以村庙神灵信仰为依托的民间信仰根深蒂固，“给爷唱戏”[2] 就成了每个村每一年最为重要的事情。

神灵崇拜是中国民间信仰体系中的一个重要部分，它与特定地域的文化传统和特定人群的社会结构相关联。环县的民间信仰不仅是多神信仰，而且是泛神信仰，遍布全县的大小村庙供奉着各路神灵。除了来自道教、佛教的神祇之外，还有民间传说及故事中成仙的人物，同时也不忘对鬼的敬畏，成为了“神、仙、鬼”三界合一的立体宇宙空间。从总体上看，它们显得五花八门、杂乱无章，不仅形态迥异，司职有专，且等级也有高低之分。但从每一个村庙来看，神灵在庙内的布局遵循一定的章法，神灵都有各自的来历，依据法力、职能、地位的不同而依次排序。这种泛神信仰的产生根源就在于环县自然生态环境的恶劣和当地物质资源的贫瘠。马林诺夫斯基在《文化论》中指出：“人类一旦为知识所摒弃，经验所不能援助，一切有效的专门技巧都不能应付之时，便会体现自己的无能，但是，这时他的欲望只能带来更大的压力，他的恐怖、希望、焦虑，在他的躯体中产生了一种不稳定的平衡，而使他不得不追求一种替代的行为。”[3] 这种替代，就是当理想没有获得满足时，把希望寄托于一个虚拟的超自然力量，在自己的假想世界中，能够通过祭拜与祈祷让自己的愿望得以实现。环县影戏正是这样一种替代行为，神戏表演处处体现出这里泛神信仰的极端实用和功利主义。

环县影戏历来承担着“敬神”和“娱人”的双重职能，满足了民众精神生活的需要，成为了当地“人与神”、“人与人”之间交流与沟通的重要手段。与“敬神”和“娱人”功能相对应，环县道情皮影戏的表演分为“神戏”和“本戏”两类。无论庙会会期长短，演出程序是比较固定的，

---

[1] 这里使用“原生态”一词，并非指影戏的本来状态，而是指相对其他地方濒危或者已经消失的影戏而言，环县影戏保存得较为完整和鲜活。

[2] 环县当地民众把各路神灵都泛称为“爷”，而唱皮影戏正是敬神必需要做的事情。

[3] 马林诺夫斯基. 文化论［M］. 费孝通，等，译. 北京：中国民间文艺出版社，1987.

以三天会期[1]为例：

环县庙会影戏演出日程及内容

<table>
<tr><th>日期</th><th colspan="2">主要内容</th><th>剧目</th><th>参加者</th><th>固定程式</th></tr>
<tr><td rowspan="2">前一天</td><td colspan="2">挂灯[2]
（清坛，勾城等）</td><td>不唱神戏</td><td>艺人，会长</td><td>是</td></tr>
<tr><td colspan="2">几折本戏</td><td>本戏，不固定</td><td>艺人，村民</td><td>是</td></tr>
<tr><td rowspan="4">正会日</td><td rowspan="3">神戏</td><td>赐福戏</td><td>《天官赐福》
（固定剧目）</td><td>艺人，会长</td><td>是</td></tr>
<tr><td>愿戏</td><td>根据事主需求决定
（神戏剧目，不固定）</td><td>艺人，事主</td><td></td></tr>
<tr><td>过关戏</td><td>《出五关》
（固定剧目）</td><td>艺人，事主</td><td></td></tr>
<tr><td colspan="2">本戏</td><td>本戏，不固定</td><td>艺人，村民</td><td>是</td></tr>
<tr><td>后一天</td><td colspan="5">同正会日</td></tr>
</table>

在这三天的表演当中，最重要的环节就是唱《天官赐福》。环县当地的俗语“给爷唱戏、孙子看戏”，一语点破了环县影戏的核心功能——取悦神灵。借助影戏表演达到人神沟通与交流，禳灾避祸，获取超自然力量的佑助，才是庙会皮影戏表演的真实原因。至于“娱人”功能，那是作为民间艺术的影戏在这个极度封闭、贫困的山村顺便发挥的功能。通过村民的口述和笔者的观察，当地的影戏表演从过去到现在的确发生了很大的改变。在过去，皮影戏的表演会从天刚黑一直演到第二天天亮，不仅本村的村民几乎都来看，还会吸引很多附近村落的村民前来观看。而现在却看不到这样的盛况了，笔者几次参与的庙会影戏演出都没超过晚上十二点就结束了，坚持到最后的人也寥寥无几。表面来看，环县影戏的演出的确呈现出濒危的迹象，但表象背后影戏的娱神功能却更为突出。因为表演时间的大大缩短主要是在本戏的部分，也就是说娱人功能在大大退化，而神戏部分的表演与以前无异，尽管在某些仪式上有简化的倾向，但由于神戏内容和剧目的固定性，使得演出时间和内容没有变化。因此，环县影戏的娱神功能才是根本。

---

[1] 环县村庙庙会会期一般为三天，实力殷实也可办五天或者七天不等。庙会中最重要的一天称为正会日，也称圣诞日，也就是村庙主神的生日。

[2] 挂灯指搭建戏台。皮影戏表演是在夜晚进行，靠光源投射皮影的影子到幕布上进行表演。过去主要使用油灯或者蜡烛，现在多使用电灯，因此挂灯表示戏台搭建完成。

三、环县影戏的巫术功能

既然环县当地的信仰不是宗教意义上的道教，在庙会上敬神的皮影戏就不能算是宗教仪式。笔者之所以说它是巫术，是因为它不仅符合莫斯对巫术的定义，也符合马林诺夫斯基对巫术功能的论述。

中国影戏的巫术功能似乎从它产生开始就相伴左右，甚至影戏本身就是从巫术中发展而来。北宋高承的《事物纪原》卷九“影戏”条中所载：“影戏之原，出于汉武帝李夫人之亡，齐人少翁言能致其魂，上念夫人无已，乃使致之。少翁夜为方帷，张灯烛，帝坐他帐，自帷中望见之，仿佛夫人像也，盖不得就视之。由是世间有影戏”，把影戏与巫术的关系描绘得合情合理且感人至深。康保成教授虽然推断影戏起源与佛教传入有关，但也认为“巫术中的招魂术是我国影戏的远源”。[1] 魏力群教授在山东听说有道士用“小影人”为“吓掉魂”的小孩招魂的习俗。[2] 事实上，在山西、陕西、湖南、浙江甚至台湾等地，影戏几乎都曾扮演过巫术的功能。[3]环县影戏至今亦是如此。

如前所述，神戏是环县影戏的核心功能体现，诸多的程式和禁忌体现出其仪式性的特征。神戏剧目很少，约为十几部，大多没有完整的故事情节，篇幅短小，没有剧本，完全靠师徒口传心记。神戏主要有三类：赐福戏、愿戏和过关戏。赐福戏是庙会正会日开场必唱的神戏，固定剧目为《天官赐福》。艺人唱《天官赐福》时，本村会长必须跪于亮子面前，烧表叩头，直到剧目唱完。会长代表本村信众，是一种集体性祈福的仪式表演。愿戏是村民个人向艺人请戏的行为，又分请愿和还愿两种情况。艺人根据事由的不同来选择唱什么剧目，无外乎《圈神》《牛王》《马王》《药王》《虫王》《山神》《送子娘娘》《千眼菩萨》《瘟神》等，皆与他们的生产和生活息息相关，这是通过请戏来突出人与神的互惠互利关系。与赐福戏和愿戏祈福目的不同，过关戏是为了避祸禳灾。一般是针对年幼的孩子，体弱多病或者夜哭惊梦等，当地人认为是孩子犯了命中的关煞，因此要请戏帮他度过这一关。过关戏剧目固定，《关公出五关》的剧情正好象征着在关帝爷的护佑下，孩子过关斩将、一生平安。

---

[1] 康保成．佛教与中国皮影戏的发展［J］．文艺研究，2003（5）：87．

[2] 魏力群．皮影之旅［M］．北京：中国旅游出版社，2005：27．

[3] 李跃忠．试论中国影戏的巫术功能［J］．文化学刊，2009（2）：131－135．

仪式的操演实际是对信仰的一种表达，就是将一个特定的时空与日常生活区分开来。无论赐福戏、愿戏还是过关戏，都有着很强的仪式特征和表演性质。只要艺人和村民表演得好，神灵就会高兴，就会保佑他们。于是，在神戏表演中，神灵在场是最重要的事情，一个神圣空间的营造是必不可少的环节。艺人唱戏前几天就要禁口，不食辛辣之物，甚至还要禁欲。为了恭迎神的降临，艺人必须在戏台搭建完成之后“清坛”，把炭或者石头烧红泼上醋熏，以驱邪气。艺人把搭建戏台叫做“勾城”，“勾城”原本是为了演出方便，但是被赋予了神圣的涵义：绳子围成的一个封闭的空间，被喻为古代的城池，艺人坐在城池中间挑签唱戏犹如将军坐镇城中、指挥千军万马，因为唱神戏之时，神灵影子会落于亮子之上，因此“勾城”内部便是迎接神灵之地，一绳之隔的城里城外便是神圣与世俗的象征。神戏演唱过程中女人必须回避，按照艺人的说法就是：如果有女人在，就会刮黑风。艺人们要么把戏台搭建在正对着庙门的地方，要么把神灵的牌位或者法器请到表演现场。在过去，会长甚至要派人抬爷❶监戏。艺人一旦唱错，癫狂的抬爷人会把戏桌都掀翻。神灵的在场营造出一个神圣的时空，给艺人以无形的压力，难怪艺人把神戏的演唱当作是糊口的本事，一旦失误不仅会冒犯神灵，更严重的是会失去在本村唱戏的资格。

莫斯把巫术的复杂表现分为三类基本要素：巫师、行为和表征，认为巫术便是这三个要素紧密结合的整体，“在巫术中，我们可以看到巫师、行为和表征：我们把完成巫术行为的人叫做巫师，即使他不是专门的巫师；巫术的表征指那些跟巫术行为相对应的观念和信仰；而巫术行为，我们称之为巫术仪式，在界定巫术其他要素时都跟它有关。”❷ 环县影戏的神戏表演无不渗透着巫术的踪影。以《天官赐福》为例，艺人扮演着巫师的角色，他们操纵着表示神灵的皮影，唱念着村民希望听到的神灵祝词。《天官赐福》表演程式十分固定，在短短的六七分钟的演出过程中，一共有三个场景，天官和童儿率先出场，接着还会有两个“过路神仙”到此赐福。据笔者观察分析，在《天官赐福》中有两个地方的唱词是非常重要的。

其一，“此方×××（详细地名）烧香弟子”和“答报本方庙神××

---

❶ 环县民间常见的一种问神仪式活动，由阴阳先生主持，如求雨、看病、问事等凡需要神灵佑助的事情都可以抬爷。一般由两人或者四人抬着神灵的鞭、楼宫之类的器物来表示神灵的在场。

❷ ［法］马塞尔·莫斯，昂利·于贝尔．巫术的一般理论 献祭的性质与功能［M］．杨渝东，梁永佳，赵丙祥，译．南宁：广西师范大学出版社，2007：26.

×（村神姓名）”绝对不能说错。如天官上场的唱词片断中，黑体部分非常重要：

【天官赐福】（开场片段）

天官、童儿驾云上

天官：海水涛涛向东流，流来流去几千秋。药王身披是八卦，吾党怀抱如意钩。

吾乃上元一品赐福天官中宫紫微大帝，吾党出在南天门首回眼一观，青龙接旨，白虎传信，四季功曹报到灵霄，言说此方中华人民共和国甘肃省庆阳市环县××村，烧香弟子、合会人等发起虔诚善念，答报本方庙神×××。吾将领了玉帝敕字、佛家宝号、王母金牌，不免奔上五福堂前赐福一回。

庙会请戏的目的就是为本方民众祈福纳吉，地名报错将直接导致仪式无效。而“合会人等”的说法更是对民众集体观念和崇信义务的强调。庙会请戏的经费一般由本会所有人员集资，按人头收取。凡是出资者都被纳入“合会人等”的行列而被赐福，而那些不愿出资的人肯定就不在神灵保佑之列。因此，赐福戏是一种对集体赐福的仪式，一年一度的庙会赐福戏演出其实是对本方民众的集体意识的一次唤起与强化。

其二，哪路神仙说什么话是固定的，诸如：

天官：五福挂中堂，万事多吉祥。天降麒麟子，辈辈状元郎。

五福判官：一福齐盖凤凰楼，二福封章观斗牛，三福四福生贵子，五福挂印又封侯。

刘海：刘海本是乱八仙，足踩云头撒金钱。金钱撒在此地面，富贵荣华万万年。

福禄寿三仙：福者福如东海，禄者禄为高升。寿者寿比南山，喜者喜气临门。

……

这些唱词不能随意更改，更不能出错。按艺人的话说，“唱神戏就是给当地人说些吉利话”，如果这些“祝词”唱错就表示“不吉利”，当然也就失去了神戏表演的意义了。由于仪式的严肃性和程式的固定性，这些唱词就好像巫术中的咒语，通过语言的手段达到沟通人神两界的目的。

至此，从巫师、行为和表征三个方面来看，环县影戏的巫术特征已经昭然若揭，但还有一项重要的要素就是它的功能。马林诺夫斯基认为在原始社会中，巫术曾起到了鼓舞人们生产和生存信心的作用。实际上，在所谓现代社会，某些地区（如环县）民众的生产和生存仍然得不到保障，巫术仍发挥同样的作用。马林诺夫斯基划分出巫术的三个主要的目的功能：生产、防护和造害。生产巫术能给人带来好的收成，提供更多的食物，在技术柔弱或信心不足的条件下，就人的劳动和自然恩惠两个方面保证一些创造或生产活动成功。生产巫术也有助于有效地组织劳动，给予那些自信成功的人更大的鼓舞。环县山村庙会通过一年一度的影戏表演来达到与某种超自然力量的联系，并通过神戏（本质为仪式和咒语的结合），唤起民众在如此恶劣的自然环境里生产和生活的信心。防护巫术的目的在于预防或克服危险，疗治病人，阻止来自自然的异常现象或别人的邪恶活动对个人或集体的危害。《过关戏》就是典型的防护巫术，阻止弱小的孩子被各种关煞所迫害，保障其能够健康成长。至于马林诺夫斯基所讲的造害巫术，环县影戏的确还没见有这样的功能。

巫术往往被认为是原始人类“万物有灵”思想的表达形式。然而，在科技发达、高度文明的现代社会中，世界各地仍然普遍存在着巫术的踪影，环县山村的影戏表演便是其中之一。但最后需要补充的是，环县影戏虽然本质上是一种巫术，但它不是盲目、消极的行为。这种在外界看来近乎“愚昧”的行为，恰恰是人类在恶劣生存环境下积极创造独特文化景观的现代演剧。正如卡西尔所说：“对巫术的信仰是人的觉醒中的自我信赖的最早最鲜明的表现之一。在这里他不再感到自己是听凭自然力量或超自然力量的摆布了，他开始发挥自己的作用，开始成为自然场景中的一个活动者。”[1] 环县自然条件之恶劣，外界的人是很难想象的。环县村民和艺人世代生活在这样一个极不适合人类居住的地方，唯有通过信仰神灵、求助神灵才能维持生存的动力。

[1] ［德］恩斯特·卡西尔．人论［M］．甘阳，译．上海：上海译文出版社，1985：118．

四川藏区艾滋病预防干预的人类学实践

——以扎巴藏族“走婚”人群为例

尚云川*

（四川省民族研究所）

一、缘　　起

自从1985年中国发现第一例艾滋病病例到现在的25年间，艾滋病以前所未有的速度在中国大地蔓延。面对这一世界性的难题，学术界对它的认识发生了由单纯的医学和健康向多学科视角的转向，强调用不同学科的理论和方法透视艾滋病对人类社会、文化、经济的影响。

在我国，由于不同地区、不同民族和不同文化背景下产生的行为方式差异，导致艾滋病流行与传播方式不同，如在我国部分边疆少数民族地区，艾滋病的感染者以少数民族为主，感染方式以静脉注射吸毒为主。四川藏区甘孜州、阿坝州自发现首例艾滋病感染者以来，疫情上升趋势明显，确诊的感染者人数在迅速增加，这些感染者中，性传播感染率已超过50%。有专家认为，四川藏区可能是除我省艾滋病疫情高发区凉山州外的第二危险区域。面对艾滋病疫情在四川藏区快速上升的趋势，应采取什么样的防治措施以及怎样采取措施才能有效遏制艾滋病的传播？政府和民间组织在四川藏区开展针对乡村普通人群的艾滋病防治知识宣传很少，而迅速增长的感染者数量让我们充满紧迫感，那就是对群众普及科学知识，进行广泛的艾滋病防治宣传教育，已经到了刻不容缓的地步。笔者近几年来一直参与西南少数民族地区艾滋病防治调研的工作，[1] 希望通过自己的经

---

* 作者简介：四川省民族研究所副研究员。

[1] 本人主持的项目：（1）2006年中英艾滋病策略支持项目《四川省流动人群艾滋病防治对策研究》；（2）2008年四川省民委、第四轮全球基金/中英艾滋病项目《扎巴藏族走婚人群艾滋病防治知识健康教育》（2008GF4OR15）；（3）第六轮全球基金《扎巴藏族育龄人群婚俗行为干预》（Sasapac2008006）；（4）2009年四川省第四轮全球基金/中英艾滋病项目《四川省道孚县乡级干部艾滋病宣传培训项目》（GF4SC2009015）；（5）2009年四川省民委《四川省藏文学校2009级毕业生艾滋病防治知识培训》；（6）2009年第四轮全球基金/中英艾滋病项目《四川省藏文学校2010级毕业生艾滋病防治知识培训》（GF4S200933）；（7）2010年中国—默沙东艾滋病合作项目《四川省凉山州艾滋病毒感染者及受艾滋病影响青少年关怀模式初探暨高层倡导》；（8）2010年全球基金艾滋病项目《昭觉县地膜乡艾滋病女性感染者及感染者配偶健康教育》（CHN－304－G03－H）。

历尝试在四川藏区进一步深入开展艾滋病防治工作与研究。

二、项目点背景

从国际社会近30年来预防艾滋病的经验看，最行之有效的方法，就是对大众进行艾滋病防治知识的宣传普及和安全套的推广使用。这种方法在我国其他地区已经推广使用，效果较为明显，但国内其他地方的艾滋病防治工作多以卫生行政部门为主导，这样宣传的模式并不适合少数民族地区。四川藏区的情况有其自身的特殊性，除了卫生部门从医学的角度介入，更应该有人文科学工作者从社会学的角度参与其中，因此，我们选择了扎巴藏族这一支具有典型性的人群，进行干预试点。

1. 扎巴藏族社区情况简介

扎巴藏族聚居在四川省甘孜藏族自治州道孚县、雅江县境内雅砻江支流鲜水河下游两岸台地上，人口7800人。鲜水河沿岸的扎巴藏族以农业生产为主，高山区有少数人从事牧业生产，主要粮食作物是小麦、青稞、玉米等。

扎巴藏族地区一直保存着较为完整的母系制遗留，在婚姻形态上，沿袭着传统的“走婚”习俗。据笔者2004年调查统计，在扎坝区232户家庭中，母系制“走婚”家庭占59.49%（个别村寨“走婚”家庭的比例更高达75%～93.5%）。“走婚”是外族人对扎巴藏族特殊婚媾关系的称谓，“走婚”双方建立了性爱关系，互称对方为“呷依”。在扎巴藏族聚居区，青年男女没有到法定结婚年龄而走婚、同居的情况较多，“走婚”双方自己做主，父母基本不管，任其自然发展。在扎巴社会中一直流传着一句俗话：“屎尿土百户❶管不了，婚姻父母管不了”，充分表达了扎巴藏族对“走婚”自由的认可。

扎巴藏族婚姻观念中的独占性较为淡薄，男女的“走婚”主要是建立在两情相悦的前提下，双方都有一定的性自由，因此，“走婚”男女一生中只有一个“呷依”的情况极少，一般都有两个以上的“呷依”，有的男

---

❶ 土百户，又称“百户长”，土司（土司：元、明、清三朝授予少数民族首领世袭官职的泛称，土官有千户、百户、百长）之一种，多受土千户统辖，官位七品、八品不等。清朝末年改土归流废除土司制度，但在藏区，新中国成立前仍然残存其势力。

女双方都同时拥有多个“呷依”，谚语里对此多有吟诵。[1]“呷依”有两种：一种是长期关系的“呷依”，另一种是暂时的短期“呷依”。如果男女“长呷依”之间村寨相隔太远，一般男女都会同时有几个近村的“短呷依”。这是因为扎巴藏族居住在鲜水河两岸的大峡谷中，山高坡陡，道路崎岖，一二户、三五户为自然村寨，最大的自然村寨也不过十几户人家。自然村寨之间相距近则一二公里，远则十多公里。

2. 选择扎巴藏族实施艾滋病预防行为干预的理由

我们确定了干预对象需要具有典型的民族和文化特征，人口数量不能太多并且都集中在一个相对狭小的区域内，以便于工作的开展。在对目标社区进行田野调查的基础上，确定在道孚、雅江县扎巴藏族聚居区作为项目点。

扎巴藏族的典型性在于：（1）其人口 7800 多人，聚居在相对集中的区域；（2）该族群使用自己独特的语言；（3）该群体一直遵循世代沿袭的母系制、多个性伴侣“走婚”习俗；（4）该群体中已经发现有艾滋病感染者。

由于扎巴藏族人口长期发展缓慢，人们没有节育、避孕的意愿，扎巴藏族男性也从没有使用安全套的习惯，目前我国的生育政策准许藏族生育 3 胎，因此，妇女在生育 3 个孩子前不会采取任何避孕措施。在现实生活中，扎巴藏族男女可以结交临时“呷依”，临时“呷依”之间多为逢场作戏，双方或是长相漂亮，或是从前有过“呷依”关系，哪里碰到即可找方便处野合。而妇女们与男“呷依”之间的关系是相互自愿、非商业性的，她们很少具备预防疾病的常识和自我保护能力。近年来扎巴藏族的走婚习俗在发展旅游产业中被冠以浪漫的生活方式来炒作；而水电的开发也加速了人口的流动。上述因素都增加了感染艾滋病的风险。

三、项目具体实施的步骤

在设计项目时，我们就考虑到这项工作能否顺利开展，与当地的政策环境有着密切的关系。因为我们所涉及的问题是现在藏区公众没有意识到的问题，带有一定的超前性和挑战性。我们把活动内容定为对干部和群众

---

[1] 下面三首扎巴藏族的谚语，表达出扎巴藏族的多性伴状况：①我有两个情人，要我选择的话，我会选择年轻的，但我不得不选择年老的，因为我和她相处的时间太久了。②我有两个情人，我还想要一个，因为我有许多的心里话要对她讲。③山脚下的寨子有一个美丽的姑娘，你不要认为自己很漂亮，你已经有一百个情人了，我这新人是不会做你的情人的。

分别进行培训，希望在项目实践过程中积累一些经验，能够在藏区进行尝试和推广。

我们首先有意识地进行领导层的倡导，我们简略地与甘孜州民委、道孚县民族宗教局、雅江县民族宗教局负责人沟通，向他们说明艾滋病宣传防治工作的重要性，希望当地分管领导出面积极参与。

经过道孚县民族宗教局的衔接，分管文教、卫生的副县长表示要参加培训班的开幕式，这样，就给参加培训班其他人员起了一个良好的示范作用：县领导对这项工作如此重视，这使得参与培训的学员会认真对待。我们在县一级培训班的倡导对象是道孚县、雅江县区的乡干部、计划生育专干和卫生院医生，以及工作生活在县城的扎巴藏族知识分子、两县分管文教、卫生的副县长，卫生局、县疾控中心负责人；在扎巴藏族聚居区宣传、培训的对象是以扎巴藏族育龄妇女为主的育龄群众。

1. 对基层干部的宣传、培训

在边远贫穷的少数民族地区，艾滋病的防治工作十分薄弱，国家已出台的一些政策和措施不能很好地贯彻执行，这与当地领导干部对艾滋病的认识不足分不开。因此，对基层干部进行我国艾滋病流行形势、艾滋病对地区经济发展、社会稳定和民族生存的影响及我国已经实施的《艾滋病防治条例》等知识的培训，使其了解艾滋病的致病机理、传播途径等相关知识，并促进基层政府部门及其他机构投入到艾滋病防治宣传工作中，是防治工作的第一步。

2. 对普通群众的宣传、培训

在四川藏区，由于社会发展相对缓慢、经济较为落后，文化卫生资源匮乏，少数民族群众受教育和获得卫生知识的机会很少，绝大多数藏族群众不了解艾滋病及性病的危害。因此，首先就是要普及科学知识，将艾滋病防治知识的宣传教育整合到日常的卫生知识和健康教育中；其次是要让群众把学习到的知识落实到今后的行动中。

对群众的培训内容为：观看禁毒、艾滋病防治的宣传片；请专家讲授日常卫生知识以及什么是安全的性行为，讲述保持相对固定的“走婚”伴侣可以减少艾滋病传播几率和安全套在防治性病、艾滋病中的作用。时间为大半天。

四、开展艾滋病防治宣传所面临的障碍

由于藏区文化的多元性、特殊性和藏族全民信教的宗教背景，在开展

宣传防治艾滋病的工作较其他地区更为困难。[1] 语言、风俗、习惯的不同严重地影响着艾滋病知识的宣传效果。要顺利开展艾滋病防治工作，应该综合考虑社会、语言、文化和伦理等诸多问题的特殊性，针对各民族不同风俗习惯进行。

1. 让群众在母语环境中接受知识

在县政府驻地，少数民族干部都接受过文化教育，其汉语能力都很强，对他们进行宣传、培训，可以采取与汉语地区相同的方法。困难的是对少数民族群众的宣传。少数民族易受各种疾病的威胁，其中一个原因是他们缺乏获得用母语书写、讲解的相关基础知识。由于大多数扎巴藏族群众不会汉语，为了让群众更好地理解艾滋病，应该使用他们自己的语言进行宣传防治，将健康教育、艾滋病传播方式及预防措施等知识、信息传达给他们。

2. 尊重少数民族文化传统

从理论上讲，对群众普及艾滋病防治知识、培训他们使用安全套，并不是一个太难的事情，如使用避孕工具、减少性伴侣、提倡安全用血等，但实际操作并非如此简单。根据我们的调查，在扎巴藏族中安全套使用率较低，女性难以主动采取自我保护措施。因此，提倡使用安全套，是提高广大群众自我保护能力和防范意识、预防艾滋病传播的重要举措。藏族群众对谈论性方面的话题，有诸多禁忌：人们不会公开谈论性和生殖方面的问题，男人和女人、兄弟和姊妹在一起更忌讳谈论这方面的问题。扎巴藏族亦如此，他们约定俗成的规矩：忌讳兄妹、表兄妹、姨表兄妹彼此间相互打闹或随便开玩笑；忌说粗话，特别是涉及男女之间的事情，被认为是很难为情的事，尤为忌讳。在看电视节目或电影时，如果荧屏出现男女之间亲热的镜头，兄妹中有一个必然起身回避，否则会被认为没有家教。我们宣传防治艾滋病知识，不可避免地涉及性、生殖系统等知识，还要现场讲解、教授安全套的正确使用方法和安全套在防治艾滋病、性病中的作用，这与藏族群众的风俗习惯有所冲突。我们在对男性、女性群众培训时，就采取分别进行宣传的形式。

3. 挖掘少数民族优秀传统资源防治艾滋病

少数民族风俗习惯的形成是一个漫长的过程，与他们的生产和生活环

---

[1] 在四川藏区的某些地方，群众的性行为多不为经济利益，男性有钻帐篷、爬房子的习俗，有的妇女拥有多个性伙伴，她们与性伙伴之间的关系是完全出于自愿、非商业性的。所以，藏区的感染者既有一般群众（农、牧民），又有公务员、军人、喇嘛、学校工友、暗娼等不同群体。因此，在行为干预上困难较大。

境有着密切的联系。扎巴藏族的走婚形式，是人类从早期的母系社会遗留到现在的活化石。但在面对艾滋病这个问题上，这种婚俗又增加了疾病的传播风险。在宣传时如何把防治艾滋病的知识与他们自己原有的文化资源结合起来，以产生更好效果，对此我们作了一些探索。比如，我们了解到扎巴藏族民间舆论对于过度“走婚”的人，无论是男人还是女人，都颇有微词。男人“走婚”的性伴侣多，会被人们认为靠不住，是在逢场作戏，会遭到女方家人的反对；女性过度“走婚”，会被舆论认为是水性杨花，没有男人会真心对她好，最终没有好结局。扎巴藏族社会对于“走婚”问题正面的舆论氛围与我们宣传防治艾滋病须“保持单一性伴侣”（减少性伴侣）的策略不谋而合。

项目组培训的本土宣传员在向群众宣传时，结合扎巴藏族全民信教的特点，告诉大家：既然相信菩萨，菩萨提倡慈悲为怀，善待生命，“走婚”会带来艾滋病传播的风险，如果你（男性）得了艾滋病，又传给女性伴侣，这就是罪过；如果女性伴侣感染后怀孕，又将艾滋病传染给孩子，孩子无辜被传染，那罪过就更大；或是女人染上病而男方很本分，这也是罪过，这些严重后果与他们信仰的佛教教义大相违背。以此来规范群众的行为。

五、项目实施效果分析

少数民族地区的艾滋病防治需要采取适应少数传统民族文化和风俗习惯的特殊措施和活动。为实现既定的目标，我们在项目的设计和实施过程中，充分考虑和尊重少数民族的特殊性，利用当地文化资源来配合宣传防治艾滋病的内容，如制作少数民族语言文字的宣传材料、开展适合少数民族文化特点的宣传方式、动员少数民族精英人士参与宣传活动等，从取得的良好效果来看，无论是对干部还是对群众的培训，都大大出乎我们的预料。

1. 受众及反馈情况良好

对干部的宣传、培训：项目组对道孚县、雅江县参加培训班的学员进行了艾滋病流行形势、艾滋病防治知识和中国的艾滋病防治政策等方面培训，借助多媒体教学手段和艾滋病宣传影视资料进行授课，取得了很好的效果。

雅江县政府主要领导高度重视项目组所开展的工作，要求参加培训的干部积极配合，用学到的知识去言传身教，影响、感化父老乡亲；所涉及的每个村都一定要配合好，并告诫干部，今天我们在享受美好生活时，不能忘记基层群众，他们没有获得知识的渠道，要求干部把艾滋病防治知识传达到群众当中，让我们的培训项目真正取得成效。

对藏族群众的宣传、培训：当地群众分散居住在沿鲜水河流域两岸海拔2000～4000米的山寨，许多人不识字，没有见过电视、汽车，甚至还有个别人不识人民币。艾滋病在当地被称为“时代病”，扎巴藏族中有文化的知识分子和领导干部略知“艾滋病”这个名词，但是对这种疾病的症状、传播途径一点也不了解，群众甚至没有听说过“艾滋病”这个词，这次宣传让扎巴藏族老乡第一次知晓了“艾滋病”。扎巴藏族拥有多个性伴侣的习俗，增加了感染艾滋病的危险。因此，减少性伴侣的数量、彼此忠贞的单一性伴侣关系，是控制艾滋病经性行为途径传播的最有效方法。经过宣传，增强了群众的性道德观和自我保护意识。个别“走婚”性伴侣多、性生活较为随意的人在通过学习后受到震慑，表示今后要约束自己的行为，尽量少“走婚”。

2. 增强了当地政府的防艾意识

通过培训，两县的领导干部以及扎巴藏族知识分子对艾滋病的危害有了深深的忧虑，他们纷纷表示，举办这样的培训班很有必要，认为应该多向群众做宣传，并建议政府加大艾滋病防治的经费投入。道孚县政府领导希望项目组能够对该县其余17个乡的干部都进行艾滋病防治知识培训；参与培训的扎巴藏族聚居区乡干部表示，今后向群众进行科普知识、文化下乡等活动时，要向群众大力宣传艾滋病防治知识。

3. 为当地培养了一批本土艾滋病防治宣传员

项目组培训的重点目标人群是育龄人群，为了让主要受益群体充分了解艾滋病防治知识，提高艾滋病防治意识和能力，项目组在培训县、乡级干部时，就着力培训几名扎巴藏族的骨干，让他们在培训结束后，跟随项目组到扎巴藏族聚居区去做宣传工作。其中两名骨干宣传员本身就是扎巴藏族中的知识分子，曾经在当地教书多年，扎巴藏族群众几乎都认识他们，经过培训后，他们在对群众宣传时，用扎巴藏族自己的例子。[1] 通过

---

[1] 如，例一：20世纪40年代，国民党曾经在扎坝区亚卓乡巴厘村和红顶乡地入村种植鸦片，把梅毒等性病也带到扎坝地区，扎巴藏族称梅毒为“甲乃”（藏语，意思为汉人的病。“甲”，意为汉人，“乃”，意为病），当时仲尼乡得性病的人较多，有的人留下终生残疾，有的人没有生育。我们的宣传员对老乡说，梅毒还有药可治，艾滋病比梅毒等性病还严重。例二：几年前仲尼乡向秋村一个叫禾扎（音译）的人，其相貌很英俊、身材也高大，但他曾经让人谈虎色变，据说他感染了性病尖锐湿疣后，被他传染的人较多，扎巴语里面没有“尖锐湿疣”这个词汇，所以人们就称尖锐湿疣这个病为“禾扎”的病，宣传员在讲解时，就说艾滋病比禾扎的病更严重，“禾扎”还可以医治，艾滋病是不治之症，以此引起群众的特别警惕和重视。

深入浅出的讲解，取得了很好的效果。

六、思考和建议

藏区与汉区有着不同的社会、经济、文化背景，从我们项目的宣传面来看，只覆盖了一个极小的区域和人群，与藏区艾滋病疫情的快速增长和群众的艾滋病防治需求还有着甚远的差距。在四川藏区采用的宣传方式，应该根据不同情况采取不同形式。

1. 开展灵活的宣传形式

根据藏族群众居住分散的特点，采用多种形式的宣传。如在乡政府所在地等交通方便的地方，可以根据情况将防治宣传穿插于文化、科技、卫生等下乡活动中，在放映电影时播放艾滋病防治宣传片；在边远高山区，可以采用小分队的宣传形式走乡串户，面对面宣传。

2. 培训基层宣传的师资

艾滋病防治工作是一项长期的工作，需要我们不间断地对群众进行宣传，因此培训一支本土宣传队伍非常必要。我们对宣传员进行系统培训和专门指导，并依托其自身优势进行宣传，以保证这项事业持续开展下去。

由于藏族地区在谈论性方面有一些风俗和禁忌，对妇女的宣传最好依靠女性宣传员。因此，培养女性宣传员尤为重要。但恰恰藏族女性、尤其是扎巴藏族妇女，受教育的机会少，这也给防治工作带来很大的障碍。

3. 开发适合少数民族群众使用的宣传教材

缺乏针对少数民族预防艾滋病的读物和其他宣传品严重制约了少数民族地区艾滋病防治宣传工作。我们在其他省区调研时了解到，防治艾滋病宣传片很少有使用少数民族语言文字制作的，因此，少数民族群众在观看时，觉得放映的内容不是他们身边的事，不容易引起共鸣。考虑到少数民族生活、文化等方面的特殊性和群众受教育机会少、文盲多的实际情况，宣传教材（如电影、VCD、图片等）需针对不同民族的特点来制作，如用民族语言解说等，这些问题，有待进一步研究解决。

4. 让群众能够很容易地获得安全套

自从上世纪80年代实行计划生育以来，甘孜州一直在积极推广使用安全套。可是，近30年过去了，藏族乡村安全套的使用率仍然很低，究其原因：一是与性有关的文化规范，使藏族男性没有使用安全套的愿望和要求，除少数人害怕超生而使用外，大多数人对它都不屑一顾，即便免费提供，也没有或很少有人使用；二是安全套获得的可能小，我们通过访谈了解到，虽然各乡有计划生育干部，但是藏族群众并不很清楚在哪里、向谁索取可以得到安全套。目前扎巴藏族聚居区的计划生育干部有的不是当地扎巴藏族人，或者有的计划生育干部是男性，妇女们感到去领取安全套是很难为情的事。现在，群众通过宣传学习，知道安全套可以成为保障生命和健康的工具，而不再仅是限制他们繁衍后代的工具，索要安全套的积极性高，项目组成员所到之处，带去的安全套均被一抢而空。

如果群众将使用安全套变成为自觉行动，这对于防治性病、艾滋病无疑有着积极的意义。但是这还需要一些客观条件，包括服务的持续性和便利性，如怎样才能使群众获得安全套，能否保证数量等，此类问题都需要当地有关部门去认真、切实解决。

旅游者对民俗旅游产品本真性的感知研究

——以云南新平大沐浴花腰傣民族文化村为例

唐玲萍*

（玉溪师范学院商学院）

关于民俗旅游“本真性”的认知角度有很多，本文将以旅游者为研究切入点，关注旅游者对民俗旅游产品的定位，旅游者对民俗旅游产品的真实性，即本真性的态度，旅游者希望看到的民俗旅游产品是否与当前他们所接触的产品相契合。只有了解到代表终极市场的旅游者的真实的感知，在民俗旅游的开发、民俗文化的保护等方面才能做到有的放矢。此外，有的旅游者“本真性”感知研究认为旅游者在体验“本真性”的过程中，会受到个人过去经历和个人情感的影响，本文也试图寻找这一关系。

一、关于本真性的理论研究综述

（一）国内外关于旅游本真性的研究

“本真性”是20世纪60年代以来西方旅游社会学研究中的一个核心概念，来源于美国历史学家珀尔斯汀和美国社会学家麦肯耐尔关于本真性的讨论和争论。珀尔斯汀（Boorstin，1964）在他的《形象》一书中将大众旅游称为“伪事件”（pseudo - event）。他认为旅游企业制造了旅游目的地的假象，而旅游者亦满足于这些被设计好的、无意义的事件，其最终结果是“旅游者越来越远离目的地社会的本真现实”。相较于珀尔斯汀的批评，麦肯耐尔（MacCannell，1989）则认为旅游者生活在现代化、异化

---

* 作者简介：唐玲萍（1974—），女，云南玉溪人，硕士，副教授，主要从事民族旅游研究。

(alienated) 的社会中，因而他们的旅游动机正是去寻找本真性，即了解旅游地居民的真实生活。他指出，对旅游者而言，其挑战在于在多大程度上他/她可以被允许了解或经历他者/旅游地居民的真实生活。由于不断地寻求本真的旅游体验，麦肯耐尔将现代的旅游者称为“世俗的朝圣者”(secular pilgrim)。[1]

在中国，20 世纪 80 年代，以往被人们斥为“落后”“迷信”“原始”“蒙昧”的民俗文化进入了旅游研究者和旅游规划者的视野，成为弘扬传统文化、向外来旅游者展示本土形象的旅游资源。随后，民俗旅游作为一种专项旅游在中国大地蓬勃兴起，至今方兴未艾。1999 年，王宁发表在 *Annals of Tourism Research*（《旅游研究纪事》）中的 *Rethinking Authenticity in Tourism Experience*（《旅游体验原真性再认识》）一文，将西方始于 20 世纪 70 年代初用于研究旅游者动机和体验的“真实性”概念引入中国旅游研究阵地。此后，肖洪根（2002）对 MacCannell 的“舞台真实”(staged authenticity) 理论和 Cohen 的“旅游空间与舞台猜疑”(tourist space and staging suspicion) 理论进行了引介；杨慧（2005）介绍了MacCannell及其现代旅游理论；李旭东等（2005）介绍了西方社会学旅游研究中客观主义、建构主义、后现代主义以及存在主义者各自视角下的真实性；胡志毅等(2007) 在阐释客观真实和主观真实的基础上分析了各自在旅游体验中的对应关系；周亚庆等（2007）回顾了旅游研究中的“真实性”理论及其主要流派，并对各流派进行比较研究；马凌（2007）梳理了本真性理论在旅游研究中的应用。这些研究国外旅游本真性理论的引介和研究进展的把握，为我国旅游本真性研究的实证及理论发展奠定了基础。[2]

国内外旅游感知的研究主要是从居民感知和旅游者感知两个方面展开的。在国外现有的文献中，从旅游者视角进行的感知研究总体上可分为：旅游者感知的满意度研究，旅游者对旅游目的地形象感知研究和旅游者对旅游风险感知研究等。而在国内旅游者研究感知中，旅游者满意度研究是一个重要领域。

（二）本真性在旅游研究中的应用

“本真性”(authenticity) 一词源自希腊语的“authentes”，意为“权威者”或“某人亲手制作”。在旅游研究中，“本真性”最初关注的是博物

---

[1] 王宁，丹萍，马凌．旅游社会学［M］．天津：南开大学出版社．2008，12：143－158.

[2] 高燕．凤凰古城景观真实性感知比较研究［D］．湖南师范大学，2009.

馆语境下的本真性。比如说，判断工艺品、节庆、仪式、饮食、服装等的“真实”或“不真实”，其标准往往是它们是否是由当地人根据其习俗和传统来制造或表现的。[1] 对于本真性在旅游产品、旅游体验方面的研究则一直处于不断演进的过程中，这是因为研究视角、研究对象、研究理论依据各有不同而导致的，但是随着研究的不断深入，旅游研究中的本真性概念逐渐清晰起来。

表1　旅游研究中本真性概念的发展和比较[2]

类型	关注对象	主要特征	主要代表人物	局限
客观的本真性	旅游客体	客观主义的本真性是指“原作品”（originals）的真实。相对应地，旅游中的真实的体验等同于对原作品真实性的认知体验（epistemological experierce）	珀尔斯汀（Boorstin，1964）；麦肯耐尔（MacCanell，1973）	局限在旅游客体，本真性概念简化
构建的本真性	旅游客体的建构以及旅游者关注何种客体	构建主义的本真性是指旅游产品生产者和旅游者根据自己的思想、期望、偏好、信仰和权利赋予旅游产品的某种真实。这种真实是“被投射”（projected）在旅游产品上的，也就是说，同样的旅游产品被赋予了多种不同的真实性。这种旅游产品的真实性实际上是象征意义上的真实性（symbolic authenticity）	布伦纳（Bruner，1994）；恩（Cohen，1988b）；霍布斯巴恩和兰杰尔（Hobsbawn & Ranger，1983）；科纳（Culler，1981）	难以把握商品化和本真性之间的度
后现代的本真性	真假界限	后现代的旅游者对“原物/原作品”（originals）的真实性已不再关心。他们认同“不真实性”，认为人们追求的是一种超真实（hyper - reality）的“逼真”世界（verisimilitude）	伊科（Eco，1986）；布西亚（Baudrillard，1983）	完全否定了本真性的概念
存在的本真性	旅游主体的感受	存在主义的本真性是指一种被旅游活动激活的潜在的“成为”的存在状态（Existential State of Being）。存在的本真与被旅游的客体是否真实毫无关系，而是旅游者借助于旅游活动或旅游客体寻找本真的自我	王宁(Wang Ning，1999) Steiner&Reisinger（2006）	忽视旅游客体，不利于旅游业持续发展
定制化的本真性	客体与主体互动	游客在异乡寻找故乡，主体与客体共同构建元真环境	Wang（2007）	—

[1] 马凌．本真性理论在旅游研究中的应用［J］．旅游学刊，2007（10）．

[2] 资料来源：张朝枝．旅游与遗产保护——基于案例的理论研究［M］．天津：南开大学出版社，2008：50－75．

二、研究过程与方法

（一）问卷调查设计

调查问卷的设计考虑了人口统计学和社会学属性的因素，除了个人基本信息之外，还包括游客到该地旅游的目的、对大沐浴的了解、期望程度等可以直接或间接反映游客真实感受的问题设计，而对花腰傣民俗旅游产品的真实性，要求被调查者对所看到的旅游产品的真实性的感知程度进行选择，该部分由“很不真实”“不真实”“一般”“真实”“非常真实”五个选项构成，所获得的调查结果能够直接反映被调查者的真实感受，从而进行本真性的分析。

（二）调查过程与访谈过程

调研小组选择在2010年“十一”黄金周的第一、第二天赶赴新平县漠沙镇大沐浴花腰傣生态文化村进行实地调查。由于新平县城到漠沙镇的公路正在修建过程中，道路交通中断，要到漠沙镇必须要绕行，所以这个黄金周到访大沐浴的游客没有我们预期的那么多，到访的游客主要来自昆明、玉溪红塔区，多以家庭为单位出游，并且都是以自驾车的方式到达大沐浴的。因为到访游客数量有限，所以本次调查结果有可能存在一些偏差，还需要进一步研究。

除了进行调查问卷的发放以外，调研小组还与到访大沐浴的旅游者以及当地村民进行了交谈，旨在获得一些即时真实的感性认识，同时更深入地了解旅游者对该地旅游产品本真性的感知。

三、旅游者对新平大沐浴花腰傣民族文化村民俗旅游产品本真性的调查分析

本次发放调查问卷共40份，回收40份，其中有效问卷35份，有效率为87.5%。

（一）到访新平大沐浴花腰傣民族文化村的游客特征

到访新平大沐浴花腰傣民族文化村的游客特征比较明显（表2），男性游客占了37.1%，而女性游客占了62.9%，以24~45岁这一年龄段为主，占到了调查总人数的65.7%；游客的教育水平也相对较高，以大专及大学本科为主，达到了62.9%；职业构成也表现出了明显的特征，以机关、事

业单位、企业、公司、教师、科研人员为主，上述职业的比例总和达到了77%；以中上层收入者为主，月收入在1500～3000元之间的游客占了调查总数的57.2%。

表2　到访新平大沐浴花腰傣民俗文化村的游客的社会特征

		百分比
性别	男	37.1
	女	62.9
年龄	14岁以下	8.5
	14～24岁	8.5
	24～45岁	65.7
	45～65岁	14.3
	65岁以上	3
教育水平	初中及以下	8.5
	中专或高中	11.4
	大专本科	62.9
	研究生及以上	17.2
职业	机关/事业单位	14.2
	企业/公司	34.2
	教师/科研人员	28.6
	军人	0
	学生	20
	其他	3
月收入（元）	800以下	17.1
	800～1500	14.3
	1500～3000	57.2
	3000～5000	11.4
	5000	0

（二）游客对花腰傣民族文化的了解渠道和方式分析

通过分析游客对一个旅游民族村寨或者旅游地的了解渠道和方式，可以帮助我们探寻到更多关于游客对民俗旅游产品本真性的认知。游客究竟希望在该民族旅游地看到什么，以及能否在这次旅游活动中探寻到更多除了一些媒介所介绍的东西之外的、满足游客好奇心的产品。在本次调查问卷中，透过亲朋好友这一渠道知道大沐浴民族文化村的占了68.6%，而通过网络媒介的有17.2%，通过宣传手册了解的有2.8%，此外，还有11.4%的游客是通过其他方式。在了解花腰傣民族文化的方式上，通过亲朋好友了解的也是占了大多数，为37.1%，通过网络媒体和专业书籍获得的游客数量相当，为28.6%，通过宣传手册了解的只有5.7%。(见图1、图2)

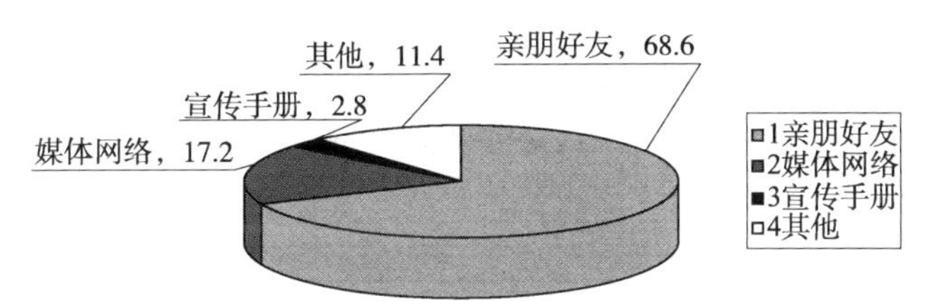

图1 游客对村寨了解渠道和方式分析

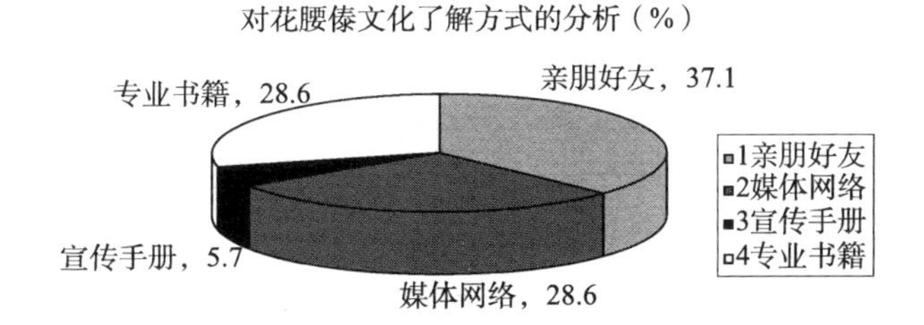

图2 游客对文化的了解渠道和方式分析

(三) 游客对花腰傣民族文化的关注度和民俗旅游产品吸引要素的感知分析

1. 关注度分析

游客对花腰傣民族文化的了解是影响游客对该民族文化真实性的一个重要因素，了解得多，对于所看到的实际，游客自然会给予更多的关注，并去判断这是否与其所了解到的内容相符；反之，则可能仅靠直觉来评判。因此，分析其在旅游之前对该民族文化的了解程度是十分必要的。调查显示：有68.6%的游客对花腰傣文化不太了解，有28.6%的游客仅仅停留在了解的程度上，非常了解花腰傣民族文化的只占了总数的2.8%。从以上的数据中我们可以了解到，大多数游客在之前对花腰傣民族文化是不了解的，他们大多仅仅是凭借媒介之前在他们脑中构建的印象来设想这该是怎样一个民族，这个民族会有怎样的特征等。

此外，游客常去民族村寨的次数可以表现出游客对民族村寨民族文化的关注度。关注度越高，说明游客对该民族文化越感兴趣，同时也对游客的真实性感知影响越大；反之，则说明该地民族文化没有能够吸引游客前往的闪光点。从调查中我们了解到，到大沐浴花腰傣民族文化村的游客，在过去曾经去过的民族村寨分布情况如下：去过5个以上，也就是经常参观民族村寨的有34.3%，去过2~4个的有42.9%，偶尔去的游客占20%，从未去过的则所占比重较小，只有2.8%。

2. 吸引要素真实性感知分析

在游览过程中，游客对自己本身所感兴趣的元素会影响游客的真实性感知和对真实性的在乎程度。在调查中，笔者列举了大沐浴花腰傣民族文化村游客可能产生兴趣的旅游产品进行调查，结果显示，对游客具有吸引力的旅游产品由高到低依次为：传统服饰，歌舞艺术，民风民俗，传统饮食，传统民居建筑艺术，语言文化和农耕文化。（见图3）由此可以看出，花腰傣民族服饰是游客最易感知的文化形式，其真实性是游客对花腰傣民族文化真实感评判的重要依据。

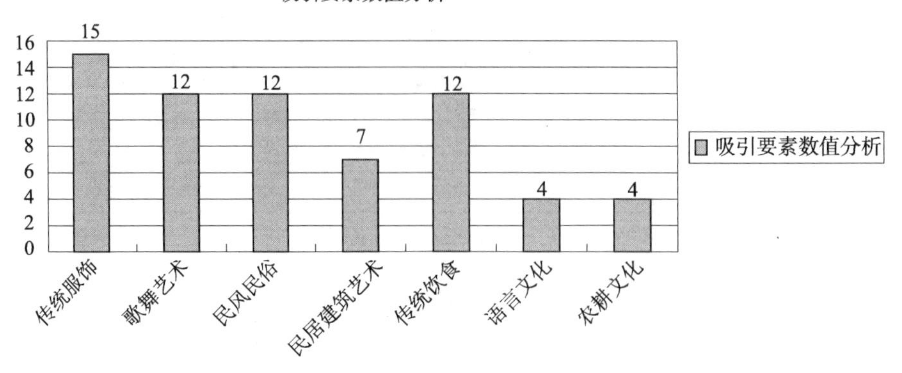

图3　民俗旅游产品对旅游者的吸引力分析

（四）游客对花腰傣民族文化旅游产品的期望值和满意度分析

1. 期望值分析

由于游客的心理期望会影响游客对产品本真性程度的要求，不同的心理期望会产生不同的本真性需求，所以是否在乎花腰傣民族文化的真实性和传统性，会影响游客对真实程度的要求程度。根据调查问卷显示，绝大部分的游客都表示在乎该地民族文化的真实性和传统性，其中有51.4%的游客表示在乎，31.5%的游客表示一般，17.1%的游客表示很在乎，从问卷调查的情况看，没有游客表示不在乎或很不在乎。对大沐浴民族文化旅游产品期望值高的游客数量占51.4%，期望值一般的游客数量占48.6%，其中有2.8%的游客对该地期望值非常高。从游客出行的目的调查中，我们可以看出有绝大多数游客是奔着了解民族文化而来，占到了51.4%，为放松身心的占28.6%，为度假休闲的占了14.3%，与家人朋友同乐的最少，只占5.7%。

表3 游客对大沐浴民族文化旅游产品的心理期望

是否在乎真实性和传统性	百分比	期望值	百分比	出行目的	百分比
很在乎	17.1	非常高	2.8	放松身心	28.6
在乎	51.4	高	48.6	度假休闲	14.3
一般	31.5	一般	48.6	了解民族文化	51.4
不在乎	0	不太高	0	与家人朋友同乐	5.7
很不在乎	0	不高	0		

2. 满意度分析

在研究旅游者旅游感知的领域中，国外现有的文献从旅游者视角进行的感知研究总体上可分为：旅游者感知的满意度研究、旅游者对旅游目的地形象感知研究和旅游者对旅游风险感知研究等。而在国内旅游者研究感知中，旅游者满意度研究是一个重要领域。大沐浴花腰傣民族文化村居民真实的生活状态和文化形式应该说在一定程度上反映了花腰傣民族文化，除了游客反映的期望值和所看到的花腰傣民族最真实的生活状态和文化形式是否相一致以外，对村寨景观文化表演以及村寨的交通、卫生、村民文明程度满意度的调查也会在一定程度上影响游客对本真性的感知和态度。在问卷中，有57%的游客认为所看到的民族文化和心目中所期望的基本一致，然而有高达40%的游客认为有些不一致，此外，还有3%的游客确定它们是很不一致的。而对村寨景观文化表演，表示满意度一般的占了48.6%，有31.4%的游客表示满意，不满意的占了20%。在交通、卫生和村民文明程度的满意度调查上，大部分游客表示满意，满意度达到了60%。同时，有77.2%的游客表示大沐浴的民族文化出现了部分商业化的现象。

四、基于调查结果的讨论与思考

（一）关于旅游者对民俗旅游产品本真性的态度的讨论

多数旅游者到访民族旅游村寨是为了满足认识民族文化、猎奇异域文化而来的，他们在乎民俗文化旅游产品的本真性，因为真实的民族文化满足了“后人造民俗”时代旅游者返璞归真、回归自然、追求淳朴洁净的旅游动机，符合现代人到异地异域体会异质生活方式和精神世界并获取全新身心体验的要求，也顺应了现代旅游业对个性化、多元化、多样化的要求。但是从本次调查的结果看，民族文化旅游的客源市场并不像我们想象那样广阔，游客的职业多为教师、科研人员、公职人员等，民族文化旅游者作为旅游者的一个细分市场，目前还较为狭窄。

其次，由于旅游者对本真性的体会是在特定的时间、空间和场景内进行的，他们不可能体会到绝对本真的民俗文化，所谓“眼见不一定为真”、“耳听不一定为实”，即使有文化的再现，但并不等于文化本身。换言之，旅游者在乎民俗旅游产品的本真性，但有时他们难于辨别什么是真实的，什么是伪造的。另外需要注意一点，游客的旅游动机虽然有追求旅游产品本真性的内容，但是作为文化的旁观者，他们原有的文化背景、生活经历、教育程度等都会不同程度地影响和制约他们对文化的领略，他们对民俗旅游产品真实性的认知度也各有不同。同一旅游者对不同产品的真实性的感知也不同。同一旅游者在不同的时空对相同产品的真实性的感知也可能不同。

对于部分旅游者来说，他们到访民族旅游村寨的目的本身就和民族文化没有直接关系，有的是陪家人来的，有的是自驾车顺道到访的，他们对本真性就没有什么概念了，这种情况在调查中也是有的。

因而，我们得出一个假设：最本真的民俗事象并不一定就是好的民俗旅游产品，最真实的文化并不一定就是旅游者最想看的。

（二）关于旅游者对民俗旅游产品“定制化的本真性”的感知的假设

旅游本真性的研究在不断发展，美国学者 Wang Yu（2007）指出，客体的本真性与存在的本真性（与自我相关的本真性）之间并非毫无关系，这种“定制化的本真性”的本质包括了两个因素：（1）事先对“他者”的想象——这种本真性主要是与客体相关的，而且是受大众传媒、旅游文献、旅游指南等的影响；（2）一种内在的对“家的感觉”的追寻，在旅游的情境下，旅游者会不由自主地、潜意识地寻找一种与他们长居环境相似或熟悉的东西。在这种情况下，东道主社会总是会根据旅游者的需要创造和提供符合旅游者需要的本真性的旅游产品。而由于旅游者在其旅行中这种对“家”和自我的内在追求，使得他们能够接受东道主社会为他们定制

好（或度身定做的）旅游客体。❶

“定制化的本真性”这一概念在这次的调查中得到了部分的印证，所以我们假设旅游者对民俗旅游产品“定制化的本真性”的感知是存在的。首先，旅游者的个人经历、教育程度、职业特征等因子对他们构建民族文化印象、理解民族文化真实性产生较大的影响。在访谈中，我们明显感觉到作为教师和科研人员的受访对象对民族文化的认识要深刻得多，对民俗旅游产品的建设有独到的见解和可持续发展的理念。其次，媒体所构建的关于民族旅游目的地、民族旅游村寨等“虚拟天堂”“梦幻印象”对旅游者产生了较强的诱导作用，根据“先入为主”的心理效应，媒体首先帮助旅游者构建了民俗旅游产品的概念和特征。旅游者在旅游过程中常常参照媒体版的产品标准来界定民俗旅游产品的本真性。调查结果显示旅游者对大沐浴花腰傣民族文化村及其文化的了解大部分来自亲朋好友、媒体网络和专业书籍，也就是说，旅游者民俗旅游的认知大部分是由外界媒介为他们构建起来的，旅游者对民俗旅游产品“真实”与否的判断标准主要依靠媒介传播中的印象。这在一定程度上符合“定制化的本真性”的本质的“对他者的想象”。

游客在游览的过程中会不由自主地、潜意识地追寻一种“家”的归属感，选择与谁共同前往旅游地，对食宿的选择和要求往往会反映出游客内心最真实的心理感受。调查问卷中有5个问题反映出了游客对“家”的寻找和构建。调查发现，选择独自前往大沐浴的游客只占了总数的2.8%，选择最多的选项是家人42.9%，其次是朋友28.6%，接下来是同事25.7%。我们假设，如果游客选择独自前往，那么可能说他希望追寻更多旅游产品的真实性和个人的体验，但调查结果显示大多游客选择与家人共同前往大沐浴花腰傣民族文化村，并且受访游客中多数都带自己18岁以下的孩子一同出游。这在一定程度上说明旅游者潜意识地渴望能够寻找到与家熟悉的或相似的东西，可以说，对于大多数旅游者而言，假期是旅游团体（如家庭）达到或强化其团结和归属感的一个机会；在休闲旅游中，人们不仅从观光、事件或表演中获得愉悦，同时也强烈地体验到了一种人与人之间真实、自然的情感联系和家庭中的真正亲密关系。

在调查问卷中，我们专门设计了影响旅游者选择住宿和餐饮的相关因子，有干净、舒适、星级、价格低廉、民族特色等。在住宿的选择上，有

---

❶ 张朝枝. 旅游与遗产保护——基于案例的理论研究［M］. 天津：南开大学出版社，2008：50－75.

45.8%的游客选择“农家乐”，同时有高达74.3%的游客对住宿条件的要求中，认为最核心的是干净舒适。在用餐选择上，呈现出相似的比例，有54.3%的游客选择农家乐，用餐要求有80%的游客认为干净卫生是最核心的内容。“农家乐”“傣家乐”等带有一定地域特征的住宿餐饮地点成为了首选。在对住宿接待户、餐馆的调查之后，我们也发现住宿接待户大多提供类似标准间的住宿条件和住宿设施，餐馆也有相当数量的大众口味的菜肴，这些恐怕也是为了迎合旅游者寻找“家”的需求。

参考文献

[1] 王宁，丹萍，马凌. 旅游社会学 [M]. 天津：南开大学出版社，2008：143-158.
[2] 林移刚. 论民俗旅游的本真性与商品化的调和 [J]. 商场现代化，2007 (20).
[3] 高燕. 凤凰古城景观真实性感知比较研究 [D]. 湖南师范大学，2009.
[4] 马凌. 本真性理论在旅游研究中的应用 [J]. 旅游学刊，2007 (10).
[5] 张朝枝. 旅游与遗产保护——基于案例的理论研究 [M]. 天津：南开大学出版社，2008：50-75.
[6] 张河清. 区域民族旅游开发导论 [M]. 北京：中国旅游出版社. 2005.

民间剪纸传承人的身份获致与自我认同

王　雪*

（西北民族大学民族学与社会学学院）

民俗传承理论认为，“民俗传承人，他（她）是民俗文化的主要承载者，是民俗实践经验最丰富的民俗活动操持者和民俗知识的集散者……他（她）受到俗民的崇信和信赖，他（她）们在民俗行事中都有突出的技艺或才能表现。他（她）往往是世代相续的民俗文化传人和习俗社会规范的主要支配力量。”❶一般来说，“传承人的系谱从时空条件的综合寻根考察，大致有两条线路：一条是家族传承的代代世袭相传的血缘传承的系谱；另一条是社区传承的扩散外传的地缘传承的系谱。”❷ 两类传承都是浸润社区生活轨迹所致，即长期融入生活的社区，并参与到社区生活的实践中。以往有关民间传承人的讨论更多地关注村落内的社会生活，对民间传承人的讨论一般都是在先天承认其传承人身份的基础上。本文有别于既往研究，将民间剪纸传承人的身份获致过程作为讨论对象，通过对其身份获致的途径和方式及其影响因素的分析，呈现影响传承人身份获致和自我意识的多重力量。本文认为除社区力量之外，目前民间剪纸传承人身份获致更多依赖生活共同体之外的力量，即村落外的国家力量、学术及媒体报道不断塑造的剪纸艺人职业身份。在此过程中，民间剪纸传承人的此种自我意识也使其日益脱离其所生活的群体文化范畴，日益依赖且愈加深入到受国家力量影响的传承环境中来。与此同时，这也加剧了村落社区的群体分化进程。

本文所要讨论的山东省高密市地处山东半岛东部、胶莱平原腹地，距

---

* 王雪（1979—）辽宁省辽阳市人，汉族，民俗学博士，西北民族大学民族学与社会学学院副教授。联系方式：西北民族大学民族学与社会学学院，730030。E - mail：wangxue990@gmail. com。

❶ 乌丙安．民俗学原理［M］．沈阳：辽宁教育出版社，2001：323.

❷ 乌丙安．民俗学原理［M］．沈阳：辽宁教育出版社，2001：323 - 324.

离省会济南265公里。河南村位于高密市西南方，距离高密市中心约28公里。高密地区以“剪纸、泥塑、年画”为外人所称道，有“高密三绝”之称，本文所涉及的就是以“三绝”之一的剪纸所著称的河南村，村中的范祚信就是高密剪纸艺术的传承人。文中所涉及的资料都来自笔者于2007—2008年在河南村所做的田野调查。

一、从村内到村外：男剪纸艺人

旧时的山东省高密县河南村，学习剪纸是女性的一项生活技能。剪纸可以说是女性的艺术，但村内也有男性会剪纸。如村中一位郭姓村民会裱糊顶棚，也会剪顶棚花和窗花。男性从事剪纸更带有社会交往和谋生色彩。“文化大革命”结束后，河南村就有村民到附近集市卖剪纸，当中以女性居多，范祚信夫妇也曾经是赶集卖剪纸队伍中的一分子。20世纪70年代末期，高密文化馆普查县境内民间文化资源，范祚信作为剪纸能手被“发现”。到高密文化馆后，范家剪纸就由范祚信一人对外接洽，成为家族剪纸事业的全权代理人，他从事剪纸的动因及相关因素值得考察：既有将剪纸作为谋生手段的因素，又有社会方面的因素。其经历可以分为村内剪纸阶段、“文化大革命”后赶集、县文化馆剪纸三个阶段。下面逐一加以考察。

（一）村内剪纸阶段

范祚信从1959年开始给村内人剪纸。除窗花好看之外，更重要的是村内外有在婚丧嫁娶时用剪纸的习俗，会剪纸成为影响社会关系网络的因素，即所谓“剪纸联系百家”。作为剪纸能手的“佊俩人”给村内人剪制婚丧嫁娶的剪纸，还成为村内人际社会交往的积极因素。如：

人家有个结婚的，你去给铰个馒头花什么的，人家也不给钱，给钱你也没法要，因为纸是人家拿来的，请你给铰铰，人家就给个果子、糖块啥的。[1]

（二）“文化大革命”后赶集阶段

“文化大革命”后，范祚信和妻子刘财花为补贴家用，冬季农闲季节到附近集市赶集卖窗花。赶集卖剪纸的经济收入刺激着剪纸艺人到处赶集。这一阶段是为了改善生活而剪纸。

---

[1] 访谈对象：HFZX1；时间：2007年8月12日晚上。

那时进入农历十二月份之后就一天不落地赶集，辛苦也没办法，晚上剪，白天就去卖。赶一（集）次卖个三块五块的。过年时候能割点肉，比起不赶集人家生活能强点。那时大集体，你要是手里没钱，生活苦啊！干了一年的活也不见钱。[1]

（三）高密文化馆阶段

刘财花在村大队偶然接触到寻访剪纸能手的县文化馆工作人员，从而得到进入文化馆剪制剪纸的机会。

我就问他大体得铰多少日子。他说大约得用一个礼拜吧。我一听就说一个礼拜啊，我在这里住不下啊。我说俺家两个孩子还上学，家里还养着猪，还养着鸡……第二天，我就回来了。回来我就和他说，你去吧，家里的事你也不办不了啊。家庭，我在家里照顾着，你去吧。他在家里待了两天就去了，他剪了剪，焦老师看了看，焦老师看好了，看他剪得还中，看好了之后这不就在那住下来。

有一个记者来采访的时候说："刘老师，你的名字让范老师争去了，不孬地慌?"我不会他的那些巧话，就记住了，我说："那有啥可孬地慌，一是我没有啥文化，连个字都不认识，哪里也不认识，谁出（名）都一样。[2]

得益于妻子刘财花推荐，范祚信进入县文化馆剪制剪纸。其最初的考虑是男性不能照顾家庭，作为女性，她留在家中。而从后来与记者的问答可以看出更为实际且谨慎的考量是走出村落的剪纸艺人所面对的社会环境更为复杂，需要更多应付社会的能力和知识，男性身份的范祚信显然更胜一筹。

二、职业剪纸艺人身份的生产

范祚信开始参与文化馆剪纸剪制工作，可以算作其职业剪纸生涯的开端。下面是他对自己经历的简单自述，从中可以看到一个会铰花的农民转变为职业剪纸艺人的过程。

材料一：原先我妈的大伯嫂、小姑、兄弟媳妇一到十月、十一月、十二月这三个月（就铰），小孩子都不让上炕，没有我们小孩子待的地方，

---

[1] 访谈对象：HFZX1；时间：2007 年 8 月 12 日晚上。

[2] 访谈对象：HLCH3；时间：2007 年 8 月 11 日上午。

（因为）妇女到了冬天没活，大家你也铰，我也铰，有的回娘家都会来看看铰。

材料二：历史上是熏灯影，效果挺好。母亲没怎么教我熏，我自己看着看着就会了。从（19）59 年开始一直没中断剪纸。“文化大革命”的时候也没中断，也没被批，那时剪的都是花草。大家那时也都用剪纸，也贴对子、贴门签、贴窗花，历史上都是纸糊的窗户。我母亲在家里铰样子，她那个年代，就全国来说，得有百分之五十的人会呀，小姑娘从十二岁就不让见外人了，只有家里人能见，外人不见，十几岁在家里干嘛呀？就是剪纸、绣花。历史上的斗鸡图也好，袖口也好，裤脚也好，全都是刺绣，全是慢功。

材料三：在五六十年代开始到集市上去卖，但也是业余（干）不是正式干，闲了才干点。

材料四：（19）83 年春节在那边有一个山东省的展览会，在美术馆，那会刚参加工作，春天回来，然后正式开始剪纸、泥塑和年画的培训。

从 20 世纪 80 年代开始，有北京的刊物开始来找我，（19）84、（19）85 年，那时候剪纸会员我家就占了 4 个，刊物上也有我的名字了，有人来找我。

材料五：从 80 年代开始，虽然老百姓不怎么贴窗花了，但是人们还是喜欢我的东西，从（19）85 年往后数（价钱）就开始向上走了，老百姓买了也没用。

80 年代的收入一般吧，就是名气在那摆着呢。我在 69 个省市都有朋友，我这个人尽管不大会说话，不太识字，但是很多人欢迎我呢。

焦岩峰是画画的，他在高密推广我这个剪纸，功劳全是这两个人的，沾光的是我们，如果不是他们我们都是在河南种地的。

材料六：我一生就想出两本书，就能了了我的心愿。一本是出人物的，一本是出动物的，材料都是现成的，还没遇到出版社。

我和焦老师是挚友，他对我的帮助特大。也就是遇到焦老师之后我（才）开始创新（的）。

孔子像是祭孔 2550 周年（而创作）。孔子和释迦牟尼都是世界人。

中国艺术研究院聘请我为民间研究员。

（在）意、美、法、德、英、日六个国家都有我的剪纸、我的名字，英文版和日文版的能买到。

（一）语言上的变化

一部分口语词汇转化为书面语，（俺）我、（铰样子）剪纸、（娘）母亲、（朋友）挚友、（一辈子）一生、（以前）历史上，括号内为口语词汇，后者是书面语。口语是日常生活中所使用的语言，用于关系亲密的人之间非正式交谈；书面语多用于报刊文章、学术研究，陌生人之间正式交谈。从日常口语转换为书面语，可以看出作为职业剪纸艺人，他接触的对象需要用更为正式的书面语言进行沟通，尽量避免口语的非正式、随意情况。新词汇涌现，如：出版社、材料、刊物、民间研究员、世界人，英文版、祭孔等。表明他所接触的社会环境已经超出普通农民的视野，这是职业剪纸人所面对的社会内容缩影。

（二）自我身份意识

职业化标志之一是对行业历史有清晰的认识。在河南村，即便熟悉剪纸纹样的老年人也只能说出自己剪纸学自何人，或上代人、同代人剪纸流传大致情形，对历史渊源几乎无人能详，更不用说突破河南村范围使用“历史上”、“全国”等词汇。这标志着职业剪纸艺人注重从历史和全国范围内关注定位自己的剪纸，这部分知识获得显然与文化馆、学术界及媒体频繁接触密不可分。“我的剪纸、我的名字、我的东西”此种表述已经清晰地表明职业剪纸艺人身份。从身份形成过程来看，名气是关键因素。他清楚地划分出进入文化馆之前仅村内人知道他会剪，不过他还没有“名气”；而与文化馆接触后，剪纸培训班、以高密剪纸之名在刊物上发表作品、1984 年进京展览做现场表演等，表明其名气逐步形成。也就是他所说的“刊物顺着名就找到了”。出名后的范祚信已经开始认识自己剪制的剪纸与自己的名字间的所属关系，不再是铰，而是“他”在铰，铰出来的剪纸可以与他的名字直接相关，这些逐步塑造了他是有名气职业剪纸艺人的身份及其明确的自我意识。

（三）县文化馆的影响

范祚信认为在 20 世纪五六十年代赶集卖剪纸是“业余不是正式干”，显然基于“现在”时间点对当时身份的重新体认，认为当时是在业余时间从事剪纸，尚未将其作为谋生手段。而在当时他是河南村的农民，种地是一个农民的本分，赶集卖剪纸则为了补贴家用，并没有业余或正式之别。之后他到县文化馆参加剪纸剪制，被他叙述为“参加工作”，可以看出他有意识地将文化馆作为其职业剪纸生涯开端。他与众多职业剪纸人不同之处在于将自己视为县文化馆工作人员。在中国，“参加工作”更具有在国家机关、政府部门、国有集体性质企业内拥有工作岗位的意味。当他用“参加工作”来暗示自己脱离业余状态时，更表明他对自己对在文化馆剪制并教习剪纸经历的看重，也是他脱离农民身份的证明。范祚信妻子刘财花在谈及丈夫在剪纸、自己在家里剪纸时说道，“我在家里，我也剪。这不他还在文化馆没辞官的时候”，此种可以看出她也将范祚信在高密县文化馆剪制并教习剪纸经历视为给国家工作。来自文化馆对剪纸传承人身份及自我意识的影响和塑造可见一斑。

上面资料是几次访谈的一个汇总。而首次和第二次访谈所获得内容重点有所差别。第一次访谈是在一个下午，访谈对象简单地介绍自己怎么学习剪纸之后，就着重叙述自己到高密县文化馆参与剪纸制作及开始职业剪纸的生涯。对参加各种活动介绍得极为详细，可以精确到具体时间和场所。而接下来一次访谈在晚上，非正式的场合，闲聊之间问及他有关村内赶集卖剪纸的情形，这时风尘仆仆赶集卖剪纸、曾经在贫困边缘挣扎的剪纸艺人群体逐渐清晰起来。

两次访谈对照起来能看出讲述策略及习惯：他已形成对自身经历较为模式化的叙述，强调成为职业剪纸艺人的重要标志，如文化馆、办展览、出国，出书等。这种明确意识由长时间接触外界，并时常需要提供个人经历所致。对外生产自己的职业剪纸艺人身份，也就是通过“现在”这个时间点不断地确认自己“职业剪纸艺人”形成的开端及具体内容。现在的职业艺人身份显然影响到他的叙述和判断路径，即鲜明地划分出成长经历及标志性事件。而和村内人一起赶集、无偿铰花等则被他有意无意间忽略，这无疑与他目前的职业剪纸艺人身份有关，也与塑造他的社会权力结构有关。

20 世纪 80 年代初期，范祚信初到高密县文化馆，他对县文化馆而言是“剪纸能手”，就是能够较熟练剪制剪纸传统纹样的人。经过三十年，范祚信已从剪纸能手转变为被国家文化机关认可的“高密剪纸的代表性传承人”。

国家通过对荣誉符号制造和管理来实现对民间文化管理。从剪纸艺人身份获致途径来看，国家各级文化派出机构、学术团体给剪纸艺人授予荣誉称号，对剪纸艺人的各类命名，可以视为国家对民间的管理及操纵。剪纸艺人则提供相关的物化作品及时空在场而实现国家权力的管理，从而也达到了身份的获致。“自上而下”的管理和“自下而上”的参与都是以剪纸作品为载体，即剪纸传承过程已经嵌入到国家对民俗文化的管理中来（见表 1）。

表1　范祚信被授予的各类荣誉称号

时　间	荣誉称号
1996	荣获联合国教科文组织授予的“一级民间工艺美术家”称号
2005	被聘为“济南市民俗博物馆剪纸艺术研究所所长”
2005	被聘为“中国艺术研究院民间艺术创作研究员”
2007	荣获“中国民间文化杰出传承人”称号
2007	被授予“潍坊市民间文化杰出传承人”称号
2007	被命名为山东省首批“民间文化杰出传承人”
2009	被命名为“国家级非物质文化遗产项目代表性传承人”

从表1中所反映的传承人荣誉历程来看：1996年被联合国教科文组织授予“一级民间工艺美术家”，2005年被中国艺术研究院聘请为中国艺术研究院“民间艺术创作研究员”，2005年被济南市民俗博物馆聘为剪纸艺术研究所所长，2007年6月被中国文学艺术界联合会、中国民间艺术家协会授予“中国民间文化杰出传承人”荣誉称号，2007年5月被授予山东省民间文化杰出传承人、潍坊市民间文化杰出传承人，2009年被命名为“国家级非物质文化遗产项目代表性传承人”。这些荣誉称号分别来自联合国教科文组织、中国民间文艺家协会、中国文学艺术界联合会、中国艺术研究院、济南市民俗博物馆、山东省、潍坊市。这些无疑都是国家机构的派出机关或各级代理机构，是超越村落的官方文化。由这些机关所授予的荣誉称号显然已被赋予了权威和荣誉感，村民无法动摇这些符号，也无法参与符号的生产及再生产过程。从上至下的认定、命名传承人这一措施，对乡村而言是新事物。它显示着来自上层影响已经触及剪纸艺人的养成环境。

有趣的是，笔者在民间传承人所生活的社区中访谈时，却几乎没有人谈及范祚信所获得的荣誉称号，几乎怀疑这些称号也不曾被村民所知晓，这些来自村落外颁发证书和认证的机构及其代理机构是如此远离村民们的日常生活，因此几乎也没有交流的背景。但是村民们却有自己的评价逻辑。接下来，笔者将关注剪纸传承人所生活村落内民众对职业剪纸传承人身份及其制作剪纸的诸多看法，希望能够就构成及影响剪纸传承人身份相关因素作进一步讨论。

三、来自村民的审视

以下是笔者于2008年7月6日下午与两位20世纪40年代嫁入河南村

的老年女性的对话节录。对话地点在村内一位老年女性村民家的炕头上，她是村里公认的“伎俩人”，熟悉本地剪纸纹样，在村内寡居之后依靠平日制作丧葬纸扎为生。另一名为她的邻居，不会剪纸，寡居多年。二人的丈夫都姓范，稍有些亲属关系。二人几乎每天都会见面闲聊。此前我曾对她有过一次近三个小时访谈，她们了解我在调查村内剪纸，谈话内容基本围绕范祚信家制作贩卖剪纸这一活动，中间夹杂了以前村内剪纸习俗的回忆。以下是部分谈话内容：

刘：人家西头不大离（差不多）的人都铰。人家也卖，人家一人一个小本子。

王：就是你住的那个茬，他铰不出来。他就雇人，提人家钱，有铰上来的，还得（有）功夫的。

刘：使那么个盒子这么个大小夹着的。都是些个花，满了盒子就走。

王：那劲儿（阵儿）是没有要的，那闺女天天闲着没有营生。早里不是封建？不能饶街里窜，有的就要个样，就学着铰花。

刘：哪也不能去。鸡斗，挂窗户上斗斗，奇好看。现在都没有。

王：孙悟空、猪八戒打仗。

刘：什么样都有。那年我上他家去，人家地下都是红纸，地下都是大红红，通红一片。人家成年地做那个。

王：现在国家重视这个了。

刘：哎呀，人家祚信那去的都是大远远了，他闺女上日本。那时候是四大碗？猪头，鸡，鱼，还有啥？

刘：还有三牲。

王：还有猪蹄子。

刘：还有猪蹄子，还有鱼、羊，人家什么样的也铰。西头家家户户都铰。

王：那也不是家家都铰。

刘：那祚信家就铰，连她小姑子，还有闺女。[1]

将二人谈话内容概括后可以看出其中涉及职业剪纸艺人身份的地位、手工制作剪纸群体、剪纸制作与贩卖等问题。

制作贩卖剪纸不仅是范祚信的职业，也是一些村民的副业和收入来源。村民彼此间很少称呼户口本上的姓名，户口本上记载的姓名一般对外人称呼时才使用。村民会从各自在村内居住地点来划分彼此关系，划分方

---

[1] 访谈对象：HWJL4、HLRF10；时间：2008 年 7 月 6 日下午。

式一般按方位：如前街和后街、村东头和村西头。对话中提及的“西头”是相对谈话者二人来说村子西半部分，二人住在村内东半部分。对话中说的“人家西头不大离的人都铰”是指范祚信及其妻子、儿女、儿媳、孙女、弟弟妹妹等，都从事剪纸制作。离范祚信家不远处有位同族女性村民及女儿在范家订货量多时，受雇佣为其剪纸。范祚信从中提取少量佣金。后面对话中说的“西头家家户户都铰”夸大了村落西半部制作剪纸村民的数量，因此马上被更正为“那也不是家家都铰”。相对于二位谈话者所居住的村落东部来说，村落西部确实有一个以范祚信家庭为中心的剪纸制作群体。

剪纸制作包装及贩卖。“人家也卖，人家一人一个小本子”，“使那么个盒子这么个大小夹着的。都是些个花，满了盒子就走。”村民看到范祚信家制作及包装成套剪纸过程。“小本子”是指塑封册。存放时，将剪纸放入塑料膜与纸板之间固定好，不容易破损且易于欣赏保存。范家多用塑封册包装诸如“水浒传人物、红楼梦人物”“百牛图”等数量多达百张的成套剪纸。“人家地下都是红纸，地下都是大红红，通红一片”，表明要剪制尽可能多剪纸及剪制时间较长。与出于装饰窗角所剪制的窗花，制作花鞋垫所剪制的鞋垫花相比，数量有天壤之别。

来自国家层面的影响。导致王姓村民作出“现在国家重视这个了”这一判断的直接原因可能是我作为调查者“在场”。村外来人调查剪纸表明村落之外世界对剪纸兴趣增长，村民预感到国家层面可能会因为“重视”而有相关的政策和资金倾斜等。“哎呀，人家祚信那去的都是大远远了，他闺女上日本。”这里“大远远”背景是范祚信在 2002 年赴日本进行文化交流，2004 年赴法国进行文化交流，2007 年赴香港参加“香港回归 10 周年暨孔子诞辰 2550 周年”活动。其女儿范云英 1987 年赴日本进行文化交流。这些交流活动使村民们甚为艳羡，范家人的经历已经远远超出普通农民所能想象的范围。

这段对话可以总结为：在村民们看来，范祚信及其家人常年制作、包装各类剪纸并向村外贩卖，范家制作的剪纸和村内的剪纸已经大不相同，围绕着范家有一个剪纸制作群体存在。

此外，两位老年女性因为个人经验局限，可能会造成关注点及理解偏颇。接下来是从周围村民的视角对范家及其剪纸的看法。

材料一：在早（先）剪花不是剪了卖啊，人家祚信是剪了卖。再早啊，那些老人剪花剪了自己看。再早，可多人会剪花，那些老人是吧，像我娘那代人都会剪，剪了自己贴窗上、贴墙上。祚信人家是剪了卖，哪里也有人知道他会铰花，上了电视是不？祚信挺出名啊。[1]

材料二：那早里也不卖。它就是铰窗户角，窗户唇。你再铰上个这么高下，铰上两朵花贴那个棂上，它就铰些个那个。铰的也粗。你看人家祚信家铰的，要是像早里那些纸，铰不上来啊，铰那么细细？哈。他那些纸，你没看见，那些纸跟绸子似的。他那些纸你要是铰细，它不肯搓坏啊！那就跟对子纸似的，你铰那么细，它光断了，不中。早里管什么东西，哪有这个质量？穿衣服都是粗布的，纺线。我看着扑克上那些一百单八将了。它就不是使东西，照着那些东西改吧的了？牌上有哈。扑克上不是有那些个。我看他都是使大改小，小改大的，都是那样。[2]

在村内仅会剪制些粗制窗户角的女性看来，过去有很多人会剪纸，他们是为了自己欣赏而剪纸；现在会剪纸的人少了，范家很出名且剪纸能赚钱。外面很多人来买他的剪纸。他们也不熟悉范家剪纸的纹样，即便知道纹样内容，也不知道这些纹样到底如何被创造出来。以前剪纸用大红纸不能剪制出如此细密的线条，现在用的是红宣纸。剪纸的工具材料发生了变化。

四、来自剪纸小群体的审视

河南村有些村民曾在20世纪70年代末期和范祚信夫妇一起到附近集市赶集。尽管彼此间的剪纸在剪制速度、剪工方面有差别，但因为“拿眼睛一瞅就会了”，因此各家花样相似度颇高。他们有类似的村落生活，生活经验，彼此间群体认同感很强。但现在在这个群体看来，与范祚信间的共同感仅保留在一起赶集的经验上。而自己则因为花样、剪工、名气等方面差别，与范家差距很大。具体见下面材料。

材料一：

现在没什么事了。就是上边来要来才剪。现在剪纸就是范祚信他们家做。祚信会，他什么都会。他那个妹十二属（相）拿起来就剪。[3]

材料二：

于：我这个粗，人家那个老范家铰得那么细实，哈。

郭：人家就是研究那个的。

---

[1] 访谈对象：HQFL6；时间：2008年7月8日下午。

[2] 访谈对象：HYSL5；时间：2008年7月1日上午。

[3] 访谈对象：HGJL9；时间：2008年6月26日下午。

于：人家老范家，会画，心里出的，这个那个。

郭：人家祚信家，成天有人来。

郭：原来祚信也不大出名，也就是这个庄的，你看人家现在，这个车一来，就是到人家。

于：俺们就是和人家一块剪纸，一摞两摞的，和人家一块去卖。哈，他人家俩人都铰，都铰，赶集。这不是来调查，人家先找的那些人。俺们这些不过是剪个一点半点的。他那个全会，有事就来找他。

于：人家祚信家，这会年小的出去打工挣钱。祚信做这个挺挣钱。

于：经常有人开车小车来，来买，来人。

郭：人家是来订货。[1]

材料三：

我听说范祚信也算出名了。他家是全国出名了。人家还上外国呢。[2]

在村内曾经一起赶集卖剪纸的村民员看来，自己掌握纹样少，范家人无所不会；自己的剪纸粗糙，范家的剪纸细密；范家人研究剪纸，以此为职业，接受外来订单制作剪纸；范家有名气出国，自己没名气。这些都使得他们认为自己在剪纸方面无法与范家相提并论。而之前村内剪纸纹样一经产生就会在村内流传，是改进的过程，也是村民们交流的过程。彼此间交流和沟通是剪纸纹样改进的必要条件。范家制作的剪纸主要与村外世界沟通。村中剪纸艺人在技艺上无法与之沟通，心理上也产生了落差。

结　论

本文从民间艺人身份获致过程分析民间文化处于国家、学术、媒体、市场等多方力量塑造中。多重力量联合塑造着剪纸传承人的身份获致和自我意识。从其职业身份获得的途径和表现形式来看，传承人的身份获致已经日益脱离其所生活的民间文化范畴，逐渐依赖且愈加受进入受国家力量影响的传承环境中。从上至下的认定、命名传承人这一措施显示着来自上层的影响已触及剪纸艺人的养成环境。借助村落内部对剪纸艺人身份转变过程的审视，可以看到剪纸艺人社会身份转变、来自外界多重力量对传承人身份的强有力塑造，以及在此过程中所导致的民间社会的日益分化。

---

[1] 访谈对象：HYDL8；时间：2008 年 6 月 26 日上午。

[2] 访谈对象：HJYF14；时间：2008 年 6 月 26 日上午。

多元共生中的文化涵化

——青海河湟地区“卡力岗”和“家西番”族群的个案研究

梁莉莉*

（西北民族大学民族学与社会学院）

文化间的交流、采借、涵化和融合始终伴随着人类文明历史发展的进程，不同的族群会在与他民族的互动交往中吸收借鉴优秀的文化因子，对自己的文化不断进行重构，以适应变化、多元的社会环境。这种在族群间的互动、文化间的交流涵化，不仅是发生在已经过去的历史中，也发生在现实的当下。

我们将人类学文化透镜投射到地处西北民族走廊的青海。青海处在“多元文化持续互动和交流的地域”，历史上来自中原的儒道文化、西域的伊斯兰文化、蒙古高原的游牧文化与青藏高原的佛苯文化在这里长期碰撞、交融，文化类型多种多样，且相互浸润、涵化……形成了异彩纷呈的民族文化亲缘关系❶，这里因此成为我国西部多民族杂居、多元文化共存、多种宗教共生的民族大走廊。不同的民族在这里相互交往、彼此依存，一方面坚守着自身文化体系中的核心部分，保持文化的有效传承，实现族群认同和身份的确证；另一方面又结成了多元多边的文化互动关系，不同民族在文化上相互影响、采借和融合，最终形成了“你中有我，我中有你”的文化格局。这不仅是中华民族多种文化和谐相处的缩影，也为我们提供了不同文化涵化的人类学典型案例。

---

* 作者简介：梁莉莉（1980—），女，藏族，青海格尔木人，西北民族大学民族学与社会学学院2011级博士研究生，宁夏大学回族研究院助理研究员。

❶ 班班多杰. 和而不同：青海多民族文化和睦相处经验考察［J］. 中国社会科学，2007（6）：108－123.

一、“卡力岗”回族的个案研究❶

“卡力岗”是藏语，意为“高山、山或起伏不平的山区”。现在学术界所说的“卡力岗”人通常是指生活在青海省化隆回族自治县的德恒隆、沙连堡、阿什努三个行政乡辖区内使用藏语安多方言、生活习俗有一定藏文化痕迹的回族穆斯林中的特殊群体。从族源特征和人文环境来看，历史上生活在这一地区的藏族和回族的确有紧密的联系和广泛的互动。一部分藏族由于种种原因改变宗教信仰，一部分回族由于受周边藏族文化的影响，学会使用藏语，还吸收藏文化中某些元素，这样形成了今天我们看到的具有多元的文化形态的“卡力岗”藏语回族穆斯林。实际上，也可以说它就是多民族地区两种文化调适、涵化的产物。

（一）有关族源的历史记忆

“同中国穆斯林的来源一样，卡力岗穆斯林的来源也是多元的”❷。根据现有的资料和调查情况来看，其族源大致有三部分组成。首先，一部分是由当地藏族改宗信仰伊斯兰教形成的。据《化隆县志》记载：“该地区是沙联藏族聚居地，明时为西宁府中马蕃族二十五族之一的占咂部落牧地，兼营农牧。清初为思那加族和安达其哈族部落居牧，明末清初回族迁入，垦荒种地，部分藏族迁往海南等地。乾隆年间部分藏族皈依伊斯兰教，逐渐形成回、藏杂居，以农为主，兼营畜牧的地区”❸。《化隆回族自治县概况》中也有类似的记载：“明末清初，随着回族的逐步迁入化隆地区，伊斯兰教也随之兴起……乾隆年间不少宗教职业者来化隆传播教义，如卡力岗地区原信仰佛教的一部分藏族，就是乾隆十五年之后，受‘花寺太爷’马来迟的影响，由藏传佛教皈依伊斯兰教的……他们接受伊斯兰教后便与当地附近的土著的回族和撒拉族长期往来，逐步改变原来的生活方式，成为今天的回族。”❹ 这应该是卡力岗藏语穆斯林族源中最主要的部分。其次，根据当地回族的口述材料，历史上甘肃的河洲（今临夏）、临洮、青海民和的一些回民为了躲避战乱和灾难，逃荒迁到了“卡力岗”地

---

❶ 资料来源于笔者2006年在化隆县“卡力岗”地区德恒隆乡的田野调查。

❷ 丁明俊．中国边缘穆斯林族群的人类学考察［M］．银川：宁夏人民出版社，2006：133.

❸ 化隆县志［M］．西安：陕西人民出版社，1994：127－131.

❹ 化隆回族自治县概况［M］．西宁：青海人民出版社，1984.

区。[1] 在与当地藏族群众交往中逐渐吸收了一些藏族的生活习俗，使用藏语进行交流，形成了“卡力岗”藏语穆斯林族源中最小的一部分。这在当地的文献中也有记载：“清朝260多年间，从乐都、民和、临夏、西宁等地源源不断地迁进许多饥民、商人、工匠、传教士等。”[2]。最后，根据我们的调查，“卡力岗”的回族群众中还有很少的一部分是从循化等地迁过来的撒拉族融合而成的。“境内黑城、巴燕、卡力岗等地，于清雍正年间迁入一部分撒拉族，其中有些撒拉族和当地回族杂居，因信仰一致，习俗相近，互相通婚，逐渐与回族融合，成为化隆境内回族的一部分。”[3] 现在这一小部分撒拉族仍会说撒拉语。由于受到周边语言环境的影响，他们也会讲藏语和汉语，并承认自己是“卡力岗”的回族。从复杂的族源来看，他们的存在正是不同民族融合的结果。

（二）文化特征

“卡力岗”回族的生产方式以农耕为主，受到脆弱生态环境的制约，这里只能种植小麦、青稞、豌豆、油菜、土豆等农作物，山区靠天吃饭的雨水灌溉方式使产量受到了很大的影响。同时“卡力岗”回族还兼营少量的牧业，圈养牛、羊等牲畜。传统的生产方式在很大程度上制约了这一地区经济社会的发展。也正是因为如此，越来越多的“卡力岗”回族群众走出家门，到县城、省城甚至东部发达城市去打工、开饭馆和经商，这不仅使其自身生活水平得到提高，还使这里的文化纳入了一些新的信息，尤其是在宗教文化方面。人们伊斯兰教的信仰和族群认同感得到加强，大多数人都会每日坚持礼拜，农忙时也不例外。生活习俗如婚丧嫁娶和节日都遵循伊斯兰教义的规定，和青海其他地方回族群众的民俗生活十分相似。语言方面，生活中使用藏语安多方言，经常外出的男性也说少量的汉语青海方言，妇女和孩子通常只会说藏语，但不懂藏文。为了使更多的人能够听懂，清真寺的阿訇和满拉们有时会用藏语讲伊斯兰教相关知识，但是这里没有藏文的宗教经典，文字也不使用藏文。由于使用安多藏语，这里的回族群众很容易和周边的藏族、牧区的藏族交流相处，因此也会有一些人到附近的藏区去经商。在族际通婚方面，实行严格的族内婚，与周边藏族之间基本不通婚，他们认为自己和藏族最大的差别是信仰的不同，由此确立和保持了他们与藏族之间清晰的族群边界。“卡力岗”回族的姓氏普遍以

---

[1] 访谈资料：MTG 德恒隆一村村民，地点：村民家中，时间2006年7月。

[2] 马恒礼. 可爱的化隆［M］. 北京：新华出版社，1996：24.

[3] 冶青芳. 青海化隆地区藏回渊源考［J］. 青海师范大学学报，1986：4.

马姓、海姓、穆姓、白姓为主，很少沿用藏语的名字，但在地名中存在大量的藏语音译词，如“卡力岗”（意为高山、山或起伏不平的山区）、“阿什努”（意为宽广地方）、“沙连堡”（意为潮湿之地）、“德恒隆”（意为老虎沟）、“牙曲”（意为涧水）等。在服饰上，据当地的回族老人回忆，大约十几年前他们是穿藏族服饰的，比如藏式的皮袄、狐皮帽等[1]。调查发现，有些回族家中依然保留着这样的服饰，但不再穿戴了。现在“白帽”和“盖头”已经是他们族群认同的重要标志和符号，日常服饰也没有十分明显的特色。这里的回族群众严格遵循伊斯兰教的饮食规定，同时还保留了“喝奶茶”“吃甜饭”等饮食习惯。日常生活的燃料以干牛粪为主，在当地回族群众的家里很容易见到贴牛粪的墙和牛粪堆，可以看出受到游牧民族生活影响的痕迹。“卡力岗”回族传统住宅建筑为土木结构，以木构架，以土胚或砖做墙。居住的房屋与临近农区藏族的民居结构、布局十分相似，高墙深院，通常在一般的房屋木制房檐上都雕有花纹。根据老年人的回忆，卡力岗回族群众以前曾是“人畜不分”和“锅头连炕”的居住模式。他们认为这是藏民的生活习惯，现在已经很少再有了[2]。值得一提的是，在德恒隆清真大寺的柱子和屋檐上，我们可以见到龙、麒麟和凤凰等动物的图案，清真寺大殿的顶端有类似“藏八宝”中的宝瓶图案。这显然与青海其他地方的清真寺有所不同，融合了伊斯兰文化、汉文化和藏文化的一些元素。

（三）族群认同

对于“卡力岗”的回族群众而言，伊斯兰教的信仰是实现民族认同、区别于他民族的重要标志。这通过生活中的民俗符号，比如清真寺、饮食禁忌和服饰符号等得以实现。在与其他回族群众的参照对比中，他们又以自己独特的族源特征和族群记忆区别于其他回族群众。相对于藏族，他们有强烈的民族意识，但又认为自己不同于“中原回回”[3]。与藏族文化之间存在千丝万缕的关系是使他们的族群认同还倾向于相同文化的认同。

“卡力岗”回族群众在与周边民族互动的过程中，吸收融合了藏文化和汉文化的因子，在信仰伊斯兰教的同时，与周边的藏族文化的某些因素发生着密切的联系，多元文化在这里共处杂糅。正因为如此，他们在与周边的藏族、汉族交往中，对其他文化表现出了足够的尊重和包容的心态。

---

[1] 访谈资料：MKG德恒隆二村村民、文化站工作人员，地点：村民家中，时间：2006年7月。

[2] 访谈资料：MKG德恒隆二村村民、文化站工作人员，地点：村民家中，时间：2006年7月。

[3] 当地群众称青海其他地方的讲汉语青海方言的回族为“中原回回”。

无论在历史还是在现实的生活中他们之间总体上保持着融洽的合作关系。伊斯兰教的阿訇和藏传佛教的活佛彼此之间都有来往，如有寺院或清真寺新建成，双方都会相互祝贺并送上贺礼。❶ 民间社会的往来更是频繁和深入。据回忆，“卡力岗”地区的藏语回族与周边的藏族、汉族群众和睦相处，亲如一家。二百多年来，他们互相尊重、团结和睦，关系十分亲密。这一地区在历史上从未发生过民族和宗教纠纷，谱写了一曲宗教信仰自由，回、藏、汉团结友爱的乐章。❷

二、“家西番”藏族的个案研究❸

“家西番”是人们对生活在青海河湟流域上游的湟中、湟源及大通，从事农业生产，过定居生活，使用汉语，与汉族和回族群众杂居的藏族的俗称。“宋元时期的吐蕃，明时称西番，即今藏族。”❹ “家西番”既是自称也是他称，是藏汉语合璧形成的称谓，“家”即藏语“汉”的音译，“西番”则是汉族对藏族的称谓，“家西番”意为“像汉族一样的藏族”❺。他们通常生活在处于农业区和牧业区、汉族聚居区和藏区的交界地带，因此其文化特点是汉文化和藏文化的相互杂糅。其本身也是边缘杂居地区藏族对汉文化的深度涵化的结果。

（一）有关族源的历史记忆

历史上的“家西番”与藏传佛教格鲁派圣地塔尔寺及所属的寺院体系之间关系密切，他们生活在寺院周围，与寺院有隶属关系。据《新青海·乡土志》2 卷 11 期记载：“申中十三族中，除群加族及贾尔藏、琐尔加有部分未汉化的藏民外，全部融化为汉民”。“申中十三族”就是生活在塔尔寺周围六部落。这里的融化为汉民的部分，其实就是今天的“家西番”族群。历史上他们是宗喀藏族，当时的生产方式依然是游牧为主。唐代“唐蕃古道”的开通对汉、藏生活方式的交融产生了巨大的推动作用，中原先进的农耕技术逐渐传入河湟流域的湟水地区。部分原来的游牧民族开始从事少量的农业种植。后来“汉藏和亲”更加快了这一融合的进程。“自从

---

❶ 访谈资料：MDS 化隆县政府工作人员，时间 2006 年 7 月。

❷ 在调查中，我们所访谈到的化隆县县城和德恒隆乡政府的工作人员都会强调这一点。

❸ 资料来源于笔者 2010 年在湟中县上五庄乡的田野调查。

❹ 王昱，聪喆. 青海简史 [M]. 西宁：青海人民出版社，1998：132.

❺ 王双成. “家西番”之称谓探源 [J]. 西藏研究，2007 (3)：24 - 27.

贵主和亲后，一半胡风似汉家”的诗句，正反映了文化交融后的情景。后在明中叶以后，随着大批汉族的迁入，河湟地区的农耕技术逐渐发达起来，生活在这里的“家西番”逐渐转变了传统的生活方式。《西宁府新志》：“申中族、西纳族有城池郭庐室，天畜为业。”❶ 由此可见，这时的藏族已经是农牧并重了。后经百年的文化融合，周边民族杂居的成分逐渐增多，使“家西番”的文化受到多民族文化的影响，尤其是受到汉文化的影响。至清中期，生活方式已经完全由游牧变成了定居从事农业生产。后经过漫长的文化交融的过程，形成了我们今天看到的汉藏文化并存的现状。现今生活在湟中县的“家西番”藏族主要聚居在上新庄、共和、李家山、拦隆口、群加、多巴镇等乡镇，与汉族、回族杂居。

（二）文化特征

“家西番”的生活方式是以农耕为主的，由于地处内陆，属高原大陆性气候，适合种植耐寒、早熟的作物，因此，青稞、油菜、小麦是他们主要的农作物。在农耕的同时，还要兼营一定的牧业，家家户户都有牛、羊、马等牲畜，这些都是重要的生产生活资料。在冬春季节，牛羊都在家中圈养，夏秋季节，人们把牛羊赶到牧场。“家西番”还从事少量的皮毛、草药的经商活动，他们往往会到青海果洛、玉树，甚至西藏拉萨等地经商，在与牧区的藏族交往中，“家西番”逐渐回归了藏文化。在与汉文化交融的过程中，最突出的特征就是“家西番”藏族在语言上完全汉化，日常生活中他们以汉语的青海方言为交流工具，夹杂少量的“藏语”词汇，比如在亲属称谓方面，“家西番”藏族仍称爷爷为“阿一”、奶奶为“阿丫”；爸爸和妈妈分别是“阿爸”“阿妈”；婶婶为“阿奶”；哥哥和姐姐分别是“阿吾和阿姐”，而其他称谓则与当地汉族称谓一致。在名字上“家西番”依然沿用藏语的名字，但只是作为家人叫的小名来用，“才让”“旦增”“卓玛”是比较常见的，通常是由寺院的阿卡来命名。“家西番”藏族日常生活中的服饰完全与汉族服饰相同，只是很多经济条件较好的家庭都会给成年人准备一套藏服，在节日或婚礼等重要场合穿戴，其样式和牧区的藏族服饰比较相对简洁。“家西番”的饮食是以面食为主，酥油糌粑只是偶尔出现，但喝奶茶的习惯却保留下来。房屋建筑方式已经完全实现汉化，但在房间的功能设置上，要在堂屋留有佛堂。此外，由于“家西

---

❶ 杨贵明. 塔尔寺文化——宗喀巴诞生圣地［M］. 西宁：青海人民出版社，2007.101. 该书提到：“纳西族、申中族、龙本族、祁家族、米纳族、雪巴族合称为塔尔寺寺属六族。六部落的名称有的缘自西藏古代姓氏，有的因地名而缘起，也有王朝的名称。”

番”藏族已经完全实现定居并从事农业生产，所以节庆民俗是建立在农耕生产方式上的岁时体系，完全和当地的汉族一样，他们已经不再关注藏历的节日，如藏历新年等。但在节日活动的安排上有明显的差异，祈福活动充满了宗教色彩，尤其是在春节中，祭家神、祭山神和崩康[1]等祭神活动被认为是非常重要的仪式活动。在农闲季节“家西番”藏族也和生活在周边的汉族还有其他民族一样，参与社火表演、“花儿”演唱、赛马等游艺活动。随着与周边民族逐渐融合，“家西番”藏族已不再严格地实行族内婚，与周边汉族通婚的情况很常见，与汉族之间的族际边界发生了一定的松动和变化。

在与周边汉族文化融合的过程中，“家西番”人始终保持着藏传佛教和苯教的信仰体系，他们的宗教信仰虔诚并认真实践着复杂的传统宗教礼仪。他们每个村几乎都有自己的寺院和山神。我们所调查的家庭是从塔尔寺请回家神“拉姆佛爷”供在自家的佛堂，每村都有“崩康”。在重要的节日或时间都要前去磕头、祭神，举行煨桑等一系列的活动。尤其是在春节，这些活动会更加频繁。大年三十晚要点灯煨桑、磕头。初一早上，“家西番”藏族首先要到寺院点灯和放桑，给佛爷磕头拜年，也给寺院的阿卡拜年。然后再到山神煨桑、放风马等，之后也会去“崩康”煨桑磕头。此后的每月初一、十五，很多人家也都要点灯、煨桑，老人们对着佛堂的神龛磕头祈福。为了祈求家人的平安和土地的丰收，“家西番”人在每年的农闲季节都要请本村寺院或其他村寺院的阿卡念祈福的“平安经”。[2] 除此之外，苯教的信仰则体现在日常生活中对待自然万物的观念和占卜吉凶祸福上。“家西番”藏族始终相信山有山神、水有水神、家有家神，在日常的生产生活中他们爱护山水，保护生灵，不会污染和破坏环境，保持着对山、河流、森林树木的敬畏之情。

（三）族群认同

虽然“家西番”藏族在物质文化层面吸收和借鉴了汉文化的部分内容，没有了明显区别于汉族的外显的物质民俗符号，但是在精神层面的宗教信仰是他们有力地区别于其他民族的认同途径。正因为有宗教信仰和与之相关的实践活动，“家西番”人始终坚守着自己最重要的民族边界，使自己的民族身份得以确证。可见，“家西番”由于内隐的藏族传统文化的

---

[1] 崩康，藏语，指十万佛堂。

[2] 据了解是《岗索》经，是藏语音译，具有赞美佛的功德的意思。

积淀，并没有与当地汉族形成完全相同的民俗文化，而是在藏传佛教信仰文化的基础上，对汉族文化进行了选择性吸收，并进行文化整合，从而形成了独特的“家西番”文化，也使之成为了既不同于藏族，也不同于汉族的跨文化族群。

三、“卡力岗”回族和“家西番”藏族文化涵化的不同方式

无论是“卡力岗”回族还是“家西番”藏族，他们在与其他民族交往接触共同发展的过程中，始终发生着文化涵化，自身的文化发生了一系列的变迁，但表现出了完全不同的状态。

涵化（acculturation）是文化变迁理论中的重要概念，指“由两个或多个自立的文化系统相连接而发生的文化变迁。”[1] 这里的自立的文化系统就是人类学所讲的“一个文化”，自立的（autonomous）系统指的是完全的在结构上独立的系统。美国人类学家特恩沃尔德（R·Thurnwald）认为涵化是一个过程，不是一个孤立的事件，是一个文化从另一个文化获得文化元素，对新的生活条件的适应过程，可见涵化发生的条件首先必须由两个自立的文化系统相遇，而且涵化是可以形容文化变迁的程度的。

在现实生活中，不同文化间的接触和交往的形式多种多样，因此文化涵化的情况也各不相同。通常涵化的发生受两方面的因素的影响。一个是外来因素的介入，对原生的文化发生作用，进而发生变化。通常是在外在力量（经济、政治等）的影响下发生作用，导致变化。另一个就是内部因素，通常指的是群体内部的凝聚力、认同力和承受力，是根据族群内部需要所产生的创造。

对“卡力岗”回族而言，更多的是内部因素推动文化涵化的发生，以取代型的涵化方式居多。他们在历史上与周边的藏族进行交往时，为了更好地适应社会生活，借用了藏族的语言和其他的一些外在物化的民俗符号；在内部坚守自己的伊斯兰教的宗教信仰，以此作为自己族群分界的绝对标准，达到族群内部的凝聚和认同，严格遵守族内婚，保持着相对清晰严格的族际边界。随着族群认同意识的加强和对外交往的与日俱增，原来生活中的一些藏文化符号的遗留、甚至是作为语言工具的藏语，都会逐渐趋于弱化。“卡力岗”回族整个的文化形态则是越来越强化伊斯兰文化。

同样是文化涵化的过程，“家西番”藏族表现出了完全不同的情况，

---

[1] 黄淑娉，龚佩华．文化人类学理论方法研究［M］．广州：广东高等教育出版社，2004：225.

他们在与汉族交往的过程中，逐渐放弃了自己的语言和传统的生活方式，完全按照农业的节气时令和历法，创立自己的一套节日文化符号，甚至是更多的民俗事象。他们的衣、食、住、行等方面已不再有原来藏文化的特色，形成了以汉文化为主要内容的生活方式，不再实行严格的族内婚，族际边界松动产生变化。“家西番”藏族的文化涵化主要表现有两方面的内容，一方面是其他文化（主要是汉文化）的形式和内容取代原有文化形式和内容，这是文化涵化中取代型的部分。生产生活方式的转变，以及基于此的农业历法节庆体系直接影响到了他们生活的各个层面。另一方面是原有的部分文化和外来的其他民族文化并存融合在一起，丰富了原有文化事象，产生了新的文化事象，比如“家西番”藏族复杂的信仰文化，这属于融合型的文化涵化。在他们的信仰结构中除了信仰藏传佛教的神祇外，还会有中国传统民间信仰中较为典型的神祇，如他们也会在腊月二十四祭灶神、拜财神等。但随着社会生活的变迁和族际互动的进一步加强，我们认为“家西番”藏族的文化将会逐渐地与汉文化趋同，传统的藏文化会向更加内隐的地带发展。但无论怎样的文化涵化方式，现实社会生活的需要都会使“家西番”在与其他民族共处时，通过吸收其他民族文化中适用性文化因素，从而实现自身的发展和进步。

四、青海河湟地区不同民族文化涵化的和谐机制

总体来说，这两个族群的存在都是民族文化相互调适的产物，也是文化和谐相处、共同发展最好的体现。虽然他们在与其他民族互动过程中，文化融合、涵化的状态不完全相同，但他们选择放弃的部分就是不利于发展进步的因素，保留的都是自己文化得以传承最本质的、足以实现民族认同的因素，形成了既有“不同”之处，又有“相同”之处的和谐。笔者认为这种“和谐”格局的形成基于以下的原因。

（一）中央和地方政府的积极推动和倡导

鉴于河湟流域民族众多，经济生活多样的特点，历代王朝在制定这一多民族地区政治制度时，能够考虑到各少数民族自身政治、经济、文化的发展状况，承认民族间的差异和特殊性，采取了诸如土司制度、羁縻卫所、土汉参治等一系列的特殊制度。政府实施了因时因地制宜“因俗而治”的政策，既以汉文化为基础实施统一的政治制度，又以尊重兼容的态度承认民族文化的多元化。比如在元明清三朝中央政府对这一地区采取的

就是农、牧分治、交叉管理的原则，显示出了明显的“土流并治”的特点。[1] 这些政策的提出表现了中央政府对少数民族文化和生活方式的尊重和包容，客观上推动了民族文化自身的发展。政策的实施也促进了民间社会各民族之间能够以尊重和宽容的心态进行交流。这样在上层社会的积极倡导和民间社会的广泛参与下，不同民族交往互动、相互尊重、相互借鉴，从而推动了民族文化的共同发展和共同繁荣。以下的两段材料可以反映出从民间社会到上层的地方官员都在努力地对不同信仰文化做到尊重、包容甚至是互助发展。

现在青海西宁东关清真大寺的大殿脊顶中心，竖立着三尊鎏金金筒，外形上与藏传佛教上端的金筒有相似之处。据说这三尊金筒是当年大寺落成时由甘肃夏河拉卜楞寺院的嘉木样活佛派众僧人用牦牛驮运到西宁赠送给清真寺的礼品。不仅如此，在该清真大寺的宣礼阁落成时，湟中县塔尔寺的活佛和僧众还持珍贵礼物前来参加落成典礼，表示祝贺。这座清真寺至今都是不同民族不同宗教和谐相处的美好典范，也是藏族群众尊重回族群众宗教信仰，藏传佛教尊重伊斯兰教的生动例子。而在后来，西宁东关清真大寺改建时，需要二人合围的高大栋材。人们得知，在离西宁市不远的乐都县胜番沟（今引胜沟）坟院内的范家有棵参天巨树，主持工程的地方官员马麒即派副官前去商洽。范家认为：“回族修寺，汉族修庙，都是行善功德。”因而情愿献出。马麒闻讯后，即派代表拉马搭缎，携带银元，登门致谢。[2] 这些口述材料，其真实性虽无法考证，但它也从一个侧面反映出了汉族民间社会对伊斯兰教的态度。材料中马麒作为地方官员，充分肯定了不同民族间的交往和互助，说明作为政府对这种尊重包容其他民族文化的行为的鼓励和推崇，这在客观上促进了不同民族之间的交流和沟通。由此带动的民间社会的交往，更是体现在生活的方方面面。除此之外，还有宗教人士的积极作为，也带动了下层群众之间的交流。

（二）不同经济方式的互补性交往

基于生态环境和民族文化传统的多样性，生活在河湟流域的各民族大体主要从事农耕和畜牧生产。这两种生产方式的差异决定了民族的发展与生存必须依靠与其他民族进行物资交换，彼此补充和支持。根据各自所处的地理环境、历史渊源和文化传统，生活在河湟流域的民族逐渐形成了一

---

[1] 秦永章. 甘宁青地区多民族格局形成史研究［M］. 北京：民族出版社，2005：344.

[2] 班班多杰. 和而不同：青海多民族文化和睦相处经验考察［J］. 中国社会科学，2007（6）：108－123.

种大致是汉族、土族从事农业生产，藏族和蒙古族进行游牧生产，回族和撒拉族经营商业的既有分工又有合作的相对稳定的社会经济秩序。农业、牧业和手工业生产活动通过回族、撒拉族等穆斯林群众的商业活动结成了松散有活力的经济联合体。白寿彝先生在《西北回教谭》中提到："甘肃、青海的重要贸易，如羊毛业，如与番人间的各种贸易，回教徒占有极其重要的地位。"由此可见历史上河湟各民族之间形成的生存方式和格局，使他们之间形成了互通有无、彼此交流的经济互动关系。就"卡力岗"的回族群众来说，由于精通藏语安多方言，所以很容易深入藏区从事交通运输、经商等活动，一方面把农业地区的农产品运到牧区，一方面又将牧区的皮毛、药材等货物运出来，带动人员和物资的流动。他们与周边藏族的生活紧密联系在一起，彼此依赖实现货物的交换。生活在河湟地区的"家西番"藏族与汉族、回族的杂居程度很高，与这些民族经济生活的互动在日常生活的方方面面得到体现。"家西番"藏族要依靠回族群众把农业生产的物品和牲畜卖出去，回族群众经营的小商品为他们提供了生活的必需品，还有回族群众从事的清真饮食业、牛羊屠宰加工业、皮毛贩运业等都给藏族群众提供了重要的生产生活资料。这种经济的互动使得他们彼此之间保持着密切的关系。"这种民族间的经济的联系和依赖，把各民族社会生活内在的需求紧密地结合在一起，形成了中华民族凝聚力的核心，形成了中华民族作为一个整体而存在的一份牢固的基础。"[1]

（三）对共同区域民俗的参与和认同

由于长期的共存和交流，生活在这里的汉、土、回、藏、蒙古、撒拉等民族的文化接触和互动，尤其是民俗文化的互动范围非常广泛，形成了大量超越民族界限而具有更加明显的区域性特性的民俗文化事象。它们的存在打破了河湟各民族宗教不一、语言相异、文化不同的界限，为各民族间的交流提供了难得的场合和机会。其中以"花儿"的演唱最具代表性。"花儿"是产生和流传在甘、宁、青、新部分地区，以爱情为主要内容，由回、汉、东乡、撒拉、保安、土、藏、裕固等八个民族用汉语方言演唱的民歌形式。由于参与性强，参与的民族众多，格律和歌唱方式独特，所以能有效地将河湟不同民族联结起来，并成为彼此之间相互保持认同的重要因素，促进族际之间的互动交流。参与"花儿"演唱的八个民族大多拥有自己的语言，但当大家在一起唱"花儿"时，都放弃用自己的语言而是

---

[1] 陈育宁．民族史学概论［M］．银川：宁夏人民出版社，2001：58.

采用汉语方言，这就反映了河湟地区各个民族渴望交流、寻求和谐的文化心理，也是河湟各个民族和谐相处的最好证明。尤其是遍及河湟流域的大大小小的“花儿会”为各民族的群众破除宗教信仰不同、语言不同的界限，为彼此之间的交流，提供了很难得的场合和机会。在参与的过程中，不同的民族不仅实现了对自己民族的确认，而且还加深了对其他民族的了解，促进了不同民族之间的和谐相处。可以说以“花儿”为代表的区域民俗文化，“作为中国各民族文化关系史的折射，已经成为中国民族关系多元一体格局的生动诠释和实证”❶。除“花儿”以外，由众多民族参与和享有的民俗文化形式，在河湟地区还有一些，比如游艺民俗、民间艺术等。这些民间艺术形式的存在都渗透着河湟各民族众多共同的艺术营养，本身就反映出了这种区域民俗文化所具有的不同文化交流的功能，也是不同民族文化和谐相处的反映。

在统一多民族国家的大背景下，有了中央和地方政府政治机制的保障和来自民间社会的努力和需求，还有对区域民俗文化的认同和参与，再加上经济生活方式的相互依存，生活在河湟地区的各民族在“你中有我、我中有你”盘根错节的复杂多元格局中实现了共同的和谐发展。从“卡力岗”回族和“家西番”藏族的现实情况，我们可以看到他们在与其他民族广泛深远的接触和交往中，传承自己民族文化、享有应有的文化尊重的同时，保持着对其他民族文化的理解、尊重、包容与珍惜，并从中吸取优秀的文化因子，获得参与多元文化社会所应有的价值观念。这个过程是在“润物细无声”的自然过程中完成的，其结果是愉快的也是和谐的。这不仅说明以“和而不同”的方式交流融汇已经成为中华民族多元一体文化共同体的主要特征，而且还充分体现了中华民族生生不息的精神动力和凝聚力。

---

❶ 郝苏民. 文化场域与仪式里的“花儿”——从人类学视野谈非物质文化遗产的保护［J］. 民族文学研究，2005（4）：122－126.

社会建构与自我调适：回族开斋节意义探析

——以新疆乌昌地区回族社区为个案

金　蕊

（西北民族大学民族学与社会学学院）

新疆乌昌地区是个多民族的聚居区，世居民族13个，其中信仰伊斯兰教的民族有维吾尔、哈萨克、回、柯尔克孜等民族。众多的民族、悠久的历史，为乌昌地区带来了丰富多彩而又底蕴厚重的特色民族文化。民族节日是一个民族文化的直接表象，在乌昌地区更能说明各民族文化之间的差异性和多元性。新疆各少数民族的节日就有20多个，本文以新疆乌昌地区回族开斋节为例。

笔者于2009年、2010年、2011年在新疆乌鲁木齐市、昌吉市及昌吉二六工镇的回族社区以回族开斋节活动为基础，分别对当地回族人的开斋节系列活动进行了较长期的参与和观察，并就其中涉及的问题进行了深度访谈，试图对乌昌地区回族社区开斋节的现状作一说明，以期阐释开斋节的意义。

开斋节，又叫“大尔德”，在伊斯兰教历的10月1日。当穆斯林们在伊历9月封满一个月斋之后，此日即为开斋节。开斋节是个系列活动，从封斋前的“拜拉特”月念夜[1]、跟“讨白”[2]、“了夜”、游坟[3]、封斋，每

---

[1] “拜拉特”月，是伊历的第八个月，该月意为“赦免”、“无罪”。“念夜”也叫“转夜”，是阿拉伯语“拜拉特”的意译。回族穆斯林每年在此月，都要请阿訇到家中念《古兰经》。伊历8月15日晚还要在清真寺集体念夜，称为“拜拉特”夜，俗称“了夜”。

[2] “讨白”，阿拉伯语音译，意为“悔过”、“忏悔”，是穆斯林向安拉悔罪的一种形式。

[3] “游坟”又叫“走坟”。一般在聚礼、节日会礼之后或亡人的生辰、忌日，男性穆斯林请阿訇或自己前往坟地念经，还有到拱北为穆斯林的先贤游坟的。

晚的“太勒威哈”❶、“盖德尔”夜❷，平日的施舍到开斋等。

一、乌昌回族社区的开斋节

1. 开斋的开端——封斋

封斋是伊斯兰教的五项基本功课之一。每年伊历9月，即“莱麦丹”(阿拉伯语音译) 称为斋月。乌昌地区的回族人把“封斋”称之为“闭斋”、“肉孜”等，每年都怀着期盼的心情等待着斋月的到来。当地回族人把“莱麦丹”月的前两个月，即伊历7月“勒哲布”月称为“头月份”，伊历8月称为“拜拉特”。在他们看来，“头月份”是播种的月，“拜拉特”是浇灌的月，“莱麦丹”是收获的月。有些虔诚的回族人，从“头月份”就开始封斋；也有的在“头月份”“拜拉特”月初、月中、月末各选三天进行封斋，来迎接“莱麦丹”月的来临。当斋月来临之际，回族人纷纷走上街头，进食品店、转小摊，采购清真食品，为封斋做准备。而每个有斋戒责任的人都沐浴净身，用身心的洁净来迎接斋月。

斋月期间，每天黎明前，回族人家里就奏响了锅碗瓢盆曲，封斋的人们在东方发白前进餐完毕。回族人认为封斋不仅要做到口腹的斋戒，还要做到非礼勿视、非礼勿听、非礼勿看、非礼勿言，唯恐斋戒不完美。即使在斋月，回族人日常的工作照旧，上班得按时出发，经商得准时开店，就是那些体力劳动者也丝毫没有懈怠，人们在封斋的过程中磨砺意志、耐力、耐心和律己怜贫。

太阳落山后，必须要按时开斋。封了一天斋后，有的家庭准备了丰盛的开斋饭；有的回族人去清真寺开斋；路边的清真小摊小店为赶着回家开斋的人提供免费的开斋食物，如瓜果、茶水、点心等。开斋的时候，乌昌地区的回族人先以枣、水果开斋，然后再做“沙目”(一天中的第四次礼拜)，礼毕后才正式进食。之后还要做“胡夫旦”(一天中的第五次礼拜)、“太勒威哈”，这样才结束了一天的斋戒。当地回族人认为，封白天的斋，做晚上的“太勒威哈”，胡大（真主）会饶恕自己过去和将来的过失。所以，不论斋戒当天有多累，回族人都会在晚上礼“太勒威哈”。如此周而复始，直至一个月后斋月结束。

---

❶ “太勒威哈”，阿拉伯语的音译，意为“间歇拜”、“休息拜”，是指在伊历9月每晚宵礼拜后，“威特尔”拜前所礼的20拜圣行拜。

❷ “盖德尔”，阿拉伯语音译，即伊历斋月第27夜，意为前定、高贵之夜。

2. 封斋的圆满——开斋节

乌昌地区回族开斋节的主要活动集中在开斋节的前几天和开斋节当天。开斋节的前几天，回族人都要为节日做充分的准备，包括饮食准备、家庭清洁活动、节日服饰、节日礼物等。开斋节当天，回族人要沐浴净身，男人们到清真寺参加节日会礼，并按家庭人数出散“菲图尔”[1]。妇女们在家准备节日食品，捞油香、馓子等。会礼结束，男人们游坟、诵经悼念亡人。之后，人们相互之间走亲访友，互赠节日食品，以示庆祝。

（1）节日聚礼。开斋节当天早上，回族男性从四面八方汇集到清真寺。这天早上来寺里礼拜的人要较平日多。在大殿门口放有两个捐款箱，人们进寺的时候投“菲图尔”。据了解，一个是为阿訇捐的，另一个是为清真寺捐的。捐给清真寺的钱，一般由清真寺理事会代收，所捐数额多少不限，穆斯林们量力而行，捐款通常有一部分会拿去给生活贫穷的穆斯林，其余用于清真寺的维修建设及日常开支。当地回族人认为，封了一个月斋，不交“菲图尔”钱，就失去了斋戒的完美性，有的甚至认为是白封了一个月斋。

会礼开始，众穆斯林男性敛声肃容，面朝西方，整齐排列成行。大殿内前排做会礼的穆斯林一般是“五番不撇”（每天五次礼拜都做）的长者，有些年迈体弱的老人可以坐在大殿两侧的条凳上礼拜。会礼从阿訇念《古兰经》开始，所念经文内容同平时的内容基本一致，一般为《古兰经》的开端章及后面的某些章节，主要内容是诵赞真主和穆罕默德圣人。然后，阿訇宣讲开斋节的来源及相关宗教知识，并结合《古兰经》对穆斯林民众的行为道德进行劝善的“沃尔兹”（演讲）。宣讲结束后，开始正式会礼。礼毕，穆斯林齐向阿訇道安，穆斯林之间相互握手道“赛俩目”（穆斯林之间最尊贵的问候）。据笔者了解，平时生活中发生了矛盾或产生了隔阂的穆斯林，通过互道“赛俩目”以及相互之间的拜节活动，便可以互相谅解，消除以往的积怨。

（2）游坟。游坟是回族穆斯林的一种习俗。开斋节会礼后，回族男性就要去游坟。在乌昌地区的回族人看来，“拜拉特”月的游坟是把亡人“请”回家，开斋节时的游坟则是将亡人“送”回去。当地的回族人认为，上坟主要有两个目的，一是给坟墓说“赛俩目”，二是给亡人做好“嘟瓦”（祈祷），祈求真主饶恕亡人曾经的过错，提升他在后世的品级。据观察，上坟时，男性或蹲或跪在坟前念经祈祷。部分穆斯林在坟前点上香，念经

[1] “菲图尔”，阿拉伯语音译，译为“开斋捐”、“开斋税”。

祈祷。游坟活动少有女性参加。游坟活动出现了老教与新教游坟时间不同的差别，在开斋节前一天游坟的穆斯林大多是新教的，而大部分穆斯林群众都是在开斋节当天去上坟纪念亲人。

（3）走亲访友。开斋节期间，除了做礼拜、游坟外，穆斯林之间要互道“赛俩目”，家庭成员们也要相聚一堂庆祝节日。女主人在男人们去清真寺做礼拜和上坟期间准备好食物。游坟后，男人们回到家中和家人共同庆祝开斋节，一家人围坐在一起吃粉汤、油香、焚肉、馓子、油果子等食物。粉汤是回族的传统饮食之一，开斋节时家中来客人一般也用粉汤招待。在开斋节前夕，外面工作的、做生意的、出差的穆斯林都要提前赶回家中，和家人团聚。饭桌上，一家人边吃边聊，回顾近来发生的一切，总结一年来的收获和不足，以便来年做得更好，收获更加丰厚。

过去，开斋节的走亲访友多是给长辈“开斋”，一般带牛羊肉、鸡蛋、茶叶等礼品，而现在，这种习俗不再限于小辈向长辈的问候，而是亲朋好友之间都相互“开斋”，以示其问候和友情。在节日里，除了回族之间相互拜访外，穆斯林之间也相互“开斋”。如去维吾尔族家中拜节，热情好客的维吾尔族家中茶几上摆满了馓子、干果、水果等，当客人坐定后，女主人马上端来手抓肉、薄皮包子、抓饭等维吾尔族传统美食供客人享用，饭毕，主人吹起唢呐、敲起手鼓，边唱边跳，和客人一同庆祝开斋节；去哈萨克族家中拜节，身着节日盛装的哈萨克女主人为客人端上浓香的奶茶，摆上“包尔沙克”（油炸果子）、油饼、各种点心、馕、干果等，在进食手抓肉、那仁、抓饭等主食时，主人当着客人的面，用刀子把大块的肉削成片，热情地请客人吃肉、喝肉汤，并不住地给客人斟马奶子酒，餐毕，主人弹起冬不拉，跳起民族舞，和客人共享开斋节的喜悦。

二、回族开斋节的社会建构之意义

作为文化系统重要组成部分的节日之所以能够存在于文化系统中，是因为它能够满足人们的需要，对于文化系统的运行有其不可替代的功能。开斋节之所以能够得到回族人的认同，是因为它与回族人的生活有着密切的关系，为回族人更好地生活发挥着不可替代的功能。

（一）族群认同：增强族群内部的凝聚力

由于回族呈现出“大分散、小聚居”的居住模式，其地域文化的差异不容忽视。乌昌地区是个多民族的聚居区，其开斋节不仅有全国回族都具有的节日传统，也在不知不觉中渗入了地方性文化知识。作为民族文化重要载体的开斋节，它负载着厚重的民族文化内涵，是回族人精神文化的重要表现形式。在乌昌回族开斋节期间的种种活动中，回族人经历了忏悔以期得到真主宽恕的讨白；经历了为亡人上坟，以尽搭救之责的游坟；经历了每晚20拜受叮咛的圣行“太勒威哈”，以期取得真主的喜悦和饶恕；经历了高贵之夜“盖德尔”，以期获得真主的千月厚赏；经历了心灵的洗涤、饥渴的体验，回族人以助人为使命，视施舍为功修；经历了饥渴睡眠的考验，以促感恩、助人情怀的封斋；经历了斋月的斋戒和精神修养，回族人认为其过错得到了真主的饶恕，心灵回到了天性的本然。开斋节则是在考验中获得成功的喜庆日子，回族人要庆贺圆满完成了真主交给的斋戒任务，同时从内心感谢真主赏赐的恩惠，并决心在来年更虔诚地走在信仰的道路上。开斋节会礼完毕后，探望亲朋好友等，充分体现了回族节日的欢乐与愉快，以及穆斯林相互之间的友谊。

开斋节的产生、流传、演变都有着民族心理与文化形态的背景，是回族宝贵文化遗产的组成部分。作为一种规范化的民俗文化，开斋节的节日习俗伴随着地方性、历史性的发展而不断增添新的内容，融入新的内涵，创造新的形式。开斋节系列活动中蕴涵着回族传统社会的多种事象，对保持回族民族文化正常运行起着不可替代的作用。回族的民族凝聚力产生于构成回族的所有群体和个体对本民族的集体认同，开斋节之种种是回族人实现族群认同的手段之一。除上文所述外，开斋节期间的饮食、仪式等，都是唤醒和传承民族集体记忆的民族文化特质。

在乌昌地区回族社区调查时，笔者发现封斋的时候都是家里的女人先起床，给全家封斋的人做好丰盛的食品，小孩子禁不住斋戒美食的诱惑，也会早早起床和大人们一起吃饭。同时，在其幼小的心灵中埋下了不可磨灭的民俗生活感受和意识。封斋无形的育人功能显而易见。

当笔者问到“为什么要封斋？不封斋行不行？”时，报告人如是回答。

报告人A：47岁，男，农民，乌鲁木齐米东区古牧地镇。

咋能不封斋？我们是穆民（穆斯林），有胡大、有怕向（敬畏）。这辈子就几十年，下辈子是长久的。如果我们不遵守，后世就进火狱了。❶

报告人B：53岁，男，政府工作人员，昌吉市二六工镇。

现在很多人平时工作很忙，教门抓得不太紧，但在斋月全都会封斋。

---

❶ 来自笔者的田野调查资料，采录于2009年9月4日。

很多人平时不做礼拜，在斋月都做“太勒威哈”呢。[1]

乌昌地区的回族人非常注重封斋。在斋月期间，除有病痛等特殊原因外，大多数成年人都能够做到斋戒的一天不落；有的人偶尔错过了早晨的封斋时间，没能按时进餐，便空着肚子封清斋；个别吸烟的回族人，平时戒不了烟，但在封斋期间，整天都能抵制住烟瘾的发作。当地的回族人不会因忙碌而忘记“念夜”、斋月这样的日子，就算自己忙忘了，还有阿訇、家人的提醒。别人家“念夜”也都会请周围的亲戚朋友“跟讨白”。

可见，乌昌地区回族人对开斋节的系列活动以及食物的选择等方面极为重视，这是回族人区分“自我”与“他者”的标识，也是民族认同的手段之一。每过一次开斋节，就是对回族人凝聚力和向心力的一次强化。开斋节以其约定俗成的系列活动，一年一次的频率，周而复始地强化着回族人的集体记忆和民族情感认同。它以其自身的历史以及对历史的回忆叙述着民族的历史，从而将回族的过去和现在构建成不曾断裂的连续体。总之，开斋节作为回族传统的节日，其节日文化习俗和其他节日活动，使得回族的文化传统得到了普及、延续和发展。

（二）社会网络：实现成员之间的互动

1. 熟人之间的走访

在经济迅速发展的今天，平日里人们为生活而奔波，回族人彼此之间的交往日益减少，但开斋节带来的回族人之间的互动越来越明显。在调查中，笔者发现乌昌地区的回族人有这样的习俗，在斋月当中给自己的亲朋好友，主要是长辈开斋。这里所谓开斋，就是要专门购买一些礼品或者拿出钱去送给他们，请他们在斋月中分享安拉的恩惠。利用斋月这样一个尊贵的月份给亲朋好友开斋的做法，体现了回族人尊老爱幼的人际关系，体现了回族人之间互敬互爱的关系。

在斋月的第一个周末，大部分回族人都要带着礼物去探望家族中的长辈。封上一天斋，还要东家西家的探望，很是辛苦。但回族人认为，探望长辈是理所应当的，亲戚的走动就是你来我往。长辈们高兴了，做好“嘟瓦”了，真主也会高兴的。每一个穆斯林的愿望就是做一个真主喜爱的人。

回族人的亲戚往来有情感和互惠的需要，亦是一种社会关系的需要，其中许多交际活动都是在开斋节期间进行的，如“拜拉特”月念夜，乌昌

[1] 来自笔者的田野调查资料，采录于2010年8月23日。

地区的回族人都要请亲戚朋友来家“跟讨白”；封斋前，晚辈要给长辈送点心、水果等食品，供长辈在斋月食用；斋月期间，回族人之间常常通过电话或是登门拜访，问候或探望封斋的人们；开斋节当天，晚辈要在第一时间给长辈道“赛俩目”，并为长辈开斋；节日期间，孩子给长辈道“赛俩目”后，都会得到一份礼钱。所以，节日是孩子们最期待的日子，不仅可以穿新衣、吃美食，还可以获得一些礼钱。

2. 作为回族传统伦理的互助

现今社会，许多人都体会不到什么是饥饿，斋戒让回族人每年都有体会饥饿的机会。有了这种机会就知道什么是饥饿，就会尝到饥饿的滋味。回族人在从心底感谢真主给予自己丰盛的饮食的同时，更对那些缺食少穿的人们产生深深的怜悯与同情，并倡导节约和爱惜每一粒粮食。也就是说斋戒使回族人每当看到穷人和社会上的弱者时，就有一种道义上的责任。

乌昌地区回族人在生活上相互帮助体现在各个方面。当喜庆节日的时候，回族人捞油香、馓子送亲戚朋友。每个清真寺都有捐款箱，所得存入银行，此款用于无力殡葬亡人的家庭，救济孤寡。不论是何时何地何种的施舍、互助，都在无时无刻地提醒回族人，富者不要自以为是，你所拥有的一切都是真主赐予的，要竭力帮助需要帮助的人；贫者不要悲观失望，天下穆斯林皆兄弟，你有困难，大伙都会帮助你的。回族人认为斋月是舍散的最佳时间，同时遵守着由近及远的施济原则，即先施济自己的亲戚，再到家族外的成员。2011 年 7 月 16 日（伊历 8 月 15 日）“拜拉特”夜这天中午，笔者在乌鲁木齐南门[1]附近看到很多回族人在给穷人施舍衣物和钱财。8 月 27 日（伊历 9 月 27 日）“盖德尔”夜这天中午亦然。同时，这两天晚上到清真寺做礼拜的男性较往日要多。

乌昌地区的回族人大多称“盖德尔夜”为“前定之夜”。同时他们认为在这个夜里，做一件善功胜似平时一千个月所做，也就是可获取千月善功的报偿。在这一夜，人们一般都要做一些可口的开斋饭，请人吃饭，或齐聚清真寺或家中礼拜、祈祷，赞主怀圣，彻夜不眠。“盖德尔”夜的意义之一就是当地回族人常说的“把夜夜当成盖德尔，把人人当成黑祖尔”。把人人当成“黑祖尔”，就是说不管遇到什么样的人，哪怕是一个看起来貌不惊人、很随便的人，也不能轻视他，要把他当作尊贵的人来对待；就算是一个乞丐来讨要，也不要轻视他，或许他就是贵人“黑祖尔”。这句

---

[1] 乌鲁木齐南门附近清真寺比较集中，有陕西大寺、河州寺、老坊寺、青海寺、山西巷寺、邠州寺等。

俗语反映了回族人提倡不论何时何地都要尊重每个人、爱护每一个人。

人类社会，贫富不均是一种正常现象。富有的人，往往骄奢淫逸，逍遥自在，很难想到穷人的困难情况。伊斯兰规定斋戒的制度，使富者亲自体验无饮无食的人的困难，于是生发恻隐之心，怜悯之心，自愿帮助穷人，救济贫困。如果整个社会都有这样的怜悯之心、恻隐之心，那便是一个高尚的、平等的、人人互相爱护、互相帮助、和睦共处的社会。

三、回族开斋节的社会调适之意义

今天的世界没有“自然人”，人是社会关系的总和，每一个社会个体在满足了物质需要之后就有了安全和交往的需要。所以说，任何一个个体都希望且必将以自己的方式介入社会生活。而要营造一种和谐的社会生活环境，首先就要求对每一个个体进行积极“调适”，回族开斋节就有社会调适之意义。

（一）自我修养：提高自身境界的手段

1. 自我反思

自我反思首先是自我解剖。其实，回族人一天五次的礼拜，就是五省吾身，就像穆罕默德圣人说的那样，一个人礼了五番拜就像他每天洗五次澡一样，身上一尘不染。不论是每日的五番礼拜，还是念“讨白”，都要求回族人常常进行自我反思。

在问到为什么要做“讨白”时，报告人如是回答。

报告人C，41岁，女，事业单位公职人员，昌吉市。

我们在生活中会不自觉地犯错，但即使是小错误也不能轻视，以免自己的信仰与人格受到损害。要时刻核查自己生活的各个方面，反思自己的行为，约束自己的不良欲望。因为人是脆弱的，当欲望无休止时，人性之恶就会占上风。这样的话，我们在后世就会下火狱。[1]

报告人C的父亲D，69岁，男，退休教师，昌吉市二六工镇。

“讨白”这个词在回族都知道呢，但真正懂得“讨白”的意义和要求的人却很少。就像有人说：“阿訇在上面念，我们在下面跟讨白。”甚至还有少数人错误地认为：阿訇给他念了“讨白”，他就是一个善良无罪而得到饶恕的人。至于礼拜、封斋、信仰知识、孝敬父母等在他的思想上和行

---

[1] 来自笔者的田野调查资料，采录于2011年6月30日。

为里都无所谓重要，只要阿訇给他一念，他就超凡脱俗了。这是愚昧无知的认识！阿訇也说，“讨白”最好是自己念，不是一年念一次，而是每天念，每番乃麻孜下来都念。“讨白”是真主赐给犯罪者知错改错、将功赎罪的一个机会。[1]

从访谈中我们可以看出，“讨白”是对自身所作所为进行的思索和总结。自己的言行是自己直接经历和体验的，对自己的一言一行进行反思、检讨，往往能够得到真切、深入而细致的收获。同时，也是对别人的经验教训的思考和总结。如若人们把别人的教训当作自己的教训，能时常进行自我反思，且反思别人，善于从他人的经验教训中得到启示，克服自身经验和履历的局限，就可能取得同样的成功，避免同样的失误。

2. 宽容饶恕

宽恕是伊斯兰教的基本精神和美德。“拜拉特”月跟“讨白”、礼拜之后念“讨白”等，都是穆斯林向真主悔罪的一种形式。在伊斯兰文化看来，只要穆斯林能意识到自己的错误，并及时加以改正，他向真主悔罪时，真主总是会宽恕的。至高无上的真主都可以宽恕信徒、给人以希望，作为凡人，没有理由不历练自己的宽恕修养。

生活中发生的很多事情，我们会以为是别人的错，且又因为自己不能宽恕别人的错误，影响到自己的生活。但很多回族人在处理日常事务时拥有一颗宽容的心。2011 年 8 月 12 日下午，笔者在乌鲁木齐山西巷清真糕点屋遇到一位买点心的回族老人，当时排队付款的人很多，老人掏钱慢了点儿，收银员不耐烦地翻着白眼、嘀嘀咕咕地抱怨着，给老人找钱时还故意将钱撒在地上。后面的人看不过去了，说了几句，收银员就和那个人杠上了。老人马上制止，说大家都封了一天斋，小姑娘也不容易，封了斋还要上班，大家都谅解一下。糕点屋的人都向老人投去了敬佩的目光。

由此，我们可以看出每个人的行为都是由他的人生信念所决定的，而这些人生信念的大部分是来自于其所受到的教育。在调查中，回族人大多认为，事情已经发生，不可能回头，不如宽恕它。此时若刁难了别人，日后也会遭到他人的刁难。唯有宽恕，才可以获得真正的自由，宽恕别人的同时，实际上解救的是自己。

3. 感恩情怀

感恩情怀包括两层含义：一是知恩，即一个人能够从内心意识到并记住他者对于自己的恩惠和帮助，并由衷生发出感谢之情；二是图报，即有

[1] 来自笔者的田野调查资料，采录于 2011 年 6 月 30 日。

回报别人恩惠的心愿和责任感，并努力体现于实际行动上。

不论是封斋前还是开斋节的游坟都是祭祀祖先的活动，其之所以重要，根本上在于人既是由父母生养的血肉之躯，又是社会性的人。他生存于世，首先要从所从属的群体中获得一定的生存条件和发展机会，也即一定要受惠于某个组织或个人。得到恩惠，就要回报，只有形成受恩与回报的良性循环，个体与他人才能建立起良好的合作互助关系，社会才能和谐有序地运行。

2011 年 7 月 31 日是回族人游坟的日子，回族家里的男性照例都要去游坟。当笔者问报告人这两天游坟的人很多，路况又不好，为什么大家还是要去游坟时，得到如下回答。

报告人 E，21 岁，男，本科三年级学生，乌鲁木齐市。

游坟是让我们纪念和缅怀亡人，祈求真主“恕饶罪过”，升高他的品级。我们活着的人给亡人游坟，会让我们由亡人的死亡联系到末日的审判，汲取教训、参悟人生，使我们能更好地把握自己的人生方向，善待自己，善待他人，激励自己多干善功，做一个正直、虔诚的穆斯林。[1]

乌昌地区的回族人认为，游坟是纪念亡人、寄托哀思、参悟自省的一种形式，同时也是对祖先心存感激之情并以献祭的方式进行回报的仪式。当地回族有谚语曰“要想富，祭祖父”。可见，回族文化中，不仅要表达对去世父母的感恩之情，更要祭祀祖先。

人活在世上，应该懂得感恩，应该有感恩情怀。在回族人游坟的仪式中，一个人总会重新回想起所受到的恩惠，并由此激发、强化了报答之心。所以，游坟活动不仅是感恩情怀的体现，还是培育感恩情怀的重要时机。

（二）情感宣泄：调控社会“内在节奏”的功能

“无规矩不成方圆”，人既有生物性本能，又具有社会性，因此日常生活之种种是对人本能的压迫与束缚，而节日恰恰是文化对源于自身的压力和束缚的宣泄和解压手段。

开斋节是乌昌回族节日中最能宣泄情感的：跟“讨白”，使回族人检讨自己的错误、坦白自身的言行；“拜拉特”夜，真主为穆斯林打开恩典的门、饶恕的门、吉庆的门、讨白的门、慈悯的门，使回族人对现世充满干劲，对后世充满期冀；游坟，使回族人追忆亡者、珍爱生命、敢于担

---

[1] 来自笔者的田野调查资料，采录于 2011 年 7 月 31 日。

当、追求不朽的生命意识；封斋，回族人不仅在饮食上有所戒，在言行举止各个方面都有所戒，斋戒使身心皆得到了洗礼；开斋节期间，施舍使得回族人心灵上获得助人的喜悦，“菲图尔”给回族人以机会补偿斋戒期间所存在的不当行为和言差语错，拜节不仅局限于家庭内部，而是亲戚朋友同事都参与其中，这又使得更多的人之间进行交流，满足各种情感成为可能。同时，在乌昌这样一个多民族聚居区，庆祝开斋节的方式多种多样，维吾尔族在开斋节当日的聚礼前后都会在清真寺门口或宽广的空地上弹起琴来、打起鼓，载歌载舞，渲染热闹的节日气氛；维吾尔族、哈萨克族等民族家中的吹拉弹唱、边歌边舞更是令开斋节充满喜庆的色彩；有条件的哈萨克族民众在开斋节还要举行各种对唱活动、舞会、赛马、叼羊、姑娘追、摔跤等传统娱乐活动。这些都有利于人们释放平时聚集的精神疲劳、焦虑和种种心理压力，获得心灵上短暂的解放和愉悦。

可以说开斋节期间的种种活动仪式都能使回族人平日的艰辛得到宣泄，使人们在终年劳碌、中规中矩的生活中有了适度休闲、放松的自由。虽然这种宣泄与解压功能是调节文化系统整体功能的临时性手段，但节日的欢度与集中互动，给所有人提供了一个机会，让他们舒泄郁积于体内和心灵深处的欲望和能量，进入忘我之境，因而发现自我，体验到人之为世人完成应尽心灵义务与精神责任后的愉快，使人们的体力和心灵达到一个新的平衡的状态，使社会生活得以在正常轨道上继续运行下去。

在全球化、现代化的浪潮中，精神世界与文化心理的和谐是社会和谐的根本保证。在当代中国要调动民众的精神力量，就不能忽视我们几千年形成的文化传统，特别是民俗文化传统，“民俗文化不再只是传统意义上的下层文化和地方知识，而是全社会的公民素质、民族意识、价值哲学、政府公共管理政策、多元文化选择和大学教育的构成元素，是先进的人文文化”。[1] 节日是文化传播与传承的重要载体，是构成某一文化体系的重要组成部分，但它对社会、对人生却是极其重要的、不可缺少的。民族节日文化传统是民众最直接感知、最易于产生文化能量的文化传统，它是构建当代和谐社会的重要精神动力。

参考文献

[1] 董晓萍. 民俗文化遗产保护三阶段论要［J］. 文史知识，2004（1）：17.

---

[1] 董晓萍. 民俗文化遗产保护三阶段论要［J］. 文史知识，2004（1）：17.

[2] 萧放. 传统节日：一宗重大的民族文化遗产［J］. 北京师范大学学报，2005（5）.
[3] 王霄冰. 文化记忆、传统创新与节日遗产保护［J］. 中国人民大学学报，2007（1）.
[4] 吴宗友，曹荣. 论节日的文化功能［J］. 云南民族大学学报，2004（6）.

神圣时空下伏羲庙“灸百病”习俗的人类学阐释*

余粮才**

（天水师范学院陇右文化研究中心）

伏羲庙“灸百病”习俗是天水民间伏羲春祭仪式上重要的民俗事象。对于这一民俗事象，地域文化研究学者在民俗志里记载得较多，进行深入研究的却很少。曹玮❶从民俗学的视角对“灸百病”习俗进行了民族志的记录和分析，取得了一定的成果。本文以田野考察为基础，运用人类学的相关理论和方法，对“灸百病”习俗进行分析，试图进一步揭示其背后的文化内涵。

一

天水地处甘肃省东南部，横跨黄河、长江两大水系，扼守关陇咽喉，是甘肃的东南大门，历来为陇东南军事、交通要冲和政治、经济、文化中心。天水历史文化源远流长，是中华远古文明的发祥地之一，也是传说中伏羲的诞生地，这里长期以来盛行对伏羲的信仰崇拜和祭祀活动。

“灸百病”是天水民众每年农历正月十五晚及正月十六日在秦州区伏羲庙庙会中进行的民俗信仰活动之一。正月十五晚上，天水民众吃完元宵夜团圆饭后便倾城而出，看焰火，赏花灯。焰火结束后，浩浩荡荡的人群就往伏羲庙前进。天水民间认为，正月十六是伏羲的诞辰，是民间祭祀伏

---

* 基金项目：本文为国家社科基金项目“黄河流域伏羲祭祀仪式考察研究”（09XZJ010）的阶段性成果。

** 作者简介：余粮才（1973—），男，汉族，甘肃张家川人，天水师范学院副教授，博士，主要研究方向为地域文化。联系电话：13919349286，E－mail：13919349286@163.com。

❶ 曹玮．天水伏羲庙灸百病习俗调查［J］．民俗研究，2006（3）．

羲的正日，伏羲城的民众也将此日作为纪念伏羲的重要日子，并且形成了盛大的庙会活动。十六日零点是民间祭祀伏羲的神圣时刻，人们争着在十六日零点整给人宗爷烧香，也叫“烧头香”。与此同时，伏羲庙里“灸百病”的民俗活动也拉开了帷幕。从正月十五日晚上起，人们在伏羲庙内的柏树上，以纸人作替代，用点燃的香来点艾草灸纸人给替代的人治病去疾。

伏羲庙内，古柏森森，当地民众认为这些古柏是可以治病的神树。据说这些古柏最初共有六十四棵，按照八卦排列，现在庙内共有三十多棵。这些柏树按照天干地支六十甲子排列循环，每年推选一棵柏树值班[1]，据说这棵大柏树就成了伏羲旨意的直接体现者。它会治疗疾病，无所不能。庙会时神树上悬挂红灯作为标志，以供奉祀。[2]“灸百病”仪式需要的材料有纸人、香、干艾草、糨糊等。其中，纸人多用红纸剪成人的形状，有男性和女性，过去灸病的信众自己从家里剪好带来，现在在伏羲庙门口和庙内有人兜售，卖纸人多是附近农村来的上了年纪的老人或小学生。买来的纸人可以代表自己，也可以代替别人，性别根据灸病所替代的那个人选定。一个纸人售价一角至两角不等，买得多一些可以讨价还价。香是“灸百病”习俗中不可缺少的，要灸病的信众在进伏羲庙时都要买上香裱给人宗爷烧香磕头并祈祷。糨糊与艾草由卖纸人搭售，同时还会另送一小节搓好的艾条，并在纸人的背面涂上糨糊。信众在伏羲像前叩拜完毕后买纸人灸病。人们可以给自己灸病，也可以代亲戚朋友灸病。“灸百病”的过程是这样的：信众先拿着纸人，在伏羲庙先天殿前的院落内选择一棵柏树，将纸人粘贴在树干上，并将艾条贴在与所代替的人病痛相应的部位，用香头点燃艾草，口中祈祷“人宗爷治好病”，直到艾草烧完，“灸百病”仪式方才完成。现在也有不用艾蒿的，直接用香头灼烧纸人相应的部位来灸病。据说这两种方法都可以替自己或别人治好疾病。

关于伏羲庙“灸百病”习俗，有这样一个传说：[3]

明朝时期，秦州修复重建了伏羲庙以后，按照伏羲创造的八八六十四卦，在头门进去的前院至先天殿太极殿的前后院里，一共栽了八八六十四棵柏树。当时种树的时候，谁也没有想到这些柏树还能给人治疗百病。

当这些柏树年复一年茂盛起来以后，前院后殿已是一片郁郁葱葱，把

---

[1] 还有一说是通过占卜的方式，按照喜神的方位确定一棵柏树值班。

[2] 刘雁翔. 伏羲庙志［M］. 兰州：甘肃文化出版社，2003：161.

[3] 耕夫，李芦英. 天水传说［M］. 兰州：甘肃文化出版社，2005：30.

整个伏羲庙装扮得既古雅又壮观，不断有游人和香客前来瞻仰和朝拜，特别是正月十六日，伏羲庙上元会过会的这一天，比过节还热闹。

大约在明嘉靖年间，秦州城里有个姓李的贫民汉子，因出外躲债到腊月三十晚上还没有回来。这个汉子有一个儿子，还不到十岁，见他父亲躲债未归，母亲常年有病，哭哭啼啼卧床不起。他就从正月初一日城里城外地寻找他的父亲，一直找到正月十五日，他还没有找到他父亲的踪影。这些日子，人家的孩子都穿着新衣，吃着好吃的，欢欢乐乐地过年。他呢，挨饿受冻，东奔西跑累得已经大病浸身。十五晚上，他浑身肿得不想动了，见父亲未找到，母亲又奄奄一息地睡在炕上，他没有法子想了，就高一脚、低一脚地摸揣到伏羲庙里。想求一签，看父亲到底是活着还是死了，他来到庙里，还未求签却昏倒在一棵柏树跟前，像死了一般。

这个姓李的孩子，昏睡到鸡叫头遍时，听见他身旁的那棵柏树哗哗一阵大响，连柏叶都落下厚厚的一层，他睁眼看看别的柏树，却纹丝未动。这就奇了，他正想着，有位道仙端着一个木盘来到他的身边，指着木盘内的艾叶和点燃的香头说："孩子，你觉得哪处疼，就把艾叶坐在那处去灸吧。"

这孩子觉得浑身都在疼，他把盘里的艾叶浑身上下都放上，点着，周身像跑烟的炉子一般，等艾叶快着到挨肉时，只觉浑身烧得一疼，他"呀"地叫了一声，翻身醒来，但觉得浑身舒舒服服的，一点儿也不疼了。他四处看去，没有那个盛着艾叶的木盘，但这棵柏树周围确确实实有落下的许多柏叶。他把这事讲给上元会的会长，会长不信。孩子说："我妈有病，她经常头疼，这几天疼得更加厉害，我去把她背来，在树前灸灸，看灵验不灵验?"

会长叫了一个人，帮孩子去把他妈背来，在这棵柏树下把头一灸，这孩子的母亲果然再不呻吟了，说她的头也不再疼了。

伏羲庙的柏树能灸百病的消息一传开来，在每年的正月十六日上元会过会时，就有许多的病人前来灸病，有灵的也有不灵的。这位会长就琢磨着这件事儿。想着这个姓李的孩子，他小小的年纪，对父母是那样的孝敬，伏羲庙的柏树怎么就为这个孩子来治病呢？说不定这孩子将来还是一位大贵人呢。他这么想着，就经常资助这孩子和他母亲的生活，还帮助这个孩子到私塾里去读书。

有时这孩子看见会长为柏树给患者治病灵与不灵的事犯难，就说："会长，既然这树是按六十四卦栽的，你又懂卦，把治病灵验的人叫到一起回想回想，看他们是哪一年在哪棵柏树上灸的病，这样也许能找出一个头绪来的。”

这孩子的一句话猛然提醒了会长。他找了几个灸好病的熟人一问，再掐指算了算，才发现本年正月十六早上喜神在何方，哪处的柏树旁灸病就灵验。于是，会长就糊了个灯笼，喜神来自哪棵柏树的方位，就把灯笼挂在哪棵柏树上，让患者去灸病，这样会更灵验些。

后来，这个孩子考中了进士，并成为朝中官员。伏羲庙至今在正月十五晚上和十六日整整一天，都是人山人海，在柏树上灸百病者不断。

这一传说，在天水民众中广为流传，是天水民众的历史记忆。它与伏羲信仰结合起来，使传说之于民众更加真实，这也是“灸百病”习俗流传至今的一个重要因素。因此，从某种意义上来说，传说的产生和流传过程是包含着丰富社会情境的一个历史真实。

伏羲庙“灸百病”习俗是在神圣的时空下进行的。从时间上说，伏羲庙春祭庙会时间一般从正月十三日到十七日，正月十六日零点起，由上元会组织的民间伏羲祭祀仪式准时举行，“灸百病”习俗也在此时进行。人们在烧完头香，祭拜完伏羲后，需灸病的信众便选择一棵柏树“灸百病”，这项民俗活动持续整整一天。从空间上讲，伏羲庙会期间，祭祀活动在整个伏羲城进行，庙会期间整个伏羲城装扮华丽，信众也抬上伏羲神像绕伏羲城游城祭祀，但是“灸百病”只在伏羲庙内先天殿前的院子中进行，这里是民间正式祭祀伏羲的场所，是伏羲城中最神圣的地方。民众认为，在祭祀伏羲神圣的时空下，“灸百病”会得到伏羲的佑助，病就会很快好起来。因此争着在靠近伏羲庙先天殿前的柏树上“灸百病”，这里灸病纸人要比周围其他地方柏树上的纸人更加集中，成为这项民俗活动发生的神圣场所。由此，我们可以看出，“灸百病”习俗是在神圣的时空下进行的，这其中民间口头流传的传说也起了十分重要的作用。

二

关于“灸百病”习俗的产生和传承，从其来源上讲，纸人灸病的习俗来自唐后中医界奉行的“医易同源”理论。唐代大医学家孙思邈在他的《千金方》中谈到医和易的关系。宋徽宗赵佶作《圣济经》，将《周易》和医学著作《黄帝内经》《神农本草》一同归入他理解的三皇之书。元代诏令全国通祀三皇，奉三皇为医师始祖，由医官主祭。按照这一推理，医学是易学派生的。易的基础是阴阳八卦，八卦又是伏羲首创，用香火代银针灸贴在古柏上的纸人，理所当然被认为能“治病”。因此，“灸百病”习俗与民间对伏羲的信仰有着十分密切的关系。关于“灸百病”习俗传承的深层原因，主要有以下几个方面：

1. 人们在现实生活中的困境与历史上巫医易并举

弗雷泽在《金枝》中写道：“（巫）确曾对人类产生过不可估量的好处。他们不仅是内外科医生的直接前辈，也是自然科学各个分支的科学家和发明家的直接前辈，正是他们开始了那在以后时代由其后继者们创造出如此辉煌而有益的成果的工作。”❶ 杨堃先生也认为：“我国古代原是巫、医并称的。到了春秋战国时期，巫和医才逐渐分开，但在一些地区，解放前还很流行。”❷“直到今天，在一些后进民族中仍可看到巫术与医术相结合的情况。”❸ 人类学告诉我们，人类社会的早期是巫、医集于一体的，巫师用巫术治病时，也懂得采用医术与方药，而医师为了迎合患者的迷信心理的需要也学会了一套巫术，巫、医是不分的。巫医和巫师往往是一职两兼的，他们治病，常常一面使用巫术驱走鬼邪，一面用原始药物进行治疗。❹“灸百病”习俗既是古老的巫术活动的残留，也是人们从心理层面治病的一种表现。

从社会层面而言，社会为民众提供了医院、医生，医生们按照医学的理论、方法治病救人。这其中有一个十分重要的社会假设：民众有治病的经费，社会提供全能的医生，能够识病，并治愈疾病。而这些假设往往与现实存在着很大的矛盾，广大民众并不是随时有充足的费用来治病，医生也不可能包医百病，特别是有些疾病根本无法治愈。在病魔的折磨下，人们“病急乱投医”，开始从多个层面去寻找治愈疾病的办法。如请阴阳驱魔，巫师念咒治病，向神许愿等。天水民间相信，八卦为伏羲所创造，其中包含着深奥的内容，人们通过占卜，能够解决自身存在的困难或者疾病。在伏羲庙虽然没有巫觋专门为人灸病，但灸病所在的时空本身就是一个神圣的场域，神圣的场域代表着伏羲神灵的存在。在过去，一般由巫师按照八卦推算喜神的方向，在喜神所在的柏树上专门设置红灯笼，以供信众在特定的柏树上“灸百病”；现在，缺失了算喜神挂红灯笼这一程序，人们将先天殿前院子中的所有柏树都当作神灵的存在，并通过伏羲庙“灸百病”仪式从心理上得到一线希冀。

---

❶ ［英］詹姆斯·乔治·弗雷泽．金枝——巫术与宗教之研究［M］．徐育新，汪培基，张泽石，译．北京：大众文艺出版社，1998：95．

❷ 杨堃．民族学概论［M］．北京：中国社会科学出版社，1984：266．

❸ 杨堃．民族学概论［M］．北京：中国社会科学出版社，1984：266．

❹ 吴继金．对巫术治病迷信的“灵验”剖析［J］．科学与无神论，2003（3）．

可以看出，伏羲庙“灸百病”习俗的传承与当地民间对易经的信仰有着密切的关系。易的基础是八卦，他们认为八卦为伏羲首创，因此，也可以说，“灸百病”习俗是围绕伏羲信仰而延伸出来的一项民俗活动。同时，它的传承，又与民间流传的巫易结合治病有着密切的关系。

2. 天水民间一直有用艾叶灸病的传统

艾又叫艾草，别名冰台、医草、黄草、艾蒿，是一种多年生草本植物。一般用于针灸术的“灸”。所谓针灸其实分成两个部分。“针”就是拿针刺穴道，而“灸”就是拿艾草点燃之后去熏、烫穴道，穴道受热固然有刺激，但并不是任何纸或草点燃了都能作为“灸”使用。[1]《本草纲目》记载，（艾）“主治灸百病”[2]。在中医里，艾叶有温经散寒、扶阳固脱、消瘀散结、防病保健等功效。中国民间用拔火罐的方法治疗风湿病时，以艾草作为燃料效果更佳。长期以来，艾灸就是民间治病的一个重要环节，有经验的老人往往担当了灸病的角色；同时，在哪个部位灸有什么功效，往往具有一定的方法和程式。

艾草的中医功效与民俗活动是相辅相成的。《荆楚岁时记》里记载，“宗则字文度，常以五月五日鸡未鸣时采艾，见似人处，揽而取之，用灸有验。《师旷占》曰：‘岁多病，则病草先生’。艾是也。今人以艾为虎形，或翦彩为小虎，粘艾叶以戴之”。[3]在天水农村，人们把艾草叫艾蒿，农村中广泛流传着用艾蒿灸病的习俗。艾在天水农村山野丛生，人们通常在田野耕作之余随手抓几把回家，晒干后备用。因用艾蒿灸病常用于小儿，所以在有新生儿的家中，几乎都备有艾蒿。新生儿降生后，人们便把艾蒿搓成条，贴在小孩肚脐周围进行灸病。这与人们在伏羲庙上用艾蒿在纸人上灸病很相似。伏羲为人祖，用艾蒿为人灸病，可以治疗各种疾病，朝拜人祖庙的人对此都坚信不疑。

3. 与北方地区广泛流传的“走病”习俗的关系

在北方，正月十六日“走百病”是广为流传的民俗活动。早在汉代，就有“正月十六火焚身”的说法，在中原地区正月十六是“朝人宗庙日”。《帝京岁时记胜》记载：“元夕妇女群游，祈免灾咎，前一人持香辟人，曰走百病”。[4]天水的“游百病”习俗则在正月十六日，是时游人或游山玩

---

[1] 参见百度百科：艾草 http://baike.baidu.com/view/36870.htm。

[2] ［明］李时珍．本草纲目［M］．倪泰一，李智谋，等，编译．重庆：重庆出版社，2006：237－238．

[3] ［梁］宗懔，荆楚岁时记［M］．宋金龙，校注．太原：山西人民出版社，1987：47．

[4] ［清］潘荣陛，富察敦崇．帝京岁时纪胜·燕京岁时记［M］．北京：古籍出版社，1981：11．

水，或逛庙烧香，因此时年味犹存而春回大地，人们心情舒畅，扬眉吐气，自然会消灾解病，故曰“游百病”。据传旧时天水“游百病”习俗中要游城墙，天水旧时五城相连，也即游遍五城。天未明要摸城门钉、过桥，连袂打滚，等等。过桥又谓度厄，相传不过桥不得长寿；过桥者则可保一年无腰腿疼痛。摸钉则是好友们在城门洞摸城门上的铜钉，谓此举宜男，亦即生男孩之意。在天水农村地区，还流传着正月十五与正月十六晚上点灯找蛐蜒，祛疾病的民俗：是夜，女人或老人点着用面做成的食用油灯，进入每间房屋的每一个角落，边走边念“蛐蜒蜒，你在哪里呢？张家瞎马把你踏死了”。这些习俗与伏羲庙“灸百病”习俗具有很多相似之处，例如，时间相同，基本在正月十六，又都与祛病有关，此外在北方广大地区流传，因此，这些民俗事象之间在传承方面有一些渊源关系。

三

民俗文化与人们的生活紧密相关，在其发展过程中又与民间崇拜和各种宗教文化发生联系，所以民俗文化是俗民生活的重要组成部分，同时其承载的民俗活动还往往带有神秘主义色彩。民俗活动形式很多，但其基本的理念是避祸祈福、趋吉去凶。民众生活中的许多问题，如人们遇到的天灾人祸、人的生老病死等，均是人力无法或难以解决的问题，面对这些情况，他们不能不求助于神灵的保佑，以避免灾难的降临，希冀得到安宁与幸福。民俗文化里有一部分直接就是民间的各种宗教祭祀活动，以及由此衍生的文化活动；而其他的民俗活动，包括离精神文化较远的经济生活，其中也多少带有一定的宗教性，或者说有宗教文化的渗入。个中原因其实不难理解，简单地说，民众需要神的帮助。所以民俗活动，很多都与娱神消灾有关。这样的活动至少可以使民众得到心理上的安慰，在艰难的生活中变得稍许轻松些。

弗雷泽在《金枝》一书中将巫术归于交感巫术（交感律），并将其分为顺势巫术（相似律）和接触巫术（接触律）。顺势或模拟巫术是以相似的事物代替当事人或事，作为施行巫术的对象；接触或感染巫术认为两种事物接触时，彼此会产生长期的感应关系❶。“灸百病”习俗以纸人代替活

---

❶ ［英］詹姆斯·乔治·弗雷泽．金枝——巫术与宗教之研究［M］．徐育新，汪培基，张泽石，译．北京：大众文艺出版社，1998：19－57．

人，通过灸纸人从而达到给活人治病的目的，是模仿或相似巫术的一种表现。曹玮认为，“灸百病”其实是一种表现美好愿望的“模拟巫术”，它遵循“同类相生”的原则，把“彼此相似的东西看成是同一个东西”，灸纸人就是灸得病者，人们相信，通过灸它，人的身体也会得到康复。这种在巫术治病形式的外衣下隐含着某些科学的合理的因素，其中就掺杂着心理疗法。❶ 灸病柏树的选择、纸人的形态以及灸病时人们的虔诚心理，反映当地民众对伏羲神力的信仰，表达了人们希望去病祛邪、繁衍生命的强烈愿望。因此，“灸百病”习俗与顺势巫术有着密切的关系。

史密斯在谈到儒家时，为宗教一词下了一个宽泛的定义，他说，宗教是“环绕着一群人的终极关怀所编织成的一种生活方式。这种生活方式不能脱离传统的祖先崇拜与人际之间的礼仪”。❷ 天水人将伏羲称为“人宗爷”，把伏羲当作祖先崇拜，对伏羲有着十分广泛的信仰。这种信仰，表现在当地民众中，是一种对无限的追求。天水对伏羲的祭祀主要在秦州伏羲庙和卦台山伏羲庙，有基本固定的信仰群体和有体系的神圣仪式活动。伏羲信仰本身就包含着宗教信仰的因子，并通过伏羲庙会中一系列世俗化了的民俗活动表现出来。如对伏羲的民间公祭、献牲、烧香、“灸百病”等习俗，成为民众生活的一个重要组成部分。

伏羲信仰圈属农耕文明区域，这在学术界已成共识。然而在农业社会中，人们经常所面临的困难是抵御自然灾害的能力弱，经常遭遇水、旱、虫等自然灾害，人畜疾疫，特别是有病无钱可医、无技可治等，人们在这些困难面前感到软弱无力，而又盼望解决，于是把希望寄托于非自然的神灵上，通过各种娱神活动，祈求神灵给予帮助，以便过上好日子。人们对于神灵的信仰通常在传承过程中与当地其他民俗相结合，发生一定的变异，构成当地民众生活的一部分。巫术先于宗教，然而，随着社会的发展，宗教与巫术经常合流，这在天水伏羲祭祀中表现得尤为明显，呈现出具有宗教性质的伏羲信仰与具有巫术性质的“灸百病”习俗合流变形的特征，而这种变形也深深影响着当地民众的意识。就像维克多·特纳在恩丹布人“伊瑟玛”仪式（Isoma）研究中所指出的：“我们不能否认恩丹布人使用的药物具有很大的心理慰藉作用，我们也不能忽视这个群体对个人不幸的深切关注，整个群体将他们良好的心愿通过象征的方式表现出来，为个人祈福，并将这个不幸者的命运与象征生命与死亡的永恒过程相

---

❶ 曹玮. 天水伏羲庙灸百病习俗调查［J］. 民俗研究，2006（3）.

❷ 休斯顿·史密斯. 人的宗教［M］. 刘安云，译. 海口：海南出版社，2006：4.

联结。”[1] 仪式强调的是一种秩序，这种秩序是家庭或家族中的身份——谁是家或家族之长为基本依据延伸出来的地位，结合社会关系中的人们的认同共同确定的，体现了信仰圈内社会继承方式的惯性延续。伏羲庙“灸百病”习俗与其说是古老巫术的延续，不如说是当地民俗对生活的一种良好愿望，是信仰圈内民俗生活的构成部分。

---

[1] ［英］维克多·特纳. 仪式过程——结构与反结构［M］. 黄剑波，柳博赟，译. 北京：中国人民大学出版社，2006：42.

崇拜与恐惧

——河湟地区多民族信仰“猫鬼神”的宗教人类学分析

鄂崇荣[1]

（青海社会科学院民族宗教研究所）

在甘青地区，除信仰伊斯兰教的回族、撒拉族等民族外，其他民族当中都有纷繁复杂的民间信仰，所信奉的神灵精怪名目繁多，数不胜数。其中广泛流传着一种特殊的动物精怪信仰即“猫鬼神”崇拜。其一般都在家中供养，是一种“半鬼半神”的邪神，遍及居住于甘青地区的汉族、藏族、土族、蒙古族等民族中，而且因流传地区、民族的差异，其称法也有所不同，有“猫鬼神”“猫蛊神”“猫神”“猫鬼”“毒蛊猫”等多种称法。本文主要以甘青河湟地区土族、汉族中的“猫鬼神”崇拜为研究对象，运用宗教人类学的相关理论予以解读。

一、关于“猫鬼”的历史文献记载和口头传说

“猫鬼神”在青海河湟地区是人们言之色变的一种半神半鬼的邪物，在汉、藏、土族中都有相关传闻。一般来说，养有此物的人家，被认为是不祥、不吉的，因而备受人们的鄙视和反感，一般没有人愿意和他们做亲戚、朋友；日常生活中，大家对他们也是避而远之。“猫鬼神”属于民间精怪崇拜（即万物崇拜）中的动物崇拜行为，兼有南方巫蛊的一些特征。对“猫鬼神”的研究至今仍少有人涉及，目前所见的专门论述性成果仅有数篇：如著名学者许地山先生撰写的《猫乘》《神怪的猫》（原载1940年

---

[1] 作者简介：鄂崇荣（1975—），男，青海民和人；青海社会科学院民族宗教研究所副研究员；学习与研究方向，宗教人类学；电话，18697232026；电子邮箱，qhecr@126.com。

《香港大学学生会会刊》，收入《国粹与国学》）等文对国内外猫精信仰进行了比较论述，其中对凉州地区的“猫鬼”信仰有所涉及；卢向前先生的《武则天“畏猫说”与隋室“猫鬼之狱”》（《中国史研究》2006 年第 1 期）认为，武则天善于利用宗教迷信巩固其政权，但与此同时，她也与愚昧民众一样，对蛊毒巫术有着畏惧之情，“猫鬼”即其中一种，隋唐之际，“猫鬼”在社会上颇有影响，朝廷为消除其影响作出了相当的努力；刘永青的《河湟地区猫鬼神信仰习俗研究》（《青海师范大学民族师范学院学报》2004 年第 2 期）一文，着重从流传地区和民族、猫鬼神生成法、供奉规则、猫鬼神的功能、对猫鬼神的防范、惩治和镇压五个方面进行了较为详细的介绍；杨卫的《论土族的“猫鬼神”崇拜》（《青海民族学院学报》2007 年第 4 期）一文认为土族民间信仰的内容特别丰富，有多种文化的因子，其中“猫鬼神”等精怪信仰是其重要的组成部分之一，其以田野资料为线索，结合藏文的一些资料，对土族地区半神半鬼的“猫鬼神”信仰进行了剖析。此外，赵宗福、马成俊先生主编的《青海民俗》（2004）、蒲文成、王心岳先生的《汉藏民族关系史》（2008）等著作对“猫鬼神”信仰也有所关注，认为这是汉藏民间信仰文化互动、相互交融吸收的典型之一。笔者在前人的基础上查缺补漏，将历史上的相关文献和民间的一些口碑传闻梳理如下。

（一）历史文献记载

早在隋唐之际，“猫鬼神”信仰在社会上就颇有影响，朝廷为消除其影响作出了相当的努力；此种巫蛊在隋朝亦成为政治斗争的工具，杨广即以此作为消灭政敌之一法。[1] 在《隋书》、《北史》中均有对“猫鬼神”的记载，如《隋书·外戚传·独孤罗传附弟陁传》载：“好左道，其妻母先事猫鬼，因转入其家……会献皇后及杨素妻郑氏俱有疾，召医者视之，皆曰：‘此猫鬼疾也。’……陁婢徐阿尼言，本从陁母家来，常事猫鬼。其猫鬼每杀人者，所死家财物潜移于畜猫鬼家。陁尝从家中索酒，其妻曰：‘无钱可酤’。陁因谓阿尼曰：‘可令猫鬼向越公家，使我足钱也。’数日，猫鬼向素家。十一年，上初从并州还，陁于园中谓阿尼曰：‘可令猫鬼向皇后所使多赐吾物。’……杨远乃于门下外省遣阿尼呼猫鬼。久之，阿尼色正青，若被牵曳者，云猫鬼已至。先是，有人讼其母为人猫鬼所杀者，上以为妖妄，怒而遣之。”《隋书·高祖文帝纪》也记载此事：“夏五月辛

---

[1] 卢向前. 武则天“畏猫说”与隋室“猫鬼之狱”［J］. 中国史研究，2006（1）.

亥，诏畜猫鬼蛊毒厌魅野道之家，投于四裔。”《隋书·后妃传下·隋文献皇后独孤氏传》还记载受害者文献独孤皇后为事猫鬼者说情的事情：“文献独孤皇后，后异母弟陁以猫鬼巫蛊咒诅于后，坐当死。后三日不食，为之请命曰：‘陁若蠹政害民者，妾不敢言。今坐为妾身，敢请其命。’陁于是减死一等。”❶《唐律疏议》卷一八《贼盗律二》中记载：“诸造、畜蛊毒（谓造合成蛊，堪以害人者）及教令者，绞；造、畜者同居家口虽不知情，若里正（坊正、村正亦同）知而不纠者皆流三千里。”《疏议》曰：“蛊有多种，罕能究悉，事关左道，不可备知。或集合诸蛊置于一器之内，久而相食，诸蛊皆尽，若蛇在即为蛇蛊之类。造谓自造，畜谓得畜，可以毒害于人，故注云谓造合成蛊堪以害人者。若自造、若传、畜猫鬼之类，及教令人并合绞罪。若同谋而造，律不言‘皆’，即有首从，其所造及畜者同居家口，不限籍之同异，虽不知情，若里正坊正村正知而不纠者，皆流三千里。”❷ 人所共知，在唐代的律法中，《疏议》与《正条》有同样的效力，“若自造、若传、畜猫鬼之类”竟被当作法例载入皇皇大典，足可见“猫鬼”影响既深且远。❸ 一些古代医书上也有对猫鬼的解释，如“猫鬼者，云是老狸野物之精，变为鬼蜮，而依附于人。人畜事之，犹如事蛊，以毒害人。其病状，心腹刺痛。食人腑脏，吐血利血而死。”❹ 孙思邈有《备急千金要方》卷七四《蛊毒第四（论方）》称：“论曰：蛊毒千品，种种不同。或下鲜血；或好卧暗室，不欲光明；或心性反常，乍嗔乍喜；或四肢沉重，百节酸疼。如此种种状貌，说不可尽。亦有得之三年乃死，急者一月，或百日即死。其死时皆有九孔中或于胁下肉中出去。所以出门常须带雄黄、麝香、神丹诸大辟恶药，则百蛊、猫虎、狐狸、老物、精魅永不敢着人。养生之家，大须虑此。俗亦有灸法，初中蛊，于心下捺便大炷灸一百壮，并主猫鬼亦灸得愈。又当足小指尖上灸三壮，当有物出，酒上得者有酒出，饭上得者有饭出，肉菜上得者有肉菜出，即愈。神验皆于灸疮上出。”同书卷七六又有：“治猫鬼野道病歌哭不自由方：五月五日自死赤蛇烧作灰，以井花水服，方寸匕日一。针灸方见别卷中。又方：腊月死猫儿头烧灰水服。一钱匕日二。治猫鬼眼见猫狸及耳杂有所闻方：相思子、草麻子、巴豆（各一枚）、朱砂（末）、蜡（各四铢）。右五味舍捣为

---

❶ 《隋书》卷三十六《后妃》。

❷ 刘俊文．唐律疏议笺解［M］．北京：中华书局，1996.

❸ 卢向前．武则天“畏猫说”与隋室“猫鬼之狱”［J］．中国史研究，2006（1）.

❹ 隋·曹元方等著：《諸病源侯論》卷二十五，《蠱毒病諸候上·凡九論》。

丸，先取麻子许大含之，即以灰围患人前头，着一斗灰火，吐药火中，沸即画火上作十字，其猫鬼并皆死矣。”这些药方，其鬼符与真经相杂，巫术与鬼病并存。以鬼符对巫术，以真经对鬼病，这正好说明孙思邈得到“医者巫也”之真谛，做到了生理治疗与心理治疗并举。孙思邈之后的苏恭，在唐高宗显庆年间（公元656—661年）撰定《唐本草》，其中提出了用鹿角、麋角等为原料治疗“猫鬼中恶心腹疼痛”之法。再往后，医家对于“猫鬼病”的治疗亦无多大发明了。[1] 可见当时“猫鬼”信仰深入各个阶层，但在统治阶层，畜蛊的是宫廷中的一部分不得势者、贫穷和边缘化了的人群。这部分人对社会、对他人强烈不满，又无法通过正常渠道来换取财富和权力，于是就借传说中具有神奇功能的“猫鬼”来达到目的。而统治阶级则借用“养猫鬼”之事，剪除异己。医生则深受这种观念影响，将巫术手段用在治疗当中。隋唐是继秦汉以后又一个空前强大的时代，是中华民族的传统思想观念发展成熟的重要阶段，商周以来传统的中原文化，在这时得到高度的传承和加强。隋唐时期也是我国古代民间信仰发展的一个重要时期，相当多的民间观念就定型于那个时代。时至今日，我们追本溯源，还能看到那个时代的踪迹。河湟地区的“猫鬼神”信仰可以说是那个时期信仰的遗留。

至宋代“猫鬼”信仰仍很盛行，《续资治通鉴长编》（卷二一）载：“戊申，温州捕捉养猫鬼呪诅杀人贼邓翁并其亲属至阙下，邓翁腰斩，亲属悉配远恶处。”《夷坚志·丁志》卷八《周氏买花》记载当时临安开机坊之周五家有一女，貌美……中夜与人呢呢而语。家人请一术士治祟，术士曰：“此猫魈也。”……挥剑斩之，女遂如初。在清代一些文人的笔记体小说中，对“猫鬼神”相关奇特怪异的传闻故事有着较为详细的描述。袁枚在《子不语》卷二十四中记载：“靖江张氏，住城之南偏，屋角有沟，久弗疏瀹，淫雨不止，水溢于堂。张以竹竿通之，入丈许，竿不可出，数人曳之不动，疑为泥所滞。天晴复举之，竿脱然出，黑气如蛇，随竿而上，顷刻天地晦冥，有绿眼人乘黑戏其婢。每交合，其阴如刺，痛不可忍。张广求符术，道士某登坛治之。黑气自坛而上，如有物舐之者，所舐处舌如刀割，皮肉尽烂，道士狂奔去。道士素受法于天师，不得已，买舟渡江。张使人随之，将求救于天师。至江心，见天上黑云四起，道士喜拜贺曰：‘此妖已为雷诛矣！’张归家视之，屋角震死一猫，大如驴。”[2] 又如

---

[1] 卢向前．武则天“畏猫说”与隋室“猫鬼之狱”［J］．中国史研究，2006（1）．

[2] 袁枚．子不语：卷二十四［M］．重庆：重庆出版社，2005．

清道光慵讷居士著的《咫闻录》卷一中讲道："甘肃凉州界，民间崇祀猫鬼神，即北史所载高氏祀猫鬼之类也。其怪用猫缢死，斋醮七七，即能通灵。后易木牌，立于门后，猫主敬祀之。旁以布袋，约五寸长，备待猫用，每窃人物。至四更许，鸡未鸣时，袋忽不见，少顷，悬于屋角。用梯取下，释袋口，倾注柜中，或米或豆，可获二石。盖妖邪所致，少可容多，祀者往往富可立致。有郡守某生辰，同僚馈干面十余石，贮于大桶。数日后，守遣人分贮，见桶上面悬结如竹纸隔，下视则空空然！惊曰诸守，命役访治。时府廨后有祀此猫者，役搜得其像。当堂重责木牌四十，并笞其民，笑而遣之。后闻牌责之后，神不验矣。"[1] 清代文人黄汉的《猫苑》卷上《毛色》也记载："孙赤文云，道光丙午夏、秋间，浙中杭、绍、宁、台一带传有鬼祟，称为三脚猫者，每傍晚，有腥风一阵，辄觉有物入人家室以魅人，举国惶然。于是各家悬锣钲于室，每伺风至，奋力鸣击。鬼物畏锣声，辄遁去。如是者数月始绝。是亦物妖也。"

在河湟土族、汉族中，以上类似的传闻也很多。如"猫鬼神"变化为人，或为美女、或为俊男，引诱那些涉世未深的少男少女，然后对其进行加害的内容；惹恼了养"猫鬼神"的人家，晚上走路时，明明眼前是一条路，但一脚踩下去是陷坑或悬崖，这就是"猫鬼神"之所为；有时"猫鬼神"附体后，会导致人精神错乱，胡言乱语，处于一种"迷离"之状。从其胡言乱语中，告诉家人，它来自何处，为何而来，想干什么等等。之后，这家人必须按其所吩咐将它好好送走。它还帮助主人去对付那些和主人作对、相恶的人，如"猫鬼神"将石头、土块、污秽之物扔到主人的仇家，以示吓唬、警告。日常生活中，如果对所供奉的"猫鬼神"毕恭毕敬，它还会帮助主人找来急需、所缺之物，如"猫鬼神"到别人家去偷肉、偷锅中饭等的传闻也很多。

（二）"猫鬼神"生成的相关口头传说与传闻

对"猫鬼神"的口头传说主要有三种。其一，姜子牙将妻子封为"猫鬼神"。相传姜子牙辅助周武王打败殷商，挫败各路诸侯，建立了周王朝之后，就在某一天分封各路神仙。这一天，封完众神之后，姜子牙忽然想到了自己刁钻的老婆，觉得也应该给她封个小神，于是命亲兵去将老伴请来。这老婆婆一辈子没见过大世面，到神坛前一看这黑压压的人群，顿时手足无措，躲到亲兵背后说啥也不敢出来。姜子牙一见老伴畏畏缩缩的样

---

[1] 慵讷居士．咫闻录：卷一［M］．重庆：重庆出版社，2005．

子，觉得很没面子，于是气冲冲地说道："看你这躲躲藏藏的样子，活像个猫鬼神。"他妻子就因他这一句话，被封为"猫鬼神"。但他老婆被封为"猫鬼神"后，在民间兴风作浪，一般人们很难惩治它。为此，姜子牙最后只好把自己封为"打鬼石"（民间俗称"驱坛石"，一种专门用来打"鬼"的石头）。后来"打鬼石"逐渐演变成为用来驱逐各种不吉不利不干不净事物的工具（法器）。其二，姜子牙将麾下一将领封为"猫鬼神"。这种传说流传于互助地区。说的也是姜子牙封神的时候，他手下的一位将领想投机取巧弄个大神位，于是就躲在了桌子底下，盘算着等其他人被封完后再出来，好央求姜子牙给自己一个大神位。姜子牙封完众神后一点数："不对呀！怎么少了一个呢？"又点了一遍，才发现少了此人，正准备派人去找，他却从桌子底下钻了出来。姜子牙气不打一处来，怒道："你像个找食的猫似的躲在桌子底下干啥？干脆就封你做猫鬼神！"此人本想投机骗个大神位，结果却弄巧成拙，连正神之列都没能排入。其三，五良居士的肠子化为"猫鬼神"。这种传说流传于民和地区。相传很久以前，有个名叫五良居士的人，一心想修道成仙，为了摆脱尘世俗务的干扰，跟着他的师父来到深山老林，终日潜心修炼，不问他事。有一天，一位美丽的女子来到这里，对五良居士说："别再修道了，跟我回去吧！咱们结婚好好过日子，何必受这份清苦呢？"五良居士置若罔闻，丝毫不为所动。美女见他不动心，就使出各种手段百般纠缠……终于，五良居士被激怒，顺手拿起刀向她砍去，这女子吓得面无人色，转身就逃，五良居士紧追不舍，女子慌不择路，最终失足掉落悬崖摔死。五良居士见女子被自己逼落悬崖，顿觉悔恨难当："她被我逼死了，我这个双手沾满鲜血的人活在人世还有什么意义，就是修成了仙又能怎么样呢？"一时间万念俱灰，纵身跳下悬崖。正在这时，他的师父也赶到了，见五良居士已跳了下去，急忙大声喊道："徒弟，快扒肠子。你的上半身已经得道，赶快把肠子扒掉你就能成仙了，快扒肠子……"五良居士的肚子刚好已经被崖壁上突出的岩石和树枝划破，听见师父的喊叫，手忙脚乱地开始扒肠子。然而，终究没来得及扒完肠子就落到了崖底，最终没能成仙。而他的肠子受他修行的影响具有了一些灵气，化为猫鬼神。[1] 以上所列的三则传说，流传于不同地区，但笔者在乐都、民和、西宁等地区搜集相关资料时，发现第一种说法较为普遍。

对于民间流传的"猫鬼神"现时生成法，刘永青撰写的《河湟地区猫

---

[1] 刘永青. 河湟地区猫鬼神信仰习俗研究［J］. 青海师范大学民族师范学院学报，2004（2）.

鬼神信仰习俗研究》一文中进行了详细的介绍："其一，利用猫头生成猫鬼神。又有两种不同的说法。一种流传于果洛藏族自治州玛沁县的藏族牧民中：家里养的猫死后，把猫头割下，用各色绸缎裹起，置于屋顶正中间，之后开始诵经（一般由自家人念诵），坚持诵经100天后，猫的灵魂会聚集成形，即生成猫鬼神，它会记住替自己诵经的人并为他服务，即成为此人所奉祀、役使的猫鬼神；另一种说法流传于湟中鲁沙尔地区，较上述这种方法简单得多，只需要把猫头供起，过上一段时间，猫鬼神即会生成，而主人自会觉察到。其二，利用猫尸体生成猫鬼神，流传于湟中县总寨乡地区。家养的猫得以善终后，将猫尸体挂在堂屋正中或中堂处，祭拜七七四十九日，猫鬼神就会生成。其三，利用活猫生成猫鬼神。流传于乐都县下营藏族乡。把家里养的猫供起，每天上供，过一段时间，此猫就会因受人间烟火而成精，成为猫鬼神。其四，在特定的地方设祭上供以求生成猫鬼神。如共和县曲沟乡地区，认为猫鬼神是邪神、脏鬼，如果想供奉猫鬼神，就在门背后或墙角里放一个小碗，每天吃饭前从锅里先盛出点饭放在小碗里，而且要烧香祭拜。如此过上一段时间，如果小碗里的饭食突然消失，而且可以肯定不是被其他动物偷吃的，那么就是猫鬼神已经生成。其五，猫成精而为猫鬼神。循化县流传的一种说法：家里养的猫不能被饿死，如果猫饿死而主人又没有发觉，那么死猫就会成精而为猫鬼神。它生成后要做的第一件事情就是加害原主人，使其家破人亡。之后，直到有人招它、供奉它，它就成为此人所供奉的猫鬼神。"笔者在乐都、民和搜集到这样一则传说：据说是挑选一只纯黑色3个月左右的猫，在没有月亮的晚上，将头砍下来，供养七天后，主人就可以求它办事，它可带来除金银钱币之外的饭食衣物等。在民和松树地区除有类似的传说外，还有一种说法：猫鬼神在平时可以为主人守家、敛财，但如果和其他的孤魂野鬼相结合，就会成为厉鬼，兴风作浪，祸害民间。这些民间故事和传说反映了下层民众中的"猫鬼神"信仰，相信猫有神通，有人性，猫在人间的活动主要是报恩、报怨、作祟殃人。这些故事所反映的"猫鬼神"崇拜，积淀了原始宗教文化、佛教道教文化的内容，反映了下层民众从"猫鬼神"中求实惠、既敬奉又恐惧的矛盾心态。

除了人们以上这些日常口头传说外，在土族民间故事中亦有如下描述：

从前，有一户人家，家里养了一只猫。三兄弟上山前再三叮嘱三姊妹吃饭不要忘记喂猫。人吃啥就给猫喂啥，不然猫生气后会把火弄灭的。三姊妹一直都按照他们的话做，人吃啥就给猫吃啥。可是有一天她们炒麻麦

（炒小麦或青稞）吃，忘记了喂猫。猫生气了，在尾巴上蘸水往火上洒，把灶火弄灭了。❶

此外，藏族史诗《岭·格萨尔王·霍岭战争》中也有与猫鬼神有关的零散记载（其中所提到的霍尔国人被藏族和土族人认为是土族的先民）：

如格萨尔与霍尔国卦师玛茉冬帼相遇时，玛茉冬帼唱道："请万道金光太阳巡行道上的，霍尔白天魔鬼神，莫把外面的坏人放进来！请美丽白云巡行路上的，霍尔花空魔鬼神，莫把内部的人儿放出去！请黄褐色霍尔河流上巡行的，霍尔青色龙魔神，不要将自己财货付给他人！……"❷

从其中对"魔鬼神"的描述来看，它具有保护神、战神、财神的作用和功能，与民间口传的"猫鬼神"功能非常相似。

二、"猫鬼神"信仰的分布地区和供养方法

"猫鬼神"的显灵行为其实就发生在民众日常生活中，而且民众与其发生关系，是完全建立在实际效果是否应验的基础之上的，与神仙的伦理与道德属性没有太大的关系。村民们认为庙神总是善良的，他们只帮助人幸福，不会对人作恶。但是"猫鬼神"可以对人行善，同时也可以对人作恶，它常常自动地找人作恶。另外，它也常常是喜怒无常，忌讳极多，村民中的崇拜者，其畏惧之心似乎远胜过敬爱之心，所以许多村民都认为能不与之发生关系最好，因为它们对人施加的影响，其善恶是捉摸不定的。

（一）分布地区

一些学者认为"猫鬼神"信仰只流行于青海汉藏地区，但根据各类文献记载和笔者田野调查，关于"猫鬼神"信仰的地区分布较广，相关传说不但分布在青海的西宁市，海东地区，海北州的门源、海晏，海南藏族自治州的共和、贵南、贵德，果洛藏族自治州的玛沁县，而且在甘肃省兰州市、庆阳市和永靖、永登、宕昌等地，陕西汉中、河南省卢氏县、湖南湘西等地都有"猫鬼神"或"猫鬼"的信仰与传说。

在甘肃省武山、甘谷等县，村民们常以"猫鬼神"为家神而进行祭祀。俗传，"猫鬼神"像猫而不是猫。其神猫头人身，赤色、黑色、灰色均有。人见之，头晕若在梦中，昏迷不醒。又传，凡敬猫神者，不受其侵

---

❶ 朱刚，席元麟，星全成．土族撒拉族民间故事［M］．上海：上海文艺出版社，1991．

❷ 转引自杨卫．论土族的"猫鬼神"崇拜［J］．青海民族学院学报，2007（4）；王歌行，左可国，刘宏亮．岭·格萨尔王霍岭战争：下［M］．北京：中国民间文艺出版社，1985：69．

害，不然，它会经常作祟人间。它最喜欢伤害妇女和小孩。当妇女睡觉时，它手持一根木棍顺势塞入妇女的肛门，或当家人不注意时，它会把小孩推进井里或抓走藏到深山老林之中。为此，家家在桌上供奉它，有些地方甚至建“猫鬼神庙”进行祭祀。[1] 据湘西凤凰县苗学专家吴曦云介绍：聚居在湘西、黔东以及与之邻近的鄂渝边区的苗族群众中，如果猫死在家中，则必须请苗老司来“斩表”，直译为洗屋；倘若猫死在田里则必须洗田，这些都是为了驱除猫鬼，苗语叫“斩芒”，即“洗猫儿”。“洗猫儿”与驱恶鬼相仿，做时在大门外摆一张方桌，上列酒肉各五碗。苗老司先用欺骗的方法请猫鬼出去，诵过祝词打一通卦。哄骗不生效时，用恐吓的方法赶猫鬼出去，如打得阴卦或胜卦，表示猫鬼已被赶走。[2] 甘肃宕昌地区将“猫鬼神”称为小神，认为：小神为单个家庭秘密供奉，且为重要隐私，供奉者绝不可宣扬或承认自家供奉有小神，别人也忌讳说出谁家供奉小神的隐私，别人很难了解其具体情况。流传的说法是：信奉小神的家庭将自家豢养的猫、狗死后进行供奉，逢年过节或家中有喜庆、丧葬等重大活动时，在灶房角落或案板底下的某一固定地方焚香、点清油灯，并在一专供祭祀的碗中盛放饭菜放置油灯前，进行祷告。祈求已死猫、狗之灵魂常在此安居，并保护家庭财产安全，于是已死宠物的灵魂便永居家中成为小神，守护本家财物不流失到别人家或被别人偷盗。如有人偷盗该家财物或亲友拿走包括主人赠送的东西，小神便作祟索要，使偷盗或拿走该家财物的人生病遭灾，直至送还或加倍送还所拿财物。主人如受别人欺侮，主人祭告小神，小神也能对主人的仇家作祟降灾，进行报复。小神既没有塑像、画像，也没有公开标志性寄居处所。由于是小猫小狗等宠物变成的神灵，所以小神没有大的威力，除供奉者家庭外对村寨范围内不产生大的作用，即使最大限度地作祟，也危及不了人的生命。对其的信仰，在宕昌县城以北地区较淡漠，县城东南地区则较兴盛。[3]

（二）民间对“猫鬼神”的态度及传闻中的供养方法

传说中的“猫鬼神”来无踪、去无影，非肉眼凡胎者所能见。“猫鬼神”并非所有人家供奉，部分有供养传统的人家代代相沿供养。供养方法大致如下：（1）单设房间，置神龛，内供猫蛊神；（2）在正屋中堂设神案，案上置神轿，内供画有猫等动物的画像；（3）将死猫头等象征物供于

---

[1] 武文. 中国民俗大系·甘肃民俗［M］. 兰州：甘肃人民出版社，2004：68.

[2] 吴曦云. 红苗风俗［M］. 香港：香港天马出版有限公司，2006：219－220.

[3] 陈启生. 宕昌地区的几位地方神［J］. 陇右文博，2005（1）.

中堂；（4）在屋内铺白羊毛毡供其安坐。无论哪种供法，其模拟形象均用哈达、红绸等遮盖，一般不让外人观看。每天焚香、煨桑，在墙角或门后置小碗，每日三顿饭前均盛饭食。[1] 在土族的民间传说中，“猫鬼神”居住的人家一般特别干净，且家境一般都比较好。它想去住到一个家里先要去试探，一般是将七种粮食（如麦、豆、米等）上下摆成一摞，放到堂屋的面柜中央。若这家人不愿养，就必须将粮食扔到离家较远的偏僻路口处，才会免除灾难。[2] 河湟地区对“猫鬼神”特别忌讳，邻里不愿与供“猫鬼神”的家庭往来，客人不会在供有“猫鬼神”的家中食宿，儿女说亲时拒绝与养“猫鬼神”的人接亲，这种人家通常只能与有类似传说的人家做亲戚。虽然供有“猫鬼神”的人家受到歧视，但一般人都不敢得罪养“猫鬼神”的人家。社会中流传的“传闻”与大家所相信的“事实”，实际上是人们提供一种经验在外的文化心理结构。夜间奇怪的声音、家畜的异常行为，或人们遭受疾病或死亡，都在此种文化心理结构中得到解释。所谓“经验”，事实上是透过文化所获得，并经过文化包装的个人对外界之印象与记忆。它们作为一种个人记忆，由于在各种公共场合中被讲述，而成为社会记忆的一部分。许多“猫鬼神”传闻中，人物、时间、地点与事件（人得病或死亡）或许都是真实的，人们只建构（或虚构）事件与“猫鬼神”之间的关系。在传闻中，讲述者在参与者的描述，讲述者本身的存在是故事真实性与说服力的主轴。

（三）对“猫鬼神”的防范、惩治和镇压

由于“猫鬼神”在人们的想象中所佑护、帮助的只是很少的一部分供奉者，对大多数人具有危害性，人们出于保护自身的考虑，民间相应产生了一些防范、惩治“猫鬼神”的方法。多数地区的人在面柜提手、衣柜把手、生产工具等物上都拴置一枚铜钱，以防范猫鬼神偷盗。此外，对其驱镇的方式和手法多采用墨斗墨线、鬼碗（黑色大瓷碗）或沙子等物防范猫鬼神，或禳解治疗猫鬼神附体作祟所致的疾病；或用酒灌醉使其显形（有些地方也用象征性物代替），将其放进水里蒸煮或火中烧死。[3] 关于“猫鬼神”的故事包含了许多远古巫术的因素，如“猫鬼神”怕沙子击打的传说告诉我们，在民间信仰中，符咒作为巫术的主要手段之一而为人们所崇

---

[1] 蒲文成，王心岳．汉藏民族关系史［M］．兰州：甘肃人民出版社，2008：272.

[2] 杨卫．论土族的“猫鬼神”崇拜［J］．青海民族学院学报，2007（4）.

[3] 刘永青．河湟地区猫鬼神信仰习俗研究［J］．青海师范大学民族师范学院学报，2004（2）.

信。在符中常用的字有“雷”“令”“煞”等。其中，在民间信仰中“煞”是一种凶神。“沙”与“煞”谐音，由此而衍生出沙子具有击打鬼神的魔力。鬼碗之所以被认为具有驱除“猫鬼神”的作用，是因为在土族、汉族民间信仰中，鬼碗是阴阳师、法师、苯教师的得力工具之一，他们用它来驱鬼、捉鬼。在人们心目中，鬼碗具有不小的法力。民间痛打“猫鬼神”的一些故事说明人们对自身力量的充分肯定，认为只要运用自身的力量去对抗“猫鬼神”，就能达到惩治“猫鬼神”的目的。人们可以用这些方法，给“猫鬼神”以不同程度的惩戒，使之在一定范围内服从人的意志，可满足一种更高层次的趋利避害的需求。

三、与其他民族或地域类似“精怪”崇拜的比较

在中国文化发展史上，精怪信仰与精怪叙事可谓是一道独特的景观，它根脉悠远，绵延流长，且异彩纷呈，熠熠生辉。“精怪”这类民俗文化现象作为中国民众思想体系中不可或缺的重要层级，无论以民族民间文化的视角，还是从传统叙事表达的角度，都为许多学者所高度关注。“万物有灵”的精怪观念源于民间，并与广大民众的物质生活和精神信仰发生着密切的关联，以至于存在着某种相互照应的状态。作为中国传统文化的重要组成部分，“精怪”称谓更多地是指一种思维模式和信仰意念，因而，它必须附着于一定的物质实体，才能惟妙惟肖，生动可感。在历史上，民众常常以某种物质实体为核心建构精怪形象，进而以此为基础演绎出许多美轮美奂的精怪叙事。[1] 如《左传》宣公十五年云“天反时为灾，地反物为妖”。今人杨伯峻注：“群物失其常性，古人谓之妖怪。”《说文》卷十释“怪”为“异”。《一切经音义》亦云“凡奇异非常皆曰怪”。“妖”与“怪”所指相同，“怪”又与“精”义相通。《国语·鲁语》云：“木石之怪，夔、魍魉。”韦昭注曰：“魍魉：‘山精，好学人声而迷惑人也’。”所以后代有“妖怪”、“精怪”连用的。王充在《论衡·订鬼》中指出：“夫物之老者，其精为人亦有未老者，性能变化，象人之形。”这就是古人对动物、植物、器物能成精变人原因的思考，认为是“物老”所致，所以精怪传说中经常就有“千年老鼠”“千年老猿”“千年狐精”等精物。

在灵物信仰中，狐神信仰无疑在民间是最受瞩目的。狐神之说，可以追溯到汉代甚至更早，《玄中记》载：“狐五十能变化妇人，百岁为美女，

---

[1] 王丹．精怪：亘古至今的信仰与叙事［J］．中央民族大学学报，2006（3）．

为神巫，或为丈夫与女人交接。知千里外事，善蛊魅，使人迷惑失智，千岁即与天通，为天狐。”魏晋时期，小说多狐仙故事，为狐神之传播推波助澜。蒲松龄的《聊斋》多写狐鬼，足见狐神原型与民间世俗生活之贴近，乃至当今社会，有些地区祀狐神、讳狐字，其灵迹更是充斥于耳。可以说某种原型信仰，经长期的心理沉淀和生活印证，便成为比较固定的文化现象。

与盛行于北方的狐狸精信仰一样，南方的五通神信仰也极为古老。如洪迈在《夷坚志·丁志》卷十九《江南木客》中指出：“大江以南地多山，而俗祀鬼，其神怪甚诡异，多依岩石树木为丛祠，村村有之。二浙江东曰‘五通’……常在人间作怪害，皆是物云，变幻妖惑，大抵与北方狐魅相似。或能使人乍富，故小人好之致奉事，以祈无妄之福。若微忤其意，则又移夺而之他。”“尤喜淫，或为士大夫美男子，或随人心所喜慕而化形，或止见本形，至者如猴猱、如龙，如虾蟆，或如大黄鼠，体相不一，皆矫捷劲健，冷若冰铁。阳道壮伟，妇女遭之者，率厌苦不堪，羸悴无色，精神奄然”。“外客至，则相与饤饾蔬果；若家人然，少拂之，即掷沙砾，作风火，置人矢牛粪于饮食中。”清代江淮一代盛行的五通神，也为人所诟，在于它喜欢作祟，“其妖幻淫恶，不可胜道。”[1]《庚巳编》卷五录十则五通作祟之事：或排击门闼，粪秽狼藉人户；或烧人房屋，让物自鸣；或现形露相，作饭为泥；或魅人，令人丧失神志。而且，五通神还会摄人钱财。《庚巳编·说妖》言“魅多乘人衰厄时作祟，所至移床坏户，阴窃财物”。五通神使人富，也能使人贫；不仅能摄物，也能摄人。[2]《情史》载五郎君窃西元帅第九子与刘庠为嗣，又将被抓的刘氏夫妇夺归，并火焚府治；郎瑛《七修类稿》也称，余姚郭姓民人，新娶一妇多次为五圣所摄。[3] 据20世纪90年代日本学者马场英子教授在温州、宁波地区田野调查资料表明，浙江的山魈、五通在形态上往往戴有一顶红色隐形帽，在乡村出没，喜欢女色、善做恶作剧和偷搬财物。[4]

在华北地区，许多地方民众盛行信奉四种精怪即狐狸、黄鼠狼、刺猬和长虫（蛇），总称“四大门”。它们分别对应地称为“胡门”（狐、胡谐

---

[1] 元好问．续夷坚志［M］//续编四库全书：子部［M］．上海：上海古籍出版社，472.

[2] 杨宗．财神“五通”论［J］．宗教学研究，2008（2）.

[3] 冯梦龙．情史［M］．沈阳：春风文艺出版社，1980：626.

[4] ［日］川野明正．朝鲜“特可比”与中国“山魈”、“五通神”故事——东亚“搬运灵”传承探析［J］//任兆胜，胡立耕．口承文学与民间信仰——首届怒江大峡谷民族文化暨第三届中日民俗文化国际学术研讨会论文集［C］．昆明：云南大学出版社，2007：22.

音)、“黄门”、“白门”(因刺猬身体的颜色接近白色)和“常门”(长、常谐音)。据著名人类学家、民俗学家周星调查:“四大门”又因其在各地具体的互相组合则呈现十分复杂多样的状态。如在北京及周围有些地方,又有“五大门”或“五大家”的说法,顺义一带就叫“五大门”,那里除了把刺猬称为“刺门”外,则把兔子称为“白门”;但在另外一些地方,则可能不足“四大门”之数,人们只信仰其中某一门如“常门”或“黄门”。旧时,它们多被冠以人的姓氏,或以小说人物命名,所有神像都具人形,或身着清朝官吏朝服,事迹全是一些仙话。有些地区还将这些精怪供为家神,若家中设有其神位,春节期间须隆重祭祀。其中“狐仙”最为盛行,其形象乃是正中端坐的白须白发的老两口,旁边一男一女二位侍童。山东民间还认为,狐狸有灵性,能予以祸福,年久日深还可成仙得道,变换人形。它若对人有何要求就应予以满足,否则将会受到报复;若满足了它,自然也会有回报的酬谢。有一种俗信或口碑是说,大年夜包的饺子若有失落,便相信是得罪了“狐仙”(也称胡仙),被它搬走了。或说如得罪了“狐仙”,饺子下到锅里,也会变成驴屎蛋。对于那些神经错乱、行为失常、大哭大笑、胡说八道的人,常解释为狐仙附身,得烧香烧纸,拜送狐仙才行。同时,还要反省一下什么地方有所得罪,以便补救。黄鼬(黄鼠狼)则被人们称为“黄仙”“老黄家”,对它的信仰与狐狸大体相似。过去,“狐仙”和“黄仙”的信仰较普遍,现在部分地区依然流行。❶

在四川越西县、西昌市四合乡的彝族中也流传类似“猫鬼神”的故事和传闻。彝族称其为“阿莫”(amo)或“自幕”(cim)。据传为一些彝族人家供养,如果家中没有米或米少了它会添满米缸,如果没有鸭蛋它就会为主人偷来鸭蛋,如果家中有人不敬,它便反过来害主人。❷ 浙江西部地区虽没有“猫鬼神”信仰,但也有“野猫精”信仰。民间如有人久患遗精,或神志恍惚,体亏虚弱,俗谓“野猫精迷”。家中便暗请男巫驱鬼,用坛一个,作法完毕,往空中一抓,作塞鬼于坛状,然后封住坛口,手捧出门。众人反穿衣服,倒穿蓑衣,脚着草鞋,尾随于后护送,其中一人敲锣,一人擎香,一人举火把,把坛送至深山沟壑,然后绕道归村,同时需将病者转移他处。民间以为即使野猫精重新出坛,也找不到病者了。❸ 另

---

❶ 周星. 四大门——中国北方的一种民俗[J]//王建新,刘昭瑞. 地域社会与信仰习俗——立足田野的人类学研究[M]. 广州:中山大学出版社,2007.

❷ 曲木威古,彝族,36岁,西南民族大学民族学硕士,2008年8月28日23:26时在笔者办公室讲述。

❸ 郑土有. 中国民俗通志·信仰志[M]. 济南:山东教育出版社,2005:320.

据台湾著名历史人类学家王明珂先生的调查，在四川岷江上游村寨中，普遍流传着“毒药猫”的说法。在当地民众的心目中，“毒药猫”是一种会变化及害人的人，几乎都是女人。她们或变成动物害人，或以指甲施毒害人。受害者则是村寨中的小孩或男人。村寨中，人人皆知哪个人或哪些人是“毒药猫”。[1] 有学者认为羌族社会中的“毒药猫”类似于土族社会中的“猫鬼神”[2]。笔者认为这有待商榷，“毒药猫”与“猫鬼神”可能发端于同一信仰母题，但现已衍化为不同的形态。“毒药猫”是类似于南方巫蛊信仰中对养蛊人的猜疑，而土族“猫鬼神”信仰是一种精怪信仰，而不是特指某类人。只是它们的传承方式有些类似，如“毒药猫”法术大多在母女间传承，“猫鬼神”也常常随着女儿出嫁而转入婆家。应该强调的是：王明珂先生在研究“毒药猫”中所运用的“待罪羔羊”、“社会记忆”等理论及提出的“在有关‘毒药猫’的叙事中，邻近家族、村寨间的冲突与对立，婚姻产生的父权与舅权冲突……以及对疾病与意外死亡的恐惧等，都是产生这些神话、历史与个人经验记忆‘文本’（text）的‘情景’（context）”等卓见，对我们研究河湟地区“猫鬼神”信仰有着重要的启发意义。

“猫鬼神”作为河湟地区民间信仰物的一个内容，其作为低于神、佛的亦神亦鬼的动物，在普通民众的日常生活中发生着重要的作用。它与以上所有精怪一样，有精怪的特性如喜欢作祟、贪财、易怒、好色等。供奉它可以使人致富，但供奉不周也可使主人致贫。它高兴时守财护主，不仅守护自家财产不被他人拿去，而且可偷偷取来他人的饭食、衣物、粮食等；不高兴时则将自家的财物倒腾出去，有时会做出在主人饭锅里拉屎撒尿等恶作剧。精怪如同鬼神一样，都是人们观念的产物，现实世界中并不真实存在。在古代，它们曾作为一种重要的文化诞生，在漫长的历史长河中作为一种文化积淀，在不同的社会环境和条件下不断得到扩展，成为中国信仰文化的一部分。由于对它们的信仰，便引出和它们打交道的各种方式：崇拜祭祀、厌镇搜捕。在此基础上形成若干民俗，衍生出种种有关它们活动的话题，或取作艺术创作的素材，或当成借题发挥以示劝惩的手段，或假借妄言妄语以作讥刺时弊的掩护。

---

[1] 王明珂. 羌在汉藏之间：一个华夏历史边缘的历史人类学研究［M］. 台北：联经出版事业股份有限公司，2003：108.

[2] 祁进玉. 群体身份与多元认同——基于三个土族社区的人类学对比研究［M］. 北京：社会科学文献出版社，2008：153.

总之，所有精怪从洪荒走来，在文明时代落户，占定了神秘世界中的位置，并且在传说中不断滋生出来。这种情况，不能简单地、单纯地从政令、制度上去寻求解释。作为一种观念的存在，它在古代中国人的思维结构中已经稳固地积淀下来，而相对凝固的思维结构，又使人们“触类旁通”，在所接触的环境中有意识、无意识地“发现”“看到”，而实际上只是主观体验到精怪的存在。[1]因此，在信仰“猫鬼神”的地区，人们中间流传的“猫鬼神”故事，已变为当地民众日常生活中普遍的经验、记忆，影响着社区内外人群间的互动关系。

四、对“猫鬼神”信仰的宗教人类学分析

著名英国人类学家埃文斯·普里查德曾说过：“作为人类学家，他并不关切宗教的真假。就我对这一问题的理解而言，他是不可能了解原始宗教或其他宗教的神灵是否真的存在。既然如此，他就不能考虑这样的问题。对他而言，信仰乃是社会学的事实，而不是神学的事实，他唯一关心的是诸信仰彼此之间的和信仰与其他社会事实之间的关系。他的问题是科学的问题，而不是形而上学或本体论的问题。他使用的方法是现在经常被称作现象学的方法——对诸如神、圣礼和祭祀等信仰和仪式进行比较研究，以确定它们的意义及其社会重要性。”[2] 因此，作为一种文化现象而存在的“猫鬼神”信仰，对它本身隐含的深层意义的追寻以及它在社会想象与建构中发挥的功能和作用的探求，远比把它简单归结为传统或过去、客观或主观、科学或迷信的做法更有意义，因为它向我们提供了理解社会是怎样基于特定的文化联结，维持其运转并使个人成了“社会存在物”。

（一）“猫鬼神”的信仰是动物崇拜和蛊毒文化的融合

“宗教是在最原始的时代从人们关于他们本身和周围的外部自然界的错误的、最原始的观念中产生的。”“人在自己的发展中，得到了其他实体的支持，但这些实体不是高级的实体，不是天使，而是低级的实体，是动物，由此产生了动物的崇拜。”[3] 动物崇拜是原始宗教之自然崇拜的一部

---

[1] 刘仲宇. 中国精怪文化［M］. 上海：上海人民出版社，1997：56.

[2] 转引自〔英〕菲奥纳·鲍伊（Fiona Bowie）. 宗教人类学导论［M］. 金泽，何其敏，译. 北京：中国人民大学出版社，2004；Evans - Pritchard，E. E.（1972）Theories of Primitive Religion. Oxford：Oxford University Press（originally published 1965）.

[3] 《马克思恩格斯全集》，（《致马克思》1846年10月18日）。

分，也是最先发达的部分。因为在人们征服自然的初期，人们主要靠狩猎和畜牧为生，狩猎的多寡以及遭受动物的袭击，必然会给早期人类的心灵产生影响。例如，假使原始人曾经面临来自毒蛇或猛兽的伤害，那么他对于毒蛇或猛兽的恐惧感就会使他预先进行防范，避免被它们吞噬生命。到了农耕时代，崇拜的主要对象转移到了农畜和耕畜的守护神，一般不再把野兽本身当作崇拜对象。因此，一般动物神原型可分两大类：一是与人类的生产密切相关，却又始终为人类所恐惧的野兽动物，如蛇、虎、蝗虫等；另一种是家畜和耕畜的守护神，如牛王、马王、蚕神等。由于猫能消灭残害庄稼的田鼠和仓廪里、家室里的家鼠，所以尊重猫是世界农业社会普遍存在的一种现象。著名学者许地山认为，以猫为神，最早的是埃及。古埃及人知道猫在第十一朝时代（公元前2200年左右），据说是从纽比亚（Nubia）传进去的。自那时以后，埃及才有猫首人身的神像。猫神名伊路鲁士（AElurus）。人当猫为神圣，甚至做成猫的木乃伊；杀猫者受死刑。他们认为猫是月女神，因为它的眼睛可以像月一样有圆缺。在中国古代，猫也相当地被尊重，《礼记·郊特牲》载，“天子大蜡八，伊耆氏始为蜡。蜡也者，索也；岁十二月，合聚万物而索飨之也。蜡之祭也，主先啬而祭司啬也，祭百种以报啬也。飨农及邮表畷禽兽，仁之至义之尽也。古之君子，使之必报之。迎猫，为其食田鼠也，迎虎，为其食田豕也”，猫与先啬、司啬等神同列，周秦以后日渐淡化。黄汉《猫苑·卷上》说“丁雨生云，安南有猫将军庙，其神猫首人身，甚著灵异。中国人往者，必祈祷，决休咎”。[1] 从原始的动物神原型发展到完全人格化、社会化的神，往往都要经历半人、半动物的过渡形态，再发展到基本上具有人的形体，而又带有它们代表的动物之某些特征；最后才达到神灵形体、服饰彻底人化。另外，其服饰也会适应时代的要求，给以不同的穿戴，甚至还要按人类的习惯，为其取姓名、择配偶、授职分工、编造神灵的世系身世，使之彻底摆脱原始的动物形态而使世人能诚心顺服。例如西王母，在战国以前一般被称为是神人。《山海经》说其是“形象为半人半兽”，称之为司天之厉及五残（即瘟疫和刑罚）之神。而至战国时代，《庄子》、《穆天子传》已把西王母描绘成一位得道仙人或西方半人半仙的人王，也就是说西王母已人神化。西汉时重神仙，因西王母掌不死之药，故西王母成为一位白发苍苍、长生不死的老妪。以后道士文人推波助澜，西王母又成为原始天尊之女，群仙之领袖，又以东王公与之相匹。玉皇大帝出现以后，人们又把西王母

---

[1] 参见许地山：《猫乘》，原载1940年《香港大学学生会会刊》，收入《国粹与国学》。

与之匹配，称之王母娘娘。在民间古诗和传说中，王母娘娘被奉为最重要的女神。由西王母之流变，可以看出民间变换原型内涵的随意性和盲目性了。除了蛇精与狐精之外，《夷坚志》中记载的狗、猫、猪、鼠、羊、龟、鱼等这些精怪除了与原始的图腾崇拜有关之外，更主要的原因是它们与人的距离很近，有的甚至与人共享同一个生活空间。与人鬼之间冲突与失调的原因不同，这些家畜精怪不是因为与人所处空间的隔离而产生的，恰恰相反，是因为，它们生活空间的同一而导致的。再加上民间有一种“灵魂附体”的说法，这种观念认为：圣灵的鬼神或其他自然实体的灵魂，可以飘浮在空间，在人们身亏体虚之时乘虚而入，附身于人，出现所谓“灵魂附体”之现象。这种说法在河湟地区很流行，较之于其他原型信仰更容易深入人心，基本上已成为民间普遍信奉的功能性信仰。因此，在人们的观念中“猫鬼神”这些精怪可以寄寓灵魂在人身体里，使人胡言乱语或发疯。

蛊往往被认为是毒虫。蛊的繁体写作“蠱”。从汉字的会意上来看仿佛就是用器皿装着虫子。西汉许慎所著《说文解字》：“蛊，腹中虫也。蛊字从虫从皿。”《说文》：“皿，饭食之用器也，象形，与豆同义。”蛊字的悠久历史甚至可以追溯到甲骨文那里去。“蛊”在甲骨文中的字形皆为皿中有虫的形象。甲骨文的卜辞中，“蛊”不论作为疾病名称，还是致病的原因，都必然是与虫相关的。但由于甲骨文卜辞语句简短，并未明示“蛊”的确切含义，所以后人的解释往往是各抒己见。更具体一些的说法出现在《春秋传》里：“皿虫为蛊，晦淫之所生也。枭桀（磔）死之鬼亦为蛊。”秦以后的蛊字基本定型，虫与皿成为其意义的来源。汉字的特点使得这种意义具有想象的空间。[1] 先秦文献中极少有关于畜蛊害人的记载。从魏晋时代开始，志怪笔记风起，不论正史野史，有关施蛊害人的记载突然变得多起来，而且常常充溢着神秘与恐怖的气氛。晋干宝《搜神记》卷一二载有所谓“犬蛊”：“潘阳赵寿有犬蛊，时陈岑诣寿，忽有大黄犬六七群，出吠岑……蛊有怪物……或为狗豕。”[2] 对于“巫”，公然的仪式执行不可或缺，相信依凭中介之物而起作用，对“蛊”，体现巫术原理（相似律、接触律）的仪式从来没有证据表明其确凿实施，它以一种无形的信仰、意念与禁忌为存在形式，并无任何象征物可凭，具有不可操作性和不可观察性。因而被指为有“蛊”者，从客位的角度看，是一种臆想、随意、偶

[1] 陈华山．“蛊”字浅析［J］．大理师专学报，1988（1）．

[2] 詹鑫．心智的误区——巫术与中国巫术文化［M］．上海：上海教育出版社，2001：646．

然的指责和指定，只需人们相信和认定，而无须任何证据，便成为永久的社会角色定位；但从主位的角度着眼，南方许多少数民族社会都有它的文化逻辑，被指为有“蛊”者至少违背了当地文化的一些规则而被认定为“另类”的存在，确信他们具有可操纵或不可操纵的伤害他人的神秘力量。“巫蛊”是一种充满敌意、以邻为壑地想象与建构他者的方式，并把这种方式嵌入了社会分类系统。如著名的美国马萨诸塞州萨勒姆（Salem）的猎巫案与南方一些村落指认养“巫蛊”的程序极其类似。即17世纪，有几个姑娘认为自己中了巫术，被恶魔附体。先是一个姑娘站出来，然后所有的姑娘都站出来了。接着，社区中许多妇女被控行巫，经过审判，她们被判有罪并一一处死。萨勒姆巫师案成为历史上的一个著名事件。后来人们知道，整个事件是因疯狂的想象而起。一个姑娘先说自己被巫术攻击，许多姑娘就认为自己身上也发生了同样的事。[1] 从以上角度理解，“猫鬼神”是古代动物崇拜与蛊毒文化的融合。和历史上的巫蛊文化一样，“猫鬼神”最重要的实质，就是利用某些骇人效果和心理震慑，营造一个虚构的世界，从而加入到真实世界的权力争斗中去。受虚幻传说的影响，一般民众出于对“猫鬼神”或“猫鬼”主人的恐惧，面对他们时就显得胆怯、尊敬，统治阶层捏造养“猫鬼”事件来剪除异己；民众猜测养“猫鬼”者以发泄不满。

（二）透露出汉字崇拜观念

在传说中，“猫鬼神”虽然本领高强，但是却不能偷钱币和刻印有或写有文字的东西。民间传说“猫鬼神”怕有字的东西，大通民间传说这是因为“猫鬼神”不属于正神之列，所以人间的天书它是不能沾手的。因此，民间认为钱币和其他一些有文字的东西对“猫鬼神”具有一种压制力。在民间传说中有许多“猫鬼神”偷钱不成反而将自己害死的故事。共和县曲沟乡民间传说，“猫鬼神”偷钱（指铜质钱币）时，把钱币竖起往自家滚，进门时不把门打开，而从门缝里硬挤，一不小心就会被夹死在门缝里。海晏地区流传的一则传说故事：有人供养了一公一母两个“猫鬼神”。有一天，这两个“猫鬼神”出门时对他说：“今天我们去偷些钱来！”过了很久，公“猫鬼神”满头大汗、气喘吁吁地跑了回来，一进门就忙着报功：“主人啊，我们给你偷来了万贯家财……快去看……就放在

---

[1] ［美］安德鲁·斯特拉策，帕梅拉·斯图尔德．人类学的四个讲座——谣言、想象身体、历史［M］．梁永佳，阿嘎佐诗，译．北京：中国人民大学出版社，2005：107.

水洞眼那里……为了搬这万贯家财，我老伴给累死了……”此人闻言喜不自胜，急忙跑到外边去看，母“猫鬼神”的尸体躺在水洞眼旁边，而公“猫鬼神”所说的万贯家财却只是一枚面值很小的铜钱。正是因为“猫鬼神”的这一严重缺陷，所以民间多有在面柜把手上拴铜钱或在粮食、衣物、工具上放置铜钱的习俗，据说这样做的目的正是防范猫鬼神偷盗。❶

在中国传统文化中，文字本身具有一种神圣性或魔力，可以压制、降服和驱使鬼神。宋代洪迈《夷坚志》支二卷第一《顾端仁》就有用字符治猫精的记载。迄今为止，我们能够见到的最早的汉字甲骨文，本是用占卜的文字，是人神沟通的工具，所以汉字最初是被当作神秘的事物而受到人们崇拜的。仓颉造字传说就是这种崇拜的产物。《淮南子·本经》载：“昔者，仓颉作书而天雨粟，鬼夜哭。”高诱注：“鬼恐为书文所劾，故夜哭也。”❷《汉学堂丛书》辑《春秋纬元命苞》说：“仓帝史皇氏，名颉，姓侯冈，龙颜侈侈，四目灵光，实有睿德，生而能书……于是穷人地之变……指掌而创文字，天为雨粟，鬼为夜哭，龙乃潜藏。”文字的创造被视为一件惊天地、泣鬼神的大事，可见汉字在古人的心中是何等的神圣之物。随着汉字的广泛应用，汉字崇拜逐渐淡化，大部分汉字只是辅助语言起交际作用的工具，只有极少数汉字经过变形处理，带上奇特和神秘的色彩，成为人们新的崇拜对象。这种变形的汉字崇拜可谓早先汉字崇拜的变异形态，可分为两大类型，一类为道士或巫师作法时使用的神秘怪诞符号，一类为大众在民俗活动中所使用的吉祥符号，主要有变形的寿、喜等，我们称之为寿字纹和喜字纹。

（三）“猫鬼神”信仰：基于文献碎片和口碑传承的缀合

虽然“猫鬼神”信仰及传说没有像狐狸及蛇等野生动物那样盛行和繁多，但它和这些精怪一样有着深厚悠远的历史传承基础。如从各种文献记载探视，可窥知此类材料业已构成中国文学的一种独特类型。“猫鬼神”与“狐文化”“蛇文化”等一样，正介于精英文化和民间文化的交点上，它发端于古代的民间俗信，生长于民间文化的土壤之中，历代知识分子和乡土精英也积极参与了相关的创作。如“猫鬼神”来源于姜子牙封神的传说，一些古代正史和历代文人笔记体小说的记载，说明河湟地区土族、汉族等诸民族民间社会盛传的与“猫鬼神”相关的传闻与故事，是基于历代

---

❶ 刘永清．河湟地区猫鬼神信仰习俗述略［J］．青海师范大学民族师范学院学报，2004（2）．

❷ 何宁．淮南子集释［M］．北京：中华书局，1998：571．

文献碎片和口碑传承的缀合。可见，土族、汉族等民族中的诸多民间信仰也是古代民间俗信及相关理念的“碎片”或要素组合。实际上，历史上从来没有人真正目睹过“猫鬼神”的供奉手法，在笔者调查过的许多对象中，从来没有人见到过一则实例，许多人对“猫鬼神”供奉的传闻讲得活灵活现，但问一句“亲眼见过没有”却又全部摇头，而且反问，“供这东西能承认?”在互助县五十乡桑士哥村调查时，该村支书李德洪讲述：

“我们这里也有如谁谁家养‘猫鬼神’的传言，如我表弟家就曾被其周围村民当成养‘猫鬼神’的人家，村里人从来不敢向他家借东西。我向表弟问起这件事，我表弟很生气地说：‘都这么传，我都没见过，让他们来搜搜，我倒要想看看这‘猫鬼神’是啥样子’。”[1]

在大量占有各种材料的同时，笔者也清楚地看到，这些记述实际上都是人们对于“传闻”的“历史记忆”，大多数被指认为养“猫鬼者”大都也非本人的口述或书写。杨卫先生在《土族命名中的文化蕴含——对互助县两个土族村庄的调查》一文中，通过对互助县“夫拉那然”地区之“佛日江”“土观”两村调查中提到，在当地也只是“传言”养有“猫鬼神”的人家。对“猫鬼神”的信仰与恐惧是志怪文学和民间传闻的艺术产物，包含着历史、医药卫生、语文、文学、迷信等因素。我们应当用科学的立场和观点，用新的方法作具体而深入的研究，而不应被“猫鬼神”牵着鼻子走，完全相信那些奇异的内容。“猫鬼神”是一种精怪信仰，还夹杂了南方巫蛊信仰同类的一些元素，因此人们对它既恐惧又崇拜。它从远古到今天，流传着许许多多离奇的故事与传闻，有些人对它深信不疑，信仰它、利用它；有些人畏惧万分，仇视它，远离它，甚至一些毫不相干的人或家庭由此成为别人想象中的“异类”，成为社区中被排斥的对象。

（四）对疑难杂症或精神病因的误读

哈佛大学的凯博文（A. Kleinman）通过对台湾疾病人群的考察，认为中国文化构建的氛围对病痛和患病角色的行为会产生极大影响。他认为中国病人在看病时，极易将焦虑情绪及情感型病症的精神障碍身体化（somatization）。也就是说病人往往羞于表述病症的精神障碍方面，而往往用身体症状的描述取而代之，这与中国文化贱视精神疾病的文化传统有关。[2] 这

---

[1] 2007年3月18日，五十乡桑士哥村村支书李德洪、村主任李生奎讲述。

[2] A. Kleinman: “The cultural Construction of Iuness Experience and Behavior: Affects and symptoms in Chinese Culture”, in Patients and Healers in the Context of Culture , ch. 4, ed by Arthur Kleinman , University of California, 1980, pp. 119 – 145.

里边当然有文化因素的制约，但另一方面，与在一个社区中，乡民把精神疾病自觉归属于非医疗的神的治疗范畴也有关系。因为在他们看来，精神疾病是无从表述的，无法像西方的忏悔机制沿袭下来的传统那样准确地表述自己精神的非正常状态。而对精神问题的解决不是作为严格意义上的疾病，而是作为社会秩序的不稳定因素交由神灵处理。❶“猫鬼神”是人们观念的产物，但它一旦形成，并且在人们的思维结构中占据一席之地以后，又会成为认识的工具。这集中表现在人们对生活或身体上遇到的疑难杂症和不懂的精神病因进行误读。如笔者在西宁、贵德和乐都等地访谈到的几个个案正好说明这种现象。

个案1　乐都　给“猫鬼神”附体者看病

1978年刚落实政策时，我在当赤脚医生，我们村村民S来家里叫我，说他们家女儿M发高烧，说胡话，请我去扎针灸。我到其家里，刚给M扎了两针，M就开始求饶，说：“我是G村的猫鬼神，饶了我，我以后再也不来了。”我又扎了一针，便问：“现在你到哪里了？”M说：“我沿着山梁下山了。”也奇怪，扎完针后M的烧也退了，人也清醒了。以前我有时听到谁谁被“猫鬼神”抓住了，谁家闹了。现在很少听说。❷

卫生员李洪寿于2008年3月乐都县李家乡马圈村讲述

个案2　民和地区　吃了养“猫鬼神”人家的饭后身体不适

据说在民和三川地区鞑子庄一家养有“猫鬼神”，后该家“猫鬼神”跟随着该家姑娘出嫁王家沟村W家，后因W家敬奉不周，经常闹，家里也不太平，最后导致W家男主人跳河自杀。后听说W家出嫁一女J到H家，“猫鬼神”也就跟随J到了H家。如果谁借H家的东西，或吃H家的饭，就会闹的谁家不太平。曾有官亭秦家村Q女和J是高中同学，曾在J家住了一晚上，并吃了饭。回到家后，莫名其妙身体不适，上吐下泻，浑身发热，后找人一算说是J家的“猫鬼神”害的。民和官亭秦家村S家养有“猫鬼神”，做饭和吃饭时绝不能说饭少了，否则该家“猫鬼神”从别家偷来各种饭食，倒在锅里。秦家村的村民都不愿意从S家借东西。

地点：民和县中川乡E家

---

❶ 杨念群．北京地区“四大门”信仰与“地方感觉”——兼论京郊“巫”与“医”的近代角色之争［J］//孙江．事件、记忆、叙述［M］．杭州：浙江人民出版社，2004：240.

❷ 被访谈者乐都县李家乡马圈村卫生员李洪寿，男（时62岁），在场人：高永红（青海社会科学院法学研究所副研究员）、杜青华（青海社会科学院经济研究所助理研究员）。

个案3　西宁城中区　被“猫鬼神”附体者的自述

我曾经有过被“猫鬼神”附体的经历，在这以前我只听说过关于“猫鬼神”的传说，对此不太相信。有一次，晚上八九点钟，因出差从兰州赶回西宁，由于肚子不舒服难受，到平安与乐都交界处时，我让司机停车，在僻静处方便了一下。然后上车回家。从那天以后，每一天晚上睡觉，就会梦魇。梦见有一男子，看不清脸部，压得我喘不过气来。去了省医院、二医院，都查不清楚。后来，有一位吃斋念佛的朋友到我家做客，平时她来时晚上都住在我家里，但那天她死活不肯住在家里。第二天我们在外边吃饭的时候，我问她昨晚为什么不住在我家里，她神秘地告诉我说，我家有邪东西。后来她带我去见一位师傅算了一下。师傅用一哈达把一颗桃木做的珠子穿起来，念咒打结，挂在房中。还算出这个“猫鬼神”是跟饿死鬼结合的，已害死两人，我差点成了第三个。

青海省某事业单位职工 WNS 女士讲述　2006 年 4 月 × 日于城中区

个案4　贵德　朋友被“猫鬼神”闹的真实原因

B 的朋友 L 在一地新建了一个庄廓，当 L 搬进新房以后，身体一直就感到不适，到医院检查没有查出什么毛病，后又求神问卜，说新居内有“猫鬼神”占居，后请法师驱鬼，毫无效果。曰此“猫鬼神”太厉害，不是一般法力的法师所能驱赶。一日 B 去 L 家做客，谈起此事，B 发现 L 的床正处在高压线下，电磁辐射正是其身体不适的主要原因，劝其移床他处，数日后 L 身体恢复。

贵德县河阴镇大史家村村民 B 讲述　2007 年 3 月于大史家村

个案5　西宁湟中县　驱镇“猫鬼神”

我以前曾参与过一起驱镇“猫鬼神”的法事，当时西宁 PJ 村有一户女子突然发疯，其家人认为是“猫鬼神”闹的，请我和几位师傅去抓“猫鬼神”。我们到其家时，该女子一丝不挂，坐在水泥地上，其动作行为似与人行云雨之事。我们知道确实被“猫鬼神”给迷住了。我们走到隔壁屋子，向主人要了十几斤酒，然后将酒倒在碗里，放在这女子的房间里。然后我们又找了几个会划拳的人，大声在隔壁屋子划拳，诱导“猫鬼神”喝酒，一会就有人去那屋碗里倒酒，如此反复。最后，我们听没有动静了，那女子也睡着了。我们将“猫鬼神”（仍然没有见到实物）放进捉鬼瓶里，连夜赶到贵德的十字路口放了。[1]

邓启耀先生曾经对南方巫蛊信仰作了深入的研究，发现许多人患有生

---

[1] 2008 年 9 月，西宁湟中县 × 村道士（高功）T 讲述。

理上的病痛，但就医前都被误导到“蛊”这种文化性的传统诱因上去了。而且据他的经验，一些被现代医学诊断为常规病例并用西药治好的病人，他们也不完全改变“中蛊”的观念。他认为这种现象并非是一种个体性的非常意识状态，也并非只是一种生理性或心理性的病症，而是一种集体性的非常意识状态和文化性的非常意识形态病症。[1]“非常意识状态”在更多情况下是一种与传统意识形态或亚文化社会观念紧密联系的跨文化精神的病理现象，而“猫鬼神”这一文化现象在甘青河湟地区更具有悠久的历史传统、深厚的文化背景和广泛的社会基础。它在河湟乡土社会中，在绝大多数民众中已形成了独特的观念系统、操作系统和象征系统。因此，在以上的多数案例中，大多数人由于受到区域文化观念的影响，往往将生理上或精神上的病症统统归为“猫鬼神”的作祟，从而在民间产生一系列驱除、镇压“猫鬼神”的方法和手段。

五、对“猫鬼神”信仰源流与族属身份的猜测

河湟地区地处黄土高原农耕区与青藏高原游牧区交错过渡的地带，历史上许多民族在这里频繁迁徙流动，不断接触融合。有学者指出，我国北方东西向的草原民族走廊和青藏高原东部边缘地带南北走向的藏彝民族走廊共同构成了所谓的边地半月形文化传播带，而“其转折点正在河湟一带，表明河湟地区乃具有多民族及其文化走廊之汇聚枢纽的地位”。河湟地区特有的地理位置、多民族共存的历史背景和氛围使之成为西部众多文化汇聚的枢纽，而众多文化的汇聚又培育了河湟文化的多元性和包容性。河湟地区汉、藏、土等民族的民间信仰一方面保持了各自的传承和特点，另一方面又结成了一种多元多边的文化互动关系，即各民族在民间信仰文化上的相互影响、相互渗透和相互吸收。“猫鬼神”信仰也是如此，系由历史上各民族信仰文化互相交流融合所致。有学者认为唐代狐精故事的演变典型地反映了唐代民众对西域胡人认识的变化。在与胡人接触的初始阶段，由于胡人体貌、语言和技能等方面的特征，自然会使人产生某种恐惧感，于是敬奉为“狐神”，惧怕“狐魅”。随着胡人的大量流入和活动的增多，汉族民众逐渐消除了心理上的恐惧，但胡人大量进入唐代社会，对唐人原有的生活习俗有所破坏，又会引起唐人的反感乃至于妒忌与鄙视，因此，狐精被塑造为具有贪吃、贪财等毛病的形象。然而，随着民族进一步

---

[1] 邓启耀. 中国巫蛊考察［M］. 上海：上海文艺出版社，1999：340－341.

融合，狐精故事也随之变化。一方面，狐精操人语、着人衣，与汉人妇女或男子结婚，这正是胡人汉化的一种反映。这个过程在《广记》卷四五〇《唐参军》条中反映得更清楚，即所谓“千年之狐，姓赵姓张；五百年狐，姓白姓康。”赵、张本为汉人常用之姓，汉化早的胡人已经与汉人没有多大区别了。白、康为胡人姓氏，入居中土稍晚一点，还有胡人的痕迹。[1] 有些学者也试着对“猫鬼神”信仰的源流和族属成分进行较为深入的分析与推测。如杨卫先生指出：土族信仰中的“猫鬼神”虽不属于藏传佛教神灵系统。但在日常生活中，若给“猫鬼神”念经，“班爹”或“欢爹”们一般将其视为藏传佛教中之“特让”。其还对吴均先生的观点[2]提出了一点自己的看法：土族民间信仰中的“猫鬼神”与“特让”的定义完全不符，根本不是“食肉的独足饿鬼”，更非铁匠与小孩的保护神。土族人认为，小孩若遇到，必将神经错乱，大病一场，严重者，会丢掉性命；藏传佛教中有“八部鬼神”之说，在土族民间根本无此说法，也没有这么多的鬼神。在土族人的信仰意识之中，也不可能将山神、龙神与“猫鬼神”相提并论，并将其置于一个层次。前两者在土族信仰中占据的地位很高，人们多以非常尊敬的心态对待，相信两位神一定能保佑自己，给自己带来好运。而对“猫鬼神”却怀着一种排斥、恐惧的心理，认为它除了干坏事之外，根本不会干好事，对其往往是由于反感而远之。“猫鬼神”之所以成为“特让”，应该是藏传佛教在土族地区占据统治地位后，由于藏传佛教文化对土族文化整合的结果而造成的。民间认为，“班爹”一般通过念经劝走“猫鬼神”，他们不杀生；“欢爹”则通常抓住并杀死它；而“波奥”（土族对古老原始宗教——萨满教巫师的称呼）敲响法鼓后，“猫鬼神”听到鼓声，便会头痛欲裂，仓皇而逃，此时若被抓住，一定会丧命于“波奥”之手。河湟地区的汉、藏民族中的“猫鬼神”信仰应与古老的羌族文化有关联。[3] 笔者同意“猫鬼神”成为“特让”，是藏传佛教文化对土族文化整合的结果而造成的。但根据第一节的史料和传说，认为“猫鬼神”这种信仰习俗应与古老的鲜卑族信仰遗俗联系紧密，而不是与羌族文化有关系。“猫鬼”的记载最早出现于《隋书》、《北史》等官方史籍中，一种民间信仰在社会上盛行需要长时间的积淀和传播，我们有理由认为“猫鬼

[1] 朱迪光. 精怪：民众意识的积淀［J］. 衡阳师专学报，1995（4）.

[2] “特让，西北汉族地区称为魔鬼神，它是本教神祇，是在汉族中传播较广，影响较大的一位，尤其在河湟洮岷等地。藏族称它是铁匠和小孩的保护神。喜欢骰子游戏，有天特、空特、地特之分。”见吴均. 论本教文化在江河源地区的影响［J］. 中国藏学，1994（3）.

[3] 杨卫. 论土族的“猫鬼神”崇拜［J］. 青海民族学院学报，2007（4）.

神”信仰可能在魏晋南北朝时期的民间就开始流播，到隋唐在社会上层盛行。而魏晋南北朝时期，除西晋短暂统一外，经常处于群雄割据、汉族和少数民族所建政权鼎足并存的状态，这是我国的分裂混战时期，也是各民族发生大规模迁徙和融合时期。可见，“猫鬼神”信仰的产生可能与前文中提到的“狐信仰”产生的原因一样，是中原汉民族对鲜卑等外族认识的反映。此外，笔者在青海民和县官亭地区调查到一些“猫鬼神”信仰的故事和传闻。

“小时候，听老人们说，以前我们E家养有‘猫鬼神’（duguli），‘猫鬼神’一般随出嫁的女子到男方家，因此周边村落都不愿意与我们养‘猫鬼神’的村落结为亲家，后来我们一个姑娘嫁到H村落，‘猫鬼神’也就跟着到了H家。后来该‘猫鬼神’来回在E家和H家作祟，闹得我们E家不太平。E家的老人们请W村著名活佛，在E家村口安了一个‘镇’，即修了一座‘本康’。此后‘猫鬼神’再也没有回来过。‘猫鬼神’到底是个什么样的东西，谁也没见过，村里的老人们也说没见过。说我们E家有‘猫鬼神’，也是被‘猫鬼神’迷住的人迷住时说出来的。”[1]

“‘猫鬼神’一般随出嫁女子而落户或跟着铁器走，据传官亭E家在20世纪40年代以前就养有‘猫鬼神’，周边其他村落都不愿意与E家结亲。后因E家向H家卖出一条枪，该家‘猫鬼神’转到H家，E家请附近活佛在村界周围‘下镇’，为防止‘猫鬼神’跑回娘家作祟，扰乱E村落。后H家一人被‘猫鬼神’所迷惑，说E家村界有活佛下的‘本康’太厉害，不敢回到E家。该‘猫鬼神’一直居于H家，20世纪80年代，H家某老人向临夏大河家某人买了一台拖拉机，此‘猫鬼神’跟着拖拉机到河州那面去了。从此再无此类传闻”。[2]

海南藏族自治州贵德县河东乡藏族村落流传着“猫鬼神”的传说，一般不与养“猫鬼神”的人家结亲，即使该家的姑娘非常漂亮和能干。因为如果该家的姑娘出嫁到那一家，就必须由那一家供养并保留神位，平时还要煨桑、献酒，“猫鬼神”也在婆家和娘家来回走动，以保佑女家和出嫁的姑娘。否则，会作祟于婆家。人们普遍认为猴是“猫鬼神”的天敌，一些人家为防止“猫鬼神”来作祟，还在门前挂猴毛或在门框上贴着一张猴砍“猫鬼神”的画像（“猫鬼神”的形象一般为一只三条腿的猫，或长发人头褐色猫身的怪物）。还认为“猫鬼神”翻越宅院有固定的路线和通道，

---

[1] 2007年4月8日，民和E村落七十岁的老人S在其家中讲述。

[2] 2006年3月18日，H村落七十二岁的老人H在其西宁家中讲述。

一般在猫鬼神作祟的人家院墙上可以看见“猫鬼神”的三个爪印，因此许多人家在墙头上放置一些认为可辟邪的羊头、牛头骨骸或猴屎。“猫鬼神”以魔力高低分几个等级，其中黑“猫鬼神”魔力最强，红“猫鬼神”次之，其次还有白“猫鬼神”等。据说“猫鬼神”比较色，经常骚扰年轻美貌的女子。供养“猫鬼神”的人家一般条件很好，比较富有。❶

这些故事和传闻中“猫鬼神”随出嫁的姑娘转到男方家的说法在土族、藏族地区非常普遍。而这类情节正好与《北史》卷六一《独孤陁传》中的记载相吻合。其载：“陁性好左道，其外祖母高氏先事猫鬼，已杀其舅郭沙罗，因转入其家。上微闻而不信，会献皇后及杨素妻郑氏俱有疾，召医视之，皆曰：‘此猫鬼疾。’上以陁，后之异母弟，陁妻，杨素之异母妹，由是意陁所为，阴令其兄左监门郎将穆以情喻之。”依《北史》之言，“猫鬼”源于郭氏家，最先与独孤陁的“外祖母高氏”有关，再由高氏传于其女郭氏，郭氏嫁给独孤信，于是“猫鬼神”便也到了独孤家。❷ 而独孤部，《魏书·官氏志》入神元时内入鲜卑诸部，于拓跋部有殊勋，孝文帝定为臣八姓之一。平文帝以来，拓跋部与独孤世结婚。北魏分裂后，独孤人大量涌现，至隋唐更盛。❸ 而“独孤浑氏……后改为杜氏。吐谷浑之杜氏，后见于五代时代北吐谷浑中，今亦见存于河湟一带”❹。民和土族把“猫鬼神”叫“独孤里”（duguli），说谁谁家养“猫鬼神”，就说谁谁家有“独孤里”。青海社会科学院民族宗教研究所藏学副研究员桑杰端智先生也告诉笔者一个信息，一些藏族民间学者和民众认为“猫鬼神”最早可能是霍尔吐谷浑的信仰，后为甘青草原及周边地区藏、汉等民族所接受。在“猫鬼神”信仰较为流行的宕昌地区，有学者认为该地一些居民至今保留有不少吐谷浑的成分。如宕昌南阳人至今称兴化一带居民为土户子，土户子即退浑子、吐浑子，就是吐谷浑。❺ 此外，本章第一节描述的格萨尔与霍尔国卦师玛茉冬帼相遇时，玛茉冬帼唱的各种魔鬼神保卫着霍尔国平安等内容，也恰恰说明土族“猫鬼神”（“独孤里”）信仰中隐含着古老的“历史记忆”，告诉我们“猫鬼神”信仰很有可能是古代鲜卑族的信仰遗俗，这种信仰文化随着鲜卑族与历史上多民族的融合汇入到一些民族的信

---

❶ 根据才项多杰（藏族，36岁，海南藏族自治州贵德县河东乡查达村人，青海社会科学院藏学研究所助理研究员），2008年11月20日在笔者办公室讲述。

❷ 卢向前．武则天“畏猫说”与隋室“猫鬼之狱”［J］．中国史研究，2006（1）．

❸ 田余庆．拓跋史探［M］．北京：生活·读书·新知三联书店，2003：77－91．

❹ 吕建福．土族史［M］．北京：中国社会科学出版社，2002：35．

❺ 陈启生．宕昌地区的几位地方神［J］．陇右文博，2005（1）．

仰文化中。

从文化人类学视角来看，任何一种社会文化现象，都有它产生的土壤，有它自己的生命力。许多学者在研究西南蛊文化时，认为“主流文化圈的边缘地带往往被指认为‘蓄蛊之地’，而那里正是主流文化与非主流文化产生碰撞的地带。有趣的是，更加偏远、与主流文化圈尚没有频繁接触的地区往往暂时不会被列入‘蓄蛊之地’，只有当主流文化圈的触角到达此地时才会被纳入其中，而原来的那些‘蓄蛊之地’由于完全融入了主流文化圈则逐渐退出人们的视野”。[1] 笔者在对“猫鬼神”进行田野调查时也发现，其流传地区大都在汉藏边界，而且在调查汉族时发现多数人认为其常为藏人所供奉，调查藏人时则认为为汉人所供奉，并认为近几年听到有供奉“猫鬼神”的人家越来越少。根据前面各种文献资料，我们知道在隋唐时期“猫鬼神”信仰曾盛行于长安、洛阳等地，它似乎还成为王室政治斗争的一种工具。而养“猫鬼神”的群体也是由一些边缘化、失去政治地位和经济利益的群体构成。清代以后，在甘青河湟地区民众信仰生活中较为盛行。甘青河湟地区自古就是一条民族走廊，这里业已消失的许多古代民族曾经相互接触、彼此交流与汇聚并融合；文化间的影响也是相互重叠、交叉且发生部分或全部的文化涵化；语言也许已经消失殆尽，但是习俗、宗教、服饰和历史记忆仍旧或多或少得以延续。此外，“猫鬼神”信仰盛行于湘西、黔东等地区的苗族群众中，也是由于这部分苗族处于我国中西部相接的边缘地带，受中原文化影响的程度深于其他地区的原因。可见，“猫鬼神”信仰与西南蛊文化一样，与一定时期宗教、政治巨变，主流文化圈的边缘不断向西扩张传播，不同文化间的冲突交融加剧等社会历史环境密切相关。

---

[1] 于赓哲.“蓄蛊之地”：一项文化歧视符号的迁转流移［J］. 中国社会科学，2006（2）.

卓仓藏族的婚姻圈：基于郭尔三个村的分析*

鲁顺元**

（青海省社会科学院哲学社会学研究所）

一、研究缘起

婚姻是“两个成年个体之间为社会所承认与许可的性的结合”❶，婚姻圈就是这种结合所选择和达到的地缘和社会范围。对婚姻圈的研究，历来为民族学、社会学学者所重视，如对婚姻形态和家庭形式的研究，就是通过分析婚姻圈来实现的。婚姻关系反映着族群网络和地缘关系，是社会关系的重要组成部分。因此，学者们还通过它来透视社会的形成与变迁。比如杜赞奇把市场体系、婚姻圈与其他组织一同联结为文化网络，❷ 以此来验证他的“权力的文化网络”并解释乡村社会的运行逻辑。更有研究从婚姻圈所呈现的人群互动图像，来检视社会关系变迁的情形。比如有研究认为，在西藏农村，血缘关系、邻里关系和村际互动是三道社会保障网，共同构成社区完整的社会结构；但发展着的商品经济和建立的社区服务系统

---

* ［基金项目］本文是国家社会科学规划基金项目（批准号：07XMZ001）和教育部人文社会科学研究规划基金项目（批准号：09XJA850003）的阶段性成果之一。在调研过程中得到青海平安县巴藏沟乡村领导和干部张青明、殷恒梅、贾永兰、祁善明等的直接支持和帮助。特此致谢！

** 作者简介：鲁顺元，藏族，民族社会学博士，青海省社会科学院哲学社会学研究所研究员。作者联系方式：地址：西宁市上滨河路1号青海省社会科学院，邮编：810000。电话：13086295762，E-mail：Lshy2003@163.com。

❶ ［英］安东尼·吉登斯．社会学：第4版［M］．赵旭东，等，译．北京：北京大学出版社，2003：217．

❷ ［美］杜赞奇．文化、权力与国家：1900—1942年的华北农村［M］．王福明，译．南京：江苏人民出版社，2006：13－15．

正在不断破坏和替代这种传统的社会关系。[1] 马戎等就族际通婚对民族关系影响程度的考量，很大一部分也是借助对婚姻圈的分析路径来达到的。当下学界专门围绕婚姻圈的研究，则更多集中在对婚姻圈的变化趋势的描述及其所展现结果的原因分析这样的现实问题上。[2]

婚姻圈的视角是不是对时下卓仓族群的研究有所启发？卓仓人是藏族安多族群下的一个次级群体。其内婚制也就是“特定个人的群体或范围内部的婚配”[3]，是卓仓研究的一个焦点论题。黎宗华、索端智、扎洛、尕让·杭秀东珠、尕让·尚玛杰等多位卓仓籍人氏的研究者一致认为，卓仓人的婚配是在卓仓这个内群体进行的；并对这种出现在一个特殊地域中“独特”的婚姻现象进行了阐释。如是说：“卓仓藏族在通婚范围上不仅严格禁止跨族际通婚，而且婚姻范围常常被限定在本族群内部”[4]；把这种婚姻形式与西藏南部地区婚姻规范中的骨系观念和等级差异性联系起来，将它规定为“骨系等级婚制”，声称“卓仓藏人骨系等级婚制的规则是明确而严格的，并较为完整地延续到今天”[5]；“自卓仓藏族形成以来，开始禁止与其他民族通婚，也不大提倡跨部落通婚，他们的婚姻完全封闭在‘卓仓’这一狭小的范围内。数百年来世世代代都自觉地维护这条不成文的规矩，谁也不敢轻易打破，若有个别人违背，其家人便会与之断绝往来，整个部落的人也会另眼相看”[6]。更有言：卓仓人“坚持族群内通婚。所谓内婚制也就是血缘骨系制，即凡是卓仓七条沟里的藏族人都必须在这七条沟的藏族人中选择配偶，因为这七条沟里的藏族是他们能够明确作出判断的血统纯正的藏族人，而其他地区藏族的血统是否纯正无法判断，所以不愿与七条沟外的藏族结亲”。[7] 事实果真如此吗？若展开这个焦点论题，比如探究它的成因与影响，有一个逻辑前提，那就是卓仓族群的婚姻关系的确是在此内群体产生的；不弄清这个前提，这种展开就有可能滑入歧途。但

---

[1] 徐平．西藏农村的婚姻家庭［J］．社会学研究，1996（5）：91－92．

[2] 唐灿．最近十年国内家庭社会学研究的理论与经验［EB/OL］．中国社会学网，［2010－04－21］．http：//www.sociology.cass.cn/shxw/jtyxbyj/t20070313_11182.htm．

[3] ［美］威廉·A．哈维兰．文化人类学：第10版［M］．瞿铁鹏，张钰，译．上海：上海社会科学院出版社，2006：237．

[4] 索端智．卓仓藏族的几项婚俗及其文化蕴含［J］．青海民族学院学报，2001（3）：28．

[5] 扎洛．卓仓藏人的骨系等级婚制及其渊源初探［J］．民族研究，2002（4）：71．

[6] 尕让·杭秀东珠、尕让·尚玛杰．卓仓藏族源流考［M］．西宁：青海民族出版社，2002：144．

[7] 班班多杰．和而不同：青海多民族文化和睦相处经验考察［J］．中国社会科学，2007（6）：114．

不无遗憾的是，纵观上述研究，都不能为之提供很有说服力的证据。

二、调查点概况和数据来源

2010 年 4 月，为释怀疑虑并深入地了解卓仓文化，探究它在新的自然、社会环境中所发生的变迁，笔者走进了阿伊山北麓的下郭尔、堂寺尔和上郭尔 3 个村庄。3 个村同属于青海省海东地区平安县巴藏沟回族乡。该乡位于平安东南部的巴藏沟，东邻乐都县下营乡，西接沙沟回族乡，南与化隆县隔山接壤，北连平安镇东庄村。总面积 68.85 平方公里，海拔 2100 ~4166.7 米。总人口中，非农业人口 94 人，劳动力 2215 人。聚居汉、回、藏、土 4 个民族，其中回、藏、土族分别占全乡总人口的 30%、18.9% 和 4%。全乡地处沟岔浅山和脑山地带，以第一产业为主，第二、第三产业为辅。全乡共有耕地 20836 亩，其中水浇地 1700 亩、浅脑山耕地 19136 亩。农作物主要有小麦、青稞、豌豆、马铃薯、油菜等。

表 1　郭尔 3 个村的基本情况（单位：个、户、人、亩）

村名	合作社	户数	人口	其中藏族		汉族				耕地面积（脑山）	退耕面积
				女性	男性	户数	人口	户数	人口		
下郭尔	3	（71）78	（303）283	（146）	（157）	61	215	17	68	1860	860
堂寺尔	1	（64）64	（287）284	（144）	（143）	64	284	—	—	800	850
上郭尔	1	（81）81	（382）349	（181）	（201）	72	309	9	40	1800	1000
3 个村合计	5	（216）223	（972）916	（471）	（501）	197	808	26	108	4460	2710
全乡合计	25	1014	4087			206	848	286	1108	6294	6611

注：括号中为计生口统计数（更接近实际），其他数据系政府口统计数；数据截至 2010 年 3 月。

郭尔 3 个村地处巴藏沟乡的最南缘，南靠充满神话色彩的阿伊山脉（系湟水与黄河水系的边界马阴山之支脉），属于脑山地区。在土地改革结束时包括 8 个生产队，皆归郭尔管辖，1970 年代增设尕九队（所谓麻藏玛村），包产到户后郭尔村分成现在的 3 个行政村。据当地老年人讲，郭尔本称“古尔”（蒙古语），意指帐房，最初可能是游牧民族放牧生活的地方。堂寺尔藏语意为“平滩中间”，是现在青海海东地区少有的纯藏族聚居村。3 个村的藏族人口分别占海东地区、平安县和巴藏沟乡藏族总人口的 0.13%、3.64%（截至 2009 年年底）和 95.28%（详见表 1）。郭尔 3

个村是平安县的卓仓人聚居地（文后详论），有麻呢康 1 院（据传初建于明洪武年间，1999 年重修，2003 年复建），白塔 3 座，崩康 6 处，从中呈现出浓郁的藏传佛教文化氛围。所以，3 个村不但在地域上整合度高，而且可以视为一个文化整体来看待和分析。

走访中发现，村人的婚姻观念与规则确有不为学界所知的一面。《巴藏沟乡人口和计划生育全员台账汇总表》（以下简称台账）部分地展示了其婚姻圈的“庐山真面目”。这份台账全面、清楚地记录了截至 2010 年 3 月 21 日的常住人口信息，尤其分村分户准确记录了育龄（含入赘）人口的姓名、性别、出生年月、民族、文化程度等情况。鉴于这份台账所记录已经出嫁并且不在本地居住女性的信息不完整，笔者又从乡计生部门所零星登记的档案资料中搜集并掌握了近 20 年来嫁出女性的相关情况。笔者对二者做了重新汇总，而后深入村社，按台账人口对其中记录不完整的出生地或嫁出地、现在的就业概况等作了补充或修正。这样就组成了一个较为完整的有关郭尔 3 个村居民婚姻圈的数据库。作为必要的补充，文中还将使用到笔者走访调查到的部分一手资料。

三、结果与分析

（一）分析维度与个案分布

台账（含所汇总的嫁出女性信息，下同）涉及的个案总数为 386 例。笔者将其以自然村、性别、出生年代、民族、受教育程度、缔结婚姻的年代、通婚范围（出生地或嫁出地）、婚姻状态（初婚/再婚/离异/僧侣）、婚姻方向（娶进/嫁出/入赘/领养/常年外出或出走/领来❶）9 个维度来分类和分析。其中的“缔结婚姻的年代”通过推算得来，只作为参考指标。推算的规则是已婚女性出生年月加上不同时期的平均初婚年龄（结合青海的实际情况），即 1949 年、1950—1960 年、1961—1970 年、1971 年至今出生者，分别加 17、19、20、21 岁❷。“频率”分析结果显示，其中的出

---

❶ “领来”指婚姻双方未经女方（一般为外村甚至外县、外省人）家人同意和“媒妁之言”，自由地在本村组成家庭。尽管其中的多数未办理婚姻登记手续，但仍在乡计生部门的统计范围。“出走”所指则与之相反。“常年外出”指常年在外打工，或其去向不为本村人了解。

❷ 参考依据：旧中国民法规定男满 18 岁、女满 16 岁即可结婚，新中国 1950 年的婚姻法规定男 20 岁、女 18 岁始得结婚，从 60 年代到 70 年代，许多地方自定了不成文的规定，1980 年的婚姻法规定男 22、女 20 岁才可结婚。（见潘允康．家庭社会学［M］．北京：中国社会科学出版社，2002：87.）

生年代项缺失5例，婚姻状态项缺失6例，系知其嫁出却不知其下落或知其下落但不知其详情的年轻女性，多为1980、1990年代生人；受教育程度项缺失10例，系前述5例和领养小孩5例；缔结婚姻的年代项缺失10例，系出生年代项缺失个案和领养小孩5例；婚姻方向项之缺失个案，系3例入寺为僧者。至于通婚范围项1~16的分析维度（见表5~表8），是根据知识界对卓仓的地域范围的初步认定（见下文）、郭尔社会内部对卓仓范围的认同以及个案在地域上的相对集中度是以近及远地确定的，其中的"本村"指个案所在的自然村。

数据的统计与分析采用SPSS软件进行，主要就前述9个维度（变量）进行探索性分析和交叉分类统计，然后结合总人口的统计，对其结果进行描述和解释。个案在3个村的分布情况见表2。下郭尔、堂寺尔和上郭尔的个案分别占其总人口的41.25%、37.37%和38.74%（总人口以台账人口计），台账登记的"娶进"人口（见表3）占3个村女性总人口的64.33%。3个村的育龄妇女人口和已婚妇女人口分别有262人、211人，而2009年10月登记的10岁以下人口有133人，可见这份台账登记的情况尤其是娶进女性的信息是真实可信的。总个案中，女性占92.9%。这符合因婚姻而产生的乡村社会女性流动人口远高于男性的事实。

表2　个案在3个村的分布情况

	频率	百分比	有效百分比	累积百分比
下郭尔	125	32.4	32.4	32.4
堂寺尔	113	29.3	29.3	61.7
上郭尔	148	38.3	38.3	—
合计	386	100.0	100.0	100.0

（二）婚姻特征

1. 婚龄人口的流动总体上以流入为重，招婿得到尊重

在婚姻方向维度下383个有效个案中，娶进、嫁出分别占79.1%和8.6%。二者相差如此悬殊，原因不仅仅是统计与调查中的疏漏（很难统计）。3个村在1990年代娶进的女性有69人，2000年娶进的有59人，（二者占娶进人数的42.2%）远远高于同期嫁出人数。因此可以肯定，婚龄人口的流动总体上偏重于流入。整个社区环境对入赘的重视和对赘婿的尊重，也在一定程度上弥补了二者之间的失衡。当地把招来的女婿称为"希女婿"，"希"有固定的意思，蕴含了"岳父母把招女婿当儿子看待"，这

是在青海其他乡村社会不易见到的景象。男性被招来后一般要改名换姓（汉族改藏族姓名，藏族改女方家庭姓氏），或者第一个子女随母姓，第二个随父姓。即便组建家庭后离了婚，女婿仍然可以在村里立家业。其中还有 1 例女性出走后，夫方赡养岳父母的个案。从表 3 可见，上郭尔村的入赘比重高，原因在于该村处在脑山，经济发展相对滞后，藏族文化传统保存得比较完整。

表 3　婚姻方向与自然村的交叉统计

	下郭尔	堂寺尔	上郭尔	合计
娶进	99	89	115	303
嫁出	16	8	9	33
入赘	7	8	10	25
领养	1	2	3	6
常年外出或出走	1	1	10	12
领来	1	2	1	4
合计	125	110	148	383

2. 婚龄人口的整体受教育水平偏低

在受教育程度维度下 376 个有效个案中，初中以上文化程度的只占 21.1%（其中高中以上只有 13 例）；小学以下文化程度的占到近八成，其中文盲率高达 48.7%，反映出婚龄人口整体受教育程度较低。在 20 世纪七八十年代缔结婚姻者占到有效个案的 59.1%。而这部分人担负着发展经济、教育后人、传承文化的重要责任，其受教育水平的现状不能不令人担忧。从整个发展趋势看，得益于基础教育的逐步普及，情况也在向好的方向发展（见图 1）：文盲程度的结婚人口在 70 年代达到高峰，此后逐年下降；而初中文化程度的人数呈上升趋势，80 年代起上升幅度明显。

3. 婚姻关系总体上稳定

在婚姻状态维度下的 380 个有效个案中，初婚占到 90.3%，再婚、离异二者所占比例为 8.9%，可以说明 3 个村的婚姻关系总体上是比较稳定的。再婚、离异者在 3 个村的分布有所差别（见表 4）：以再婚和离异人数之和与总人口的比重相比较，堂寺尔的离婚率达 5.28%（上郭尔次之），高出下郭尔五个百分点；相对而言，下郭尔的婚姻关系是最为稳定的。这种差异可能与下文要论及的 3 个村婚姻圈的差异性有关。

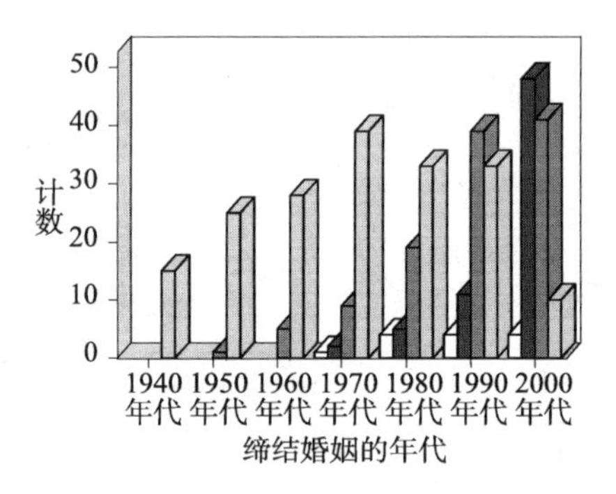

图 1　缔结婚姻的年代与受教育程度的交叉比较

表 4　婚姻状态与自然村的交叉统计

	下郭尔	堂寺尔	上郭尔	合计
初婚	117	93	133	343
再婚	6	14	7	27
离异	1	1	5	7
僧侣	0	3	0	3
合计	124	111	145	380

4. 民族内婚倾向明显

在 386 个个案中，藏族占 89.1%（以政府口统计数计，3 个村藏族人口占其总人口的 88.2%），汉族占 10.6%，土族有 1 例。在 3 个村，民族间通婚者屈指可数。除去向不明的以外，藏族女性嫁出对象皆为藏族。仅有的两例藏 - 汉型（女藏男汉），男方为赘婿。其中 1 例系陕西汉族祁氏，是个案中唯一为大专文化程度者，到村后即改民族成分为藏族并“入乡随俗”起一藏族名；另 1 例来自平安县寺台乡。藏汉家庭之间虽然近水楼台，但少有婚配发生。仅有两例汉 - 藏型（男汉女藏），其中 1 对系贾姓汉族娶了另一村“随了”藏族的贾氏女性，另一对的女方系一山之隔的平安牙扎人。1 例土族系娶自互助县松多乡，男方为汉族。该村汉族说藏语（很多人说汉语反倒没有说藏语流利）、行藏俗、唱藏曲、信藏传佛教[1]。藏汉族群边界主要由认同来维持，其间关系十分融洽。但在婚姻上却为何

[1] 如在白事上请寺院僧侣或“天官”（系红教居士，又称为“本本子”，郭尔三个村有 3 人）诵经；白事活动中的区别仅在汉族家吹喇叭以及丧葬方式、所立坟茔稍有不同。再如，在村里的佛事活动和宗教场所建设中，汉族是积极的倡导者、组织者和参与者，麻呢康曾由贾姓汉人主“尺”兴建一事，在村中广为流传。

要舍近求远？就此，笔者访谈当地人，得到的回答无一例外的是：这是祖上传下来的规矩，双方心知肚明，哪一方也不会起那个动议、费那个心思。仅此解释，仍显不够。学术界探讨过族际通婚对民族关系的正向作用和达到高族际通婚率所需的条件❶，但对类似郭尔这样的个案中所呈现的两个“边界”模糊、交往深广、关系高度和谐的族群，却鲜有族际通婚这个有悖“常规”的事象，尚需追问。

5. 婚姻圈的地域范围

基于郭尔3个村汉族在语言、宗教信仰、生活习惯等方面受到藏文化的诸多浸润，故对其婚姻圈的地域划别作整体分析。发生在郭尔3个村内部的婚姻只占个案总数的24.6%；发生在本乡范围郭尔以外其他村的只有11例，集中在该乡李家（5例）、索家（3例）、尔官、下星家4个村，其中有两例为汉族（汉-汉型）、两例为嫁出。这一相对较低的比例，应了当地的一句俗语：“亲家做着远着好，隔墙打着高着好。”意思是说：若两家太近或者隔墙太低，容易散播是非，不利于婚姻关系的稳定和邻里关系的和谐。但这种远并不是无限定的，婚姻关系对象集中出现在乐都县下营乡的上营、塔春、茶龙等几个脑山村和平安县沙沟乡牙扎、桑昂、中庄3个村，分别有85例和46例，二者之和占到个案总数的33.94%。东西两地与郭尔仅一山之隔，皆依偎在阿伊山北麓，相距10公里左右。在郭尔村人的习惯里，两地有特有的称呼，前者叫高店沟（虽然婚姻关系发生地仅仅是沟脑的几个村），后者叫东沟（尤指牙扎村）。这也在一定程度上反映了二者之间婚姻关系的亲密性。高店沟以东至瞿昙—药草台沟的浅脑山地区次之，计有45例，“东沟”西南边的平安古城乡角加—古城—沙卡一线再次之，计有22例。与以上8地（包括郭尔3个村）缔结婚姻关系者达到80.3%。可见，横向的婚姻关系远远多于纵向，而且，相对而言，“就近”仍然是该村婚姻关系发生的重要原则。这种原则在上郭尔村体现得更加鲜明（见表5）。从中可以看到，从下郭尔到堂寺尔，再到上郭尔（虽然后两者所处山沟深度不相上下，处在东西两个山梁而已），其通婚范围表现出明显的远近倾向性差异。如图2所直观显示的，上郭尔的婚嫁对象集中在高店沟、东沟和本村以外的郭尔其他2个村，尤其在高店沟的婚嫁对象达到郭尔3个村在这一地区婚嫁个案数的42.4%。

---

❶ 马戎. 民族社会学——社会学的族群关系研究［M］. 北京：北京大学出版社，2004：437.

表 5　通婚范围与自然村的交叉统计

	下郭尔	堂寺尔	上郭尔	合计
本村	12	14	12	38
本村以外的郭尔其他两个村	16	21	20	57
本乡（不包括郭尔的其他两个村）	2	2	7	11
高店沟（乐都县下营乡的几个脑山村）	29	20	36	85
高店沟以东至瞿昙—药草台沟	12	19	14	45
瞿昙—药草台沟以东至中坝浅脑山地区	2	2	2	6
东沟（牙扎—桑昂—中庄）	12	14	20	46
角加—古城—沙卡一线	7	5	10	22
平阿公路以西到平安—湟中界	7	2	4	13
白马寺白马村	4	0	2	6
湟水河以北（不含白马寺）	2	1	0	3
湟水河南岸一线川水地带	1	0	1	2
两化地区	5	1	8	14
海东地区以外（青海范围）	8	6	6	20
青海以外（西藏、宁夏等）	5	4	2	11
不详	1	2	4	7
合计	125	113	148	386

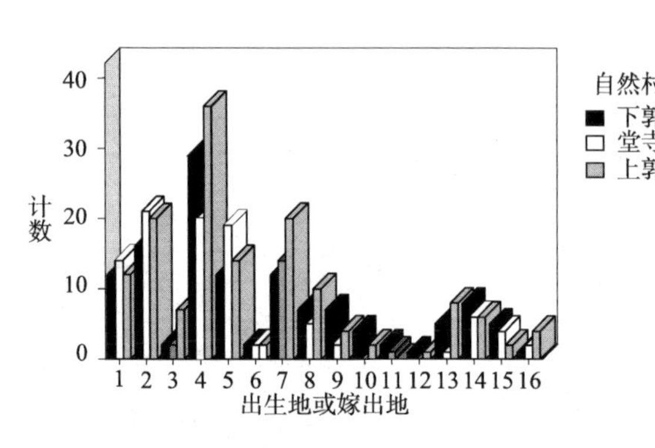

图 2　通婚范围与自然村的交叉比较

郭尔 3 个村的婚姻圈也延展到 20 公里以外的区域，包括平（安）阿（岱）公路以西的平安县的石灰窑、三合，湟水以北的互助县，阿伊山南侧的两化（化隆和循化县），以及海东以外青海范围的天峻、海晏县，最远到西藏、宁夏和甘肃等省（自治区）。婚嫁在这几个地区的个案共有 63

例，虽然总数不多，但是影响深远。

其次，分民族看，上述特征同样是十分明显的（见表6），尤其值得注意的是，藏族的婚姻对象发生在海东以外的个案达到27例；汉族婚姻的地域划别表现出与藏族惊人的相似性，同样是在高店沟最为集中。

表6　通婚范围与民族的交叉统计

	藏族	汉族	土族	合计
本村	36	2	0	38
本村以外的郭尔其他两个村	54	3	0	57
本乡（不包括郭尔的其他两个村）	9	2	0	11
高店沟（乐都县下营乡的几个脑山村）	75	10	0	85
高店沟以东至瞿昙—药草台沟	42	3	0	45
瞿昙—药草台沟以东至中坝浅脑山地区	6	0	0	6
东沟（牙扎—桑昂—中庄）	44	2	0	46
角加—古城—沙卡一线	19	3	0	22
平阿公路以西到平安—湟中界	8	5	0	13
白马寺白马村	6	0	0	6
湟水河以北（不含白马寺）	1	1	1	3
湟水河南岸一线川水地带	0	2	0	2
两化地区	11	3	0	14
海东地区以外（青海范围）	20	0	0	20
青海以外（西藏、宁夏等）	7	4	0	11
不详	6	1	0	7
合计	344	41	1	386

若要进一步深入地阐释上述婚姻圈的地域划别，有必要对“卓仓”及其所指的地域范围作出确认。从卓仓研究的脉络看，无论是其族群名称还是地域名称，最先是从《安多政教史》追溯。该著称：卓仓地名由海喇嘛桑杰扎西而来，“因为是卓隆地方的人，故称为卓仓”。[1] 卓隆（亦称卓窝垅）即今西藏洛扎县。《瞿昙寺》一书结合明清典籍和碑匾史料及地方口承资料，进一步说：“卓仓”在安多口语中称为“角仓”，也就是现在乐都南山地区的藏语名字。在过去藏语概念中的角仓，是指明王朝封给瞿昙寺

[1] 智观巴·贡却乎丹巴绕吉．安多政教史［M］．吴均，毛继祖，马世林，译．兰州：甘肃民族出版社，1989：166.

的七条山沟而言，称为“角仓七条沟”。[1] 卓仓之“卓”，汉语意为“麦”，为了符合汉族姓氏的习惯便写为“梅”，并由海喇嘛原籍亲属来此管理寺院拉德[2]，自称梅氏。角仓这一形成于明代的称谓，其后，随着政治、经济和文化环境的变化，逐渐由最初的家族（梅氏）名称演变为一个族群和区域名称。[3] 由于有正史和地方宗教史两种藏汉史料作为佐证，关于卓仓名称来源这一问题是可以定论的；且可得出，史上卓仓之地域中心为瞿昙寺。但是，“角仓七条沟”（当地人又称为“七沟海子”）在明王朝赐封时以及现在可以包括哪些区域？对这一问题，少有人去深究，谓卓仓研究之欠缺矣。

瞿昙寺前山门明宣德二年“皇帝敕谕匾”文（原匾已无存）明确交代了瞿昙寺的势力范围：“东至虎狼沟，西至补端观音堂，南至大雪山，北至总处大河，各立牌楼为界，随诸善信，办纳香钱，以充供养。”[4] 这是关于卓仓地界最早、最明确的证据了。“总处”是湟水的藏语译名“宗曲”，“总处大河”就是湟水在乐都境内的名称，[5] 所以卓仓的北界为湟水河。[6]《西宁府新志·卷五》载：“南山在县南六十里。与宁邑南山相连，延长数百公里，各番族耕牧其间。冬夏积雪不消，耸出万山之上，俨若银屏。又谓之雪山，俗称‘南山积雪’，为十二景之一也。”[7] 大雪山无疑就是乐都—平安与化隆交界处的阿伊山—岩石山。北河南山，这个当时的南北边界应该是清楚的。虎狼沟这一名称沿用至今，系乐都县中坝藏族乡所在地。属于“安多四宗”之一的（普拉）央宗寺，就坐落在该乡牙昂村。该寺曾经是瞿昙寺的属寺和其僧侣的主要静修地。所以，卓仓之东界是现在的中坝乡，这也可以确认。由此往西，由新版地图可见，仅在乐都县境还有双塔沟、岗子沟、峰堆沟、马哈拉沟、叶家沟和高店沟，与山势同为南

---

[1] 谢佐. 瞿昙寺［M］. 西宁：青海人民出版社，1998：16.

[2] 为藏传佛教寺院对它管辖下属地百姓的通称。

[3] 拉格. 简论安多地区“卓仓”地名的由来［J］. 西藏研究. 2009（4）：21.

[4] 参见：谢佐. 瞿昙寺［M］. 西宁：青海人民出版社，1998：105.

[5] 谢佐. 瞿昙寺补考［J］. 青海民族学院学报，1984（1）：56.

[6] 处在湟水河北缘、白马寺旁的互助县红崖子沟乡白马村是个例外。该村的藏族是不是卓仓人，还有一定的争议。白马寺亦称玛藏贡巴或玛藏观，据称是取了藏族史上“三大贤者”之玛尔·释迦牟尼和藏饶赛二者的法名首字而成。白马村紧靠白马寺，又称玛藏村，约有六七十户藏族，以苏、洪、裴为大姓。白马村藏人有与卓仓人不同的历史记忆和族源记载（见：谢佐. 白马寺小史［J］. 青海民族学院学报，1982（1）：37.），但其婚姻限定在其南部20多公里开外的南山卓仓地区（全村仅1例娶自处在北山的互助县松多乡）。虽然白马村人自称卓仓人，但郭尔人却认为：“他们只是这里的外甥、外孙，并不是卓仓人。”

[7]（清）杨应琚. 西宁府新志［M］. 西宁：青海人民出版社，1988：158.

北走向，基本上一乡占据一沟。其中的叶家沟属于乐都城台乡与下营乡的边界。那么"补端观音堂"（有人称作乌丹神殿或布丹拉楞）这个明显具有汉文化特点的地名而今安在？与高店沟相邻的巴藏沟是不是在"七条沟"之列？在平安境内，冠之观音堂者有1处，即白沈家至古城段古称观音堂沟（今称白沈沟）[1]，这是平戎到巴燕的交通要地，自然是一条文化边界线。如果以此为卓仓的西界，也就是说当时所指补端观音堂就在这一带，应当在情理之中。但是，从白沈沟到东边的高店沟，除了巴藏沟外，还有今深沟（宋代始有此称），这样一来，从东边的虎狼沟到西边的白沈沟，大小共有9条沟，这又超出了7条沟的范围而难与"七条沟"相吻合。卓仓地区婚礼歌[2]表达的地域范围是：西自"莲花般的普兰扬宗"，南自皑皑的雪山，西自"藏族拉带村"（并称"南北流向的河东是卓仓的辖地"），北至湟水河。今有河东村在巴藏沟地界，歌之所指河东可能就是现在的巴藏沟河。但其中的拉带村今在何处，对此无人考订。卓仓的西界仍然不能确定。[3]

巴藏沟古称达扶西溪水，与之隔山相望的高店沟称为达扶东溪水。[4]《西宁府新志》称："达扶溪在县南。按《水经注》：'湟水东，右会达扶东西二水，参差北注，乱流东出'是也。"[5]说明巴藏沟一带在地缘上与乐都的紧密联系。平安县成立于1978年，在这之前，最早属于西宁州（卫）。清至民国时期，先后属西宁县及湟中县第2区；而巴藏沟的大部分地区属于乐都管辖，《西宁府新志》对此即有明确记载[6]。康熙朝时地方文献亦载，碾伯所治西南境有：上帐房族、下帐房族、上营族、下营族、郭尔族、河尔洞族、李家族、西营族、上阴阳族和下阴阳族。[7] 1953年，原属乐都县的李家、索家（部分）、河东3个村划入湟中县二区管辖。1958

---

[1] 曹长智．观音堂乩思观堡简考［A］．平安文史资料选辑：第三辑［C］．内部印刷，1987：125．

[2] 唱词见：索端智．卓仓藏族婚礼歌中的几条口碑资料［J］．青海民族学院学报，1994（3）：33．

[3] 据一位在青海海西蒙古族藏族州民族宗教部门工作的平安籍卓仓人介绍："朴端"为一古代将军名，"拉楞"意为佛堂。后来，朴端逐渐演变为村庄名，现民间有"乌旦四庄"之称，包括中庄（依麻然）、桑昂（石头山城）、牙扎（家族名，意为"夏季牧场"）、湾子等4个村。补端、乌丹、布丹等属于异字同义词。

[4] 详图见：铁进元，等．安夷县址、宗哥城址考辨［J］．青海社会科学，1994（2）：77．

[5] （清）杨应琚．西宁府新志［M］．西宁：青海人民出版社，1988：170．

[6] 王增城．平安县有关史料简况［A］．平安文史资料选辑：第1辑［C］．内部印刷，1987：9－10．

[7] （清）李天祥．梁景岱鉴定．碾伯所志［M］．11－12．

年，时属乐都县高店乡的上郭尔、下郭尔农业社划由平安区新庄乡管辖。1962年，从沙沟公社析置巴藏沟公社。1980年，从沙沟、平安公社析置巴藏沟公社。[1] 至此，作为一个完整行政单元的巴藏沟才得以成型。但是它（特别是郭尔3个村）与平安县在文化上的联系并没有建立起来，至今亦然。这种尴尬有其历史的渊源，除了上述行政建制这个表面现象外，更重要的在宗教和认同层面。郭尔3个村与瞿昙寺在宗教上的联系是十分紧密的，比如郭尔的麻呢康，据传是在明代由瞿昙寺的僧侣倡导下初建；村里的白塔和崩康在重建时，多由瞿昙寺的活佛主持选址；瞿昙寺第六世智合仓活佛（称凉州佛，在世），系巴藏沟下郭尔仓氏；现在村民开展宗教活动，若需在寺僧人来诵经，大多数情况下要请瞿昙寺的僧侣，等等。郭尔人对其东边地区的认同更为要紧。笔者在了解婚嫁对象的出生地或嫁出地时，受访者对乐都高店、峰堆乡一带的地名如数家珍，所提到的地名与现名多有出入，比如把城台乡的城子村称为然尕囊、把台子村称为台然尕，把瞿昙乡的浪上、浪下村称为浪营，把药草台寺所在的村称为贡巴囊，还有牙扎囊、杰拉囊、囊尕然等在新版地图上不再出现的名称，对该区域的很多新地名则不知所云。很明显，这种联系和认同是历史关系的烙印。

平安牙扎—桑昂—中庄一线以西地区则不然，它们不但在藏文化特点上与巴藏沟有所不同，而且在郭尔人的认同里，也有着与上述东部地区迥然不同的地位。这一地区从明洪武元年（1368年）到民国20年（1931年），一直由高羌世袭祁氏土司（世称“西祁”）管辖。据清宣统元年史料载，祁土司辖境东以红土庄山岔头为界（今沙沟乡与巴藏沟乡山牙壑），东南至牛心山东哇山、炭山阴窝（今东沟炭山），西至李土司属洪水泉回民庄韭菜沟为界……[2]管辖地在明代有4族、800户、6865人；清代分8族，其中南7族在今平安县境内，计有东沟大族、角加大族、卜端小族（沙沟牙扎、石头山城、中庄、侯家庄）、沙卡小族等。[3] 祁土司属塔尔寺六族之一的祁家族，在宗教上归属于塔尔寺。[4] 因为祁土司系蒙古族后裔，也较多地受到汉文化的影响，因此辖地藏族在文化上与乐都、巴藏沟藏族表现出通用汉语、藏汉信仰杂糅等不同。在封建王朝的羁縻怀柔、分而治之的民族政策主导下，同样是政教合一的祁土司俨然是与梅氏家族及其所

---

[1] 编纂委员会. 平安县志［M］. 西安：陕西人民出版社，1996：19－31.

[2] （清）《甘肃省新通志》［Z］. 第42卷.

[3] 铁进元，祁永锐. 西祁土司及其衙门文化［A］. 平安文史资料选辑：第4辑［C］. 内部印刷，1987：29－30.

[4] 敖红. 塔尔寺六族与塔尔寺［J］. 青海社会科学，1991（3）：105.

辖的卓仓地区相互肘掣的地方势力。这样说来，明王朝不可能把祁土司辖地的沙卡、角加、牙扎等地划为瞿昙寺的香火地。在访谈中，郭尔人也十分明确地表明，其西边沙卡、角加、牙扎至红崖等村的藏族是塔尔寺的“属民”，并一再强调他们与自己在持有藏文化特质上的不同处，并指出：只有东沟以东（牙扎、桑昂、中庄等在东沟以西）属于卓仓范围。

如此一来，《平安县志》所载“清代，境内巴藏沟藏族属卓仓昂索，即乐都曲坛寺梅土司管辖的第七族（郭尔族）”❶ 是比较可信的。黎宗华称：“七沟海子的汉语旧称是：虎狼沟、双塔沟、岗子沟、峰堆沟、深沟、高店沟、巴藏沟等，这是从入湟的南部沟川而叫的；而藏语是以山脑的称谓而叫的，即：朴拉央宗、尕让隆哇、拉康隆哇、亚扎隆哇、拉干隆哇、宗太隆哇、巴藏隆哇”。又说：“从历史上讲，卓仓地区还包括今平安县巴藏沟乡和沙沟的东沟一带，方圆百余里。”❷ 这一说法虽然未说明依据，但却是比较接近事实的。这样就可以确证，“卓仓七沟”最西边的一条沟为巴藏沟，卓仓的最西界超不出白沈沟上半沟之东岔，即郭尔当地所称之东沟（河）。

确定了卓仓的地理范围后，再回去看前文对郭尔3个村婚姻圈的分析，就可以更加清楚地发现，卓仓族群郭尔人的通婚范围已经远远超出了卓仓范围。从表6可见，郭尔3个村在与卓仓以外区域（不包括白马村）发生的婚嫁总个案达到138例（包括“不详”），占到台账总个案的35.75%。在同一区域发生婚嫁关系的藏族个案有116例（包括“不详”），占到藏族婚嫁总个案的33.72%；其中，在与前述史上祁土司辖地发生的个案达到71例。而在郭尔以东的卓仓范围，瞿昙—药草台沟以东至中坝浅脑山地区这个大约占到卓仓地区面积近一半的区域，只发生6例个案。这种情况不仅仅发生在最近几年。从表7看到，1930年代出生者已经有娶自或嫁往这一区域的，1940年代和1960年代出生者分别有1例和3例娶自或嫁往两化地区和海东地区以外的青海范围。到了上世纪七八十年代出生者那里，这种婚姻已经是常态了，特别值得关注的是，1980年代出生、娶自或嫁至海东地区以外（青海范围）者，达到12例，是同时代不同区域的最大的婚嫁人数。

---

❶ 编纂委员会．平安县志［M］．西安：陕西人民出版社，1996：608.

❷ 黎宗华．论卓仓藏族的历史及文化特征［J］．青海民族学院学报，1990（2）：16－17.

表7 （藏族）通婚范围与出生年代的交叉统计

	1930年代	1940年代	1950年代	1960年代	1970年代	1980年代	1990年代	2000年代	合计
本村	5	4	8	8	7	3	0	1	36
本村以外的郭尔其他两个村	10	9	4	11	9	9	1	0	53
本乡（不包括郭尔的其他两个村）	1	0	1	1	3	3	0	0	9
高店沟（乐都县下营乡的几个脑山村）	11	5	11	11	26	10	1	0	75
高店沟以东至瞿昙—药草台沟	2	2	5	10	17	6	0	0	42
瞿昙—药草台沟以东至中坝浅脑山地区	0	0	0	0	0	6	0	0	6
东沟（牙扎—桑昂—中庄）	2	4	12	9	12	3	1	0	43
角加—古城—沙卡一线	3	2	3	3	4	3	0	1	19
平阿公路以西到平安—湟中界	0	0	2	2	2	1	0	1	8
白马寺白马村	0	0	3	0	0	2	0	0	5
湟水河以北（不含白马寺）	0	0	0	0	1	0	0	0	1
两化地区	0	1	0	0	1	9	0	0	11
海东地区以外（青海范围）	0	0	0	3	3	12	0	1	19
青海以外（西藏、宁夏等）	0	0	0	0	3	4	0	0	7
不详	0	0	1	0	0	2	1	1	5
合计	34	27	50	58	88	73	4	5	339

四、小结与讨论

综上分析可以得出结论，尽管郭尔3个村藏族的婚姻体现出明显的民族内婚特点，但在婚姻圈的地域划别上，并没有体现出明显的卓仓族群内婚的特点。因此，我们在称卓仓人的婚姻为族群内婚制时，要特别慎重；称之为源自西藏的骨系内婚制则更要慎之又慎。卓仓人在确定婚姻对象时确实十分注重“身袖”（体味）问题，正如当地俗语所称“宁叫家里穷，甭叫身子臭”，并把这种体味特征与“日巴”（骨头）以及等级联系起来。体味与骨头之联系没有确切的现代医学证明，骨头与等级也很难建立联系。为什么会如此？当地人的分辨逻辑是，不严重的臭在肉里，严重的臭在骨头里，骨头不“好”者，自然就低人--等。古人说“同心之言，其臭如兰”，（《周易·系辞上》）也常说臭味相投。当地村人讲，夏天热了，要是大家坐在一起，有味道者会特别明显，这样一来，众人就会议论，从而“不好之事行千里”。说明在很多场合，所谓“身袖”不好者占了少数。因为心知肚明，身袖“坏”的一家在缔结婚姻关系时，不可能去攀附身袖“好”的，这似乎成了一条不成文的规矩。自然而然地，二者形成两个相对的群体或者阶层，身袖“坏”的即便经济条件高，仍然在当地社会（尤其在婚姻交往中）处在受议论和被冷落的地位。但身袖的“好”与“坏”就一步之遥，在很大程度上，对“身袖”的评判只是受一种观念的驱使，因此，“好”与“坏”可能就发生在“善恶一闪念”，不会是一种“社会事实”而是主观评价[1]。据外人称，在卓仓地区，有的自称身份高、地位高者，“身袖”问题照样十分突出。

那么，这种观念的形成，与西藏南部地区所存在的等级内婚制[2]有没有必然的联系？若要建立这种联系，有两点不宜被忽略，一是卓仓地区藏族在来源上的多元性[3]。如果把明初从卫藏迁来的卓窝垅部族视为卓仓藏族的正源或形成过程中的主线，那么，我们不禁要问：其从西藏到青海湖地区、甘肃河西走廊沿祁连山麓一带，一路辗转，再到卓仓地区，能在多大程度上保持或保留原有的“传统”（包括原有的婚姻制度）？这是值得怀疑的。梅氏家族初到青海湖地区时，不过1千余人。[4] 在明清两代（明宣德直至清雍正的300余年，大约1427年至1723年后不久），以瞿昙寺为中心的政教统一组织势力盛极一时，在政治、经济和文化影响下，瞿昙寺周边（卓仓范围）甚至卓仓区外的族群，如汉、蒙古、土族等，极有可能附会到那个群体，自称藏族甚至卓仓人。而居住生活在瞿昙寺与梅氏僧俗势力范围的却非从西藏山南而来的藏族人，更有可能附会到卓仓人的队伍中。个中的“可能”是族群认同理论的工具论所告诉我们的。这种可能性，在卓仓郭尔人中得到突出印证。下郭尔仓氏、堂寺尔李氏、上郭尔田氏分别有15户、27户和48户，是各个行政村的大户。但三姓耆老称，三

---

[1] 在研究中，称身袖“好”的嫁于或娶了身袖“坏”的婚姻形式为“下嫁婚”，这本身已经是一种价值评判。

[2] ［美］南希·利维妮．“骨系”与亲属、继嗣、身份和地位——尼泊尔尼巴（Nyinba）藏族的“骨系”理论［J］．格勒，赵湘宁，胡鸿保，译．中国藏学，1991（1）：138－150；徐平．西藏农村的婚姻家庭［J］．社会学研究，1996（5）：87－92.

[3] 拉格，王洲塔．卓仓藏族族源考述［J］．中国藏学，2009（3）：160－168.

[4] 尕让·杭秀东珠，尕让·尚玛杰．卓仓藏族源流考［M］．西宁：青海民族出版社，2002：127.

姓本地祖人属于外来者：仓家来自北山仓家贡巴，入居郭尔已有5~8代；李家来自青海互助县，原为土族，“他称”为“鞑子桑”；田家来自民和，最初迁到巴藏沟李家村（有田家祖坟），再迁现址，原部落名叫“洛瓦”，意为“田里长的苗子”，田姓由此而来。各说得到地方文献的佐证：平安部分藏族系明清时期从邻县就近迁移定居，“如：沙卡、郭尔村仓氏，从乐都县寿乐乡仓家寺迁入，后分居牙扎村、桑昂村……上郭尔村田氏，从乐都县罗巴沟迁入；堂寺尔村李氏，从乐都县北山的达孜沟迁来”❶。而被郭尔人一致认可的“占根子”的白氏，比较而言，其家道就有些衰落了。有人把这种成分的多元性，称为“多种姓多骨系藏族的聚合”❷。这样说来，存在于卫藏地区的这种“传统”的延续就可能遇到诸多障碍，其影响也就不可能深远了。二是骨系观念的普遍性。在中国，历史上彝族的骨系等级观念也是比较突出的。彝族人讲本民族内部通婚和等级内部通婚，解放前不可逾越这个等级而通婚，而且所形成的制度很顽固。血缘是后来翻译的，彝族对血缘用“乌都”（骨头）来表达。骨头好人就好，骨头差人就差。等级与等级之间、等级的内部也根据骨头存在细小分层。❸ 在青海省范围，不但卓仓以外的其他藏族族群（如华热人）在确定婚姻关系时讲究“身袖”，河湟地区汉人也是如此。综合二点，只能得出这样的结论：卓仓的骨系婚制，可能受到多种文化的影响而存在（文化）突变（见表8）。

表8 （藏族）通婚范围与缔结婚姻的年代的交叉统计

	1940年代	1950年代	1960年代	1970年代	1980年代	1990年代	2000年代	合计
本村	0	5	5	8	7	6	4	35
本村以外的郭尔其他两个村	6	7	8	3	10	9	10	53
本乡（不包括郭尔3个村）	1	0	1	0	1	2	4	9
高店沟（乐都县下营乡的几个脑山村）	4	8	5	11	11	22	14	75
高店沟以东至瞿昙—药草台沟	0	2	2	5	10	13	10	42
瞿昙—药草台沟以东至中坝浅脑山地区	0	0	0	0	0	0	6	6
东沟（牙扎—桑昂—中庄）	1	2	5	11	9	11	4	43
角加—古城—沙卡一线	2	1	2	3	3	3	4	18

❶ 编纂委员会．平安县志［M］．西安：陕西人民出版社，1996：607-608．

❷ 黎宗华．论卓仓藏族的历史及文化特征［J］．青海民族学院学报，1990（2）：17．

❸ 西南田野的当地经验［DB/OL］．中国人类学评论网，［2010-05-08］．http：//www.cranth.cn/0908/00014.html．

续表

	1940年代	1950年代	1960年代	1970年代	1980年代	1990年代	2000年代	合计
平阿公路以西到平安—湟中界	0	0	0	2	1	2	2	7
白马寺白马村	0	0	1	2	0	0	2	5
湟水河以北（不含白马寺）	0	0	0	0	0	1	0	1
两化地区	0	0	1	0	0	1	9	11
海东地区以外（青海范围）	0	0	0	1	2	6	9	18
青海以外（西藏、宁夏等）	0	0	0	0	0	3	4	7
不详	0	0	0	1	0	0	3	4
合计	14	25	30	47	54	79	85	334

在评价卓仓藏族骨系婚制时，有学者称它在于通过限制族际间的通婚来防止本民族被同化，强化族群认同。这样的功能解析，略显草率。如果仅仅通过小群体的内婚来防止被同化并保持本民族的文化，那么对互动双方，其代价都是巨大的。在文化发展史上，如此类成功的案例只能是极端的；在全球化时代，也不可能被成功复制。基于这样的逻辑前提作失当的解析，进而过分强调骨系内婚的正功能，不仅难以站得住脚，而且有悖于个体的自由选择和发展趋势。仅就郭尔3个村而言，其婚姻愈来愈趋于外而非趋向内。从表8看，在娶自或嫁出至非卓仓地区的个案，从1970年代起明显增多，特别是在1990—2000年代的最近20年间，郭尔3个村的人口总量增幅不大（1990年其总人口为898人），娶自或嫁出这些地区的个案却明显增加；而在卓仓范围内婚个案的增幅不明显，在有的区域还在下降。从图3可以直观地看到这种变化趋势。

正如前文所述，新兴的社会群体的婚姻圈并非像沿海地区出现的那样趋向于“村内婚”或在地域上趋向萎缩之势❶，而是在不断拓展婚姻空间，上演着一场“婚姻制度的革命”。这一特点，与西藏农村妇女通婚范围的变化趋势❷有相似之处。产生这种变化的动因是多方面的。从一般的意义上说，按照文化进化论的观点，婚姻由杂交到血缘婚（集团内婚）、氏族外群婚再到对偶婚、氏族外婚，这是普遍的规律。爱德华·希尔斯说：“传统之所以会发展，是因为那些获得并且继承了传统的人，希望创造出

❶ 霍宏伟. 我国农村婚姻圈发展现状堪忧［N］. 中国社会报，2010-3-25.

❷ 参见：王金洪. 当代西藏妇女的婚姻状况与家庭地位——对拉萨市与山南地区200户家庭的调查［J］. 民族研究. 1999（3）：24；马戎. 西藏城乡居民的择偶与婚姻［J］. 西北民族研究，1995（2）：37.

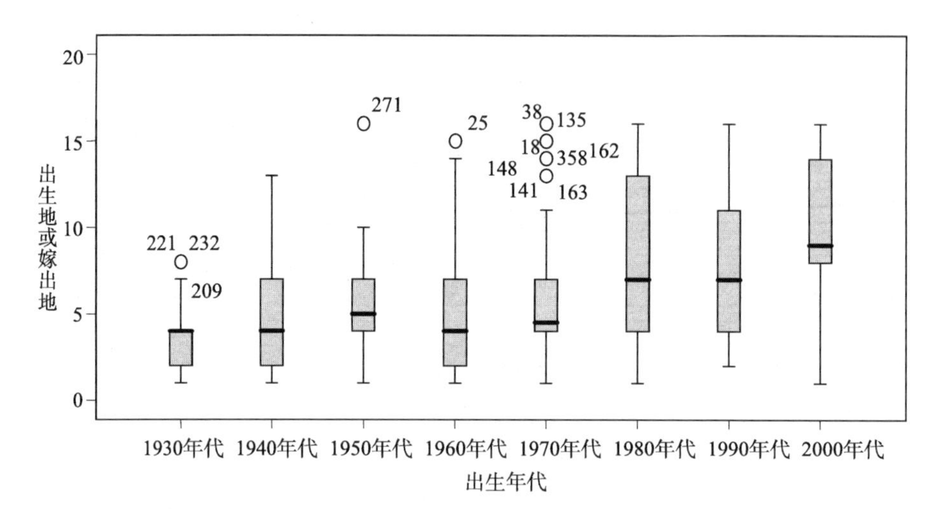

图3　通婚范围与出生年代的交叉比较

更真实、更完善，或更值得的东西。”[1] 新生的卓仓人，面对更加复杂的社会环境，在婚姻问题上，表现出比其祖辈更为开放的心态。新的群体所受现代教育水平更高（如图1示），而且面临着更多的与卓仓以外族群个体交往互动的机会。据统计，2009年，巴藏沟乡的出乡并在省内流动人口有675人（其中女性280人），有238人因务工经商而流动；跨省流出人口达171人（其中女性45人），有30人因务工经商而流动。他们更能体察到地域上愈局限婚姻关系愈不稳定（如前文所述），这一“传统”所引来的困局，并能正视之、反思之。用郭尔的老年人的话说：年轻人出门的多，见识广，在恪守传统上“粗糙”了，尤其对待婚配中的“骨系”问题，他们多数人的态度是：“肉香！吃肉哩嘛还是骨头熬上喝汤哩?”显然，年轻一代的择偶标准，已经逐渐从“与个人及对象所属群体特征有关的因素”向“与个人及对象本人社会经济文化特征有关的因素”[2] 转变，尤其注重对教育背景、职业与收入状况及个体思想道德品质等因素的考量。在这一过程中，面对看来暂不可调和的代际冲突，年轻一代采取了“出走”的策略。在代际博弈中，其间的冲突也在老一辈人惆怅和无奈中从尖锐走向缓和。正如个案中呈现的，对于“出走”或“常年外出”者，村人对其婚姻或恋爱对象不知其详。这样说来，对卓仓藏族婚姻的研究也应该转向地缘关系、社会关系、社会结构等具有社会学意义的层面上来。

---

[1] ［美］爱德华·希尔斯. 论传统［M］. 上海：上海世纪出版集团，2009：15.

[2] 马戎. 民族社会学——社会学的族群关系研究［M］. 北京：北京大学出版社，2004：434.

撒拉族村落空间结构及空间观

韩得福

（青海省社会科学院民族宗教所）

撒拉族是古代西突厥乌古斯部撒鲁尔的后裔，唐代时原住中国境内，后西迁中亚。元代取道撒马尔罕，东返中国，行至今青海循化地区定居，至今已有七百多年的历史。在我国西北独特的自然环境中，经过与周围其他各民族长期交往，以及受伊斯兰教等因素的影响，撒拉族村落形成了自己独特的空间结构，既有中亚西亚特点，又融入了当地其他民族的建筑风格，村落的空间结构反映着他们的空间观。

空间结构是指对地面各种活动与现象的位置、相互关系及意义的描述，我们可以简单地将其理解为空间与空间之间的关系以及这些不同空间是如何被结合起来的。本文中“空间”主要指撒拉族村落中住宅、清真寺、坟园、“寒都”等空间的组合关系。

一、撒拉族村落的内部结构

在撒拉族社会中，以父系血缘为纽带形成一种近亲组织——“阿格乃”，一个父亲的几个儿子结婚后分居的小家庭就形成一个“阿格乃”，同祖父的几个孙子之间、同曾祖父的几个曾孙及其家庭也属同一个“阿格乃”。以“阿格乃”父系血缘关系为基础，形成血缘关系较远的“孔木散”组织，“孔木散”实际上是一种家族组织。聚在一起的一个或数个“孔木散”形成一个“阿格勒”即村落。撒拉族村落是一种地缘组织，是撒拉族在社会组织上由血缘关系转化为地缘关系的标志[1]。

撒拉族村落内部结构主要就是住宅、清真寺、坟园、田野、“寒都”之间的空间布局关系，这些结构要素展现了撒拉族的宗教信仰、社会经济、青年体育娱乐等社会文化。

（一）微型分析——庭院内部结构

传统的撒拉族民居，由于地理位置、气候条件等原因，正房（撒拉语称“撒热”）坐北朝南而建，即所谓北房，这在北方寒冷的气候条件下可以保证吸收充足的阳光。一般庭院里都栽有花木，房后有果菜园，显得朴素、美观、清洁、整齐。夯土而筑成的院墙称为“巴孜尔”，或用汉语称为庄廓，保留着中亚西亚风格，房屋是土木平顶式结构建筑，但正房又融入汉族庭院建筑风格。庄廓四角顶上，各放置一块白石头，这又是吸收了当地藏族的习俗。可见，撒拉族的庭院建筑风格及结构是撒拉族文化与周围各民族文化交往融合的集中体现。

北房屋檐门窗大都是精美细巧的雕花，刷一层清漆显得素朴美观。北房正中作堂屋兼会客之用，一侧隔出一间供家长夫妇居住，堂屋另一侧为客房。堂屋正中安放一张八仙桌，上放香炉、盖碗等，内墙壁上张贴着阿拉伯文“库法体”书法，显得素雅、庄重、洁净。居室必盘火炕，靠墙炕上安放柜子或一对木箱，柜上整齐地叠放被褥毯等。与正房相对的南屋为小辈的住处，东厢房多作厨房和储备室，西边为圈房，饲养牲畜。

家家都有或大或小的果园，种植花卉、果树。研究表明，这是撒拉族先民东迁时从中亚地区带来的一种习俗，与周围其他民族大不相同[2]。庄廓内格外整洁生动，院内栽着瓜果、花卉，而窗檐下挂着好几串火红的干辣椒。

撒拉族特别重视长幼秩序。撒拉人的长幼秩序还体现在家庭住房的布局上，老人们住的北房在高度上就要超过别的房子1米左右，这不仅仅是为了美观，同时也是为了体现家长在这个家庭中的权力和威严。

（二）庭院之外

住宅分布，一般情况下总是集中在一起，每家庄廓各自独立，各庄廓又紧紧相连，形成村落的中心——住宅区，其中又以“孔木散”为单位而聚居。一般情况下不会有人离开住宅区到田野中修房单门独户僻居，否则，村民们会形容其为“离群的羊”或“流浪的羊”。一般会有三种原因使有些人将庄廓修到住宅区以外：①实在无法将田地换（或买）到住宅区来的；②与原来的邻居不和，宁愿搬得远远的；③宅主是外来者。因为在过去，外来者是不允许入住撒拉族村落的，除非通过特殊的途径，比如入赘等。

聚族而居是撒拉族村落空间结构的一个重要特征，这使不同“孔木散”之间形成了一定的地理界线，但是对人们的日常活动并没有形成任何障碍。对于各“孔木散”居住区域的形成，一般都有一套相关的传说故事。述及“孔木散”的早期状况，甚至可以追溯到“孔木散”甚至村落的开基祖。

按地势，撒拉族村落可以分为上、下两部分，按列维-斯特劳斯的叫法，这是一种直径结构[3]。每个村中对这两部分的叫法不太一样，有的直接就叫oran（上部）与aishiyan（下部），有的村落则有专门的名称。与此相对应，每个“工”❶分为“上半工”和“下半工”，整个“八工”则分为“上四工”和“下四工”。大约在18岁以下的男孩子们很多时候以村落的上、下部分为单位玩耍，或以此为单位互相用石头打，直到将一方赶跑为止，胜者为荣。这种现象更多地发生在相邻的两个村落之间。老人们认为从他们胜负的概率可以看出两个村将来的势力对比。但这些只停留在小孩子们玩耍的阶段，因此哪怕被严重打伤了，事后也不能进行报复，大人们更不能插手，否则会被对方的孩子轻视和嘲笑。对于受帮助的一方来说，这是对他们能力的否定，也是一种侮辱。除了在寒冷的冬季之外，这种“玩耍”几乎每天都要进行。很显然，这些活动对小孩子们在社会化过程中对村境范围及村落空间结构的认同意识的培养具有很重要的意义。而“工”和“八工”的上、下部分的划分意义更广泛：对朝廷的各项义务以此为单位来分配和完成，“上四工”、“下四工”更是历史上两个撒拉族土司分辖的范围，二者至今在社会文化、经济、人们的思想观念、生计方式等方面有显著区别。总体上来说，“上四工”的人相对要开放些，经济也比较发达，而“下四工”的人则相对比较传统和保守，那里保留的许多撒拉族传统的、原始的文化是“上四工”所没有的。撒拉族语言可以分为“街子土语”和“孟达土语”两大类，也是基本以“上四工”、“下四工”为界线的。

撒拉族村落还可以分为住宅区和农耕区两部分。在清真寺周围人们以“孔木散”为单位聚族而居形成住宅区，也就是生活区。围绕在住宅区周围的则是本村的农耕区，间栽有不少柳、杨、榆等树木。清真寺一般修建在村落的中心，而坟园一般都在清真寺的旁边，这一方面给送葬带来了方便，另一方面给阿訇和老人们去坟园念《古兰经》带来方便，他们一般在

---

❶ “工”为撒拉族社会一种特殊的地方组织，聚在一起的几个村落构成一个“工”，大于村落而略小于乡。清乾隆四十六年以前循化撒拉族地区有十二“工”，乾隆四十六年苏四十三起义失败之后，清政府进行所谓的“善后处理”，进行惨绝人寰的屠杀和流配，村落荒废，人口锐减，于是并十二工为八工，一般称为“撒拉八工”。

每个主麻日甚至每天早晨在清真寺做完晨礼之后，到公墓去念《古兰经》。同时，在撒拉族的观念中，坟园是非常洁净和神圣的地方，人死之后其灵魂也不会留在坟园内，而是去了另一个世界，他们也不会回来伤害活人。因此，坟园就完全可以选在村落中心。

从总体上来说，村落以清真寺为中心，形成一大一小的两个同心圆结构——住宅区和农耕区。随着人口的增多，住宅区一直在“蚕食”着农耕区。

每个村落至少有一个地方叫做“寒都”，该词可能是汉语借词“巷道”的变音，但撒拉族的“寒都”有两种，一种就是指巷道，一个“孔木散”住一个“寒都”，每个“寒都”有自己的名称，同时又是“孔木散”的名称。比如，苏只大庄因有七个“寒都”而闻名撒拉八工，这七个“寒都”即 orisi - xandu、tishGuo - xandu、ohdu - xandu、ruxu - xandu、gunji - xandu、misang - xandu 和 bazir - xandu。每个“寒都”就住一个“孔木散”，“孔木散”的名称即作为“寒都”的名称。另一种“寒都”则被赋予了一种新的含义：那是村里的小孩子和年轻人们相聚、聊天的地方，也是他们进行各种娱乐活动的主要场所，他们在那里聊天、摔跤、打斗、玩各种游戏。前一种“寒都”在很多村落都没有，而后一种（以下即指此种）每个村落都有一个。撒拉族年轻人有许多独特的游戏和体育项目，所有这些项目都随季节的变化而依次变换，这些活动都在“寒都”进行。过去对违反了习俗或村规的人们进行惩罚，也在“寒都”进行。

“寒都”一般都在村中心的一个路口上，但不会在清真寺门口，因为世俗的娱乐活动在神圣的清真寺门口是不可能进行的，并且在礼拜时间内，阿訇和老人们在去清真寺礼拜或返回途中路过“寒都”时还会对不去做礼拜的人们进行严厉批评，所以当远远见到他们过来时，不准备去礼拜的年轻人们会有意躲开，以免挨骂。“寒都”的形成是这样子的：有人在家里闲得没事干了，就来到村里某个处于中心、显眼的路口等个人来跟他度过这无聊的时间，其他闲了的年轻人们见了就过来跟他搭话，然后玩各种娱乐活动，而小孩子们则围绕在这些年轻人周围玩他们自己的游戏，于是“寒都”也就形成了。此后，只要闲了，大家就会到这里来。

如果说清真寺是整个村庄的文化中心的话，那么“寒都”堪称村里小孩子和年轻人们的娱乐文化活动中心。小孩子们从小在这里玩耍长大，女孩子们懂事之后就不能再去那儿玩了，成年女性们一般要避开“寒都”而走，或者经过时要侧脸而过。男孩子们则不一样，他们从小到中老年都在那里玩或者闲聊。随着年龄的不断增长，他们的活动据点慢慢地由这个中心向清真寺转移，到老年的时候，最终彻底地被清真寺代替，而“寒都”继续成为下一代人的娱乐文化活动中心。据热木赞保[1]讲，过去，人们的闲暇时间是非常多的，除了吃饭和睡觉之外，其余时间几乎全都在“寒都”，因此撒拉族男人们一生中的绝大部分时间就是在“寒都”度过的，几乎所有村里村外的事情都可以在这里打听到。

撒拉族以清真寺为中心聚族而居，使村落呈现一种圆形结构，这不仅使人们便于互相照顾和协作，同时也体现了撒拉族特有的价值观和世界观。

在撒拉族的心目中，伊斯兰教永远是最高的规定和指引，凡事以宗教信仰为先、凡行以宗教信仰为标准，于是出现了混淆民族和宗教信仰的概念、自称回民或回族的现象。也就是说，民族的差别在宗教面前就变得微乎其微了。撒拉人认为全世界只有一个中心，那就是麦加的天房。来自这个中心的吸引力使每个撒拉族人终生在盼望着有朝一日能够亲身到那里朝一次觐，哪怕是最贫穷的、根本没有可能去的人也从来不会间断其期望。在自己的生活范围内，各海依寺（中心寺）就是他们的中心，更小范围内的中心则是各村落的清真寺（即支寺）。没有清真寺的地方对撒拉族来说是没有向心力的，即便是宗教观念再淡薄的撒拉族人，在他的一生当中，从少到老，村落的中心终会由“寒都”向清真寺过渡，这表明了伊斯兰教是他们奋斗的最终目标，这种观念也体现在临死之前能够念一遍“清真言”[2] 是他们在今世最终的希望。当撒拉族人迁到一个新的地方时，首先会考虑清真寺的问题，在现代大城市中，也是如此。比如，现在有越来越多的撒拉族人迁居西宁，他们宁愿花更多的钱在东关清真寺附近购房住下，也不愿意到房价相对便宜的经济开发区等没有清真寺的地方买房居住。

撒拉族的清真寺可以分三个层次：本村所有的（支寺）、“工”所有的（中心寺）、全民族所有的（祖寺，即街子清真大寺）。但是目前，尤其是改革开放以来，由于宗教信仰自由政策的实行、人们思想观念的变化、经济社会的迅速发展等原因，也有一些村里同时建有两座清真寺，分属不同教派。从这层意义上讲，撒拉族地区的清真寺可分为以下三个层次：村内不同教派所有的（支寺）、“工”内同一教派共同所有的（中心寺）、全民

---

[1] 采访对象：热木赞保，87 岁，循化县洋库浪村人，采访时间：2009 年 6 月 28 日。

[2] “清真言”是阿拉伯语“ك ل م ة”的意译，其内容为“万物非主，唯有真主，穆罕默德是真主的使者”。由心承认其内容的同时念一遍此言是一个人成为穆斯林的前提。

族所有的（祖寺）。

历史上撒拉族清真寺分布与当地行政区域、政治运动之间有较密切的关系，国家权力很早就渗入到撒拉族所在地区。在元初，撒拉族先民迁至今循化地区定居之后，政府就封撒拉族头人为“达鲁花赤”。至明清时撒拉族地区更是有两个土司分辖。在乾隆四十六年，撒拉族人苏四十三带领部分撒拉人反清起义失败之后，政府采取了所谓“善后处理”，残忍地屠杀了撒拉族近一半的人口，对哲赫林耶门宦更是斩尽杀绝，他们所建的清真寺也被拆除。此后又对全部撒拉人的行为进行了严格的规定，包括清真寺的各项宗教活动。改革开放以后，由于教派矛盾，有些村落不得不同时建两座清真寺，但清真寺的修建必须经过政府相关部门的审批，对清真寺数量是严加控制的。因此，自从清初有了教派矛盾，当地政府就一直在关注着清真寺的数量，尽可能地保持原有的分布格局。

二、撒拉族村落的外部结构

撒拉族村落一般选择依山傍水、日照充足、易于排水、交通便利的地方而建，撒拉族先民最先居住于今循化街子地区时，也是选择了围绕着骆驼泉而居住，之后逐渐向四周发展。循化境内，黄河由西而东经过县境北部，查加河、清水河分别从南向北注入黄河，这三条河流成“Π”字形结构。对于以农业为基本经济来源和生存依赖的撒拉人来说，这三条河就是他们的生命线，是撒拉民族文化发展的摇篮。同时，撒拉族村落主要分布在这三条河两岸，总体上亦成“Π”字形结构，因此可以说，这三条河流是撒拉族人口的主要分布线。

每条河流将其两岸的村落相互联系在一起，以三条河为主线形成了区域经济社会。在其流域中，沿每条河流所组织的村落经济小区域是相对独立的，同时又有明显的关联性和不同的层次性。我们可以从集市的分布来分析这一问题，各流域都至少有一个集，如在查加河有街子集、查加集，清水河有白庄集，黄河有苏只集、查汗都斯集、孟达集，以及包括牙子即县城在内的几个集。这些集在当地扮演着初级市场的角色，使每个小经济区域自成一个相对封闭的整体。各集有大有小，大集的影响力波及周围的小集，而最大的集——牙子集自然而然地出现在最大河流即黄河上，其影响力波及全县。三个流域各集形成的小经济圈相互环套在一起，最后形成一个大的经济圈，成为一个统一的整体。有史以来，这三条河对撒拉族社会经济、民族文化的发展发挥着极为重要的作用，是它们孕育了撒拉族及其文化。

村落与村落之间，往往以一条水渠道或排洪沟为分界线，人们对这些分界线的认同是非常明确的，而他们的日常活动范围也是基本以此为界线而各自独立进行。撒拉族有非常强烈的村落空间认同感和排外性，村里的每一寸土地都是神圣不可侵犯的，也不能随便让外面的人住进村里。他们把所有外来者都比喻为“黑刺”。有“族训”云：Gari – tigen ne zilaGume，意思是“不要把黑刺栽进来”，这句话说的就是千万不能让外来者住进村里，他们如同黑刺一样早晚会“刺伤”大家❶。老人们认为其中的主要原因是外来者与村里没有任何血缘关系，也就没有什么顾忌，可以胡作非为，还会影响教门，实在待不下去了就可以拍屁股走人，来去无牵无挂。对此，各“工”各村庄的老人们都用不同的“教训”来说明。

在其余各“工”，也有许多类似的“教训”经常用来告诫后人不要让外来者住进村里。因此，入住一个撒拉族村是非常困难的。拒绝外人的传统保持了村内原有的血统，有了共同的血缘系统，就更能够保证每个人对村里的依属感和责任感，更能充分调动每个人的积极性和主动性，这些对于当时人口较少、生产力水平很低，又处于其他多个民族“包围”之中的撒拉族先民来说是极为重要的。同时，这种传统也防止了资源的外流，从物质上维护了村落长远的利益，对民族文化也起到了重要保护作用。

三、撒拉族社会中的“差序格局”

费孝通先生把中国传统社会格局形容为“差序格局”，在这种格局中，“社会关系是逐渐从一个人一个人推出去的，是私人联系的增加，社会范围是一根根私人联系所构成的网络”[4]，“好像把一块石头丢在水面上所发生的一圈圈推出去的波纹”[5]。撒拉族社会也是如此，首先是个人形成家庭，然后由属于同一父系血缘关系的兄弟、堂兄弟、再堂兄弟等及其家庭组成的近亲组织“阿格乃”，成员之间的关系亲密到无以复加的程度。由“阿格乃”进一步向外延伸，则形成父系血缘关系相对较远的“孔木散”组织。不同的“孔木散”一起形成一个村落，数个相邻的村落就形成一个“工”，所有的“工”加起来就是撒拉族整体。这几个社会组织由小而大，血缘关系由近及远，内部成员之间的关系一层一层渐渐疏远，个体之间的联系也越来越弱。

---

❶ 在撒拉族的传统观念中，黑刺是有毒的，被黑刺刺伤之处，就会化脓，难以治疗。

但是，撒拉族社会也不完全等同于中国传统社会中的“差序格局”，二者的区别主要体现在这种格局的基础。

费先生观察到，在中国“差序格局”的传统社会里，“从己到天下是一圈一圈推出去的”。[6]在这个次序中，波纹最深、与每个人最切身，而且最被看重的是每个人“己”的利益，其次是他的“家”，然后是他所在的更大一个范围的团体，这样一层一层推出去，最后到“国”和“天下”。显然，其中最核心的是个体的私利。所以“中国传统社会里一个人为了自己可以牺牲家，为了家可以牺牲党，为了党可以牺牲国，为了国可以牺牲天下”[7]。在撒拉族社会中，虽然社会组织、人们之间的联系也是像波纹那样一圈一圈推出去的，但是其出发点或最终目的却与此大不相同。

研究表明，撒拉族先民早在东迁之前，最晚于10世纪左右就已经是穆斯林了[8]。伊斯兰教的介入，使人们的世界观、价值观都发生了很大的变化。

东迁之后，为了防止这里失去教门，他们从中亚地区带来了一种重要的制度——“嘎最”制度。“嘎最”就是宗教法官。刚开始时，撒拉族的“嘎最”是大家共同选举出来的，要求精通教义和教法，负责按照伊斯兰教义主持公道、教育族人、公正判决诉讼、惩治违反教律教规者、管理清真寺共有财产、领导聚礼活动等。可是到后来“嘎最”不仅全权管理宗教事务，而且与土司制度揉在一起参与政治事务。于是“嘎最”管理的范围就超越了宗教，延伸到乡村社会的全部内容。在这种情况下，“嘎最”成为实际上的民族首领。

这种“政教合一”的制度，从组织上把撒拉族的宗教信仰固定了下来，使许多伊斯兰教的传统在民间更加巩固，从而使伊斯兰教在撒拉族地区的发展有了稳固的社会基础。在“嘎最”的管理下，撒拉人群体由小而大慢慢发展，最终形成了一个民族。也就是说，撒拉族是在伊斯兰教的“监督”之下形成的。人们的宗教意识得到了加强，学会了凡事先考虑在宗教中的合法性，始终以伊斯兰教义去端正自己的行为。虽然到1896年时撒拉族的“嘎最”与土司制度同时被废除[9]，但是以上这种思维模式却一直在延续。为了伊斯兰的信仰，可以牺牲个人利益，甚至民族的利益，可以以牺牲民族文化为代价，来保证伊斯兰信仰在社会中的最高地位。做任何事情前，其在伊斯兰教法中的合法性是撒拉人决定是否去做该事情的主要判断标准。毫无疑问，对伊斯兰的信仰成为撒拉族文化的核心。体现在村落结构上就是全村必须围绕清真寺而居住，而在他们的空间观念中，认为天房[1]所在地麦加就是这个世界的中心。

在伊斯兰教中，安拉是最高的、独一的真主，宇宙万物包括全人类在内都是真主的被造物。真主是公平的、全知的，而作为被造物的人们之间没有贵贱之分，人人一律平等，都要真心真意去崇拜并且只崇拜真主。伊斯兰教的今、后两世观在撒拉族的头脑中是根深蒂固的，即人来到今世就是要认识真主，崇拜真主，行真主所命，弃真主所禁。“命人行善、止人干歹”是他们的义务，完成这一义务的次序就是先要自己干好，然后才去劝自己的家庭，再家族、亲朋好友等，一圈一圈往外扩展。然后在后世复生后，每个人都会按照自己在今世的所作所为得到自己的归宿——天堂或火狱。显然，他们的最终目标就是在伊斯兰的指引下端端正正地走完短暂的今世，力求换得永恒的后世幸福。要得到后世的幸福，不符合伊斯兰的就要摈弃，不管关系到谁的利益。于是撒拉族就禁止了赌博、算卦、烟酒、利息等，也禁止了娱乐活动。不少民族文化如歌、舞、乐器等就慢慢成为牺牲品。所以有人说，撒拉族是一个没有娱乐文化的民族，这也并不是完全没有道理。

由以上可以看出，在撒拉族社会中，从己到天下的这一次序中，最核心的并不是个人的私利，而是对伊斯兰的信仰，这是超越一切的，凡事都以此为出发点和衡量标准。他们会按伊斯兰法治理他们的社会，而不是以人际关系即人治。这一宗教基础与费先生所讲的“差序格局”的“自我主义”基础有了很大的区别。因此我们可以认为，撒拉族社会中的“差序格局”是传统中国社会“差序格局”中的一个特例。

参考文献

[1] 韩中义. 撒拉族“孔木散”和“阿格勒”探讨［J］//马成俊，马伟. 百年撒拉族研究文集［C］. 西宁：青海人民出版社，2004：321.

[2] 撒拉族简史编写组. 撒拉族简史［M］. 西宁：青海人民出版社，1981：12.

[3] ［法］克洛德·列维－斯特劳斯. 结构人类学［M］. 张祖建，译. 北京：中国人民大学出版社，2006：143.

[1] 天房是阿拉伯文“克尔白”的意译，位于伊斯兰教第一圣城麦加。伊斯兰教认为，“克尔白”系人类始祖阿丹始建，先知易卜拉欣和他的儿子伊斯玛仪在原址重建。据记载，“克尔白”早先是古阿拉伯多神教献祭的古殿，殿内树有各种神的偶像。公元623年12月，先知穆罕默德在麦地那宣布“克尔白”为穆斯林礼拜朝向，并在630年亲率穆斯林大军一举攻克麦加，保存了“克尔白”，清除殿内外所有偶像，从此成为穆斯林心中最圣洁的天房。每年伊斯兰教历12月，来自世界各地的虔诚的穆斯林到麦加朝觐时要围着天房游转。

[4] [5] [6] [7] 费孝通. 乡土中国 生育制度 [M]. 北京：北京大学出版社，1998：30，26，28，29.
[8] 马伟. 撒鲁尔王朝与撒拉族 [J]. 青海民族研究，2008 (1)：99.
[9] 芈一之. 撒拉族史 [M]. 成都：四川民族出版社，2004：124.

土族纳顿节仪式展演的文化象征与功能

胡　芳*

（青海省社会科学院文史研究所）

在人类学研究中，仪式是最能体现人类本质特征的行为表述与符号表述，它“通常被界定为象征性的、表演性的、由文化传统所规定的一整套行为方式。它可以是神圣的也可以是凡俗的活动。这类活动经常被功能性地解释为在特定群体或文化中沟通（人与神之间、人与人之间）、过渡（社会类别的、地域的、生命周期的）、强化秩序及整合社会的方式”。[1] 在青海省民和县三川地区土族所特有的民族传统节日“纳顿节”中包含着许多仪式活动，如迎神、供献、许愿、还愿、会手、答头、谢恩、颂喜讯、打杠子、面具戏表演、“法拉”发神、食胙和送神仪式等。这些仪式大都是群体性的公开仪式，包含着土族民间信仰、传统服饰、祭祀行为、民间音乐、民间舞蹈、民间组织等方面的内容。这些仪式的展演，一方面是土族各种文化元素在现实生活中的象征性展演，体现着土族文化发展变迁的流程；另一方面是土族传统文化在现实生活中的实际运用，发挥着维系土族社会传统秩序、调适土族民众生活的重要功能。而今天，随着现代化生活和市场经济的冲击，土族纳顿节的仪式展演也出现了一些新的变异因素，与原有的形态相比，已发生了很大变化，其发展趋势也值得学界给予关注和思考。

一、仪式展演的基本特征

无论从纳顿节举办的主旨、场所、内容，还是从其仪式过程和表现形

---

* 作者简介：胡芳，女，土族，青海省社会科学院文史研究所副研究员，主要从事民俗文化和地方文学研究。地址：青海省西宁市城中区上滨河路1号，邮编：810000，电话：13997096882，电子信箱：hufang6311553@163.com。

[1] 郭于华．仪式与社会变迁［M］．北京：社会科学出版社，2000：3.

式来看，纳顿节实质上就是土族人民传统的庙会，是围绕地方神而举行的一种群体性的大型祭祀活动。作为一项至今仍具有鲜活生命力的古老的民俗文化活动，纳顿节的仪式展演体现出了一系列二元对立的特性，神圣性与世俗性、娱乐性与功利性、规范性与随意性等二元对立的特征极其和谐地融合在一起，使其呈现出了错综复杂的形态。

在纳顿节的仪式展演中，存在着两个世界：一个是“超凡阈”的意象世界，即具有超自然力量的神灵世界；一个是“凡俗阈”的现实世界，即平凡俗人的世俗世界。“超凡阈”是祭祀者观念中的意象空间，纳顿节中的祭祀对象——二郎神和各村庙神代表着“超凡阈”的一方，神像、神案、神帐、幡杆就是其以象征形式在仪式场域中的再现，它们静态地形成了一个肃穆、庄严的神圣世界。“凡俗阈”是现实存在的人间世界，祭祀者（纳顿会场和整个村落的所有人，包括各项仪式的实施者、参与者及观众）代表着“凡俗阈”的一方。在这个“凡俗阈”的世俗世界里，村子的男女老少分工协作、各司其职，女人们在家制作供品、炸馍、准备酒肉、清洁卫生、款待亲友，女性老人念经拜佛，男性老人在会场上现场指导或亲自参与有关仪式，男人们忙着参与各项表演仪式，来自四面八方的观众们兴致盎然地观看表演，他们动态地组成了一个热闹、喧嚣的世俗世界。在纳顿节仪式展演的场域中，这两个世界不是相互隔离，而是紧密相连、不可分割的一个整体。

在土族人的意识和观念中，举行迎神仪式之后，神灵就降临了纳顿会场，从小会那天的迎神仪式一直到第二天正会傍晚的送神仪式，这期间神灵一直是“在场的”。可以说，从牌头们将神像请到纳顿会场上的那一刻起，纳顿会场中就形成了一个以神灵为核心意象的虚拟的神圣空间，二郎神和各村庙神就是这个神圣空间的主宰，而此后所举行的一系列仪式就是人们用来与二郎神和各村庙神沟通的世俗手段。詹鄞鑫指出：“人类的声、色、衣、食、安、逸诸欲望，推己及神，古人当然相信各种神灵也有这种欲望。人类既对神灵有所祈求，理所当然地要有所表示，于是乎，凡人类之欲都成为祭祀神灵的手段。”[1] 人们认为神和人一样，喜欢饮食，喜欢美酒，喜欢舞蹈和音乐。于是，在纳顿节中，土族人用献供、点香、烧钱粮、酒奠来敬神、崇神，用会手舞和面具戏表演来娱神、媚神，用“法拉”发神来通神，这些仪式所要表达的内容是神圣的，而其外在表现形式却是世俗的。在举行这些仪式时，祭祀者、会手舞和面具戏的表演者对神

---

[1] 詹鄞鑫. 神灵与祭祀——中国传统宗教综论［M］. 南京：江苏古籍出版社，1992：226.

怀有不同程度的敬畏，他们认为神灵是“在场的”，是神圣的，他们怀着虔敬的心态实施和参与着这些仪式，这种意识又给整个纳顿会的仪式展演营造了一种神圣而又庄严的氛围。因此，纳顿会的仪式展演具有神圣性与世俗性共存的特征。

在纳顿节的仪式展演中，尽管每个仪式的展演形式不同，但展演的主题基本相同，都是“娱神”。纳顿节仪式展演中的娱乐性具体表现在群体舞蹈和民间戏剧的表演上，震天的锣鼓，热情洋溢的会手舞，古朴的面具戏表演，都是用来欢娱和取悦神灵的手段，具有很强的娱乐性。纳顿节是人神狂欢的盛会，神灵并不总是高高在上，他们也与人一起欢娱。如迎神、送神时的颠轿表演，就是抬轿人让祭祀神祇参与会手狂舞的具体表现，而神附体后代表着“神”显身于会场上的“法拉”也用舞蹈与人交流，人神共舞，人和神在同一时空场域共同感受着身体的律动引发的狂热欢娱，体验着舞蹈的激情带来的宗教体验。纳顿节中的舞蹈和面具戏表演最初都是为了“娱神”这个目的而举行，后来，由于信仰意识的淡化，加上民众有借娱神以自娱的深层心理需求，因此其娱乐性特征逐渐发展为在形式上体现娱神的同时，实现实质上的自娱，即表演者在表演中自娱，观众也在观看中获得愉悦感。因此，纳顿节仪式展演的娱乐性现在正循着“娱神—娱人—自娱”的规律演化。

纳顿节的仪式展演在具有娱乐性的同时，还具有功利性。也就是说，在其“娱神”的主题后面包含着的功利目的是通过表达“乐—神”关系来亲和“人—神”之间的关系。祭祀者用乐舞作为表现手段和通神媒介，通过在神前表演乐舞来强化这种手段和媒介对神所具有的效应力，从而求得神灵的护佑。纳顿节的会手舞和面具戏表演是为了酬神而举行，是土族人获得丰收后，用来酬谢神灵的一种方式，人们还用这种方式祈求神灵来年的庇护，希望来年风调雨顺。所以说，纳顿节的酬神舞蹈、面具戏表演和其他仪式都具有显著的功利性，而这功利性又与娱乐性密切相关，不可分割。

纳顿节不仅是土族的传统节日，它还是土族社会中一项重要的民俗活动，在长期的传承中形成了一定的模式和规范。纳顿节中的各项仪式都具有模式性和规范性，具体表现在各个仪式的组织与实施中。从组织来说，迎神仪式中供品的种类和数量，会手舞表演者的年龄、服饰和家庭，面具戏表演者的服饰和角色分配等都有一套约定俗成的规范。如各村庄的供品都有种类和数量的规定，一个大蒸饼、一瓶酒、少许清油、香和烧纸都是各家必须带的祭祀用品；一些遵守传统规范的村庄，对会手舞表演者的年龄有规定，如在鄂家纳顿和桑布拉纳顿中，只有年满18岁或20岁的成年男性才能参加会手舞表演；面具戏表演者角色的分派，尤其是三国戏表演者角色的分派有一定规矩，不是想演什么角色就可以演什么角色，而是分家族逐年轮流扮演。从实际的展演角度来看，纳顿节各项仪式的内容、程序都是固定的，是世代相传下来的模式，各村纳顿节都包括迎神、会手舞、面具戏、“法拉”发神这四大仪式，其程序都是按这个顺序依次进行，各个大仪式段中所包含的小仪式，其内容和程序也大致相同。

纳顿节既是土族民众自发组织起来的一项民俗活动，又是土族民众社会生活的一个很重要的组成部分。作为一种民俗活动，纳顿节的仪式展演具有一定的规范性，而作为一种社会生活，纳顿节的仪式展演又具有很大的随意性。纳顿节是土族民众自发组织起来的活动，参与人数众多，每个参与者都有自己独特的个性，他们的表演具有即时性和个性化特征，较为随意。就拿会手舞和面具戏表演来说，在表演前，表演者并没有经过专门的学习与排练，有些表演者表演得比较规范，有些就比较随意了。会手舞中好些不会跳的只是拿着旗杆跟着走，现学现跳，甚至不跳，而在有些村庄的纳顿节中，面具戏情节没有全部展开，如三国戏的演出过程以前很长，现在一些情节和动作被简化，三战吕布变成一战吕布或二战吕布，老者送刀的次数由三次变为一次等。在实际的仪式展演中，好多村庄并没有严格按规范举办，很多仪式被简化，舞蹈和戏剧表演也带有很大随意性。从这个意义上来说，纳顿节的仪式展演大体上是习俗化形成的规范性和生活化形成的随意性的统一。

二、仪式展演中的多元文化

纳顿节是一个复合型的文化现象，是在多元文化碰撞下形成的文化瑰宝，具有深厚的历史涵容性。纳顿节在长期的发展中积淀了许多有关土族民间信仰、祭祀习俗、民间艺术、民族历史等方面的文化信息，它以原生形态的传承或衍生形态的传承，折射着土族文化发展变迁的流程，传递着土族文化是多元文化的历史信息，具有历史的“活化石”意义。在纳顿节的仪式展演中，农耕文化和军事文化，汉文化和本民族原生文化等多元文化因素和谐地融合在一起，共同构成了一幅绚丽多彩的民族文化画卷。

纳顿节是为了庆祝丰收、酬谢神灵而举行的节日盛会，带有浓厚的农耕文化色彩，其生成、组织、主旨及很多仪式均体现着农耕文化内容。如从纳顿节的形成和水牌的产生来看，纳顿节与农业生产密切相关。土族最初是游牧民族，早期从事畜牧业生产，明初才逐步由畜牧向农业转化。正如文忠祥所指出的："纳顿节从广义上说，本身就是农耕文化背景下的产物。只有农业生产才会孕育像纳顿这样的民俗活动，产生这样的民间文化景观。"[1] 纳顿节应该是当地土族基本生活方式发生巨大转变，从以游牧为主逐步过渡到以农业生产为主后产生的民俗事象。当土族进入农业生产阶段之后，对共同的土地资源、水资源和自然气候资源产生了一致的需求，特别是对于水资源的开发与运用，如为旱地修渠引水，浇灌田地时水资源的分配，调解用水纠纷和人际矛盾等工作，均需全村庄的人集体协商合作。土族村庄大多是聚族而居的单姓村，而各村都有自己的村庙。此时，就产生了借庙神的威严凝聚人心、调解民事纠纷、安排祈雨等活动的社会需求，纳顿节一庙一会的形式由此形成。

过去，三川地区的农业生产大多是旱作方式，浇水灌地要靠为数不多的几条季节河、渠水和泉水。由于共用同一条水源，相邻的村庄在农业生产和其他方面存在共同利益，因此，在纳顿节上他们互为主客队会手，借助纳顿节这个媒介加强村落之间的联系，加深彼此的感情和认同感，从而得以在修路、修渠、田间管理、灌溉等重大农事活动中相互沟通、相互协商、相互合作，形成了良好的伙伴关系。如中川乡的宋家、鄂家和桑布拉，文家、杨家和祁家，辛家和朱家，上川的鲍家、喇家和官亭四村，赵木川的上庄与下庄等自然村莫不如此，它们在纳顿节中互为主客队会手，村落之间的关系比较密切。

水是农业的命脉，水资源的管理和分配对于农业生产的重要性是不言而喻的。过去，三川土族各村庄管理水资源的主事者是"水牌"，水牌负责分配水资源、维修水渠和村庄道路，主持田间管理和宗教事务，并协商处理与邻村间的事务与纠纷。而纳顿节是村庄里一年中规模最大、最为隆重的集体活动，其相关的组织和主持事宜理所当然地由水牌承担。解放后，随着水利事业的发展，三川地区的灌溉条件大为改善，农村行政管理组织也趋于完善，水牌的职权大幅度削弱，只管理一些宗教事务和调节民事纠纷，其职能与水资源的管理已无关，水牌的称呼范围也大大缩小，只在鲍家和官亭四村遗留了下来，但水牌组织和主持纳顿节各项事务的习惯却一直沿袭了下来。

纳顿节是土族人民的丰收节，其主旨是庆祝庄稼丰收、答谢地方神灵，纳顿节期间举行的所有仪式几乎都是"报成"、"劝耕"的农业丰饶仪

---

[1] 文忠祥．民和三川土族"纳顿"体系的农事色彩［J］．青海民族学院学报，2005（4）．

式，它们围绕“庄稼平安顺利地丰收”这样一个主题而展开。在庄稼获得丰收后，人们虔诚地用当年的新粮制作的酩酼酒、大蒸饼供献给神灵，用“头缸头酒头酥盘”来报答神恩，用言辞华美的答头、报喜、唱喜讯来反复表达对神的敬意和谢意，用阵势浩大的会手舞和精彩的面具戏表演来娱神、媚神，感谢神灵在当年的护佑，并祈求来年的好收成。可以说，纳顿节的仪式展演从始至终都在传递农耕文明的信息，表达着人们丰收的喜悦心情，以及他们对丰收的热烈期盼。

面具戏《庄稼其》是土族社会从畜牧向农耕转变的真实写照，土族人民在这部面具戏中鲜明地表达了“以农为本”的农本思想。在这出戏中，顽皮的儿子开始不愿务农，只想做买卖和赌博，父亲和老者们用“千买卖，万买卖，不如地里翻土块。务农是庄稼人的根本，庄稼是宝中之宝。庄稼人一心务农才是本分”的言辞劝说他，最终使儿子回心转意，决定学种庄稼。这部戏不仅揭示了土族先民从畜牧生活向农耕生活演变的历史过程，同时也反映出了在长期封闭的农业经济模式下，土族人形成了以农为本、重农轻商的传统观念。

纳顿节与土族的军事生活有着密切的联系，甚至民间传说纳顿节的起源与木匠起义和成吉思汗军队西征有关。在纳顿节的仪式展演中，也确实隐含着一些军事生活的遗迹，如会手舞和三国戏均与土族先民的军事文化有千丝万缕的联系。会手队伍是纳顿节的仪仗队，但在土族民间，老百姓普遍认为会手队伍是一支军队，他们认为持箫者是随军文官，持三角旗的是传令官，持兵器的是将帅，而锣鼓则是发令器具，具有击鼓则进、鸣锣收兵的功能。的确，从纳顿会手舞的队形组合、表演过程、阵式演示等因素看，会手表演中遗留着与行军队列、劳军、摆战阵和会师祝捷等相似的情节因素，尤其是喜讯中的打杠子表演，明显具有演武性质。因此，有些学者认为纳顿节是“古代军事部族时期的祭祀仪式，其中的‘跳会手’，手执兵器列队布阵，应是军傩的形式”。[1]

此外，三国戏是汉族的军傩文化在土族中的遗存。“军傩是古代军队于岁除或誓师演武的祭祀仪式中戴面具的群队傩舞。在战争中既有实战意义，又有训练士兵和军营娱乐之作用”。[2] 汉民族的军傩文化十分丰富，且对边陲各少数民族的文化艺术产生过深远影响，“明初大军南征，屯驻于

---

[1] 马达学．青海土族“纳顿”文化现象解读［J］．青海师范大学学报，2005（1）．

[2] 叶明生．试论军傩及其艺术形态［J］//度修明，顾朴先，罗廷华．中国傩文化论文选［C］．贵阳：贵州民族出版社出版，1989：93．

贵州安顺一带，军傩渐为民间所效仿，并与本地巫术活动相融合，演变成了今日所见的地戏，专门以表演东周列国、水浒和三国故事来驱鬼逐疫，祈祷安祥”。[1] 军傩主要演出三国、隋唐等历史演义的大本戏，脱胎于军傩的贵州安顺地戏中演出的剧目中就有三国故事。三国故事是军傩表演的一个重要题材，而戴面具表演又是其最基本的外在特征。显然，土族纳顿节中以三国故事为主要内容的面具戏《五将》、《三将》和《关王》是汉民族的军傩文化在土族文化中的遗留。当然，土族人民对汉民族的军傩文化并不是全盘吸收，他们还依据自己的民族审美和信仰心理对其进行了一些改造。土族人崇尚忠义，在他们的眼中，关羽是忠义的化身，因此，他们在《五将》《三将》和《关王》中将关羽的地位拔得很高，甚至刘备都居于关羽之下。关羽是全部三国戏的主角，在表演中，关羽的表演者始终处在领头和中心的位置，而吕布的首级也是由他砍下来的，这些情节虽然与历史事实不符，却反映出土族人民崇拜关羽的民族心理。

农耕文化是汉文化的主体文化，纳顿节仪式展演中丰富多彩的农耕文化显然是汉文化在土族文化中的体现，而以三国戏为主要内容的军傩文化自然也是汉文化在土族纳顿节中的遗留。此外，从祭祀神祇来看，纳顿节中也蕴含着浓厚的汉文化色彩。纳顿节中的祭祀神祇以道教神祇为主，二郎神、九天玄女娘娘、龙王爷的信仰遍布三川地区。因此，这三尊神也就成为许多纳顿节要祭祀的主要神灵，尤其是二郎神，是纳顿节的主神，在纳顿节期间，二郎神的走神像要巡游大多数举办纳顿节的土族村庄，受百姓的祭祀。

从浓厚的农耕文化色彩、汉族军傩文化在土族纳顿节中的遗留、以道教神灵为主要祭祀神祇的信仰特点等因素来看，土族纳顿节显然不是土族本民族的土著文化，它应该是汉民族的庙会文化移植到土族文化后，结合土族民族文化所形成的新的民俗奇葩，其中包含着十分丰富的土族民族文化元素。如《“杀过将”》的原生态表演和“法拉”发神仪式中就体现着土族本民族的文化色彩。

《“杀过将”》是源自土族早期图腾崇拜的拟兽面具舞蹈，反映了土族先民的生活状况。在这出戏中，以老虎为代表的猛兽危害人们的生命和生产安全，戴着凶恶的牛头面具的“杀过将”在一至两名男扮女装的萨满引导下，站在象征他腾云驾雾的云梯上，由众人抬着上场，“杀过将”挥舞

---

[1] 郭净．试论傩仪的历史演变［J］//度修明，顾朴先，罗廷华．中国傩文化论文选［C］．贵阳：贵州民族出版社出版，1989：75．

双剑，杀虎为民除害，而在这个过程中，观众也可上场与老虎直接博斗。从这出戏的表演中，我们可以看出，《“杀过将”》不仅展示了土族原始狩猎生活的风貌，还折射了土族早期图腾崇拜和原始宗教的一些影子。

萨满教是土族的原始宗教，土族的本民族文化是以萨满文化为代表的，而纳顿节中的“法拉”发神与土族的萨满文化有一定的内在联系。孟慧英指出：“萨满领神的被动性是这种宗教的一大特点”。[1] 土族法拉都不是自愿充当的，而是由神选定。我在2006年9月赴官亭地区进行纳顿田野调查时曾对鲍家法拉做过深度访谈，他的领神过程就印证了这一点。鲍家法拉是家族世袭的，现任法拉的爷爷是老法拉，老法拉去世后，神在其子孙中选了现任法拉。鲍家法拉说：“我是在29岁那一年开始发神的，现在已跳了6年。在这之前的三四年前，神让我跳，我觉得自己还小不能胜任，就向神求告，许愿说到30岁再跳。29岁那年，纳顿节前一个月，我从果树上摔了下来，背摔坏了，脚也受伤了，躺在坑上不能动弹，平时得有人扶才能起来。可是到了纳顿节那天，到发神的时间时，二郎神来提我，我轻轻巧巧就起来了，发神时还插了两根签子。之后，我的病好了，以前办什么事都不顺利，发完神后，所有的事都顺利起来了。”而民主沟赵家法拉外孙介绍的情况也显示赵家法拉是被动领神，他说：“法拉本来不是威爷（指姥爷）家的，因为有法拉底子的那家兄弟多，人多势众，就抗过去了。威爷是独生子，人单，没人支撑帮忙，所以就附在他身上了。”由此可见，三川地区的法拉还遗留有萨满教被动领神的特征。

法拉跟萨满一样，都是人神之间的中介。在纳顿节的仪式展演中，法拉在进行发神表演时，依旧保留着萨满教发神的一些特点，如紧促的鼓点、形象的舞蹈和神灵附体等都是萨满发神的传统手法。其中，鼓声是法拉请神时的打击乐器，用来制造紧张、神秘、扣人心弦的宗教气氛，同时，鼓声还是侍神人与处于昏迷状态的法拉交流的工具，轻重缓急的鼓声常常用来说明或指导法拉精神和行为的某种状态。萨满巫术最显著的特征是“萨满昏迷”，这“昏迷”并不是真的昏迷，而是指“神灵附体”，即萨满的肉体被神灵占领。土族纳顿节上法拉发神时就有神灵附体的现象，处在“迷狂状态”的法拉以狂热的舞蹈显示神灵已附体，然后以神灵的姿态和口气，与人对话，传达神谕，其行为明显属于萨满教的宗教体验。此外，插签子的血祭仪式也是萨满教“滴血敬神”手段在土族纳顿节仪式展演中的遗留。

---

[1] 孟慧英．北方萨满教［M］．北京：社会科学文献出版社，2000：229.

三、仪式展演的文化功能

按照文化人类学功能学派的观点，任何一种文化现象都有满足人类实际生活的需要，即都有一定的功能。仪式也不例外，作为人类社会普遍存在的文化现象之一，它的存在不是无谓、无用的，而是因为对人类社会有意义、起作用才存在。纳顿节的各项仪式历史十分悠久，而这些仪式之所以能在纳顿节这一文化载体中产生、存在并沿袭至今，就是因为它们的展演能直接或间接地满足土族民众的精神生活和物质生活的需要，它们在土族的文化系统和社会生活中发挥着重要的作用。

首先，纳顿节的仪式展演是土族民族文化和生活集中、活态的展演，具有强化民族认同、传播土族文化的功能。纳顿节是土族历史文化的活化石，汇集着土族民间信仰、民族歌舞、民族服饰、生活习俗、伦理道德等多方面的内容，吸收和积淀了土族民族文化中的众多元素，而这些丰富而珍贵的文化元素是通过仪式这个载体而传承下来的。纳顿节的各项仪式不仅具有维系文化的功能，还具有强化民族认同的功能。法国社会学家涂尔干（Durkheim）认为："无论什么样的膜拜仪式，都不是无意义的活动或无效果的姿态。作为一个事实，它们表面上的功能是强化信徒与神之间的归附；但既然神不过是对社会的形象表达，那么与此同时，实际上强化的就是作为社会成员的个体对其社会的依附关系。"[1] 的确如此，纳顿节中的各项仪式并不是无意义的活动或无姿态的效果，也不仅仅具有表面上所体现的利用仪式来讨好神灵以求得风调雨顺的简单功能。纳顿节仪式展演的实质意义，还在于求得民族内部成员对于民族群体的归属与认同，从而凝聚人心，加强团结。如在纳顿节的会手仪式中，各个村落中不同性情、不同背景、不同年龄的成员集聚在共同的仪式场域中，他们膜拜着共同的神祇，发出同样的呐喊，踩着同样的节奏，做着同样的舞姿，在和谐中重温着统一的集体生活，表现着强大的集体力量，并在这种和谐统一的氛围中强化了个体对民族的归属和认同感，从而调动和集中了个体的民族感情，引发了个体对民族文化的自豪感。

文化的积淀和传播，无论是内容还是形式，都是以仪式为媒介和载体。纳顿节的仪式展演是向外界展示土族传统文化的重要平台，土族历史

---

[1] 转引自薛艺兵．神圣的娱乐：中国民间祭祀仪式及音乐的人类学研究［M］．北京：宗教文化出版社，2003：253．

文化和生活中的诸多文化因素正是借助于仪式这个媒介向四周辐射，并起着文化传播的作用。土族纳顿节不仅是土族的民族节日，它还是区域性的重要节日。纳顿节期间，当地汉、回、藏等民族的成员也会参与到纳顿活动中来，他们或作为祭祀者在神像前磕头烧香，或作为观众兴致盎然地观看精彩的仪式表演，或作为商贩在纳顿会场四周摆摊做生意以获取经济利益等。此时，纳顿节就成为他们了解和认识土族文化的一个重要窗口。近几年，随着国家和政府对民族文化工作的重视，纳顿节被作为土族的一个文化品牌向外界推出和宣传，人们通过影视、图书等渠道可以了解这个珍贵而古老的文化事项，而对纳顿节感兴趣的其他民族学者也加入到了对纳顿节的调查和研究工作中，这必将进一步加深土族文化传播的广度和深度。

其次，纳顿节的仪式是土族乡村社会现实秩序的象征性展演，体现着土族社会村落之间的村际关系，具有调节社会矛盾、缓和社会冲突的功能。“许多仪式学家认为仪式即社会的表象或象征模式，在此表象或模式中，呈现着有关社会秩序和社会冲突的象征性表述形式。”[1] 综合来说，纳顿节的仪式过程是对土族乡土社会的村落社会秩序、宇宙自然秩序的建构与肯定，其仪式活动象征性地展现了村落之间交往的礼仪规范，隐喻化地表达了村际交往的理想模式。土族的纳顿节虽是以村落为单位举行的节日活动，但在实际的举行过程中，存在村落之间的村际联系和交往。如共用一条水源的相邻村庄互为主客队，客队在主队纳顿节中列队到场祝贺，并共同参与一些仪式的展演，合会手、唱喜讯、面具戏等仪式展演均由两队合作完成。从这个意义上来说，纳顿节的仪式展演实际是由主客队两个村庄的表演者们合作完成的。主客队所属的两个村庄在纳顿会的合作中加强了村际沟通与联系，加深了彼此的交往和感情。基于这一点，纳顿会往往成为两村牌头和村民协商解决彼此之间相关问题的绝佳场合。

在纳顿节的仪式展演中，村落之间合理、有序的社会关系是通过烦琐的礼仪规范得以彰显的。在举行合会手仪式时，客队会手并不直接来到纳顿会场，他们停留在象征两村交界点的桥头或村头等地方，等待主队会手迎接。而主队会手要敲锣打鼓前往迎接，跪迎对方庙神神轿，在神轿前放鞭炮、焚化香表、酒奠，举行隆重的祭祀仪式。主客队合会手后，并不混杂在一起，而是井然有序，依据客队在左、主队在右的方位各围成一个圆圈，各跳各的，这是土族村落间既合作又泾渭分明的社会秩序的象征性展

---

[1] 薛艺兵. 神圣的娱乐：中国民间祭祀仪式及音乐的人类学研究［M］. 北京：宗教文化出版社，2003：45.

演。此外，在唱喜讯时，为了表示对彼此的尊重，主客队互相唱赞美对方庙神的喜讯，主队更是将最为隆重的二郎神喜讯谦让给客队唱。跳面具戏也是如此，群众认为《五将》最威风，因而往往礼让给客队表演。这些礼让习惯是土族乡村礼仪规范在纳顿节仪式中的象征性展演，体现了土族村落之间良好的村际关系。

最后，纳顿节的仪式展演中蕴含着土族的文化传统、民族心理、价值观与伦理思想等，具有显著的教化功能。美国著名的女人类学家本尼迪克特在《文化模式》中指出："个体生活历史首先是适应由他的社区代代相传下来的生活模式和标准。从他出生之时起，他生于其中的风俗就在塑造着他的经验和行为，到他能说话时，他就成了自己文化的小小创造物，而当他长大成人并能参与这种文化的活动时，其文化的习惯就是他的习惯，其文化的信仰就是他的信仰，其文化的不可能性就是他的不可能性。"[1] 文化具有教化功能，仪式作为一种文化现象，也具有教化功能。在纳顿节中，人们通过参与各种仪式，在潜移默化中学习和掌握本民族的文化和传统习俗，如怎样祭祀神灵，如何许愿、还愿，在节日中穿什么衣服，拿什么器具，怎样跳会手舞、面具戏、"杀过将"，喜讯是什么？法拉为什么发神？三川土族人耳濡目染，从小就是在看纳顿、学跳纳顿的氛围中长大的，等男孩子们长到可以参加纳顿活动的时候，他们就在爷爷、父亲或叔伯兄弟们的带领下亲自参与纳顿节的各项仪式，学习土族的传统文化和习俗。因此，土族纳顿节就是这样通过一代又一代的人们对他们前辈文化行为的不断学习、传承而沿袭至今。

---

[1] ［美］露丝·本尼迪克特. 文化模式［M］. 何锡章，黄欢，译. 北京：华夏出版社，1987：2.

对青海地区伊斯兰教与藏传佛教共存（互动）层次的探讨*

——以回族和藏族的互动（交往）为例

何启林**

（青海省委党校民族宗教教研部）

自伊斯兰教传入中国以后，青海地区一直是伊斯兰教传播的重要区域之一。伊斯兰教也成为青海世居民族——回族、撒拉族等民族的信仰。伊斯兰教不仅在这些民族的形成、发展过程中起到了非常重要的作用，同时也成为这些民族的精神支柱和民族文化的主要内容，并与青海地区主要的宗教——藏传佛教形成了和睦共处共存（互动）的局面。

在全国范围内，信仰伊斯兰教的穆斯林群体已大体形成“大分散、小集中”的布局。在青海也同样呈现出“大分散、小集中”的特点，信仰伊斯兰教的回族、撒拉族等在全省六州一市一地46个县（区）都有分布，尤其在农牧区的城镇，穆斯林民族是不可或缺的成员之一。在这种情况下，穆斯林群众长期与青海各族人民杂居共处，与各族人民之间建立了深厚的友谊和感情，在生产劳动、文化知识方面，穆斯林民族一方面吸收了汉、藏等民族生产和生活中很多宝贵的知识和经验，另一方面也为汉、藏等民族生产和生活提供了很多的便利和帮助。回族、撒拉族与青海各兄弟民族一道，共同开发、屯戍，建设了青海。但在与各族群众和睦相处和民族发展融合过程中，始终融而不化、合而不流。但在服饰衣着、语言文字等方面，则在不断适应客观环境，穿汉（藏）服、操汉（藏）语、取汉

---

* 本文是《青藏地区多宗教共存（互动）研究——以青海为例》（西部课题）课题成果中第二章第四节《伊斯兰教与藏传佛教的共存（互动）》中的一部分内容。

** 何启林，青海省委党校民族宗教教研部。联系电话：13997182991，电子邮箱：heql@ qh-swdx. com。

名、读汉文，以至于从外表、衣着打扮和社会交往的谈吐应酬上，看不出有什么显著区别于汉族群众的特征，这反映了他们具有从俗随和的灵活性、伸缩性。但在生活习惯上，如婚丧礼仪、饮食禁忌等方面，他们却坚持并高度重视自己的民族特点，特别是宗教信仰上，他们绝不轻易放弃，而是坚决捍卫，这又体现了他们同时还具有坚毅自重的原则性、顽强性。灵活性与原则性的巧妙结合与得体运用，是其融而不化、合而不流的原因。

在青海信仰伊斯兰教的民族主要为回族、撒拉族等，信仰藏传佛教的主要为藏族、蒙古族、土族。因此，在青海地区伊斯兰教与藏传佛教的共存（互动），更体现在信仰伊斯兰教的穆斯林民众和信仰藏传佛教的民众之间的互动（交往）。也就是说，伊斯兰教与藏传佛教之间的互动（交往）主要体现在其信众的互动（交往）上，即主要表现为穆斯林群众与藏族、蒙古族和土族群众在经济、政治、文化等方面的互动（交往）上。

一

伊斯兰教和佛教作为世界性宗教，它们并不仅仅着眼于任何民族狭隘的利益，而是从根本上着眼于彼岸世界的人类幸福。它们宣传普遍平等，并将实现社会公正带进了天国，宣扬人死后享受快乐的保证不是人在社会中的地位，而是人在现实生活中笃信宗教和美德。这种信仰的目的，无论在空间上还是在时间上，都适应于一切民族和一切人群。它们不仅超越了血缘关系的约束，而且超越了文化传统和地域限制。在历史上，藏传佛教在青海地区占据统治地位，以藏传佛教为核心的藏族传统文化是这一地区的主流文化；伊斯兰教作为外来宗教，伊斯兰文化作为非主流文化能够跻身于青海地区，既有深刻的社会原因，也是由其文化特质所决定的，并不单纯是具体的经济因素作用的结果。所谓宗教与其说是人与一神或多神的关系，不如说是人与人之间，因一神或多神而形成的关系，更确切地说，因有一神或多神的观念而形成的关系。几百年来，代表藏传佛教力量的藏族与信仰伊斯兰教的穆斯林之间，没有发生过任何宗教冲突，这不能不说是一个奇迹。正如有的学者所指出："在当前世界范围内的民族和宗教纷争不断的形势下，两个不同宗教信仰的民族在青藏高原的友好共存具有世界性的意义，为研究我国边疆民族地区的稳定提供了样板。"[1] 其实任何宗

[1] 北京大学社会学人类学研究所. 西藏社会发展研究［M］. 北京：中国藏学出版社，1997：162.

教的冲突都不仅源于宗教因素，同时也与更复杂的民族关系相关。多种宗教共存（互动）关系的形成是不同民族经济、文化交流的结果，而不同宗教信仰民族间的经济、文化交流又将加强共同区域内有共同经济生活环境的各个民族之间的认同感和自觉性。

青海地区是多宗教共存、多民族杂居的地方，信仰伊斯兰教的穆斯林民族和信仰藏传佛教的民族间能够和睦相处，主要源于这两大群体间经久不衰的商贸往来和经济生活中的相互依存性，但也有着深刻的社会、文化背景。既然文化传统在社会组成中发挥着身份认同和人群凝聚的作用，那么其作用也就不亚于各种具体的政治、经济利益。宗教对信教者来说，是其社会生活的一部分。少数民族对于宗教信仰的虔诚心态，很容易使他们以此为尺度来划分彼此间的亲疏。对于信教者，尽管所信宗教不同，但有时仍然产生一种非同类但却异常亲近的感觉。青藏高原是藏传佛教文化的发祥地和主要分布地区，随着伊斯兰教的兴起和东传，青藏高原周围也逐渐成为穆斯林分布的主要区域，伊斯兰文化和藏传佛教文化之间不可避免地发生接触和交流。

在青海信仰伊斯兰教的穆斯林（回、撒拉等民族）群体和信仰藏传佛教的民族（藏、蒙、土等民族）群体是青海所有少数民族人群中人口最多的两个群体。在青海世居少数民族人口中，藏族占第一位，回族占第二位。其中青海省的藏族 1375062 人，占 24.44%；回族 834298 人，占 14.83%；土族 204413 人，占 3.63%；撒拉族 107089 人，占 1.90%；蒙古族 99815 人，占 1.77%。[1] 所以，从人口构成上看，信仰藏传佛教的民族（藏、蒙、土等民族）群体和信仰伊斯兰教的穆斯林（回、撒拉等民族）群体，共占青海总人口的 46.61%，占青海少数民族总人口的 96.61% 以上。而青海世居少数民族基本上全民信教，并很虔诚。因此，从宗教关系看，伊斯兰教和藏传佛教的关系是最重要的宗教关系之一。在信仰伊斯兰教的穆斯林民族和信仰藏传佛教的民族中，尤以回族和藏族之间的互动（交往）最有代表性。

青海的回族和藏族之间，历史上基本没有发生过民族间的政治军事冲突，而自回族立足青海以来，他们和藏族之间的经济、文化、社会交流就没有停止过，而且交往的范围越来越大，从青海东部逐步向西部延伸；交往的内容也越来越广泛，从商品交换到通婚。藏族和回族的互动（交往），主要表现为民间互动（交往），但在量上和质上是更广泛、更深刻的互动

---

[1] 青海省 2010 年第六次人口普查主要数据公报 [N]. 青海日报，2011-05-06.

（交往）。由于经过明清以来的长期接触和互动（交往）的积淀，尤其是近年来在改革开放和市场经济的推动下，回族和藏族之间的互动（交往）关系已经成为一种日常的、持久的、稳定的社会关系，特别是回族善于经商的特点，使回族和藏族互动（交往）的范围大大超出回族和藏族杂居区的地域空间。也就是说，回族和藏族之间的互动（交往）不仅仅是局限于青海民族杂居区的范围，而是遍布青藏高原。

回族和藏族之间之所以能形成长期持久、广泛深刻的稳定互动（交往）关系，就在于他们之间存在着如缕不绝的互动（交往），而不是隔离。这里需要指出的是：回族和藏族的互动（交往），基本上是纯民间的互动（交往），这是互动（交往）关系的一个根本特点。与汉藏之间、回汉之间的互动（交往）关系完全不同，后者充满了国家、民族政治色彩，而前者则基本与政治无涉。

群体间的关系，大体上不外乎相互隔离和互动（交往）两种情形。但对于地理空间上相近或杂居的群体来说，绝对的隔离几乎是不可能的，而竞争、合作、同化、冲突等形式的互动（交往）则不可避免。所以，平常我们所讲的民族关系，实际上也就是民族间的互动（交往）关系，民族关系的深度，取决于他们之间互动（交往）的深度。正如周星教授所说："民族文化的交流与民族文化关系的发展，在相当程度上，也受制于各民族间相互接触的深度与广度……'民族关系'，实际是人际关系。"❶

二

回族和藏族之间的互动（交往），从深度看可分为东部杂居区和西部藏区两个区域。东部杂居区是指青海湖以东地区和青藏高原与黄土高原的过渡地带，即通常人们所说的青海河湟地区。这里是青海多民族聚居地区，青海省80%以上的穆斯林和约25%的藏族居住于此。该地区基本上每个县都有藏族和回族，大多数的乡和相当一部分村也是藏族和回族杂居，单一的回族村和纯粹的藏族村很少，即使在回族人口居住相对集中的化隆回族自治县，也有5个乡镇是以藏族为主，在部分乡村藏族和回族杂居，藏族人口占化隆县总人口的24%。这样的居住格局，决定了回族和藏族之间的相对隔离几乎是不可能的。事实上，回族和藏族关系最密切的地方，即相互介入最深、交往最频繁、彼此文化儒化最明显、相互依赖性最强的

❶ 周星．民族学新论［M］．西安：陕西人民出版社，1992：58.

地方，正是在这里。居住环境为他们的交往互动提供了便利条件。在这里，经济、文化、社会、政治上的互动使藏族和回族之间的隔阂感最弱，社会的整合程度最高。

回族在西部藏区和藏族的互动（交往）。这里的西部藏区，是指日月山以西，包括青海牧区和西藏全部。这是青藏高原藏族人口的主要居住地，在地理上它和河湟回族的传统居住地相距甚远。然而，回族群众以其特有的经济文化方式，突破了自然地理界线，他们深入藏区，实现了民族交流。这一过程始于明代的茶马互市，至清代已形成规模化、制度化，如今则借市场经济的条件达到鼎盛。现在，清真寺在藏区很常见，青海省的6个藏族自治州内共有近300座清真寺，反映出进入藏区定居的回族群众达到了相当规模。这种互动的特点是：第一，回族群众是互动（交往）的主动方，而藏区藏族百姓则积极参与了互动；第二，互动（交往）的广度和深度虽比不上东部杂居区，但也达到了相当规模，这是经常性的，绝不是个案的情况，回族群众每年进入藏区的人数已达到数十万人次的规模；第三，互动（交往）以经济内容为主；第四，互动（交往）的流动性强、不稳定，有明显的季节性。

回族和藏族之间的互动（交往），从内容上可分为经济互动（交往）和文化互动（交往）两个方面。经济互动（交往）是回族和藏族之间的互动（交往）关系的基础和根本，自始至终是两个民族互动（交往）中最基本、最常见的内容。这一点和有些民族间源于政治军事联盟或文化交流的互动是不一样的。回族和藏族之间的经济互动（交往）主要以商品贸易为主。自元明时期回族逐渐定居青海地区并形成相对稳定的社区和群体，他们就开始了和当地藏族的商贸活动。至清代，这类贸易发展到相当规模，并在西宁一带形成集市。梁份在《秦边纪略》中记录了康熙年间西宁卫城的商业贸易景象，谓其时市场上各族庞杂，而“番回特众”“回皆拥资为商贾”；[1] 回藏除商贸外，经济往来还包括生产互助（当地称“变工”）、资源共享等形式。回族商人通过数条线路进入牧区，与藏族展开贸易。到了民国时期，回藏贸易更加广泛。

改革开放后，回族和藏族之间的经济往来进入到一个前所未有的繁荣时期，不仅回族，而且撒拉族、东乡族也进入藏区从事各类经济活动。经济互动的内容也由传统的商品交换向多层次、多方位发展，计有商品零售、畜产品购销、饮食、交通运输、建筑、屠宰、采挖黄金和收购药材以

[1] （清）梁份. 秦边纪略：卷一［M］. 越盛世，校注. 西宁：青海人民出版社，1987：63.

及打零工等多种经济方式。穆斯林已深入到藏区的各个角落，几乎达到无所不在的地步，在藏区的任何一座县城乃至小镇上，都能看到标着“清真”招牌的穆斯林饭馆，都能见到身着民族服装的穆斯林同胞，特别值得一提的是，近年来，在青藏高原东部出现了一种新兴的产业——牛羊育肥，即将藏区的牛羊贩运至东部农业区，经家庭育肥后出售，赚取其中的利润，所谓“西繁东育”。这已成为青海东部各县农民的一条新的致富门路，农区畜牧业也由此成为一个新的和重要的产业，其所创造的产值接近东部农业区农业产值的四分之一。而完成这种收购、贩运、育肥、屠宰、上市过程的主要是穆斯林。据笔者在青海海东地区的调查和推算，每年往返于青海东部农业区和藏区之间从事这一行业的穆斯林，当在上万人次。他们在牧区走帐串户，使藏穆间的互动达到了一个新的规模和层次。❶

文化互动（交往）是伴随经济往来而必然出现的互动形式。任何民族间的经济交流，都必然带来文化上的交流；反过来，没有文化上的交流，经济交往也很难深入地进行。青海的回族和藏族之间，文化差异十分明显，从语言到风俗习惯，从衣食住行习俗到价值观念，几无共同之处。但这丝毫没有影响两种文化间的互动；从另一角度讲，巨大的差异反而使彼此之间失去了因简单比附而发生争执冲突的可能，从而有利于互动，尤其是基于生存之需的经济交往，使彼此的文化差异变得并不那么重要。所以，文化的互动就十分自然，并且以良性互动为主。

回族和藏族之间文化互动（交往）的形式主要体现在为了完成交易，彼此学习对方的语言、适应对方的风俗习惯等。久而久之，共同的东西越来越多，和谐程度越来越高；在杂居区，诸如赛马会、“花儿”会、射箭比赛等民间文体活动，各族群众往往共同组织，一起参与，而逢各民族的重大节日，如开斋节、藏历年，或重大家庭活动，如红白喜事，各族群众也互致礼仪，加深了民族感情，实现了文化上的相互适应和学习；解放后地方政府组织的各类政治（如选举）、经济活动为民族互动提供了新的途径；回族和藏族通婚在青藏高原十分常见，其中以藏族姑娘嫁给回族男子和回族男子入赘藏族家的情况较多，“随了回民”“藏族是撒拉的阿舅”，这些地方常见的民间语言都反映出回族和藏族通婚的常见性。通婚毫无疑问是最深刻的文化互动形式，历史上，通婚也使藏族成为回族、保安族、东乡族的一部分来源。

回族和藏族文化互动（交往）的方式。一是彼此尊重。回族和藏族都

---

❶ 段继业．青藏高原地区藏族与穆斯林群体的互动关系［J］．民族研究，2001（3）．

是禁忌较多或较严格的民族，他们彼此深知这一点，所以，在互动中都尽量保持着小心翼翼的态度以示尊重，尤其是对事涉宗教的地方，双方都能严格把握而决不轻侮宗教感情。回族在藏区建清真寺，就说明彼此的信任与尊重。另外，相互尊重对方的权威，回族商人每到一地，常要首先履行一个认定主人家的仪式——即与某一位部落头人或活佛相识，并赠以厚礼。二是相互容忍，即对一时不能完全认同的文化形式采取克制态度、主动适应的方式。

回族信仰的伊斯兰教和藏族信仰的藏传佛教，是青藏高原影响最大的两大宗教系统，各自拥有强大的宗教势力和文化传统。但伊斯兰教与藏传佛教两大宗教信仰系统以及不同宗教信仰的民族，长期在青藏高原上互动、和谐共处、共同发展，不仅使经济互动成为回族和藏族互动的基础和根本，而且进行彼此学习对方的语言、适应对方的风俗习惯等方面的文化交流。但尽管如此，由于种种原因，伊斯兰教与藏传佛教在宗教方面的互动（交往）还是较少。

在青海由信仰藏传佛教转而信仰伊斯兰教的现象，特别是个别人或个别家庭改信伊斯兰教的现象还是比较常见，但在一个区域内众多人群改变原有的信仰皈依伊斯兰教的现象却较少见，其中最有代表性的要数发生在化隆县境内的“卡力岗现象”（在青海地区，不同民族杂居相处的情况十分普遍，但在有些藏族和穆斯林杂居的地方，却出现了藏族和回族交流、融合后使用藏语，具有浓厚藏族风格而信仰伊斯兰教的现象。这种现象在其他地区也有，在青海除化隆外，尖扎、同仁、兴海等地也有这种现象。因在卡力岗地区，这种现象比较典型，学术界也较感兴趣，且争论较热，所以把这种现象一般称为“卡力岗现象”）。

20 世纪初由于战乱不断，西宁东关清真大寺两次遭毁坏，1916 年穆斯林民众在重修西宁东关清真大寺时，甘肃夏河拉卜楞寺院的嘉木样活佛派僧众多人，用牦牛驮运三尊金碧辉煌的镀金鼎，作为礼品赠送给西宁东关大寺，借以表示佛教徒与伊斯兰教徒的友好关系。至今这三尊金碧辉煌的金鼎，依然矗立在西宁东关清真大寺的大殿脊顶中心。1946 年清真大寺的“唤醒阁”（宣礼塔）落成时，塔尔寺的主持和僧众，携带珍贵的礼物——宝瓶，前来参加落成典礼，表示衷心祝贺。

在青海修建清真寺过程中都有其他民族的身影，汉族的能工巧匠在参与修建，土族画家在作油画，也有汉、藏、土族民众僧侣为清真寺捐献木料。例如，1946 年在东关清真大寺改建时，大通广惠寺、互助佑宁寺藏族、土族僧侣及民众积极捐献木料；而参与殿堂修建的工匠则大部分是汉族。[1] 1998 年对东关清真大寺进行大规模改建时，塔尔寺僧侣参加开工典礼，大寺的斗拱梁柱是聘请塔尔寺艺僧用特制的颜料精心绘制的，色彩绚丽，使大寺益增华丽、庄重肃穆。

拱北本是伊斯兰教苏菲派的宗教交往场所，主要受信仰伊斯兰教苏菲派的民众敬仰和崇拜，但在青海却有拱北受到周边各民族的共同供奉和敬仰。较典型的有公伯峡拱北（黄河上的公伯峡之名由此而得），位于循化县查汗都斯乡。它有 160 余年的历史，传说是来自阿拉伯的天仙在此修行归真之后为其修建的，被附近的撒拉、回、藏、汉等民众奉为圣地。其教徒分布在甘肃临夏回族自治州和青海循化等地，有回、东乡、撒拉、保安等族穆斯林群众，也有部分佛教信徒，其中有藏族、汉族，以藏族为多。每年农历四月十四日，举行一次大型宗教活动，小型活动数次，每年收入面粉 800 余斤，现金 15000 元，用于拱北宗教活动和拱北维修。[2]

2011 年，建在贵南县茫拉乡的郭玉乎村（该寺原来位于拉乙亥乡的托勒台上，后因龙羊峡库区搬迁，修建到此地）的藏传佛教的寺院——托勒寺举行开光仪式，前来道贺的不仅有周围的藏、蒙、土、汉各族信教群众，而且也有穆斯林人士，经询问才知道：他们是贵南县茫曲镇和茫拉乡几个清真寺寺管会的成员（有寺管会主任、有阿訇等），他们是代表那然寺等清真寺的穆斯林群众来庆贺托勒寺的活动，当时我就好奇地问那然寺清真寺的开学阿訇马占元，“你们为啥也来?”马阿訇说：“我们是隔壁邻友，大家都住在一沟里（茫拉沟），同喝一河水（茫曲水），平时我们之间走动的机会少，这样的机会很难得，可以增加互相的了解，相互学习；隔壁邻居要多走动，才会睦邻友好。”并补充，“我们茫拉沟的藏传佛教寺院和清真寺之间一直有往来，前年，我们那然寺清真寺扩建时周围的藏传佛教寺院也派代表庆贺了。”这是笔者在田野调查中有幸目睹的一幕。

三

在青海回族与藏族之间的互动（交往）中，平等既是民族宗教互动（交往）的前提条件，也是民族团结的前提条件，是民族宗教互动（交往）中始终恪守的一个准则。回族与藏族之间的互动（交往）就是不同文明互

---

[1] 喇秉德．赭墨集——喇秉德学术论文集［M］．北京：民族出版社，2005.

[2] 马进虎，河湟地区回族与汉、藏两族社会交往的特点［J］．青海民族学院学报，2005（4）.

动（交往）成功的典型范例之一，是“和而不同”的典范；回族与藏族之间的互动（交往）是典型的民间互动（交往），事实证明，人民群众是文明互动（交往）的主体；回族与藏族之间互动（交往）关系是一种不同经济方式之间的互补性交往，说明经济活动是人们文明交往的重要内容；回族与藏族之间的互动（交往）关系证明，尊重差异、寻求共识是成功交往的有效途径；回族与藏族之间互动（交往）关系的长期和睦，说明平等、公正、诚信在社会生活中具有永恒的价值。回族与藏族之间互动（交往）关系也说明，正确的民族宗教政策是民族和睦团结、宗教和顺共存的主导力量，是维持公正的积极力量，国家是民族平等团结和谐的保护伞。回族与藏族之间的互动（交往），除了经济互补共生这一点外，他们都是因非主导民族的地位决定了他们心理上的共同感；相互之间的互动（交往）以民间的形式展开，双方完全在保持自身社会文化不受侵犯的前提下进行互利合作；伊斯兰教和藏传佛教虽然差异明显，但教义教规并无任何直接利害冲突，再加上藏族文化和回族文化并不等于各自的宗教。这些民族文化发育在青藏高原，质朴、宽厚是其共同的文化品质；新中国建立后，特别是改革开放以来，国家的民族宗教政策和措施确保了各民族平等的权利；加之牛羊肉的共同爱好使他们在交往中多了一层方便，也多了一层共同感。

经过数百年的互动（交往），回族与藏族之间的互动（交往）已不仅在经济上建立起了稳定的分工协作和交换模式，而且在文化上相互学习，相互适应，形成了今天这种民族文化和谐交融的局面。

当然，我们在看到两个民族宗教互动（交往）的同时，也必须看到两种文化的不同在今后相当长的历史时期内都将继续存在。受藏传佛教和伊斯兰教的不同影响，藏族的价值观中有更多的平等、利他、超脱等成分，而回族则有更多的入世、奋斗、争取等成分。受各自的生产方式影响，藏族更重视劳动的产品，而穆斯林更重视利润。受自然环境影响，藏族尊奉大自然，关爱和保护人类生存的生态环境，而回族则更看重人事，关注人类生存的人文环境……我们很难说这两种不同的价值观、人生观孰优孰劣，他们都是适应特定的自然和社会环境的结果，各有其存在的积极意义和合理性。回族和藏族都具有很强的民族意识，因而在族际关系中存在着一定的民族隔阂，如居住相对隔离，纯感情交往少。在青海牧区，回族虽然分布很广，但在日常生活中，交易活动以外的交往并不频繁。

参考文献

[1] 崔永红. 青海通史 [M]. 西宁：青海人民出版社，1999.
[2] 青海省志编纂委员会. 青海省志：宗教志 [M]. 西安：西安出版社，2008.
[3] 丹珠昂奔. 藏族文化发展史 [M]. 兰州：甘肃教育出版社，2001.
[4] 马戎. 民族社会学——社会学的族群关系研究 [M]. 北京：北京大学出版社，2004.
[5] 杨圣敏. 中国民族志 [M]. 北京：中央民族大学出版社，2003.
[6] 喇秉德，马文慧. 青海伊斯兰教 [M]. 西宁：青海人民出版社，2009.
[7] 秦永章. 甘宁青地区多民族格局的形成史研究 [M]. 北京：民族出版社，2005.
[8] 马进虎. 两河之聚——文明激荡的河湟回民社会交往 [M]. 兰州：甘肃民族出版社，2007.
[9] 张声作. 宗教与民族 [M]. 北京：中国社会科学出版社，1997.
[10] 郝苏民. 甘青特有民族文化形态研究 [M]. 北京：民族出版社. 1999.
[11] 杨建新. 中国西北少数民族史 [M]. 银川：宁夏人民出版社，1998.
[12] 尕藏加. 藏传佛教与青藏高原 [M]. 南京：江苏教育出版社，2004.

土族婚礼歌演唱模式初探

——以民和土族婚礼情境为例

文忠祥*

（青海师范大学人文学院）

土族主要居住在青海省东部黄河流域、湟水流域。土族有语言而无文字。土族语言属阿尔泰语系蒙古语族，分互助、民和、同仁三大方言区，三者之间既有联系又存在一定的差异。土族能歌善舞，源远流长的民间乐舞以相对原始的存在状态，较为简单的乐舞形式，世世代代口耳相传，生动地反映着土族社会的生存环境和现实生活。土族婚礼歌作为其中重要组成部分，虽然研究取得了一定成果，但多局限于现象描述，且多以民间文学文本分析为主，兼有部分音乐学角度的研究❶，研究视野单一，而且书写为文本的婚礼歌完全丧失了在多媒体表演情境之中的传达效果。土族婚礼歌的演唱属于表演范畴，而根据表演理论，表演包含艺术行为即民俗的实践、艺术事件即表演的情境，表演情境包括表演者、艺术形式、听众和场景等。而以往研究只注重文本（唱词或者音乐）研究，而忽视了作为表演的婚礼歌演唱。这强化了婚礼歌“作为材料的民俗”，而忽略了作为“交流的民俗”。本文将婚礼歌视为一种交流现象进行讨论，期望完成一次较为深入的文化阐释。

---

* 文忠祥（1970.4— ），男，土族，青海民和人，青海师范大学人文学院教授，主要研究西北民俗文化及文化地理。E－mail：wenzhongxiang@ qhnu. edu. cn，电话：13709784523。

❶ 参见：马占山．土族婚礼曲［J］．音乐艺术，1984（2）；赵维峰．试论土族婚礼歌的艺术特色［J］．西北民族学院学报，1996（4）；吕霞．土族婚礼的文化涵蕴［J］．青海民族研究，2004（2）；郭德慧．土族婚俗及婚礼歌探究［J］．绍兴文理学院学报，2004（2）；苏娟．土族婚礼曲歌词的艺术特征［J］．青海社会科学，2008（6）；刘姝，郭晓莺．土族婚礼歌的艺术特征及文化内涵［J］．青海民族研究，2010（1）．

一、土族婚礼歌“道”的概念辨正

“道”，土语，是土族婚礼歌的本土叫法，“道拉”是土语“演唱”之意，“道道拉”即“演唱婚礼歌”。这里，“道”、“道拉”、“道道拉”构成一组相关词语。本来这些词语不成为问题，但有些研究者对这些词语的内涵把握不准确，已经产生出一些错误的概念，借此予以纠偏。作为名词的“道”，在民间实际指称两个概念，一是婚礼歌，一是“花儿”。以所搭配的动词来区分，如演唱婚礼歌，称为“道道拉”，而演唱“花儿”称为“道开拉”，“开拉”具有“吼叫”之意，与“花儿”在野外扯开嗓子高亢演唱相对应。至此，虽然都是“道”，但可区分为在村落内演唱的“婚礼歌”和不能在村落内演唱的具有野曲意味的“花儿”。而作为婚礼歌的“道”，只在婚礼上演唱，其他场合的宴席上并不演唱，故可以与“宴席曲”相区别。有些研究者用作为动词的“道拉”来指称土族婚礼歌，是未能把握“道拉”及“道道拉”在土语中的区别。本文回归地方话语，以“道”指称土族婚礼歌。此外，以往研究者更多关注“道”的唱词的民间文学性，忽视了“道”演唱的情境性和系统性。其实拓展视野，完全可以视“道”为一种“言说艺术”。此外，还应关注言说的方式及其现场的诸多相关现象，把“道”的演唱进行系统考量，把它们纳入到统一的过程来整体研究，关注民俗主体、民俗模式和具体的情景互动。

二、土族婚礼歌的演唱结构模式

“土族婚礼在顽强保留和传承仅属于本民族的鲜明的婚姻、婚俗、婚礼文化特性的同时，既遵循了我国传统文化中‘六礼’，即纳采、问名、纳吉、纳征、请期、亲迎的基本规程，又在婚礼仪式的诸多细节上明显地折射出长期共处的周边民族文化如藏族文化、蒙古族文化的深刻影响。”[1]婚礼分娶亲、送亲、迎亲、结婚仪式、谢宴等程序，自始至终在歌舞中进行。婚礼歌按婚礼程序构成一套完整、固定、密切结合婚礼仪式的歌舞形式，有的生动活泼、风趣盎然，有的严肃庄重，历时三天，通宵达旦。婚礼歌的内容包罗万象，无所不唱，而演唱同婚礼的进程密切配合，婚礼歌与婚俗互相依赖，互相作用，融为一体，使土族婚礼独具魅力。

---

[1] 吕霞．土族婚礼的文化涵蕴［J］．青海民族研究，2004（2）．

“在任何既定情境里，一种因素的本质就其本身而言是没有意义的，它的意义事实上由它和既定情境中的其他因素之间的关系所决定。”[1] 事物通过结构的诸因素间的相互关系表达本质意义。而土族婚礼的结构，可以区分为可见、可闻、可感的一系列婚礼仪式的具体构成因素相互联结而成的整体构造形式的“形态结构”，婚礼仪式中一系列构成要素的配置方法和它们之间的相互关系而形成的“关系结构”。其中，形态是显现的，而关系是隐含的。土族婚礼中，形态结构又可划分为结构项、结构要素、结构层次，列举如表1所示：

表1　土族婚礼的形态结构

结构项	结构因素	结构层次
婚礼空间	举办婚礼的家庭内外	婚礼时空场域
婚礼时间	正式婚礼多为三天，如计算“告户”则多达十多天。具体婚礼举办时间，多由阴阳先生测算确定	
婚礼物品	酒及酒具、各种食物及用具、其他需用物件	
婚礼参与人	亲戚、女方送亲者、家伍、庄村人员、媒人等	婚礼主体及行为结构
婚礼组织者	总纳（总管）、支户、东家	
婚礼角色	亲戚/东家，贵客/支户，尤其突出舅舅、媒人，婚礼歌演唱者，酒倌，厨子等	
婚礼行为	道喜—入席—吃席—演唱婚礼歌—祝福东家等	
婚礼乐舞	各种婚礼歌的按序演唱、说辞等	婚礼乐舞结构

在土族婚礼中，表1这些结构因素本身虽然在内容和形式上有一定的意义指向性，但只有互相联结，构成婚礼民俗链，并通过东家、亲戚、媒人、酒倌、婚礼歌演唱者等民俗角色在婚礼时空场域中的一系列习俗化行为，才能表达更为丰富的民俗文化意义。时空场域是婚礼仪式得以展现的基础，行为结构是婚礼仪式尤其是婚礼歌演唱的展示，而乐舞结构是婚礼上言说、演唱的行为结果，伴随行为结构而存在。

土族婚礼歌的演唱，可以视为一次主客之间的娱乐活动，但更大程度上是一种仪式过程、礼俗过程、表演过程。婚礼歌不仅具有其程式性，即内容和形式上的规定性，而且围绕演唱过程，形成了相应的程式性的行为模式，并逐渐演绎定型为现今具有深厚的民族特色和文化意义、存在完整

---

[1] ［英］特伦斯·霍克斯．结构主义和符号学［M］．瞿铁鹏，译．上海：上海译文出版社，1987：8.

结构的婚俗模式。

（一）土族婚礼歌“道”演唱的时序结构模式

土族婚礼，包括第一天的“收客”、第二天的“正式宴客”、第三天的“贺喜”。在婚礼“收客”后的第二天，新娘已经迎娶到家，是设宴款待女方宾客以及自家亲戚的时间，男方家主要演唱敬酒曲向禧客们敬酒，宾客则以歌答谢。婚礼歌演唱遵循严格的顺序。在安排各位贵客就座以后，随即开始演唱安席曲，拉开了婚礼歌演唱的序幕。此后，给舅舅“道尼盅儿库尔个”（将标志“道”的演唱权利的酒盅敬给预备演唱的人），请就位于首席的男女双方舅舅分别演唱。舅舅的“开言”标志着婚礼上贵客演唱的正式开始。此后，遵循严格的顺序安排，接着由就座于上席的媒人、老亲演唱，再是就座于次席（四席）的亲戚、大房外的满席的亲戚演唱。每个贵客演唱到给东家“说喜话”的时候，加入新郎感谢贵客演唱的致谢叩头。每个贵客结束演唱后，支户（值客）会接“道”，给下一位贵客送“道”。同时，按照一定的规程，让支户加入演唱一些酒曲，给客人敬酒。演唱曲目、仪式与特定的上菜时间对应。一直持续到每桌席上的贵客演出结束后，进入“乱席”。“乱席”，顾名思义，此时不再讲究严格的次序，酒客们可以猜拳行令，进行这最后的一关。而东家收拾桌子，开始准备上席。东家上席、大家吃席后，贵客们又按照从首席开始的次序，逐个唱着婚礼歌，出门辞别。而支户们手捧酒碗，用歌声迎接贵客们的“喜话”，表示感谢。此时，婚宴上已经酒足饭饱的客人们，在庭院中引吭高歌，场面热闹宏大。直到每对客人演唱出门以后，当天婚礼方告一段落。

值得说明的是，在宴请女方家宾客的婚礼中间，有一段娘家人向婆家人托付新娘的“摆针线”仪式。娘家送亲人把新娘托付给其公婆，还要对男方家“抓针线”、“冠带新郎”。男方家同时进行回应，进行谢娘恩、谢媒人。

贺喜这天，主要是庄村本家前来贺喜，没有“摆针线”仪式，但有亲家“阿务”（即新娘叔父）的出席。其他程序基本类似。

土族婚礼歌曲目的演唱次序，按照一定的程式来排列。一是随着婚礼的进行顺序，特定礼俗情景演唱特定的曲目；二是随着时间进行的次序，特定的时间段演唱特定曲目。安席、正席、乱席、尾曲，是婚礼程序沿着时间顺序展演的仪式性歌曲。婚礼歌的结构模式，是基于婚礼的进行程序的结构逻辑形成的。因此，婚礼进行的结构逻辑成为婚礼歌内部进行结构组织的依据。婚礼歌由婚礼决定，而婚礼歌的结构意义则由婚礼赋予。

（二）婚礼歌演唱角色结构模式

在土族婚礼这一模式化的结构中，婚礼歌必不可少，而且是占有非常重要地位和比重的要素之一。婚礼歌，基于其功能决定了其属性，婚礼歌的功能，通过婚礼中的礼俗角色之间的互动行为而发生、完成。

参加婚礼的各位贵客以及支户等均有各自特定的礼俗角色，按照传统模式和行为规则在婚礼中完成各自不同的礼俗任务。婚礼中的角色通过角色间的结构性关系得到凸显。其中，婚礼歌演唱者是婚礼歌的实践者，他们与其他角色之间通过一系列互动行为关系，形成一种特定的结构模式。婚礼歌的演唱行为模式，实际上是礼俗角色与婚礼歌的演唱习俗规范的统一。婚礼歌的演唱，需要明确礼俗角色。在整个婚礼过程中，礼俗角色始终按照该角色的传统行为规范来表演。其中，我们可以从嫁娶双方及主客之间、男女之间、长辈晚辈之间等层面来思考。

正式宴客的这一天，是男方家款待女方家娘家人及男方家亲戚的时间，婚礼歌的演唱角色可以视为一个横向联系系统。这一天，主人家与各位贵客构成主—客横向联系系统。一方面，男方家与女方家属于横向的平行的无等级高低的联结，是基于婚姻嫁娶关系而建立的，因为“儿女的婚事”，男女双方家庭及亲戚通过婚礼仪式得以联接、汇聚。但是，需要注意的是，嫁娶双方的礼俗身份不能互换，这一天娶方一直保持对嫁方送亲客人的尊敬态度，嫁方也在心理上确认其“被尊敬”的礼俗身份，不管嫁方来客辈分、年龄如何，娶方支户均要一律尊称他们为“阿舅”。另一方面，男方家的亲戚，是这天贵客的另一组成部分。虽然亲戚关系原先就已经建立，但是基于亲戚在重大事件中的来往习俗，他们无不按时按礼俗参加婚礼。这里，新郎的舅舅与新娘舅舅并列为“娘亲阿舅”，属于最尊贵的客人。而其他客人同样受到东家的礼遇。这一天，首先是确定座位习俗。对女方家的送亲和男方家亲戚，东家准备了丰盛的宴席。在开席之前，需要在各席的上位确定就座人选。首先，请女方的娘舅在堂屋正中首席的左椅就位，让男方的娘舅在右面作陪；在炕上请媒人就位，让男方辈分较大的某一老亲奉陪；再逐个确定余下席位上的上位人选，其余客人才能依次入席，确定席位多考虑客人的身份。此后，支户演唱“安席曲”，进行“道尼盅尼库尔个”，请贵客开始演唱婚礼歌。

第三天的贺喜，可根据婚礼歌的演唱角色将其视为一个纵向系统，这是东家款待庄村本家的时间段。这一天，在确定席位时，更多的考虑长辈与小辈关系，最尊贵的作陪亲家的位置一般要给辈分最高的本家人员。这是庄村内部关系的一次确认，通过婚礼重申和强化长幼有序的村落秩序。同一家族的晚辈与长辈在一家同时出席婚礼时，要对长辈进行“告喜”，晚辈来到长辈的席前，向长辈口称“向爷爷/叔叔告喜”同时磕头，后向长辈敬酒，并在婚礼中对长辈处处表现出谦卑恭敬。

此外，婚礼中男性与女性关系也是一个重要的角色关系。女方家，姑娘出嫁的那天，设下酒席款待给新娘送行告别的亲友。在媒人到来后，“骂媒人”习俗中女方家的女性是绝对主力，及至晚上二位娶亲的人到来后，对他们的“莫日苦调尼斯果”（即骂牵马来娶亲的人）在他们就座的窗户边上一浪高过一浪，并不断变换各种节目来戏谑他们。在女方家，女性成为婚礼歌演唱的主力军。而男方家，除了女性演唱迎接新娘下马的《上党起啦》外，没有其他演唱机会，而由男性充当婚礼歌演唱主力。关于这一差异，需要再作深入思考。不同婚礼角色，表现不同的社会礼俗的结构性关系。

（三）婚礼歌演唱者结构模式

在正式婚礼期间，舅舅备受尊敬，表明土族社会仍然保留着部分“舅权制度”。婚礼歌中有较多赞美阿舅的歌，同时阿舅也是正式婚礼中演唱婚礼歌的贵客中的第一人。媒人始终是婚礼中不可缺少的重要人物，同时也是一桩婚姻的见证人。土族人坚信“天上无云不下雨，地上无媒不成亲”。媒人肩负着婚礼全程的说和、议事、协调的使命，甚至在发生离婚纠纷的时候，媒人还要被请去帮助协调。诸位亲朋更是婚礼中的重要客人，在亲朋的帮衬下婚礼方得以顺利进行。同样，若没有家务支户的倾力支持，东家更难完成一场完美的婚礼。不过，庄村的“道把式”在婚礼歌演唱方面又更具专业地位，这些人物构成正式婚礼时间内演唱婚礼歌的演唱者主体。其中，支户们迎送“道”，也在每一位贵客的“道”表演间隙起着起承转合的作用，通过他们整个婚礼歌的演唱按部就班地进行下来。舅舅、媒人及重要亲戚的演唱，是婚礼中重要的表演，通过他们的“金口玉言”，新人及新人家庭获得人丁兴旺、财运亨通等美好祝福。而且，通过与支户的呼应，整个婚礼的喜庆气氛得以构建和张扬。

而在“告户”（准备婚礼）期间演唱婚礼歌时，“道把式”的重要性更为凸显。“道把式”们或在东家约定的时间，或各自先约好时间后一起前往东家。在东家待时机成熟开始时演唱婚礼歌。由于没有其他婚礼程序的干扰，婚礼歌演唱会持续很长时间，有时从晚饭后直到后半夜才结束。而“告户”时，一般的庄村本家也会前去参与，这些人构成了“告户”时演唱婚礼歌的听众。虽然他们在演唱中无所作为，有时候甚至因为说话影响正常演唱，但他们对整个“告户”的评价起着关键作用。要是东家不小心让他们不高兴，他们联合起来离去，会让演唱者陷入尴尬境地。东家日后也会遭到亲戚和庄村的负面评价。

婚礼中，“道把式”是歌者，亲朋好友是歌者，娶亲人是歌者，支户是歌者，土族阿姑（女性）也是歌者，这使得所有参与者仿佛进入了“口头艺术”的完美表演状态和“言说”传达的极致阶段。从文化学意义上讲，反映了对土族社会交际、礼仪的价值判断。土族以婚礼歌的表演为平台，调动了东家的绝大部分社会资源为婚礼服务。

三、土族婚礼歌的演唱行为模式

“大凡人类的礼仪活动，其仪式本身的繁琐程度总是与人们对该仪式对象的重视程度成正比的。仪式愈是烦琐，说明人们对仪式所涉及的事物愈是重视。”❶ 土族婚礼仪式程序复杂，细致生动，祝辞颂歌伴以美酒，足见其在土族人生活中的重要地位。而婚礼歌的演唱自始至终贯穿其中，且已积淀成为较为固定的演唱行为模式。婚礼歌的主体表演者在特定的语境中，按照传承的民俗模式进行表演，独有的“道”的语境，展现了土族婚礼的鲜活场景，构成一幅丰富的民俗生活图景。

在正式婚礼开始前几天，男女方家“告户”后，几乎天天晚上唱“道”，一为演练，二是酝酿气氛。因为这种演唱多在晚饭后进行，尤其是在男方家有几天规模较大的演唱，持续时间长，由四个人分两组对唱，主要演唱《观天地》、《周末混沌歌》、《绣莲花》及各种问答歌。到女方家娶亲时，两位“喜客”（娶亲人）被要求唱“道”，而且与女方家的“道把式”（民间擅长道拉的人）对唱，一般要唱《拜五方》，之后由女方家道把式随意演唱提问《什么大来什么小》等。随着婚礼不断深入，要演唱《上马曲》、《迎喜曲》、《迎亲歌》、《抬财进门歌》等。在安席后，支户首先演唱“安席曲”，此后不断以“送道”给双方舅舅为首的贵客，并让贵客们逐个唱“道”，再“接道”的方式，在不断“接送道”中，以“道”来控制宴席进度并敬酒。相比于婚礼当天演唱的比较短小精悍的“四六句”外，还有如《米谷酒》、《敬仙桃》、《十样锦》等诸多酒曲。被誉为

---

❶ 郗慧民．西蒙古族的独特社会历史及其民族特性——西蒙古歌谣内容的考察研究［J］．西北民族学院学报，1990（4）．

“道的根本”的《周末混沌歌》，追忆“阳世生成”的过程，由“起唱”、“混沌”、“开天辟地”、“人类起源”、“周末”五大部分组成，在悠扬的旋律中层层展开，步步深入。“道”的演唱形式往往是主客问答式的，有时高手相遇，便相互盘问，不断展开，唱者尽其才，听众尽其兴。这种问答方式形式活泼，生动有趣，更有助于传达“道”的丰富内涵。

从演唱程式看，婚礼歌的演唱具有较为固定的顺序、时间和表演方式，表现出相当明显的程式性。婚礼歌词，为人们尤其是“道把式”提供了一个表演框架，在主客人际沟通、情感交流过程中起着构型作用。虽然不同的演唱者采用大致相同的歌词，有的还属于即兴演唱发挥，因人而异的“道拉”，但其歌词要表达的意义、传达的情感以及演唱曲调、唱词结构等仍然局限在传统的表演框架中，表现出了强烈的程式化倾向。这种程式化，实际上就是传统民俗文化的强制性或控制性，长期引导和规约着演唱者的表演方式乃至内容。歌词相对固定，句式多为四六句式，“道拉”中相对稳定地延续着传统。而演唱行为，作为人们的社会生活内容，是不可重复的、具体的、变异的。在“告户”的演唱中，多由四人分两组演唱，采取一问一答的形式，或者一唱一应的方式。由于暗含竞赛意味，有时，因为两组对唱脾性不和或临场演唱时气氛不和，也会问一些特殊的、有意要让对方回答不上来的问题，以让对方难堪。但更多的还是为了给主家营造快乐气氛，对答双方熟悉或者已经约定俗成的对答歌。

四、土族婚礼歌演唱的社会功能

婚礼歌的演唱在东家家里构建了一个主客对话的无形框架，表现东家对于客人的态度，是沟通主客的主要方式。“作为一种口头语言交流的模式，表演存在于表演者对观众承担展示自己交流能力的责任。这种交流能力依赖于能够用社会认可的方式来说话的知识和才能。从表演者的角度来说，表演要求表演者对观众承担展示自己达成交流的方式和责任，而不仅仅是交流所指称的内容。从观众的角度来说，表演者的表述行为由此成为品评的对象，表述行为达成的方式、相关技巧以及表演者对交流能力展示的有效性等，都将受到品评。”[1] 表演者和观众之间通过表演建立了一种表演及品评的现场关系，并在二者的互动中使表演者经验得到升华，而观众

---

[1] ［美］鲍曼．作为表演的口头艺术［M］．杨利慧，安德明，译．桂林：广西师范大学出版社，2008：12.

现场享受表演。同时，在土族婚礼上，表演者的多元构成，表演者之间的互动成为一个很重要的关注点。作为表演者的贵客与同样作为表演者的支户之间，互动自始至终。通过二者的互动，婚礼气氛得到活跃，而且作为交流的婚礼歌表演，此时表演成了交流的主要工具。交流不仅凭借婚礼歌，而且结合身体动作，比如作揖、简单舞蹈动作，乃至于一个眼神、笑脸等，尤其是支户通过这些动作向贵客精心表达东家的诚意、敬意，而贵客则向东家及支户表达对于热情款待的谢意。有效互动共同使婚礼顺利完成。地方上认为，在婚礼上无论谁的原因，只要有人在东家“闹事”而毁坏了良好的婚礼气氛，就认为东家的婚礼办得不到位。

而对于东家而言，表演者与观众的良好互动、良性交流，是其“告户”活动得以成功的决定性因素。通过这种长时间的表演，东家向庄村展现自己对于庄村本家的诚意、敬意，而庄村本家们通过参与来亲身体悟东家的态度。以婚礼歌表演为平台，庄村感受东家举办婚礼时对于庄村的态度。东家家里到底有多少人来“告户”，在土族民俗生活中是社会评价的象征，来的人越多，演唱时间越长，越说明他的为人好，得到了庄村的肯定；反之，庄村通过不来参加“告户”，表明他为人存在负面评价。因此，婚礼歌演唱，尤其是“告户”时的演唱，一是东家回报庄村互相照应的一种地方方式，二是为了挣得“面子”的一种家庭行为。而后者的重要性更为突出。为此，东家会尽其所有能力，调动各种“资源”，协调各种关系，以地方满意的酒食、认可的态度、和谐的气氛等来表现对庄村的敬意。

婚礼歌演唱仍然是传承规范的地方口承文化的重要方式，是演唱者个人才能的展示。演唱行为，作为一种社会行为，包含了演唱者个人的理解和演绎，从而赋予婚礼歌一定的个性化的意义。在一定程度上，土族婚礼歌的演唱者进行着即兴发挥式的个人创作。但是，他们的创作仍然是囿于本土社会所认可的“道拉”规范之内，是为参与婚礼的所有宾客、主人等都认可的，这里，就表现出了“道拉”的社会性。口头传统在表演中获得生命，每一次表演都为创新提供了一次机会，而任何这种创新都会在传统中得到明确的承认。对活形态的口头传统的共时性分析表明，表演和创作是同一过程中处于不同程度变化的两个方面。口头诗歌的创作不是为了表演，而是以表演的形式来完成的。[1] 土族婚礼歌作为口头文本以口头形式传承，活态地存在于婚礼这个具体表演和与之相关的语境中，并与之息

---

[1] 尹虎彬．口头诗歌传统与表演中的创作问题——荷马与荷马史诗研究的启示［J］．海南师院学报，1997（1）．

相关，它是“交流”的产物，其生产过程是动态的、复杂的、即时的、独创的，这一过程必须在严格的田野调查中才能被清晰地观察到。而同一口头叙事在不同的演述场域（婚礼）中会呈现出不同的文本风貌，并由此产生大量异文。演唱者精彩的表演，在得到在场观众好评的同时，在过后一段时间内仍然是村落内部提及婚礼歌演唱时所标榜的对象。演唱者对于类似的评价充满期待，而这种评价极大激发演唱者通过日常的知识积累以及演练，不断提升表演水平。演唱者对于一年中难得的演唱机会积极把握，对自我才艺的展示充满兴趣。但是，“如果歌手过于偏离传统版本，就会被某种力量拉回原来的地方”❶。演唱者个人化的东西，不能超越地方知识的规范。

传递共同体的价值观念。从演唱时间、空间、人群及内容来看，它可以被看成一个社会特定生活的“公共空间”的缩影。在这个公共的空间，既可以看到确定的时间、地点、程序、规定等，还可以通过表演看到特定人群的行为、思维模式。它所蕴含的意义通过婚礼，显现地区语境下的显著文化特色。在婚礼歌演唱过程的整体情境中，通过演唱过程来传递共同体的价值观念。土族重人情礼节、敬老爱幼、待人诚恳、和睦友爱，深受汉民族“仁、义、礼、智、信”的道德观念的影响，在热闹而隆重的婚礼中鲜明地体现了自己的伦理道德观。另外，土族人讲求人与人之间论资排辈、长幼有序、男女有别，待人接物的伦理规范，在婚礼上也有所体现。还有一系列重要的宴席曲，如《七好比》等颂扬善行美德、提倡团结和善、强调尊老爱幼。通过对各种社会关系的类比联想，层层展开，昭示着基本的人生准则和为人处世之道。

五、土族婚礼歌的生存境遇及变迁

如果把土族婚礼歌“道”区分为“歌唱内容”（即歌词，也可视为较严格意义上的文本，目前很多“道把式”都有自己搜集、整理的手抄本）和“歌唱行为”（演唱形式的语境）两个层面，那么，歌词文本层面的相对稳定性，与歌唱行为的每一次形式的独特性或差异性，二者之间越来越多地表现出意义上的分离。虽然其作为“歌词”文本形式的意义相对稳定，保留着过去的传统演唱内容，甚至有些已经文本化而将内容固定了下来，但是与此相对应的演唱者的行为，随着时代的变迁已发生了诸多的变

❶ Lord, A. B. The Singer of Tales [M]. Cambridge: Harvard University Press, 1960: 118.

化。传统文本所要表达的原初意义，已经变得不再重要，重要的是通过“道拉”来表达一种社会参与、社会交际或者是社会维系的现实。

通过对土族婚礼歌作为“歌词”文本和演唱者行为两个层面上的讨论，我们可以发现，最初的土族婚礼歌的演唱内容与演唱者所要表达的情绪是一致的、统一的，后来随着社会变迁，虽然保留了歌词的文本，但是演唱者在一代代的传承过程中，演唱行为的意义发生了很大的变化。歌词所要表达的意义，与演唱者行为所要表达的意义已经发生了明显的分离。歌词文本表达的意义正与人民生活渐行渐远，其中的信仰内容已经淡出演唱者乃至于听众的意义系统，“演唱”和“听”仅仅作为一种民间社会维系村落社区社会交往的方式。而且，随着近年来现代文化的严重冲击，“道”的传承受到前所未有的严峻挑战，正面临消亡的危险。过去，“道把式”们唱词的文本化是个人通过参与婚礼歌演唱，将听到的词句点点滴滴逐渐手抄积累的过程，他们将搜集到的唱词文本视如珍宝，其“道本子”（手抄词本）绝不轻易示人。随着民间文化保护工作的开展，一些民间的唱词被搜集整理公开出版，这对于过去的演唱者而言是极大的好事，可如今方便的信息方式之下无人再对此感兴趣。手抄“道本子”与铅印的文本之间所承载的意义同样发生了极大分离。

一个民族文化生成和发展离不开其文化生态，文化生态是民族文化存在延续的基本条件。文化生态发生改变就会引起民族文化的变异乃至消解。作为土族社会中一种乡民艺术形式的土族婚礼歌亦不例外。“以全球市场化为背景的现代性与经济化的强势话语，逐渐渗入乡土社会，持续改写着乡民艺术的内在逻辑，加剧了当代乡土社会自治机制的失衡与断裂。由此，当代乡民艺术在整体上呈现出一种衰败景象。这主要表现在，乡民艺术在当代社会与文化的双重现代化历程中已经失去了对于自身的本体指认，而逐渐沦落为被各种各样意识形态话语和消费文化、传播文化分解的碎片，一种真正具有相对独立的社会功能和文化扩张力的乡民艺术蓦然难寻。”❶ 随着外来传播媒介的强势进入，外出务工人员的增多，传统的生产方式、生活方式逐渐消解，新的生活方式正在萌动。外来文化的冲击、经济发展的影响、生活方式的改变，都在影响着婚礼歌的演唱内容、形式。目前，许多农户在举办婚礼时，更多地选择到乡镇饭馆待客。年轻一代似乎只对发展经济感兴趣，娱乐方式的现代化，使年轻一代认为传统婚礼歌

---

❶ 张士闪．村落语境中的艺术表演与文化认同——以小章竹马活动为例［J］，民族艺术，2006（3）．

演唱是“老土”，他们对于不能带来任何经济利益的婚礼歌演唱兴味索然。这样，婚礼已基本没有了“安席”等程式，一般也不演唱婚礼歌，即使有演唱的，也是酒酣之后一种无秩序的情绪表达。而没有了传承生态，民间的传承模式链受到破坏，婚礼歌的传承面临危机。

甘青穆斯林民族地区村治模式研究

——以青海省循化县撒拉族农村为例

李臣玲[*]　王玉君[**]

（青海大学省情研究中心，廊坊师范学院）

一、村治模式研究简述

“村治模式”是华中村治研究团队提出来的一个农村理论研究概念，属于农村研究的一个重要方面。村治模式是指特定的村庄结构及其对政策反应的特殊过程与后果[1]。村庄内部特定的社会结构，会对相同的自上而下、自外而内的同样国家政策和法律产生不同的反应，导致不同的社会政治结果。对村治模式的研究是近年来农村研究的一个重要领域，对民族地区农村村治模式的研究亦是民族学的一个重要研究领域。

目前理论上影响最大、体系最为完备的当属以农民认同与行动单位为标准对村治模式进行的分类，即村治模式可以分为宗族主导型村治模式、原子型村庄的村治模式、家庭联合主导型（包括小亲族、户族、联合家庭等）村治模式[2]。在原子型村治模式中，亲兄弟分家后的关系如同“陌路人”，这样的村庄难以抵制村干部的专制和地痞的骚扰，并具有非正常死亡率高，老年人地位低，国家计划生育政策较易执行，群体上访的事件难以发生等特点，符合上述特点的农村以湖北荆门地区为代表。宗族主导型村治模式，以江西、福建、浙江、湖南、广东等省部分农村地区为代表，这种社区以宗族为共同的认同和行动单位，村民组织性强，村庄舆论有

---

* 李臣玲，女，青海大学省情研究中心，教授，博士。

** 王玉君，男，廊坊师范学院，博士。

❶ 贺雪峰. 论村治模式［J］. 江西师范大学学报，2005（3）.

❷ 贺雪峰. 村治的逻辑［M］. 北京：中国社会科学出版社，2009：165－182.

力，生育男孩的动力强大，计划生育工作困难，老年人地位高，村民之间的联系与关心较多，非正常死亡率低，地痞甚至政府等各种外力难以进入村庄之内，村民可以组织起来共同抵制政府对农村资源的过度汲取等。家庭联合主导型村治模式中的社会政治现象，则介于宗族主导型和原子型村庄之间。

此外，以村治制度为主要变量，有学者将我国的村治模式分为三大类：村委主导型村治模式、民间主导型村治模式和自生型村治模式❶。亦有学者根据村民自治民主制度发展的现状，将村治模式分为精英主导下的村民自主型参与、精英主导下的政府动员型参与、精英专制下的村民抗议型参与和精英专制的受人鼓动型参与四种类型❷。有学者认为目前的村治模式，由于当前农村社会的开放性和流动性，以及土地流转和规模化经营，原先的封闭的仅为本村庄户籍村民服务的封闭型的自治模式已经不适应客观实际的需要，应当向开放型村治模式转型❸。

这些学术成果，丰富和深化了村治模式的研究，但应当指出的一点是，这些研究都没有涉及民族学的内容，也没有涉及宗教的内容，尤其是没有涉及少数民族的研究，几乎完全侧重于在广大的汉族地区进行田野调查和理论总结。我们在诸多学者的研究成果基础上，考察撒拉族村治模式，就是希冀能够对不断充实村治模式的研究有所裨益。

二、田野调查点简介

撒拉族语言属阿尔泰语系突厥语族西匈语支的乌古斯语组，与周围的汉、藏等族语言都不相同，而与中亚土库曼人及今撒马尔罕一带的乌兹别克人的语言相近；其先民原是西突厥的一个支系，元初从中亚细亚（今土库曼斯坦）迁入我国；在祖国的民族大家庭中，撒拉族已有700多年的历史❹。撒拉族是全民信仰穆斯兰教的民族，宗教信仰十分虔诚。循化撒拉族宗教方面的另一个重要特点是循化是青海乃至西北伊斯兰教派、门宦传入和形成的主要地区之一。现全县信奉“格底目”（俗称老教）群众约占40%。信奉虎夫耶花寺门宦、嘎德林耶门宦、崖头门宦的群众，约占

---

❶ 李航．中国农村的村治模式类型与特点评析［J］．今日中国论坛，2009（1）．

❷ 董江爱．权威与民主关系视野下的村治模式探索［J］．东南学术，2008（2）．

❸ 李增元．村治模式转型：由封闭性自治到开放性自治的演进［J］．重庆社会科学，2009（10）．

❹ 杨圣敏，丁宏．中国民族志［M］．北京：中央民族大学出版社，2003．

23%。伊赫瓦尼教派，原意为“兄弟”，因产生时间较晚，被称为“新教”，目前，全县约有36%的撒拉族群众信奉该教派❶。

撒拉族是我国22个人口较少民族之一，人口约10万，主要聚居在青海省循化撒拉族自治县（以下简称循化县）。全县2镇8乡，其中6个为以撒拉族为主的乡、镇，4个藏族乡，全县154个村民委员会。2010年年底全县撒拉族人口73667人，约占全国撒拉族人口的82%❷。我们的田野调查点选取了以下三个行政村：1）积石镇A村，紧靠黄河北岸，是循化县省级新农村建设示范村，全村113户，636人，党员23名，其中撒拉族633人，保安族1人，回族2名；2）街子镇B村，全村460人，90户，党员12人，该村西边背靠山坡，东边地势开阔平坦，该村虽然有着较为悠久的文化，但目前是街子镇最贫困的行政村；3）街子镇C村，全村717人，121户，19名党员，该村门宦较多，目前有三个清真寺。

历史上撒拉族农村村级组织是具有民族特色的基层社会组织，即“阿格乃”和“孔木散”。“阿格乃”（Aging或Agni）是一个合成词，由突厥语中的“Aga”和“Ini”（哥哥和弟弟）两个词复合而成，同一父亲的几个儿子组成的小家庭之间的关系是“真阿格乃”，同一祖父的几个孙子的小家庭之间的关系是“远阿格乃”，若干个“阿格乃”组成一个“孔木散”（Kumsan），即“一姓人”、“一个根子”的意思，几个“孔木散”组成一个“工”，历史上的“撒拉十二工”即是由“阿格乃”、“孔木散”作为小型血缘组织组成的。一个“孔木散”的负责人称“哈尔”，兼任寺院的学董，这位头目有集中所有“孔木散”的权力，处理“孔木散”的日常事务，如行政财政、宗教事务、司法词讼、公共事务等诸方面。❸ 从历史上看，循化撒拉族的“孔木散”、“阿格乃”血缘组织在村治方面发挥着重要的作用，有着突出的历史地位。

三、撒拉族村治模式调查

改革开放以后，国家废除人民公社制度，在全国广大农村地区实行包产到户政策。1980至1981年，循化全县土地、牲畜、家具下放到农户，679个生产队实行家庭联产承包责任制，所有能分的集体财产几乎都分到

---

❶ 马光辉．循化伊斯兰教现状［J］．中国撒拉族，2010（2）．

❷ 资料来源：循化县就业局。

❸ 芈一之．撒拉族史［M］．成都：四川民族出版社，2004．

农户，不能或不便分割的予以承包经营，一时间各行政村“分田分地真忙”，农村一派繁荣景象。包产到户极大地提高了农民的生产积极性，农户重新获得了在人民公社制度下失去的若干基本权利，诸如“财产占有权、自由经营权、劳动分配权、独立核算权”[1] 等，由此产生了极为强烈的激励机制，极大地焕发出农民高涨的生产积极性，使农业出现了一个超常规发展的时期，大幅度提升了粮食产量，“1980 年，循化县粮食总产量达到 2763.43 万公斤，平均亩产 247 公斤，创历史最高水平。”[2]

包产到户有效地解决了农民的温饱问题，使农民获得了粮食生产的自由和经济自由。但是这种情况，也使得小生产和大市场的矛盾变得十分突出。“均田地”政策的一个突出特点就是农户经营规模狭小，土地高度分散，为了达到地力的平均，绝大多数的农村采用好、中、差地搭配均分的办法，一家农户的土地都十分分散，全国的情况是“土地细碎化”，而相对独立、过度分散的农户，其经济基础十分脆弱，组织化程度低，难以应对变化莫测又不太健全的市场。正因如此，一些地方的农民，如浙江等地，率先开始自发组织起来，走产业化经营的道路。自 20 世纪 90 年代以来，很多地方的农民通过各种合作经济组织的形式，如专业技术协会、专业合作社、合作社等把农民组织到市场中来，并促进农产品的深度开发和增值，从而逐步向着“种养加、产供销”一体化的方向发展。目前，在循化撒拉族地区影响较大的专业合作组织有忠华核桃种植园、辣椒合作协会等农民专业合作组织。在土地改革过程中，农民获得了自由支配自身劳动力的人身自由，可以选择放下农具走出家门，迈向“外面的精彩世界”，去寻求更大的经济效益，这导致了大规模的人口流动和贫富分化。

在社区公共事务管理方面，国家在农村地区实行村民自治，试图在基层乡村逐步发展政治民主，同时解决一些集体公共事务，如兴修水利、修补道路、兴建公共设施、集资建厂等需要集体合作才能完成的公共项目。

以上是我们探讨改革开放以来撒拉族村治模式的社会背景，在考察撒拉族村治模式的标准选择上，我们重点选择以农民行动单位为视角进行探讨，并选择重点考察以下几方面的社会现象，来判断农民的行动单位。不同的农民行动单位，表现为不同的村治模式；不同的村治模式，其村庄治

---

[1] 朱为群．中国三农政策研究［M］．北京：中国财政经济出版社，2008：20．

[2] 循化撒拉族自治县志编纂委员会．循化撒拉族自治县志［M］．北京：中华书局，2001：47．

理呈现不同的社会风貌。以下我们从分析村庄现象入手，来考察撒拉族村庄的村治模式。

1. 村庄选举

一般来说，当村中具有两个宗族，或者两个户族能够形成两大主体派别时，选举竞争将是十分激烈的，原子化村庄的选举，由于难以形成主力派别，其选举竞争程度较低。下面我们以 C 村为例来调查撒拉族农村选举时的农民行动单位。

访谈 1：

因为这个村里有老教，有新教，有信拱北的，拱北里有信这个老人家的，有信那个老人家的。现在党员里头拱北的人多，只喜欢发展拱北教的人当党员，别的人也有，不过不多，占不了多数，所以在党员内选书记，总是拱北教的人当书记。村里的村长也是拱北教的人，不过他是全体群众选的，人也踏实，大家还比较服气。

访谈 2：

这一次选举，原先有一个人，他当过书记，现在 40 多岁了，他原先当书记的时候计划生育工作抓得太紧了，老百姓不同意，闹起来了，他说那好吧，我辞职。今年（2011），他想竞选书记，他就说了，我要是当上书记，给村里装上路灯，盖一个幼儿园，给村里做几件事，但是还是拱北教的那些人不想让他当，他没有选上。

以上是 C 村的两个访谈，B 村的一个访谈也很有典型意义。

访谈 3：

我们村的村长，亲兄弟四个，他是老大，他是前边妈妈生的，他爸离婚后又娶了一个，后来的妈妈生了三个弟弟。他和他的小弟弟关系不错，还经常走动走动，互相没事去家里坐坐，和他另外那两弟弟走路见面都不说话。今年（2011）这次选村长，他小弟弟去跟两个哥哥说，让选他大哥。大家都说，你看，关键时候还是亲兄弟。

在 A 村的访谈也有相似的说法。

访谈 4：

投票起码要投到弟兄之间，亲叔伯兄弟之间选肯定选和自己有关系的，有用的，不这样人家就会说你看那人，连选举的时候都没有选他兄弟，这样的人你还敢跟他打交道？

从以上的访谈，结合我们在其他村的调查来看，在村庄选举时，包括入党问题或党内选举中，在村民共同行动单位中血缘关系还是起着相当的作用，但是起作用的范围和过去相比，缩小了很多，像传统社会的“孔木散”那样的作用已经完全解体了，“阿格乃”的作用也正在向由堂兄弟联合家庭之间的亲密关系向亲兄弟联合家庭之间关系收缩。另外，从访谈中可知，信仰不同门宦也影响着村民们的认同和行动单位，如C村的情况就是如此。但信仰和血缘是相互影响的关系，血缘是信仰的基础，如门宦的传承是以家庭的延续为基础的。可见，共同的门宦信仰也会使村民成为一种共同的行动单位。

2. 民间纠纷

一个社会要稳定，就必须调解各种可能扩大的矛盾。改革开放以来，农村民间纠纷调解系统向三个方向发展，一是相当一部分农村以宗族为主的调解系统重新恢复功能。在有些地方，民间系统完全承担了民间纠纷和家庭矛盾的调解，村干部在这些方面的作用很小，或根本不管。二是由村干部来主持民间调解，由于国家司法体系还没有介入村庄，民间纠纷的调解，大多落到村干部身上，“但在全国大部分农村地区，村干部的调解功能发挥不是很好，功能差”[1]，但在一些地区，村级基层组织的调解效果很好。三是现代司法系统大量介入农村民间纠纷，如法院、乡镇司法所、仲裁委员会等，但一般而言，通过国家的司法系统进行调解花费是十分昂贵的，农民在经济上很难承受。

调解协议书

本协议为调解韩宗良、八十三、吾麦日、亥力录家庭纠纷调解协议书，在“公平、公正、平等”的原则下，现调解如下：

一、从2008年起给父亲抚养费每人壹仟叁佰叁拾肆元（￥：1334.00元），若父亲去世，给母亲抚养费贰仟元（总共3人），若母亲在父亲前去世，3人照常给父亲抚养费肆仟元（￥：4000.00元）；

二、若父、母亲去世以前住老家，去世以后，庄廓归吾麦日；

三、亥力录园子、庄廓归亥力录；

四、韩宗良暂时种亥力录二级站西排下面2块地，同时保护管地里的核桃树；不得随意砍伐和破坏；

五、电磨归八十三所有；

六、韩宗良种的一、二级站面积只能种，不能卖给其他人，也不能安置别人；

七、父、母亲的抚养费每年元月1日，吾麦曰、亥力录包括八十三，由八十三负责收之后，由八十三和马奎武书记（或后任书记）交给韩宗良和母亲，抚养费不能拖欠，谁拖欠谁负责。

八、本协议从2008年元月1日起生效，若谁违协议谁

(a)

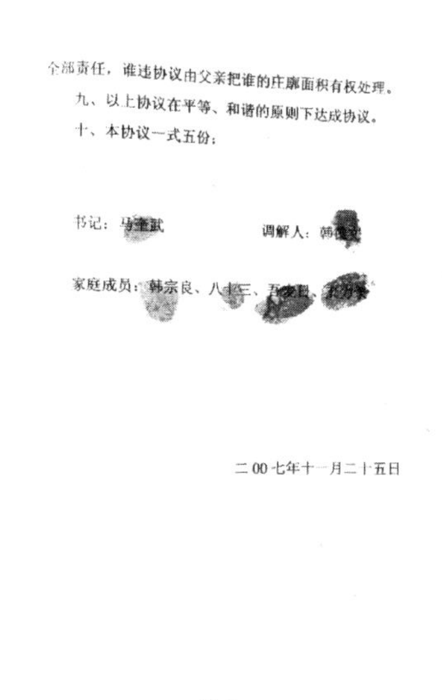
全部责任，谁违协议由父亲把谁的庄廓面积有权处理。

九、以上协议在平等、和谐的原则下达成协议。

十、本协议一式五份；

书记：马奎武　　调解人：韩

家庭成员：韩宗良、八十三、

二00七年十一月二十五日

(b)

图1　民间纠纷中使用的调解协议书

---

[1] 贺雪峰. 新乡土中国［M］. 南宁：广西师范大学出版社，2003：80.

及时正确处理调解现实中存在的矛盾，防止事态的进一步扩大，是社区长治久安的重要保证。在传统的村庄，由于乡绅阶层是皇权的延续和补充，村庄乡绅利用村庄文化对矛盾纠纷的调解很有效果，维持着传统村庄的稳定。在撒拉族村庄，A村的民间纠纷几乎全部由村书记、村长来处理，所有的调解档案由村书记统一保存。村书记马奎武同志，还是循化县的司法调解员，有趣的是，村里所有的其他档案记录，如党员入党记录、村委会选举记录、村委会议记录，马书记都存放在自己的办公室，供人翻阅，唯有这两本调解纠纷记录，马书记将其珍藏在自己的家里，马书记说因为其中涉及一些个人隐私，这个是不能随便让人翻阅的，而且据马书记介绍，为了不侵犯当事人的个人隐私，他调解纠纷时从不在办公室，而总是在三个地方，一个是原村支书家里，一个是村长家里，一个是自己家里。

图1是一份关于赡养老人的调解协议书，这一份调解书是由现村支书马奎武和原村支书韩德文共同居中调解的。据马支书介绍，协议中直接规定，每年的协议执行，现任支书马奎武都要参与其中，也就是负责监督协议书的执行（调解协议书中的第七条），协议书中还规定如果马支书离任，则由下一任支书继续负责监督协议的执行。

以上是关于赡养父母的调解协议书，下面的案例是一则房基地的调解协议书。这是一则关于“相邻关系”的协议书。根据该协议，这堵墙属于双方共有，但是哈三家的雨水应当往别处流，不能往牙古白家里流（因哈三家的地势高，所以水不会向哈三家流），双方亦不得挖墙根，影响该墙的稳固性。

类似的调解协议还有许多，有关于一个家庭的调解，有关于两个家庭的调解，也有关于黄河滩地的集体协议，涉及几十户人家。正是因为A村以村支书为代表的调解委员会的及时调解，A村自改革开放以来没有发生过大的案件，没有一次群众集体上访，没有一个村民被拘留或者被刑事处罚，也没有一起诉诸法院的民事案件。

那么宗教组织中的阿訇，有没有在民间纠纷调解的过程中发生作用呢？以下是马支书关于这个问题的访谈。

访谈5：

纠纷调解全是找我们村级组织，一般阿訇不参与这些事情。我是这样想的，如果我们村级组织实在解决不了，可以把阿訇找来。不过这种情况，在我们村没有，村级组织把问题都解决了。

宗教组织中的寺管会主任，对民间纠纷的调解也发挥着重要作用。

访谈6：

总的来说，我们这个庄子很和谐，我现在主要考虑的就是一些矛盾。前几天我们村子有一些不合适的情况：有人在黄河边种了一些树，有人说，这个地原先没有给你分，你为什么占了种树，不合适，你给大家掏钱。好，掏钱，有人说掏这么多，有人说掏那么多，说着说着成了两帮子，一帮子说，掏的多了，一帮子说，掏的少了。有人说，先不管，放放吧，我说，不能推，推到后面出大问题，谁负责，我们这个庄子的这个风气不能出来。最后，这个问题处理了，该掏钱的掏一部分钱；一些人我们要批评批评，这个矛盾你不要闹起来，这个事情闹起来问题就大了。这个问题处理完了以后，大的矛盾现在没有，和谐得很。

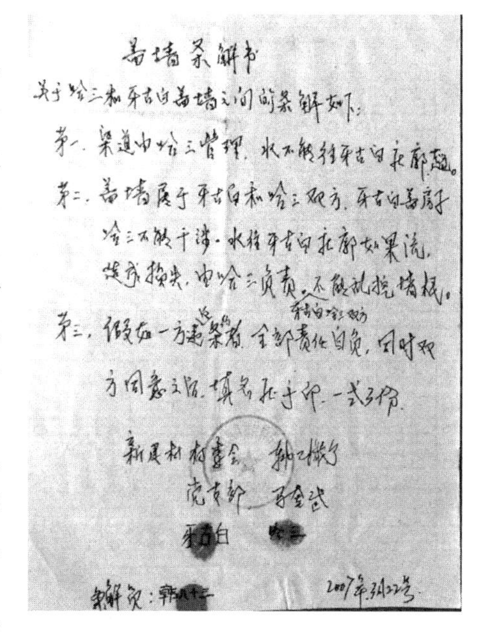
苗墙条解书
关于哈三和牙古白苗墙之间的条解如下：
第一、渠道由哈三管理，水不能往牙古白承廊[illegible]。
第二、苗墙属于牙古白和哈三双方，牙古白苗房子哈三不能干涉，水往牙古白承廊如果流，造成损失，由哈三负责，不能扰乱搅墙根。
第三、假如一方违反条约，[牙古白哈三双方]全部责任自负，同时双方同意之后，填名和手印，一式3份。
新建村村委会 [illegible]
党支部 [illegible]
牙古白 哈三
条解员：[illegible]
2007年3月22号

图2　寺官会主持民间纠纷后的协议书

访谈说明，马支书认为阿訇也可以进行民间纠纷的调解，但如果村级基层组织能够解决的纠纷，就不必请阿訇出面进行调解，只有在村级基层组织调解不了的情况下，可以请阿訇出面调解。不过在A村，自改革开放以来，还没有出现过一例村级组织中的调解委员会不能调解的民间纠纷。个中原因，主要是A村村级基层组织在群众中的威信很高，村级基层组织不仅主持调解，而且还要参与、监督调解协议的执行，很有公信力。另外，A村清真寺管理委员会，及时督促村干部处理民间纠纷，对社区秩序的维护也功不可没。

3. 老年人的地位

原子型的村庄，由于亲情观念很淡漠，一切以功利思想为主导，缺少共同价值观念的约束。在这种情况下，老年人由于生理和心理各方面的原因，经济能力下降后，其地位必然降低并被边缘化，非正常死亡率也较高。相反，在宗族主导型村庄中，由于尊重老人、孝养父母传统美德价值观念的作用，这样的村庄中老年人的地位最高，其非正常死亡率也较低。

访谈7：

我们这里，尊老爱幼的传统好，阿訇每次都要讲这个事情，叫大家尊重父母，爱护儿童。年龄大了，不用干活，想干就干，不想干了不干，主要事情就是学习《古兰经》，穿得干干净净，去清真寺礼拜，不去寺里就在家里按时大小净，按时礼拜。

从撒拉族农村的情况来看，村里的老年人地位较高，笔者在B村调查时，一个小伙子，家里为他买了一辆大卡车跑运输，开斋节期间车报停了，他在家里一边过节，一边照顾自己的母亲。和他聊天时，他说妈妈病了，他在家里妈妈会高兴一些。老年人的赡养问题也有，如上面的调解协议案例就涉及这方面的问题，但这种事情很快就会依靠村庄各方面的力量得到解决。另外，宗教文化在这方面的影响也很大，宗教的尊老爱幼教理教义的宣传，在村民中形成了一种共同的价值观念，并自觉成为人们的行为规范。

4. 住房竞争

在宗教主导型村庄，住房成为个人的一种象征性资源，因此住房竞争的观念还是比较强的，但由于受到强有力的宗族组织力量的约束，住房竞争一般不会发展成为公开的炫耀性的恶性竞争。而原子型村庄中，住房一类的长期投资受到忽视。家庭联合型村庄中，住房竞争成为各方面竞争的一个重要方面，由于缺乏有力的价值和组织约束，有时会发展得十分严重。

从调查走访的情况看，撒拉族的住房竞争观念还是比较强的，在C村，笔者走访了两个花几百万盖新房的农户，住房均是雕梁画栋，院子里引入流水，占地面积很大，花木布置有序，屋内实木家具名贵，木地板清洁锃亮，现代化的电器设备如镭射电视等应有尽有，十分豪华。笔者还走访了几家住房条件十分简陋的农户，房屋是十分老旧的土屋，家徒四壁。在撒拉族农村，村民经济收入提高后的第一件事，就是要盖新房，一方面是改善住房条件，提高生活质量；另一方面，有钱后盖新房不仅是该地区的一种社会风尚，而且有时还会影响子女的婚姻。

访谈8：

给孩子说媳妇，人家首先要来家里看房子，房子不行了，连孩子找媳妇都困难。

5. 公共服务设施建设

一般来说，宗族主导型村庄，由于农民组织性高，动员难度小，其公共服务设施建设最好；原子型村庄，由于农民高度分散，缺乏组织性，动员难度大，其公共服务设施建设最差；家庭联合型村庄介于两者之间。

撒拉族是全国22个人口较少民族之一，根据国家人口较少民族扶持政策，近年来，国家十分注重在撒拉族农村公共设施建设方面进行投资，三个调查点的村委会、党员活动室、农业基础设施、村内道路等方面均主要依靠国家资金（如A村）或国家力量（如B村）建设，一般这方面很少需要由农户集资进行公共服务设施建设。农户集资进行的建设主要是宗教活动场所，下面以A村的情况为例说明。

访谈9：

在宗教活动场所上，我们庄子出的人工合成钱值200多万。说到出人工，村里今天你来了，明天他来了，来了就来了，不来就算了，全是自愿的。我是主任，不管是下雨也好，太阳也好，下雪也好，我自己要坚持到岗，主要是怕返工。建清真寺不像一般人家盖房子，没有个具体样子，前面也没有一个卡码，随时随地要商量这个要怎么干，人家有图纸的，有数字的，我们没有。这儿高一点，那儿低一点，宽一点，还是窄一点吗，全是自己边干边想的。前前后后花了两年多的时间吧。我今年73岁了，这两年来，我每天都在现场，离不开的。

建清真寺的时候我们寺管会一共10个人，清真寺建起来了，我们也高兴，群众也高兴。群众为啥高兴，清真寺的钱，我们10个人一分钱都没花，财务账清得很。这是我的制度，谁要花清真寺的钱，你就不要干了。这里面肯定是我掏的多一些，今天吃饭了，算了吧算了吧，我掏过了，明天住宿，算了吧算了吧，我掏过了。这种情况在全县的清真寺里，是没有的，哪有清真寺里出车，司机自己掏钱的。我一开始就给他们说过这个话，10个人里面，清真寺的钱，谁也不能吃一个羊汤，刮一个碗子也不行，如果能坚持的话，就在寺管会里，不能坚持，就算了。

以上的访谈说明，该社区人口总数仅有636人，113户，该村的清真寺建设，共用资金200万左右，人工折合人民币200余万元，前后建设时间共用了两年多时间。两年多来，各农户有钱出钱，有力出力，全凭自愿，无论下雨下雪，坚持不懈地进行建设直到竣工，从这件事情的整个过程来看真是一个壮举。另外，该村的信仰也是一部分信奉老教，一部分信奉新教，但无论是哪个教派，都能齐心协力共建一个清真寺，这从一个侧面反映了社区的资源整合和组织能力都很强。

而C村的情况则是另一种情形，该村有三个清真寺。

访谈10：

我们村共有四派，主要是因为门宦不同分成四派，这个四派说起来事情多。以前我们那个老清真寺要重新建设，老的小的商量说要把寺搬到庄子中间来，老人礼拜近一点，这是十几年前的事。群众商量的时候互相不听，意见不能统一。有人坚持不要搬，群众说你一个人为什么说了算，为什么要听你一个人的话，他说我有钱，我出30万，你们不要搬。穷人也没钱，还有，他们亲弟兄五六个，加上亲叔伯兄弟多了，总共有二三十个。人家有钱，人又多，就不搬了。

以上两个案例说明，在公共服务设施建设方面，撒拉族农村社区的资源整合和组织能力都较强，这其中信仰起着主要作用，而家庭、家族又是信仰的基础。

四、撒拉族村治模式及其发展趋势

通过以上村庄选举、民间纠纷、老年人的地位、住房竞争、公共服务设施建设等五个方面的调查和综合分析，我们认为，撒拉族村庄的村治特征，不符合原子型村治模式的特征，也不符合宗族主导型村治模式的特征。如果不考虑宗教因素的影响，则撒拉族村治模式符合家庭联合主导型村治模式，农民以亲兄弟之间的联合家庭为共同行动单位的很普遍，以堂兄弟之间的联合家庭为共同行动单位的仅是个别现象，并不普遍。但是，在考察中我们看到，不管是村庄生活还是村庄治理，都能看到宗教的深刻影响。调查显示，目前撒拉族农村，存在二元治理主体，即政治中心（村“两委”）和文化中心（宗教组织），所以撒拉族村治模式属于村“两委”和民间共同主导的村治模式，二元性的治理特征明显。因此，我们认为，目前撒拉族的村治模式，是家庭联合和宗教信仰共同主导的二元村治模式。下面的访谈也可以印证我们的结论。

访谈11：

村里的党组织是不是领导核心？很明显是核心，平时看不出来，一旦到了关键时候，党组织还是绝对起领导作用的。比如说，宗教出了问题，首先是党组织出面去说话，很有威力的，谁也没有它的威力大，阿訇的威望再高，关键时候还是要听党组织的。

但是宗教组织，在不违背党的基本方针路线政策的前提下，它也起决定作用，也是核心。这个民族是全民信仰宗族的民族，所以这个民族的文化核心是宗教文化。宗教组织每天都在讲，不要搞歪门邪道，多做好事，多做善事，宗教上的一些东西比现有的法律都要严格，对人的约束力是很大的，他约束人是往好的方面约束的。像我做了这么多年的领导，公家的便宜一毛钱也不沾。

现在看来，这种二元性的治理方式，有着独特的优势，如由于有着共同的宗教价值观念，农民的组织性较强，同时因为有着共同的政策、法律约束，一切组织都在政策、法律的规定范围内活动；老年人地位较高；经济能人主动为社区公共设施建设投资，在社区人员享受公共服务的同时，也在一定程度上防止贫富过度分化；一元中心主导的社区由于旧的传统力量的约束已经解体，而新的法律体系还难以在农村社区充分发挥作用，治安问题相对突出，二元中心主导的社区则一般治安形势良好等。总之，撒拉族村治的历史和现状证明，二元治理模式与单一中心的治理模式相比，利大于弊。

二元村治模式的发展趋势。从全球范围来看，随着政府、市场的相继失灵，也由于非政府组织的局限性，人们逐渐意识到，在政府、市场、社会三分格局中，对任何主体都不能抱有幻想，同样，对任何主体也不能忽视，唯一的选择就是携手分治❶。如何实现携手分治？为解决这个问题，理论界提出了“多中心治理”、“多中心体制”的思路，所谓多中心治理或多中心体制，即“把有局限的但独立的规则制定和规则执行权分配给多数的管辖单位，所有的公共当局具有有限但独立的官方地位，没有任何个人或群体作为最终的和全能的权威凌驾于法律之上”❷。对村治模式理论来说，从二元村治模式向多元中心村治模式发展应当是撒拉族二元村治模式的发展趋势。

目前撒拉族农村地区的社会组织，如农民专业合作组织，基本上还是以村“两委”组织为依托，各村的党支书任理事长，村委会主任任监事会主任，是村级基层组织的再版，政府主导的特征明显。而大部分经济精英，由于种种原因，游离于体制之外，难以形成多中心治理中的一极，这是目前二元治理模式向多中心治理模式过渡的主要障碍。因此，从撒拉族二元村治模式的现实来看，当前大力发展培育社会力量，如农民专业合作组织，对于实现多元中心村治模式至关重要。

这种二元性的村治模式，在甘青穆斯林民族地区，如东乡、保安等民族中，有着一定的普遍性。对这种村治模式的认识，对于我们研究民族地区的相关理论和现实问题，有着一定的指导意义。

---

❶ 陈广胜. 走向善治［M］. 杭州：浙江大学出版社，2007：1.

❷ 埃莉诺·奥斯特罗姆. 公共事务的治理之道［M］. 余逊达，陈旭东，译. 上海：上海三联书店，2000：4.

安多藏区的文昌神信仰研究*

看本加**

（西北民族大学民族学与社会学学院）

文昌神是道教神灵，在汉族地区被广泛信仰和崇拜。文昌神原来是四川省梓潼县一带的地方神，后在道教的推崇下，与文昌星神重合，并且在历代王朝的扶持下，逐渐成为道教神系中的一位神灵。在道教中，文昌是主管人间禄籍、文运之神。

据笔者实地调查发现，在安多的部分藏区普遍信仰道教神灵文昌神。在安多藏区，称文昌神为“阿尼尤拉”。“阿尼”意为“爷爷”或“男祖父”，一般是对老年人的尊称。“尤拉”意为“地方保护神或地域守护神”。藏语“尤拉”是藏族对地方保护神的总称，而非某一神灵的名称。在安多藏区，称呼地方保护神时一般在其名称前冠以“阿尼”，表示敬意。我们分析文昌神的这一藏语称谓，可以看出其蕴含的两层文化含义：第一，从“尤拉”即地方神这一称谓中发现，当地藏族民众视文昌神为地方保护神，把他纳入地方保护神灵体系之中；第二，称文昌神为“阿尼”（即祖父），这一称谓体现当地藏族民众非常尊敬、崇拜他，视其为“阿尼”，在一定意义上是将其当作祖先的象征来看待。

安多藏区为藏族三大区域之一，其主体民族为藏族，宗教信仰主要是藏传佛教和苯教。但安多藏区的文昌神信仰比较独特，它不仅有比较健全的信仰体系、正规的信仰场所、完整的神灵结构，而且也有一整套系统的宗教仪式，其信仰很有特色。

为了全面了解安多藏区的文昌神信仰，笔者于 2006 年至 2008 年，曾

---

* 本文为 2010 年度国家社科基金一般项目“甘青藏区道教的地域性、民族性流变研究”（项目批准号：10BZJ019）的阶段性成果。亦为西北民族大学中青年科研项目“安多藏族牧业社区调查研究”（项目编号：D2005－027）的阶段性成果。

** 看本加（1975— ），西北民族大学民族学与社会学学院副教授，博士。

多次深入安多藏区，采用参与观察、个别访谈、搜集民间口述资料等方法，对文昌神信仰进行了实地调查。本文依据笔者田野调查获取的第一手材料，就安多藏区的文昌神信仰进行一些分析。

一、安多藏区的文昌神信仰分布状况

安多藏区的文昌神信仰主要分布在黄河上游地区，即青海省海南藏族自治州的贵德、贵南、共和、同德、兴海五个县，黄南藏族自治州的同仁和尖扎县，海东的化隆县一带，西宁市的湟中县，海北州天峻县的部分牧区。另外，甘肃省甘南藏族自治州夏河县的部分村落也信仰文昌神。

据调查，海南地区的文昌神信仰主要分布在贵德、贵南、共和三县，其他两县也有分布，而且海南是安多藏区文昌庙宇最多、信仰最广泛的地带。贵德县境内有13座文昌庙，其中，河西镇有贵德文昌宫、贡拜村文昌庙；河东乡的贡巴村、麻巴村、哇里村、杰伟村、太平村、周家村等，新街乡的上卡岗村、陆切村，常牧镇的梅加村等有规模比较小的村庙。另据调查，在贵德玉皇阁、东沟乡周屯二郎庙、河西当车二郎庙等其他庙宇中也塑有文昌神像。贵南县的沙沟乡唐乃海村、旺什科村，过马营镇的过马营村，茫曲镇（县政府所在地），茫拉乡的下洛哇村、郭拉村等有大小不等的几座庙。共和县境内有3座，一座位于恰卜恰镇幸福滩，一座在东巴乡加隆台村，另有一座位于海南藏族自治州府恰卜恰镇。在兴海县县城附近、同德县巴沟乡森多村各有一座。

化隆县位于青海省东部，东与民和县毗连，南与循化、尖扎县隔河相望，西与贵德、湟中县接壤，北与平安、乐都县相邻。有藏、汉、回、撒拉等民族。藏汉民族普遍信仰文昌神，但文昌庙很少，其中夏琼卡夏德寺是全县最大、也是在安多藏区除贵德文昌宫外最大的文昌庙，在文昌神信仰的区域里颇具影响力。据卡夏德寺寺管会主任讲，历史上此寺院是夏琼寺的属寺，后来不知是何原因，由哇姆滩等几个村在管理。再后来哇姆滩夏琼寺的一还俗僧人将其交给夏琼寺管理，夏琼寺接管已许多年。

黄南藏族自治州的文昌神信仰主要分布在同仁县和尖扎县。同仁县广大农区信仰文昌神，但文昌庙较少。同仁县的隆务村和苏乎日村神庙内有文昌神像。同仁县的其他地方没有专门的文昌神庙，但在二郎神庙或其他庙宇里有文昌神像或壁画，并且好多家置有文昌神的唐卡，作为祭祀对象进行祭拜。尖扎县的文昌神信仰主要分布在直岗拉卡和康杨两镇。这里也没有专门的文昌神庙，只是在二郎神庙或其他庙宇里有文昌神像或壁画。据卡夏德寺的寺管会主任说，到此朝拜的尖扎县信徒特别多。由此看出，因尖扎地区没有大的文昌庙宇，所以人们到其他地方朝拜。

从上述文昌神信仰分布的地域来看，文昌信仰主要集中分布在农业区和半农半牧区，纯牧业区几乎没有文昌庙宇，他们主要依靠唐卡或朝拜大的文昌庙宇来达到信仰的目的。从民族格局来看，民族杂居地区的文昌信仰比较浓厚，如贵德和化隆地区汉藏杂居相处，还有回、蒙古、土等十余个民族，形成了多民族杂居的民族分布格局。

二、文昌庙宇中的神灵供奉体系与神灵的特征

（一）神灵供奉体系

笔者根据田野调查材料，将文昌庙的形式分为四种，即独立的文昌庙、与佛教寺院合建的庙宇、与玛尼康等合建的庙宇和村庙。因此，文昌庙中的神灵供奉体系也随着庙宇形式的不同而发生变化。

第一种是独立的文昌庙内的神灵供奉体系。这类文昌庙的规模都比较大，其内供奉的主神是文昌神，但还有其他诸多神灵，名目繁多、体系庞杂。以贵德文昌宫内供奉的神灵体系为例，贵德文昌宫全部殿堂依山坪坡辟三个平台而筑，形成台级式的寺观。登石阶而上，第一平台建有山门，上书“文昌宫”匾额。穿过山门，是雕梁飞檐的“文治光华”牌坊。二平台上三面修有楼阁，东楼为魁星阁，有阴阳两面，阳面是塑有脚踩鳌头，足撑七星的翰巴梓潼（魁星）站像；阴面是黑文殊菩萨的塑像。南北两角为钟鼓楼。北楼依次建有佛堂，里面无塑像，墙上挂有文昌神和藏传佛教部分神灵的唐卡；在此旁的小殿里塑有八扎爷、药王爷、千里驹的像；挨次修建的火祖阁，塑有火神、牛王、马祖三座像。南楼为娘娘阁，塑有王母娘娘、送子娘娘、献花娘娘三座塑像，旁边有两间小殿，各塑有万里云、翰巴拉果（羊师大将）的像。在北楼和东楼之间有一口钟，在南楼和东楼之间有一架鼓。三平台上建有雄伟的歇山顶式的文昌大殿，殿门上方有三块匾额，正中竖匾题“文昌宫”，左右横匾分别题“神明远著”、“永佑一方”。殿顶为琉璃脊，屋面盖琉璃瓦，殿内最里面塑有文昌帝君父母的座像，其顶部有一座小的佛祖释迦牟尼铜像，在此前塑有文昌帝君的座像，两旁塑有“天聋”、“地哑”侍从站立像。大殿左侧的小殿里塑有土地爷、黑儿赵公明、穿黄二郎、城隍爷、山神像。大殿右侧的小殿里塑有阿

尼加堂、红善开路、关公、天帝、龙王像。每座像都用藏、汉两文详细标明有神灵的名称。如图1所示。

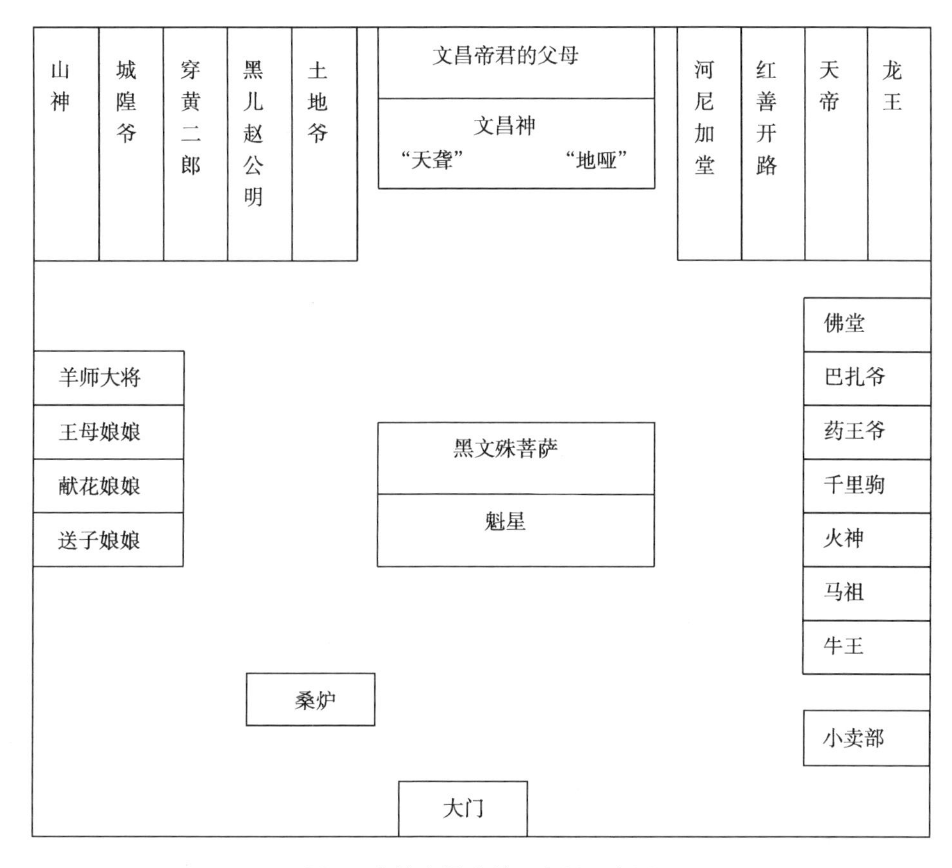

图1　贵德文昌宫神灵布局示意图

第二种是与佛教寺院合建的文昌庙内的神灵供奉体系。这类文昌庙里不仅有文昌神，而且有诸多藏传佛教神灵。如化隆的卡夏德寺、共和的幸福滩寺、贵南县茫曲镇的幸福寺等。卡夏德寺由文昌神殿、护法神殿和卡夏德佛塔三部分组成。其中，文昌神殿内供奉有主神文昌神及伴神翰巴梓潼和翰巴拉果，殿门外侧是四位道教神灵的壁画，具体名称不甚清楚。据寺院的主任介绍说，他听部分汉族信徒说是三国时期的诸葛亮、关羽等四个人物。还有两位当地的地域守护神的壁画。护法神殿内主要是宗喀巴三师徒、六手大黑护法神、马头明王、大威德金刚等护法。如图2所示。

第三种是与玛尼康等合建庙宇内的神灵设置。这一类型并不多见。庙

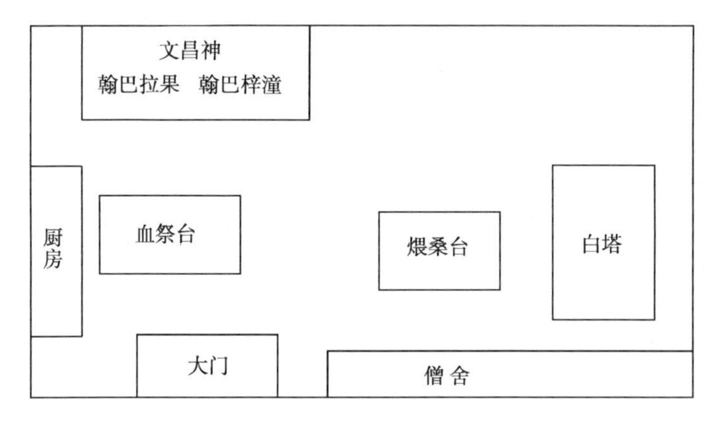

图 2　化隆夏琼卡夏德寺神灵布局示意图

内既有文昌及其伴神，也有一些藏传佛教神灵。如热贡地区苏乎日村神殿、贵南县洛哇村玛尼康等。贵南县洛哇村玛尼康规模较小，共有五间房。其中正殿四间有莲花生大师、宗喀巴三师徒、雍增活佛等的塑像，侧殿只有一间，塑有文昌神、翰巴梓潼、翰巴拉果的像，并且非常小。苏乎日村神殿比较大，有两层。其中第一层为地方保护神殿，内有五尊神像。位居中央的是阿尼玛沁神。在其低处有两尊小神像，右侧是德合隆神，左侧是阿尼尤拉神。阿尼玛沁神的右侧是其子占堆旺秀，左边是翰巴拉果神。阿尼玛沁神的左侧是其大臣阿尼隆神，其左边是翰巴梓潼神（即魁星）。四周的墙上绘有上述诸神灵在一起的壁画，并挂有造型不同的文昌神的唐卡。第二层主要供奉有莲花生大师、宗喀巴三师徒、大堪布更登嘉措等藏传佛教的众多塑像。如图 3 所示。

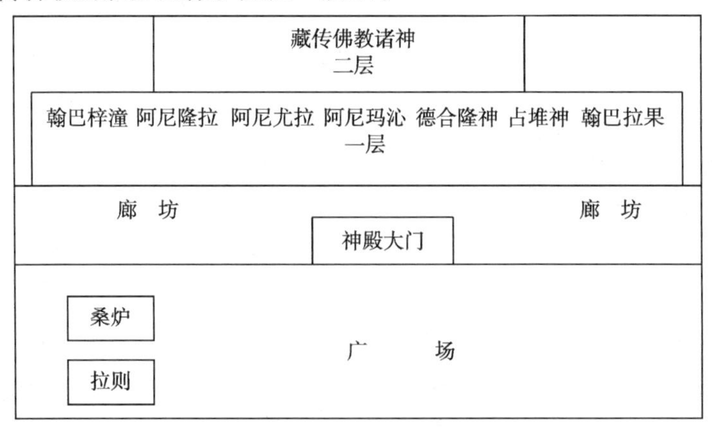

图 3　热贡苏乎日村庙神灵布局示意图

第四种是村庙内的神灵供奉体系。这类庙宇主要供奉文昌及其伴神，其他神灵只是以壁画等形式存在。规模小的只有一间，大则三四间。一般是一村或几个村修建的。此类庙宇比较多。据笔者调查发现，安多藏区的大部分文昌庙宇都是以村庙的形式存在。如贵德县贡巴村文昌庙、共和县加隆台村文昌庙等。贡巴村文昌庙规模一般，有三间房之大。庙内位居中央的是文昌神，神像的顶部有一座莲花生大师的小塑像，低处有两尊小神像，是文昌的侍从“天聋”和“地哑”。文昌神的左侧是翰巴梓潼，右侧是翰巴拉果。文昌神像后面的墙上绘有黑文殊菩萨的壁画，其左边绘有无量光佛、阿尼神宝神、阿尼玛沁神、战神的壁画，右边绘有马头明王、阿尼直亥、阿尼加堂、文昌神及双亲的壁画。还挂有文昌神的唐卡，以及班禅大师等活佛的图片。

我们从上述的神灵布局看出，文昌神及其伴神翰巴梓潼和翰巴拉果，是安多藏区文昌庙宇中的主神，任何形式的庙宇中都有其神像。神灵的供奉体系比较庞杂，名目繁多。有佛陀、黑文殊菩萨、马头明王、莲花生大师、宗喀巴大师等藏传佛教神灵，城隍爷、王母娘娘、关公等道教神灵，阿尼玛沁、阿尼神宝、德合隆神、阿尼瓦旺、贡布直纳等地方保护神，山神、战神等苯教神灵，还有十世班禅大师和其他一些藏传佛教高僧大德的唐卡及壁画。从神灵的布局来看，形成了藏传佛教、道教、苯教神灵的多元供奉体系。

（二）神灵的形貌与特征

文昌神传播到安多藏区后，其形象也相应地发生了变化。由于地域文化的影响，文昌神的外貌特征在安多藏区的各个地方亦有所不同。笔者根据实地调查的资料，将文昌神的形貌特征归纳为三个个案。

个案一：贵南沙沟乡唐乃亥文昌庙，文昌神表情严肃，呈以坐姿，披一身绸缎袈裟；头戴古代汉式官帽，脸颊呈金色，留有黑长须；右手持短剑，左手呈于胸前，并握有一颗心脏；胸前挂一块铜质的胸镜，胸镜的中央写有“宏”字，见图4。

个案二：贵德贡巴村文昌庙的文昌神像别具一格，文昌神表情威严，身披绸缎藏装；两手扶膝，头戴藏式皮帽，脸颊呈金色，眼睛圆而大，眉毛弯曲，留有一缕胡须，两耳下垂；胸前挂一块铜质的胸镜，胸镜的中央写有“宏”字；其造型酷似藏传佛教中的莲花生大师，见图5。

个案三：汉族集居区的文昌神与道教神灵基本相同，见图6。

通过以上个案，我们可以将文昌神的形象归纳为三种：第一种是佛道

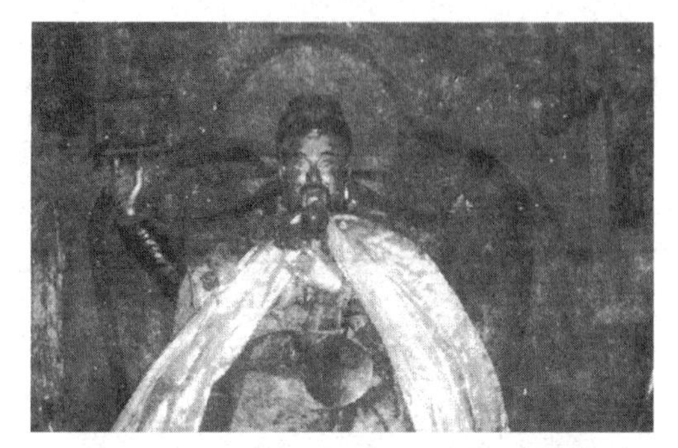

图4　贵南唐乃亥文昌庙内的文昌神

图5　贵德贡巴村文昌庙内的文昌神

图6　汉族集居区的文昌神像（贵德上卡岗村文昌宫）

(汉藏)合璧式的,以个案一为典型;第二种是藏传佛教(藏)式的,以个案二为典型;第三种是道教式的,以个案三为典型。其中,佛道(汉藏)合璧式的,其头冠、脸颊、胡须都与道教的文昌神一样,而服饰、佩戴的兵器和铜镜等具有藏传佛教的特征。而藏传佛教(藏)式的,将文昌神的形貌都藏化了,有些甚至看不出其原型。另外,在贵德部分汉族聚居的村落,其文昌庙内的神像几乎没有藏族特征,与道教的原形相差无几,但也有一些地域特色,如服饰、供品海螺和哈达等。这类庙宇非常少,只有三四座,而且规模也小。

文昌神的伴神翰巴梓潼是藏语,即为道教中文昌神的伴神魁星。"翰巴"一词为地名,具体指现今的贵德文昌宫所在地。"梓潼"一词是藏语音译,文昌及其伴神传播到安多藏区后,因无藏语名称,故将地名"翰巴"冠在前面,其后加了文昌神的发祥地"梓潼"二字,便产生了一个易记忆、有内涵的名称。而且,在有些藏文祈愿文中,把文昌神也称为"翰巴尤拉"。

翰巴梓潼一身黑蓝色或黑色,生有一面、三眼(有的是两眼)、两手。他的右手高举毛笔,左手呈于胸前,持一本长条经书。面露呈怒相,眼睛大而圆,张着大嘴,獠牙龇露,头发直立,呈红色,有骷髅头冠。两耳佩戴大耳环,戴有白色或黄色项链。胸前挂一块铜质的胸镜,胸镜的中央写有"宏"字。右脚踩一只鳌头,左腿朝后翘起。其形貌酷似藏传佛教中的金刚持像,见图7。翰巴梓潼明显有着按魁星模型塑造的痕迹,其基本的骨架未变,只是将其改造、加工成具有浓厚藏传佛教特点的神像。从这一点说明,翰巴梓潼就是道教中的魁星。此神传播到安多藏区后,名称和形象都经过了藏传佛教和本土文化的改造,以适应当地人的宗教信仰和文化发展的需要。

图7 翰巴梓潼(藏式魁星)

文昌神的另一位伴神是翰巴拉果,"拉果"意为"羊头"。在文昌庙内,一般翻译为羊(杨)师大将。此神是一副羊头人身像,呈站姿。外貌狰狞恐怖,红脸(也有白脸的),眼睛大而圆,眉怒皱,嘴大张,獠牙外露。里穿胸甲,外穿战袍。右手持三叉戟(有的持剑),左手呈于胸前,握有一颗心脏。有的胸前挂一块铜质的胸镜,胸镜的中央写有"宏"字,见图8。笔者翻阅相关文史资料,并到文昌的祖庭四川省绵阳市梓潼县七曲山大庙实地调查发现，道教的文昌神及伴神中没有羊师大将这一神灵。此神是在藏区新添加的一位神灵，具有苯教神灵的特征。在藏族古文献《五部遗教·鬼神部》记述的“年”（系苯教神灵）图腾共有七种：（1）人身羱（羊）头的年陶杰瓦；（2）人身公鸡头的年藏托杰；（3）人身狼头的年喀羌杰……[1]在《西藏的神灵和鬼怪》一书中也提到多种动物头人身的苯教神灵。“苯教中被崇拜的龙神形象不是动物的原形，而是半动物半人的神物形象。例如藏族苯教经典《十万龙经》中有人身蛇头、人身马头、人身狮头、人身熊头、人身虎头、人身龙头、人身鼠头、人身羊头、人身豹头、人身猪头、人身鹿头、人身孔雀头等图像的记载。”[2] 根据上述文献，并对此神的形貌特征进行分析，笔者认为，翰巴拉果是苯教神灵。另贵德地方也盛行苯教，尤其是在贵德文昌宫所在地一带，有贵德县最大的苯教寺院当车苯教寺。这种苯教文化环境，为羊师大将这一神灵的产生提供了很好的文化土壤。

图8 贵南幸福寺内的翰巴拉果像（羊师大将）

图9 七曲山大庙魁星

文昌神是护佑一方水土的保护神，翰巴梓潼和翰巴拉果则扮演着护卫或侍从的角色。其中，翰巴梓潼的塑像虽然面目狰狞，但他右手持毛笔，左手捧经书，俨然文神的气派，而翰巴拉果右手持三叉戟，左手呈于胸前，握有一颗心脏，充当着武将的角色。这一文一武，帮助文昌神完成保护一方水土的使命，也符合人们的逻辑观念。在道教的文昌神系中，文昌的侍从是“天聋”和“地哑”，还有其他诸多伴神。然而，“天聋”和“地哑”的形象在安多藏区的文昌庙宇中并不多见。

---

[1] 多识仁波且．藏且研究甘露［M］．兰州：甘肃民族出版社，2003：32.

[2] 班班多杰．藏传佛教思想史纲［M］．上海：上海三联书店，1992：13.

三、文昌庙宇的组织形式与经济状况

（一）文昌庙宇的组织形式

我们从文昌庙宇分布和存在的形式看，除几座大的文昌庙以外，大部分庙都以村庙的形式存在，规模比较小，庙宇管理组织不全，形式多样。

在安多藏区，除贵德文昌宫、贵南茫曲镇幸福寺、共和幸福滩寺、化隆的卡夏德寺外，其他均为一村或几个村联合修建的，规模比较小，以村庙的形式存在。如贵德的哇里、共和的加隆台等村的文昌庙，只有一两间屋子，而且比较简陋。其中，贵德文昌宫规模最大，由贵德县宗教局等部门管理，贵南茫曲镇幸福寺由贵南县塔秀寺管辖，化隆的卡夏德寺为化隆夏琼寺属寺。

几座比较大的文昌庙宇有健全的组织和管理制度。贵德文昌宫以藏传佛教的名义登记注册，属贵德县宗教局等部门负责管理。青海省人民政府于 1998 年 12 月 28 日将其定为省级文物保护单位。文昌宫管理委员会成员由 7 人组成，主任、出纳、会计各 1 人，成员 4 人，都是普通百姓。其中 5 人为汉族，是河西镇刘屯村人；2 人为藏族，为河西镇下排村村民。据管委会主任张正业讲，管委会成员是由父子传承担任的，每人每月有 500 元工资，半年轮换一次。为了搞好文昌宫的日常管理工作，管委会制定了一系列管理制度，主要有文昌宫管理制度、财务制度、治安消防管理制度等。庙内专门设置了一块宣传栏，张贴有贵德县藏传佛教“平安寺院”建设目标责任书、贵德县发展计划经济贸易局下发的关于收取文昌庙旅游门票价格的通知、值班安排表等相关文件。

化隆的卡夏德寺历来是夏琼寺的属寺，由夏琼寺直接管理，属藏传佛教寺院。卡夏德寺管理委员会由 5 人组成，主任 1 人，成员 4 人，都是夏琼寺的僧人。其中，主任由夏琼寺管理委员会成员担任。卡夏德寺管委会全体成员每 3 年轮换一次，每人每年有 1000 元的报酬。

其他各地的文昌庙宇一般都没有正式的庙管，也谈不上管理委员会，主要是由当地村民自愿管理，没有任何组织和管理制度。对于庙管的报酬，部分村落有适当的补助，有些无任何报酬，纯粹是自愿的。在与当地宗教局工作人员的访谈中发现，这些以村庙形式存在的文昌庙宇，没有在宗教管理部门登记注册。

文昌庙一般以下述四种形式存在。第一种是文昌庙或文昌宫，这种以文昌命名的庙宇，主神为文昌神，规模一般都比较大，具有区域性特征，属于全县范围或几个村共同祭祀，如贵德文昌宫、贵南县过马营镇过马营村文昌庙等。

第二种是与藏传佛教寺院合建的文昌庙宇。这种一般以寺冠名，不仅供奉文昌神，而且有诸多藏传佛教神灵，规模比较大，一般情况下是某一寺院的属寺。如化隆的卡夏德寺、共和的幸福滩寺、贵南县茫曲镇的幸福寺等。

第三种是与玛尼康等并存的文昌庙宇。这种庙一般称为拉康或玛尼康，庙内不仅供奉文昌神，而且也有藏传佛教神灵，规模大小不一。如同仁县苏乎日村神殿、贵南县洛哇村玛尼康等。

第四种是类似于村庙的神殿。这类庙数量比较多，一般是以村为单位修建的，规模小，有些只有一间房。主神为文昌神，其他神灵主要是当地的地方保护神。如贵德贡巴村文昌庙、共和加隆台村文昌庙等。

在安多藏区，几乎每个村落（农业区）都有自己的神殿（指玛尼康或称为拉康）和所属的寺院，这些神殿等同于汉族民间信仰中所称的村庙。它是村落社区进行神灵崇拜的重要场所，一般都建在村落中央，是村落社区居民的宗教活动中心，也是他们日常交往的活动中心。而类似于村庙的文昌庙不具备上述条件，并且大部分建在村落的边缘，不在村落的中心地带，也没有定期的集体信仰活动，因而只能是“类似”。

（二）文昌庙的经济状况

在安多藏区，几乎所有的藏传佛教寺院都有自己的田地和牛羊或者其他资产，并且靠信徒的布施得以维持日常的宗教开支。文昌庙宇一般没有田地和牛羊，其经济来源主要是信徒的布施。

贵德文昌宫的经济收入以信徒的布施为主，每月信徒的布施在5~6万元。从贵德县计经局下发的文件中得知，文昌宫从2005年7月开始收取门票，每人5元，以外地游客为主，信教群众不收门票。每月门票收入大约在800元，游客以西宁和外地人为主，有时也有外国人。另外，宫内有一小卖部，专门出售酒、香等祭祀用品，这些收入归文昌宫所有。

2008年8月，宫内新建了饭馆、旅社等，以方便外地游客。每月底银行的工作人员来庙里，将信徒布施的钱数清后存到银行里，这样比较安全。贵德文昌宫的收入比较可观。

文昌宫的开支主要用于兴建神殿。据庙管介绍说，他们的收入基本上能够支付建设资金，不够的一部分通过一些生意人或活佛的资助方可解决。

化隆卡夏德寺的经济收入主要来源于信徒的布施，而且其大部分信徒为外地人。据寺管会主任讲，寺院一年的收入三四十万元，平均每天1000元左右。开支主要用于维修房屋、举行大的仪式活动等。

贵南和共和的寺院主要收入是信众的布施，收入比较可观。而其他规模较小的大部分文昌庙都没有固定收入，只能以自愿布施的方式筹措资金。笔者家乡贵德贡巴村文昌庙历史比较长，距今已有300年的历史，“文化大革命”时被毁。1990年，霍尔部落的几位老汉自愿承担了重建文昌庙的任务，筹集了10万元左右，便开始动工修庙。庙修完后，张榜公布具体收支情况。

四、文昌神信仰与藏传佛教的关系

首先，地域守护神信仰与藏传佛教的并存关系。在藏区，人们把地方保护神称为“域拉意德”，意为地方保护神或地域守护神，这些神灵主宰着藏区大小不同的地理区域，成为一方水土的神圣主人。在藏语中，地方保护神与山神的概念基本相同。藏语中没有汉语“山神”这个词，藏语对山神有多种称谓，如地方神、地方主宰、念神、赞神、生神等。称为地方神或地域神，是因每一地方都有各自特定的山神，保佑着某一地区，即山神的管辖范围是有一定的地域限制。[1] 有时候，山神就是某一村落、某一族群或者某一区域的保护神，但地方保护神的涵盖面较大，它还包括其他神灵。

藏传佛教神灵从宏观上分为世间神和出世间神两大类，文昌神属于出世间神的行列。在人类生存的世界里，人们既要面对世俗的事情，又必须追求人生的终极意义。地域守护神于是承担起关注现实生存的职责，帮助人们解决世俗世界里的各种困难，而佛教则使藏族人获得人生的意义及追求彼岸世界的至高境界。地域守护神信仰体系和藏传佛教的现实与彼岸、今生和来世的关系，形成了藏族宗教信仰体系的二元结构，两者既排斥又依存，是矛盾的统一体，具有一定的互补性。这种信仰结构，体现了人们对现实与彼岸、入世和出世的信仰需求，从而形成了藏传佛教和地域守护神并存的信仰格局。

其次，文昌神信仰与藏传佛教的等级关系。从宏观角度看，在安多藏

---

[1] 才让．藏族佛教信仰与民俗［M］．北京：民族出版社，1999：83．

区，文昌神信仰和藏传佛教之间形成了两者兼容并包的宗教信仰格局。但是，我们也不难发现，在藏传佛教处于强势文化的背景下，文昌信仰为了发展而不至于消亡，处处迎合和依附藏传佛教，形成了文昌神信仰与藏传佛教间的从属、主次、中心与边缘的等级关系。主要表现在以下几个方面。

1. 藏传佛教的认可

首先，我们看几则有关文昌神起源的民间传说，（1）认为文昌神是黑文殊菩萨的化身。（2）据说是塔尔寺寺主、藏族著名高僧阿嘉活佛将文昌神供奉为护法神，由此传到藏区。（3）传说藏族著名高僧色康巴·洛桑丹增嘉措大师曾在卡夏德（今化隆县境内）地方坐禅静修，见当地人生性懦弱，认为需要一位威力无比的神来护佑，遂选择了文昌神，派人从贵德文昌庙将文昌神迎请至此处。从上述传说看出，文昌信仰在安多藏区的传播过程中，得到藏传佛教界高僧大德的认可和信仰，并将其纳入护法神或地方保护神灵体系之中，然后在他们的扶持和推崇下，这一信仰逐渐传播到民间，得到广大藏族民众的信仰。笔者在调查中发现，几乎每座文昌庙都与藏传佛教僧人有着密切的联系。有些庙是在高僧的主持下修建的，有些庙则按高僧们的意愿修建。每一座新文昌庙建成后，必须邀请高僧大德开光加持。由此看出，文昌神信仰在安多藏区的传播和扎根，必须得到藏传佛教的认可才能生存和发展。

2. 藏传佛教的神灵观决定了文昌神与藏传佛教的等级关系

佛教传入藏地后，在与苯教和藏族本土文化的碰撞、整合、重构的过程中，把苯教和地方的诸多神灵作为其护法神或地方保护神，以传播、维护、深化其教义。但是，诸多护法神都担负着护卫佛法、维护佛教教义完善的职责，而未能在佛教中占据主要的地位。在藏传佛教皈依法中，明文规定僧不拜世间神。与其他护法神一样，文昌神同样在藏传佛教文化的舞台上扮演着保卫佛法或护佑一方的角色，处于比较次要的位置。在藏区，大多数信徒都知道，护法神或地方神灵主要管理今世的事务，而佛教的神明以终极关怀为主。笔者在贵南茫曲镇文昌庙调查时，庙管僧人说，在藏传佛教寺院内修一座文昌庙，主要是迎合了当地民众宗教信仰的需求，佛教以出世为主，它有救赎和帮助人类解脱的能力，可地方神灵处在六道轮回中的“非天界”，他自身未解脱，处在轮回之中，也就没有救赎和帮助人类解脱的能力。由此可见，不管是藏传佛教僧人，还是一般信徒都认为，文昌神是世间神，掌管世间俗事，而佛教神明则相反。神明的功能迥异，人们对此的看法也不同，文昌神的这一功能导致了其从属的地位。

3. 从文昌庙的建筑风格和神灵布局可看出其从属地位

我们从上述文昌庙内的神灵布局发现，文昌庙内所供奉的主神是文昌神，但在其顶部或后面的墙上，置一佛陀、莲花生大师、黑文殊菩萨等的小塑像或壁画。藏传佛教寺院内神灵的布局是很讲究的，它不是随心所欲置放的。在文昌庙内文昌固然是主神，但其上面还有藏传佛教的神明，从而显现出神明的主次之布局，充分说明了文昌神的从属地位。从建筑的布局看，除独立修建的文昌庙外，藏传佛教寺院或玛尼康内修建的文昌庙，都处在整个庙宇的侧面或大门内侧，而主殿则供奉佛教神明。因此，从神明和建筑物的布局也可以看出文昌神在藏传佛教神明体系中所处的位置。

藏区多教派共存宗教文化表现形式研究
——以德格地区为例

公保才让

（青海师范大学）

宗教对区域稳定及社会和谐所起的作用不可低估。如今，以“宗教对话”等方式解决地区冲突及社会矛盾成为推动世界和平的一项有力措施。“宗教对话”理论中有宗教与宗教之间的对话、同一宗教内部的对话两种形式。宗教之间的对话是以不同类型的宗教传统之间进行沟通与对话，而宗教内部的对话则是某一大型宗教传统内部的不同分支、宗派之间进行的对话。藏区的多教派共存与教派无偏见思想的产生、发展及社会影响的研究，不但是藏传佛教文化发展史研究领域中不可或缺的学术问题，而且对社会和谐与宗教对话研究具有重要借鉴意义。

藏传佛教自公元10世纪以后逐渐形成各种教派，以各大教派的传承脉络形成了藏传佛教各大教派的独特传承体系，继承和蕴藏了丰富的文化内涵。在千余年的教派发展过程中，不但继承和丰富了各自教派的宗教文化内容，而且各大教派在世俗层面上逐渐成为不同程度地影响和驾驭世俗政治的势力集团。以萨迦派为核心力量的萨迦政权、以噶举派为中坚力量的帕竹政权和藏巴汗政权、以格鲁派教团为基础的噶丹颇障政权等都是在各大教派势力基础上建立的世俗政权。因此，各大教派在不同时期以各自的发展优势和历史机遇迎来了迅速发展时期。藏传佛教各大教派在本土取得长足发展的同时，不同程度地传播和发展到国内相关民族和地区中，并对这些地区的文化产生了重大影响，如萨迦派在元朝蒙古族皇室中得到信赖，宁玛派和噶举派在不丹、尼泊尔等比邻国境内发展，后来格鲁派在北方蒙古族中又延续了长达七百年的传播与影响，噶举派在西南纳西族中有了一定的发展，西北地区的土族和裕固族等民族则是接受藏传佛教各大教派宗教文化的主力军。近年来，藏传佛教各大教派在内地信徒中的影响越来越大，在欧美文化中也有一定的影响。藏传佛教在藏族地区的发展，以及在相关民族中的传播与文化影响，对这些地区的社会和谐与文化发展产生了重大影响，为区域和谐与文化交流提供了良好的发展模式。因此，藏传佛教文化的区域性研究和教派分类研究相结合显得极为重要。本论文以多教派寺院的密集型并存宗教文化现象作为研究对象，并以德格地区为例，对藏族宗教文化中多教派共存的宗教文化表现形式进行了调查与研究。

寺院是藏族宗教文化的弘扬场所和信仰中心，也是藏族传统文化的发展基地和传播中心，藏传佛教各教派寺院承载着文化传播与信仰需求的双重使命，为保护传统文化和构建和谐社会作出了重要贡献。每座寺院大体上都具有悠久的发展历史和辉煌的繁荣时期，也有坎坷的成长经历和艰难的发展历程。多教派宗教文化以庞大的寺院体系为主要载体，在各个地区得以传播和发展。德格地区不但寺院林立，而且各教派寺院在同一区域密集型并存，是藏区多教派和谐并存的楷模。

一、德格地区的各教派寺院

藏族的寺院有许多分类方式，从寺院功能来讲，有专门用来求神拜佛的单一佛殿，如拉萨的大昭寺；有讲授五明文化为主的学术性寺院，如西藏的三大寺和德格甲波辖区的“五大家庙”；有注重各教派诵经、传承仪轨的修行寺院，如专门满足各地区、各部落宗教文化需求的中型寺院；有专门用来闭关静修的闭关中心，如西藏的桑耶钦普寺等。其中数量最多、规模适中的是第三类。从寺院的规模来讲，有上万名僧侣组成的大型寺院，有几百个僧人的中型寺院，也有数名僧人管理的小型寺院。从寺院僧侣的性别分类，可分为男性僧侣寺和尼姑寺两类（如今部分地区出现一些僧尼同寺的新兴寺院，如阿坝州的色达寺、甘孜州的阿秋寺）。从佛教戒律基础上形成的宗教职业人员身份，区分为红衣出世僧寺院和白衣留发师寺院。从寺院创建者的角度分析，可分为由地方政府出资修建、由高僧活佛捐资创建，以及由广大民众集资修建三种。从教派的角度分类，有宁玛派、萨迦派、噶举派、格鲁派、觉囊派等寺院，德格地区还存在两派融合为一的寺院。在藏族历史上，每个教派有各自的祖寺，各教派寺院在自派祖寺的基础上发展壮大，并以母寺和子寺的从属关系方式，在各地形成庞大的寺院体系，甚至形成跨地区、跨国度的寺院网状发展体系。

德格地区是藏区寺院较多的区域之一，据统计，目前仅德格县就有各教派寺院 57 座。历史上，德格甲波辖区的寺院更多，民国时期，原德格甲波辖区的德格、白玉、同普（江达）、邓柯（已撤县）、石渠5县地区藏传佛教各教派寺院总数超过200座。[1] 各教派寺院在漫长的历史发展过程中形成同一模式下独特的寺院建筑风格，如宁玛派的幻化佛殿、萨迦派的三色墙面、格鲁派的平顶佛堂等，均衡地装点着德格甲波辖区的秀丽疆域。德格甲波辖区的“五大家庙”是德格地区规模最大、僧侣最多、人才最集聚、文化底蕴最深厚的五大寺院。藏区宁玛派六大寺院中四大寺院在德格地区，它们分别是佐钦寺、协钦寺、噶托寺和白玉寺，其中噶托寺是康区宁玛派的祖寺，佐钦寺和协钦寺属于德格甲波的家庙。德格甲波辖区的噶玛寺是噶举派的祖寺，八邦寺是藏区噶举派学术交流中心，属德格甲波家庙。德格更庆寺是康区萨迦派的祖寺，宗萨寺不但是萨迦派在德格的文化发展基地，而且成为多教派文化交流与“教派无偏见”思想的发祥地。苯波教的登青寺是康区苯波教的祖寺，夏扎修行地为康区培养了许多宗教界高级人才。格鲁派的更沙寺是康区格鲁派的祖寺，色须寺是解放前康区唯一具有颁发格西学位证的寺院。上述寺院均属德格地区的大型寺院，这些大型寺院和部分中型寺院还设有五明佛学院，各类佛学院是培养专门人才的教育基地，如绛央钦则旺布、贡珠·元丹嘉措、司徒班钦、米旁大师等闻名中外的权威学者都是这些寺院培养的佼佼者。德格地区的各教派在每个历史时期的传播和发展过程中，以建寺立庙为主要发展模式，在自派祖寺的基础上发展了大批附寺。据传德格地区的各大寺院在藏区都有附寺，噶托寺有300多附寺、白玉寺有400多附寺、佐钦寺有200座附寺、八邦寺有180座附寺、协钦寺有近200座附寺。另外，据考证，在德格甲波辖区内有文字记载的各教派寺院有：宁玛派69座、萨迦派42座、噶举派28座、格鲁派16座、苯波教15座，共计170座寺院。[2]

二、德格地区各教派寺院的分布状况

德格地区的基本地貌是以南北走向的朝拉山脉为脊梁，以金沙江和达曲河为东西边界的自然地形。海拔6000米的雀儿山以西金沙江流域为农耕区，雀儿山以东及北部地区则以游牧为主，兼营农作物种植业。这些区域农耕文明的起步较早，而且是对德格地区的政教发展影响极大的德格甲波政权，以更庆镇为主的金沙江流域为其政权的建立与发展的核心区域。因

---

[1] 四川省德格县志编纂委员会. 德格县志［M］. 成都：四川人民出版社，1995：475.

[2] 政协德格县文史资料委员会. 德格文史：藏文［M］. 德格更庆，1995：181－185.

此，在地方政权大力扶持下创建的各教派寺院，最早形成了雀儿山以西为源和以东为流的发展趋势。17世纪，随着格鲁派的传播与发展，在德格地区逐渐形成了五大教派寺院齐全的发展格局。因各教派在德格地区传播的先后次序与发展机遇不同，形成了宁玛派、萨迦派和噶举派的各大寺院基本建立在德格疆域的腹心地带，而格鲁派和苯波教寺院建立在相对边缘地带的发展局面。据统计，目前德格县有各教派寺院57座，其中宁玛派14座、萨迦派18座、噶举派11座、苯波教10座、格鲁派4座。这些寺院在县境内各乡镇的分布状况如表1所示：

表1　德格县各教派寺院分布情况

行政区、镇	噶举派	萨迦派	宁玛派	苯波教	格鲁派	小计
更庆镇	0	1	0	0	0	1
龚垭区	1	4	2	0	0	7
麦宿区	1	2	1	0	0	4
柯洛洞区	1	5	3	2	0	11
玉隆区	0	3	6	3	3	15
温拖区	4	3	1	4	1	13
阿须区	4	0	1	1	0	6
共计	11	18	14	10	4	57

注：本表以《德格县志》的统计数字为准。

由此可见，各教派在德格境内的发展呈现出诸派并存、分布全境、基本均衡的寺院布局，这种各教派寺院在同一区域内和谐相处的发展格局是德格地区多教派共存的基本表现形式。

三、德格地区各教派寺院的密集型并存特点

寺院的存在标志着佛教的正式传入，我国藏区以寺院数量巨多而著称于世，每个地区和每个村庄都有各自的寺院，有的村庄甚至有多个寺院。从不同教派的传播与发展的角度分析，各地区的寺院因教派的传播与发展的历史机遇不同，形成不均衡的教派发展区域。安多地区的寺院大多属于格鲁派和宁玛派，如著名的塔尔寺、拉卜楞寺、支扎寺、夏琼寺、隆务寺都是格鲁派寺院，宁玛派寺院则在民间的普及面很广，个别地区有一些苯波教寺院，但萨迦、噶举和觉囊等教派的寺院几乎不在安多的区域范围。卫藏地区虽然是各教派的发祥地，但在后来的演变过程中也偏向于大力扩

展格鲁派势力及其寺院的趋势。历史上因政权的更迭或政治利益的争夺，被卷入政治事件的教派也不少，如萨迦派和噶举派失去政治地位之后，其教派的生存空间也逐渐缩小，因此，在卫藏地区才有了格鲁派和宁玛派寺院居多的寺院发展现状。康区因所处地理位置的条件及政治风云的变迁，形成了各教派共存和多教派寺院密集并存的格局。德格地区是康区寺院布局的浓缩写照，德格地区的宗教，在漫长的发展过程中形成了实属罕见的同一区域内多教派寺院密集型并存的发展局面。德格虽有朝拉山脉以西为萨迦派和噶举派寺院偏多、朝拉山脉以东由宁玛派寺院居多、苯波教和格鲁派寺院并存的现象。但从整个德格县境内的寺院分布状况来看，各教派寺院的分布还是基本均衡，处于和谐并存的发展趋势。我们对县境内的寺院分布状况作进一步分析，就能明确得知德格地区多教派寺院密集型并存的特殊现象，朝拉山脉以西的四区一镇境内有 23 座寺院，涵盖四大教派；朝拉山脉以东的四区境内有 34 座寺院，涵盖五大教派。如寺院分布最为密集的玉隆和温拖两区共有 28 座寺院，占全县寺院的 50%，其中涵盖了德格地区的五大教派，但这两个地区的各教派寺院中没有德格甲波的家庙，其影响力和僧数都不及西部地区寺院。因此，也不能只把寺院数量的悬殊作为某一地区宗教实力雄厚的唯一标准。德格地区的多教派共存及教派和谐现象的分析，还不能只停留在具体片区内各教派寺院密集型并存的层面上，德格地区还有同一寺院兼容两派的特殊模式。德格县境内的嘉曲寺是噶举派和宁玛派融合的寺院，该寺院是由第七世噶玛巴·曲扎嘉措创建，属噶举派寺院，后经岭葱甲波的扶持和宁玛派著名掘藏大师宁·尼玛唯色法系的继承，成为藏区少见的宁玛和噶举两派共同兼并的寺院。[1] 德格近代史上，多教派共存与教派无偏见思想成为德格地区各教派寺院的发展宗旨，绛央钦则旺布等"利美运动"的发起者们几乎被各教派尊奉为自派的上师，教派无偏见思想的发祥地德格宗萨寺的宗教派系也越来越趋于淡化和多元。难怪刘立千先生说："据我所知德格的钦则活佛就有三位，分别属于宁玛、萨迦、噶举三派。"认为《卫藏道场胜迹志》的作者钦则旺布为宁玛派。后来查阅法国石泰安先生的有关译文时，发现这位居·米旁的根本上师钦则活佛为八邦寺活佛，八邦寺为噶举派寺院。最后，据有关学者介绍，得知钦则旺布为德格宗萨寺活佛，宗萨寺为萨迦派，但最终也未能理清钦则旺布所属的教派，只确认了宗萨钦则。这一点可以充分说明绛

[1] 中国藏学研究中心历史宗教研究所. 甘孜州藏传佛教寺院志：上［M］. 内部资料，1999 年刊印：552.

央钦则旺布大师是不分教派的，后人连他的教派归属都不得而知，可见达到了教派无偏见的完美境界。

简而言之，寺院是藏区宗教文化的基本存在形式，德格地区多教派寺院的密集型并存形式是德格多教派共存文化的最基本表现形式。德格地区各派并存、分布全境、基本均衡的寺院布局，为各教派在德格境内共同发展、和谐进步奠定了基础，也是德格多教派宗教文化发展的历史见证和基本特征。

“台球桌”上的佛苯合璧咒语　2009 年 10 月笔者摄于德格县阿须区浪多乡

论土地庙的没落与“过客式”农民的诞生

王守龙

（西北民族大学民族学与社会学学院）

一、土地神信仰

土地神信仰是在农业经济基础上产生的一种信仰。[1] 因为在传统的农业社会中，人们的一切生产和生活都跟土地息息相关，从吃饭到穿衣，从住房到行路，莫不需要土地来提供。这就使得人们产生了对土地普遍的崇拜与依赖之情，而限于认识条件，人们将这种崇拜与依赖之情形象化为对一位神灵的信仰——土地神信仰。而土地神的形象多为一位慈眉善目的男性老者，称为土地爷，有时还会是一对老夫妇，称为土地公公和土地婆婆。[2]

除了保佑农事丰收之外，土地神的职能也随着土地神形象的不断丰满而逐渐扩大，以至于保佑村寨昌盛、人丁兴旺、六畜平安等等职能也都加诸土地神身上，甚至还分化出各类专门的土地神，比如说执掌儿童病痛的土地叫做“花园土地”，执掌家庭兴旺的土地叫做“生长土地”，执掌农事丰产的土地叫做“青苗土地”，等等。[3]

土地神的职能虽多，但是管辖的范围却十分有限，往往仅限于一个村庄，东村的土地爷不管西村的事。这样一来，各个村庄就祭祀各自的土地神。因此，土地神专享祭祀场所——土地庙也往往不会建得很大，多则几十平方米，少则不足一平方米。而且，土地庙一般都会建在村庄的入口

---

[1] 杨琳．神社的源流［J］．文献，1998（1）；又见于钟亚军．土地神之原型——社与神社的形成和发展［J］．宁夏社会科学，2005（1）．

[2] 曲一日．话说过去的土地庙［J］．乡镇论坛，1992（6）．

[3] 李跃忠，曹冠英．道士［M］．北京：中国社会出版社，2009：46．

处，这样，一个村庄里村民共同祭祀的土地庙也就兼具内外两项象征意义：对内，它是村民对这座村庄认同的一个中心；对外，它是一个村庄同另一个村庄之间的一种界限。

二、胡村的土地庙

胡村是一个很小村庄，它坐落在河北省南部的广阔平原之上，同时也处在一座小城的城乡交界之处。

虽然村名为“胡村”，但是，现在村里却没有一口人姓胡。不过，据立在村口的石碑碑文来看，这个村子早先确实是一个胡姓的宗族村。碑文上说：“胡村始建于明朝天启年间。当时，此处为一在朝官员的私田，由管家胡氏代为管理。后来，该名官员因罪被杀，而此处的田地也就归胡氏所有。自此以后，胡氏人丁繁衍，最终形成胡村。”询问村中的老人才知道，胡氏人丁不旺，自从20世纪90年代初，最后一位姓胡的村民去世之后，这个村子就变成了一个彻头彻尾的外姓人口组成的村庄。

胡村里现在住着119户人家，共计310口人。与周围动辄几百户人家，上千口人的村庄相比，胡村算是一个小村了。胡村人口不多，耕地也很少，仅有140亩耕地。而这140亩耕地又分成了两类来使用，一类土地用来种植粮食作物，占绝大部分，主要是玉米和小麦；夏天收了小麦，种上玉米，秋天时，收了玉米，再种上小麦，等待来年夏天的收获。一类用来种植蔬菜，占很小一部分，主要是一些北方常见的瓜果蔬菜。早先，村民们大都靠这140亩田地生活，他们渴望风调雨顺、粮食丰收。

和全国各地的大多数农村一样，胡村村民也将这种愿望寄托在土地神身上，建在村东口的一座土地庙连同庙前那片空旷平整的土地就是他们用来祭祀土地神的场所。

这座北朝南的土地庙被左右两棵高大繁茂的梧桐树所荫蔽，面积也不是很大，东西长约为6米，南北宽约4米，高为3米左右。四面墙体用砖砌成，外面抹了一层白灰，再涂成了红色。屋顶为硬山式，装饰有黄色琉璃瓦，屋脊两边装饰有一对吻兽。土地庙正面装有一对朱红大门，门额上写着“土地庙”三个大字，门两边有一副用黑色油漆写的对联，上联是：莫笑我庙小神小，不来烧香试试。下联是：休仗你权大势大，如要作恶瞧瞧。正应了在此地流传的一句民谚“别把土地不当神”。庙内建有一座半米高的神台，上面供奉着一尊泥塑约两米高的土地爷坐像。这尊土地爷头戴荷叶帽，身着大红袍，左手拄着手杖，右手放在右膝上，笑吟吟地看着来朝拜的村民。在他的脚下摆放着香炉、烛台以及水果等贡品。在他身后悬挂着挽有花朵的红布条。与慈眉善目的土地爷形成鲜明对照的是东西两面墙山的壁画，表现的是作恶之人死后所受的种种惩罚，被恶狗吞食、被磨盘碾压、被推入火海、被送上刀山、被投入油锅、被夜叉鞭笞，等等。

至于这座土地庙究竟建于何时，村民们都说不清楚，而土地庙里也没有任何碑文石刻来记载此事。不过，关于土地庙的一些祭祀活动，村民倒是能记起一二来。

主要的公共祭祀活动主要有两类：一类是播种时的祭祀活动，主要是在春天举行；一类是收获时的祭祀活动，主要是在秋天举行。

播种时举行祭祀活动，活动的主要目的就是希望土地爷保佑这一年的农事能够丰产。然而这类祭祀活动已经久不举行了，村民们只是模糊地记着举行这类祭祀活动时，首先要将土地庙的大门完全展开，然后在土地爷面前焚香礼拜，念诵祈求丰收的祷词，最后再将几穗饱满的麦穗放在土地爷面前。

收获时举行祭祀活动的主要目的就是向土地爷表示感谢，正是在他的保佑之下，今年的农事活动才获得丰收。据村民们回忆说，最近一次举行这类祭祀活动还是在大约 15 年以前了，那一年，村民们种植的玉米大获丰收。

我们的棒子（玉米）获得了丰收，大伙就想着到土地爷面前展示一下今年的收成，感谢他赐福给我们。日子定在了立秋之后的第 48 天，这是老祖宗留下来的规矩。那一天，早上我们从收获的棒子中选了两筐穗大籽饱的棒子，让一个男的用扁担挑着，走在前面，在他后面跟着的是几个小孩，各自挎着一篮子大枣啊，梨啊，花生啊什么的，再后面是妇女们组成的扭秧歌的队伍，最后是我们男人组成的鼓乐队。大家一路敲敲打打，从村委大院走到土地爷庙前面。我们一到，等在庙这边的人就开始放炮。他们一边放炮，我们这边就把棒子啊，大枣啊，梨啊，花生啊就摆到土地爷的供桌上面，扭秧歌的，奏乐器的也不停。等到炮放完了，我们才停。村里的行好的（就是经常念佛的，念菩萨的）头儿，到土地爷跟前念诵念诵，就是说“我们今年棒子丰收啊，都是土地爷的保佑”一大堆话。他念诵完了，我们再敲打一会儿，扭秧歌的再扭一会儿。到晌午头儿就算完事了。这时候，其实还有一拨人在给我们烧火做饭，就做大锅菜。就在庙前边架两口大锅，把茄子啊，豆角啊，粉条啊，还有肉啊，都放到锅里炖。等到我们热闹完了，他们那边饭也就做好了，正好赶上吃饭。首先的一碗菜一定要献给土地爷，就是把一碗菜一双筷子放到土地爷面前，行好的再在土地爷面前念诵两句。然后，我们大伙才能开始吃。吃完饭了，这事儿就算了完了，大伙也就散了。

除了春秋祭祀土地神之外，正月十五闹元宵，进行社火表演时也跟土地庙有关。村民说，社火表演最先要在土地庙前开始，意思是让土地爷跟村民们一起欢乐。也是要先放鞭炮，鞭炮一停，鼓乐队就敲打起来，扭秧歌的，跑旱船的，猪八戒背媳妇的，也就跟着耍起来。在土地庙前耍完了，再开始游街串巷。到最后结束时，还是要回到土地庙前，意思是告诉土地爷，表演结束了，可以休息了。然而，社火表演也在后面将要讲到的这座土地庙因修路而被拆除之后，就没有再举行过了。

上面所说的都是村民们集体参与的活动。事实上，除此之外，还有单个人来拜土地爷的，求的是人丁兴旺，六畜平安，家庭和睦之类。在春季举行的播种祭祀活动、秋季举行的收获祭祀活动以及在元宵节期间举行的社火活动渐次衰落下去之后，这些单个人的祭拜活动将土地庙的香火一直维持了下来。

然而，土地庙最终迎来了一次重大的转折，在这之后，土地庙的地位更是一落千丈。

这次转折发生在20世纪90年代末。当时，乡里面为了发展农村经济，制定了一系列的政策，首先一条就是修公路。“要想富，先修路。”而胡村的土地庙正好处在规划的公路上面，需要拆除。胡村为修路问题召开了一次村民大会，结果，一心向往美好生活的胡村村民，一致表决通过了全面支持乡政府工作的决议。风光一时的土地庙被拆除了，进村的柏油马路修通了，村民的生活也不单单是依靠那140亩耕地了。

当然，村民们并没有马上就将土地庙弃之不顾。他们在原址以北大约20米处，重新建了一个土地庙。不过，这次新建的土地庙却只是长宽高均不超过1米的砖砌小庙，外面没有任何装潢，一砖一石看得十分清楚，里面也没有土地爷的塑像，只有一座木质的牌位，上面写着：供奉土地爷之神位。牌位前面仅容得下一只香炉和两支烛台，再没有摆放贡品的地方了。

据村民们说，当年土地庙建成之时，也放了一挂鞭炮，不过前来祭拜的人却少得可怜，只剩下那些虔诚的行好的老太婆了。慢慢地，随着那些老太婆一个个地故去，其他的人就更懒得来这里祭拜了。没有了香火和祭拜，不起眼的土地庙最终湮没在了杂草丛中，以致于根本没有人注意到它已经倒塌多时。

三、土地上的“过客”

比起过去，现在的胡村村民似乎变成了土地上的“过客”。

笔者在两种意义上运用“土地”这个概念。第一种意义上的“土地”较为具体，指代农民耕种的土地，也就是胡村的140亩耕地。第二种意义上的“土地”较为抽象，指代农民生活的地方，也就是胡村这个村庄。因此，下面也就从这两个层面上来阐明“土地上的‘过客’”的涵义。

首先，胡村村民们对耕地的情感日趋淡漠起来，对耕地没有那么高的期望了。

在胡村村民完全依靠那140亩耕地生活的年头，村民深深地崇拜和依赖着那片土地，渴求通过春祈秋报的方式来取悦土地神，进而使土地神保佑这一片土地能够风调雨顺，五谷丰登。然而，近年来，土地庙已经渐渐走出了村民们的视野，春祈秋报更是无从谈起。

一方面，由于科学技术的发展，高效的农药和化肥可以大大地提高土地的肥力，现代化的灌溉设施可以有效地灌溉农田，自动化的农业机械可以迅速地完成播种和收割，村民们不必再看土地爷的“脸色”。另一方面，由于城镇化进程的不断加快，处于城乡交界处的胡村就成了开发的首冲之地，许多企业在胡村建立起了大型仓储中心，村民们有的到企业中当起了仓库管理员、装卸工人、货车司机。当村民们不仅仅靠耕地来维持生活的时候，他们也不必再祈求土地爷的“施舍”了。

有位村民讲述了村民们以前种地和现在种地之间的差别。

往年不管什么时候，你去看吧，田间地头老是有那么三三两两的人，看看庄稼的长势，除除草啊，松松土啊，捉捉虫啊，反正就是忙活个不停。其实，这也不当啥用，就是稀罕！要是你现在再看，哪有什么人影啊，谁还愿意顶个大日头去地里干活啊！除非是该翻地了，该浇地了，该收庄稼了，该播种了！现在收庄稼也跟以前不一样，过去收了庄稼先让地闲几天，再翻地，翻完地再让地闲几天，后面才播种。现在呢，收完庄稼立马就翻地，翻完地马上就种东西。这地啊，跟着人一样，一会儿工夫也不能闲着！问他忙着啥，他也跟你说不清楚，反正就是忙！还有一种人呢，忙得连地都不种了，几亩地就搁在那儿，好几年连看都不看一眼！

现在的胡村的村民对耕地的感情明显没有之前那么深厚了，对于农活也表现得不是很积极，或者匆匆地将田地上的事情处理完毕，或者干脆对田地上的事情置之不理。

其次，胡村村民对村庄的感情日趋淡漠了起来，对其他村民的态度也不那么亲善了。

在胡村村民举行春祈、秋报和社火活动的时候，整个村子的村民都牢牢地结成一个整体，共同完成这几项活动，而其他时候村民之间的互帮互助之风也十分流行。然而，近年来，这些集体活动停止了，村民之间的关系也变淡了。

由于这些集体活动停止了，能够把整个村子的村民都聚集起来的机会变得越来越少了，而平时大家都是各顾各的，相互之间的关系自然就疏远了。一位村民讲述了他的两位邻居之间矛盾的由来和结果。

以前谁家里有事，大家都愿意来帮忙，断不了谁用谁呢！你盖房子，我帮你搬块砖啊，我收麦子，你帮我装上车啊，这都很平常。但是，现在可不一样了，都是各人顾各人的，眼看着你地里的棒子被人偷都不告诉你一声！这事儿要是让人知道了，两家肯定是要结仇的。结了仇之后，防不住什么时候给你个小鞋穿！我东邻家跟他的对门不就是这样吗？要是搁到以前，你家的棒子被人偷了，我肯定得管一管，最起码会跟你说一声。也就不会闹成这样。就算起了争执，也肯定不会闹大，谁都念着是一个村子里的，乡里乡亲的，抬头不见低头见，犯不着！

现在的胡村，对于村民们来说，尤其是对那些常年在外打工或者上学的青壮年来说，已不是一个“生于斯，老于斯”的地方了。笔者访问了一位从外地打工回来的年轻人。他告诉笔者，在他看来，种地实在是比不上打工：第一，种地没有打工有保障，打工可以按月领工资，但是种地就没准儿了，天一变，庄稼歉收了，辛辛苦苦这一年就白干了；第二，种地不如打工挣钱多，粮食丰收了，粮价肯定就上不去，粮食歉收了，肯定就卖不了多少钱，辛辛苦苦种一年的地，没准儿还比不上打工几个月挣得钱多呢！笔者也访问过几位常年在外上学的年轻人，他们的想法很一致，都认为自己毕了业肯定不会再回村里种地，要不然自己这些年就白读书上学了，父母花钱供自己上学就是为了自己将来能够谋份好差事！

据村领导说，近几年来，村里的人口数量非但没有增长，反而有所下降，主要原因就是那些有本事的人都把户口迁到了城市里，当起了城里人，有的过年过节才回来走走亲戚朋友，有的干脆再也不回来了。

不被束缚在土地上的胡村村民变得自由了，自由得像一个过客。

四、胡村的明天

胡村的故事反映了农民和土地的关系在几十年之间发生了重大的变化，他们从最初的土地的崇拜者和依赖者变成了今日土地上的过客。类似的故事也在全国的其他地方接连上演着。

胡村的故事还在继续，那么，它的明天又是什么样子的呢？

如果任由这种对耕地的淡漠情感发展下去，可能会出现两个极端的问题，一个可能是没有农民愿意再同耕地打交道了。农民不种地之后，又会产生一系列的问题。比如说，我国的粮食生产活动将由谁来完成？又比如说，本国不生产粮食，而纯粹靠进口又会对国家的政治安全造成什么样的威胁？再比如说，耕地撂荒之后会对生态环境造成什么样的后果？

另一个可能是完全依靠机械、化肥等现代化的手段来经营耕地。完全依靠现代化的手段来经营耕地又会产生一系列的问题。比如说，化肥农药的大量使用会对生产出来的粮食造成多大程度上的污染？又比如说，依靠现代化耕作技术使得粮食生产的周期大大缩短，但是粮食生产周期缩短之后，会不会损害土地自身的休养生息的规律？

如果任由这种对村庄的淡漠情感发展下去，可能的极端后果就是所有的人都变得以自我为中心。当人人都以自我为中心时，人际交往必然会生疏，社会网络必然会断裂，集体意识必然会淡漠。这样，我们的村庄，我们的社会，我们的国家又将何以存在？

诚然，土地神信仰是产生于人们无法正确认识土地生产能力的基础上的，但是，这种信仰不仅对于增强人们对土地的敬畏之情，在不滥用土地、不抛荒土地方面发挥着重要作用，而且对于增强社会的凝聚力，促进人与人之间和谐相处方面也有重大意义。

胡村的问题事实上是乡土文化衰落的一个结果，因此，解决胡村问题很关键的一点就在于重建乡土文化。而土地神信仰作为乡土文化的重要内容，其在维系农民与土地之间的感情，在维系农民对村庄的感情方面的积极作用，是很值得借鉴的。

牧民的定居与适应

——以甘肃省肃北县为例

塔　娜

一、定居现状

甘肃省肃北蒙古族自治县位于甘肃省河西走廊最西端，其地域辽阔，地分南北，周边与一个国家、三个省（区）三个县市接壤，是甘肃省唯一的边境县。全县总人口1.18万人，其中蒙古族占38.9%。总面积6.93万平方公里，约占甘肃省总面积的14%，辖5乡2镇25个村委会，是甘肃省人均占有面积最大的县份之一。作为一个以牧业为主、以蒙古族为主体自治县，其地域辽阔，牧民居住高度分散，是甘肃省重要的畜牧业基地之一。

据有关报道，近年来肃北县依托国家定居兴牧项目，加大财政配套力度，通过禁牧休牧、生态移民，牧民定居工程建设已全面启动，牧民在县城的定居率达到75%以上。目前，全县草原定居点建筑面积达到8.76万平方米，牲畜棚圈548座。全县定居牧户占总户数的87.12%。随着社会主义市场经济体制的建立，牧区经济快速发展，牧民生活水平不断提高，消费意识增强，求知欲望强烈，他们不但在乡镇拥有稳定的生活用房，而且延伸到在县城建房、购房。目前在乡镇所在地拥有住房的牧户达446户，占总户数的71%，在县城拥有土木结构、砖木结构、砖混结构住房的牧户达510户，县、乡、村三处鼎立居住形成规模。

牧民定居，不仅仅是牧区发展变革的一个目的。实际上，它首先是国家和政府在牧区的一项政策性行为，鼓励、资助、支持牧民定居一直是政府十几年来牧区政策重要的标志之一，其在不同地区的变化只是政府调整机制的不同表现。甘肃牧民定居工作，基本形成了三种定居模式。

（一）在县城定居模式，这一模式是牧民基本脱离牧业生产，过着类似城镇居民的生活，而牲畜则长期承包给他人。在牧民新村建设中，统一规划、统一建设，目前，牧民新村实现水、电、路、电视、电话、天然气“六通”，定居县城的牧民，其子女就业、教育、医疗卫生条件和精神文化生活比以往有了根本性的改变。

（二）乡村定居模式，是一种过渡形式。主要指牧区牧民在乡政府所在地周围、寺院附近和以同村牧民为主的集中定居形式。在此模式下，定居牧户可兼顾生活和生产两个方面，既不脱离传统的畜牧业生产，又能使家庭居住条件得到一定程度的改善。他们把住宅建设与草场建设结合起来，实现了牧民住房与围栏草场、人畜饮水工程、接羔暖棚、饲草料库建设相配套。同时，小学、卫生院、文化站等也配套齐全。这种模式在甘肃牧区十分普遍，也是目前甘肃牧区牧民定居的主要模式。

（三）牧场分散定居模式。在许多草原承包责任制推行较早、实施较好的牧区，由于自家草场分布在公路沿线等因素，一些牧民就在自家草场上（主要是冬季牧场）修筑房屋，长期定居。不同的定居模式影响着牧民生活条件和生产水平的高低。肃北县的牧民定居，基本上实施了县城附近定居模式，但也有其他定居模式。

二、牧民对定居与草原退化的看法

按政府部门的解释，实施牧民定居工程，是改善牧民生产生活条件、提高牧民生活质量、结束牧民游牧历史、减轻政府管理成本、推进牧区走向小康的重要途径。牧民虽然接受了定居，但是他们对草原退化、牧民定居等问题有自己的说法。我们为了了解牧民对定居的态度和适应状况，采访了几位老者。但是，他们的话题就离不开“我们为什么定居”，对于草原退化的原因，也有不同解释。

有位老牧民提到：

草原退化并不是近几十年的事情。但是近十年的退化程度较快。新中国成立初期，我们家乡草原确实好。那时候草原地广人稀，牧民在游牧中，用完一片草场再用另一片草场，不存在牧草短缺的问题。随着人口的增加、牲畜的发展、草场的减少与退化。说实话，自从改革开放实行“双包制”以后，草原退化表现严重了。肃北盐池湾等地的开矿采金，虽然不到三十年，可是草原植被已经完全被破坏。

我们知道，草原退化的原因是多方面的，但主要原因仍是草地利用过度。草地生态系统中的能量和物质输出太多，输入太少，因而导致生态失调。改革开放以后，随着人口的增加、牲畜的发展、草场的减少与退化，草畜矛盾才逐渐显露，并达到难以调和的程度。草原牧区人口的快速增长，一方面，需要生产更多的粮食与畜产品，以满足不断增长的人口的需要；另一方面，其他各种生活支出和发展支出增加，牧民增收愿望强烈，牧民人均纯收入近90%来自畜牧业。因此，采用盲目垦荒和盲目扩大牲畜的饲养规模是最简单，有效的渠道。

对于定居，有位老人意味深长并带有诉苦心情说：

我们的草场，还不到休牧程度，更不要说退牧程度。国家对我们有一些很好的政策，如让牧民过上城市人一样的生活。我了解了一些。共产党、国家的政策确实好。但是，下面为了实行有些政策，做表面，什么“四通”、“五通”（通路、通水、通电、通话、通广播电视），把牧民从草原上搬下来，集中在所谓“五通”方便的区域，完成了国家的项目。

从政府的角度说，草地超载过牧是造成草地退化的最直接的原因。因此，让牧民定居的目的是为了恢复和保护生态，一方面，以禁牧退牧来大幅度压缩畜群，恢复草原；另一方面，大力建设草原生态环境，种草种树。

但是牧民认为，现在这种整体围封禁牧、整体搬迁的做法是不合理的，草地长期不利用，也会造成退化。如果没有牛羊，优良牧草减少，杂类草、不食草、毒害草增多，虫害、鼠害面积扩大，数年内就会变成赤地千里、寸草不生的荒漠地带。只要适当布局人口，真正实施以草定畜，以畜定人，草畜平衡，不超载过牧，科学合理地利用，牧民完全可以继续从事畜牧业。怎样既注重生态，又能保护牧民的合法权益，是值得思考的问题。

面对日益恶化的环境，一些牧民不得不放弃传统的游牧生活。在对肃北县进行调查时，笔者了解到肃北县草场承包制是30年期限的，国家对游牧的牧户每年2500元的补助并还有包草料的优惠政策。部分的牧户便将几代人的牲畜聚集到一片草场放牧，这样草场承载了大于它能承担的牲畜，从而进入恶性循环，破坏了生态环境，牧民经济收入也受到影响。还有一个原因是，县境内有300多处矿点。其中北山地区的煤矿，南山地区的七十二道沙金沟，近年来又先后开发了北山地区的南金山金矿和小西乡金矿、南山地区的鹰咀山金矿等大大小小矿场，肃北县因矿产资源丰富，出产量惊人，但这些矿区都是建立在草场植被上，它们对于生态环境的恶化有不可推卸的责任。总之，肃北牧区社会的恶化是有多方面的原因的，牧民定居只是解决一部分的问题，政府对于牧区现代化发展造成的草场资源过度开发的问题需采取相应措施综合治理。

经历定居这样的深刻的社会变革后，牧民面临着生产方式、生活方式、文化观念的转变等一系列问题。在肃北县调查点我认识了道木希奶奶，她是三年前住到廉租房来的，刚住进来时对定居生活非常不适应。老人说她已把草场交给了自己的小女儿使用，自己留有一些牲畜就来了，现在的生活来源就是靠牲畜的收入和儿女的补给。

现在，老人对定居生活已基本适应，但还是很向往游牧生活。“逐水草而居”的生活方式根植于传统游牧民的心中，也是世代流传的游牧文化。但是随着现代化和大众传媒的不断影响，现在年轻一代的牧民，对于定居，他们已经从心理上接受甚至是向往，我在肃北县跟一位年轻人聊到她对定居和游牧有何感觉时，年轻人认为定居比游牧好，她刚刚大学毕业，说自己准备在县城找个合适的工作不想回到草原放牧了，家中的三个姐妹除了她剩下的人都依然过着游牧生活，草场和牲畜也都由父母和其他人管理。和她一起的同伴跟她想法也是一样的，也准备在县城找工作。根据调查，年轻人对定居的适应程度普遍高过他们的父母和祖辈。这是牧民定居的一大趋势。肃北蒙古族自治县绝大多数蒙古族牧民已经告别了长期生活的草原，进入到了现代化程度较高的县城，牧民在生计方式和生活方式的选择上发生了很大的改变，由原来的单一化的经济生产和生活方式走向多样化的经济生产和生活方式。这也标志着从传统的游牧生活方式向现代化生活方式的转变。

要使牧民集中定居工程顺利进行，达到国家的预期目标，有一些问题值得关注的，如帮助牧民减轻对于集中定居的自筹压力；建立对进城定居牧民教授工作技能、普及科学知识、宣传卫生防护知识、提供文化教育等的社区基本服务工作体系。同时，应该尊重牧民的个人定居意愿。面对急剧的转变，对牧民的心理调适也是研究者应该格外关注的问题。

三、定居的适应问题

牧民定居是在国家主导下进行的一场深刻的社会、文化变迁，定居后的游牧民在社会、生活、文化等方面发生了翻天覆地的变化。大部分老人一是对定居后的生活比较迷茫和担忧，二是坚持认为游牧是最有保障的生计方式。有位老人说“我们世代就是游牧，羊群走到哪里，我们就跟到哪里，生活是很辛苦的”。还有一部分老人同意定居，前提是能给予更多的饲草料，但仍然希望至少保持冬夏两季草场之间的游牧，即绝不能放弃转场。老人们认为，如果让他们停止转场，身体首先就接受不了，定居会使他们的体质下降，抵抗各种疾病的能力减弱。

中青年的牧民大都想定居，他们对定居政策也相当了解，但当问到他们是否想放弃游牧，绝大部分牧民的回答都是否定的。从牧业生产角度来看，由于定居后牧业生存方式必然受到现代生产和生活方式影响，牧民对改善物质生活和生存环境的要求增强，而过去游牧的自然生产方式不能满足这种日益增强的要求，因而他们愿意利用现代化生产方式提高生产效益但又受到传统观念的束缚，因此，关键在于如何使新技术得到推广和如何找到新技术在牧业传统文化中的嫁接点使之在技术上被文化接受。许多地区的实践证明，面对定居，现代性和传统的文化方式成了相互对抗的两种力量，一方固守传统忽视社会发展的必然趋势，一方又只重视经济效益轻视文化这个根基。实际上，这个问题是牧区社会一直存在且无法解决的难题。要做到现代性和传统文化的平衡发展是研究者们还要继续努力的课题。国家在政策导向上也要适时调整，把握传统和现代化发展是定居社会转型时期的关键阶段。

肃北蒙古族自治县地域辽阔，是甘肃省重要的畜牧业基地。在肃北县定居下来的牧民，在其生产方式转型期主要采取四种生产方式：一是继续保持牧业生产，这类家庭的模式是一边顾及定居生活一边顾及游牧生产；二是外出打工，这一方式多是年轻人，他们大多比较关注城市的生活方式；三是从事商业贸易，他们主要在县城或周边的牧区从事畜牧产品、餐饮和其他商品买卖，还有少数牧民在肃北县周边的牧场建有旅游景点；四是在县城有稳定的工作。不管牧民采取哪种生计方式都希望得到利益最大化，增加经济收入。有些牧民反映，如果政府能有一个好的政策，让其定居，可以改善他们的生活当然是好事，但是全部的牧民都认为完全定居是不可能的。牧民有这种想法不是没根据的，在定居牧民中有些家庭定居后生产、生活遇到了困难。有些卖掉了自己的草场和所有的牲畜定居的牧民，进入完全定居模式后，生活生产水平反而没有比游牧生产时有多大改善，甚至比游牧生产时差了很多。政府在对于定居后放弃游牧生活的牧民未来的生产、生活方式的问题方面的考虑还是不够全面的。定居政策实施十几年后，牧民们却发现，还是游牧生活是最有保障的选择。这是政府开展定居工作这些年来最不愿看到的结果，也是牧民不愿接受的事实。

游牧民定居工程是国家基于保护草原生态环境、提高牧区牧民经济收入水平、维护边疆稳定、稳步推进西部大开发战略等一系列考虑实施的长期的系统化工程。通过调查发现，在县城有工作的牧民可以达到稳定的生活水平，而没有工作的牧民尤其是还卖掉了牲畜的牧民，生活很难达到基本水平，而政府对这类牧民的政策补助太低。这对还没有定居且准备卖掉草场的牧民来说是无法接受的，政府在相应的定居政策实施时应有针对这类问题的调整机制。对于肃北县定居牧民的75岁老人每月150元的补助难以保障老人基本生活。这对于没有经济来源的定居牧户是一个巨大的挑战，如果能为这些牧民提供更多的就业岗位，或者能为他们再提供一些优惠政策，对于定居社会的稳定和牧民基本生活保障都是有利的。

影响适应定居的因素是多方面的。从某种意义上可以说，很多传统观念的东西作怪，影响他们适应城镇生活。长期以来，牧民对家畜的认识一直没有改变：只要有牛羊，生活就不发愁。定居以后，牧民一是感到困惑，什么都干不了；二是依靠国家补助维持生活，慢慢养成等、靠、要的依赖思想。这不但使国家承受很大的补助压力，而且更严重的是这成了直接阻碍牧民适应现代生活的主观因素。

适应，是一个过渡期。过渡时期，在经济、文化、社会心理等方面面临一系列不适应问题包括物质上的贫困和文化精神上表现出的困惑与不适应。这个过渡期是非常关键而痛苦的。肃北县虽然蒙古族是主体，但其人口有只占30%多，才3000多人，若不从长远发展的角度来解决他们的定居与适应，他们不但失去草原，更可怕的是他们会失去民族文化。不能说游牧民族离开草原、离开草原畜牧业，他们的文化就会消失。但是不尊重牧民生活方式和牧民的合法权益，在一定程度上会影响牧民定居战略在草原牧区的有效实施。

四、总　　结

我国在2005年开始实施新农村、新牧区建设，要达到国家投资的预期政策目标，国家的政策补助情况是关键条件。草原生态环境、草原文化和经济发展是紧密相连的，合理的经济发展为保护草原生态环境和草原文化提供物质基础。在新牧区建设过程中，要建设具有特色的牧区生态环境保护、文化建设、经济发展、经济产业，同时，要确定以生态效益为先的战略。坚持不懈的草原生态保护和建设也是稳定牧区社会的基石。

牧民定居的实施，是传统游牧社会向现代社会转变的重要环节，也是游牧民聚集到自然、经济、社会条件较好，并逐渐形成村落化、城镇化进程中的最初阶段。在这一过程中，环境是牧区构建发展的重要因素。从游牧到定居是一项复杂的工程，制定好合理的策略是关键问题。

到目前为止，甘肃牧区主要还是以传统畜牧产业为主的地区，由于甘肃省地处干旱少雨环境，牧区的草地退化、沙化、盐碱现象也比较严重，草场过度超载放牧，采矿场滥采现象等诸多问题都制约着甘肃牧区的畜牧业可持续发展。要想利用好草场资源，牧区的产业结构需要调整：适度发展生态旅游项目，国家可以为一些传统牧民家庭提供适当的经济支持，为他们开展旅游事业作一些政策扶持，在不破坏草原的同时为牧民增加收入；开发文化产业，西北少数民族地区有丰富的少数民族文化资源和特有的自然环境，利用文化产业是民族地区得天独厚的资源条件；对能源开发应加强规划，在保护环境的前提下可持续适度利用。

参考文献

[1] 李静，戴宁宁，刘生琰. 西北草原牧区游牧民定居问题研究综述 [J]. 内蒙古民族大学学报（社会科学版），2011：5.

[2] 贺卫光. 甘肃牧区牧民定居于草原生态环境保护 [J]. 西北民族大学学报（哲学社会科学版），2003：5.

[3] 李元元. 少数民族传统文化变迁过程分析——以甘肃省肃北蒙古族自治县蒙古族牧民定居点为例 [J]. 内蒙古社会科学（汉文版），2011：5.

[4] 聂爱文. 定居、牧民生活以及适应策略——以雀尔沟镇哈萨克族为例 [J]. 内蒙古社会科学（汉文版），2009：9.

区域性银行、资本流动与脆弱性

——以贵阳银行重庆分行的筹办为个案

田 阡

一、引　言

目前中国内地共有区域性商业银行 121 家，而且这种增长的趋势在未来还会持续下去。区域性银行的跨区域流动是中国金融业对外开放后出现的新的现象。截至 2010 年年底，全国已有 78 家城市商业银行实现了跨区域发展，占全部 147 家城市商业银行的 53%，其中包括北京银行、上海银行等大型城市商业银行，也不乏大量小型城市商业银行。[1] 区域性商业银行的跨区域资本流动深刻地影响着区域金融业的市场竞争格局。

区域性商业银行进入到一个全新而更加富有竞争性的区域时，表现出脆弱性特征。它们在客户群体的发展、业务管理水平、人力资源的获取等方面都处于弱势地位。它们的脆弱性主要归因于各级政府的政策与当下银行业的竞争格局。值得注意的是，区域性商业银行在离开了源区域之后，失去了支撑它们的地缘基础，这使它们在跨区域发展过程中很难获取许多业务支持。

怎样才能使区域性商业银行真正融入到金融竞争市场呢？首先，由政府和银行业造成的结构性障碍限制了它们的跨区域发展。本研究以贵阳银行重庆分行的筹办工作为例，详细描述和分析了限制贵阳银行跨区域发展的关键规则和政策。其次，区域性商业银行通过利用基于地缘认同形成的社会关系网络，对自我的弱势地位作出了回应，不过这却限制了区域性银行融入金融竞争体系。作者认为，区域性商业银行若想融入到金融竞争体系之中，需要各级政府、银行业以及区域性商业银行的共同努力。

本研究主要有三方面贡献：首先，本研究深刻地揭示了区域性商业银行在跨区域资本流动过程中所经历的具体的困难和它们脆弱性的原因；其次，本研究关注了区域性商业银行的发展路径，分析了区域性商业银行如何利用社会关系网络对跨区域资本流动中的脆弱性作出回应，这项研究补充了已有的集中弱势企业本身的相关研究成果；最后，本研究分析了传统关系资本与现代金融竞争格局、政府干预与区域性商业银行跨区域发展的关系。

二、研究背景

自2000年以来，城商行要求跨区域发展的呼声日渐高涨，一些城商行也为此进行了积极探索。但直到2006年4月，上海银行宁波分行成立，城商行才实现真正意义上的跨区域突破。[2]这其中很重要的原因在于银监会出台了《城市商业银行异地分支机构管理办法》，它明确了区域性商业银行异地分支机构设置的基本流程，为区域性商业银行牵引出来的金融资本流动提供了政策上的条件。2009年4月，银监会发布《关于中小商业银行分支机构市场准入政策的调整意见（试行）》，放宽了城商行跨区域设立分支机构的有关限制，更为区域性商业银行的跨区域资本流动铺平了道路。

据统计，2010年全年有17家城商行成功实现更名。全年有62家城商行跨区域设立103家异地分支行（含筹建），超过了2009年的数据。[3]可以说，区域性商业银行在政策放宽的前提下已经获得了跨区域发展的更多机遇。但是正如许多学者所观察到的，区域性商业银行在进入了一个全新的金融环境之后失去原有的地方政府的支持和人脉基础。[4]它们在新的金融环境中面临着来自银行业和政府的结构性障碍，表现出脆弱性。

本研究通过关注贵阳银行重庆分行的筹办工作，来观察区域性商业银行跨区域发展过程中面临的问题与采取的行动。目前重庆的各类银行机构已经达到54家，小额贷款获批的有123家，2010年的贷款余额是60亿元，累计贷款额超过100亿元。担保公司超过100家。目前在重庆已经开业的城市商业银行有7家，筹备中的还包括南充市商业银行、西安商业银行、青岛商业银行。2011年2月，贵阳银行也决定走出贵阳，开始筹备第二家分行——重庆分行。在筹办的过程中，贵阳银行充分地利用了贵州籍企业这一社会资本，通过贵州商会为自己在重庆建立起了客户群体。在贵阳银行重庆分行的客户群体中，贵州籍的企业占60%，由贵州籍企业家介绍的企业占30%，剩下10%的企业是慕名而来。

三、研究发现

区域性商业银行在进行跨区域资本流动的过程中，处于一种弱势的状态。它们在客户群体的发展、业务管理水平、人力资源的获取等方面表现出脆弱性。本研究的研究对象为贵阳银行重庆分行，研究的报道人大多是贵阳银行重庆分行筹备组的工作人员以及现有的工作人员。面对贵州地区越来越激烈的银行业竞争，贵阳银行在重庆设立分行，希望获得更多的发展机遇。

贵阳银行在进入重庆之后面临着严峻现实考验，它们处于金融业的弱势地位，在银行发展过程中面临着各种方面的问题。这些困难主要表现在：第一，贵阳银行进入竞争更加激烈的金融环境，已经形成的银行运营体制诸如业务管理、客户群体、人才引进方面都出现了问题；第二，贵阳银行在进入重庆之后，失去了原有的地缘优势，受到了来自地方政府的政策歧视，地方政府始终将贵阳银行作为一个外来者，而对本土银行提供更多的政策扶持。它们受到了来自政府政策、银行业竞争格局的结构性障碍。值得注意的是，贵阳银行面对这些结构性障碍，通过利用基于贵州地缘认同形成的社会关系网络，对自我的弱势地位作出了回应。

1. 银行业竞争与区域性商业银行的弱势地位

纵观中国的银行业发展趋势，我们看到银行业的竞争主要围绕着国有银行、股份制银行和外资银行展开，在金融业对外开放之后，外资银行也加入了银行业的竞争格局。这几类银行各有优势，区域性商业银行则在与国有银行、股份制银行和外资银行的竞争中处于弱势地位。

国有控股银行拥有区域性商业银行无法比拟的资本优势，在通过股改、引资上市后，其资本、网点和人才规模、品牌效应等优势进一步显现。以中国工商银行为例，中国工商银行股份有限公司重庆市分行现下辖25个二级分行、支行，近300个对外营业网点，计算机电子化网点覆盖率达到100%，经营外汇业务的分支机构和办理外汇储蓄及理财业务的网点数百个，ATM装备数量达到1000多台，24小时自助银行近百多家。[5]由此可见国有控股银行在网点以及业务方面所具有的优势。

股份制商业银行通过加大金融创新力度、加快战略转型，整体竞争实力持续提升；外资银行凭借其领先的理念和管理体制、成熟的产品和综合经营的优势，大举抢占理财和高端业务市场。在这样的情势之下，区域性商业银行处于竞争上的劣势。在重庆，我们看到区域性商业银行更加严峻的发展形势：据贵阳银行重庆分行筹备组统计，截至2011年5月，7家城市商业银行只占到重庆整个信贷总盘子的1%，存款只占总盘子的1.5%。事实上，从贵阳银行重庆分行我们可以看到区域性商业银行跨区域发展中面临的业务方面的差距，据一位筹备组工作人员介绍：

贵阳银行总行要求抵押人、保证人为个人时，须先提供个人贷款卡，如未办理须先补办，再提交审批流程，延缓了审批节奏。而重庆大多数银行是在贷款审批通过之后、贷款发放之前提供即可。另外，贵阳银行总行要求专业性担保公司与我行建立合作关系，须先到位担保授信额度20%的存款，且担保保证金比例最低要达到10%。而重庆所有银行都没有“先到位担保授信额度20%的存款”这一要求，重庆大多数银行担保保证金比例在5%～10%，部分银行已经不要求担保公司存入保证金。

贵阳银行在贵州当地存款市场和贷款市场份额的占比都稳居前列，业务的办理更注重防范风险，所以业务流程比较复杂。而在重庆地区，多数银行在有效控制风险的基础上，省略了一些繁杂的流程，从而提高了业务办理的效率。这种业务上的差距事实上是贵阳银行在重庆银行业中弱势地位的表现之一。同其他区域性商业银行一样，贵阳银行也是通过中小企业市场来维持生存的。

不过，国有银行依靠国家信誉和遍布全国的营业网点长期占据银行业的龙头地位，并逐步将经营触角伸向中小企业。股份制商业银行更是凭借其强大的产品创新能力和先进的科技手段抢占中小企业市场上的制高点。本地中小企业市场的竞争不断加剧，区域性商业银行赖以生存的“市民银行”和“中小企业银行”定位受到挑战。据中国建设银行重庆分行宣传：

2007年至2009年，建行重庆市分行小企业信贷客户年均增长143%，信贷余额年均增长130%，贷款新增、客户数新增和资产质量等指标连续三年在系统内名列西部行前茅，建行小企业服务品牌已经得到重庆市场及客户的认可。

由此可见，国有银行等银行业中的强势银行依据其自身的优势已经开始占据重庆市区域性商业银行的发展空间。可以说，无论是国有银行还是股份制银行，或是外资银行都具备自身的优势，这种优势体现在国家政权的干预以及自身金融实力方面。贵阳银行同样无法避免中小企业市场竞争带来的市场风险，在进入重庆之后，贵阳银行甚至面临比本土银行更加严峻的银行业竞争形势。

2. 地方政府的利益与结构性障碍

在银行业的竞争格局中，贵阳银行作为区域性商业银行已经处于一种弱势地位。跨区域资本流动后，贵阳银行面临着比本土银行的更加严重的形势。这是与区域性商业银行的控股与业务特征相关的。

区域性商业银行大多由地方政府控股，较易为地方政府控制；城市商业银行在市场中处于劣势地位，对地方政府存在依赖心理，这也为行政干预提供了条件。[6]以重庆银行为例，重庆银行是由37家城市信用社及城市信用联社改组，连同重庆市财政、部分区县财政、有入股资格的企业共同发起成立的股份有限公司。重庆市财政与部分区县财政成为重庆银行的控股单位，这也决定了重庆市政府对于重庆银行的政策扶持。通过对重庆银行的业务剖析，我们将会更了解地方政府对于本土商业银行的支撑作用。

首先，重庆市政府将一些重点地方经济建设项目，诸如西永微电子产业园园区、重庆市旧城改造项目、观音桥商圈、保税港区、唐风高速公路、万盛煤化工、农村土地整理整治、重庆钢铁等，交予重庆银行参与。事实上，这为重庆银行提供了丰富的业务量。其次，重庆市政府与重庆银行存在着工作上密切的合作。在重庆银行的业务宣传[7]中有如下业务：

（1）已经与市中小企业发展局签订合作协议，将充分利用市中小企业发展局和其他主管部门、行业协会提供的信息平台；

（2）与市经委建立“3+3”合作模式，在三个园区（茶园和空港、九龙）、三个行业（轻纺和机电、化医）展开广泛合作；

（3）聚财通、懒得缴、渝城一卡通等特色产品。

可以发现，重庆市政府对重庆银行的支持表现在：一方面，重庆市政府直接将政府的建设项目交予重庆银行投资建设，以此推动重庆银行的业务发展；另一方面，重庆市政府以一个信息平台的形式为重庆银行开辟金融市场提供便利条件。相较之下，贵阳银行在进入到重庆之后实际上失去了贵州省地方政府的支持，重庆银行获得的重庆市政府的支持成了贵阳银行重庆分行难以企及的事情。贵阳银行重庆分行也希望获得重庆当地政府的政策扶持，但是相较于重庆银行，其获得的地方政府支持微乎其微，表现出脆弱性。

可以说，地方政府对区域性商业银行的控股地位，以及区域性商业银行在竞争中的劣势地位使得原本看似符合市场规律的银行业竞争出现了地方政府的干预行为。这种超市场规律的竞争行为直接增加了区域性商业银行跨区域发展过程中的障碍。

3. 回归社会关系——贵阳银行的被动回应

通过前两个部分的论述，我们看到面对重庆地区银行业的竞争，重庆地区的区域性商业银行处于一种弱势地位。一方面，它们缺少金融资本，难以形成很强的竞争实力；另一方面，国有银行、股份制银行和外资银行的业务扩张也在一步步地压缩区域性商业银行的生存空间。贵阳银行在跨区域发展到重庆之后，它面临的形势则更为严峻。重庆地方政府对于重庆银行的支持也使得贵阳银行在区域性商业银行的竞争中处于更加劣势的地位。贵阳银行为应对复杂的金融环境，开始寻求社会关系网络的支撑，即利用地缘纽带寻求重庆的贵州籍企业的支持，建立自己的客户群体。

贵州籍的企业在重庆具有一定的规模，它们遍及能源、化工、机械、制造、房地产、医药、餐饮、物流、娱乐、服务、旅游、人力资源、电子商务、广告、软件开发等多个领域，其中一些企业，如重庆华油大山天然气公司、重庆南方电缆公司等在相应领域甚至具有重要的地位。这些企业为贵州籍企业家所掌握，他们对于同样出自贵州的贵阳银行予以了支持。在调查过程中，我们遇到了一个贵州籍的企业家，他说到：

我是一定会支持贵阳银行重庆分行的筹建的，业务上我们也会大力支持。家乡的银行可以在重庆建立分行是一件值得自豪的事情。

通过这位企业家的话可见，他们之所以支持贵阳银行的发展关键在于他们都是贵州的。这种基于地缘关系形成的社会关系网络给贵阳银行客户群的建立提供了支撑。事实上，在贵阳银行重庆分行寻找客户群时，贵州商会起到了至关重要的作用。重庆市贵州商会是2008年经重庆市民政局依法批准成立的民间社团组织。该商会是在渝发展的贵州籍人士从“零散”到“整合”的依托。贵州商会的工作人员说：

“多年来，一批贵州籍企业及贵州籍企业家走出贵州高原，到重庆投资创业，在重庆的各个领域都留下了他们的智慧和汗水。随着他们的事业不断做大做强，黔商也成为贵州‘走出去、请进来’的一支重要力量。在重庆奋斗的贵州人，时刻关注着家乡的发展，以多种方式回报故土、奉献家乡，表达对故乡的深切怀念和无限期望。而贵州商会，就是这些贵州籍企业家们在重庆的‘家’。贵州商会为贵州籍企业家搭建了提供政策及经济信息的平台，密切地联系贵州在重庆的企业界人士。”

“家”实际上创造了一个新的共同体的概念，它在贵阳银行与贵州籍企业之间建立了一种拟制亲属关系，贵州商会便是这个“家”的载体。贵州商会将贵州籍企业凝聚在一起，共同为贵阳银行在重庆的生存提供帮助。贵州商会曾经组织了贵阳银行与贵阳籍企业的座谈会，在这次会谈之后，有很多企业主动上门找到重庆分行的筹备组，值得一提的是，其中80%的企业都是在渝的贵州籍企业。最终，贵阳银行在重庆的第一笔业务便是和老乡做成的。这也由此建立了贵阳银行与重庆企业的联系。

贵州商会中的企业家大多数已在重庆生活多年，也有着重庆当地的关系网，而这些关系网能够牵动诸多资源的流动，影响其流向，因而成为一种具有资源配置功能的资源。贵州籍的企业家们除了主动把企业资料提交给筹备组之外，还主动介绍了很多和自己相熟的企业，这些企业来自全国各地，通过统计主动提交资料的企业发现，其中贵州籍的企业占60%，由贵州籍企业家介绍的企业占30%，剩下10%的企业是慕名而来。

可以说，贵阳银行客户群是由基于地缘关系形成的社会关系资本建立起来的，“贵州”成为了贵州籍企业与贵阳银行的认同符号。通过贵阳银行的客户群体构成，我们发现贵州籍企业成为了贵阳银行重庆分行客户群体的主体，这是贵阳银行在面对银行业竞争时作出的被动选择。不过需要指出的是，贵州籍企业纵然能够维持贵阳银行在重庆的生存，但贵阳银行对贵州籍企业的依赖一定程度上也是其逃避银行业竞争的选择，这也限制了它们融入银行市场体系。

四、讨　论

通过研究，我们看到区域性商业银行在跨区域发展中具有自觉性，它们能够根据金融业的实际情况作出调适。区域性商业银行不仅仅是一个经济实体，更是一个社会与金融体系的成员。通过对贵阳银行重庆分行的筹办过程的分析，我们发现区域性商业银行的跨区域资本流动既是金融业对外开放的发展趋势，更是区域性商业银行依靠传统关系资本，对现代金融竞争格局进行回应的过程。

政府与当下银行业竞争格局的形成关系紧密，国有银行的规模是区域性商业银行无法比拟的，本土商业银行的政府支持也在很大程度上挤占了区域性商业银行的发展空间。可以说，银行业与政府的内在联系是造成跨区域发展的区域性商业银行脆弱性的重要诱因。因而，确立新的政府与银行业的关系对于区域性商业银行的跨区域发展尤为重要。区域性商业银行自身虽然还未能适应激烈的金融市场竞争，但是它们应该根据当下的金融格局，重新作出自我的市场定位，在已有的社会关系网络基础上，开拓出适合自身的客户群体和人才储备。

参考文献

[1] 邱兆祥，熊金融. 我国城市商业银行跨区域发展的问题分析 [EB/OL]. (2011-12-05) [2012-4-10] http://news.xinhuanet.com/fortune/2011-12/05/c_122376013.htm.

[2] 张吉光. 城市商业银行跨区域发展现状、问题及对策建议 [J]. 海南金融, 2011 (5).

[3] 范春琴, 牛犇. 城市商业银行跨区域发展研究 [J]. 时代金融, 2011 (5).

[4] 曹爱红, 姜子彧, 齐安甜. 城市商业银行跨区域经营的问题与对策 [J]. 浙江金融, 2011 (10).

[5] 中国工商银行重庆市分行. [EB/OL]. [2012-05-10]. http://www.icbc.com.cn/icbc/%E9%87%8D%E5%BA%86%E5%88%86%E8%A1%8C/.

[6] 杜胜. 我国中小商业银行的现状、问题及应对策略 [J]. 上海金融, 2002 (11).

[7] 重庆银行. [EB/OL]. [2012-05-10] http://cqcbank.com/portal/zh_CN/home/bhjj/index.html.

少数民族特色村寨保护与发展契机下的城镇化建设研究

——下谷坪土家族乡的社会学考察

唐胡浩*

（中南民族大学民族学与社会学学院）

为深入学习和实践科学发展观，不断推动民族地区社会主义新农村建设，从2009年起，国家民委与财政部开展少数民族特色村寨保护与发展试点工作。经过近三年时间的推进，该项工作的成效正逐渐凸显，不仅在抢救和保护少数民族特色村寨的传统和文化上取得骄人的成绩，也切实促进了少数民族地区发展，帮助大量少数民族成员实现了脱贫致富的愿望。作为这一政策的受益者，神农架林区唯一的少数民族乡——下谷坪土家族乡，更是充分利用该乡兴隆寺村和金甲坪村被纳入少数民族特色村寨保护与发展范畴的机遇，创新性地走出了一条民族地区城镇化建设之路。本文正是在对该乡进行深入调查的基础上，通过对整个建设过程的系统考察，总结经验和成绩，并就目前存在的系列问题提出应对策略。希冀对更大范围内的少数民族特色村寨保护与发展和民族地区城镇化建设工作，提供有益的借鉴。

一、调查点简介

下谷坪土家族乡位于神农架林区西南部，系1995年经省政府批准成立的少数民族乡。下谷坪土家族乡地处大巴山东端的神农架山脉南麓，是湖

---

* 作者简介：唐胡浩（1978—），男，土家族，湖北省来凤县人，中南民族大学讲师，主要研究民族地区社会变迁与发展。

北省与重庆市、陕西省接壤的“口子乡”，也是神农架林区西南的“门户”，周边与重庆市的巫山县、陕西省的安康市、本省的巴东县等县市的7个乡镇相连。该乡东临神农架国家级自然保护区内的“华中第一峰”——神农顶，南瞰“神州第一漂”的神农溪，西连风光旖旎的重庆“小三峡”，北依“天下第一美”的大九湖国家级湿地公园。境内有太和山、三十六把刀、小武当、发水洞、“南方丝绸之路”古盐道遗址、明清古墓群和稀世碑文等丰富的旅游资源。也有堂戏、皮影戏、鼓儿车、九字鞭等独具民族特色的地方文化。相传，炎帝神农氏在山顶搭架采药，发现山脚下土地肥沃，山灵水秀，风光绚丽，百姓勤劳，气候宜人，便在此试种并成功发明“五谷”，“下谷坪”因此而得名。下谷坪全乡国土面积216平方公里，散居着汉族、土家族、苗族、彝族、回族、藏族、白族等七个民族群众6400人，少数民族占78%；辖6个村42个村民小组。共有林地面积25.6万亩，耕地面积16104亩，森林覆盖率达88.8%。2011年全年生产总值9500万元，乡级财政收入440万元。是神农架“一轴两翼”旅游格局中西翼的重要组成部分，也属鄂西生态文化旅游圈中的核心区域。

2011年神农架林区少数民族特色村寨保护与发展项目之一便在该乡兴隆寺村和金甲坪村启动。这两个村分布在横穿下谷坪集镇的板桥河两侧，在历史的长河中积淀了土家族人特有的气质，显得祥和、恬美。经过近两年的建设，现如今走进下谷坪集镇，人们可以发现一河两村，风貌新颖又和谐一体，如同一对姊妹花一样，向过往的客人和村民们展示着自己的妩媚。两村已基本建成有山区特色、土家民族风情的旅游村寨。

二、特色村寨与城镇化建设同步推进举措

根据少数民族特色村寨保护与发展选点的要求，村寨需要是“少数民族人口聚居且比例较高，主体民族为世居少数民族；村寨民族特点比较突出，对保护和传承少数民族文化具有一定价值”[1]，并以五十户以上、集中连片的自然村寨最为合适。下谷坪土家族乡的两个村寨正好符合上述要求，而且这两个村作为乡集镇的所在地又是推动城镇化建设的主阵地，无疑为同时做好这两项工作提供了天然的便利。当地政府部门也正是敏锐地发现这一契机，采取稳健的措施，探索出一条具有代表性的发展之路。

---

[1] 《国家民委办公厅财政部办公厅关于做好少数民族特色村寨保护与发展试点工作的指导意见》，民办（经济）发［2009］315号。

（一）积极动员，营造良好建设氛围

对于该乡的少数民族特色村寨保护与发展和城镇化建设工作来说，二者一体两面，联系紧密，而且对于地方发展来说，这是一项系统性的庞大工程，涉及建设多、范围广，仅靠几个干部的力量，是难以完成的。因此，在开展一系列工作之初，当地政府便以大力度宣传凝聚各方力量推动建设。宣传和动员的策略是建立立体化的网络，首先是干部带头负责，乡党委政府成立了由乡党委书记挂帅，全体班子成员、乡干部、相关二级单位50多人的特色民居改造工作领导小组。在具体责任分解上，给每个乡干部身上定任务分指标压担子，形成“千斤重担众人挑，人人身上有指标”的格局，切实调动了广大干部参与特色民居改造的积极性，增强了推动建设的力量。其次，充分认识到特色民居改造工程、城镇化建设最终的受益者是人民群众，广大群众能否支持、参与到其中是成功的关键。所以在引导广大群众支持建设、参与建设上做足准备工作。乡党委政府在全乡范围内开展了深入细致的宣传活动。组织工作专班深入村组召开群众会议宣传动员，将改造的重大意义，改造完成后的景观图，广泛向群众宣传，前后共召开各类会议50多场次。再次，对于部分存在疑惑的群众，帮助他们算好经济账、环境账、效益账，打消他们的观望、顾虑情绪。这使广大群众树立起建设与保护并进的观点，参与建设的积极性空前高涨。最后，积极与建设的施工人员进行沟通，使他们充分认识到这些工程是作为该乡打基础、管长远的基础性惠民工程，必须有优质的质量作为保障。而据笔者观察，该乡常年聘请的中南设计院设计师，对建设无论是整体上还是从细节上都力求完美。监理人员也严格对施工过程、施工工序进行检查，对每个工地安全文明施工进行监督。施工人员也都兢兢业业地为工程付出，一有问题立即整改，从建设过程上杜绝质量漏洞，安全隐患。

（二）同心协力，以特色民居改造为重点

民居保护和改造是少数民族特色村寨保护与发展的重中之重，具有需要保护与改造的紧迫性、民居改造后新面貌的直观性、民居改造过程对地方经济发展的带动性等诸多特点。所以在建设伊始，就充分调动了各方力量，其中既有上级党委政府的领导，有基层干部的辛勤付出，也有村民们的积极配合。应当说民居改造所取得的成绩是大家齐心协力、共同奋斗的结果。2011年特色村寨建设伊始，神农架林区党委政府就从促进少数民族传统文化保护与发展，促进林区各民族共同发展的战略高度，于2011年年初召开专题会议，把下谷坪土家族乡特色村寨建设项目纳入全区“十大”

民生重点工程项目，筹措资金2300多万元，遵照“政府引导、村民为主；因地制宜、民族特色；统筹规划、合理布局；统一建设、综合配套”四大原则，对下谷坪土家族乡的金甲坪村和兴隆寺村少数民族特色村寨进行修复和改造，对老居民区步行街、河堤、人行彩桥、护栏、防洪沟、民居房屋立面景观带、停车场、村寨美化、亮化、堂戏演出场地进行改造和扩建。

所有改造均以突出民族特色为前提，注重体现建筑物“简约、明快”的特色，采取“复古创新”的办法，在保护中创新、在创新中保护，使乡集镇在短期内取得了民族文化浓郁、历史气息厚重、村寨面貌一新的巨变。到目前为止，共完成特色民居改造170户，完成投资600万元。为了容纳更多人口，扩大集镇规模，把生存环境恶劣的村民进行整体移民安置，第一期移民安置房已全面动工建设，建设规模为4000m^2，楼高6层，第一层为门面房，其余楼层共25套安置房，投资300万元。与此同时，为了充分利用特色村寨保护项目对该乡城镇化发展的带动作用，按照“统一规划，统一设计”的思路，整合资金，整体推进，对横贯该乡的主公路“双神线”（神农架至神农溪）沿线民居进行改造。截止到目前，共进行民居立面改造194户，打造了一条与地域风貌和民族文化相一致的景观路带，在较短时间内勾勒出一个古色古香又具现代气息的土家族特色集镇雏形。

（三）因地制宜，发展乡村特色产业

特色产业的发展本是少数民族特色村寨保护与发展的题中之意，对于提升城镇的影响力和吸引力、巩固城镇化建设成果和特色产业的发展更发挥着决定性的作用。也即对于上述两项工作，其最终的落脚点还是放在经济发展和村民增收上。对此有着清醒认识的地方政府一方面积极与上级各部门联系，争取资金和技术指导，建立和发展了符合当地实际、具有较强竞争力的生态农业基地。先后投入了200多万元扶持发展黄连、魔芋、独活、中峰等特色农业产业，建立起1250亩现代农业茶园。目前，已开发出“黄连花茶”、“神农五谷”、“神农五味”、“下谷蛮蒜”“下谷百花蜜”等绿色产品。2011年兴隆寺村实现国民经济总收入604.6万元，金甲坪村实现国民经济总收入459.9万元，农民人均纯收入首次突破4000元，人民群众生产生活水平有了明显提高。另一方面，为了使基地建设的效益具有持续性，当地还积极创造条件进行招商引资，现已开工建设一家总投资在千万元以上的农特产品加工企业，为当地特色农产品铺好销售渠道，提升特色产品附加值。再者，从将来的发展趋势来看，随着宜巴高速和双神线改造等交通网络的完善，以及湖北武陵山少数民族经济社会发展试验区内协调发展进一步完善，该乡区位优势将会大大提升。当地政府为此进一步明确了集镇功能，改变目前该乡仅仅作为连接神农架与神农溪的中间站和湖北“一山两江”旅游格局中游客集散地的定位，向着旅游目的地方向发展，为特色村寨建设和城镇化建设提出更高的目标，借此机会做大做强旅游业。因此，除积极筹备开发下谷坪乡现有旅游资源外，考虑到以后旅游人数增加，为使游客在当地能够“吃喝玩乐享”，创造性地把特色村寨纳入到旅游业整体发展规划中。把集镇作为以后接待游客的窗口，功能定位于便于游客参观、休闲、购物、食宿和了解土家族传统民俗风情。截止到目前，街道整治工程、弱电线路下地、管沟建设、河堤护栏安装、路灯安装工作已全面完成；建成景观防洪河堤4000米，完成投资400万元；步道板铺设3000米，完成投资1000万元；完成老字号及传统店面牌匾设计安装100块。与神农架神旅集团达成协议，计划建设一座投资2000万元的精品酒店，也开始土地征用等准备工作。虽然目前这些设想的实际经济利益还没有体现，但相信这种未雨绸缪的布局定会对当地经济发展产生巨大的促进作用。

（四）重视文化，提升村寨人文素养

2009年国家民委办公厅、财政部办公厅在《关于做好少数民族特色村寨保护与发展试点工作的指导意见》中就把文化保护与发展作为重要工作内容之一。下谷坪土家族乡具有悠久的民族历史和少数民族文化资源，在加强特色村寨的保护和城镇化建设过程中，十分重视对千百年来下谷坪土家族文化的传承和创新，力争以文化为支撑，提升村寨整体的人文素养，从而创建一个文化气息浓郁、独具民族特色的城镇。在当地政府部门精心组织，积极与乡文化名人和民族文化爱好者联系，做好民族文化挖掘整理工作，把那些内嵌入群众日常生活的文化事项以科学的方式进行记录和保存，并对其中濒临消亡的部分予以重点保护。同时，积极探索民族文化保护与发展，传承与创新的新路径，以湖北省级非物质文化遗产《下谷堂戏》和《下谷皮影戏》为支撑，以“政府支持，公司化经营管理”的模式组建了一支9人的文艺演出队，常年开展文艺演出，不断推进文化事业的繁荣，为地方发展增强文化底蕴。配套修建了堂戏和皮影戏演艺厅、土家戏台、农耕文化陈列馆、传统体育项目运动场地，用以展示特色民族文化，带动旅游及丰富村民的娱乐活动，改变了群众的精神面貌。看着属于自己民族的精彩文化，大家从内心里产生一种自豪感，不少人都以能够学习、了解和熟知本民族一两项民族文化事项为荣。从长远的发展来看，一个城镇要想获得较高的知名度和美誉度，除了先赋的自然资源和后天的硬件环境建设外，更重要的是必须有自己独特的文化作为发展的灵魂，以体现与众不同的文化底蕴和文化特质。从这点来看，该乡的诸多举措无疑是明智之举。

三、少数民族特色村寨保护与发展对城镇化的贡献

正如前文所述，特色村寨与城镇化建设齐头并进，相互之间是一种互相带动的关系，我们很难割裂二者之间的联系。但是，我们知道，城镇化毕竟是一个更大范畴的发展概念，其建设千头万绪。该乡能够创造性地把二者合为一体，也是得益于当地特殊的村寨分布状况。也正因为如此，我们能够观察到，当地城镇化建设的成功或者说是某些变化是由特色村寨的保护与发展启动后所触发的。我们简要列举如下。

（一）民族凝聚力增强，发展观念转变

特色民居的建成具有重要的现实意义。首先，这些既具观赏性，又适宜居住的建筑物作为少数民族的象征符号，激发了少数民族群众热爱家乡、热爱生活、热爱本民族的激情。通过这些有形的具有民族特色的物质文化，少数民族群众能够从中感受到本民族的独特性，能够以此作为文化表征增强民族凝聚力。其次，特色民居较好地实现了彰显民族身份的功能，使之与以后的旅游业融为一体，成为吸引游客的重要文化资本。最后，特色民居的建成以一种潜移默化的形式影响了人们的发展思路。由于地理环境的限制，许多群众满足于温饱，对以后的发展毫无计划，甚至部分乡村干部也对发展束手无策。而如今置身于焕然一新的环境中，以前觉得遥遥无期的旅游业繁荣将会变成现实，群众纷纷计划着以后如何借助民族特色来招揽游客。各级干部在工作中也更加注重结合现实，转变发展观念，拓展发展思路，力争从原来简单的农业种植转变到农、商、旅游、服务、加工业齐头并进的格局上来。

（二）自然生态环境得到保护，人居环境得到改善

在前期的民居改造工程过程中，当地始终着眼于当地未来的发展，在设计施工时尽量保持建筑物与自然环境的协调，尽量减少对现有生态环境的影响，生活垃圾和污水处理都严格按标准执行。现已建成简易污水处理设施工程 3 处、生活垃圾处理集中处理场 4 处、铺设少数民族群众安全饮水管道 3 公里。与此同时，通过在群众中大力宣传，营造了建设与保护并

行的氛围，群众纷纷表示面对村容村貌的巨大变化，他们一定会更加珍惜和守护好来之不易的整洁环境。为加强对环境的保护力度，防患于未然，下谷坪乡还着手制定相关规章制度，对于污染水源、破坏环境、损毁特色建筑等现象进行教育和处罚。据当地村民反映，如今人们随手倾倒垃圾、向河流中排放生活污水等生活陋习已基本扭转。讲究整洁、保护环境的乡村文明风尚逐渐树立起来。在风光如画的村寨中，村民们茶余饭后，大多三三两两走出家门，享受乡村的宁静和祥和。

总体来说，在特色村寨的建设过程中，当地充分利用了滨河景观和山体生态景观资源，在空间结构、景观塑造和建筑布局上都遥相呼应，打通山、水、屋之间联系通道，使三者交相辉映，形成独特的、自然的、生态的、具有土家风情的宜居空间。从而触动了纯朴善良的村民们内心深处对美好生活的向往之情，也为解决城镇化建设中老大难的群众支持问题做好铺垫。最好的佐证是在整个建设中，涉及征地等问题时，村民极少出现对立情绪。

四、特色村寨与城镇化建设中的问题

就该乡特色村寨和城镇化建设并行的状况，或者是仅针对特色村寨的建设来说，本身就是一项系统性的创新工程，可借鉴的经验较少，加之当地两个村寨原有基础条件薄弱，因此，虽然地方政府提出“边摸索、边建设、边总结、边提高”的口号。但就目前的总体情况来看，还是有以下一些问题存在，应当引起注意。

一是平和心态，不能急于求成。有个别干部对特色村寨和城镇化建设任务的长期性和艰巨性认识不足。建设初期，大家热情都很高，希望能早点产生效益。但作为一项系统性的工程，要能够产生明显的成绩不是短时间就能实现的，特别是这两个村经济基础本身就十分薄弱，社会事业发展水平又明显滞后。所以这少部分人经过短期的热情高涨后，情绪低落、信心不足。这种消极的思想必须要扭转，要认清现实，做好长期奋斗的准备，积极主动地寻找破解难题的方法。

二是少部分群众的建设积极性还没调动起来。任何一项工作的开展离不开群众的支持和参与，只有广泛动员群众，让他们了解政策，拥护政策，才会促进工作的推进。虽然绝大部分兴隆寺村和金甲坪村村民都支持特色村寨建设，主动地投工投劳或是出钱参与。但依然有一小部分群众持观望态度。对此，地方政府必须进一步做好宣传工作，消除群众思想顾虑和抵触情绪，真正达到全民参与。

三是部门之间配合与协调工作有待加强。为了做好下谷坪乡两个村的特色村寨建设工作，诸多部门都参与其中，而且成立了工作领导小组，负责统筹安排。但是包括扶贫开发、城建、国土、文化等许多部门工作都与之有关，这些部门各有上级主管单位，各单位的工作目标也有差异，上级对这些部门的工作要求不一，验收标准不同。更重要的是，上级部门虽然对特色村寨建设有大的指导方针，设置了一些验收标准，但这毕竟不同于生产一个标准化的产品，没有固定的模式去模仿，也就使得各部门对特色村寨建设目标的理解不尽相同，这些都导致统一协调工作有相当的难度。所以，在以后的建设进程中，地方政府还要花更多的心血去组织协调，并考虑制定有效的协作机制，推进部门之间的协作。

五、进一步促进特色村寨和城镇化建设的建议

少数民族特色村寨建设是在新的发展时期，以保护、弘扬和发展民族传统文化为基点，以特色民居改造为突破口，从而促进少数民族和民族地区经济社会发展，提高人民群众生活水平，全面建设小康社会的重要举措。是国家落实党的民族政策，为少数民族群众办实事的具体体现。特别是在当前民族地区社会主义新农村建设逐渐走向高潮的关键时期，我们必须把这项工作做好做扎实，在实践中总结经验和教训，不断改进工作方法，转变工作思路，以确保此项工作顺利推进，取得成效。根据对下谷坪乡兴隆寺村和金甲坪村的调研所掌握的情况，我们建议如下。

一是加强领导和监管力度，积极调动各方力量参与建设。政府部门要充分发挥主导作用，履行好公共服务职能，及时总结经验，并努力探索完善特色村寨建设的新举措。政府部门还要当好把关者，严格按照规划进行建设，及时接收和处理反馈信息，完善资金使用和项目建设公示制度，接收群众监督，保证建设工作的顺利进行。除此之外，还应当充分调动包括村民、企业、社会团体和科研院所等多方力量。村民是特色村寨建设的主要承担者和受益者，他们有义务和责任发挥主人翁的作用。要进一步建立好沟通交流平台，使村民表达意见和建议的渠道更畅通，调动他们的积极性，激发他们的创造性。企业、社会团体和科研院所等则是特色村寨建设必须依借的外部力量，要尊重他们，创造条件吸引他们，使他们所具有的资金优势、市场优势、智力优势能够弥补村寨自身的不足。

二是正确把握特色村寨建设的核心目标。2010 年 7 月，在全国少数民

族特色村寨保护与发展试点工作现场经验交流会上，湖北省民宗委副主任胡祥华就特色村寨建设工作提出要“以特色民居改造为突破口加强村容村貌建设，以确保农民增收为目的培育特色产业，以保护少数民族传统文化为切入点推动民族文化传承和发展，以促进民族关系和谐为目标推进民族团结进步创建活动”，这其实就是我们在特色村寨建设进程中需要把握的核心目标。我们所实施的一切具体工作都要围绕此目标来进行。同时，要考虑当地的特殊情况，还必须把今后较长时间段内城镇化发展的因素考虑在内，所以要体现出六大结合，即特色村寨建设工作要与保护和传承民族文化相结合、与提高群众经济收入相结合、与保护民族地区生态环境、与改善人民群众生活质量相结合、与增进民族团结进步相结合、与地方城镇化建设相结合。

三是突出工作重点，带动农村社会整体发展。从兴隆寺村和金甲坪村的发展现状来说，其工作重点依然是在发展村寨经济上。可以说壮大村集体经济，增加群众收入，是其他所有工作的基础。缺乏经济实力增长的支撑，文化与社会事业的发展只能是镜中花、水中月。借着政策优势，特色村寨建设有了较为可观的资金投入，但这些前期资金投入的根本目的不是为了修建一些外表光鲜的建筑物，而是增强村寨自身的造血功能，培育村寨搏击市场的能力，使保护与发展走上可持续发展的良性循环之路。因而，在以后的实际工作中，各项工作要齐头并进，但又不能求全求大，应当脚踏实地，把保护与发展的基础奠定牢固。

通过调研，我们看到下谷乡特色村寨与城镇化建设取得了良好的阶段性成绩，看到了干部和群众付出的艰辛努力，看到了人们对未来美好生活的期待。到现阶段调查结束时，我们又欣喜地看到，该乡在夯实发展基础上又迈出了新的步伐，包括集镇所在地的 6 个村民小组，纷纷制定了在今年内实现村集体收入 5 万元的发展规划，并采取多种措施付诸实践。虽然 5 万元的目标不能称之为宏大，但对于起点为零的各村来说，依然是一个具有挑战性的目标。相信在以后的奋斗历程中，在各级党委政府的领导下，在社会各界的支持下，在当地各族群众共同奋斗下，“基础设施完善、农民增产增收、生态环境优良、民居特色浓郁、民族文化繁荣、民族关系和谐”的下谷特色村寨将会成为林区经济社会发展的一颗新星。而这项具有开创性地把少数民族特色村寨保护与发展同民族地区城镇化建设相结合的发展路径也会在实践中不断完善。

参考文献

[1] 王艳成．城镇化进程中乡镇政府职能研究［M］．北京：人民出版社，2010.
[2] 浦善新．走向城镇化：新农村建设的时代背景［M］．北京：中国社会出版社，2006.
[3] 胡祥华．湖北省少数民族特色村寨保护与发展工作实践与思考［EB/OL］．［2011 - 07 - 10］http：//www.hbmzw.gov.cn/structure/zwdt/ldhd/zw_ 15610_ 1.htm.
[4] 房亚明．关于少数民族特色村寨保护与发展的思考［J］．农村财政与财务，2011（3）.
[5] 侯万锋．少数民族传统文化与民族地区和谐社会的构建［J］．曲靖师范学院学报，2011（4）.

理论探讨

古代中国政府民族教育政策文化模式的历史研究

吴明海*

（中央民族大学教育学院）

中国自古就是多民族国家。民族问题，尤其是民族文化教育问题，自古以来就是中国中央政府必须审慎面对的大问题。纵观古代史，中国历朝历代政府在民族文化教育政策的问题上，能够立足当时民族关系的实际状况以及中国固有的文化底色，承前启后，与时俱进，不断探索，对中华民族的凝聚力以及中华民族多元一体文化格局的形成与发展，一直起到积极的推动作用，总体上是成功的，其中的历史经验与智慧值得认真总结与汲取。观今宜鉴古，无古不成今。古代中国政府的民族教育政策不仅对于我国当今的民族文化教育政策研究与制定具有借鉴意义，而且对于世界其他多民族国家也具有启发意义。

本论文将中国古代史界定为公元1840年以前的中国历史，将教育界定为对人的身心发展产生积极影响的文化活动，从文化模式的视角来总结古代中国政府民族教育政策的历史经验。

一、德化怀柔，协和万邦

“德化怀柔、协和万邦”思想产生于尧舜禹时代。据《尚书》载，尧“克明俊德，以亲九族，九族既睦，平章百姓。百姓昭明，协和万邦。”[1]据《韩非子》载：“当舜之时，有苗不服，禹将伐之。舜曰：不可，上德不厚

---

* 作者简介：吴明海（1965—），安徽芜湖人，博士，中央民族大学教育学院教授、博士生导师，主要研究民族教育学、教育人类学。E－mail：minghaiwu@ sina. com，电话：010－68933411。

[1] 参见《尚书·尧典》，《十三经注疏》上册。

而行武，非道也。乃修道三年，执干戚舞，有苗乃服。”❶“九族”“万邦”都是众多部落联盟的意思。这些记载说明，早在国家政权处于孕育时期，处于主体民族地位的炎黄部落联盟，就已经能够修身齐德，通过厚德感化来达到协和万邦的目的。禹创立夏朝，是我国国家政权形成的标志。《淮南子·原道训》载，禹承舜，继续对四周少数民族“施之以德，海外宾服，四夷纳职。”❷这表明，我国古代最初的中央政府就开始实行德化怀柔、协和万邦的文教政策。这种“德化怀柔、协和万邦”的文治思想对国家形成之后历朝历代中央政府的民族政策尤其是民族教育政策产生了极其深远的影响。

周朝将尧舜禹的“德化怀柔、协和万邦”政策继承下来并且发扬光大，一直得到后世称颂。

早在周朝建立之前，周文王就制定了“德化怀柔、协和万邦”的文治政策。韩非讲周文王德化怀柔政策时指出：“古者文王处丰镐之间，地方百里，行仁义而怀西戎，遂王天下。”❸ 墨子讲周文王的民族政策时说道：“昔者文王之治西土，若日若光，乍光于四方，于西土不为大国侮小国，不为众庶侮鳏寡，不为暴势夺穑人黎稷狗彘，天屑临文王慈，是以老而无子者，有所得终其寿，连独无兄弟者，有所杂于生人之间，少失其父母者，有所放依而长。此文王之事，则吾今行兼矣。”❹

周文王的德化怀柔政策在周朝确立之后继续得到实行，成为治国方略。据《淮南子》载，周文王去世后，“武王欲昭文王之令德，使夷狄各以其贿来贡，辽远，故治三年丧，殡文王于两楹之间，以俟远方。”❺ 据《尚书·康诰》载，周公旦提出“祗祗”“敬德保民”的思想，“祗祗”就是尊敬应该受到尊敬的人，这种思想也适用于少数民族。又据《国语》载，西周中期，“穆王将征犬戎，祭公谋父谏曰：不可！先王耀德不耀兵。”❻ 周穆王在制定《吕刑》时要求从周朝多民族的具体历史条件出发，审慎运用刑罚，以使各民族“唯敬五刑，以成三德”，所谓“三德”，“一曰正直，二曰刚克，三曰柔克。”❼ “耀德不耀兵”可以说不仅是周朝而且

---

❶ 《韩非子·五蠹》。
❷ 《淮南子》，《诸子集成》第7册，中华书局。
❸ 《韩非子·五蠹》。
❹ 《墨子·兼爱中》。
❺ 《淮南子·要略》。
❻ 《国语·周语》。
❼ 《尚书·洪范》。

是夏商周三代民族文教政策最突出的特点。

到春秋时期，《论语·颜渊》曰：“君子敬而无失，与人恭而有礼，四海之内，皆兄弟也。”《论语·季氏》曰：“远人不服，则修文德以徕之，既来之，则安之”。《论语》中的“四海之内皆兄弟”、“修文德以来远人”的思想，可以说与“德化怀柔、协和万邦”一脉相承，在后世尊儒崇文的“文治”时代，对中央政府民族教育政策产生潜移默化的影响。

在汉朝，汉文帝就汉朝与匈奴关系提出“使两国之民若一家”❶ 的思想。在隋朝，隋炀帝采纳了裴矩“无隔华夷”“混一戎夏”的建议并将其作为制定民族文教政策的指导理念。在唐朝，唐太宗提出“推恩示信”“爱之如一”的思想，这是唐朝民族教育政策总的指导方针。贞观二十一年（公元647年），唐太宗对群臣说：“自古帝王虽平定中夏，不能服夷狄。朕不逮古人，而功过之……所以及此者”，其中一个重要原因就是：“自古皆贵中华，贱夷狄，朕独爱之如一，故其种落皆依朕如父母。”❷ 对于“非我族类，其心必异”的旧观念，唐太宗不以为然，指出：“人主患德泽不加，不必猜忌异类。盖德泽洽，则四夷可使如一家，猜忌多，则骨肉不免为仇敌。”❸ 根据“己所不欲，勿施于人”的推己及人的儒家思想，唐太宗指出：“夷狄亦人，其情与中夏不殊。”❹ “岂独百姓（指汉族）不欲，而必顺其情；但夷狄，亦能从其意。”❺ 总之，唐太宗认为，“抚九族以仁”，是“君之体也。”❻ 唐太宗“推恩示信”“爱之如一”的思想对唐朝的民族教育起着指导性作用。明朝中央政府在继承唐太宗“爱之如一”的基础上，提出“华夷一家”“一视同仁”的民族观。元朝和清朝以“德化怀柔、协和万邦”作为文治理念，在协调少数民族与汉族、少数民族与少数民族的关系方面，作出了积极的努力，积累了许多有益的经验。

总之，作为中国古代民族教育政策的基本理念，“德化怀柔、协和万邦”源远流长，虽历经沧桑，但历朝历代皆一以贯之、绵绵不绝，有强大的生命力。

---

❶ 《史记·匈奴列传》。
❷ 《资治通鉴》卷一九八。
❸ 《资治通鉴》卷一九七。
❹ 《资治通鉴》卷一九七。
❺ 《册府元龟》卷十八。
❻ 《帝范》卷一。

二、一核多元，中和位育

中国古代历朝历代都民族众多，各民族各有其民族文化，同时各民族文化之间有千丝万缕的联系，在历史长河中逐步形成多元一体的中华民族文化格局，这是中国文化多样性的特点。古代中国政府如何针对中国文化多样性的“多元一体”的特点以及“德化怀柔、协和万邦”的文治理念，来具体设计中国的多民族文化教育政策？通过归纳总结历史资料发现，其总的政策实施原则可以用“一核多元、中和位育”❶ 八个字来概括。

“一核多元”的观点源于夏朝“五服”的治理理念。夏朝根据距离夏王直接统治和管理的核心地区（称“王畿”、“中邦”或“天子之国”）的远近，对全国广大地区实行“同服不同制”治理政策，这种政策就是“五服”。根据《尚书》和《史记》记载，夏朝的“五服”是，“王畿”以外500里甸服，甸服外500里侯服，侯服外500里绥服，绥服外500里要服，要服外500里荒服，“东渐于海，西被于流沙，朔、南暨：声教讫于四海”❷。专家一般认为，“甸服”“侯服”和“绥服”是对诸侯国的管理政策，“要服”“荒服”是夏朝和夏族对四方民族实行的管理政策。“要服”就是“要束以文教”，“荒服”是“因其故俗而治之”；“要服者贡，荒服者王”，就是说，“要服者”可随便贡献些方物给夏王，表示承认夏王天下共主的地位，“荒服者”只要承认夏王天下共主地位，定期来朝觐即可，来者不拒，去者不禁。❸ “同服不同制”的“五服”思想，说明在服从、服务、认同中央朝廷的前提下，中央根据各地具体情况，因地制宜、因俗而治。这是中国古代多元文化主义的起源、种子与认知模式，对后世产生了深远的影响。

《中庸》开篇说：“喜怒哀乐之未发，谓之中；发而皆中节，谓之和。中也者，天下之大本也；和也者，天下之达道也。致中和，天地位焉、万物育焉。”“中和位育”源自《中庸》，也是对中庸之道的高度概括。“中和位育”不仅是中国古人关于宇宙、人生哲学的至高境界，是教育哲学、文化哲学的至高境界，也是教育政策、文化政策、民族政策乃至治国理念

---

❶ “中和位育”最早出自《中庸》，其开篇说：“喜怒哀乐之未发，谓之中；发而皆中节，谓之和。中也者，天下之大本也；和也者，天下之达道也。致中和，天地位焉、万物育焉。”

❷ 参见《尚书·禹贡》；《史记》卷二《夏本纪》。

❸ 参见：翁独健. 中国民族关系史纲要［M］. 北京：中国社会科学出版社，2001：34.

的至高境界。就多民族文化教育政策理念而言，我们可以把“中和位育”扩充解释为：以中庸之道的哲学理念，以“协和万邦”的文治理念，恰到好处地选择多民族文化教育形式与教育内容，使各民族的人们及其文化各得其所，就如“天地位焉、万物育焉”，遵循规律，得到正常的发育、充分的发展。

中国古代多元文化主义不是文化相对主义，也不是文化进化论，其精神是“一核多元、中和位育”。在中国古人那里，中国的多元文化是一个有机的体系，由“核心”之“一”与“周边”之“多”组成，“一”与“多”之间、“多”与“多”之间关系密切，纵横交错，相互交织。以中原文化为核心（尤以儒家文化为核中核），四周的区域文化、民族文化等如众星捧月般地围绕核心文化运动，同时各文化单元之间也交相辉映，相得益彰。具体说来，作为中国古代多民族文化教育政策总原则，“一核多元、中和位育”可分成以下具体原则：核心辐射，边缘内附；因地制宜，因俗而治；多元互动，相互学习。

（一）核心辐射，边缘内附

“核心辐射”是指古代中国政府将自己代表或认为的主流文化积极向周边民族地区传播，不管是汉族朝廷还是少数民族朝廷；“边缘内附”，是指古代中国政府“修文德以徕远人”，使边远民族仰慕中土，以负笈中原为平生抱负与乐事。总之，“核心辐射，边缘内附”的意思是说，古代中央政府向民族地区传播中原文化尤其是儒学，周边民族不仅积极欢迎这种文化传播，而且主动到内地尤其是京城留学，学习中原文化尤其是儒学。

“核心辐射、边缘内附”的文化政策的形式有移民实边、兴学、科举等。

1. 移民实边

秦朝在统一中国的过程中，多次移民实边。公元前 214 年，移民 5 万到岭南地区，移民 10 万到河套地区；公元前 212 年两次移民到西北地区；公元前 211 年移民 3 万到榆中地区（今内蒙古鄂尔多斯黄河北岸）。公元前 119 年，汉武帝一次就移民 70 余万口，以充实北方诸郡。1860 年清廷批准黑龙江将军特普钦要求对关内移民“解禁”的上奏。随后 50 年间，山东等地的移民“担担提篮，扶老携幼，或东出榆关，或东渡渤海，蜂拥蚁聚”，关东大地上人口迅速增至 1800 万。左宗棠于 19 世纪 70 年代率湘军西征收复新疆时，就向当地移民，以至很快出现“大将西征人未还，湖湘子弟满天山”的景象。[1] 移民实边政策有利于边疆巩固，具有政治意义；有利于边疆开发，具有经济意义。大量内地移民带去先进的中原华夏文化，和边疆各少数民族居住在一起，相互交往，既有利于文化的传播与融合，又有利于各族人民的大团结，所以还具有文化教育意义。

2. 兴学

这是“核心辐射、边缘内附”政策的主要形式。自战国乃至秦朝时期，中原文化通过移民实边等多种形式扩至周边地区，但没有留下在周边民族地区兴学的记载；有此确切兴学记载的历史自汉朝始即延绵不绝。据《汉书·文翁传》载，汉景帝时，蜀郡太守文翁选小吏十余人至京师做博士弟子，学成后回本地予以重用；又立学官于成都，招属县弟子为学官弟子，以其学业成绩，分授官职。由是，“蜀地学于京师者比齐鲁焉。至武帝时，乃令天下郡国皆立学校官，自文翁为之始云。”[2] 汉武帝时，儒学私学也兴起于西南等民族地区。从汉至清，无论是统一时期还是分裂时期，无论是汉族主政的朝廷还是少数民族主政的朝廷，都采取积极的政策在周边民族地区兴办儒学以及在内地重要城市尤其在京城兴办学校，招徕民族地区学生前来留学。就留学制度而言，在唐朝就已较为完备，这一制度受到边远民族地区的积极响应。渤海王“数遣诸生诣京师太学，习识古今制度”[3]，学习儒家经典。开成二年（837 年），渤海王一次就派遣 16 人到唐朝学习，其中 6 人就学长安。国子学向各民族首领子弟开放。史载贞观十四年（640 年），国子学“增筑学舍千二百间，增学生二千二百六十员……于是四方学者云集京师，乃至高丽、百济、新罗、高昌、吐蕃诸酋长亦遣子弟入学，升讲筵者至八千余人。”[4] 宋朝用中央与地方共同拨款的方式为少数民族上层社会子弟设立一种以传播忠孝仁义儒家文化为宗旨的官学——蕃学。蕃学主要分布于今天甘川陕交界的洮河流域、甘肃的临夏地区、兰州地区和青海东部地区。元代在京师设立国子学、蒙古国子学、回回国子学三种中央官学，招收各族子弟，学习以儒学为核心的多种文化；并按照路、府、州、县四级行政区划相应设置地方官学传播儒学。明朝政府鼓励选派或推举少数民族子弟进入国子监读书，并重视在边疆民族地区开设儒学。清朝对汉族子弟继续推行儒学教育，对满族子弟根据“满

---

[1] 徐焰. “封禁虚边”到“移民实边”［N］. 解放军报，2008－04－15.
[2] 《汉书·文翁传》。
[3] 《新唐书》卷二一九《渤海传》。
[4] 《资治通鉴》卷一九五。

洲根本”的原则强调“国语骑射”[1]，但是在满族弟子学校教育系统中，无论皇室子弟教育系统还是八旗子弟教育系统，儒学学习仍然居于重要地位。从雍正年间开始，清廷在广西、贵州、云南等地大规模推行改土归流运动，以强有力的措施在改土归流的地区兴办以传播儒学为核心的学校：第一，命令边疆各府学、州学、县学、卫学招收少数民族土司贵族入学，入学政策优惠；第二，在云南、贵州、广西、广东等民族地区为苗、瑶、黎等民族贫寒子弟设置社学、义学，在云南边境地区还设立井学。

在民族地方兴学的过程中，各级地方官吏，无论是流官还是土官，多是积极作为的，尤其值得一书的是很多在中央做事的文官因种种原因贬谪到民族地区后，从权力斗争的泥沼中走出来，以饱满的热情积极讲学、兴学，开辟了一带文风，有力地促进了当地文教事业的发展，如唐朝柳宗元在柳州，宋朝苏轼在海南，明朝王守仁在贵州，清朝林则徐在新疆，都是如此，他们受到当地各族人民的世代尊重。

3. 科举

科举制由隋创建自唐实施。唐朝科举向少数民族士子开放。溪洞黄生考取进士，人们感叹“峒家未尝无俊才也”[2]。渤海的学生经常参加唐朝的科举考试。渤海国相炤度早年曾经在长安考中进士。自唐至清，历朝中央政府科举取士制度都向少数民族及少数民族地区开放，并且因时因地制宜，实行优惠政策。元朝科举仿行宋制，入关前曾经向汉人开考，后时断时续，到仁宗延祐二年（1315 年）正式开科取士，不仅对汉人与南人开考，而且也对蒙古人和色目人开考，对后者政策略有优惠。明朝科举不仅对少数民族开放，而且在相同条件下，对少数民族中式者“加俸级优异之”。[3] 清朝科举不仅对满汉开放，而且允许其他少数民族的子弟参加，政策优惠，且经济资助。例如，苗瑶等少数民族的应考生统称新童，其试卷称新卷，须在卷面注明，以供阅卷参考，可按府州限额从宽录取。录取后再复核户籍田庐，由考生所在地民族头领具结立案，以资证信。冒名新童者，一经查出，考生和地方官照例治罪。[4] 科举考试是指挥棒，向各族子弟开放，不仅大大提高了各民族地区兴办儒学的积极性，促进了中原文化的传播与传承，而且有力地促进了不同民族间的文化交流与相互理解，其

---

[1] 清朝政府的“国语骑射”政策中的“国语”是指满族语言文字，“骑射”就是骑马射箭等军事本领。清廷认为，“国语骑射”是满族的特色与立足之本，必须保持。

[2] 《太平广记》卷第一八四贡举七《尚书故实》。

[3] 转引自徐杰舜，韦日科．中国民族政策史鉴［M］．南宁：广西人民出版社，1992：349.

[4] 参见顾明远．教育大词典，4 卷［M］．上海：上海教育出版社，1992：132－133.

积极意义是值得肯定的。

（二）因地制宜，因俗而治

古代中国政府尊重各民族传统文化和教育传统，对其采取因地制宜、因俗而治的策略。这一政策的历史自夏而始。

商朝继承夏朝“要服”和“荒服”政策。《诗经·商颂》曰：“昔有成汤，自彼氐羌，莫敢不来王，曰商是常。”氐、羌等少数民族纷纷来朝觐商王，尊奉商王为天下共主。

周朝将夏商两代的“要服”和“荒服”政策发展为“修其教不移其俗，齐其政不易其宜”[1]。周武王克商建周之后，对原来商朝统治的东方核心地区，“复盘庚之政”，如对鲁国“启以商政，疆以周索”，就是说顺从当地民俗，奉商之正朔，而以周代的政制约束他们。对分封于戎狄地区的晋国，“启以夏政，疆以戎索”，就是奉夏代之正朔，沿用当地少数民族习惯法治理。据载，周文王的伯父吴太伯和仲雍率领族人远到荆蛮地区（今江苏南部）建立吴国，仍然尊崇周王的天子地位。吴太伯和吴国公室是姬姓贵族，而当地居民是有“断发文身”的百越，吴太伯遂改用百越生活习俗，还沿用当地民族习惯法治政，受到了百越人的尊敬。周朝还以“要服”和“荒服”的形式与边远民族结盟。如南方的“蛮族”大国的楚国国君，在周初接受周王的封赐，承认周王为天下共主；远在东北黑龙江流域的肃慎族，向周王贡献弓箭，表示臣服。

秦朝政府在不同的少数民族地区设置不同的地方管理体制。在有的少数民族地区，设置和内地一样的郡县制，如在“南取百越之地”后设置会稽郡、闽中郡、桂林郡、南海郡、象郡，在北“却匈奴七百余里”[2]后设置九原郡。郡下设县，县下设乡，乡设三老管教化。在其他少数民族地区设置郡道制，“道”相当于“县”。道是中国历史上对少数民族实行羁縻政策的萌芽和发端。[3]

汉朝根据少数民族地区的特点，在少数民族地区建立不同于内地的管理体制；又根据少数民族地区各自的特点设置不同名称的管理体制。总的来说有三种：道、边郡和属国。道的级别相当于县，这是汉朝对秦朝的继承。边郡制和属国制则属于汉朝的创造。为了区别汉族聚居区的郡和少数民族聚居区的郡，称前者为“内郡”，后者为“边郡”。在边郡实行土流双

---

[1] 《礼记·王制》。

[2] 《史记·秦始皇本纪·太史公曰》。

[3] 徐杰舜，韦日科. 中国民族政策史鉴［M］. 南宁：广西人民出版社，1992：67.

重管制，并且赋税优惠。“属国”的级别相当于郡，但“属国”具有“半独立的地位”❶。所谓“属国”，就是“不改变其本国之俗而属于汉”❷。也即在承认汉朝中央政府为最高宗主国的前提下，少数民族地区政权可以保留原有的社会政治经济制度，可自主地处理内部事务，民风民俗不变。

汉朝政府设置道、边郡和属国制实际上是对少数民族实行羁縻政策。与羁縻政策相配套，汉朝还实行怀柔政策，如封侯拜爵、封册贵族、优惠赋税等。羁縻政策，在少数民族地区“以其故俗治”❸，甚至“不用天子法度”❹，从文化教育意义上来看，有利于多元文化的保护和发展；怀柔政策，使人心思汉，使多元的文化、多样的民族有一个凝聚和向往的中心。例如，羁縻与怀柔政策，在南越达到“和集百越”的效果；在西域诸国致使“西域思汉威德，威乐内属”❺。总之，羁縻与怀柔政策对统一的多民族国家的形成和巩固在各族人民中奠定了良好的心理与文化基础。

魏晋南北朝时期，各个政权都对少数民族实行怀柔、因俗而治的政策。为怀柔匈奴，曹魏政权以礼相待匈奴上层人物，并将他们荐举到地方政府任职，同时鼓励匈奴百姓从事农桑；对岭南“百蛮”，东吴政权实行怀柔政策。诸葛亮不仅以七擒孟获的典故而树立起怀柔的典范，而且在尊重少数民族地区风俗习惯方面也起了模范作用。诸葛亮在南中，鉴于昆明、叟族“征巫鬼，好诅盟”的习俗，亲自作图谱，“先画天地、日月、君长、城府；次画神龙，龙生夷及牛、马、羊；后画部主吏乘马幡盖巡行、安恤；又画夷牵牛负酒、赍金宝诣之之象，以赐夷，夷甚重之”❻，此外，诸葛亮还送给他们瑞锦、铁券。❼ 他们因俗、因地制宜，设置民族自治地方政权。南朝设置左郡左县知管理少数民族地区，在僚人地区又称“僚郡”，在俚人地区又称“俚郡”。

唐朝在少数民族地区设置地方行政机构——羁縻府州制。羁縻府州在武德年间就已出现，在贞观年间形成制度，截止到开元年间设置黑水都督府，唐朝政府先后在东北、北方、西南、南方共设置了856个羁縻府州。❽

---

❶ 聂崇歧：“中国历代官制简述”，载《宋史丛考》上册，第221页。
❷ 《汉书·卫青霍去病传·师古注》。
❸ 《汉书·食货志下》。
❹ 《汉书·严助传》。
❺ 《汉书·西域传下》。
❻ 常璩：《华阳国志》卷四《南中志》。
❼ 参见翁独健. 中国民族关系史纲要［M］. 北京：中国社会科学出版社，2002：191.
❽ 参见徐杰舜，韦日科. 中国民族政策史鉴［M］. 南宁：广西人民出版社，1992：186.

唐中央政府对羁縻府州具有行政领导权，但是基本保持各民族的原有统治机构，任命少数民族首领为羁縻府州首领，在维护国家统一的前提下，少数民族拥有相当的自治权，当地的风俗习惯中央政府不予干涉。羁縻府州属于唐朝边州各地方政府领导，唐朝皇帝又时常赏赐少数民族首领，赈济遇灾的当地群众，所以，唐朝的“声威”和“教化”能够传播到这些地区，从而促进了当地政治、经济和文化的发展。[1]

宋朝在其统治的西南、西北民族地区实行羁縻府、州、县、洞制度，通过当地民族首领来实行社会治理，尊重当地风俗，对当地少数民族之间的纠纷以劝解为主，即“和断”，而不是依据内地的法律来处理。

在唐宋羁縻府州基础之上，元朝在西南民族地区建立土官制度，即任用当地少数民族上层人士担任当地地方政权机构的长官；明清继承了这一历史遗产，但在部分地区实行了改土归流的政策。

（三）多元互动，互相学习

中华大地上众多民族插花般地相互杂处，形成“大杂居、小聚居”的地理分布，民族与民族之间从来不是“鸡犬之声相闻，老死不相往来”，而是如走亲戚一样时常走动，礼尚往来，相互通婚，经贸频繁，形成你中有我、我中有你、相互依赖、优势互补的多元一体的文化格局。在此基础上形成了各民族之间多元互动，相互学习的良好氛围。

这种亲戚般相互走动首先体现在民族间相互联姻政策上。中国古代各民族之间民间通婚历来自由、普遍，上层社会和亲频繁。鼓励民族之间和亲联姻的政策不仅使民族关系形成“血浓于水”的血缘交叉关系，而且为文化交往、互动建立了天然的桥梁。提起“和亲”，大家自然想起“昭君出塞”的故事。汉朝和亲不止王昭君一人，据统计在西汉就有“和蕃”公主 8 人、宫女 7 人，各类和亲起码 16 起。和亲政策也不自汉始，如早在春秋战国时期，华夏诸国和周边少数民族通婚就已十分频繁。在北方，晋国公室和戎、狄世代通婚；在南方，楚国和秦国也世代通婚。王室、贵族之间和亲现象普遍，民间通婚更是广泛。汉之后，和亲更是频繁。如唐朝，有唐蕃和亲、回鹘和亲。清朝鼓励满汉联姻，提倡满汉一家，同时也鼓励满族与其他民族联姻。如清初杰出的女政治家清太宗爱新觉罗・皇太极之妃孝庄文皇后（1613—1688）就是蒙古科尔沁部（在今通辽）贝勒寨桑之次女；民间芳名远播的乾隆帝的“香妃”，也就是容妃（1734—1788）是

---

[1] 田继周. 中国历代民族政策研究［M］. 西宁：青海人民出版社，1993：166.

维吾尔族人。和亲政策不仅能够带来和平，而且能够为促进民族与民族之间友好往来、文化互动架起“鹊桥”。

这种亲戚般相互走动还体现在民族间相互做生意的商贸活动中。中国地域辽阔，所跨经度与纬度都很大，其地势西高东低，呈三级台阶分布，山川纵横交错，使我国的经济文化类型极为丰富，有采集渔猎类型组、畜牧类型组、农耕类型组，每一类型组又包括若干类型，这就使我国经济文化类型之间有极大的经济互补性，为民族之间的贸易奠定了天然的基础。主要经济文化类型组交界地带基本上是民族走廊，那是民族民间互市的走廊。如长城沿线是农耕民族与游牧民族互市与文化交往的走廊；河西走廊民族上居住着汉、蒙古、裕固、藏等民族，是丝绸之路一部分，是汉族与西北各民族互市与文化交往的友谊之路；青藏高原东部边缘的藏彝走廊是茶马古道的重要组成部分，是汉族、藏族、羌族、彝族等西南民族经济互市与文化交往的友谊之路。

在中国历史上，各民族民间交往历来密切，这种如亲戚般走动的关系为中国古代政府采取“多元互动、相互学习”的文教政策奠定了广泛而深厚的社会基础。

各民族文化如孔雀开屏，多姿多彩。各民族也从来不是孤芳自赏，而是相互学习、见贤思齐的。华夏族同时也虚心向周边少数民族学习。这里举两个例子，一是孔子师郯子。春秋末期，周室式微，礼崩乐坏，孔子认为“礼失求诸野”，东夷“仁而寿”，所以他要到东夷寻求“礼”。郯是东夷小国，保留了礼乐文化，其国君郯子对此很有研究且讲仁孝，孔子就向郯子请教古代礼乐制度。二是赵武灵王胡服骑射。战国时期，赵国武灵王执政，主动让位惠文王，自己深入胡地学习骑兵技术，回来就对部队进行改革，学习穿胡人的短衣皮靴以及骑射技术，大大增强了赵国的军事力量。少数民族也积极向汉民族学习。十六国时期（304—436）和北朝时期（386—581），各政权基本上是少数民族政权，个别虽是汉族地主政权，但也是少数民族化了的政权。这一时期，北方少数民族，如匈奴、鲜卑、氐、羌、羯等，纷纷内迁，与汉族杂错相处。面对文化比较先进且如汪洋大海般的汉族社会，这些入主中原的少数民族政权顺应民族大融合的历史趋势，在行政体制、生计方式、生活习俗、文化教育等方面主动采取汉化政策，其中以北魏最力。北魏孝文帝于493年迁都洛阳后，次年就颁布改革鲜卑旧俗的制度。主要措施：禁穿胡服，改穿汉装；禁说胡话，改说汉语；改鲜卑贵族姓氏为汉姓，如拓跋氏就改为元氏；按照汉族门阀制度确立北魏门第等级；禁止拓跋鲜卑同姓通婚的陋习，鼓励拓跋鲜卑人同汉族通婚。北魏建国初年，即立太学，置五经博士，编审教材，传授经学。

492年，孝文帝追谥孔子为“文圣尼父”；496年，孝文帝诏立国子学、太学和四门小学。元朝早期统治者在儒士等影响下，逐步认同儒家文化，入主中原后即祭拜孔子，加封孔子后裔，还遵用汉法，任用汉儒，重教兴学；其中国子学是专门学习汉文化的学校，学生来自不同民族，但以蒙古人居多。在清朝，顺治帝一入关即加封孔子及其后裔，还要求大小官员拜读《六经》；康熙帝曾亲书“万世师表”的匾额赠送全国各地孔庙悬挂，并到曲阜拜祭孔子；乾隆帝曾经九次亲到曲阜祭孔。

少数民族文化在内地也深受欢迎，深深影响了中原文化，并与中原文化交相辉映、相互交融，共同组成博大的中华文化。唐朝文化是海纳百川、雍容大度的中华文化的一个缩影。现以唐朝为例。唐代，西域的贵族、商人、乐人、僧侣、技工等纷纷来到中原，带来了西域文化。唐代音乐深受西域影响，唐朝十部乐中就有龟兹乐、疏勒乐、高昌乐等三部西域音乐。龟兹人白明达的《春莺传》、疏勒人裴神符的《火风》《胜蛮奴》《倾盆乐》等乐曲受到人们的普遍喜爱。在美术方面，于阗人尉迟跋质那、尉迟乙僧父子把绘画中的晕染法传到内地，唐朝画家吴道子、李思训就受到此种画风的影响。❶ 盛唐时期，长安城内云集了数以万计的少数民族人口与国外人口。当时，人们慕胡俗、施胡妆、着胡服、用胡器、进胡食、好胡乐、喜胡舞、迷胡戏，胡风流行朝野，弥满天下。唐朝人接受来自四面八方的文化，并将其融入生活之中。受吐蕃风俗的影响，长安妇女喜欢面涂赭红；受回鹘文化影响，许多唐朝宫人喜穿回鹘衣服，唐诗描述道：“回鹘衣装回鹘马，就中便称小腰身。”❷ 唐朝文化是一幅多元互动、美美与共的多彩画卷，唐朝也是人才辈出的伟大时代，这与唐朝中央政府开明的民族文教政策与博大的文化包容胸怀有密切关系。

通过上述研究，本文认为，“德化怀柔、协和万邦”是古代中国政府民族教育政策文化模式的基本理念，是民族教育政策的根本出发点与最终归宿点；民族教育政策实践总原则是“一核多元，中和位育”，具体原则是：核心辐射，边缘内附；因地制宜，因俗而治；多元互动，相互学习。这一模式反映了中国古代文化多样性的特点，对促进中华民族多元一体格局的形成与发展发挥了积极的作用，对今天建设有中国特色的多元文化教育理论与实践体系有历史借鉴意义，对世界多元文化教育教育理论与实践体系也有重要的历史价值。

---

❶ 翁独健．中国民族关系史纲要［M］．北京：中国社会科学出版社，2002：229.

❷ ［唐］花蕊夫人《宫词》。

苯教的婚姻仪式及其象征意义

切吉卓玛

（中央民族大学藏学研究院）

婚姻礼仪是婚姻观念的行为表现，也是体现民族文化特征、具有象征意义的一种行为表达方式。藏族传统文化深受苯教文化的影响，婚姻文化也无不打着宗教的印记。苯教的巫术、占卜、祭祀、象征等仪式都不同程度地表现在婚姻礼仪的过程中，使传统的婚姻文化不仅具备了制度化、规范化的礼仪，而且也蒙上了神秘、庄严的宗教色彩。

在藏区各地至今仍保留着古老的婚礼习俗。从夫妻双方自确立恋爱关系到最后成亲的一整套婚俗来看，总体上给人的感觉是欢快、热烈、幸福、美满。特别是藏族婚礼，可以说是在优雅的歌声和曼妙的舞蹈中进行的。然而，同是藏族，也因地区的不同而致使婚礼形式有很大差别。但从根本上来讲，藏民族有着根深蒂固的宗教观念。强烈的宗教观念和宗教色彩，在他们的婚姻观念和婚姻礼仪中通过象征符号和规范仪式表现出来，逐渐形成一种独特的、带有宗教信仰元素的婚礼习俗。这一习俗既有藏传佛教的影响，又有早期苯教的遗存。

一、早期苯教的宇宙观和生命的起源

（一）苯教神话——“卵生说”

苯教（bon）是藏族的本土宗教，亦称苯波教。约于公元前 5 世纪，由古象雄（zhang - zhung，即今西藏阿里地区）王子辛饶米保（Shenrab mibo，意为“辛世系的人”，其中心在古格、琼隆）创建。在他之前，在象雄存在着各种原始宗教仪式，辛饶米保统一了这些原始的苯，改变了一些原有仪式中杀生祭祀的劣习，创建了雍仲苯教（g. yung - drung - bon）。

苯教继承了藏族远古原始宗教的基本信仰，早期主要崇拜天地山川、水火雪山、土石草木、日月星宿、雷电冰雹、禽兽生灵等自然物，事踬羝为大神，并崇尚念咒、驱鬼、占卜、禳祓、重鬼佑巫等仪式。以后随着生产力的发展和氏族社会的嬗变演绎，对守护神和神灵的崇拜逐渐成为主要的信仰。

苯教神话传说认为，世界是由一个或几个巨大的卵演变来的。在一部标题为《部族的口头传说或起源》的苯教文献中，论述了各部族由卵生起源的问题："作为五行之精华的一个卵诞生之后，从外壳中诞生了上部神仙的白色岩石，其内部液汁形成了大海螺的白色湖，所有生物都是从中间黏液部分诞生的。卵的软体部分共变成十八个卵，其中中间的那个（或六个）是一个海螺卵。这是一个无形的人，既无四肢又无感官，但却具有思想。根据他的心愿，感觉器官生出来了，他变成了一个漂亮的年轻人，这就是益门赞普或桑保不木赤赞普。"[1] 在这则传说中，"白色岩石"代表阳性，"白色湖"代表阴性。

苯教的另一宇宙起源论把第一对夫妇藏巴（梵天王）和秋江木置于生物和非生物之间的对偶性，也就是光明与黑暗之后。第一对夫妇共有九个儿子和九个女儿。九兄弟首先与他们所创造的九位女子婚配，而九姊妹则与她们所创造的九个男子成婚，由此而诞生了大量的神和魔，也诞生了藏族祖先。

根据另一部苯教经典《金钥——苯教源流史》的记载，辛饶米保的诞生也极富传奇色彩。曾有一白一红两束奇妙的光线，分别从辛饶米保父母的头部进入身体，于是，辛饶米保的母亲便奇迹般地有了身孕。据说由辛饶米保父亲头顶射入的光线是以一支箭的形式出现，代表着阳性因素（精液）；由母亲头顶射入的光线以纺锤的样子出现，代表着阴性因素（经血）。

如上所述，苯教有着各种关于宇宙起源的版本，其中也不乏借鉴印度教和喇嘛教的观念。但它们无论怎样变换形式，都离不开"阴阳"的概念。不管传说中把世界、宇宙、藏族的起源说得多么神秘、离奇，但始终未曾背离"阴阳两性的结合"这一自然法则。在苯教观念中，万事万物都有阴阳两性，都由阴阳而生。苯教的圣址、圣地一般都配对成阴阳两性，并被赋予生命和灵性。人们相信，把代表男性神祇的山脉、岩石、树木和代表女性神仙的湖泊、泉水、江河相对应，使之婚配结合在一起，才能使

[1] 石泰安．西藏的文明［M］．耿昇，译．拉萨：西藏社会科学院西藏学汉文文献编辑室编印，1985：201．

自然保持平衡、和谐。神山冈仁波齐与圣湖玛旁雍错就有一段生死相依的爱情故事；念青唐古拉山与纳木错湖，宁金抗沙峰与羊卓雍错，达尔果雪山与当惹雍错等都是被人们赋予生命的神山圣湖，在人们心目中，他们不仅见证了藏族的起源和历史文化，也是藏民族的保护神，时刻护佑着藏民族，并使之繁荣、昌盛。

（二）苯教神话的文化内涵

苯教“卵生阴阳，神人结合”的神话，是藏族先民对人类自身繁衍、进化的朴素观念，是早期朴素唯物史观的萌芽。

首先，神话中人与神的结合，充分体现了人与自然的关系。对于藏族原始先民来说，青藏高原严酷的自然环境和生存条件，无时不挑战着他们的心理防线和意志底线，他们不得不从神话中寻找生存的依据。在“适者生存”的自然法则中，与自然抗争需要借助“神力”。面对自然，顺从、依赖是人的一种生存的方法，而利用、整合更是一种必不可少的手段。在蛮荒年代，群体的社会生活才能保证部落、民族的整体性和延续性，也是人性对自然界的一种抗争手段。

其次，神话作为一种文化现象，它的发展是社会发展的一种反映。第一对夫妇藏巴（梵天王）和秋江木最初生育了九个儿子和九个女儿，九兄弟首先与他们所创造的九位女子婚配，而九姊妹则与她们所创造的九个男子成婚，由此而诞生了大量的神和魔，也诞生了藏族祖先，进而演化为一个部落、民族。这从一个侧面反映出藏族先民形成、发展的历史轨迹。

第三，人与神结合的神话，是藏族先民尚处于混沌、半混沌状态的世界观。所谓混沌状态，并非藏族先民生理上“迷迷糊糊”，而是指当时投射到他们意识中的自然界尚未得到分解，尚未序列化。藏族先民们不但不知道人与动物的根本区别，也不知道有生物与无生物之间的区别。而他们认识世界的第一步就是认识自己，然后又推己及物。这就为“物活论”（认为一切事物都是由生命的）和“变形论”（认为任何动物、有生物和无生物都是可以互变的）提供了认识上和心理上的依据。因此，在藏族原始先民的意识形态中，人与神结为夫妻是神圣的最高的真实。

第四，神话是人类创造的第一个文化综合体，是人类各种文化萌芽共存的一个胚胎。苯教关于宇宙和生命起源的神话，归根结底就是“阴阳两性共生共存”的结果，这有着明显的“自然崇拜”的印记，也是藏族先民对宇宙万物、生命繁衍的既朴素又理性的一种认识，表现了藏族先民对强大的自然规律的一种顺从、依赖，也表现了一种无奈。这为他们的自然崇拜观念——原始宗教的产生提供了心理依据和信仰前提。

二、苯教的婚姻仪式

在关于苯教婚姻仪式的研究中，目前所见最为详尽、权威的学术著作当属桑木旦·G. 噶尔梅著述、向红笳翻译的《概述苯教的历史及教义》中有关“婚姻仪式”的篇章。正如噶尔梅本人所说：“在西藏，各地的婚姻习俗不同，还没有人对此进行过研究。藏人自己从未就这一专题进行过论述。因而，我们对此知之甚少。”❶

噶尔梅的研究基于19世纪苯教大师贡丹楚云嘉措（1813—1899）所著的《巴玛拉七善业之仪轨扎喜贝杰》《迎娶博轮多康哇之夫人至康区德格时的插箭故事》及《兄妹分财与祈神》（作者不详）。

噶尔梅认为，关于苯教婚姻仪式的几种记载中，仅有一部《兄妹分财与祈神》较为可信，其中将婚礼仪式分为两部分。

（一）兄妹分财

这一部是个神话故事，描述了人与女神的第一次联姻：

“女神叫什坚木楚谟且，是神索章（又名桑波奔赤）和其妻贡赞玛（又名曲坚木杰谟）的女儿。她的哥哥叫拉塞涓巴（又名什杰章喀）。这位女神美丽动人，所有的人和神都想娶她为妻。嘉国之主叫林噶，林噶问众神之主索章是否能与他的女儿结婚，众神之主回答道：‘我的女儿什坚木楚谟且是从神到神的，不是为你们黑头凡人所造就的。太阳、月亮在空中升起和降落，你什么时候见它降落在平原上？我们是天国的神，你是一个黑头百姓。’林噶回答道：‘我希望能娶上一位出身高贵的妻子。我是广阔大地的人，是人类繁衍的世系之源。如果人神能结合在一起，人可以信奉神，神也可以保护人，彼此会友好相待的。尽管太阳和月亮在空中闪烁，但它的光芒仍然可以普照大地。暖气从大地散发一直升到天空，形成云。这是我们彼此相通的明证。我恳请你将女儿许配于我。’这一番话说服了众神之主，最终答应了这门亲事。他提出要以黄金、绿松石、服饰、一支箭和牦牛、马、羊等物为聘礼。七位骑白马的婚使（新郎的男亲属）将聘礼送到神国。在女神启程之前，她和其兄掷骰子分配其父母留给他们的财

❶ ［英］桑木旦·G. 噶尔梅. 概述苯教的历史及教义［J］. 向红笳，译//国外藏学研究译文集，第11辑［M］. 拉萨：西藏人民出版社，1994：111.

产。祭司拉本托噶主持分配。她想获得一半的财产，但由于她是个女子，最后，她只获得三分之一的财产。她的哥哥是这样掷骰子的：‘我从右面掷颇拉的骰子，从左面掷格拉的骰子，从前面掷索拉的骰子，从后面掷域拉的骰子。我掷了成为父亲继承人的骰子。’他赢了大笔的财产。轮到什坚木楚谟且掷骰子了，她把七粒蓝色的青稞粒抛向天空，说道：‘如果我拥有一个神，今天他将保佑我。玛拉，掷这枚神圣的骰子吧！愿扎拉年波作证！’她掷了骰子，但得到的是单数。

“当她动身之时，其父送给她一支箭作为分别纪念，母亲送给她一支纺锤，其兄送给她一块绿松石。在分手之际，她向众神、祭司、父母双亲及兄弟致谢告别。新郎的七位男亲属在新娘衣裙的右边系上一个白丝线球，把她领到尘世。此时，祭司托木拉噶在主神的房前举行招福仪式”。[1]

从上述文字中可以看出，苯教神话所描述的“人与女神的第一次联姻”，与民间神话传说中“猕猴与岩魔女结合”有着相同的文化背景。在这里，我们已无法区分苯教神话与民间神话出现的先后顺序，但有一点是可以肯定的，即在早期的藏族文化中，宗教文化与民间文化融为一体，相互影响，相互渗透，并没有明确的界限。其次，上文中提到的“天国的神”和“黑头百姓”已明显带有等级色彩，而嘉国之主林噶“希望能娶上一位出身高贵的妻子”，恰好体现出人们择偶时注重出身的固有观念。第三，兄妹以投掷骰子的形式分财，既体现出苯教文化中的占卜元素，也说明兄妹分财时的这种相对公平的“竞争”是“天意”“神意”的观念。第四，“她想获得一半的财产，但由于她是个女子。最后，她只获得三分之一的财产”，说明当时在财产分配中已经有了重男轻女的观念。

（二）祈神

这一部也是实际的婚礼仪式。在仪式中，把羊毛捻成的线“穆”绳贴在新郎的前额，一根蓝色吉祥结贴在新娘的前额。新郎手持一支箭，向五位主神供奉“羌”（酒）和“多玛”（供神的食品）。新娘手持一支纺锤，供上奶酪和“切玛”（糌粑和奶油的混合物）。祭司交给新郎一件金物（戒指或耳环），称作拉色尔（“魂金”），交给新娘一块绿松石，称作拉玉（“神魂”）。新婚夫妇坐在一块白毡毯上，上面摆放着呈“卍”字形的青稞粒。尔后，祭司和新婚夫妇一起开始举行仪式并诵经。

---

[1] ［英］桑木旦·G. 噶尔梅. 概述苯教的历史及教义［J］. 向红笳，译//国外藏学研究译文集，第11辑［M］. 拉萨：西藏人民出版社，1994：112－114.

除了简单地叙述世界的最初世系外，仪式的这一部分还要讲述箭、纺锤及制作“穆”绳、吉祥结之材料的最早来源。这种结婚仪式还可以用于招福仪式。箭是男子的象征，纺锤是女子的标志。“穆”绳最初与早期赞普有关，呈光的形式。当赞普去世时，他的遗体会渐渐地从脚向上分解成光。这种光和“穆”绳结合在一起散发到“穆”天国里。藏王祖先的古老起源有时是“穆”，有时是“恰”。噶尔梅认为，“穆”绳与祖先起源有着密切的联系。在伯希和藏文写卷126.2中写道：一名“恰”国信使到“穆”天国要求派“穆”国国王统治黑头百姓。❶

苯教婚姻仪式中的“祈神”仪式，是宗教仪式在婚姻礼仪中的具体表现。尽管婚姻现象是世俗文化的一部分，但藏族却把它看作是一种神圣的、庄严的仪式，因为“人与神的结合”本身就意味着“神圣”，而孕育生命，繁衍后裔则显示出生命的“神秘”和自然的力量。生命的诞生和死亡，从来就不是人的意志所能支配和抗拒的，只有来自强大的“超自然”的“神力”才是世间万物的主宰。因此，婚姻仪式就是对象征这一强大的“超自然神力”的祈求、膜拜，只有通过“祈神”仪式，生命才能得到神灵的佑护，也才能使个人、家庭乃至整个民族避免来自自然的侵害，获得安宁、幸福。

三、婚姻仪式中象征物及象征意义

在苯教婚姻仪式中，象征物雍仲符号“卍”、彩箭、纺锤、“穆”绳和吉祥结等随处可见，它们最早出现在原始神灵崇拜的苯教的不同仪式中，被赋予各种象征意义，具有神秘的宗教色彩。后逐渐流传于民间，并渗透到人们的生活方式中，以文化传承的形式保留至今。

（一）箭、纺锤、“穆”绳和吉祥结的起源

“在天上的一条峡谷里，有一位名叫恰冈央扎的法师和一位叫作什贝东桑玛的母亲。他们结合在一起，生下三个神奇的卵。从金卵的裂口处蹦出一支带有绿色羽翼的金箭。这就是箭的来源，也是新郎的宝石。从青绿色的卵的裂口蹦出一支带金色羽翼的青绿色箭，这是新娘金光闪闪的箭。从半圆形的白卵的裂口处蹦出一支纺锤。从天空的光和雾海中出现了苯教

❶ ［英］桑木旦·G. 噶尔梅. 概述苯教的历史及教义［J］. 向红笳，译//国外藏学研究译文集，第11辑［M］. 拉萨：西藏人民出版社，1994：115－119.

的白色物质，风把它拉了出来，纺织成线。它被缠绕在一棵树上。这根线被命名为‘穆’绳和吉祥结……”

箭本是藏族用于狩猎的武器，但在宗教观念和社会生活中，箭被赋予了更多象征意义。

藏族结婚仪式上共有三种箭。一种是带白色羽翼的箭。这代表五位主神附于身，是七位婚使携带之聘礼的一部分。另一种是镶有宝石的生命箭。这是新郎的箭，是男子的象征。还有一种金光灿灿的箭，是女神之父送给她的离别礼物。对于新娘来说，这支箭意味着父亲的期望和守护。

箭的用途和结婚习俗一样是多种多样的。但无论怎样，在安多地区或至少在苯教家庭里，每个男子都有一支约两尺长的箭以及精心装饰着五种颜色的丝绸、一面银镜和一块绿松石。当儿子出生时，其舅要送给他一支箭，一面镜子和一块绿松石。当妻子生下儿子时，他应该在其枕边插上一支箭；如果是个女儿，则应插上一支纺锤。目前，插纺锤的习俗在安多地区似已十分罕见。

另一个习俗是：每年男子必须在附近山梁的“鄂博”上插一支箭。插箭时要举行盛大的宴席，并向域拉奉献柏枝，箭也是献给他的。人们在“鄂博”上插上高达3~5米的箭。箭尾由三块木板制成，固定在箭杆的尾部。箭尾系着“龙达”（风马旗），这是一块印有招福祈祷经文的经布，替代了五种不同颜色的丝绸，它是吉运的象征。每个人的风马旗的颜色要与他的生辰星相相符。因此，每个人的风马旗要选用五种颜色中的一种。

贡楚的《迎娶博轮多康哇之夫人至康区德格时的插箭故事》一文曾以诗体形式对上述习俗进行了生动详细的描述。因此，箭在联姻方面起着相当大的作用。在藏语中，这种做法叫作箭为媒。另一种说法叫丝绸联姻，这与传说相符。传说中，当女神离开天国时，她的裙边系着一团丝线。传说认为大臣噶尔·东赞域松到唐朝为松赞干布娶文成公主时，也曾带着一支箭。伯希和藏文写卷126.2是这样写的：予“恰”国使者要求“穆”国人派一位国王时，“穆”国人要求他们送来一支箭。由此可见，箭肯定不仅仅用于联姻。[1]

（二）象征物及象征意义

1. “卍”字符

“卍”字符是最古老、最常见的象征符号之一。在世界的多个已知文

---

[1] ［英］桑木旦·G. 噶尔梅. 概述苯教的历史及教义［J］. 向红笳，译//国外藏学研究译文集，第11辑［M］. 拉萨：西藏人民出版社，1994：117－119.

化中都可以发现“卍”字符的形成过程。如印度用它作为象征符号，最早可以追溯到印度河流域莫亨朱达罗哈拉帕古城（死亡之城）发掘出的人工制品上。“卐”字符最初被认为是吠陀神毗湿奴的太阳象征物火轮或是毗湿奴独特的发旋或胸前徽相。在印度艺术中，佛陀是毗湿奴十大化身中的第九大化身，他的胸前常画有“卐”字符。在古代中国，“卐”字符最初是道教永生的象征，“卐”字代表世间万事。在北美纳瓦霍印第安人的文化中，“卐”字符被称为“Running Wheel”，是生命和好运的象征。

“卐”字符一开始就有右旋“卐”字和左旋“卍”字之分。苯教“卍”字符是左旋方向。“卐”字符在梵文中读作“svastika”，意思是“福祉”“好运”“成功”或“繁荣”。有关该符号源自印度的说法不一，普遍接受的观点认为它最初是太阳的象征，源于太阳在四方和四季的运行。作为获得的象征，他被视为源于吠陀时期的火棍，人们一起搓火棍就可以点燃神圣的护摩之火；另一说法认为，这个象征物是词根为“sv - asti”的一些字母的堆叠，被写入佛教阿育王设计的一个早期字母表的字体中，形成卐字符这个拼合文字；还有一种说法认为，“卐”字符是早期佛教巴利文字母“su”和“ti”的合成，而这两个字母又是源自梵文“sv”（意为“好”）和“asti”（意为“它是”）。[1]

在苯教中，雍仲“卍”字意为“永生”或“不变”，本质上与佛教的金刚相符。藏族婚礼仪式中出现的雍仲符号，不论是顺时针方向还是逆时针方向，都表明一种象征意义：“永生”代表繁衍生息，家族兴旺；“不变”代表感情牢固，白头偕老。

2. 吉祥彩箭

“吉祥彩箭”由一个铁箭镞、一面小镜子和一个海螺及三色或五色丝带组成，用于各式各样的吉祥仪式中。由于它是“幸运箭”，在藏族婚礼仪式上使用，具有象征意义。新郎用它来勾住新娘的衣领，把她从其女伴中拉走。此时，作为男性象征的彩箭表示新郎得到了新娘。在婚礼仪式中，人们也用裹在白色丝质哈达中的彩箭碰触新娘的前额。在礼仪上使用吉祥彩箭时，箭杆所涂颜色要符合被召请之神的颜色，还要用彩色颜料将神的种子符号画在镜面上。

3. 纺锤

箭和纺锤作为“替身模拟像”“替身品”或“赎命物”用于某些宗教

---

[1] ［英］罗伯特·比尔. 藏传佛教象征符号与器物图解［M］. 向红笳，译. 北京：中国藏学出版社，2007：104 - 105.

仪式中，以去除邪恶精怪对芸芸众生及他们的财富、财产的邪恶影响。在传统上，象征男性阳刚的箭代表“方法”，象征女性阴柔的纺锤代表“智慧”，它们各自用来守护自己的财富和财产。阳性箭和阴性纺锤这对截然不同的象征物源自前佛教时期。在苯教中，他们作为“真言武器”而广为使用。

4. 吉祥结

梵文“shrivatsa”一词意为“室利的钟爱之物”。室利指的是罗乞什密女神，即毗湿奴之妻。吉祥结装饰在毗湿奴胸前。毗湿奴胸口上的罗乞什密标识表示他内心对其妻的忠诚。由于罗乞什密是财富和幸运之神，因此，吉祥结就形成了一个自然的吉祥符号。吉祥结既可呈三角形的旋涡状，又可以呈垂直的菱形，其中四个主要内角挂有环圈。毗湿奴的第八个化身黑天也在胸前佩戴吉祥结。

吉祥结的另一种称谓是“nandyavarta”，其意为“喜旋”。这个结与“卐”字符形状相同。印度和中国汉地佛像的胸部经常可有吉祥结或“卐”字符，象征着大圆满。在民间，人们认为它会像“卐”字符一样旋转，故被认为是“吉祥卐字符”，因为这两个相似的符号在有关早期印度八瑞相的大部分传说中十分常见。

在许多古代教派中，都曾出现过代表永恒、无限或神秘的吉祥结。在中国，它是长寿、永恒、爱、和谐的象征。作为佛教思想的象征物，吉祥结代表着佛陀无限的智慧和慈悲。作为佛教教义的象征，它代表着“十二因缘”的延续性。“十二因缘”强调轮回转世的现实。

对于藏族百姓来讲，吉祥结是象征“丹智”的一种符号，它是“丹智”最简单、清晰、准确的表达。因此人们确信它代表了最高意义上的吉祥如意。

四、结　语

婚姻是人类社会的一种文化现象，是人类社会由蛮荒时代走向文明时代的标志。马克思主义认为，婚姻是男女两性之间的一种社会关系，其发展变化与性质、特点等除自然规律也起一定作用外，均由经济基础所决定。

美国文化人类学家菲利普·巴格比认为：“文化，就是非遗传的，来自某一社会成员的内在和外在的行为规则。”婚姻文化使得群居的原始人类形成了有自然约束力的社会组织，社会制度由此才能够得以确立。婚姻文化的形成，为社会的伦理文化的产生提供了基础。有了作为最底层基础的伦理文化，一个社会的其他文化和制度才能够得以实施。因此，可以说一个民族的婚姻文化，是这一民族原始传统的文化符号。

藏族婚姻文化中最显著的符号标志就是融入了苯教各种仪式的婚姻礼仪，这种礼仪无论怎样变换其形式，但宗教的影响，特别是传统苯教的影响却挥之不去，并随着藏族社会的发展逐渐变化成为一种民间习俗。因此，藏族婚姻文化，一开始就与藏族宗教文化，特别是原始苯教文化有着千丝万缕的联系。对于步入婚姻殿堂的夫妻双方而言，传统的苯教观念影响着他们的婚姻观和价值观；而对于举行婚姻仪式的整个过程而言，无论形式有多么不同，但贯穿于整个仪式中的苯教象征符号却传递着一个信息，即藏族本土宗教——苯教，是藏族传统文化形成的土壤，也是滋养藏族传统文化发展的不可或缺的精神食粮。

参考文献

[1] 石泰安. 西藏的文明［M］. 耿昇，译. 拉萨. 西藏社会科学院西藏学汉文文献编辑室编印，1985.
[2]［英］桑木旦·G. 噶尔梅. 概述苯教的历史及教义［J］. 向红笳，译//国外藏学研究译文集，第11辑［M］. 拉萨：西藏人民出版社，1994.
[3]［英］罗伯特·比尔. 藏传佛教象征符号与器物图解［M］. 向红笳，译. 北京：中国藏学出版社，2007.
[4] 鲁刚. 文化神话学［M］. 北京：社会科学文献出版社，2009.
[5] 扎雅·罗丹西饶活佛. 藏族文化中的佛教象征符号［M］. 丁涛，拉巴次旦，译. 北京：中国藏学出版社，2008.

双向认同

——朝鲜族自治地方民族关系探析

刘智文*

（吉林省民族宗教研究中心）

民族关系问题是当今世界各国关注的核心社会问题之一，也是我国民族地区构建社会主义和谐社会的核心内容。我国朝鲜族聚居区自新中国建立以来，民族关系和谐稳定，民族间的利益关系处理得比较好。仅有的两个朝鲜族自治地方（延边朝鲜族自治州、长白朝鲜族自治县）在全国屡获殊荣：延边朝鲜族自治州是全国30个自治州中唯一被国务院三次命名的“民族团结社会进步模范自治州”；长白朝鲜族自治县，也多次被国务院和国家民委分别授予“民族团结社会进步模范自治县”荣誉称号。

这些成绩来之不易，形成也非一日之功，其取得具有深厚的历史渊源和广泛的现实基础。对于像朝鲜族这样特殊的跨界民族而言，民族和睦的最根本原因可以概括为双向认同，即中国朝鲜族这个外来的迁入型跨界民族认同中国为自己的国家；中国承认在华入籍的朝鲜人为中国人，朝鲜族为中国的一个少数民族。这两个认同基本吻合的过程也就是朝鲜族成为名副其实的中国少数民族的历程。这个历程经历了一百余年的磨合。

那么何谓“认同”?“民族—国家”认同的实质又是什么?“认同”是指自我在情感上或者信念上与他人或其他对象联结为一体的心理过程。也可以说，认同就是一种归属感和感情依附，是一种价值承认。民族—国家之间认同的实质，就是在认同于一个民族国家宪政制度的基础上效忠于国家，而国家则肩负着保护其公民的生命安全和基本权利的使命。在我国，民族—国家认同首先体现在是否承认中国是一个统一的多民族国家这个原则。只有在这个原则问题上不含糊，才能谈论各民族地方的民族团结与平

---

* 作者简介：刘智文（1964—），博士，吉林省民族宗教研究中心研究员。

等发展。[1]

朝鲜族与中国之间双向认同的产生与基本吻合，主要基于以下三个成因：历史成因，文化成因，政策成因。这也是民族和睦、社会和谐的根基。

一、中国朝鲜族聚居区民族和睦的历史成因

中国朝鲜族聚居区民族和睦的历史成因包括三个方面：朝鲜族的遭遇史，东疆开发史，反帝反封建斗争史。因篇幅所限，且已有的单一的专题研究成果较多，本文不再展开论述，只就这三个方面对朝鲜族聚居区民族关系的影响作一简要概述。

中国朝鲜族几代人所历经的天灾人祸、颠沛流离、国破家亡、骨肉离散，特别是间隔21年两度沦为亡国奴的痛苦经历，[2] 使得这个民族格外珍惜和平安定的环境和生活。只有经历过才更懂得珍惜。

各民族共同开发、建设、保卫边疆及反帝反封建斗争的历史，一方面，让兄弟民族用鲜血与生命铸就了民族和睦坚实的基础。另一方面，朝鲜族用辛勤的汗水和反帝反封建斗争的鲜血，干出、打出了在中国的重要地位；靠自身的努力与奋斗赢得了中国共产党和中华民族的认同与接纳，从而获得了成为中华民族一员当之无愧的资格。这主要指朝鲜族的两个巨大贡献：水稻生产，革命斗争。朝鲜族对中国和中国共产党认同意识的产生与此有重要关联。

朝鲜族的水稻耕作技术在中国东北肥沃的黑土地上得以充分施展，使这些漂泊不定的避难求生者由此扎下根，并深深地热爱着他们亲手开辟建设的新家园。此后，这份对新土地的情感又推而广之扩大为对整个国家的更高层次的国家认同。而这种国家认同意识及相伴而生的国民主人翁意识，正是其以后捍卫中国主权、抵制外来侵略的思想基础之一。朝鲜族抵制日本侵略，萌生“中华”认同意识，就是在这样的背景下催生的。“间岛”问题就是中国朝鲜族反帝斗争的滥觞与典型事例。[3]

1909年9月，中日签订《图们江中韩界务条款》（以下简称《间岛协

---

[1] 姚大力．中国历史上的民族关系与国家认同［J］．中国学术，2002（4）．

[2] 周保中．延边朝鲜民族问题［J］//延边朝鲜族自治州档案馆．中共延边吉东吉敦地委延边专署重要文件汇编，1985年，第345页。

[3] “间岛”指今天的延边地区。“间岛”出自朝鲜越界垦民之口，乃“垦岛”（kandao）的音转。

约》)，中国以出让部分主权为代价，保全了对间岛的领土主权。但日本攫取了对朝鲜族垦民司法审判的到堂听审权和申请复审权，导致了此后所有中国东北朝鲜族人的双重国籍—双重统治这一怪胎的出现。从此朝鲜族在政治、经济上受双重统治与压迫。这一方面恶化了朝鲜族的生存环境，但同时也强化了其对中国的认同意识，加速了其中国化的进程。这是朝鲜族垦民由朝鲜人向中国人转化的转折点。

身处夹缝中的朝鲜族垦民在自身的法律地位、经济利益和生存环境的持续恶化下，其部分上层有识之士开始认识到"间岛"与中国的关系，自身与中国的利害关系，并将两者联系起来思考问题，对中国的心态开始由客居"上国"的外来者、旁观者、局外人向"国人"转变。当时，朝鲜垦民中的一些社会组织和进步人士采取了各种办法反对日本帝国主义的入侵，并再三恳求清朝政府抵制日本的入侵，保护垦民。

但仅在9年前（1900年）沙俄出兵中国东北镇压义和团运动时，朝鲜族垦民还是以局外人的身份和心态静观其变，并试图从中渔利。至今我们看不到朝鲜族垦民当时参与中国军民抵抗沙俄的历史记载。相反，一些已剃发易服、归化入籍者，因参与韩国非法越境管理中国境内朝鲜族垦民事务，而成为事后清廷惩戒的"入籍的叛民"。[1]

然而时隔9年，局子街朝鲜族有识之士听到《间岛协约》签订的消息后，立即联名上书延吉边务公署，严正申明"民乃邦国之本，得之则必兴强，失之则必危弱"；"垦岛之地乃中华之地，垦岛之民乃中华之民。"[2]

抗议强加的"领事裁判权"，表明了朝鲜族垦民坚决反对日本侵略者，坚决维护中国主权的爱国立场。当地朝鲜族人民纷纷组织起来，暗杀以"一进会"为首的亲日分子，建立"垦民教育会"等民间组织，进行反日民族主义教育，开展了自迁入以来的第一次大规模"自愿入籍"运动，仅"延吉就有数千户韩侨同时愿入我国籍"。[3] 提出"垦岛之地乃中华之地，垦岛之民乃中华之民"这一洋溢着明确国家认同精神的口号，是朝鲜垦民迁入中国以来的第一次。在这场关乎中国领土主权和民众归属、反对帝国主义入侵的重大斗争中，公开表明自己身份，认同"中华"立场的是朝鲜

---

[1] 台北"中央"研究院近代史研究所. 清季中日韩关系史料，第9卷［M］. 台北：泰东文化社，1980：5952－5953.

[2] 韩国独立运动史研究所. 龙渊金鼎奎日记：第1册第2卷［M］. 首尔：韩国独立运动史研究所，1994：360，362.

[3] 吉抚陈昭常致外部韩侨垦户依次入籍如续来限居商埠可消隐患电//秋宪树. 韩国独立运动：第4册（下）［G］. 首尔：延世大学校出版部，1971：1469.

族的上层进步人士。这些人人数不多（100～300人），其中一些人归化入籍多年，并获得了土地所有权，属于生计优裕的朝鲜族上层人士，自身的利益和这块土地休戚相关，他们得到了清朝的保护，与华民无异，因此其“中华之地”、“中华之民”呼声是真实的心声，而非取悦于清廷的应景口号。这是中国朝鲜族历史发展过程中的一个特点，即其认同意识发端于来华较早和中国有密切的政治经济关系的上层，是共同的利益和命运把这个外来的迁入民族与中国紧紧地联系在一起。《间岛协约》签订一年后（1910年）“日韩合并”，故国朝鲜沦亡，朝鲜人一夜之间皆成为日本帝国臣民，更使中国的朝鲜垦民成为拥有双重国籍、遭到双重统治与压迫的族群，但在中日两国共管的抉择中也加快了其中国化的步伐。仅在和龙县，“韩民目睹祖国已受凌灭，因愤思感，自行递呈甘愿入我国国籍者”陆续达2890户。[1] 可以说近代资本主义的殖民侵略扩张是造成这个外来民族对居住国中国国家认同意识萌生的原因之一。

此后，朝鲜族对中华、中国的认同，国家、国民意识的发展伴随着与各民族共同进行的几次全国性大规模的重要反帝爱国民族主义运动，包括“五四运动”、反对“二十一条运动”等而日臻明晰。在这些运动中，朝鲜族人民又相继喊出了“宁当中华魂，不做日本奴！”[2] 等大量饱含“中华”国家认同意识的反帝爱国口号，标志着朝鲜族开始主动融入近代中华民族由自在到自觉的大潮之中。

二、中国朝鲜族聚居区民族和睦的文化成因

民族和睦、民族团结与文化的关系，相对而言，是由于民族间有相同或相近的文化系属，即文化之间的差异不大，能够相容，没有较大的排斥性。也就是说文化的同质性与异质性对国家之间和民族之间的交流有重要影响，同质性有积极促进作用，异质性则阻碍作用较大。中国朝鲜族文化具有“双重”性。作为迁入型跨界民族，它的文化既是世界朝鲜民族文化的一个重要组成部分，又是中华民族文化的一部分。而中朝文化关系源远流长，二者同属儒家文化圈，属于同质性文化。朝鲜族是带着同质性文化背景——儒家文化迁入中国的，迁入后在与其他民族共同的生产劳作中，既保留了本民族的文化传统，又吸收了汉满等民族的文化，形成了有中国

[1] 延边档案馆藏：《和龙县衙门档案》外事类47号案卷。

[2] 崔圣春．延边人民抗日斗争史［M］．延边：延边人民出版社，1997：46－52.

特色的朝鲜族文化。同时，朝鲜族聚居区又是以移民文化为主的地区，移民之间的包容互融对民族关系有一定的影响。

（一）中朝文化渊源关系

中朝文化渊源关系是中国与周边国家之间为数不多的特例。这种文化上的密切关系对两国及两个民族之间的关系，无论在历史上还是现实中都具有深远的影响。如孙中山先生所言："中韩两国，同文同种，本系兄弟之邦"。[1] 也有韩国学者曾经说："如果把中华文化比喻为长江的话，那么，韩国文化就是长江分出的第一大支流……"。[2] 这些话道出了中国和朝鲜半岛国家密切的渊源关系——文化相同、血缘相近。

1. 中朝之间的"同文"关系主要表现在汉字与儒家文化对朝鲜的影响

（1）汉文对朝鲜（中朝交流）的影响。

中朝尽管语言系属不同，风俗习惯也不尽相同。但这并没有在深层次上影响双方的文化交流，可谓语异文同。朝鲜民族在有自己的民族文字——训民正音之前（1443—1446），历史上曾长期采用汉字作为书面语，并借用汉字的音、义标注朝鲜语，称之为"谚文"，"吏读"文就是其中的一种。朝鲜文中有大量的词汇来自汉语文。在近现代之前，汉字汉文的传播和渗透可以说遍及朝鲜的各个领域。[3] 而且汉字的媒介纽带作用在中朝两国两个民族之间的文化交流史中曾长期起着特殊作用。在中朝间口语无法交流的内容，往往可以通过共同使用的汉字"笔谈"来完成。历史上，许多朝鲜士子就是以笔谈的方式来与中国文人沟通，并结下深情厚谊。18世纪朝鲜北学派实学的代表人物洪大容、朴趾源就是其中的两位。[4]

汉字及汉文化的凝聚纽带作用，使中朝彼此之间的交流少了许多障碍隔阂，容易形成价值共识，也极大便利了民族间的交融。朝鲜半岛国家对汉字及汉文的感情。尤深，1992 年韩国的《中央日报》曾载文："汉字是我们长期以来使用的记事手段，我们祖先的思想、感情和价值观，都渗透在汉字里。"[5]

（2）儒学对朝鲜民族的影响。

中朝文化"语异文同"的另一个、也是更重要的表现，是两国文化的

---

[1] 《新韩青年》1 卷 1 号，1920 年 3 月 1 日。
[2] 白新良. 中朝关系史——明清时期［M］. 北京：世界知识出版社，2002：502.
[3] 白新良. 中朝关系史——明清时期［M］. 北京：世界知识出版社，2002：503.
[4] 刘为. 清代中朝使者往来研究［M］. 哈尔滨：黑龙江教育出版社，2002：145.
[5] 白新良. 中朝关系史——明清时期［M］. 北京：世界知识出版社，2002：517.

核心价值观是相同的，都是儒家的伦理道德。特别是儒家的忠孝观，对于规范人们的行为，维系家庭、社会、国家的稳定与长治久安具有不可估量的作用，这对两国人民的影响是深远的，它规范、影响着两个民族间的交往。

朝鲜李氏王朝几乎和中国明清两代共始终，到1910年灭亡，延续了500余年，是朝鲜历史上最长的统一朝代。这与李朝充分吸收了中国儒家文化中的精华——程朱理学，普及宣扬儒家思想，特别是忠孝观不无关系。朝鲜族人深受儒家文化的浸润，在个人或群体对国家的关系上，突出表现为服从、忠诚，很多具体事例上都能表现出这种精神。以迁入初期的专垦区垦民为例，当地官府每冬开征次年三月底“应纳租赋”，朝鲜族垦民遵照执行、奉公守法“无不完者”，而“各社华民须至五月始能完租”。[1] 垦民的表现明显强于当地的中国人，带有一定的“先进性”。这种“先进性”在当代朝鲜族中也常有体现。

（3）中朝间特殊的宗藩关系。

理学讲究恭敬、顺从、孝道、谦卑、秩序。朝鲜在侍奉中国这一“天朝大国”时，表现得恭顺尤加，深得中国皇帝的欢心、信赖与嘉奖。中朝间也由此建立了一种特殊的宗藩关系。甚至在清末东边道官员请示朝廷如何处置鸭绿江流域朝鲜流民偷垦占种时，清朝皇帝一句朝鲜也使用中国年号，“不可与外人同视”予以默许，听之任之。[2] 在《清史稿·外藩传》中朝鲜也是位居外藩之首。而且中朝关系迥异、非他国可比的观念在朝鲜及其国民心中也同样不二，下文还将论及此问题。

对于“同文”在当代的价值与作用，中韩两国的领导人也都有深刻的认识。同一文化圈、同质性文化是中国和朝鲜半岛国家之间历来和正在建立友好邻邦关系的文化根基与桥梁。

2. “同种”——血缘相近

中国与朝鲜同属于蒙古人种东亚型，由于地理、历史、文化等诸多因素，自古就存在着大量不间断的人口对流交融。从有争议的箕子率族人东迁朝鲜，成为朝鲜的人文初祖之一，到近现代有明确史实记载的人口对流融合，可谓不胜枚举。就是近年来中韩争议较大的东北古代民族高句丽，

---

[1] 延边州档案馆．清代延边档案史料汇编［G］．2004：43－44．

[2] 辽宁省地方志办公室．辽宁省志·少数民族志［M］．沈阳：辽宁民族出版社，2000：236．

言其灭亡之后的流向[1]，与中国、与朝鲜在血缘上的关系，也可以说是中朝共同祖先之一。因此单从血统上讲，东北亚地区历史上许多民族都曾是中国与朝鲜半岛的共同祖先之一，血缘上你中有我，我中有你，绵延不断。其中，明清两代是历史上中朝人口对流交融规模、频度与数量高峰期。[2]

正因为千百年来长期的人口对流交融，特别是中原汉人也大量进入朝鲜后，在中朝间产生了一种特殊的文化现象——“姓氏同源”。

3. 中朝间的“姓氏同源”

所谓中、朝“姓氏同源”现象，是指中国与朝鲜姓氏中相互拥有共同血缘—族源关系的姓氏现象，即在中国姓氏里有属朝鲜—韩国族源者；在朝鲜—韩国的姓氏里，有属中国族源者。

目前，据韩国已公布的数据和中韩学者联合调查研究，在韩国274～286个可见姓氏中，已知与中国有族源关系的有180多个，占韩国姓氏总数的60%以上。而且这180多个中国族源姓氏，曾在韩国的历史上占有重要地位，产生过重大影响。韩国第十三任总统卢泰愚，就是当代中韩同源姓氏中的典型人物。卢的中国先祖是山东长清卢氏，新罗王朝时移居光州。2000年，卢泰愚离任总统后访问他的祖居地中国山东卢庄时说：“今后将十分珍视与中国的友谊，继续为两国关系的发展作出自己的努力”。[3]

“姓氏同源”本身就是历史上民族融合的重要现象。民族融合，是历史的进步。明晰、宣传中国与朝鲜民族血缘上“同种”的亲近关系，无疑有助于深化、扩大两国和两个民族间的友情、亲情，对于地处边疆跨界民族地区的中国朝鲜族聚居区的民族关系来讲，同样有益无害。

（二）“同文同种”对朝鲜民族的影响——李相龙“呈文”与中华认同意识分析

“同文同种”使得部分朝鲜族人在内心深处对中国并不陌生。他们有比较深的文化与血缘上的亲近感、认同感，并在最困难的时候常常以中国为靠山、后院：明代抗倭、清代抗日、现代抗美。中国在危难时刻的出手援助也逐渐形成了部分朝鲜族人一种习以为常的心理定式或者说传统。倘若袖手不管，反倒有违中朝间的友好传统，让其伤心、寒心、不解。读一

---

[1] 孙进己. 东北民族源流［M］. 哈尔滨：黑龙江人民出版社，1987：143；李德山. 中国东北古民族发展史［M］. 北京：中国社会科学出版社，2003：169－170.

[2] 王秋华. 明万历援朝将士与韩国姓氏［J］. 中国边疆史地，2004（2）.

[3] 王雅轩，高钟元（韩国），郝秉让. 中韩同源姓氏考述：未刊稿. 5－11.

读近代朝鲜著名独立运动思想家李相龙写给中国地方官府的几份呈文，对我们了解朝鲜民族清末民国时期对中国的中华认同心态大有裨益。

李相龙系李氏朝鲜开国功臣李原第十九代孙，名门后裔；其先祖“本中国人，因事东出，爱朝鲜山水而仍居之，子孙遂为韩人焉”。[1] 1910 年日韩合并，李随即于翌年（1911 年），在吉林通化地区的柳河县“剃头易服，先断怀故之念，继而请入民籍（加入中国籍）”，柳河县发给他“暂准执照”——县照，但需上报北京内务部民政司换取部照，方为正式合法的中国籍国民。当时规定“侨民受县执照，一年以上，安分守常者，依例换给部照”。但时逢辛亥革命，“不遑再请部照”，于是在 1915 年，李相龙又三次给柳河县知事呈文，为自己和当地执县照韩侨请求更换部照，从而成为中国正式合法公民，得到中国的保护。从他所提韩民来华与入籍为民理由，表现出了强烈的对中华文化、血缘、种族的认同意识，可谓理直气壮。

在第一篇呈文中，李相龙提出了中朝间在血缘、种族上，“同出于黄帝”；政治上，中华乃“宗国”“母国”；文化上，朝鲜“一仿中华”，中华乃“师国”。

在其第二份呈文中则进一步称，来华原因出于文化上的“三同”：“同一圣师”“同一经典”“同一礼仪”。为了增加说服力，干脆明确道出他家族源于中华“陇西之李”的历史，强调中华乃其“氏族之旧贯”，现在有难，“舍中国而安所适哉”。[2]

在第三篇呈文中，李强调指出中韩两国“族系一源，素兄弟之谊”，自古中国对朝鲜的困难从不会袖手旁观，坐视不管，所以我们“离亲弃墓”投奔中国而来。

而在他 1917 年《与吉林总督笔话》中，针对自己的身份则进一步提出了“中华为远祖之国，朝鲜为近祖之国”的双重祖国观。并从中朝两国的地理、历史、文化论述了中朝间命运攸关之“肩臂”关系，再次强调中朝间“同一民族”“同文同轨”的同一性，中国“断送”朝鲜之责，韩民来华的四种动机和不同阶层，分析了中国容、拒韩侨的五种利弊及韩民对此的无奈与不解，表达了“韩侨”为“得中国之欢情”，“欲一树勋劳，

---

[1] “与吉林总督笔话 ”载李相龙. 石洲遗稿［M］. 高丽大学校影印丛书第一辑，1973：217.

[2] 关于李相龙的本贯，《石洲遗稿》“解题”及目前研究成果认为是“固城”，又称“铁城”，但文中李自称是“陇西李氏”之后，指其先祖未入朝鲜之前的籍贯——中国甘肃陇西。

以表其血诚"，报中华母国"食土之恩"的迫切心情与他个人急需中国保护的强烈愿望。❶

中朝之间历史上特殊的宗藩关系，中朝同质性文化背景，再加上东疆开发移民实边时期，朝汉民族共同的逃难求生的移民身份，以及1910年朝鲜灭亡、1931年"九一八"中国东北沦陷，国破家亡的共同经历，使中朝两个民族容易产生共鸣、共识，从而相互支持帮助。所以朝鲜族迁入中国东北后能站住脚，很快地融入中华民族大家庭之中。没有这个历史与文化背景，他们融入得不会这么快，更不可能取得今天这样的成就与地位。19世纪末20世纪初，俄罗斯远东沿海地带曾有50多万朝鲜移民，后来数十万迁入中国，除了政治、经济等方面的原因外，还和这种文化上的亲近感、同质性有很大关系。

（三）中国特色朝鲜族文化与民族和睦的关系

1. 中国特色朝鲜族文化

朝鲜族文化来源于朝鲜，到中国后又吸收了中国兄弟民族及世界其他民族的文化，经过历时与共时的涵化整合，已经发生变迁，形成了具有中国特色的朝鲜族文化。这种取各族之长的"特色"，在朝鲜族的文学艺术、歌舞、美术、音乐、语言文字、体育、风俗习惯中都有反映。也就是说，无论是古代半岛上的朝鲜民族，还是近现代迁入中国的朝鲜族，从文化背景上讲，都与中国文化难以割谷。

2. 中国朝鲜族的文化素质与民族和睦的关系

一个文化素质、文明程度较高的民族在认识和处理民族关系时往往是比较理智、文明的，对于国家的政策法规理解得相对透彻迅速，这对于各民族关系的平稳和谐发展有益无害。朝鲜族素有"礼仪民族"的美誉，在与外族人交往时，给人的印象赞誉多于诟病。对此，当地的汉族对这个讲究礼仪文明的民族印象总的来说持肯定态度。清末延吉地方当局就有记载：（朝鲜族）垦民"所读通鉴四书五经各书，以韩音读之，十人中可有四人识字者，求其华人华语，明白者甚鲜"。❷ 可见朝鲜族垦民从迁入之初，其文化素质就高于当地的其他民族。

朝鲜族在民族关系问题上受益于自身的文化底蕴和较高的文化素质。而这一点与国内某些民族地区正好相反。文化教育欠发达，整体的综合素

---

❶ 李相龙．石洲遗稿［M］．韩国高丽大学校影印丛书第一辑，1973：170－177，217.

❷ 延边州档案馆．清代延边档案史料汇编［G］．2004：43－44.

质较低，在对待、处理与其他民族之间的关系时，一旦各种综合因素造成心理失衡，往往就容易激化矛盾。更何况这些地方的一些民族原本就是当地的原住或居住历史久远的民族，有的历史上曾建立过自己的民族政权，独立自主意识较强。加上文化系属的差异，他们对外来民族，特别是人种、宗教、文化、历史传统相异的民族有种本能的排外性。而朝鲜族恰恰相反，自身是外来的迁入民族——移民，又没有全民族共同信仰的宗教，人种与文化和中国又存在着“同文同种”的渊源。政治、经济、文化等各方面整体发展水平不仅不落后，某些方面甚至超过当地的汉族、满族，彼此之间在经济上也没有像其他地区那样有太大的差距，文化上有“特色”但与汉族等民族的文化无明显的排斥，且彼此相融。特别是改革开放以来，朝鲜族与其他民族文化上的融合程度日益加深。

（四）朝、汉、满移民文化间的互补相融关系

1. 边疆开发初期移民的文化与民族关系

延边、长白朝鲜族聚居区是以移民为主的社会。尽管在延边的部分库雅拉满族是当地的原住民，但朝汉移民很快就成为当地的多数。移民社会的特性是彼此间的磨合需要相互适应和包容，彼此间没有太多的历史包袱，容易相处；陌生的环境会触发移民积极主动适应新生活，激发起移民的创造性，从而在竞争中赢得一席之地站住脚跟；移民在与当地人相处过程中，一般也往往在出现矛盾纠纷时采取忍让、退让、息事宁人的态度。特别是朝鲜民族移民中国是在亡国、历史上又是中国的藩属“小国”、走投无路，“一线生路，惟望大国”这样的背景下，[1] 由国外移民而来，一般而言，遇事忍让也就成为“不得不”“不得以”而为之事。[2] 当然，民族关系平稳除了与其自身的移民身份有关外，还与朝鲜族“不喜争讼”的民族习惯有关。[3]

此外，汉、满、朝都是以农耕为主的民族，农耕民族经济文化性格相对温和，从业者大都安居乐业，不尚争斗，喜欢安分守己的安宁生活，这是农耕民族的一般共性。而且长期封禁造成的东疆地广人稀、资源丰茂的自然环境，为朝汉移民提供了足够广阔的生存空间。汉族与朝鲜族农民是从各自不同的方向，在不同的地段垦荒移民，所以垦荒之初，因争垦荒地发生冲突的问题较少。“在这一时期，除了少数汉族官吏与汉族地主，汉

---

[1] 李相龙：“呈柳河县知事文”，《石洲遗稿》第173页。

[2] 刘智文：《中国朝鲜族聚居区民族和睦成因研究访谈录音》2001年8月，延边。

[3] 延边州档案馆．清代延边档案史料汇编［G］．2004：43－44．

族老百姓与朝鲜族老百姓在延边相处得很友好，汉族与朝鲜族在交往上没有什么大的压力”。[1] 而且朝汉满三个民族之间经济上存在一定的天然的分工协作、互补双赢。朝鲜族主要从事的是水稻种植，而汉族主要从事旱田耕作，擅长种植蔬菜，并从事一定的手工业、商业，因此经济上互不矛盾且存在一定互补性，为建立良好的民族关系奠定了客观物质基础。

2. 改革开放后朝鲜族聚居区各民族间的文化互融、共享与民族关系

新中国建立后，朝、汉、满三民族相互学习、取长补短、融合优化，逐渐发展成为朝鲜族聚居区最大的文化特色。改革开放30多年来，由于文化互融、共享程度日益加深，因文化差异而导致的民族不睦近乎没有。文化上的互融与共享主要体现在风俗习惯、语言互借以及族际婚等方面。

以族际婚为例。族际婚是民族关系融洽、和睦的一个重要指标。一般而言，只有当两个民族群体的大多数成员在政治、经济、文化、语言、宗教和风俗习惯等各个方面达到一致或者高度和谐，两族之间存在着广泛的社会交往，他们之间才有可能出现较大数量的通婚现象。

朝鲜族原本是禁止族际婚的，甚至把和外族通婚视为背叛民族。但改革开放30多年来，这种观念大有改变。据1990年第四次全国人口普查数据表明，吉林省的朝鲜族“混合户与少数民族户比例”为0.88%，在与汉族通婚方面均属于程度较高的。“混合户与少数民族户比例”比较高，说明对于少数民族群体而言该地区族际通婚的实际水平也比较高。当比例为1时，说明平均在3个少数民族已婚人口中，有1个是与汉族通婚，其他2人与本民族（这种情况为多）或其他少数民族通婚。[2]

文化的功能是什么？功能之一是桥梁、纽带，能拉近彼此心灵的距离，消除隔膜，文化共同性的东西越多，彼此认同度就越高，凝聚力就越强。

朝汉民族之间在文化上所表现出来的相互学习、吸收、欣赏，乃至族际婚，必然从心理上逐渐消除民族间的差异、疏离，增加共性的东西，从而为民族间的进一步和睦、团结奠定良好的文化基础。建设有中国特色的朝鲜族文化，不断增加的文化共享，也必将使朝鲜族与其他民族的关系得到进一步的巩固和发展，对于提升各民族的国家认同具有重要的战略意义。

---

[1] 宋官德. 延边汉族与朝鲜族关系形成的特点及其发展变化的趋势［J］//朝鲜族研究论丛：4［M］. 延边：延边大学出版社，1995：268.

[2] 马戎. 民族与社会发展［M］. 北京：民族出版社，2001：166，175－179.

三、中国朝鲜族聚居区民族和睦的政策成因

民族政策对民族关系的影响是最直接有效的。国家与少数民族之间的认同关系往往从政策中得到直接体现。朝鲜族对中国共产党和新中国认同意识的产生和深化就来源于政策比较。

（一）中外统治者对朝鲜族的政策演变与对比

国家与民族之间的认同是双向的，中国对朝鲜族的政策是基于历史和现实制定的，对朝鲜族的认同也主要是从政策中反映出来的。核心问题就是中国朝鲜族的身份问题，即公民权—国籍问题。一百余年来，最后成功地解决中国朝鲜族名分，使朝鲜族成为名副其实的中华民族一员的，是中国共产党建立的新中国。没有这个政策的比照，我们就无法理解朝鲜族对中国共产党、新中国的热爱和忠诚。当然，中国共产党的政策也非空中楼阁，是基于前代政策的基础和朝鲜族在中国所作出的贡献而作出的。

1. 中国共产党之前的政策概述

概括地讲，在中国共产党之前，中外统治者始终不承认朝鲜族在法律上的合法地位，采取带有歧视性的民族政策，以致他们多数人过着非雇工即佃农的生活，受尽剥削与欺凌，生命财产得不到切实保障，不得不东搬西迁寻觅生计，过着颠沛流离的生活，具有很大的流动性。而中国共产党和新中国正确的民族政策，解决了朝鲜族延续了一百多年的三大根本问题——公民权（国籍）、土地所有权、自治权，与旧中国中外统治者的民族政策形成了鲜明的对比，赢得了朝鲜族人民的衷心爱戴与拥护。中国共产党的民族政策也逐步缓和、化解了历史（主要是日伪时期）上各民族之间的矛盾，为此后民族和睦的社会主义新型民族关系的建立奠定了坚实的基础。

2. 新中国建立前，中国共产党对朝鲜族的政策

1928 年中共六大至 1945 年“八一五”光复，中国共产党在纲领上承认朝鲜族是中国少数民族的合法地位，主张各民族一律平等，并承认其有自治权。

三年解放战争时期，中国共产党一是完全承认朝鲜族中国公民的合法地位。二是在土地改革运动中，又解决了他们最急切、根本的问题——土地所有权，满足了他们一百多年梦寐以求的宿愿，给了朝鲜族人民前所未有的经济实惠和当家做主人的尊严，使他们由过去的受害者成为受益者。

三是在新中国建立前夕，把朝鲜族作为中华民族大家庭的一员，给予他们以参加国家事务的政治权利和地位，确定实行民族区域自治（后因抗美援朝延误了实施自治的进程），极大地鼓舞了朝鲜族，坚定了他们跟中国共产党走的信念，促进了朝鲜族与党和中华民族的双向认同关系，为以后民族间的进一步和睦奠定了坚实的基础。

尤其值得一提的是在对待朝鲜族国籍问题上，中国共产党勇于正视历史与现实，尊重朝鲜族的民族感情，创造性地解决了让历届中国政府棘手的公民权—国籍问题，表现了中国共产党人的宽阔胸怀和实事求是的科学态度。

当时在解决国籍问题上存在一个民族特殊性问题，就是朝鲜族的双重意识——双重祖国观问题。因朝鲜族绝大多数是1910年日本灭亡朝鲜以后来中国的，许多人认为“朝鲜是民族的祖国，中国是现实的祖国”。❶ 在此情况下，国籍问题不解决，土改中朝鲜族已分得土地得不到保障，在政权建设中他们不能参政，解放战争中也不能参军参战，更谈不上实行区域自治。这样，不仅无法实现平等，而且还要制造民族矛盾。中共延边地委经中央同意，决定“承认他们同时有两种国籍。现在作为中国公民，享有中国公民一切权利，参加中国的人民解放战争；一旦朝鲜遭到外敌侵犯，如果他们愿意的话，随时可以以朝鲜公民的身份，投入到朝鲜的反侵略战争中去。这样，既解决了目前急迫的问题，又不会伤害他们的感情”❷。中国共产党不强迫他们“选定”一个祖国，又完全承认他们用血汗争得的实际上存在的中国公民资格，这种正视现实，尊重民族感情的做法赢得了广大朝鲜族的民心，与以往中外统治者的政策形成了鲜明的对比，达到了历届中国政府所追求而未曾达到的、让朝鲜族人民“情殷向化”、“倾心向化”❸ 的效果。激发起他们的冲天的干劲。在土地改革、政权建设和解放战争中，中国共产党充分依靠他们这股革命热情，使他们成为土地的主人、政权的主人。在此过程中，几乎所有的延边及长白朝鲜族都加入了中国籍。这标志着中国和朝鲜族之间的双向认同开始发生质的变化。中国历代政府在朝鲜族问题上所追求的“倾心向化”，在中国共产党民族平等、团结政策的感召下开始实现。

3. 新中国建立后朝鲜族自治地方卓有成效民族政策

民族区域自治制度是全国民族自治地方普遍实行的政治制度，为什么

---

❶ 刘俊秀. 在朝鲜族人民中间［J］. 延边党史资料通讯，1987（1）.

❷ 延边朝鲜族自治州档案馆. 中共延边吉东吉敦地委延边专署重要文件汇编［G］. 1985：392.

❸ 类似争取朝鲜族垦民诚心加入中国籍的语句在当时的史料中屡见不鲜，本文不逐一引证。

延边却能连续三次成为全国唯一的民族团结模范自治州？这与延边在贯彻执行这一政治制度中，结合当地具体情况而实行的行之有效的措施有关。

（1）延边贯彻民族政策的措施有一定的首创性，从而成为展示中国共产党民族政策的一个重要窗口。朝鲜族文化上的发达，表现在民族工作的实践上，就是在全国创造了若干个第一。如20世纪50年代在全国第一个开展“民族团结宣传月”活动等。

（2）延边各民族间互帮互助的历史传统在党和政府的引导下得以发扬光大，突出表现在提倡开展各民族间结对子互帮互助活动，民族团结进步活动开展得非常有效。

（3）自治地方自治民族对国家主体民族汉族等非自治民族的尊重与照顾。延边在贯彻落实党的民族平等政策与少数民族优惠政策的关系方面协调得比较好，平衡各民族之间利益落到了实处。一些国家对少数民族的照顾政策，在具体执行过程中，通过变通灵活执行，避免了不必要的民族矛盾。特别是自治民族对其他民族的关心照顾，在改革开放前的延边是较突出的，在全国的民族地区也是典型。如计划经济时期朝鲜族、汉族共分大米，各民族共享优惠政策。避免了在新社会再次给汉族和其他民族心理造成“二等公民”低人一等的积怨萌发。

（4）在民族工作中理论联系实际敢于创新。

① 多数照顾少数，各自做好本民族的工作。“多数照顾少数”原则是1948年年底，延边地委领导刘俊秀在《关于民族政策中的几个问题（草案）》报告中提出的。自治州建立后一直得到了较好的贯彻执行，即朝鲜族多的地方朝鲜族多去关心照顾汉族，反之亦然。即便是工作中出了问题，也是汉族干部出面做汉族的工作，朝鲜族干部出面做朝鲜族的工作。这样各自做好本民族的工作以达到消除分歧，共同团结的目的。这方面还有很多具体做法和事例。

② 在反对“大汉族主义”与地方民族主义问题上实事求是。20世纪80年代后，拨乱反正，全国民族工作主要是反对“大汉族主义”。当时延边州委的主要领导认为：在延边这么一个特定的自治地方，朝鲜族当家做主，是自治民族，不宜还提出这样的口号，否则将不利于团结。而是提出：我们不提什么口号，有什么倾向就反什么倾向，是“大汉族主义”就批大汉族主义，是地方民族主义就批地方民族主义，不要把全国的这个口号硬搬到我们延边，这样有利于团结各民族，调动各民族积极性。这一思想在20世纪90年代得到进一步发展。

③“一碗水端平，对朝鲜族略有倾斜”和“调动两个积极性”。20世纪

90 年代后，在贯彻民族区域自治制度过程中，延边根据朝鲜族汉族人口比例大体相当，汉族人口略高于非自治民族，积极性不高的实际情况，又提出了两个口号，一个是调动“两个积极性”，即在民族自治地方既要调动自治民族朝鲜族的积极性，也要调动汉族和其他非自治民族的积极性[1]。经过十多年的实践，这个积极的口号已经为当地各族干部群众所接受，并成为延续至今的政府工作的一个指导思想，这也可以说是延边在民族理论和实践上的一个发展。另一个口号是“一碗水端平，对朝鲜族略有倾斜”，这体现了党在民族自治地方的一贯政策，但是把它具体化了，特别是在干部问题上，就是在同等条件下优先培养和使用少数民族干部。

4. 培养了一批忠诚于党和国家的民族干部

中国共产党解决朝鲜族问题的另一成功之处，也是朝鲜族聚居区民族和睦的重要原因之一，是吸收培养了一大批忠诚于党的事业的民族干部。早在延安时期，中国共产党对朝鲜革命和朝鲜族问题就十分重视，并统筹考虑，设立了朝鲜军政学校，培养朝鲜族干部。延边首任州委书记、州长朱德海就是该校的领导之一。土改期间，党也培养了大批朝鲜族干部和党员，让他们充分行使做主人的权利。这批人和参加过抗联、解放战争的一大批朝鲜族干部，由于投身革命较早，在中华民族反帝反封建革命斗争中，与各族人民并肩战斗，深切体会到民族和睦、民族团结的重要性，对党和新中国忠心耿耿，成为新中国建立后保障朝鲜族自治地方民族关系稳定的重要力量。其中的杰出代表是朱德海同志。

朱德海同志出任延边州委、州政府首任党政一把手期间，在维护国家统一、民族团结及对朝鲜族树立正确的祖国观进行教育等方面，作出了卓越的贡献。鉴于朱德海同志对党的忠诚和为党的事业所作贡献，20 世纪 80 年代，胡耀邦总书记还为他的纪念碑亲笔题词。作为中国共产党的总书记，为一个州一级的民族自治地方的州委书记、州长的纪念碑题词，这在全国是绝无仅有的。由于他和他所领导的延边地方党组织和政府，在建州以后的工作及所形成的优良传统，奠定了民族团结的良好基础，也影响、感染着以后的一大批干部继续为各民族的共同团结与繁荣而奋斗。

总之，正是由于中国共产党所实行的各民族一律平等的民族政策解决了朝鲜族自迁入中国以来的根本问题，中国共产党与朝鲜族之间的双向认同基本完成，民族和睦坚实的政治基础也已经夯实，朝鲜族人民对新中国与中国共产党有着无比的热爱，因此才有了 20 世纪 60 年代“延边人民热

---

[1] 金钟国．党的民族政策与延边朝鲜族［M］．延边：延边大学出版社，1998：85.

爱毛主席”[1] 的发自肺腑的歌声。

（二）中外朝鲜族的不同境遇

人对自身的了解往往是从与他人的接触和比较中产生和深化的。与国外朝鲜族人交往，不仅开阔了我国朝鲜族群众的眼界，也提高了他们作为中国人的意识，增强了国家观念。改革开放后，中国朝鲜族在国外的遭遇及与国外一些朝鲜族之间社会地位的巨大反差更加坚定了朝鲜族正确的祖国观，强化了他们对中国的认同。

以去韩国打工的劳务人员为例。韩国京熙大学黄兴允教授有篇论文，名为《中国同胞对韩适应实态》，其中曾得出过“同胞们访问故国的效果是逆向的”结论。在他对在韩我国朝鲜族的问卷调查中，43%的人表示韩国人歧视过自己，69.3%的人认为劳动未得到应有的报酬，46.2%的人表示在韩除赚钱外没有其他任何意义。所以有的在外受过鄙视、虐待的朝鲜族劳工，从国外回来一下船，就高呼“中国万岁”。[2] 生活在其他国家的朝鲜族人，无论是前苏联社会主义国家，还是发达的资本主义国家，普遍在政治上无地位，文化上难以传承本民族传统文化，面临被迅速同化的境地。因此，即使是已加入外国籍，心里也觉得身处异乡，和当地人难以建立骨肉之情，怀念故土之情甚深，仍视朝鲜半岛为祖国。这和中国朝鲜族绝大多数以中国为祖国的状况有较大差距。而产生差距的原因就在于在所在国的不同境遇。

相比之下，中国朝鲜族的发展则呈现出繁荣的状况。

政治上，中国朝鲜族有本民族聚居的自治地方，还有50个民族乡，1000多个朝鲜族村。并依照《宪法》和《民族区域自治法》，享有并行使区域自治的权利。而且不论是在自治地方，还是在散杂地区，都享受着同其他民族平等的权利，可以参政议政，自主地管理本民族的内部事务。

在经济上，两个民族自治地方（延边、长白）还受到中国各级政府对少数民族的种种优待和照顾。这也是其他国家朝鲜族人所没有的。就中国朝鲜族的经济发展水平及地位而言，某种程度上说是改革开放的最大最早的受益者。在延边和长白，朝鲜族经济发展水平总体上与当地汉族相差无几，某些方面甚至超过了汉族。特别是朝鲜族人口大量外出打工、劳务输出，很多人率先过上了富裕生活。

---

[1] 这是一首1965年朝鲜族文艺工作者韩允浩作词，金凤浩谱曲，由延边传唱大江南北的经典歌曲。

[2] 李红杰，王铁志．对外开放与中国的朝鲜族［J］．民族研究，1997（6）．

文化上，中国朝鲜族继承和发展了本民族的传统文化。和朝鲜与韩国的朝鲜族文化形成三足鼎立之势的中国特色的朝鲜族文化。中国朝鲜族使用本民族语言文字受法律保护。朝鲜文还是中国政府正式发文件所使用的五种少数民族文字之一。中国朝鲜族拥有完整的民族教育体系。中国朝鲜族的教育水平及文化程度等综合素质比较高。

人文环境上，中国朝鲜族同汉族及其他民族关系融洽，有良好的生存发展环境与空间。延边朝鲜自治州是全国第一个民族团结模范自治州，而且是唯一连续三次被国务院命名的民族团结模范自治州；长白也多次被国家民委命名为民族团结模范自治县。

综上所述，两相比较，中国朝鲜族在政治经济文化方面较高的社会地位、鲜明的民族特色和融洽的民族关系，不仅让境外的朝鲜（族）人羡慕，赞叹中国的民族政策，而且也让中国朝鲜族自己倍加热爱中国，感到做中国人、做中国少数民族的自豪和幸福，从而产生了巨大的向心力、认同感。这与其他国家的朝鲜族人有着本质的不同。据 20 世纪 90 年代以来在延边相关干部、知识分子、中学生、工人、农民中进行的多次抽样调查显示，绝大多数朝鲜族群众认为中国是自己的祖国，而且随着中国国力的强大，视中国为祖国的人还在不断增加。

结　论

中国朝鲜族聚居区民族和睦是以上几个成因合力作用的结果，这个结果就是认同。认同的内涵包括了文化认同和国民认同，其中最根本的是国民认同。这是中国把朝鲜族当作自己的国民，朝鲜族视中国为自己的国家的民族与国家之间的双向认同。国民认同意识产生的机理之一是对比、对照、比较。这种比照既有历史与现实历时性的比照，也有中外朝鲜族不同生活境遇的共时性的比照。跨界民族国民认同的形成非一朝一夕，是渐进的；形成后的认同也非一成不变，而是随国家政策、国家实力、国际关系等因素的变化而变化。而且由于跨界民族间交往频度较密，范围较广，比照感往往比较强。因此对这部分人群的国民认同意识的培养与教育需格外关注。

东北边疆朝鲜族聚居区几十年来经受住了种种考验，为维护国家的统一、民族团结和边疆的巩固、繁荣作出了巨大的贡献，但也存在着一些来自历史与现实、国内与国外的政治、经济、文化、社会等诸方面隐性的不稳定因素，需要防微杜渐、未雨绸缪。

省际结合部民族关系与民族问题研究

沈再新[*]

（中南民族大学民族学与社会学学院）

省际结合部是一种特殊的地理单元，它指以省级行政边界为起点向行政区内部横向延展一定宽度所构成的、沿边界纵向延伸的窄带型区域。从行政区划看，边界划分十分清晰，行政隶属关系十分明确；从范围上看，包括若干县及县级市，延伸数百公里甚至上千公里，远离省级行政中心或经济中心；从自然环境角度看，划分界线一般是以山脉或河流等自然屏障为界，差异较小，更多则体现其整体性特征；从人文生态角度看，省际结合部具有地缘结构、文化习俗、民族传统、经济发展状况等多方面的相似性和经济区位的同一性，因而作为一个特殊的地理边界区域，它会对国家或地区的政治、经济、社会、文化产生重要的影响。目前，我国省际结合部仍然是一座未被开发的学术富矿，其自然和人文生态还未得到足够的关注，其民族关系和民族问题的特征和特性尚待探讨。此外，省际结合部民族理论体系的构建、族群利益导向、群体性事件、民族发展战略、小城镇建设、边贸市场的培育与发展、区域联合与协作等方面也值得我们长期跟踪和研究。

一、关于省际结合部的界定

（一）传统边界的定义及其内涵的延展

边界是一个相当广泛的概念。从普通意义上讲，它是指事物间本质或现象发生变化的标志线或带。按区域行政、政治实体的级别或层次，区域

---

* 作者简介：沈再新，男，土家族，湖北来凤县人，民族学博士，中南民族大学副教授，硕士生导师，中南民族大学南方少数民族研究中心研究员，中南民族大学散杂居民族研究团队成员，主要研究散杂居民族问题。作者联系电话：13018070120，E－mail：szx327@ sina. com。

边界自上而下大致可分为“国家边界”“省际边界”“地方边界”。传统边界的划分方法将边界划分为“自然边界”和“人为边界”。自然边界是以自然要素作为划分的依据，大都是由自然屏障和景观构成，如山脉、河流、湖泊、海洋等。“人为边界”是以民族、宗教信仰、语言、意识形态、心理、习俗等社会性因素作为依据划分的边界。[1]可以看出，以上两种边界类型是看边界划分的依据是“自然的”还是“社会的”因素，它并没有考察边界形成的本质属性。事实上，从边界的形成过程的角度分析边界的本质，边界同时具有“自然”和“人为”属性。

从社会学的角度看，人类有组成社会群体的倾向，其主要原因有两个，一是物质利益的因素，参加群体可以获得个人的物质利益。这是一种功利性动机。二是社会心理因素。每个人都有许多社会心理需求，这些需求只有在群体或在与他人的交往中才能实现和满足。这类社会需求主要包括安全感、归属感、良好自我形象的维护、荣誉感、自尊的获得、情感的交流以及自我实现等。[2]同时群体的划分也是与空间相联系的，也就是具有共同特征的群体更倾向于居住和生活在同一地域空间范围内，而空间边界则是群体空间分异的结果。因此，可以认为人类群体的社会化本质是空间的。[3]莱芬博尔（Lefebvre）认为，“人类群体划分在本质上是空间的划分，反映出人类倾向于居住和生活在有界的空间愿望，作为与空间划分伴生的边界在这一过程中是群体分异的标志，也就是说，人类希望并通过划定空间边界来创造属于自己同一群体的领土范围。对人类来说，特定空间被看成是群体成员集合的地域”。[4]可以看出，边界实际上是群体在空间上划分领土的标志，它是群体在空间上对领土具有排他性控制权力的分隔线。

从人类社会空间行为的角度看，边界产生的划分常常是与情感联系在一起的，人类空间活动带有明显的情感指向，而情感的空间界限就是边界。由于人类具有群体意识并产生对领土空间的情感是一个民族的形成及其民族化的过程，因此边界的情感属性常常是与民族和民族的形成过程联系在一起的。一些特定的血缘集团，如宗族，在特定的区域内其成员随着互相交往的扩大以及经济文化的发展，逐渐认识到自己本身的这些共同特征。在这种共同意识的作用下，原先松散的血缘集团——自然共同体，逐渐扩大凝聚为稳定的民族共同体，并且每个成员都对这个共同体有着强烈的归属感。因此，民族的形成既有客观的一面又包含有主体意识的一面，可以认为民族是具有相同血缘、共同的心理文化活动和生活方式，并对这个共同体有着认同感和归属感的社会共同体。就像一切实体事物均需以一定的地理空间为载体一样，民族的形成和发展也离不开某一特定空间，从空间的角度，这是对共同或相近生活、居住地产生的空间认同与归属感。族群间的团结与联合最初主要源于为抵抗来自外界的其他族群，或者说来自外部空间的威胁，这种对内部空间的认同和对外部空间的排斥情感，要求民族内部的趋同和外部的分异，在空间上，则表现为不同地域占有的民族边界的产生。

（二）我国省际结合部概况

我国省际结合部面积巨大，在已勘定的行政区域界线中，陆路边界线总长5.2万公里，分布着84个县（市），占全国总县数的39%。[5]如山东省省际边界地区有日照、临沂等8个市与外省毗邻，占全省17个地级市的47%，土地面积的56%。[6]河南省与周边6个省相邻，共有沿边县（市）43个，占全省县份的36.4%。[7]浙江省与安徽、江西、福建三省交界，自北向南有长兴、苍南等13个县（市），总面积为2.86万平方公里，约占全省面积的27.2%。[8]甘肃省现有14个市州、86个县市区，其中有12个市州、50个县市区分别与四川、陕西、宁夏、内蒙古、青海和新疆6省区接壤，省际边界线长9807公里。[9]湖北省边界地区涉及37个县（市、林区）的144个乡镇，国土面积为19418.5平方公里，占全省总面积的10.4%。[10]

我国省际结合部多是少数民族居住区。据统计，我国现有5个自治区、30个自治州和120个自治县（旗），共155个民族自治地方。我国30个自治州中有20个处于省际边界，8个与两省接壤，8个与三省接壤，4个与四省接壤；120个自治县（旗）中有55个处于省际边界，47个与两省接壤，7个与三省接壤，1个与四省接壤。[11]我国呈南北纵向的“藏彝走廊”、“土家苗瑶走廊”和呈东西横向的“壮侗走廊”“阿尔泰走廊”“古氐羌走廊”基本上处在省际结合部地区。[12]西藏、四川、云南三省间的藏彝走廊，从古至今，一直是多民族迁徙与文化交往活动的大舞台。瑶族、侗族主要聚居在湖南、广西、贵州交界地区。鄂湘黔渝四省市交界处的武陵山区，面积约15万平方公里，聚居着以土家族、苗族为主的30多个少数民族，1300多万人口，占武陵地区总人口的63%。

二、省际结合部的自然生态与人文生态

（一）省际结合部的自然生态

1. 多以高山大河为自然分界

省际结合部作为一种特殊的地域空间，其特殊性就表现在它位于我国

最大行政单元——省（自治区、直辖市）的交界处。从理论上讲，省际结合部应是经济、信息、人力资源、文化的汇集地带，理应成为省际间人流、物流、信息流和能量流等经济要素的流通地带，有着各民族在经济社会发展上实现优势互补、共同发展的良好条件与潜力；另一方面，由于地理位置的邻近性，交界地带人们的观念、民族传统和风俗民情具有融和性，形成互通有无、共生共荣的聚落，建起良好的地缘关系。但是从自然生态环境看，省际结合部一般以高山、大河为自然分界，区位偏僻，交通不便，穷山恶水，远离中心城市和政治、经济、文化中心，生活质量相对较低。例如黄河是陕晋、豫鲁的省际边界线，晋冀鲁豫四省在太行山接壤，湖北、四川以武陵山、大巴山为界，江西、福建、浙江以武夷山、仙霞岭为界。高山大川，交通不便，地处边远，便形成了有名的贫困山区。我国有名的省际结合部有湘赣、闽浙赣、鄂豫皖、湘鄂川黔、晋冀鲁豫、晋察冀、陕甘宁、川陕甘等，都是革命根据地。当年革命者正是利用这些山川和交通不便而便于隐蔽的环境，在这里进行旷日持久的革命斗争，因此贫困山区大都是“革命老区”。

2. 交通条件差，少数民族生活质量低

按照景观生态学的观点，每一种景观都是由基质、镶块体和廊道构成，其中廊道是景观内部及景观之间进行物质、能量、信息转化与传输的通道。对于省际结合部而言，廊道的形式多种多样，其中最重要的是通讯、通电、通路及计算机网络等。从目前我国省际结合部经济社会发展现状考察，尽管各种廊道都有这样或那样的问题，但最严重的是边界地区交通布局的条块分割，自我封锁、自成体系，成为制约边界地区经济社会发展的瓶颈。省际交通条件差的状况主要体现在三个方面：一是过境交通路线少，二是过境交通路线质量差，三是边界地区断头路多。省际结合部是各级行政区权力的极限所在，其交通路线的建设难以进入各级政府的视野之中。北京、上海、天津、河北、山西、内蒙古、辽宁、甘肃、宁夏、青海十省（市、区）边界地区有 453 条公路干线，其中只有 269 条通过边界，而 184 条在边界地区出现断头，占总数的 40. 6% 之多。[13]

从我国省际结合部发展现状来看，既有经济发展比较迅速、已达到一定经济水平的地区，如处于豫、陕、晋三省交界地带有“金三角”之称的灵宝市，晋煤外运咽喉地带豫、晋交界处的济源市等；也有经济发展刚刚“启动”的地区，如 2009 年国务院提出的协调渝鄂湘黔四省（市）毗邻地区经济社会发展的“武陵山经济协作区”；更有尚未启动的地区。由于地理区位的边缘性和封闭性，省际结合部远离各自的经济、政治中心，受益于这些经济发达地区的机会相对较少，少数民族人口贫困范围面广，其生活质量总体上还处于较低的水平。例如，位于西南地区的滇藏川交接地带是少数民族人口和贫困人口在地理空间上重合分布的典型地带。据国家统计局 2005 年 3 月发布的“2004 年中国农村贫困监测公报”显示，截至 2004 年年末，该地带有 40 个国家级贫困县，36.4 万平方公里面积的 400.8 万人，列入国家扶贫开发工作重点县，分别占滇藏川交接地带 63 个县的 63.7%和人口总数的 51.9%。[1]

3. 自然生态脆弱

省际结合部经济社会发展长期处于欠发达状态，诚然有地缘政治与地缘经济、历史基础与现阶段经济因素、体制等诸多原因，但脆弱的生态环境也是制约省际结合部可持续发展的障碍之一。我国省际结合部有相当一部分属于生态环境脆弱带，具有被替代概率大、恢复原状机会小、抗干扰能力弱等特性。如甘、青、川交界区域大部分属江河源区，是黄河及其支流洮河、大夏河、湟水、大通河、黑水、白水的发源地，也是长江重要支流岷江、白龙江等河流的发源地，各江河干支流生态环境的变化不仅影响本区的发展，而且对整个流域的生态安全都会产生重大的影响。目前省际结合部的生态环境明显恶化，主要问题有：森林资源过度砍伐，覆盖率迅速下降；草地资源过载导致退化、沙化严重；过度开垦造成了严重的水土流失。江河上游的天然林及草地对水循环具有重要的调蓄功能。森林砍伐、植被破坏，导致其涵养水源、调节径流的能力减弱，造成严重的水土流失，加剧了旱洪灾害。这不仅对本区域人民群众的生产生活及生命财产造成了严重危害，而且对中下游造成了巨大的损失。

（二）省际结合部的人文生态

1. N 不管地带，社会治安较差

“N 不管”地带是一个什么样概念，目前还没有相应的定义。我们可以把“N 不管”地带定义为没人管的地方或事情，对事件、人和物没有责任人，无人为事件的结果负责；也可以理解为这个地方出现了很多的事情没有政府机构去管理，甚至知道也装作不知道，以致任其发展就叫做“N 不管”。“N”在此只是个虚数，正如“三不管”、“四不管”一样，不具体代表一个数目。

---

[1] 数据来源：国家统计局农村社会经济调查总队. 中国县（市）社会经济统计年鉴(2002) [M]. 北京：中国统计出版社，2002. /国家统计局城市社会经济调查总队编. 中国城市统计年鉴(2003)，[M]. 北京：中国统计出版社，2004.

我国省际结合部大多处于“N不管”状态，社会治安较差。有些边区行政区域你中有我，我中有你，各民族群众矛盾错综复杂。而有些地区插花地比较多，譬如贵州的土地延伸到湖南境内，而上面住的又是重庆人。类似的现象太多，这在客观上给三省市地方政府的管理带来了麻烦。有些边区管理责任不明确，可管可不管的事就没人管，因此形成了事实上的“三不管”，群众矛盾错综复杂。20世纪90年代到2003年，有些边区的群众因为土地、山林、道路、水源等纠纷不断。有的纠纷因行政管理不力而长期得不到解决，最后发展为治安案件和恶性刑事案件。由于“三不管”，这一地区成了不法分子的避难所，涉毒、涉赌、涉枪、车匪路霸和偷盗扒窃活动猖獗，治安和刑事案件也一直居高不下，社会治安形势十分严峻，群众怨声载道。[14]

2. 社会环境相对闭塞，社会系统自成一体

社会的本质就是在组织及组织网络的建构中得到体现的。[15]作为社会结构体系中的民族，它有自身的独立性，但这并不意味着否定民族与社会体系的联系，相反，只有将民族置于社会体系当中，才能更准确地把握它的属性和特征，才能为我们分析民族现象及其在社会结构体系中的位置提供准确的视角和定位。“从社会结构状态着眼，我们首先看到的是三个相互关联的组成要素：个体、群体、社会”。[16]它们三者相互区别又密切相连，构成一个动态的结构体系。在省际结合部，传统的乡村秩序是建立在自然经济基础上，处于相对孤立封闭状态，对外经济交往比较单一，人员往来比较固定，外来文化影响有限，社会价值取向比较成熟，人的行为预期较明确，其社会体系自成一体，并起到对内整合的功能。例如，彝族所居住的横断山脉，山谷纵横，构成无数被高山阻隔的小区域，其间交通不便，实际上属于同一族类的许多小集团，他们分别有各自的自称，也被他族看成不同的族群单位。再如，位于我国西南边陲云南省红河哈尼族彝族自治州金平苗族瑶族傣族自治县的哈尼山寨，仅有8万多哈尼族人，他们散居于全县12个乡两个镇230个村寨，世代相沿形成了渗透于社会、文化、经济和生活习俗等各个方面的哈尼族梯田文化，其农耕生产生活过程中使用水资源的独特方式，对森林的深刻崇拜，以及节日庆典、人生礼仪、服饰、歌舞、文学均以梯田为核心，处处体现着认识自然、利用自然、与大自然和谐相处、融为一体的特点。

3. 文化教育相对落后，价值观念变迁滞后于外部社会

价值观通常是指人们对价值问题的根本看法，是人们在处理价值关系时所持的立场、观点与态度的总和。它体现了人们内心深处究竟相信什

么、需要什么、坚持什么、反对什么、喜好什么、追求什么，作为一种社会意识，渗透在社会生活的方方面面。省际结合部历史上由于远离“中心”主流文化而严重封闭，与外界极少有物质和文化信息交流，较少受到现代文明的辐射和浸润。现实中依然封闭的人文环境，使其文化结构具有严重的封闭性和传统的相对完整性。由于生产力水平低下，民族文化教育事业的发展受到严重制约，使当地各少数民族科学文化水平普遍偏低，现代意识发育迟缓，民族素质不能得到有效提高，民族文化结构严重缺乏现代科学文化和现代理性因素，由此导致了严重的知识—能力贫困。如川藏滇、湘鄂渝等省际的一些少数民族群众，除赶集之外，一般较少与外界交流，一些老人一辈子未去过几十公里以外的中、小城市，儿童入学前听不懂一句汉语，大多数村民不知道“小康社会”这个名词。文化的“边缘”定势，使省际结合部少数民族的社会生活仍旧保持着传统习俗的巨大惯性，民族文化缺乏自我认识、自我更新、自我发展的机制，这些都极大地制约着他们发展能力的提升。

4. 崇尚民间权威，家长制遗风犹存

省际结合部因自然地理条件和行政的板块体制的限制，大多处于封闭和半封闭状态，人的活动基本上局限于地缘与血缘关系形成的聚落范围。由于远离国家政治权威，处于行政管理盲区，使得当地的社会秩序不能以社会公认的标准正常建立，故而更加崇尚民间权威，社会组织结构中有着家长制和首领制的遗风。在这些少数民族社会中，曾经存在着多种社会权威，如属于传统权威的家族权威、道德权威、宗教权威等，当然，也有政府权威。新中国成立以前，我国的民族传统社会体系中存在着寨老制、头人制、石牌制、山官制、土司制等各种形态的社会组织形式。老人统治之外，在省际结合部村寨等各级地域组织中，我国一些民族还普遍采用公众大会的均衡法则。[17]新中国成立以后，特别是经历了十年“文化大革命”阶段，少数民族的传统社会权威逐渐停止活动，国家政权深入到社会生活的各个层面。在少数民族地区的村寨中，生产队、村委会等代替了过去的传统社会组织。改革开放以后，人们逐渐恢复了他们的传统信仰和习俗，少数民族传统文化得以复兴，某些地区作为传统文化承载者的传统权威人物也部分恢复了其在村寨生活中的影响能力。例如在贵州的苗、侗等民族聚居区，寨老又逐渐在村寨生活中发挥作用。[18]应当看到的是，以上这些现象并不表明寨老、宗族首领、宗教人物等传统社会权威的地位得以重新确立。但是我们也应该看到，改革开放以来，由于地理条件和经济基础等因素的限制，省际结合部的经济社会发展比较缓慢，仍有相当部分的村寨处于贫困状态。在这种情况下，村委会和党支部的工作很难给群众带来更多的实惠，其影响和控制力就相对微弱，人们更加尊崇的是村寨中那些已经富裕起来的乡村精英，而不是村里的干部。因此，如何才能解决传统权威影响力淡化和村委会、党支部对村寨控制力不足而带来的村寨社会控制问题，引导这些传统社会权威在省际结合部现代化建设中找到自己的适当地位，是值得民族学家、社会学家深思的问题。

三、省际结合部的热点问题

自古以来，由于国家行政区划和社会管理体系的局限性，以及地方小传统等多种社会因素的影响，省际结合部往往成为矛盾多发区和民族关系、民族问题的潜伏区。历史上我国很多大的社会动荡就是由省际结合部引发的。在当代我国社会转型过程中，传统社会秩序逐渐反解，而新的社会秩序又尚未建立和完善，各种社会利益关系更加复杂，社会矛盾很容易生成。加之省际结合部大多是民族散杂居比较集中的区域，其社会转型更富于滞后性，其矛盾消解更具顽固性，从而注定省际结合部的民族关系和民族问题更加特殊和敏感，各种矛盾和问题一旦显性暴露，对社会的稳定和发展会造成更大的危害。在此，我们试图抛砖引玉，对省际结合部相关热点问题试作分析。

（一）地区小传统

从文化模式的角度而言，省际结合部的“地方传统文化”可分为“大传统”和“小传统”。美国人类学家雷德菲尔德在其1956年出版的《乡村社会与文化》一书中，认为无论是“大传统”还是“小传统”都对了解该文化有着同等的重要意义。但雷德菲尔德区分“大传统”与“小传统”主要目的是为了强调被相对忽视的、代表着乡村生活方式和价值观念的“小传统”。或许正是缘于“相对忽视”，在省际结合部的散杂居民族研究中，应给予“小传统”以极大的关注。

1. 少数民族习惯法

少数民族习惯法是我国广大少数民族群众在千百年来的生产生活实践中逐渐形成、世代相袭、不断发展并为本民族成员所信守的一种行为规范。作为小传统的一种重要表现形式，少数民族习惯法在省际结合部仍然普遍存在，在部分地区表现出极强的生命力，其内容也极其丰富。在内容上它包括：社会组织及其首领规范、婚姻与家庭规范、生产与分配规范、财产所有与继承规范、债权规范、刑事规范、调解处理审理规范、丧葬规范、宗教信仰及社会交往规范等。[19]少数民族习惯法作为一种制度经过民主改革和社会主义教育已经消灭，但作为一种文化在省际结合部仍然普遍存在。一是少数地区习惯法社会组织还在小范围长期单独存在并发挥作用，如贵州省榕江县某水族寨子20世纪80年代恢复寨老制至今，四川凉山彝族家支组织的生命力亦相当顽强，家支调解纠纷的决定仍然具有很大的约束力。二是少数民族习惯法的规范往往借乡规民约、村规民约、族规族约为载体，既融入现代国家法律内容以反映时代新要求，又反映习惯法传统内容和要求。如大瑶山的《团结公约》，土家族地区的“族训”与村规民约等等。[20]三是少数民族习惯法最主要的还是以一种文化、一种观念或一种思维模式存在于各少数民族人民的心中，时时刻刻影响人们的行为，决定他们的价值取向。如何从民族学、社会学有关社会控制的理论出发，以一些少数民族传统习惯法为例，力图呈现省际结合部的这一套社会控制方法，以便我们从整体上认识少数民族的传统文化，同时善加利用其合理的成分，亦是省际结合部民族研究的热点问题。

2. 家规族规

省际结合部“小传统”的另一种主要表现形式是家规族规。聚族而居、敬祖祀天、崇尚血缘，以及以此为特征的宗法社会，大概是自古以来是我国各民族共有的特征。族规即宗法制度下家族的法规，是同姓家族制定的公约，用来约束本家族成员。全国各姓族谱大多有族规、谱禁、宗规、祠规、家范、族约、族训、家训等条款。民间所谓“国有国法，族有族规”，反映了家族规约对族人的影响力。族规与家规原本为家族规约中的一干双枝，并无明显区别，只是前者更为严格。族规的作用主要体现在它的内容上：一是强制性的尊祖；二是维护等级制度，严格区分嫡庶、房分、辈分、年龄、地位的不同；三是强制实行儒家伦理道德，必须尊礼奉孝。宋代以来，宗族制得到统治阶级的支持，族权布满中国社会各个角落，成为仅次于政权的权力体系。家规族规在当时发挥了辅助国法、巩固地方统治秩序、维护化解宗族矛盾等积极作用。新中国成立以来，家族以及相关家规族规的力量和作用大大缩小，国家对乡村社会之事务的直接介入和干预能力大大增加。但以市场化为取向的改革，却在两个方面影响着家规族规的发展：一方面，因为国家（政府）对乡村社会管理的相对放松，乡村社会公共事务因国家力量的有限退出而形成管理真空，固有的村级管理模式在新形势下已经渐显乏力，于是传统的家族力量在乡村社会的复兴就势所必然。[21]但另一方面，随着市场经济更加深入地发展，传统的家规族规对市场经济发展的滞怠、阻碍等负面作用也日益显现出来。总之，在以发展市场经济为使命的新时代，家规族规明显地走向如上所述的两个相反的方向：既存在着强化的现实需要，也存在着弱化的客观基础。

3. 禁忌

禁忌是各民族成员在历史发展过程中，在其所生活的社会环境中习得的。他们生于斯长于斯的环境将可做的与不可做的、遵从认可的与违规禁止的，通过日常生活的细节和仪式灌输到头脑，在他们社会化的过程中内化为自己的世界观和价值观，无形之中强制地成为个人社会记忆的一部分，并在日常生活中成为进行社会控制的心理约束力量。有国外学者对禁忌进行了描述，认为禁忌是人类迄今所发现的唯一的社会约束和义务的体系。它是整个社会秩序的基石。社会体系中没有哪个方面不是靠特殊的禁忌来调节和管理的。[22]可以说，它几乎涵盖了社会生活的各方面。在省际结合部，各民族都有各自不同的禁忌类型和禁忌事项。比如瑶族在生产活动中，正月逢子日不开工，辰、巳、亥日也不出门劳动，二月份有三个辰日不开工；进山砍树忌讲不吉利的话等。[23]一些少数民族的婚姻家庭禁忌和特殊习俗上，如哈尼族严禁姑表姨表婚、壮族姑表不婚，有的民族如白族、纳西族要求婚姻嫁娶对象身体健康、神志正常、相貌端正。[24]省际结合部乡村社会多是一个熟人社会，村寨生活使人们处在一个狭小的文化空间内，趋同的压力使得人们不得不从众。而在某些方面，个人的力量微不足道，另外一些纠纷和矛盾又不是单个人自己能够解决的，所以寻找村寨庇护，与村寨保持友好互动关系便很重要。在这样的情况下，遵守村落文化规范的各种行为礼俗，恪守村寨内部的禁忌，就成为减少社会生活成本的主要途径。这样的趋同压力造就了禁忌的流传，成为这个民族内部的一种无形心理暗示，完成了社会控制的功能。

4. 乡规民约

中国社会里“法制的运行历来都存在国家统一法制和民间法制两条并行而居的道路”。[25]历史上中央王朝对边疆少数民族地区普遍采取“以夷治夷、因俗而治”的间接统治方式，在很长的时期内，国家法只在名义上存在，它基本没有产生什么根本影响。这一方面是由于边疆地处边陲、交通不便，国家力量难于到达；另一方面是因为各民族在文化上存在差异，使得中央王朝的法律制度不可能直接在民族地区适用。然而，国家法的远离并没有给省际结合部村寨的日常生活造成什么影响，各式各样的村规、寨约被人们创造出来，并使村寨秩序井然。乡规民约，有的地方又称村规民约、民族团结规约、族规民约、议约或约款等。考证历史，早在周代，伴随着里正、乡老的产生，村落中就出现了有关防御外侮、防洪、灌溉的约定。到了宋、明、清三朝，村规民约的形式和内容有了很大的发展，在村落社会中影响极大，尤其是在同宗同祖的村落中，制定的村规民约具有明显的宗族色彩，族规族约对家族成员行为的要求之高、约束之严，在某些方面甚至超过了当时的国家法律。[26]传统的村规民约一般由村庄中的权威组织或全体村民公议制定，内容主要涉及村风民俗、公共道德、社会治安等方面，其目的在于调整村落内部关系，维持村落秩序，维护村落的共同利益，形式上成文的居多，也有不成文的。作为乡村社会最常见的“小传统”和地域性自治规范之一，乡规民约对省际结合部乡村生活的稳定发挥着巨大的作用。

（二）群体性事件高发区域

由于我国幅员辽阔，地域复杂，大部分地区的行政区域界线比较长，且大多数边界地区距离政府中心较远，经济发展、交通通信、文化教育、人口素质等方面都相对落后，因此省际结合部各民族因资源管理使用、风俗习惯、宗教信仰等引发的矛盾纠纷时有发生，从而使省际结合部往往成为群体性事件的高发区域。值得注意的是，不是所有的群体性事件都发生在省际结合部，也不是所有的省际结合部都有群体性事件发生，它只是诱因之一。现实中，省际结合部的矛盾纠纷形式多样，甚至是纷繁复杂。这些矛盾纠纷一般涉及多数人的利益，或者个人利益和集体利益交织，常常是原始矛盾纠纷未得到有效解决，各个矛盾纠纷不断积累或升级的结果。它通常呈现矛盾纠纷→治安案件→刑事案件→群体性事件的态势。省际结合部群体性事件的起因主要有两种类型：一是因山林田土和水事引起的矛盾纠纷，二是家庭、家族矛盾纠纷。家庭之间矛盾纠纷相对比较单一，家族矛盾纠纷却比较复杂。家族矛盾既成，旷日持久、难以调解。上述这些矛盾纠纷的一方或双方，通常有组织、有计划、有目的，参与人员多，涉及范围广，容易扩大而形成气候。特别是一些重大突出的矛盾纠纷，当地政府多次处理未果或听之任之，以致有的群众自以为天高皇帝远，擅自以武力解决纠纷。有些群众甚至认为当地政府不能解决问题，不能信赖，故动辄群体上访，且认为上访的人数越多，上访的行政机关级别越高，就越引起上层领导重视，矛盾纠纷就越有可能得到满意解决。近年来群众上省进京上访增多，也证明了这一点。这种状态下的矛盾纠纷，轻微者直接影响省际结合部经济、文化建设，严重者可干扰当地政府的正常工作。因此它对社会的稳定影响较深，危害较大。

（三）传统观念与现代意识的冲突

少数民族的传统观念是在历史发展过程中逐渐形成的。它不仅极大地丰富了中华民族文化，有些还成为我国经济社会发展的重要人文资源。省际结合部少数民族传统观念涉及政治、经济、文化、哲学、艺术、法律、宗教信仰、婚姻与家庭、风俗习惯等各个方面。在我国现代化过程中，省际结合部少数民族的相当部分传统观念受到挑战，直至慢慢消失，与此同时逐渐树立了一些现代意识：公民意识、民主意识、法治意识、道德自觉意识、权利意识、自由意识、平等意识、公平意识、学习意识、科技意识、创新意识、开拓意识、竞争意识、合作意识、效率意识、市场意识、投资意识、创富意识、环保意识、低碳意识、可持续发展意识、以人为本意识、开放意识、关心国家大事乃至世界大事的意识等。但是，我国少数民族在生产、生活、生育、消费、教育等传统观念中消极的一面也十分突出，诸如畸形消费与扩大再生产之间的冲突，平均主义观念与竞争意识的冲突，重义轻财、轻商贱利的观念与商品经济发展的冲突，少数民族旧的行为规范（习惯法）与现行法律的冲突，早婚、多育观念与全面提高人口素质的冲突等不少陈规陋习通过其所具有的巨大惯性，严重地影响着省际结合部经济社会的发展，阻滞了现代化进程。

（四）族际关系中的宗教因素

我国是一个多民族多宗教的国家，“宗教在当代与中国社会、政治、经济、文化、思想、信仰乃至精神意向和生活情趣都构成了前所未有的复杂交织。”[27]世界性的佛教、基督教、伊斯兰教，以及我国本土的道教和许多少数民族信仰的原始宗教如萨满教、东巴教等在我国的民族地区都有许多信众，省际结合部尤其如此。无论是从近代以前散杂居民族的发展轨迹来看，还是从近现代散杂居民族分布和民族关系来看，我国各族群间的关系从古到今都是一个相互交往、相互影响的状态。省际结合部虽然地处偏远，但自古以来就与周边地区乃至中心区域在政治、经济、文化等方面都有着广泛的联系，当前多元并存的宗教格局也正是省际结合部族群与周围各族群交往发展的结果。族群关系的变化受外部和内部不同因素的综合影响。而宗教因素既是影响族群关系的内部因素，又是外部因素。宗教因素对族群内部稳定的影响主要在于族群认同、族群文化发展等方面。外部影响主要在于宗教对族群间的交往，对社会整体伦理规范的遵守、法制的践行、文化认同等方面。宗教因素对省际结合部社会稳定的消极影响主要涉及三个方面：一是对国家和社会稳定的消极影响，例如近年来川藏滇、四川和甘肃等省际结合部所发生的一些骚乱和暴力事件与民族分裂主义分子打着宗教的旗号从事分裂祖国的地下活动有着密切的联系；二是对社会经济改革的消极影响；三是对公共权力的消极影响，例如一些农村、牧区以宗教为标准评论个人是非功过，以是否信仰宗教作为确定人际关系亲疏的重要标准；在一些乡村选举中，宗教人士公开鼓动信徒选谁不选谁，控制了基层干部的选举。我们在肯定宗教因素对族群关系发展的积极作用之时，也要考虑宗教因素的消极影响，从而更好地引导宗教为省际结合部族群关系的稳定、社会和谐服务。

（五）族际关系中的宗族因素

传统中国的农民，生活在由血缘和地缘交织而成的关系网络中。其中最重要的血缘组织是宗族，而最重要的地缘组织是村庄，两者之间的关系呈现出十分复杂的形态。艾亨曾将传统中国的宗族和村庄划分为三种类型：第一种类型是单一宗族占统治地位的村庄，宗族内部的裂变程度较高，门户观念较强，利益冲突较多，宗族分支的利益高于整个宗族的团结；第二种类型为势力相当的多宗族村庄，各宗族之间既有合作又有竞争，同族集团能够团结一致对外行动；第三种类型也是多宗族村庄，但各宗族有强、弱之分，这会造成强宗控制弱宗的局面，有时众小宗族也会联合起来对抗强宗，斗争较为激烈。[28]依此我们看出，宗族对各民族的族际关系亦产生深刻的影响。中华民族是世界最早进入农耕文化的民族之一，它有两种最基本的依赖关系，其一是血缘或亲缘依赖关系，其二是土地依赖关系。对血缘或亲缘的依赖构成其独特的血缘或亲缘文化共同体，而对土地的依赖又使其具有某种意义上的地缘文化共同体的特征。[29]省际结合部的乡土社会正是这种地缘文化和血缘文化的结合体。血缘文化的突出特征表现为村落一般是以“姓”为主导的，在村落结构中往往存在着“单姓村”和“杂姓村”的区别，在后一种情形下每每存在着“主姓”，一般的情形是一个村落之事务的建设和发展往往取决于“主姓”的主导和协调。[30]可以认为，在我国省际结合部的乡村社会，血缘和亲缘文化基本反映的是“村庄”内部的关系。通过血缘或亲缘文化关系，构织乡村社会的内核；通过地缘文化关系，延伸乡村社会的范畴。前者使乡村社会得以稳固，后者则令乡土社会从一般的血缘关系中溢出，通达、渗透并整合为整个中国农村的普遍性存在。尽管我国省际结合部的乡村结构表现出明显的地域特征，有的地方宗族比较强大，有的地方宗族比较软弱，有的地方村落的内聚性较强，有的地方村落的内聚性较弱，但对任何省际结合部的研究，都必须将两者结合起来加以考察。

四、结　语

聚焦省际结合部是对散杂居民族研究领域的必要拓展。本文从省际结合部的概念及内涵、自然和人文生态特征、相关热点问题这三个方面探讨了省际边区结合部的民族关系与民族问题。在讨论中，我们基于文化的地方性特征，如何从“小传统”的视角去理解省际结合部的群体性事件及其原因、传统文化与现代性的冲突、族际关系中的宗教因素和宗族因素等。省际结合部作为带有一定历史“小传统”的特殊地理单元，往往成为群体性事件高发的区域；同时它往往又是多民族居住区，是地域文化与民族文化交融的前沿地带。因此，我们不仅要对省际结合部及地方行政区划层级问题的历史沿革进行较为系统的梳理，而且要对省际结合部地方性“小传统”的动态发展有更为直观的认识，这样才能针对省际结合部涉及民族因素的突发性事件提出应对策略的思考，才能从生态学“边缘效应”的角度去阐述省际结合部民族文化的多元共生及资源的优势互补。

中国民族学人类学界对于以“小传统”来分析中国的乡土社会并不陌生。施坚雅曾经试图从底边社会的研究中去概括中国农村社会结构的模式和框架。其实施坚雅对中国乡土社会的研究方法更加注重的是解读“大传统”。[31]与此相应的是对“小传统”的研究，这一派以费孝通等为主。费孝通强调乡土中国的基本研究单位是村落。因为中国乡土社会的基础单位是村落，村落不论大小，是血缘、地缘关系结合成的一个相对独立的社会生活圈。以一个村落作为研究中心来考察村里居民间的相互关系，如亲属制度、权力分配、经济组织、宗教皈依以及其他种种社会关系，并进而观察这种社会关系如何相互影响，如何综合以决定社区的合作生活，然后从这种中心循着亲属系统、经济往来、社会合作等路径，推广研究范围到邻近村落以及市镇，这种研究被认为是“小传统”研究。其实，不论是“大传统”也好，“小传统”也罢，只不过是理解乡土中国社会的不同视角和不同研究范式，对于研究省际结合部民族关系和民族问题的研究都具有同等重要的意义。这两个传统是互补互动的，“大传统”引导文化的方向，“小传统”提供真实文化的素材。我国不同的省际结合部有着各种不同的生态环境和经济生活，各个地方群体适应不同的自然条件和人文环境并形成自己的文化特征。我们不仅可以根据有关省际边区的历史文献资料去了解一个文化过去的文化形态，更重要的是通过对现实情况的调查去了解它的现状。一是探讨这一文化的文化特征，从各种文化因素的形成和发展认识这一文化的特征和一个群体的文化面貌。二是研究文化变迁，一方面要从文化本身的变化，以及不同群体、不同文化间的接触与交融来认识一个文化的文化特征；另一方面要研究文化变迁的规律和方向。因此更多地从地方“小传统”的角度去研究族群文化或族群内部不同地方群体的文化，去解读省际结合部的民族关系和民族问题，在民族学人类学视野中有着明显的优势。

参考文献

[1] 王恩涌. 政治地理学 [M]. 北京：高等教育出版社，1998：92－98.

[2] 于显洋. 组织社会学 [M]. 北京：中国人民大学出版社，2001：163.

[3] [英] 迈克·克朗. 文化地理学 [M]. 杨淑华，宋慧敏，译. 南京：南京大学出版社，2000：75－78.

[4] Lefebvre. H. The Production of Space. Basil Blackwell：Oxford UK And Cambridge USA，1991：192.

[5] 郭荣星. 中国省级边界地区经济发展研究 [M]. 北京：海洋出版社，1993：25.

[6] 贾若祥，侯晓露. 山东省省际边界地区发展研究明 [J]. 地域研究与开发，2003 (2).

[7] 张震宇，王超，范青风. 河南省边界地区经济发展研究明 [J]. 地域研究与开发，1997 (3).

[8] 章伟江，端木斌，吕思龙，黄伟. 浙江省际边界县（市）农业资源综合开发利用研究 [J]. 中国农业资源与区划，2002 (5).

[9] 李玉清. 加强省际协作维护边界稳定 [N]. 甘肃法制报，2007－03－14.

[10] 湖北省计委财贸处. 湖北边贸市场建设与发展的若干问题研究（上）[J]. 计划与市场，1999 (2).

[11] [13] 李俊杰. 关于省际边界地区经济协作的思考 [J]. 商业时代，2006 (9).

[12] 李星星. 论“二纵三横”的“民族走廊”格局 [J]. 中华文化论坛，2005 (2).

[14] 王贵山，邹荣然. “三不管”地区的和谐新路 [N]. 中国广播网，2009－06－18.

[15] 商红日. 政府基础论 [M]. 北京：经济日报出版社，2001：12.

[16] 陆学艺. 社会学 [M]. 北京：知识出版社，1991：96.

[17] 沈再新，唐胡浩. 散杂居民族“同而不化”的策略性应对 [J]. 中南民族大学学报（人文社会科学版），2011 (3).

[18] 潘志成. 传统权威与当代少数民族村寨社会控制 [J]. 民族法学评论，2008 (6).

[19] 高其才. 中国少数民族习惯法研究 [M]. 北京：清华大学出版社，2003：220－227.

[20] 冉瑞燕. 论少数民族习惯法对政府行政行为的影响 [J]. 中南民族大学学报（人文社会科学版），2006 (4).

[21] 肖唐镖. 宗族与村治、村选举关系研究 [J]. 江西社会科学, 2001 (9).
[22] [德] 恩斯特·卡西尔. 人论 [M]. 甘阳, 译. 上海: 上海译文出版社, 2004: 138.
[23] 张冠梓. 近代瑶族社会控制研究 [J]. 广西民族研究 (哲学社会科学版), 1994 (2).
[24] 杨智勇. 云南少数民族婚俗志 [M]. 昆明: 云南民族出版社, 1983: 65.
[25] 王学辉. "双向建构: 国家法与民间法的对话与思考" [J]. 现代法学, 1999 (1).
[26] 费成康. 中国的家法族规 [M]. 上海: 上海社会科学出版社, 2002: 195.
[27] 卓新平. 中国宗教的当代走向 [J]. 学术月刊, 2008 (10).
[28] Emily Ahern. The Cult of the Dead in a Chinese Village [M]. Stanford: Stanrord University Press. 250 - 263.
[29] 谢晖. 大、小传统的沟通理性 [M]. 北京: 中国政法大学出版社, 2011: 95.
[30] 曹锦清. 黄河边的中国: 一个学者对乡村社会的观察与思考 [M]. 上海: 上海文艺出版社, 2001: 86, 401, 637, 724.
[31] [美] 施坚雅. 中国农村的市场和社会结构 [M]. 史建云, 徐秀丽, 译. 北京: 中国社会科学出版社, 1998: 1 - 4, 40 - 70.

从“鬼子”称呼看晚清的中西文化交流

谢　丹

（江汉大学人文学院）

自殷商起，中国的鬼神文化就已初步形成。《礼记·祭法》中说：“人死曰鬼”，《礼记·祭义》中提到：“众生必死，死必归土，此之谓鬼”。这里，“鬼”指人死后阴魂不散。同时，“鬼”又是鬼蜮、鬼怪、精灵的化身。所以在中国人心目中“鬼”总与死亡、邪魔联系在一起。《墨子·明鬼》中也记载：“杜伯报冤到清代笔记小说中的鬼故事，各式各样的鬼代表各式各样的死亡”❶ 从这个描述也可以看到鬼的形象很可怕，青面獠牙、披头散发，整个给人阴森可怖之感。随着“鬼”一词的发展，“鬼子”一词也相应产生。“鬼子”最初是一詈词，相当于“鬼东西”之意。南朝刘义庆《世说新语·方正》：“世衡（陆机）正色曰：我父祖明播海内，宁有不知，鬼子敢尔?”陆游在《北窗病起》一诗中也曾写到：“更事天公终赏识，欺人鬼子漫纵横。”

尽管“鬼子”一词，在中国文化里由来已久。然而，直到19世纪中期，西方列强挟着“坚船利炮”强行打开了贫困腐朽的清朝的大门，这个被西方人称之为“还在昏睡”的大国仍然以“天朝上国”的心态怒视这群野蛮的外来者，将其蔑称为“鬼子”。“鬼子”一词才被作为一个种族文化的特定称呼固定下来。也就是说，凡是“西人”，都被中国人称为“鬼子”。与以往各次的文化交流，包括发轫于明末的中西文化之间的交流与撞击不同的是，这一次不仅伴随着殖民战争，而且交流和撞击的规模和力度，以及对中国文化的冲击和影响都大大超过前几次。鸦片战争的失败，英法联军火烧圆明园，继之于中法之战的不和而和，西方人的铁蹄一步步深入到中国内地，建铁路、架电线、修教堂，及至中日甲午战争，泱泱大国居然被弹丸小国——日本打得割地赔款。西方人的“上帝”侵犯了中国

---

❶ 尹飞舟，中国古代鬼神文化大观［M］. 南昌：百花洲文艺出版社，1992：11.

人的尊严，西方人的言行违背了中国人的伦理，西方人的殖民战争损害了中国人的利益，具有极强包容性的中国文化再也没有能力和气度去同化西方文化。

中国人所遭受的切肤之痛，使之对西方及其所代表的西方文化充满仇恨和恐惧。“鬼子”这一称呼，深刻地蕴含了中国人在伴随着战争殖民的充满着血与火的文化交流和撞击下的一种不自觉的文化抵抗。本文旨在从跨文化交流的角度，通过对“鬼子”称呼一词的文化意义的分析，揭示晚清中西文化交流和撞击下的中国人的文化心态，进而探寻对当前跨文化交流的启示。

一

“跨文化交流指的是拥有不同文化感知和符号的人们之间进行的交流，他们的这些不同足以改变交流事件。”❶ 发生在19世纪中期中国土地上的以战争为主要形式进行的中西文化之间的交流，尽管在深度和广度上都要比前几次深刻得多，但整个晚清七十年，因为拥有不同的文化感知和符号，交流主体的双方是持对立状态的。教案冲突此起彼伏，抵制洋货、抗击洋人的事件四处遍见。“鬼子”称呼更是区别了交流主体的身份，直接用语言表达了对入侵的西方人的憎恶和愤恨的情感。这些不同大致表现在以下几个方面。

其一是人种上的不同。大多数学者把“人种”这个词更多地看作身体特征而不是文化特征。如马赛尼斯所说：“人们通过肤色、发质、面部特征和体形等身体特征来界定人种的不同。”西方人红头发、蓝眼睛、身上多毛，体格较中国人也要健壮得多。人种上的差异，是其被称为“鬼子”的原因之一。如《义和团揭帖》中所形容的“鬼子不是人所生；如不信，仔细看，鬼子眼睛都发蓝。”❷ 山东德平李家楼一份告白说：“鬼子其形，于（与）中（国）大有不同，羊眼猴面，淫心兽行，非人也。”❸ 连生活在同一时期的文人汪仲洋在诗中也是如此形容印象中的洋人，认为他们有着鹰钩鼻子、猫眼睛、红色的络腮胡子和头发，长腿不能弯曲，因而只能

❶ 拉里·A. 萨默瓦，理查德·E. 波特. 跨文化传播［M］. 闵惠泉，王纬，徐培喜，译. 中国人民大学出版社，2004：47.

❷ 佚名. 中国近代史参考资料［M］. 台北：文海出版社，1981：508.

❸ 教务教案档：第3辑［M］. 台湾中央研究院近代史研究所中国近代史资料汇编。

奔跑和跳跃。碧绿的眼睛畏怯阳光，所以，正午眼睛睁不开。❶ 体形外貌上形成的重大差异被中国人上升为“类”的差异，将西方人划到“人类”之外，称之为“鬼子”，比作禽兽。

其二是文化信仰的不同。正如亨廷顿所说的：“不同文明中的人对上帝与人、个人与集体、公民与国家、父母与儿童、丈夫与妻子间关系有不同的看法，同时他们对权利与义务、自由与权威、平等与等级孰轻孰重的看法也是不同的。”亨廷顿的种种所述都深深地触及了文化的深层结构的问题。即宗教、家庭、国家与人类思维方式、信仰以及价值观体系的关系的一系列问题。不同的文化产生了不同文明的宗教、家庭、国家，也正是由于宗教、家庭、国家这些体制的长期存在，不同文明中的人才有着不同的文化信仰。这种文化信仰的不同，导致了不同的文化对世界有着不同的认识，也直接导致跨文化交流中一种文化与另一种文化的对抗。19 世纪中期，在“坚船利炮”强力的护送下，传教士一步步地向内地的深入、西方工业品的输入、西方习俗和价值观的涌入，不断冲击这个以纲常伦理为准则的国度。中国的民族观是一种文化观，19 世纪中国的统治者是两百多年前入侵中原的满人。然而满人自入关以来，自觉实行汉化，语言、官制以及部分习俗已被纳入汉文化系统。尤其是清朝统治者遵信并提倡儒教，以示为华夏文化的合法统治者，从而集合一大批士大夫为其尽忠效命。然而，面对 19 世纪中期充满生机及扩张野心的西方的入侵，处于迟滞、缓慢发展的中国已无力“以夏化夷”。西方文化作为一种外来之物，又是同有着两千多年历史的中国传统文化全然相悖的：上帝至尊的教义不仅触犯中国的道教和释教，与中国的多神观念相背，而且直接触及中国人信奉了两千多年的伦理纲常。形成于西方民俗和历史中的布教、洗礼和忏悔仪式，对西方人来说具有神圣的意义，中国人却认为是与祖宗崇拜、宗法观念格格不入的伤风败俗之举。认为他们“行事不敬神，不敬先人，不知礼仪（义），丙（并）无人伦”。❷由此，传教士在中国的传教也遭到了民众的抵制。民众不无厌恶地认为：“那鬼子尽教村里人吃洋教，说鬼子话，拜洋菩萨。”❸ 在中国人看来，一切不知“礼”，不遵人伦的西方人都算不上真正的人。即《礼记·曲礼上》中所言“人而无礼，虽能言，不亦禽兽之心乎!”

---

❶ 史料旬刊：第 38 期［M］. 故宫博物馆院文献馆，1930：399.

❷ 佚名. 中国近代史参考资料［M］. 台北：文海出版社，1981：508.

❸ 洪琛. 赵阎王［M］. 第七节第七幕。

其三是对人与自然的关系的“价值观导向”不同。对人类与自然关系的认识不同，会为人的欲望、态度和行为提供不同的参照。在克拉克洪和斯托贝克提出的“价值观导向”模式中，天平的一端是人类从属于自然的观点，天平的中间是人类与自然合作的观点。这种导向认为人类应该尽一切努力与自然和谐相处。天平的另一端是另外一种观点，鼓励人类为了自身的利益去征服和主导自然力量。在对待自然的方面，中国人的价值观导向在于参天地、赞化育，以维护天人之际的既定和谐。如《易传·系辞传下》中把天、地、人并称为“三材”，“《易》之为书也，广大悉备、有天道焉、有人道焉、有地道焉。兼三材而两之，故六。六者非它也，三材之道也。”遵从天道、人道、地道的“天人合一”精神，既体现了中国传统文化惜物养生的生态观，又孕育了人与自然相生相克的伦理道德观。而西方式的价值观导向则是积极地探求自然奥秘，以征服自然和控制自然。19世纪西方对中国的入侵，归结起来，就是为满足西方正处于上升时期的资本主义的经济掠夺和领土扩张的野心。输入鸦片、修建铁路、开采铁矿以及割地赔款，都是为了从中国攫取最大经济利益，满足他们征服世界的野心。西方人在中国土地上的这些行为，不仅是对一个国家主权的侵害，也有悖于中国人的对待自然的价值观导向。两种文化之间的差异，引起一种文化对另一种文化的猜度，深层中还蕴含着仇视与扭曲。当连年灾荒，“不下雨，地发干”时，中国人认为这正是“鬼子”的入侵，开矿放走了山中的“宝气”，修铁路坏了“龙脉”，“鬼子”的教堂遮住了天，“不敬神佛忘祖先”、“男无伦，女鲜节”的行为触犯了神灵，导致“天谴”。

二

“鬼子”被中国人视为“另类”，反映了晚清整个民族在面对国土被侵占，文化被践踏后的一种抗拒与自卫，恐惧与愤恨，且又不屈不甘的心理。这种从“类”上的区分，显示了一种文化在面对另一种文化冲击下的文化抵抗，其背后蕴含着深刻的文化意蕴。

把西方人从类别上视为“鬼子”，一方面，可以树立自我认同感，筑起一道民族的心理防线。为集合一切力量作为一个群体对抗拥有“坚船利炮”的另一群体，从文化大同的观点出发，清廷被划归“我类”。清王朝被推为对抗“鬼子”的总代表。19世纪末的义和团民众运动就是打着“扶清灭洋”，以使“我皇即日复大柄”的旗帜，希望辅助清王朝，杀尽洋人，“大清一统庆升平”。在洋人的上帝及洋枪洋炮面前，中国人请出自己的神，协助驱鬼杀魔，“神出洞，仙下山，扶助人间把拳玩。兵法易，助学拳，要摒鬼子不费难”。从而给民众注入神的力量，“人神共诛鬼子”，“挑铁道，把线砍，旋再毁坏大轮船。”❶ 在中国传统文化中，“神”具有无边的法力与神奇的法术，能“驱妖降魔”。义和团有一咒语：“天灵灵，地灵灵，奉请祖师来显灵，一请唐僧猪八戒，二请沙僧孙悟空，三请二郎来显圣，四请马超黄汉升，五请济颠我佛祖，六请江湖柳树精，七请飞标黄三太，八请前朝冷如冰，九请华佗来治病，十请托塔天王金吒、木吒、哪吒三太子，率领天上十万神兵。”❷ 所请诸神都来自中国传统文化中各种传奇、小说、戏剧。民众以喝了符水的血肉之躯，拿着大刀长矛迎接洋枪洋炮，前仆后继，毫无畏惧之感。“为首者指挥部属，附会神语，以诳其众，临阵对敌，各插一小黄旗，或身着黄袍，背负神像，其徒众分持枪刀及鸟枪抬炮，群向东南叩头，喃喃作法，起而赴斗，自为无前。”“神道”战胜“鬼道”的心态，显示了那个世纪群体的愚昧，然而更深层次的是让人震撼地感觉到一个面临危机状态的民族所表现的大无畏的不屈的力量，他用自己的热血和身躯挡住了侵略者企图瓜分中国的铁蹄，在侵略者面前显示了一个民族不可摧毁的精神力量。

另一方面，又折射出“天朝上国”的文化优越感心态和推拒惶恐的自闭心理的矛盾纠结。一般来说，世界上大多数民族都认为自己的文化是优越的。中国与外部世界相对隔离，其文化又长期高于周边地区，这使得华人在长达数千年的时间里养成了一种“世界中心”意识。中国人自居世界中心的观念，主要表现在文化意识上。自认文化领先，并雄踞世界文化的中心位置，是中国人的一个古老信念。然而自19世纪中期开始，对外作战的屡屡失败以及物质实力的处处不如人不断冲击着中国的“天朝上国”心态。中国人仍固执地坚信中国的道德、文化处于世界的中心。洋枪、洋炮、机器制造被视为奇技淫巧，西俗、政教被斥为“男无伦，女鲜节”。把西方人称作“鬼子”，比作禽兽，是对传统文化的骄傲和对西方文化的蔑视。19世纪中后期的民众运动，烧教堂、毁铁路、挑电线，恨不得杀尽、烧尽一切带洋的东西。其背后显示出一个民族对外来文化的抗拒心理：中国不需要这些东西，我们靠文化道德治国。然而，义和团民众运动的失败，“神道”不仅没有战胜“鬼道”，反而酿成了血的悲剧。自此，民族心理防线颓然崩溃。“鬼子”仍被称作“鬼子”，中国人在“鬼子”面

---

❶ 佚名. 义和团史料：上册［M］. 北京：中国社会科学出版社，1982：18.

❷ 拳变余闻，见胡寄尘. 清季野史［M］. 长沙：岳麓书社，1985：46.

前的文化优越感却已荡然无存，转而朝文化封闭的绝路退缩。

三

如上所述，19 世纪中后期在中国土地上进行的这次规模巨大的中西文化交流，带给中国人的是巨大的伤痛。“鬼子”一语的称呼，浓缩了对西方人的憎恨和敌视。在世界各国不断加强联系的今天，这次充满着血与火的不成功的跨文化交流可以给我们如下启示。

第一，跨文化交流应该建立在平等对话的基础上。从历史上来看，以战争为主要形式的文化交流罕见成功。19 世纪中期，西方列强凭借“坚船利炮”，以及政治、经济上的优势，强行打开中国的大门，试图瓜分中国。建立在这种侵略、殖民基础上的中西文化交流是不平等的。西方人在中国的土地上不顾中国人的感情按照自己的文化方式与风俗习惯行事。中国人的祖坟、祠堂因建铁路、修教堂而被踏平，中国人的信仰、价值观念也因此受到了践踏。处于此时期的中国，贫困积弱，西方列强的入侵更是雪上加霜。修建铁路，侵占了农民赖以为生的土地；轮船、火车夺走了纤夫、船夫、脚夫的饭碗；洋纱、洋布排挤了中国传统的家庭手工业……农民流离失所，手工业者破产失业。于是，中国人把所有的愤恨都集中到这飞来的怪物身上。毁铁路、挑电线、砸洋学堂。19 世纪末在中国大地上的最后一场民族战争，更是让西方人感到一个民族群体精神力量的恐惧。他们不理解爱好和平与宁静，持奉“仁义礼智信”的中国，居然对西方有着发指眦裂之恨。由此，在世界各国都希望更好地加强政治、社会和经济联系的今天，必须注重各国的平等对话，而不是以任何殖民的形式进行。

第二，把握机遇，从文化冲击中学习。文化冲击这一名词是由人类学家奥伯格最先提出的。他认为“文化冲击是由我们失去了所有熟悉的社会交流标志和符号所带来的焦虑所引起的。”大多学者是从旅居者的角度，探讨人们对文化冲击的反应和适应。笔者认为，既然文化交流是双向的，那么文化交流的主体都会受到文化的冲击。尤其在晚清，在处于高势能的西方工业文化面前，中国传统文化受到的冲击更大。由前所述，“鬼子”称呼背后蕴含着一种文化优越感心态。由于长期形成的“世界中心”意识，在处于高势能的西方工业文化面前，中国人仍然以文明人的优越感傲视来自“另类”的异域文化，从而错过了向西方学习其先进技术的最好时机。在今天，中国尽管在各方面取得了飞速发展，抛弃了积贫积弱，然而包括美国在内的西方国家凭借经济技术上的优势，在全球化进程中不断扩大其文化影响力，我们在文化交流中仍处于弱势地位。所以，我们必须摒弃文化自大和自闭，以及由于历史的原因形成的文化对抗和文化仇视，积极加入到文化交流中去，从文化冲击中学习，从与异质文化的交流碰撞中不断获得文化的更新生长。

第三，发扬民族文化，坚定文化自信。从《官场现形记》《二十年目睹之怪现状》等清末谴责小说，以及当时的各种史料的记载中，我们可以看到，在高势能的西方工业文化面前，“推拒惶恐”的背后往往隐藏着自卑的心理。义和团一役后，整个民族的心理防线更是全线崩溃，政府效法洋制进行新政改革，民众追逐洋货为时尚，社会的各个层面普遍出现一种“崇洋”倾向。这种“崇洋”倾向，且认为事事不如人的心理延至现代。有学者甚至认为，中国文化在20世纪被边缘化，中国人从内心到外在取向上逐渐认同于西方现代文化。[1] 今天，我们要在文化交流中扭转弱势地位，要保持全球化背景下的文化多元化，我们必须加强本民族文化的学习，坚定文化自信，在文化交流中保持本民族的文化特色。

---

[1] 夏红卫．文化交流逆差下的跨文化传播典范——中国执教美国第一人戈鲲化的传播学解读［J］．北京大学学报，2004（1）．

社会变迁与女性历史地位的文化透视

——基于土家族“哭嫁”风俗的思考

彭永庆

（吉首大学历史与文化学院）

“哭嫁”是新娘临嫁前以唱哭嫁歌为形式，抒发内心情怀，发泄哀怨悲愤的婚俗，是婚礼过程中的辅助仪式。“在所有的印欧民族中，都可见到新娘出嫁时礼仪性的反抗和号哭。”[1] 在中国，无论是汉族，还是少数民族地区都曾广泛盛行，可见哭嫁习俗是普遍存在的。对于不同民族出现相似的习俗，学者各有看法，从“人类心智的一致性”到“文化传播”对其作出解释，更多的则是“将仪式研究置于更广阔背景下进行重新解释的态势”。[2] 仪式，通常被界定为象征性的、表演性的、由文化传统所规定的一整套行为方式。它可以是神圣的也可以是凡俗的活动，这类活动经常被功能性地解释为在特定群体或文化中沟通（人与神之间，人与人之间）、过渡（社会类别的、地域的、生命周期的）、强化秩序及整合社会的方式。[3] 仪式不仅是一个意义模式，也是社会互动的模式。[4] 哭嫁从文化意义上来讲，不仅仅具有情感宣泄，经验、价值观交流的作用，同时，也是对社会适应的表达。随着社会的变迁，哭嫁本身所具有的文化意义也在不断地发生变化，从最初的离情表露、夫权反抗到经验的交流以至于到今天的剧场化。哭嫁这一婚俗的演变则承载着当下的过去，更能体现出女性在社会结构中的历史地位。我们已说现有的文化状态就是以前社会变迁的结果，而且它内部的变异保留着它形成的经过。[5] 从土家族哭嫁习俗纵向梳理中就

---

[1] ［芬兰］E. A 韦斯特马克．人类婚姻史：第二卷［M］．北京：商务印书馆，2002：701.

[2] 彭兆荣．人类学仪式研究评述［J］．民族研究，2002（2）：88－96.

[3] 郭于华．仪式与社会变迁［J］．北京：社会科学文献出版社，2000：312.

[4] 格利福德·格尔茨．文化的解释［M］．译林出版社，1999：202.

[5] 费孝通．费孝通论文化与文化自觉：第2版［M］．北京：群言出版社，2007：3.

可见一斑。

一、自由的表达：以歌为媒

哭嫁的研究多见于对土家族的哭嫁习俗不同层面的探讨，这主要是因为土家族的哭嫁习俗更具有“地方性知识”的特征。汉族地区哭嫁习俗是“花轿待起程时，女方父母、兄嫂、姐妹要以哭相送，边哭边诉说一些祝愿的吉利语，认为哭得越凶，女儿越会发子发孙。新娘听到母亲哭声后，方能应和着哭，表示生离惜别。”❶ 而土家族哭嫁的天数少则数日，多则一个月以上，从其父母为其打制家具时就开始哭，直到上花轿快到男方家时才停止。不仅时间长，内容丰富，而且还穿插在婚礼的仪式中。对土家族哭嫁的意义学者持不同的意见。一说是夫权、父权的抗议；❷ 一说是成年礼的意义；❸ 一说是角色转换的意义。❹ 不同学术背景的学者由于观察视角的不同，其赋予哭嫁的意义也不同。之所以说土家族的哭嫁具有“地方性知识”的特征，主要是因为一种文化现象与其所在的环境息息相关，斯图尔德为了弥补人类学中习用的历史探究法重视文化及其历史而忽略环境之不足，把生态学中有机体与环境的相互关系纳入文化的考量中，提出了文化生态学的概念。文化生态学所追求的是，存在于不同区域之间的特殊文化特质与模式之解释。❺ 我们在探讨习俗变化的意义时也应将地区文化生态纳入考量。

土家族主要分布于湘鄂川黔毗连的武陵山地区，武陵山脉地处云贵高原向湘西丘陵过渡的大斜坡上，海拔从2000多米降至400米左右，地面起伏较大，河流众多，有山原、盆地和宽谷，也有岩溶、洼地和峡谷，处于亚热带气候，四季分明，适应农耕，虽是中原和东部通往西南和巴蜀通往东南的中介地，但因地形复杂，“古代许多的文化事象，在其他地方已经

---

❶ 邱国珍．“哭嫁”面面观［J］．民俗研究，1990（3）．

❷ 向国平．“哭嫁”俗源浅说［J］．中南民族学院学报（哲社版），1988（6）：78－80；万建中．“哭嫁”习俗意蕴的流程［J］．广西民族学院学报（哲社版），1999，21（1）：77－80；黄近海．土家族哭嫁习俗起源探讨［J］．贵州民族研究，1992（1）：68－74.

❸ 如刘孝瑜．土家族风俗初探［J］．中南民族学院学报（哲社版），1986（1）：84；向柏松．哭嫁习俗的成年礼意义［J］．中南民族学院学报（哲社版），1991（5）：80－85.

❹ 如曹毅．土家族民间文化散论［M］．北京：中央民族大学出版社，2002：200；余霞，钟年．女性文化、角色心理与生命———湖北三峡地区土家族哭嫁歌研究［J］．湖北大学学报（哲学社会科学版），2006（1）：76－78.

❺ ［美］史徒华（Steward，J. H.）．文化变迁的理论［M］．台北：允晨文化实业公司，1989：51.

绝迹了，在这个地方却尚有遗踪可寻。”❶

武陵境内中介的特殊性决定了其作为古代中原文化进入西南的门户地位，民族融合不可避免。土家族并非单一民族的简单延续，而是多民族融合的集合体，主要有原始的土著、古代的巴人、濮人及乌蛮。秦楚均在此境建立过地方政权。据《礼记》记载：“男子不言内，女子不言外，非祭非丧不相授器”“男女不杂做”，可见在春秋时期歌颂男女相恋的郑卫之风已被视为淫诗了。❷ 而同时期的楚地却相异，男女交往是自由的，从《九歌》中就可以看到男女相处无拘无束场面：“秋兰兮青青，绿叶兮紫荆。满堂兮美人，忽独与余兮月成。”“子交手兮东行，送美人兮南浦”。这说明土家族地区虽然处于文化交流的中介地，但由于地域复杂，在很长时间这里仍是以渔猎、采集为主的生活，表现在男女交往上有很大的自由度，虽然《礼记·曲礼》记载：“男女非有行媒，不相知名，非受币，不交不亲。”但在土家族地区很长时间仍是以歌为媒时代，乾隆《永顺府志》载：“土司地处万山之中，凡耕作出入，男女同行，无拘亲疏。道途相遇，不分男女，以歌为奸淫之媒，随亲夫当前，无所畏避。”❸ 法国学者雅克·勒穆瓦纳认为恩格斯的名著《家庭私有制和国家的起源》是中国大部分人类学家探讨女性地位问题的指南。❹ 其中“母权制的被推翻，乃是女性具有世界历史意义的失败”被后世研究女性地位转折奉为经典依据。恩格斯认为人类婚姻经历了由“乱婚”到血缘婚、普那路亚婚、对偶婚的由低级到高级发展的阶段。土家族婚姻的历史进程也大致如此，从遗留的“还骨种”“姑表亲”习俗中可以看出古代土家族地区母系氏族社会婚姻形态的残迹。虽然土家族地区早在秦汉时期就已纳入中央王朝的州郡之内，但由于地僻险峻，一直被视为蛮夷之地，该地政治制度经历了羁縻—土司—改土归流后中央王权的直接统治，中原文化的进入也是一个缓慢的过程，在此期间，民风淳朴，体现出的是与自然斗争的极具特色的生存文化。从流传至今的“毛古斯舞”、湖北恩施、鹤峰境内的“女儿会”、古丈的“社巴日”、男女一起欢跳的“摆手舞”都可看出妇女的自由。由于土家族没

---

❶ 柴焕波. 武陵山区古代文化概论［M］. 长沙：岳麓书社，2004：14.

❷ 王建辉，刘森淼. 中国地域文化丛书·荆楚文化［M］. 沈阳：辽宁教育出版社，1995：235.

❸ 湖南省少数民族古籍办公室. 湖南地方志·少数民族史料［M］. 长沙：岳麓书社，1990：170.

❹ ［法］雅克·勒穆瓦纳. 功能与反抗：论中国与其周边地区妇女的地位［J］//马建钊. 华南婚姻制度与妇女地位［G］. 南宁：广西民族出版社，1994：237.

有文字，对该地早期婚俗的探讨更多的只是从神话和民间流传的歌谣及祭祀来佐证。据《周易・屯》“上六”日载“乘马斑如，泣血涟如，匪寇，婚媾。”人们将哭嫁习俗的起源追溯为氏族间抢婚的遗迹，《诗经・王风・葛藟》也被学者视为最早的哭嫁歌。[1] 如果说哭嫁习俗早已在土家地区存在的话，那么早期的土家姑娘的哭嫁更多的则是体现自然的离别之情。土家青年男女到了婚嫁年龄，互生爱意，只要征得土老司（梯玛）的同意，便可结婚，娘家亦不索钱物，新娘亦不乘轿，由其兄或弟背至男方家。《保靖县志》（雍正年间）卷二载：婚姻不用轿，背负新人。土家婚姻仪式简单务实，这与土家先民在山地贫瘠、河水湍流的自然环境中寻求生存形成的务实精神分不开。

二、媒妁之言下的习俗重构：哭嫁仪式化

随着中央王朝对土司的继承规定：“土官应袭子弟，悉令入学，渐染风化，以格顽冥。如不入学者，不准承袭。”[2]这意味着随着汉文化的逐渐浸入，土家族的文化在土司阶层的引导下开始发生变化，女性的自由随着儒学六礼的浸入也逐渐被局限起来。尽管如此，儒化的过程止于地方少数上层，婚俗的形式仍沿袭以往，在宋代陆游著《老学庵记》中载：“辰、沅、靖州蛮……嫁娶先密约，乃间女子于路，劫缚以归，（女）亦忿争号求救，其实皆伪也”。芬兰学者韦斯特马克一抛普遍的说法：抢婚是从妇居向从夫居的转变的意义，推动了家庭形式向父权制的转变。认为抢夺婚的出现有两种情况，一是战争，另一种是不能以普通的方式取得妻子。[3] 笔者认为土家族地区出现的抢夺婚适宜韦斯特马克所说的后一种情况，是突出妇女地位的表现。而在今天婚俗礼仪中“拦门”，仍可见抢婚习俗的痕迹。土司时期，亦有“同婚为婚，婚嫁不用轿，背负新人，男女混杂”的风俗，[4] “土司娶亲，不论同姓，或不凭婚约，一言议定，名曰放话”。[5]女性仍然享有很大的自由，这主要是因为土家女子不仅仅被局限于家庭，她们在生产过程中也是不可或缺的劳动力，乾隆《辰州府志・风俗》卷十

---

[1] 黄新荣．中国最早的“哭嫁歌”——《诗经・王风・葛藟》［J］．华南农业大学学报（社会科学版），2007（2）：105－110.

[2] 湖南省少数民族古籍办公室．土家族土司史录［M］．长沙：岳麓书社，1991：166.

[3] ［芬兰］E. A. 韦斯特马克．人类婚姻史：第二卷目录［M］．北京：商务印书馆，2002：4.

[4] 湖南省少数民族古籍办公室．土家族土司史录［M］．长沙：岳麓书社，1991：287.

[5] 王承尧，罗午．土家族土司简史［M］．北京：中央民族学院出版社，1991：172.

六记载："农家妇女馌饷饲蚕，治木棉，勤纺织。出则背负篓，援山拾薪，手状针线不停。归则舂汲炊爨，刻无宁息。妇女之劳作苦，此其罪也。凡妇女即极贫者，幼不卖为婢女，长不卖为妾。"❶

早在土司时期，儒学教育已兴起，且自宋以来因战乱进入的流民，也多少带来了汉文化交流，但并未引起土家族文化的巨大变化，土家族文化仍在自身的文化体系中发生着变化。随着改土归流的全面展开，土家族地区被纳入中央王朝的直接统治之下，中央王朝一改"以其故俗治、以夷制夷"的政策，废除土司，增设流官，从政治、经济到文化都进行了大力改造。尤其是强制推行汉文化，禁止土家族民族文化的事象，改变了土家人的价值取向。如禁止摆手舞；禁止杀牲畝血的祭祀；严禁盖瓦造房；改变土家人的服饰"不拘男妇，概系短衣赤足"的"恬不为羞"的状况，"服饰应分男女"；禁止"骨种坐床"习俗，不得因循"不凭媒妁，仅以一言议及"的"放话"婚姻习俗。婚姻须凭媒妁，"如有议婚者，请凭媒妁，两家通知明白，必各情愿，然后行聘。"婚姻由父母作主，"至于选婿，祖父母、父母主持之，不必问女子之愿否。或女子无耻，口称不愿，不妨依法决罚（依法决罚谓以理责法，不横加殴打）。一年聘定，终身莫改。"❷毋容置疑，改土归流后实行的一系列措施，在一定程度上促进了土家族社会的发展。但同时也对根植于民族生境的土家族原有的信仰文化造成了很大的冲击。

涵化是一种变迁进程，发生在两个或两个以上先前各自独立的文化传统进入持续的接触，接触的强度已足以引起一个或更多文化的广泛变迁的时候。❸ 两个不同文化系统的民族文化因"接触及其所引起的变迁，尤其是当它们来自一个占主导地位的群体时，常常对接受一方文化的成员起着破坏和压力的影响。一些群体经历了反应运动，以此来作为对压力的反应，试图恢复他们生活方式的意义和内容，人类学家称这些尝试为'复兴运动'"。❹ 复兴运动是社会成员为创立一个更加令人满意的和有意义的文化而作出的一种审慎的、有组织的和自觉的努力。涵化不是被动的吸收，

❶ 湖南省少数民族古籍办公室. 土家族土司史录［M］. 长沙：岳麓书社，1991：298.

❷ 鹤峰州志·文告：卷首//徐杰舜，周建新. 人类学与当代中国社会［M］. 哈尔滨市：黑龙江人民出版社，2002：247.

❸ ［美］克莱德·M·伍兹. 文化变迁［M］. 何瑞福，译. 石家庄：河北人民出版社，1989：118.

❹ ［美］克莱德·M·伍兹. 文化变迁［M］. 何瑞福，译. 石家庄：河北人民出版社，1989：61.

而是一个文化接受的过程。[1] 改土归流后，中央王朝通过教育、生产技术及制度的输入强化土家族的汉化。很显然，女性地位在汉化的过程中遭到强烈的冲击。婚姻上的不自由，择偶必遵父母之命，媒妁之言；地位上的不平等，男尊女卑等都使土家妇女地位全方位沦丧，忠孝节义成为妇女价值的衡量标准。前面已说过，特殊的地理环境造就了土家人务实的文化精神。从国家层面上看，汉文化的全国性模式已不可避免，怎样在国家模式下寻求自己民族生存的意义和价值，维持本民族的生存延续，自觉地对本民族的文化进行重构则体现出土家族文化的开放和包容。哭嫁仪式的强化，就是土家族接纳汉文化婚姻礼仪的习俗重构。通过各种形式的"哭"：哭祖宗、哭父母、哭哥嫂、哭弟妹、哭姊妹、哭扯眉、哭姑妈、哭穿露水衣、哭上轿、哭背亲哥、哭媒人，甚至是见了轿夫、厨子、各类匠人也要即兴地哭一段，土家姑娘将自己对生存的意义和内容通过哭嫁来表达，可以协调最终的价值观，从而有效整合以地域为基础的社会结构，也能有效地满足土家妇女协调理智、稳定情感的心理需要。这或许能解释为什么关于土家哭嫁习俗的记载只见于改土归流以后的文献中。

三、民族文化的延续：哭嫁剧场化

新中国成立以来，随着《婚姻法》的颁布，土家族妇女从法律上获得了政治上的平等、经济上的独立和婚姻上的自由。由于制度到观念的转变需要很长的一段时间，受传统的影响，"门当户对"、"三从四德"等思想仍然根深蒂固，尤其是"传宗接代"的思想依然存在，土家妇女在事实上依然不平等，作为象征意义的哭嫁习俗在土家族地区的很长一段时间内依然存在。

随着现代化进程的到来，土家族赖以生存的文化生态构成发生了变化，如人口流动的便利，外出务工的增多，网络媒体传播的普及等，都不可避免地将土家族妇女纳入现代化的进程中，妇女离开故土广泛地参与到社会生产中也成为可能。恩格斯认为"妇女的解放，只有在妇女可以大量地、社会规模地参加生产，而家务劳动只占她极少功夫的时候，才成为可能。"[2] 女性自我价值的多种实现方式无论从制度上、还是实践上都可以得

---

[1] 黄淑娉，龚佩华．文化人类学的理论方法研究［M］．广州：广东高等教育出版社，2004：229.

[2] 马克思，恩格斯．马克思恩格斯选集：第四卷［M］．北京：人民出版社，1972：158.

以保障。如本文前面所说，土家族哭嫁习俗的强化是因为社会结构的调整而引起文化适应的话，那么随着婚姻自由的到来，女性展现自己的机会增多，土家女性崇尚平等、追求圆满的价值体现不需要再通过哭嫁来表达，哭嫁也悄然地淡出土家婚俗仪式，成为民族文化的另一种表达。

习俗是文化的组成部分，习俗的变迁在方式上与文化的整体变迁有其内在的一致性，当一个习俗因子成活的物质条件和社会条件发生变化，或该习俗因子的社会功能被其他习俗因子所取代，该习俗因子透过文化的自我调适将该习俗因子转化为信仰化、装饰化、礼仪化的残留因子，继续留在该习俗系统中担任一些次要的社会功能。一个民族的习俗在其延续的过程当中，总是不断地虚化不利现实的习俗因子，保持有利于社会现实的习俗因子，使本民族的习俗在社会背景的模塑下向有利于深层发展的方向进行特殊进化。[1] 这也就不难理解在土家族风情园中，漂亮的土家妹子面对游客的眼光，娴熟地唱起哭嫁歌来，使哭嫁走向剧场化。

---

[1] 罗康隆. 文化人类学论纲［M］. 北京：民族出版社，2004：195.

语言与传统文化初探

——以阿美语为例*

姜莉芳**

（怀化学院非物质文化研究基地）

对于没有文字的语言，语言学通常通过构拟原始语或词源分析的办法来探讨某一词语初现时的情景或使用中的场景，以期弥补文献资料或考古发现的不足。

一、阿美人和阿美语简介

阿美人是台湾省官方认定的14个“原住民族”之一，在大陆被归入“高山族”，是台湾省人口数最多的少数民族。阿美人俗无文字，直至清代，大陆的历史文献中才开始出现关于阿美人确切的记载。

阿美语属于南岛语系语言，是多音节结构粘着型语言，构词主要通过附加法和重叠法，其中附加法最为重要。阿美语的词缀兼有构词和构形两种功能，常见基本词缀有30个，由基本词缀组合成的复合词缀有100多个。[1]本文涉及的见表1。

表1　阿美语常见词缀

词缀	主要语义及功能	所附加词根类型	构成的词类
ni－	主事、施动	名词、动词等	动词
ma－	受事、被动、状态、变化	名词、动词、形容词	动词、形容词

* 原文曾发表于《民族翻译》，2009年第1期。现有改动。

** 作者简介：姜莉芳，女，侗族。怀化学院非物质文化研究基地专职研究人员，讲师，博士。主要研究方向：少数民族语言文学。通讯地址：418008 湖南省怀化市金海路138号学院东区图书馆。电话：13874431969，邮件：676341039@ qq. com。

续表

词缀	主要语义及功能	所附加词根类型	构成的词类
pa -	使动、给予	名词、动词等	动词
sa -	工具、材料、方位、制作、形成	名词、动词、形容词等	动名词、动词根
li -	掠夺、强制、分离	名词、动词、数词等	动词根
ta -	趋向、触及、到达、容纳	名词、动词	名词、动词根
ci -	携带、生长	名词、动词	动词
tada -	真正、本质、特殊	名词、代词、形容词	名词、形容词
mu -	自动、自主	名词、动词	动词
- an	类别、器物、场所、时间	名词、动词	名词
- ay	持续、进行、实现、名物化	动词、形容词、数词	动词、形容词、名词

根据认知语言学的观点，语言是语言使用者一种表现已知世界和自我的手段。通过阿美语我们能看到阿美人传统文化内涵丰富、包罗万象，本文只择其中一小部分进行简要论述。

二、阿美语中的传统生活

（一）生产和经济

台湾南岛语民族长期过着渔猎采集的生活，直到明末清初，大部分民族才进入初级农耕阶段，因此其语言里面有大批反映渔猎采集和初级农耕的词。

台湾省动植物资源丰富，对于早期南岛语民族来说，没有养家畜和种植蔬菜瓜果的必要，需要时随时采集或狩猎就可以，不会有人费力气经营果园，有果树的地方，就是阿美人的“lusalusayan”（lusa - lusay - an）即“果园”，其字面意思就是“很多水果生长的地方”。其中，“lusay”（水果）是词根，“lusa -”是部分重叠表示数量多，“ - an”表地点和场所。阿美语没有“蔬菜”和“野菜”的分别，都用一个词“dateng”表示，现在常吃的西红柿、芹菜、豆角等蔬菜在过去都是野菜，从山林田野中采集而来，后来才有“种菜”的意识和行为。[2] “nisadateng”［ni - sa - dateng，“种（蔬）菜”］直译就是“人工造（野）菜”，“sa -”表“人工制造”，“ni -”表“主事”。随着自然资源的急剧减少，阿美人也开始养家畜保证肉类的供给。“fafuy”（野猪）是家猪出现前重要的肉食来源。“nisafafuy”（ni - sa - fafuy，“养猪”）直译就是“驯养野猪”，“sa -”表“人工制造”，“ni -” 表“主事”。可见，养猪在早期就是驯养猎获的野猪。

阿美人渔猎采集的对象多种多样，大致上他们把可利用资源分为两类，一类可以徒手获得，不需要借助工具，如鱼、稻子等，在这类采集对象前直接加词缀“ni -”就能表示“采摘、捕获”的含义。阿美人是捕鱼高手，普通鱼类能徒手捕获，“nifuting”（ni - futing，“捕鱼”）直译就是“徒手捉鱼”，词根是 futing“鱼”。可见，用渔具捕鱼在阿美人地区是后来的事。镰刀、铁锄这类农具是清初进入台湾少数民族地区的，此前开垦田地用掘棒、木锄，收获时则徒手“逐穗采拔，不识钩镰割获之便”。[3]“nipanay”（ni - panay，“收割稻子”）直译就是“徒手拔稻穗”，词根是“panay”（稻子）。另一类是必须借助工具才能获得的，如鸟类、鲸等，在这类对象前必须前加带有强制含义的词缀“li -”，再前加动词缀“ni -”，才能表示“获得”。在阿美传统社会中，鸟类的叫声多和宗教占卜有关，很少有人会去捉鸟。“niliayam”（ni - li - ayam，“捉鸟”）直译就是“想办法用工具捉鸟”，“ayam”（鸟）是词根。鲸在神话传说中曾救过阿美人祖先，这种庞然大物也很少是捕获对象，必须要有有效渔具及团队合作，“nili'isu”（ni - li - 'isu，“捕鲸”）直译就是“想办法用工具捕鲸”，“isu”（鲸）是词根。

清朝以后，南岛民族接受了汉族的耕作技术，使用铁器、畜力进行耕作。水牛是从汉族引进的，刚开始还不知如何称呼，直呼为“takingkingay”（ta - kingking - ay，“戴铃铛的动物”），“kingking”（铃铛）是词根，“ta -”表“携带”，“ - ay”是名物化的标记。阿美人原来不养牛，但是台湾有“kulung”（野牛），阿美人发现野牛经过驯养可以变成家牛帮助犁田，“nisakulung”（ni - sa - kulung，“养牛”）直译就是“人工制造野牛”。

南岛民族使用货币是近现代的事，早期的以物易物的经济形式导致了阿美语的“ni'aca”（ni - 'aca，“买”）和“nipa' aca”（ni - pa - ' aca，“卖”）共用一个词根'“aca”（价钱、价格、价值），“ni -”表“主事”，“pa -”表“使役”，两个词相映成趣，“买”直译就是“主动付给相当的价值”，“卖”直译就是“让别人付给相当的价值”。后来随着贸易的兴盛，“卖”有了一个专词“liwal”。

（二）风俗习惯

“kafuti' an”（ka - futi' - an，“床”）直译就是“睡觉的地方”，词根是“futi'（睡觉），“ka - …… - an”是表地点的标记。床为什么不是“睡觉用的家具”而是“睡觉的地方”呢？阿美人传统社会里没有床一类的卧具，睡觉的时候就在地上铺块毯子。清初从汉族社会引进的床观赏功能大于实用功能，文献记载“富者列木床于舍，以为观美，夜乃寝于地。”[4]这样一来，也就不难理解为什么“tatangalan”（ta - tangal - an，“枕头”）直译就是“经常枕脑袋的地方”，词根“tangal”（脑袋），“ta -”是首辅音加 a 重叠表“经常”，“ - an”表“地点、处所”。

阿美人传统的服饰以靓丽多彩闻名，服饰构件繁多，考察阿美民族的服饰文化词，大部分为词根词，但有几个词比较特别。“caca'dungan”（ca - ca'dung - an，“袖子”）直译就是“相互穿在身上的东西”，“ca'dung”（穿戴）是词根，“ca -”是首辅音加 a 的重叠，表“相互”，“ - an”表“地点、处所”。南岛民族的传统上衣是无领无袖贯头衣，并没有“袖子”这个构件，但是他们有一种单独穿在上衣外面的套袖。套袖只在劳动和祭祀的时候穿，起保护双臂的作用。后来大概是为了方便，套袖和上衣合二为一了。再来看“satelec”（sa - telec，“腰带”）一词，直译就是“用来勒的东西”，“telec”（勒、勒紧）是词根，“sa -”表“工具”。以前未婚男子有用竹篾束腹的习惯。“以细竹编如篱，阔有咫，长与腰齐，围绕束之，故有力善走。”[5]“satelec”原来是指特意制作的用来束腹的竹篾、藤条，后来束腹的习俗消失了，这个词就转指束在腰间的腰带。

（三）对时空和数字的认识

台湾长夏无冬，四季并不分明，少数民族大都只有两个季节观念，或为春秋两季，或为夏冬两季。阿美语的“cacanglaan”（ca - cangla - an，“夏天”）直译就是“比较热的时间”，“cangla”（热）是词根，“ca -”是首辅音加 a 重叠，表程度加强，“ - an”表“时间”。“sienawan”（sienaw - an，“冬天”）直译就是“冷的时间”，“sienaw”（冷）是词根，“ - an”表“时间”。

阿美人传统住屋坐北朝南，住屋前南面的开阔场地即为“satimulan”（sa - timul - an，“院子”），直译就是“在南边的地方”，“timul”（南）是词根，“sa -”表“方位”，“ - an”表“地点、场所”。阿美人以朝东的空地为“pawalian”（pa - wali - an，“晒场”），直译就是“朝东的地方”，“wali”（东）是词根，“pa -”表“使役”，“ - an”表“地点、场所”。

阿美人的传统社会中已经有了十进制观念，“muetep”（十），直译就是“（鸟叫声）自己停住了”，词根“etep”是“（鸟叫声）停住了，收声”，词缀“mu -”表“自动”，表示计算至此自然终结。[6]

（四）社会组织和婚姻制度

南岛民族普遍实行老人政治，长辈和同辈人中的年长者在族中地位超然，不仅受到众人的尊敬还享有多项特权。我们可以用一个词印证这一点。“salikaka”（sa－li－kaka，“同胞”），直译就是“必须要以长为尊的人”。“kaka”（同辈人中的年长者）是词根，“li－”表“强制”，“sa－”表“人为”。再来看看亲属称谓，见表2。

表2　阿美人的亲属称谓

阿美语	对应亲属
wama、ama	父亲、父辈
wina、ina	母亲、母辈
faki	父之父、母之父、父之兄弟、母之兄弟
fai	父之姐妹、母之姐妹
kaka	兄、姐（同胞中年长者）
safa	弟、妹（同胞中年幼者）
mamu	父之母、母之母

阿美人是母系氏族社会，盛行入赘婚，男性在社会和家庭中的地位次于女性。祖母和外祖母有专词表示，而祖父、外祖父就只得和伯、叔、舅等共享一个词了。“salawinawina”（sa－la－wina－wina，“亲戚”），直译就是“由同一母亲所繁衍的”，“sa－”表“人为的”、“la－”表“演变”。

阿美人称呼父辈和母辈要在人名前冠以“ama”（父）、“ina”（母）表示尊敬，也可以不加人名，直接称呼对方为“ama”或“ina”。碰到特殊场合需要强调生物学上的父母时，在ama、ina前加词缀“tada－”（真正的）。“tadaama”（tada－ama，“生父”）就是“真正的父亲”，“tadaina”（tada－ina，“生母”）就是“真正的母亲”，这是历史上存在过的婚姻制度在语言中的折射。

阿美人实行氏族外婚和入赘婚。“nikadafu”（ni－kadafu，“入赘婚”），直译就是“与外氏族人结婚”，“kadafu”是“外氏族人、女婿、家产”，“ni－”表“主动”。在过去，女婿上门劳动是增加家产的重要途径。“重生女，赘婿于家，不附其父。故生女谓之‘有赚’，则喜。生男出赘，谓之‘无赚’”。[7](p169)结婚无须经父母之命、媒妁之言，也不需要复杂烦琐的仪式，男女双方情投意合，禀明父母即可。“mararamud”（ma－ra－ramud，“夫妻”），直译就是“彼此之间有性关系的人”，“ramud”（性交、偶居）是词根，“ra－”首辅音加a的重叠方式表“相互”，前缀“ma－”表“受动”。

女娶男嫁的婚姻让小伙子不得不时刻展现出自己最好的一面，以便早日获得姑娘的青睐。阿美语的“makapah”（ma－kapah，“美丽、漂亮、健美”）来源于“kapah”（小伙子），直译就是“小伙子所拥有的特性”。

（五）新事物

社会在发展，新事物不断涌现。阿美语表达新事物除了音译借词以外，也充分利用了固有词，显示了强大的生命力。考察阿美人如何利用固有词来表达新事物，我们可以看到阿美地区传统文化和现代文明碰撞、交融，直至协调发展的过程。常见的用到固有词表达新事物的方式有以下两种。

1. 扩大或转变固有词含义。“tilid”原表“文身、图画”，后来语义范围扩大，也表“文字、知识”。由此还衍生出“pitilidan”（pi－tilid－an，“学校”），直译就是“写字的地方”，“pi－……－an”是表地点的标记；“nitiliday”（ni－tilid－ay，“学生”），直译就是“写字的人”，“ni－”表“主事”，“－ay”是名物化的标记。再如“dadinguan”（da－dingu－an，“镜子、玻璃”），直译就是“反复照的地方”，“dingu”（照）是词根，“da－”首辅音加元音a的重叠方式表“反复、经常”。以前能令人流连照影的地方是溪水边与河岸边，现在这个词转指镜子、玻璃等。

2. 利用固有词造新词或新词组。“namal”（火）是阿美语古老的固有词，“cinamalay”（ci－namal－ay，“火车”）是现代文明的产物，直译就是“带火的东西”，“ci－”表“携带”，“－ay”是名物化的标记。清朝台湾巡抚刘铭传在台湾兴建了中国的第一条铁路，当时使用煤炭作为燃料的火车给阿美人民留下了深刻的印象，“火车”一词就造于当时。

三、余　论

尽管语言对分析传统文化很有帮助，但是我们不能仅依靠语言材料，因为语言分析者对语料的认识不同，有可能会出现不同甚至相反的结论。

水稻是现今世界最主要粮食作物之一，考古发现已经证实中国华南地区至少有七千年的稻栽培历史，台湾地区栽培水稻的历史至少有四千二百年。在语言学上，侗台语和南岛语的同源关系得到越来越多的人的肯定，还有学者初步论证了南岛语和朝鲜语的发生学关系，上述现在以稻米为主食的民族被认为是稻作的最早的发明人之一。李锦芳教授认为在侗台、南岛、朝鲜语中的“水稻”（植株、稻谷）和“稻米”二词以南岛语的形式最为古老，可以拟定为原始侗台—南岛语的代表形式：“pajəy”（植株、稻谷），“bəras”（稻米），在南岛语系和侗台语支中可以发现“稻米”一词在各个语言演化转变的痕迹。朝鲜语“pjə”（稻株、稻谷、粮食）来自原始南岛语 ə（植株、稻谷）第一音节韵母脱落，紧缩成单音节词；“ssar”（稻米、米类）来自原始南岛语“bəras”（稻米），第二音节声母前移。原始南岛语在六千年前左右开始分化，原始侗台—南岛语存在的时间还要更早。[8] 如果李教授的推论成立，那么我们南岛—侗台先民就是最早种植水稻的民族之一。

但是曾思奇教授有不同的看法，他在讲授《阿美语》这门课程的时候提到，他认为南岛语民族种水稻的历史没那么早。以阿美语为例，“panay”（水稻）很有可能不是一个根词，而是附加词，“pa－”是表“使役、放置、给予”的词缀，“nay”是词根，真正表“水稻”。按照南岛语的构词规律，名词如果是附加词的话，极有可能该事物或现象产生的时间比较晚，“panay”（水稻）就有可能是这种情况，而且“pa－”的“使役”含义很可能意味着“nay”（水稻）对南岛民族来讲是外来文明。此外，和水稻种植有关的水田、水渠在阿美语里不是专词，两者都用一个词“pananuman”（pa－nanum－an）表示，“pa－”同样是表“使役、放置、给予”词缀，“－an”是表“时间、地点”的词缀，“nanum”（水）是词根，是南岛和侗台的同源词，“pananuman”还有“喝水的时间、喝水的地点”等多种含义，对稻作民族来讲，不分水田和水渠似乎相当罕见。

同样是从语言学上找证据，两位教授得出了不同的结论，南岛民族是否最早栽培水稻的民族，这个问题还有待于进一步探讨，我们需要更多的语言材料以及考古学发现的佐证。

参考文献

[1] 曾思奇. 台湾阿眉斯语语法 [M]. 北京：中央民族学院出版社，1991：22.
[2] 刘还月. 认识平埔族群的 N 种方法 [M]. 台北：原民文化事业有限公司，2001：138.
[3] [明] 杨英. 先王实录 [M]. 福州：福建人民出版社，1981：259.
[4] [清] 黄叔璥. 台海使槎录 [M]. 北京：中华书局，1985：96.
[5] [清] 六十七. 番社采风图考 [M]. 吴江：吴江沈氏楷堂，1919：21.
[6] 曾思奇、李文甦. 谈阿眉斯语的基数概念 [A] //吴安其. 台湾少数民族研究论丛. 第三卷 [C]. 北京：民族出版社，2006：121.
[7] [清] 周钟瑄. 诸罗县志 [M]. 台北：台湾银行经济研究室，1962.
[8] 李锦芳，中国稻作起源问题的起源新证 [J]，民族语文，1999 (3).

人类学的族群研究：概念与实质探讨

满　珂

"Ethnic group"是"物以类聚，人以群分"，是人们对己身或他人进行认识、分类（classification）的结果，如 Thomas H. Eriksen 声称："所有的研究理论都同意，族群是与人的分类和群体关系相连的概念"，"在社会人类学中，族群性（ethnicity）指的是那些自认为并且也被其他人认为具有文化独特性的群体之间的关系。"（Hutchinson，John and Anthony D. Smith，1996：28）Max Weber 认为："我们所称的族群是一些人类群体。它的成员因为相似的体质特征或者风俗或者二者皆有或者有关殖民和移民的记忆，而在主观上相信他们拥有共同的世系；这种信念对于族群形成的宣传十分重要，然而，它并不关心客观的血缘关系是否存在。"（Hutchinson，John and Anthony D. Smith，1996：35）可见，"认同"（identity）应当是族群得以存在的前提和基础。没有族群成员的自我意识和认同，所形成的只是一种外在强加的类别（category），它可能包括多个族群，但也不排除这种类别转化成为族群认同的可能性（中国大陆在新中国成立前只有"汉、满、蒙、回、藏"的民族区分，东乡、保安❶等都是新中国成立后才确认的族群，虽然至今他们有时还称自己为"回回"，但都已经接受了"东乡"、"保安"的官方标识）。不同的国家、族群可能具有不同的分类标准❷；同一族群可能具有不同的称谓（反映了族群关系等问题，如中国境内的"回族"[官方称呼] 自称"回回"，其他民族有称之为"回子"[有轻蔑的寓意]）。至今，对于族群的研究主要有三种途径：原生主义（Primordialist）、

---

❶ 在新中国成立前，分别被称为"东乡回"、"保安回"。

❷ 如美国 1990 年的人口普查中把所有居民分为：White；Black；American Indian，Eskimo or Aleut；Asian or Pacific Islander（Chinese，Filipino，Japanese，Asian Indian，Korean，Vietnamese，Hawaiian，Samoan，Guamian，Other Asian or Pacific Islander）；Other race；Hispanic origin（Mexican，Puerto Rican，Cuban，Other Hispanic）；Not of Hispanic origin. 英国 1991 年的人口普查中包括如下族群：White；Ethnic minority groups；Black groups（Caribbean，African，Other）；Indian；Pakistani；Bangladeshi；Chinese；Other groups（Asian，Non – Asian）（均见 Banton，1997）。

工具主义（Instrumentalist）和建构主义（Constructivist）的理论。

大体而言，原生主义者（Primordialist）认为，与一个群体或文化的深层的、原生的连接是族群认同的基础。明确的原生主义产生于俄国和苏联的人类学中，S. M. Shirokogorov 把“Ethos”定义为“一个人类群体，他们说着一种相同的语言，拥有共同的来源，以一套由传统保存下来和规定的风俗习惯、生活方式为特征，这一特征使之和其他人区别开来”。（见 Sokolovskii, Sergey, and Valery Tishkov, 1996：191）工具主义者（Instrumentalist）根植于社会学的功能主义，把族群看作是文化精英为了追求利益和权力而制造出来并加以控制的，是政治神话的产物。族群的文化形式、观念和实践成为精英们争夺政治权力和经济利益的资源，被用来缓和政治身份认同。如 Abner Cohen 谈到：“从根本上来看，族群性是一种政治现象，传统风俗习惯被当作惯用语，传统的运行机制被用来进行政治联盟”（Abner Cohen, 1974）。有时，族群也成为唤起已失去的族群自豪感的有效方法，以击退被异化的感觉，降低感情压力的痛苦。显然，工具主义理论的主要特征表现在它的实用主义上。建构主义者（Constructivist）把族群当作是依据社会成员的出身和背景等对之进行分类的因素，也是由群体间的边界机制所维持的社会组织形式，并不因为拥有特殊的文化而存在，而是建立在对多重身份和他们的情景化特征进行控制的基础上。这种概念化使人类学家开始注重族群的“情景化”（situational）和“情境化”（contextual）特征和它的政治向度，如结构群体之间关系的能力以及作为政治动员和社会分层的基础的能力。随着后现代主义解释范式的出现，学者们把注意力转向了多个群体对于群体边界和身份的磋商，“群体”“类别”“边界”这些概念被认为本身就具有固定的身份的含义，Barth 的边界维持的考虑使之进一步具体化了。族群成为一种社会文化变音符号（外表、姓名、语言、历史、宗教信仰、国籍）用以区别内（inclusiveness）、外（exclusiveness）。当然，这三种研究族群的主要途径并不必然互相排斥，有可能出现的是他们各自最为合理的部分融合在一起，形成一个完整的族群研究理论，其中，建构主义理论可成为综合的中心，因为它强调“情境化”，能够解释不同层次的情境中的族群现象，如国际的（Wallerstein 的“世界体系”）；国内的（M. Hechter 的“内部殖民主义”）；族群间的（F. Barth 的“族群边界维持理论”）；族群内部的（如心理学的反应性的族群身份、符号族群身份）等。（以上参考 Sokolovskii, Sergey, and Valery Tishkov, 1996）

从族群研究的历史来看，Fredrik Barth, Edmmud Leach 和 Michael Moerman之前的族群研究往往以所谓的客观标准来划分族群，较少关注这一“族群”成员自己的主观认同。如1913年斯大林对“民族”的定义中包括：共同的语言、共同的地域、共同的经济生活和建立在此基础上的共同的心理素质。（参见David，1990）一般认为由于社会和地理隔离，不同的人群发展出了差异明显的文化（语言、宗教等），后者成为前者身份的象征，族群就此自动产生，并且可以方便地转化成为政治联合的力量，即使这个文化群体还没有产生族群认同，也还没有群体联合的意识，也可以被看作是处于休眠状态或者静态的族群。简单地来说就是“一个种族 = 一种文化 = 一种语言和一个社会 = 一个单位，这一单位拒绝并且歧视自己之外的他者”（Barth，1969：11）。正如巴斯指出的，这类定义其实关注的是“文化”而不是族群作为社会组织的本质。我们在实践中也可以看到不同语言的群体自认为是同一个族群（马来西亚的Bidayuh族群，来自不同地区的成员彼此之间只能用马来语沟通）；相似文化的两个群体彼此独立（如中国的东乡族和保安族，当然这里的情况更为复杂，国家干预扮演着重要角色）。所以，不论从某种条件下的内部认同来看，还是就外部力量的“category”（如前东乡、保安的例子，在中国情境中往往转化成为内部认同的“族群”）而言，文化和族群都不是一一对应的关系。

与前述观念不同，巴斯主张文化差异是族群认同的结果而不是特征，族群认同只会在“遭遇”其他族群的情境中出现，与费孝通的“相对他而自觉为我”的提法十分接近。概括来讲，巴斯强调：（1）族群是行动者自己的归属和认同，由此影响、决定彼此之间的互动关系；（2）我们要探讨族群产生和维持的不同过程，而不是对族群形式和关系的类型学研究；（3）为观察这些过程，我们关注族群边界和边界的维持而不是每个族群的内部构成和历史。（Barth，1969：10）也就是说，只有当族群具有自我认同的意识，并且愿意维持边界的时候，它才会去寻求与他者不同的符号（如服饰、语言、节日庆典、宗教仪式等）或价值观念等，来表现自我，形成“内”、“外”之别。虽然文化差异在族群分类中的重要作用不可低估，但差异本身没有意义，行动者自己决定哪些差异需要强调，哪些会被否认，用何种符号、方式在何种场合中表现自己的身份。（参见Barth，1969：14）如现今中国大陆城市中的大部分“法定”少数民族的日常生活方式与汉族无异，但只要他们意识中的族群边界仍然存在，就总会以某种渠道表现自己的族群身份，如蒙古族家里悬挂的成吉思汗画像，每年都要举行的“那达慕”；藏族的“藏历新年”聚会等。而且，正如巴斯所说，在族群多元的社会中，族群之间的差异更会被强化、突出出来，以致形成每个族群的刻板印象，同样印证了族群是在群体互动中形成的（Abner Cohen在1974年在“城市族群性”中提到的族群形成的重要前提——共处同一场景——也很重要，他也同样指出：现代的族群性是族群密切交往的结果，而不是完全隔离的成就）。

类似地，Moerman挑战了Naroll区分“culture - bearing units”的六个标准：特性分布、地域接近、政治组织、语言、生态适应和地方社区结构，认为首先，语言、文化和政治组织等并不是完全相关关系，按照一个标准分出的类别与按照另一标准分类的结果不相吻合。其次，如果文化意味着“一种模式、一系列计划、一种生活蓝图”，由这些复合标准划分出来的单位只不过是偶然的、意外的“culture - bearing units”。最后，用足够清晰的边界区别语言、文化、政体、社会和经济通常是困难的。（Moerman，1965：1215）所以，由于各个集团之间的相互依赖和互补，“一个自为‘整体’的社会实体即使有，也是很少见”。（ibid 1216）在作者的民族志研究中，傣方言确实存在差异，但这种差异并不与“部落”类别一致，讲话中的细微差别可以是一个部落的象征，但是同样的差异在别处又成为不同部落的标志；Lue和黑傣都有“长屋”；Khyn的绿色沙笼有时是和Lue相区别的标志，在其他地方又成为Lue的象征，因而以文化等所谓客观的特性界定族群是不可靠的，Moerman引用Murphy的话表明自己对族群的看法：“任何群体的成员身份是依赖于被排斥的类别和对‘他者’的意识得以实现的……这对于社会单位的定义和它的边界的划定和维持都是重要的”（ibid 1216）。也就是说族群在互动的过程中形成，因边界的划定和维持而得以持续。而且“……自我认同和族群名称通常是最明确的，有时甚至是唯一的判定一个实体结束，另一个开始的方法”（ibid 1219）。更为复杂的是：“（1）族群性并不是永久的，因为个体、社区和区域会改变他们的认同（如从Lue到Yuan的转变）。（2）各种族外人士对族群术语的用法不同（Siamese用*Yang*称呼Karen，但东部的Lao却用它指代Lue）。（3）人们也经常用不同的名字称呼自己。”（ibid 1223）最后一点其实强调了族群认同的层次性和情境化，而且正如作者所说，他关注互动双方使用的分类标准，这些标准是否被有意识地操纵了，并且分析这些标准得以实践的机制（参见Moerman，1965：1225），突出了族群认同的主观特征和创造性。

Edmmud Leach（1954）的《缅甸高地的政治体制：克钦的社会结构研究》一书涉及缅甸东北部的两个群体——“Kachin”和“Shan”，虽然在一般的人类学传统中，关于“Kachin”的专著忽略“Shan”，反之亦然，但是作为永久的邻居，“Kachin”和“Shan”这两种身份在日常生活事务中总是混杂在一起。（参见 Leach，1954：2）例如，经常会遇到一个野心勃勃的“Kachin”采用“Shan”王子的名字和头衔以使其贵族身份合法化，但同时，为了逃避对自己传统首领的封建赋税，他又会求助于“Gumlao”（Kachin 的组织管理体制）的平等法则。（Leach，1954：8）由此可见，群体成员的身份和认同并不是固定不变的，而是一种基于所处情景的选择；个体也力图寻找到依据和事实使其所认同的身份合理化。（如笔者做过研究的中国河南省的蒙古族，仅从文化角度来看，他们与当地的汉族几乎没有差别，被用来“捍卫”其少数民族身份的只有刊印于民国年间的族谱，谈及其祖先源流）就其整体而言，虽然“‘Kachin’和‘Shan’互相蔑视，但是他们被认为拥有共同的祖先。在这种情况下，文化特质如语言、服饰和仪式程序都成为一个大的结构体系的不同分支的符号标示”（Leach，1954：17），文化的边界与社会体系的边界并不重合。同时，利奇很清楚地说明，东南亚的每个社会都是群体之间政治和社会关系过程的结果。这些群体的边界由其邻居的存在和组织特征来确定。“Kachin”社会由其努力和“Shan”为邻的尝试所塑造。作为山地的部落社会，“Kachin”不可能完全采纳“Shan”的政治秩序，否则要么失败，要么自己被“Shan”吸收。实际上，传统的“Kachin”社会倾向于在两种组织形式之间摇摆：一种拥有强有力的首领，和理想的“Shan”的统治模式接近；一种被迫拒绝这种统治。这种跨文化意识形成了人们对自己身份的感受，并深深埋藏在他们基本的宗教观念、宇宙观、神话和生活方式中。

总之，三位研究者都注意到文化并不是产生族群认同的原因，相反往往是其认同的结果；族群在群体互动中产生，其维持有赖于边界的划定和保持；族群的认同不是静止的，而是一个经历变化的过程（ethnogenesis）。巴斯引用 Haaland 的研究谈到，由于缺乏投资机会，从事农业生产的 Fur 的成员会改变自己的身份为游牧的阿拉伯人，但“过去十年，果园经济所提供的新的投资机会可能会极大地降低 Fur 的牧业化过程，甚至有可能导致相反的结果。”（Barth，1969：23）；与前述相对应，同一群体或个体在不同情境中有不同的认同选择。因此，他们较早地挑战了文化—族群的分析框架，强调了族群成员的主体性，对建构主义族群研究产生了重要影响。遗憾的是，他们忽略了更广大的社会政治、经济背景及其变化（如国家政策）对族群及族群认同的作用。

然而，人类学家越来越清楚地看到，国家在族群的形成和认同中具有相当大的影响作用。“国家，通过它的集中统治和管理以及有关政治、文化权利的政策，连同社会经济资源的分配，在族群形成和重组、相应的身份变化和重新定义中扮演着重要角色。”（Tan，2000：443）中国政府自1954年开始进行了大规模的民族识别活动，除汉族外，最终确定了55个少数民族，并制定了一系列包括升学、就业在内的优惠政策来帮助少数民族发展。这些优惠政策实施的结果是少数民族人口大幅度上升，除自然增长外，很多是由汉族改作少数民族。有意思的是，要求更改民族成分的申请中总会提到：过去，少数民族受歧视，我们不敢暴露自己的真实身份，所以假称汉族。中国政府的这些政策、措施到底给少数民族带来了什么，还有待进一步讨论，但是，它对于族群认同的影响是显而易见的。马来西亚土著 Iban 和 Bidayuh 的联合，也是政治力量、目标作用的结果（参见Tan，2000：457）。以此也可以解释为什么日本存在着 Burakumin，阿依努人，Okinawans，韩国人、中国人等少数民族，却总是宣称自己是单一民族国家（Refsing，Kïrsten，2003）。

实际上，“少数民族”这个概念也是由国家或者掌握话语权的族群制造出来的，以表示在社会中，特别是政治上处于劣势的族群。而且 Eriksen Thomas H. 认为：其实大部分国家主义就其本质而言都是民族的。在《民族性与国家主义》（Ethnicity and Nationalism）一书中他提到：“对于大部分国家主义而言，其政治组织在本质上是民族的，因为它代表了特定族群的利益。而且国家主义也通过使民众确信自己作为一个文化单位代表他们，而获得政治的合法性。”（2002：99）接着，他以挪威的独立过程为例，解释了自己的论断。为了制造脱离瑞典口实，挪威国家主义者（主要是城市的中产阶级、资本家）深入边远地带寻找真正的挪威文化（如服饰、音乐、农民的食物等），用以证明挪威文化是独特的（不同于瑞典和丹麦），挪威人应该拥有自己的国家。“国家主义者借用这些‘典型’的文化符号，目的在于促使人们反思自己的文化的独特性而产生一种国家的感觉。”（ibid 102）用 Richard Handler 的话来说：“国家主义者的话语就是构建封闭的文化客体的尝试。”（ibid 102）但是，国家和族群虽然相互纠结，仍然不可等同，用 Horowitz 的话来说：“民族性应该被看作是亲属关系的扩展，因为共同祖先的观念‘使族群能够从家庭的相似性的角度考虑问题……而且使原来家庭关系中的相互责任以及对外来者的憎恶等概念得到更广泛的应用’。

实际上，由亲属满足的需要，由家庭提供的养育和支持等功能，也在族群成员的互惠中体现出来……我们同意族群归属感所带来的情感力量源于他们和家庭纽带的相似性……”（Hutchinson and Smith，1996：49）也正因为如此，格尔茨认为族群的“primordial attachment”[1]使得新生国家面临严重的离心离德（参见 Geertz, Clifford, 1973）。其实，当今社会中，个人的民族身份与国家身份并不必然要么完全重合，要么处于对立状态；二者均可以作为其多重身份之一并行不悖，也就是说他可以同时属于一个国家和自己的族群，既和其他族群分享共同文化（往往是国家建构的结果），也具有自身的独特性，国家主义和族群的确切关系需要在具体的语境（context）中和不同的层次上来理解，如在中华人民共和国的族群概念建构中，所有的族群均属于中华民族的大概念，其下分为汉族、回族、壮族等各个次级族群，而各个族群中又存在着依不同的标准划分出来的各个分支，从语言学角度来看，汉族可分属七大方言区；蒙古族可分为西蒙古（所谓“卫拉特”方言区）和东蒙古。根据服饰上的差别，可把苗族分为：青苗、花苗、蓝靛苗等。但是可以提出政治要求，代表国家的族群构成，并与国家主义对话的却是作为一个整体的苗族、蒙古族，汉族的情况则因其与地域政治的交织而显示出一定的特殊性。而且我们可以清楚地看到，在中华民族层面上国家主义是超族群的，而在汉族、回族、壮族等层面上，国家主义表现出了族群特征。

族群交往与互动。生活在同一个国家内的各个族群之间的关系更为密切，互动的机会也更多，加之，国家对这些互动的管理与导向，都会对有关族群的现状和未来产生影响。国家定义出来“主体民族”和“少数民族”，已经说明将会对其区别对待，对后者或“保护”或“忽视”（如忽视少数民族的利益的所谓“发展”，参见 Dentan, Robert K. “The Semai of Malaysia”）。因此，“多数”、“少数”不仅仅是数量上的不同，而是地位上的差异，他们在日常生活中的体验和感受也自然不同。“多数”也许无需和“少数”打交道，“少数”却无法摆脱和“多数”的联系，也往往对自己的身份更为自觉。族群互动的结果与国家的政策、族群格局乃至国际局势相关，但无怪乎两种结局：族群冲突和族群共处，这两种状态自然可以相互转化。族群共处又可以分为两种状况，（1）相对隔离，形成所谓“Plural Society”；（2）交往频繁，是所谓“Multi - ethnic (cultural) society”。后一种情况，可能会导致族群融合，但也不必然如此。以美国为例，

---

[1] 格尔茨的“primordial attachment”指的是：“…one that stems from the ‘givens’ – or, more precisely, as culture is inevitably involved in such matters, the assumed ‘givens’ – of social existence: immediate contiguity and kin connection mainly, but beyond them the givenness that stems from being born into a particular religious community, speaking a particular language, or even a dialect of language, and following particular social practices.”（Geertz, Clifford 1973: 259）

"熔炉理论"自1908年好莱坞的一部戏剧开始流行，Warner和Srole更将它发扬光大，甚至为这一过程制定了时间表，认为所有的"其他人"都会转化成为自身几乎没有变化的"WASP"。1963年，Glazer和Moynihan的《超越熔炉》，对该理论提出了挑战，认为族群身份如爱尔兰人、意大利人、黑人等被制造或重新制造出来用以获得政治和经济利益。二三十年后，二人又撰文谈论到美国的移民第二代和第三代的族群意识的复兴。（参见Banks，Marcus，1996）当在美国的中国人一样地办华文报纸、吃中国菜、拜孔子；意大利社区中的西西里人还说着自己的语言，我们就不能过早地谈论融合。所以，"Acculturation"（涵化）和"Assimilation"（融合）的区别很重要，前者是指文化发生变化，但认同和身份没有变化。后者是指失去或放弃自己原本的族群身份。（参见Teske，Raymond H. C.，and Bardin H. Nelson，1974）强迫的同化往往反而强化了族群认同和族群对立。

族群与全球政治。一般来讲，全球化是指"日益增长的远距离联络，至少跨越国界，最好介于洲际之间"（Ulf Hannerz，1996：17），它呈现的是一个"充满复杂相互关系的变动不居的世界"（Jonathan Xavier Inda and Renato Rosaldo，2002：3），特定文化与确定地域和人群之间的关系随着通信、技术发达、资金、人口流动、媒体传播的发展而变得复杂化了（如果这种复杂关系在过去也同样存在，则在现今社会更为突出），一方面，文化从其发源地（或者说人们所认为的发源地）四散开去，是所谓的"去地域化"（deterritorialization），所以"美国的美国文化"和"墨西哥的墨西哥文化"的说法已显得有些不合时宜了，因而，如果有所谓的"文明的冲突"则影响的不是某一个、几个特定的社区，而是世界性的震动，"拉施德事件"就是很好的例子。另一方面，社区的边界变得异常模糊，几乎没有社区不是"local"和"global"的综合体或者成为"hybrid"，正如Anthony Giddens所说，在现代性条件下，地域变得越来越充满幻觉，本地的场景被距离它十分遥远的社会影响所冲击、塑造。本地场景的可视性掩盖了决定其本质的远方关系。（参见Ulf Hannerz，1996：26），族群与族群关系也是如此，巴勒斯坦和以色列的族群冲突与美国背后支持以色列脱不开干系。2004年，发生在荷兰的Theo Van Gogh当街被穆斯林移民杀害的惨案以及欧洲的"穆斯林问题"，也是全球化移民、东西方隔离、误解造成的后果，从其波及范围来说是全球化的，从其产生原因来说也和全球化、全球政治有关。

族群表达。是指族群内部的不同成员对于族群认同的表达方式有不同的理解和解释。“比如会说彝语的彝族人和不会说彝语的彝族人就有不同的文化认同。后者不会强调会说彝语是彝族的主要文化认同。”（陈志明，2005：182）另外，如代际、职业、学历、地域、性别等的差异造成的族群认同的差别，也都是很有趣的研究课题。而且，由谁来表达，谁有权利来表达都会对族群的存在和发展产生影响。在中国大陆，我们经常看到的是“民族精英”（官员或知识分子）是族群的代言人，是否也与民族政策（如人大中的少数民族代表的选举）一脉相通，或者这一政策导致一般民众被有意无意地剥夺了发言和代表族群的权利？

最后，人类学对于族群和性别的关系也有一定程度的开拓。Moore 在《女性主义与人类学》中谈到，我们还面临着这样的问题，即：性别如何通过种族来建构和体验。（Moore，1998 ）Barbara L. K. Pillsbury（1978）在“Being Female in a Muslim Minority in China”一文中谈到的：从社会关系方面来看，在中国对穆斯林妇女的种种限制不是以与男性隔离的形式出现的，而是溯源于他们和非穆斯林之间的社会边界。Nayereh（1996）和 Kurien（1999）的研究中也指出特定的妇女形象、衣饰和行为往往成为族群身份的标志，她们肩负着更多的族群延续的责任。沈海梅的《族群认同：男性客位化与女性主位化——关于当代中国族群认同的社会性别思考》以云南曼底的傣族为例，探讨了男、女两性的性别权利关系如何影响了他们族群认同的表现形式，使得男性越来越时髦，女性越来越守旧。

总之，社会成员自己对自己族群身份的选择，即认同于何种族群以及如何表现自己的族群身份（通过掌握自己族群的语言，穿戴自己族群的服装，坚持自己族群的节日还是仅在口头上声称自己的族群归属等）应该是人类学族群及认同研究的核心问题，但是社会成员的这种选择并不是完全自由的，而是受制于社会结构（如家庭出身、国家或社区的族群构成及相互之间的关系）、国家的族群政策、现实的利益驱动等多种因素的影响，甚至个人自己的特别经历等都会对族群身份的选择产生作用（笔者曾有一位同门师兄，为所谓“白马人”，后来娶了一位藏族夫人，从此，身份很明确的是藏族，或者白马藏族了）。所以，由于上述原因，能够很容易得出这样的推论：个人或者群体的族群身份都不是固定不变的，在一定条件下，可以作出相应调整，甚至，为了某种特殊的需要（包括国家的、群体的、个人的等），还可以创造出族群或族群身份，如中国壮族的产生（Kaup，2000）、中国白族的身份认同经历的一波三折的变化（汉族—强调汉族—白族）（Wu，1990）等都是很好的例子。同时，个体或群体的族群身份也是多重、多层次的，在不同的情景（Situation）中采用不同的族群身份标识，中国境内的藏族主要可分为安多、康巴和西藏的藏族三大部分，当不同地区的藏族相遇时，可能会提及自己的所属地区；当与其他民族相处时，除非特殊原因，他们就只说是藏族了。实际上，与 Benedict Anderson 对于国家的论述相似，族群也可以说是“想象的社区”（Imagined Community）——虽然族群的每一个成员终其一生都不可能认识、遇到甚至听说过自己族群的大部分成员，但是他们头脑中却存在着共享的图像（参见 Anderson，1991：6）。我们也不要忘了“当文化差异经常在社会群体成员的互动中产生影响的时候，社会关系就具有了民族的元素。Ethnicity 既指交往过程中的得失，也包括身份创造的意义。从这方面来看，它既拥有政治、组织的性质，也是一个象征符号”（Eriksen Thomas H. 2002：13）。有时成为资源竞争的手段和政治斗争的工具和组织形式。

虽然，族群是人类学以及其他社会科学一个重要的分析单位，但是族群并非无处不在，也非无时不有，毛里求斯（参见 Eriksen Thomas H. 2002）的例子很好地说明超越族群是有可能的，Michael Banton 也告诉我们：“一个白人和一个黑人之间的关系未必一定是种族关系。只有当其中一个人在种族基础上将另外一个人区别对待时，才产生种族关系。”（Banton，1997）而且，从更大范围来看，导致种族或族群关系（意味着存在重要的我、他之别）产生的原因却往往在族群之外，“文化特性并不是绝对的，或者说是学术分类，而是被用来提供与权利相关的身份。他们是稀缺社会物资竞争中的策略、武器。”（转引自 Eriksen Thomas H. 2002：36）正如 Tan 所说：“族群身份本身并无种族意义，而是更广泛背景中的权力关系和经济机会赋予族群认同特定的意义和内涵。族群认同本身的出现并不会带来族际分裂和冲突。而是不平衡的权力关系和不公平的社会经济机会分配促使人们以族群为边界进行竞争，进而考虑到族际关系和竞争来重新定义身份。所以，我认为，对族群身份和族群关系的研究是我们为实现平等与公平所作努力的最后分析部分。”（Tan，2000：472）笔者想补充一点的是，在一个存在社会不公的多族群社会中，即便资源、权利和机会并未有意依照族群界限进行分配，任何不公事件如果发生在两个民族成员之间，也都可能引起有关族群的联想，并引发族群矛盾和冲突。

参考文献

[1] 沈海梅. 族群认同：男性客位化与女性主位化——关于当代中国族群认同的社会性别思考［J］. 民族研究，2004（5）：27－35.

[2] 陈志明. 从费孝通先生的观点看中国的人类学研究［J］//乔健，李沛良，李友梅，

马戎. 文化、族群与社会的反思［C］. 北京：北京大学出版社，2005：174－188.

[3] Anderson, Benedict. *Imagined Communities.* London: Verso. Revised edition. First edition published in 1983.

[4] Banks, Marcus. *Ethnicity: Anthropological Constructions.* London and NY: Routledge. 1996: Ch. 3, "Ethnicity in the United States."

[5] Banton, Michael. *Ethnic and Racial Consciousness.* 2nd edition. London and NY: Longman. 1997. First edition published in 1988.

[6] Barth, Fredrik eds. *Ethnic Groups and Boundaries: The Social Organization of Culture Difference.* Boston: Little, Brown and Company, 1969.

[7] Cohen, Abner eds. *Urban Ethnicity.* London: Tavistock Publications, 1974.

[8] Dentan, Robert K. "The Semai of Malaysia." In *Endangered Peoples of Southeast and East Asia*, ed., Leslie E. Sponsel, 2000: pp. 209 - 232. Westport, Conn.: Greenwood Press.

[9] Eriksen, Thomas Hylland. *Ethnicity and Nationalism.* London; Sterling, Va.: Pluto Press, 2002.

[10] Hannerz, Ulf. *Transnational Connections: Culture, People, Places.* London; New York: Routledge, 1996.

[11] Hutchinson, John and Anthony D. Smith, eds. *Ethnicity.* Oxford and New York: Oxford University Press, 1996.

[12] Inda, Jonathan Xavier and Rosaldo, Renato eds. *The Anthropology of Globalization: A Reader.* Malden, Mass.: Blackwell Publishers, 2002.

[13] Geertz, Clifford. *The Interpretation of Cultures.* New York: Basic books, 1973.

[14] Glazer, Nathan and Daniel P. Moynihan. "Beyond the Melting Pot." In Hutchinson, John and Anthony D. Smith, eds. *Ethnicity.* Oxford and New York: Oxford University Press, 1996. Ch. 5.

[15] Kaup, Katherine Palmer. *Creating the Zhuang: Ethnic Politics in China.* Boulder, Colo.: Lynne Rienner Publishers, 2000.

[16] Kurien, Prema. "Gendered ethnicity: Creating a Hindu Indian identity in the United States". *The American Behavioral Scientist*, 1999: 142 (4): 648 - 670.

[17] Leach, Edmund Ronald. *Political Systems of Highland Burma: A Study of Kachin Social Structure.* London: Athlone Press, University of London, 1954.

[18] Moerman, Michael. "Who are the Lue: Ethnic Identification in a Complex Civilization." *American Anthropologist*, 1965, 67: 1215 - 1230.

[19] Moore, Henrietta L. *Feminism and Anthropology.* Cambridge: Polity Press, 1998.

[20] Nayereh, Tohidi. 1996." Soviet in Public, Azeri in Private: Gender, Islam, and Nationality in Soviet and post - Soviet Azerbaijan". *Women's Studies International Forum*, 1996, 19 (1 - 2): 111 - 123.

[21] Pillsbury, Barbara L. K. "Being Female in a Muslim Minority in China" . In Lois Beck and Nikki Keddie edited. *Women in the Muslim world.* Cambridge, Mass. : Harvard University Press, 1978.

[22] Refsing, Kïrsten. "In Japan but Not of Japan." In *Ethncity in Asia*, ed. , Colin Mackerras, 2003: pp. 48 – 63. London: RoutledgeCurzon.

[23] Sokolovskii, Sergey, and Valery Tishkov. "Ethnicity." In *Encyclopedia of Social and Cultural Anthropology*, eds. , Alan Barnard and Jonathan Spenser, 1996: pp. 190 – 193. London and NY: Routledge.

[24] Tan, Chee – Beng. "Ethnic Identities and National Identities: Some Examples from Malaysia." *Identities: Global Studies in Culture and Power* 6 (4) 2000: 441 – 480.

[25] Teske, Raymond H. C. , and Bardin H. Nelson. "Acculturation and Assimilation: A Clarification." *American Ethnologist* 1 (2) 1974: 351 – 367.

[26] Wu, David Y. H. "Chinese Minority Policy and the Meaning of Minority Culture: The Example of Bai in Yunnan, China." *Human Organization* 49 (1) 1990: 1 – 13.

一个吐蕃王室后裔家族的历史变迁

杨　勇

一、唃厮啰的身世与唃厮啰政权

唃厮啰政权是自吐蕃中央王朝解体之后，其王室后裔在安多地区建立的吐蕃政权。关于唃厮啰的身世，藏史《红史》中明确记载："赤德（指唃厮啰）为吐蕃末代赞普郎达玛之后裔。"汉文史书《宋史·吐蕃传》、《隆平集》以及《续资治通鉴长编》等中也有"续出赞普之后"、"盖吐蕃赞普之苗裔也""续出吐蕃嘉木布（藏语为国王之意）"这样的记载。藏文史料《王统世系明鉴》《贤者喜宴》都记载唃厮啰是吐蕃王朝赞普的后代。黎宗华先生从藏语分析考证认为，汉文史料称唃厮啰为嘉勒厮赉，还原为藏文就是王子的意思。欺南陵温栈逋，还原为藏文应是南德沃松之孙，赞普是也，是正统君主[1]。藏文史料记载："赤南木得温赞普出生于阿里芒域郭仓朵地方。"[2]芒域是今西藏阿里普兰至昂仁、吉隆一带与尼泊尔接壤的古地名 。郭仓朵为阿里小城廓名，藏语意为上郭仓，指今西藏阿里狮泉河附近的噶尔地方。公元9世纪，吐蕃王朝崩溃后，达玛赞普之子俄松、贝考赞、尼玛贡之系当时西逃阿里，留居芒域，世代相传。传至第五代赤德时，赤德有二子，一为扎实庸龙，唃厮啰排行第二 ，即出生于芒域郭仓朵。这一记载肯定了唃厮啰并非出生于今新疆高昌之磨榆国，而是出生于阿里芒域郭仓朵地方。唃厮啰如何到安多地区，这是因为吐蕃时期很多大臣将领驻守安多，吐蕃王朝解体后，一些忠心耿耿拥护效忠王室的将领大臣及家族成员还掌握一定的兵权和势力。唃厮啰及其家族正是在这一背景下迁居安多地区的。唃厮啰到达高昌时恰遇河州（临夏）吐蕃商人何

---

[1] 黎宗华. 论唃厮啰政权［J］. 西北民族研究，1988（1）.

[2] 魏贤玲，洲塔. 唃厮啰及其政权考述［J］. 中国边疆史地研究，2006（4）.

郎业贤（藏语称“索南娘贤”），在前往安多时由于他熟悉路途，使唃厮啰及其家族顺利到达安多吐蕃区。宋代史籍有信息透露，“唃厮啰有兄扎实庸龙，居河南（今黄河南），为河南诸部所主，据而治之。”《宋史·吐蕃传》也说，时住秦州（天水）境内的大族赏样丹是唃厮啰之舅，赏即尚，是吐蕃外戚官职前加字，尚即今藏语尚吾，即舅父之意。若赏样丹是他舅父，又是秦州地区的吐蕃大族，他很可能是吐蕃时期驻守安多地区将领或大臣。因此，唃厮啰不是一个十二岁在西域高昌漫无目的的流浪儿童，而是整个家族迁居到安多地区的吐蕃王室家族后裔。

唃厮啰及其家族到达安多地区后，一些吐蕃大臣将领以及宗教人士看中他的赞普后裔身份，都争先恐后利用他来号令和掌控统一安多地区吐蕃诸部以图日后发展。唃厮啰到达河州后就被吐蕃豪酋耸昌斯均移至移公城（今临夏境），尊为唃厮啰（王子），以掌控河州各吐蕃部落。后又被宗哥大酋李立遵、邈川大首领温逋奇以武力将确厮啰劫持到廓州，李立遵又把王城从廓州（青海化隆）搬到宗哥城（青海平安），并自为论逋“大相”，还把自己的女儿和侄女先后嫁给了唃厮啰。李立遵原李域（新疆于阗）僧人，法号为“法王”，宗哥人称“郢成仁宝切”，即摄政大王之意，证明他不是一般僧人。李立遵自立“大相”之后，利用吐蕃故有“尊大族，重故主”的传统，控制招附宗喀一带吐蕃部落，而唃厮啰只是李立遵利用的政治招牌。北宋大中祥符九年（1016 年）三月，李立遵首先策动秦州大族赏样丹和熟户郭厮敦袭击宋军振兴吐蕃，时秦州守将曹玮得知李立遵的图谋后，以重金收买了郭厮敦，并使其杀害了赏样丹。李立遵重振吐蕃的行动计划失败了，唃厮啰也失去了家族方面的有力支持，这注定了他日后要受磨难和曲折。同年九月，李立遵又派人到秦渭吐蕃人中活动，联合集结马衔山、兰州、龛谷、毡毛山、熙河、河州等地部落的 3 万余人，攻打秦州、渭州一带的堡寨，在与宋秦州守将曹玮在三都谷（甘谷县境）激战中，李立遵率领的吐蕃人失败了。但他并未停止在秦渭地区的各种军事努力，仍然与宋朝争夺吐蕃部落众多的秦渭地区。后由于军事计划的不严密和吐蕃部落的行动不一及宋军的强大，振兴吐蕃部落的计划又落空失败了。几次的失败使其势力受到严重影响，有些吐蕃部落开始挑战他的地位，这样他不得不返回湟水流域宗哥。在这种背景下，邈川（乐都）吐蕃大首领温逋奇乘机接管取代了李立遵的统治地位，在邈川拥立唃厮啰为主，自任为相，建立了吐蕃地方政权。他以唃厮啰为政治旗帜逐步统一了河湟诸吐蕃部落，此时“有胜兵六七万”，强盛势头渐露。宋天圣十年（1031 年），温逋奇想取代唃厮啰，遂发动内乱捕杀唃厮啰亲信并将他囚禁在一口井里。唃厮啰大难不死，得到看守士兵的帮助营救，成功脱险逃出。这一事件促使唃厮啰坚定了信心，他果断利用赞普的名号，发令各部落首领捕杀温逋奇及其党羽，并迅速平息了内乱，有效掌控了局势。唃厮啰稳定局势后，迁居到有利于自己发展的青唐城（西宁），将一盘散沙的吐蕃部落凝聚到“赞普”的旗帜下。唃厮啰从1015—1032年的17年间，虽然被拥立为“赞普”，但历经曲折，一直是被他人利用掌控的政治象征。至青唐后，彻底摆脱了受制于人的处境，充分显示赞普的权威性和掌控局势的能力，把“族帐分散，不相君长”的吐蕃各部有效凝聚统一起来，建立了独立自主的唃厮啰政权。唃厮啰政权强盛时期，“直接归属于其权力治下或依附于它的藏族部落约300多个”。[1]其辖区“古河湟二千余里。河湟有鄯、廓、洮、渭、岷、叠、宕等州”。这些地区大致包括今天的青海海东地区，黄南藏族自治州、海南藏族自治州和黄南藏族自治州；甘肃省的定西市临洮、渭源、漳县和岷县，陇南市的宕昌县，临夏回族自治州和甘南藏族自治州一带广大地区。

唃厮啰政权建立后，长期为内部一些较大部落首领的纷争和叛离所困扰，同时还不断遭受西夏王朝和北宋的侵扰，与北宋进行几次大规模的战争后，势力逐渐衰落。北宋治平二年（1065年）十一月三日，唃厮啰病故，终年69岁。此后，其三子不和，分裂为三部。实际为两部，长子瞎毡、次子磨毡角依附李立遵余党，控制黄河以南洮水流域，但不久均死。瞎毡之子木征割据于河州，控制了黄河以南各部。第三子董毡，一直为唃厮啰所信任，唃厮啰死后，由董毡继位，占据并控制了黄河以北湟水流域。董毡之后，其养子阿里骨继位，北宋绍圣三年（1096年）九月，阿里骨卒，其子瞎征继位。瞎征无能，号召力不强，其后裔及各部落立木征之子陇拶为主，陇拶亦不能掌控局势。北宋元符三年（1100年），唃厮啰政权在宋军多次围困拉拢以及军事进攻下，最终解体灭亡。

二、赐赵姓的由来与宋朝的关系

藏史《佛教前弘时期历代吐蕃王族史考释》记载，唃厮啰作为吐蕃王室之裔、河湟首领，一生娶了三房妻室：大妃在斯朗（西宁），二妃在巴哇（渭源会川），三妃在巴钦（积石山）。唃厮啰有三房妻子，前两妻为李立遵之女，各生一子：一为瞎毡，一为磨毡角。李立遵死后皆失宠，各携

[1] 陈庆英．吐蕃部落制度研究［M］．北京：中国藏学研究中心出版社，1995：81．

其子逃出青唐，磨毡角居宗哥；瞎毡居龛谷（今甘肃榆中境），后其子木征迁河州。董毡为乔氏所生，甚为唃厮啰宠爱，从小得到特别的关爱和培养。唃厮啰家族后裔中，世代在洮岷河湟一带繁衍下来的嫡系是唃厮啰长子瞎毡这一系，瞎毡有六个儿子：木征、董谷、结吴延征、瞎吴叱、巴毡角、巴毡抹等。木征蕃语即“赞普后裔之意”❶。北宋嘉祐三年（1058年），瞎毡在龛谷（榆中）病故。木征率领诸兄弟从龛谷（兰州榆中）迁往河州（临夏），成为河州一带蕃人的大首领。为了清楚叙述唃厮啰家族赐姓的经过，在这里以其后裔归宋时间顺序分别开始叙述。

北宋治平二年（1065年）冬，唃厮啰卒，第三子董毡继位。唃厮啰的三个儿子中，“董毡最强，独有河北（指黄河）之地”。董毡继位后，延续唃厮啰所制定的内外政策，为了巩固和发展青唐政权，继续保持“联宋抗夏”的策略，不断助宋攻夏，故与宋廷基本和平通好。北宋熙宁元年（1068年），宋朝封董毡为太保，进太傅，其母乔氏亦被封为安康郡太君，其子都军主蔺逋毕为锦州刺史。北宋熙宁三年（1070年），西夏向甘肃环、庆二州一带进兵，董毡乘虚而动，攻入西夏西境，牵制了攻宋的夏军，因而得到宋廷“玺书袍带”的奖励，后又封为西平节度使。随着唃厮啰政权的不断强大，宋朝将其视为大患，采取“欲取西夏，当先复河、湟”的主张，于北宋熙宁五年（1072年），发动了针对唃厮啰政权的“熙河之役”。此次战役唃厮啰政权陷城失地损失惨重。宋军“收复熙、河、洮、岷、叠、宕等州，幅员两千余里，斩获不顺蕃众一万九千余人，招抚大小蕃族三十余万”❷。正是这次战役使唃厮啰嫡系后裔先后归宋。在宋军的大举进攻下，木征的诸兄弟先后降宋，第一个降宋的是董谷，董谷在木征弟兄之中势力不大，熙河之役开始之际，董谷“虽非首领，然能于捺罗城先同其母诣景思立前锋请降”。第二个归宋的是结吴延征，熙宁五年（1072年）五月，当“熙河之役”正在进行时，木征败走巩令城（临洮县境），其弟结吴延征“举其族二千余人并大首领李楞占讷芝等出降”。北宋熙宁六年（1073年）春天，景思立率军由香子城（和政县境）进攻河州，宋军与木征形成对峙状态。唃厮啰孙瞎吴叱据有岷州，为岷州都首领，宋军大举进攻洮岷地区时他率部全力抵抗，木征弟瞎吴叱率军“急攻滔止（山）不能下，去围临江（宕昌临江），兵不敌。熙河蕃汉部巡检刘惟吉率所部兵赴之力战，瞎吴叱败，遂走”。这年夏天，王韶又击败木征另一弟巴毡角，

---

❶ 拉莫才旦. 阿垛宗喀六族史略［J］. 西藏研究，1989（4）.

❷ 脱脱，阿鲁图，等. 宋史·王韶传：第492卷［M］. 北京：中华书局标点本.

巴毡角亦称“巴珍觉”，是洮州（今卓尼临潭）吐蕃大族首领。王韶占领河州后，又亲自率军翻越渭源露骨山南入洮州辖境，“遂由露骨山（漳县金钟乡）南入洮河界，破木征弟巴毡角，尽逐南山诸羌”。此后，王韶率军分两路攻击河州木征，“木征走，遂围河州，结彪以城降，瞎吴叱、巴毡角、木令征、钦令征等各以城降”。木令征是岷州（岷县）吐蕃首领，钦令征是叠州吐蕃（迭部）首领，均为唃厮啰后裔。木征另一兄弟巴毡抹投降宋朝的时间不见于史籍，但可能是熙宁五年或者六年熙河之役进行之时。先于木征投降的几位唃厮啰嫡系均得到了宋朝的封赏，“以岷州都首领瞎吴叱、洮州都首领巴毡角并为崇仪副使，董谷为礼宾副使”。北宋熙宁六年（1073 年）二月，宋军占领河州后，木征在被迫无奈情况下归顺宋朝。北宋熙宁七年（1074 年）六月，木征赴宋都开封受职，宋朝下诏“赐木征姓赵，名思忠，为荣州团练使”。木征归宋之后，朝野上下非常兴奋，“捷书至，朝廷以为大庆”，同时，对木征兄弟及诸子分别进行封赏并赐名，赐董谷为赵继忠，结吴延征为赵济忠，瞎吴叱为赵绍忠，巴毡角为赵醇忠，巴毡抹为赵存忠。木征长子邦辟勿丁瓦赐名赵怀义，次子盖瓦赐名赵秉义，均封以不同的官职。木征弟兄相继受封后，由于当时洮岷地区还有有一些蕃部没有归宋，王韶上书请求让木征返回熙州招降蕃部，这一建议遭到一些大臣反对，认为木征是吐蕃贵族，放他回去无异放虎归山。北宋熙宁七年（1074 年）十二月，在木征离京之时，朝廷让其改任为秦州钤辖。木征上任后，因为在任无所事事，上书经略司希望“主熙河羌部”，但是经略司没有同意木征的要求，仅仅是“于熙、河二州给地五十顷，包氏、俞龙七各十顷”。熙宁十年（1077 年），木征又迁合州（四川合州）防御使。也正是在这一年，木征去世，宋廷赠镇洮军节度使观察留后，谥“忠武王”。“合州防御使赵思忠卒，赠镇洮军留后，官给葬事，放以牌印从葬，录其子左侍禁怀义为内殿承制，右侍禁秉义为内殿崇班”❶。木征去世后，其子赵怀义一直为宋朝效力，与其部族一直居住于河州地区，后迁居到岷州，与阿里骨的战争中为宋朝屡立战功。北宋绍圣二年（1095 年）十一月，宋朝对赵怀义等进行嘉奖，“熙河路蕃官包顺、诚、李忠杰、赵怀义、赵永寿屡立战功，可经略司差使臣管押乘驿兼程赴阙，欲略与慰劳遣还，责以后效”。赵怀义在岷州地区经过多年经营后到北宋元符年间已经有了一定的实力，宋朝在元符年间占领青唐城之后，考虑到赵怀义是唃厮啰嫡长曾孙，因此令赵怀义随宋将王瞻等人到青唐城作招抚事宜。青唐

❶ （宋）李焘. 续资治通鉴长编：第 283 卷［M］. 北京：中华书局标点本.

城被安抚之后，赵怀义返回岷州地区。北宋元符三年（1100 年），陇拶辞京时提出要去岷州居住，宋哲宗问他是什么原因时，陇拶回答“无他，欲与包顺、赵怀义家部族相依耳。”❶ 从此可以看出，赵怀义一直居住在岷州地区，元明清时期的岷州赵土司就是赵怀又的嫡系传承。

宋神宗元丰六年（1083 年）董毡卒，其养子阿里骨继位，因非唃氏家族，一直遭到部族的不满 ，宋廷封为河西军节度使、校检司空、宁塞郡公。北宋绍圣三年（1096 年）九月阿里骨病殁 ，其子瞎征继位，宋廷封为河西军节度使、检校司空、宁塞郡公。随后唃厮啰政权发生内讧，势力日衰。北宋元符二年（1099 年）七月，宋朝乘河湟混乱之际，派王赡由河州北上渡黄河攻邈川城（乐都），八月，入宗哥城（平安）；瞎征等弃宗哥城投降，族人遂立唃厮啰之孙陇拶为青唐主，九月，宋军至青唐城（今青海西宁），陇拶同辽、西夏、回鹘三公主及诸族首领出降，鄯、湟、廓 3 州之地入宋，改邈川为湟州，青唐为鄯州。陇拶归降宋朝后，被任为河西节度使知鄯州，充西蕃都护，封武威郡公，并赐姓名为赵怀德。北宋元符三年（1100 年），陇拶到宋都开封受职。陇拶辞京时提出要去岷州居住，宋哲宗问他是什么原因时，陇拶回答“无他，欲与包顺、赵怀义家部族相依耳。”宋廷拒绝他的要求，令其与瞎征回湟州（乐都）招降溪巴温父子，后因溪巴温之子溪赊罗撒想除掉他，遂逃到黄河以南吐蕃部落，又遭忌恨猜疑，无奈之下又到宋都开封，拜感德军节度使，封安化郡王，最终隐没沉寂于开封。北宋建炎元年（1127 年）六月，南宋王朝为遏制金人势力向西扩张，派遣钱盖经略河湟，命陇拶之弟益麻党征（唃厮啰之兄扎实庸龙的孙子溪巴温之第六子）为措置湟鄯事，赐姓名为赵怀恩，特封为陇右郡王，这是北宋在河湟的最后一名命官。南宋绍兴元年（1131 年），金兵占领河湟。绍兴四年（1134 年），赵怀恩（益麻党征）携老小家眷逃到四川阆州投附南宋，受到四川安抚制置使司的安置。南宋绍兴二十三年（1153），改授“鼎州观察使”，南宋绍兴二十七年（1157 年）“充成都府路兵马钤辖”，驻扎成都府。赵怀恩有三子：“长日某，秉义郎，叙州兵马监押；次安国，成忠郎，皆先卒；次宁国，敦武郎，威州兵马都监，”❷ 后其三子赵宁国立墓碑记叙了唃厮啰家族及益麻党征的事迹。另外，唃厮啰长子瞎毡之次子董谷，汉名赵继忠，于绍兴七年（1137 年），率众投奔南

---

❶ 齐德舜：《宋史・赵思忠传》笺证［J］. 西藏研究，2011（2）.

❷（宋）李石. 方舟集・赵郡王墓志铭：卷 16［M］. 台北：商务印书馆（影印四库全书本），1983.

宋，被授官职，“由修武郎进武翼郎兼门宣赞舍人”，属下各首领亦被授相应官职。当时不少吐蕃部落为避金人，逃避到山谷，经南宋川陕宣抚使吴璘招抚，归顺南宋的有28部之多。归附南宋的唃厮啰后裔至死也未再回到河湟，其后发展情况如何不得而知。

北宋熙宁五年（1072年），宋朝针对唃厮啰政权发动的“熙河之役”，使吐蕃王室后裔在安多建立的政权永久性的衰落解体了。经过与宋朝的激烈对抗后，其后裔纷纷改名换姓身份转型，部落首领摇身变为宋朝的命官，扮演了中央政府官员角色，这是非常巨大的变化，对安多吐蕃社会发展进程产生了深远的影响。从此，宋朝洮岷河湟地方政府机构中出现了吐蕃官员，安多藏族中亦出现了赵姓藏族和显赫的赵氏家族。

三、金元时期的唃厮啰后裔

唃厮啰后裔中巴毡角（赵醇忠）是十分重要的一支，巴毡角是洮州吐蕃大首领，归宋在洮州和岷州地区活动，据《金史·结什角传》记载，赵醇忠之后，从岷州迁往临洮（临洮藏语称申济）。金朝占领甘肃南部吐蕃地区后，派人入熙河招抚吐蕃诸部，唃厮啰之孙巴毡角（赵醇忠）之孙赵世昌首先接受了金国的封职，授“忠翌校尉”。赵世昌归顺金人，引起吐蕃部落的不满，被鬼芦族首领京臧暗杀，金军捉拿京臧，斩首于临洮。金朝继续任命赵世昌之子赵铁哥继任把羊族首领。南宋隆兴二年（1164年），金军占领洮州，活动在这里的赵世昌另一儿子结什角与母逃至乔家族。乔家族首领播逋与木波、陇逋、庞拜、丙离等四族立结什角为木波等四族长，号称王子。这是唃厮啰后裔建立的又一部落联盟小政权，其疆境“北接洮州、积石军。其南陇逋族，南限大山，八百余里不通人行。东南与叠州羌接。其西丙离族，西与卢甘羌接。其北庞拜族，与西夏容鲁族接。地高寒，无丝枲五谷，惟产青稞，与野菜合酥酪食之。其疆境共八千里，合四万余户。其居随水草畜牧，迁徙不常”。[1] 其管辖区包括今甘南藏族自治州、四川阿坝州以及临夏州的大部分地区。南宋乾道元年（1165年），率众投金，乾道五年（1169年），结什角被西夏人击杀断臂不治而亡，宋乾道六年（1170年），吐蕃各部拥立结什角之侄赵师古（赵铁养子）为四族都钤辖，赵师古效忠金朝，多次攻打西夏，金朝加封其为宣武将军，其子赵阿哥昌被任命为熙河节度使。

---

[1] 脱脱，等. 金史·结什角传：卷91［M］. 北京：中华书局标点本.

1234 年，蒙古灭金朝，窝阔台汗派阔端领兵从秦、巩、临洮一路攻四川，沿路藏族部落纷纷归降蒙古，阔端封授吐蕃首领，设官分治，并征集吐蕃人从征。唃厮啰后裔，熙河节度使（治临洮）蕃部首领赵阿哥昌退守莲花山（临潭八角乡境）一带自保。赵阿哥昌是唃厮啰孙巴毡角（赵醇忠）的后裔，有关史料记载其祖为巴命，巴命即巴毡角。南宋瑞平三年（1235 年），金巩昌便宜总帅汪世显、熙河节度使（治临洮）蕃部首领赵阿哥昌等降。同年，元朝任命赵阿哥昌为叠州（今甘肃迭部）安抚使，召集吐蕃部落，叠州当时管辖松潘、宕州（宕昌）、威州（理县）、茂州（茂县）等地。赵阿哥昌是蒙古最早任命的吐蕃官员，也是唃厮啰的后裔中第一个转型为元朝官员的人。在《元史》和《临洮府志》以及《甘肃、青海土司志》中所列的仕宦情况可考的 18 人中，从一品曾任行省级长官，如行省平章，行省左臣、大夫、参知政事，行枢密副使的有 6 人。任宣慰使司或相当于宣慰使司级长官，包括宣慰使、副使，巩昌都总帅府便宜都总帅、宣慰司都元帅、将军等的有 6 人[1]。此外任过路达鲁花赤、临洮府州达鲁花赤、知府等约 9 人。从唃厮啰后裔赵氏家族元代任职情况看，尽管赵氏家族成员中有任职于枢密院副使、陕西、河南、云南行省，但绝大部分都又集中在巩昌便宜都总帅府和临洮府。其中最为显著者是赵阿哥昌的儿子赵阿哥潘，是元朝名将，曾经跟随忽必烈南征大理被任命代行元帅职，因功授临洮府元帅。元宪宗蒙哥伐蜀攻南宋，战功卓著，元宪宗蒙哥赐号"拔都"（勇士），南宋景定元年（1260 年），受诏还镇临洮，后赴四川青居山参战，阵亡，谥曰"桓勇"。赵阿哥潘有三子：赵汝楫（小名重喜）、赵汝翼、赵汝砺。赵重喜曾任凉州的王阔端侍卫，随从元世祖忽必烈征哈剌章，多次立功，因功授征行元帅。忽必烈赐其金虎符并终身佩戴。后任命为临洮府达鲁花赤，升任巩昌二十四处宣慰使，死后谥号"桓襄"，追封"巩昌郡侯"。赵重喜的弟弟赵如砺，因军功被元朝授"镇国将军"，领兵征讨松潘溪茂长河西宁等处有功，历封开国公，是元代赵氏家族封爵最高的一位。赵汝翼，赵阿哥潘次子，官武略将军兼临洮府同知。赵汝楫（赵重喜）有五子：官卓斯结（赵伯祥）、赵公臣、赵公用、赵公辅、赵德寿。赵公臣在元时授武节将军，松潘、开、叠、威、茂军民安抚司达鲁花赤，赵公用曾任陕西诸道行御使台御使中丞，赵公辅则出任过河南等行省中书省参知政事，赵德寿则任云南诸路行中书省左丞。赵汝砺曾孙他石贴木官至枢密副使。赵阿哥藩八世孙赵琦，字仲玉，元朝赐名为脱

---

[1] 张维鸿汀遗稿，张令碹辑订. 甘肃、青海土司志［J］. 甘肃民族研究，1983（1）.

帖木儿，授荣禄大夫，陕西中书省平章事，驻守临洮。元代唃厮啰家族后裔成功转换角色，由部落首领身份转型为朝廷官员和地方官员，延续了唃厮啰家族的历史。作为一个吐蕃世家，赵氏家族在元代政治地位和政治势力的显赫及其历久不衰，在元代官僚中可以说是非常突出。但这方面的情况藏史几乎没有记载，不能不说是一个很大的缺憾。

四、唃厮啰后裔中的三个赵土司

明朝建立后，在西北藏族地区大力推行土司制度，唃厮啰后裔转换角色，先后归顺明朝封授为土司，继续掌控自己所属的藏族部落。临洮赵土司、岷州多纳赵土司和宕昌麻竜赵土司，就是明代受封的土司，均是唃厮啰家族后裔。

（一）临洮赵土司

明朝洪武二年（1369 年），明将冯胜率部攻取临洮，唃厮啰十二世孙赵琦率众归附明朝，被任为临洮卫指挥佥事兼同知临洮府事，并授宣武将军。洪武三年（1370 年），赵琦“随大将军徐达于临洮之白塔子峪口生获伪国公按旦不花及省院官三十余人”。后招抚岷州铁城（岷县维新乡）等十八族，又随汤和取察罕脑儿，因功授广威将军，临洮卫世袭指挥佥事。明洪武二十四年（1391 年），任肃州卫指挥使。洪武二十六年（1393 年），赵琦受蓝玉一案的牵连“坐罪”死，时年 53 岁。蓝玉为明朝开国元勋，后遭疑谋反，被明太祖处决，株连两万人，是为明初之“蓝玉案”。蓝玉曾封凉国公，并且主持过陕甘事务，赵琦正是蓝玉的属下，受到株连亦是在所难免。赵琦之弟赵安，因其兄赵琦之罪而株连，被谪戍甘州张掖。永乐元年（1403 年），因向朝廷进贡马匹被委任为临洮百户，宣德二年（1427 年），率军进兵松潘，讨伐吐蕃部落，因功被进都督佥事。宣德四年（1429 年），赵安出使乌斯藏，明朝宣德九年（1434 年），率兵 1500 人护送宋成至毕力术江（玉树通天河）。正统元年（1436 年），赵安进都督同知充右副总兵，协助平羌将军充左副总兵任礼镇守甘肃。也正是在这一年，明英宗对赵安委以重任，敕谕赵安“于洮岷等八卫官军内先拣精锐能战者五千员名，尔就统领，于甘肃凉州（武威）等处缘边巡哨，遇贼相机剿杀，所领官军悉听节制”。赵安后来又屡立战功，正统五年（1440 年），因功被封会川伯，赐铁券文书，食禄千石。将象征皇权具有法律之效的铁券，授予赵安使其有了免死的特权。其后赵安因屡次犯过被弹劾，明廷都不过问追究，就是持铁券的原因。[1] 明英宗时期，赵安被封“会川伯”并授临洮卫土官指挥同知，明正统九年（1444 年）去世。明英宗之后赵氏家族继承土司的有赵英、赵炫、赵济、赵梁、赵昆、赵永在、赵重琮，赵师范是明代最后一任土司，明熹宗天启七年（1627 年）袭职，授镇国将军。明代赵氏家族传承土司位的共八代，均是父子传承，脉络十分清楚。入清后，赵师范于清顺治二年（1645 年）率子枢勷降，仍任临洮卫指挥使。赵师范之后其子赵枢勷迁居渭源官堡，即会川。“官坡川有赵土司衙门，该处有金汁书写的《甘珠尔》大藏经，以及供奉弥勒佛像等的庙宇。这个土司由萨赛家族掌握，发展为一个小邦”[2]，迁居会川之后赵氏家族继承土司位的有赵枢勷、赵煜、赵延基、赵恒钿、赵恒锐、赵激、赵春梓、赵燉、赵坛、赵养心、赵元铭、赵柱。清代赵氏家族共传十三代，其中有兄弟传承，也有叔侄传承，传至赵柱共传 21 代，土司承袭的世系情况是有据可查的。

末代土司赵柱，字天乙，1926 年，国民军冯玉祥部刘郁芬主政甘肃，赵天乙联合甘肃实力派人物，商议提出“甘人主甘”的口号，事情败露后，赵天乙逃到四川避难。刘郁芬以省督办的身份撤销赵天乙土司职务，没收其土地，归入毗近州县或改为“学田”。后国民军撤离甘肃时经过申请，甘肃省政府返还了一部分土地。赵天乙任保安队队长、会川中学筹建委员会主任、会川县第一届参议会议长等职。1949 年 8 月会川解放。1949 年 9 月，赵天乙受王震将军派遣，前往卓尼、夏河联络国民党洮岷路保安司令杨复兴、拉卜楞保安司令黄正清起义，返回后被捕镇压，1986 年平反。

（二）岷州多纳赵土司

岷州多纳赵土司亦是唃厮啰后裔支系，唃厮啰后裔以赵为姓是从木征诸兄弟开始的，其兄巴毡角是宋代洮州地区吐蕃大首领，降宋赐姓后主要活动在岷州地区。岷州多纳赵土司即唃厮啰孙巴毡角（赵醇忠）之后裔，数传至绰思觉。岷县博物馆有一方清康熙三十九年（1700 年）镌刻的“皇清怀远将军显考赵公行状”，其内容是第八世土司赵廷贤为其父第七世土司赵宏元镌刻的墓碑。“行状”中有赵氏家族“庚戌岁，大宋以后生家庭”的记载，查《中国历史年表》可知“庚戌岁”即北宋熙宁三年

---

[1] 王继光.《明会川伯赵安铁券》跋［J］. 西北史地，1984（3）.

[2] 智观巴·贡却乎丹巴绕吉. 安多政教史：汉文版［M］. 兰州：甘肃民族出版社，1989：648.

(1070年),之后的熙宁六年(1073年),是唃厮啰孙巴毡角归宋并获神宗皇帝赐赵姓的年代。从临洮赵土司世袭传承中可以得到印证,绰思党与官卓斯结同为一人,汉名为赵伯祥。豁节是其后裔,但明廷没有正式授职。豁节子始用赵姓名徵,不知何故是赵徵子应福袭职。赵应福子赵居化袭职。赵居化子赵国臣袭职。赵国臣子赵宏基,清顺治十六年(1659年),投诚归清,授副千户职,后因案革除土司职。赵宏基堂弟赵宏元因随军征吴三桂有功,于康熙十四年(1675年)授世袭土官副千户。清康熙二十九年(1690年),其子赵廷贤承袭。雍正年间,舟曲黑峪寺土司黄顿珠嘉措将女儿嫁给岷州多纳赵土司,走官道太远,为了嫁娶方便,显示土司的权威,命其子黄大业监工,征调辖区内64族人开凿黑峪寺至多纳赵土司辖区盘山车道。因大力征调属民被告发,土司赵廷贤亦牵连其事,再加赵土司欺压土民,作恶多端,被洮岷道赫赫具文上奏,革职查办,将其辖地改土归流,称归安里,由地方行政管理。其时当地民谣曰:"赵土官,管西番、西番管得伤心了,皇状背上进京了。"[1] 赵土司虽然革职,但仍然管理属民43族(村),其后裔世居岷州秦许多纳,藏族称多纳"洪钦",直到1949年前。43个藏族村分布在今岷县秦许乡和麻子川,迭部的洛达乡,腊子乡和桑巴乡。

(三)宕昌麻竜赵土司

岷州麻竜赵土司也是唃厮啰孙巴毡角或木征的后裔,麻竜赵土司治所在今宕昌理川镇附近,宕昌历史上由岷州管辖。第一世土司为赵党只官布(党智贡布),党只官布以前的世袭历史不清楚。宕昌赵土司与宋代吐蕃政权唃厮啰之后裔木征赐赵姓有直接关系。"辖约格罗及僧罗遵共迎摩正(木征),徙帐居宕州,欲立文法服诸羌,秦州遣人谕之,会诸羌不从,摩正逐辖约,复还河州?"[2]《岷州志》记载:多纳赵土司是始族为吐蕃望族,"巴沁札卜(巴毡角)之嫡裔,而麻竜土司赵党只官卜,或其支庶也"[3]。赵党只官布即是唃厮啰之孙巴毡角之后裔,明洪武初世袭土官百户,管番民峪儿族、达竹族、札细族三族,五十一户,守隘口十。辖区即今宕昌县官鹅藏族乡和新城子藏族乡及理川一带,党只官布后,其子伊世登住(益西顿珠)袭职。益西顿珠后,其子池住(赵增辉)袭职。池住后,其子坚参顿珠(赵威)袭职。赵威之后,其子赵运臻袭职。赵运臻后,其子赵应

[1] 樊友文. 清代岷州赵土司轶事碑考述[J]. 陇右文博, 2005(1).

[2](宋)李焘. 续资治通鉴长编: 第188卷[M]. 北京: 中华书局标点本.

[3] 佚名. 岷州乡土志[M]. 张润平, 校点.

臣袭职。清初归清投诚，授外委土官。赵应臣后其子赵之鼎袭职，康熙二十一年（1682 年），授土官百户，管番民三族八庄，户二百三十九。赵之鼎后，其子文暹袭职，不久因犯案革职。赵文暹后，其弟赵之英于康熙三十八年（1699 年）代理土务。赵之英后，赵文暹子赵世兴袭职。赵世兴后，其子名俊袭职。赵名俊后，其子永清袭职。赵永清后，其子赵呈瑞袭职。赵呈瑞卒后，其子赵邦桢袭职。赵邦桢后，其子赵士林于清光绪年间袭职，最后一位继承者为赵乃普，其子赵子杨曾任麻竜乡长。赵姓藏族集中分布在今宕昌县原簸箕乡、理川一些自然村和沙湾镇许多自然村。

安多藏族地区有许多吐蕃时期名门贵族演变的重要家族，这些家族的历史影响是深远的，也是复杂的。唃厮啰家族兴起、发展和衰落以及宋朝赐赵姓后的历史变迁，是吐蕃赞普后裔发展演变的一个个案。如果将这些藏族家族史与整个藏族发展史联系起来研究，会弄清楚许多历史疑难问题。目前，藏族家族史的研究还很薄弱，可做的事情还很多，绝非到了尽头。研究清楚一个个藏族重要的家族，尽最大可能地把藏族家族消失或即将消失的历史发掘整理，对拓展藏族史研究领域具有重要的意义。

“勺哇”人的族源考辨

才华多旦*

（青海省民族宗教事务委员会）

一、田野背景

勺哇，又称“杓哇”，藏语为“སོག”（“勺人”之意）。勺哇地处甘肃卓尼县北部，白石山南麓，东与临潭县野林关镇、八角乡毗邻；以野木河为界，南连恰盖乡；西北与康多乡连壤。现辖光尕（གོང་ཁ）、大庄（རིན་ཆེན་སྒང་）两个村委会，由地力（དེའུ་རོལ）、初路（ཚུ་ལུང་）、里布湾（རིག）、地尕号（དུ་གུ་ཐང་）、大庄（རིན་ཆེན་སྒང་）、郭加（གོ་རྒྱ）、拉巴（ར་སྦ）、光尕（གོང་ཁ）八个村民小组构成。截至 2010 年 9 月，据笔者考察，在辖区内除了“勺哇”人，还有部分藏族和汉族居民，他们与“勺哇”人交错居住。勺哇乡共 352 户，1762 人，其中“勺哇”人 108 户（地力 8 户、初路 16 户、里布湾 8 户、大庄 10 户、地尕号 15 户、郭加 13 户、拉巴 8 户、光尕 26 户），696 人，占总人口的 39.2%，藏族 493 人，占总人口的 27.6%，汉族 593 人，占总人口的 33.2%。

公元 1676 年至 1949 年，勺哇属卓尼杨土司❶管辖。据《卓尼县志》记载，清康熙十五年至二十年间（公元 1676 至 1681 年），卓尼第九代土司杨朝梁（ཚེ་དབང་དོན་གྲུབ）采取“寓兵于民”的措施，进行户籍登记，实行

---

* 作者简介：才华多旦（1976—），男，藏族，青海共和人，民族学博士，青海省民族宗教事务委员会副译审，研究方向：民族宗教文化。作者通信地址：青海西宁市西大街 1 号青海省民族宗教事务委员会，邮政编码：81000，联系电话：13997480823，电子邮件：caihua2009@ 163. com.

❶ 据史料记载，卓尼杨土司的祖先源于西藏，是吐蕃噶氏家族东迁到甘青一带的后裔。卓尼第一带土司些地（སྤྱང་རེ）至二十代土司杨复兴（བཀྲ་དབང་རྡུག）时，其管辖有 48 旗，地接四川松潘、甘肃临夏、武都等地，统治历时六百余年。明武宗正德三年（公元 1508 年），第五代土司旺秀被明皇帝赐姓为杨，名杨洪。从此，卓尼历代土司都冠以杨姓，其所属百姓也形成了兼用藏、汉复名的习俗。

军营编制，将所辖各部落区划为48旗（དམག་ཅ།）和16掌尕（གྲངས་ཀ།）。镜内勺哇、康多和多玛三大部落被称为“上冶三旗”，藏语称“雄哇卡松”（གཞོང་པ་ཁག་གསུམ།）。历时273年，“勺哇”人隶属于卓尼土司管辖。1949年新中国成立，“勺哇”人归属卓尼县北山区。1958年临潭和卓尼两县合并为临潭县后，勺哇划归为野林关❶公社。1962年分县后，仍属卓尼县，归康多乡管辖。1986年，根据民族区域自治法，国务院批准成立勺哇土族乡。

勺哇周围的汉族称“勺哇”人为“土户家”，“土户家”与“吐谷浑”发音相近，据说土族是“吐谷浑”的后裔，因此民族成分甄别时“勺哇”人被划定为土族。“勺哇”人在日常生活中说藏语，穿藏装（男子），偏爱藏族的饮食习惯，信仰藏传佛教。他们的饮食、居住、婚姻、丧葬、神话等一系列文化符号与藏族几乎没有区别。因而，有些学者认为“勺哇”人与藏族有千丝万缕的联系。由于他们自称“勺哇”，故也有学者认为“勺哇”是“霍尔”一音的演变，可能是“霍尔”的后裔。学术界对“勺哇”人的族源问题争论颇多。笔者在三次赴“勺哇”地区进行实地考察并查阅相关文献资料后发现上述“勺哇”人的族源问题存在诸多疑点，值得深入的探讨和研究。

二、对“勺哇”人的族源“三源说”的质疑

目前，学术界关于“勺哇”人的族源议题，具体有三种说法，即吐谷浑说、霍尔说、土著说。笔者以地方史料与实地调查等第一手资料为依据，综合分析“勺哇”人的族源议题，发现三种说法都有诸多可质疑或待商榷之处。下面将一一探讨。

（一）吐谷浑说

“甘肃各少数民族历史的研究中，族源问题是一个十分复杂、争论相当激烈的问题。古代民族族源因史料缺乏，有关传说类似，解决也非易事，尤其是现在民族的族源问题，由于牵涉到民族感情、宗教信仰等各种

---

❶ 野林关，现称冶力关。镇区为一小盆地，今日的关街被政府和商户开辟为集市，始有少量移民定居，自称为关里，野林关的“野”是农耕族群对“勺哇”人的一种贬称。以前进入冶力关的“石峡门”，当地人俗称为“野关”，意为此关极为险巇。再者，处于树木茂盛之森林，三合为一，野林关之名逐渐形成。今被美化为“冶力关”，但当地老百姓仍称野林关。藏语“གོར་ནང་ཐང་།”，可能是藏、汉语复合称谓，平滩的盆地藏语称“ཐང་།”，“གོར།”是汉语“关”的转音，“里”藏语称“ནང་།”。因而形成藏、汉复合语“拱囊塘”之称谓，意为关隘里的川或滩。由于野林关历来处于民族变迁最为激烈的边界地带，所以在称谓上出现了复合语现象。

因素，情况就更为复杂。”❶“勺哇”人属于少数民族聚居区里的“民族小岛”，这些“少数中的少数”在民族研究中很容易被忽视。一些研究者十分乐意沿用将“少数中的少数”归入另一个“少数”的学术惯例，“勺哇”人源于吐谷浑说就是其典型案例。这样的观点形成的根源在于有关学者以论代证，对“勺哇”人的族源研究局限在表层，未能从地名文化遗迹、口述史料、历史文 献等全方位、多层面去了解和证明，导致实际现状与文化表征的脱节，产生有争议的族源论。再者，由于“勺哇”人居住地较为偏僻，族群成分复杂，宗教信仰多样，加之处于汉藏文化的交叉区域，相关文献中专门记载“勺哇”人的资料非常之少，专门研究“勺哇”的研究者更是寥寥无几。

顾颉刚先生 1937 年曾经到勺哇一带进行过实地调查，他在《西北考察记》中对临潭和卓尼一带汉族的渊源和番民的生活习俗等进行了较为详细的描述。关于“勺哇”人，他在另一部考察记《西行漫记》中写道：“自称土户家，疑是吐谷浑之转音。”后来的研究者，如西北民族大学杨士宏教授等大多受顾颉刚先生这一说法的影响，将“勺哇”人说成是吐谷浑的后裔。❷ 笔者访谈杨教授时，他再次重申了这一观点。但经过对勺哇地区的深入考察，笔者认为“勺哇”人族源吐谷浑说，尚存很多需要商榷之处。首先，“土户家”绝非“勺哇”人的自称，而是附近汉族对他们的别称，属于他称。据史料记载，现在（冶力关）地区的各大族群中，“勺哇”人是最早的土著人群，其周围的大多数汉族居民是民国年间或解放初期因逃避战争和灾难，从临夏、和政等地迁徙过来的外来移民。从字面理解，“土户”具有土人、土民之意，是外来群体对原土著民的一种称谓方式，不是吐谷浑的转音。

据史料记载，吐谷浑民族曾统治甘青地区三百余年，至今仍有一些地方保留着与吐谷浑有关的地名，如今卓尼县境内的“阿子塘”（འ་ཚེ་ཐང་།）❸、“阿甘那”，迭部县境内的“阿夏”（འ་ཞ།）❹ 等。但因缺少根据，不为学界

---

❶ 甘肃民族研究所．甘肃民族史入门［M］．西宁：青海人民出版社，1988：199.

❷ 曾维群．洮迭民俗手札［M］．北京：中国文联出版社，2010：157.

❸ 阿子塘，藏语“འ་ཚེ་ཐང་།”的音译，意为“阿子的川或滩”，相传为吐谷浑汗王后裔阿才王的驻地。

❹ 吐谷浑，藏语称阿夏（འ་ཞ།），是古代西北较为强大的游牧部落，公元 7 世纪为吐蕃所灭。今甘南藏族自治州迭部县境内有一个阿夏的乡。清朝，属于卓尼杨土司管辖的四十八旗之一——阿夏旗，阿夏旗下由十三族构成，分别为那盖族、阿达什族、克朗族、西居族、拜赛族、那古族、尼哇族、自目族、麻隆族、上下加力族、达舍族、白土咀族。

所重视。有学者便根据《智者喜宴》中关于“有六部吐谷浑千户为吐蕃戍守边地”的记载，添枝加叶地论述道：宋代以后这些吐谷浑人大部分被逐渐融入到藏汉民族之中，其中一小部分吐谷浑人，因躲避战乱，隐居勺哇，便形成了今天的“勺哇”土族。这种观点与历史文献和文化遗存极为不符。

（二）土著说

“勺哇”人在日常生活中说藏语，穿藏装（男子），吃藏食、信仰藏传佛教等，其饮食、居住、婚姻、丧葬、神话等一系列文化符号与藏族几乎没有区别。因而，有些学者又认为“勺哇”人是土著藏人。兰州大学宗喀·漾正冈布教授在《卓尼生态文化》中提出，“勺哇”藏语意为“垭口”，是形似马鞍形山坡的专门称谓；且所谓的“勺哇土族”，是历史上夹在藏族牧民和汉族之间的群体，在民族识别过程中被戏剧性地定为“土族”耐人寻味。❶ 漾正冈布教授认为，“勺哇”人是夹在藏族牧民和汉族之间，从事半农半牧的藏人，并不是其他民族。笔者第一次赴勺哇地区考察时，也认为“勺哇”是因其居住地形特点而得名。后来，通过查阅地方文献史料和深度访谈，发现“勺哇”人在迁移到现居住地——白石山山麓之前，就已经有了“勺哇”这一称呼。故此，漾正冈布教授以现“勺哇”人居住的地形特点，解释“勺哇”的来源，不符“勺哇”人的历史事实。

持“勺哇”人源于土著藏人观点的，并不止宗喀·漾正冈布教授一人。早在公元19世纪，西藏著名田野工作专家智贡巴·贡却丹巴热杰在《安多政教史》中，记载了“勺哇”称谓的由来。他认为勺哇是“北山的雄哇三部（གཞོང་བ་ཁག་གསུམ）音变为勺囊三部（སོ་ནང་ཁག་གསུམ）而来的”。❷ 以笔者之见，这种提法难免有牵强附会之嫌，虽然从发音学上讲“雄”（གཞོང་）和“勺”（སོ）的字根发音相近，但加上前加字、后加字或元音后，两个字的发音不在同一个音位，且有很大的差异性。故此，“雄”音变为“勺”的可能性很小。再者，后缀字“哇”（བ）和“囊”（ནང）无法产生音变。所以，“勺哇”是“雄哇”一词音变而来的观点，尚待考证。

（三）霍尔说

据《卓尼县志》、《甘肃少数民族》等相关地方文史记载，“勺哇”是

---

❶ 宗喀·漾正冈布．卓尼生态文化：下［M］．兰州：甘肃民族出版社，2007：5．

❷《安多政教史》（藏文版，1982年，甘肃民族出版社出版，695页）记载，“བྱང་ངོས་སུ་གཞོང་བ་ཁག་གསུམ་ཟུར་ཆགས་པས་སོ་ནང་ཁག་གསུམ་དུ་གྲགས།”。

藏语“霍尔”（ཧོར།）一音的演变，“霍尔”是藏人对土族的称呼❶。但是笔者访谈勺哇老人时，他们称：我们不是“霍尔”，我们是“勺哇”人。可见，当地老百姓并不认为自己是“霍尔”的后裔。再者，藏语字根“ཧ”和“ག”的音位各异，按当地人的发音规律，“霍尔”（ཧོར།）与“勺哇”（ཧོག）两词，很难产生发音上的演变。据相关专家考证，所谓“霍尔”是“胡”的直接音译，是藏人对匈奴、回纥、突厥、吐谷浑、蒙古等北方“胡”系民族的通称。❷ 近来，大多“土学”❸ 专家认为，土族的族源与“胡”系民族的吐谷浑有关系，便有了“霍尔”是藏人对土族的称呼，“勺哇”是藏语“霍尔”一音的演变之说法。即使“勺哇”是“霍尔”的谐音，但并非所有的“霍尔”都是土族。在藏文历史典籍中，“霍尔”在不同历史时期，指不同的民族❹。所以，仅凭一个称谓，定论“勺哇”人的族属为土族，依然有牵强附会之嫌。

三、“勺哇”人的族源考辨

（一）从地名文化讨论“勺哇”人的族源问题

著名历史地理学家谭其骧先生曾说：“地名是各个历史时期人类活动的产物，它记录了人类探索世界和自我辉煌，记录了战争、疾病、浩劫和磨难，记录了民族的变迁与融合，记录了自然环境的变化，有着丰富的历史、地理、语言、经济、民族、社会等学科的内涵，是一种特殊的文化现象，是人类历史的活化石。”❺ 所以，地名是特定时期、特定地域或特定事件的原始标记。随着时间的流逝，这些原始标记成为历史的沉淀。研究历史文化，应以地名文化作为标引，才能把那些积淀的文化内涵挖掘出来。笔者在“勺哇”地区实地考察中发现了许多具有丰富文化内涵的古地名文化遗产，这些地名文化对探讨“勺哇”人的族源问题，挖掘和解释“勺哇”人的信仰多样性具有非常重要的意义。

---

❶ 见于甘肃省民族研究所编纂的《甘肃少数民族》（兰州：甘肃人民出版社，1989）；卓尼县地方史志编委员会编的《卓尼县志》（兰州：甘肃民族出版社，1994）；勉卫忠所著的《话说甘南勺哇土族》（中国土族，2004，冬季版）等地方史料和论文。

❷ 格勒. 藏族早期历史与文化［M］. 北京：商务印书馆，2006：337.

❸ 是指土族研究者。

❹ 在藏文历史典籍中，“霍尔”一词具有多种文化内涵，详见霍尔·努木撰写的《试释藏文“霍尔”（ཧོར）一词》（西藏研究，1998 年第 1 期）。

❺ 索南多杰. 历史的痕迹［M］. 北京：中国藏学出版社，2007：2.

笔者在调研中发现，“勺哇”附近有很多与古代“朱古”（བྲུ་གུ）部落相关的古地名文化遗迹。如“勺哇”人把白石山北侧的康乐县景古一带，称“བྲུ་གུའི་ཁོག”，意为朱古人居住的山沟，其沟中一条河水，称“བྲུ་གུའི་ཆུ”，意为朱古人的河水；在景古镇所在地有一座残存旧城墙，当地人叫“景古城”，“勺哇”人称“བྲུ་གུའི་མཁར”，意为朱古人的城堡；八角乡境内有个“足古川”的地名，“勺哇”人称“བྲུ་གུའི་ཐང”，意为朱古人居住的川或滩。据勺哇乡常宝云[1]大叔讲：以前每年六月中旬，“勺哇”人及其周围的藏、汉群众都聚居在足古川，欢度节日。这可能是古代“朱古”各大部落联盟仪式的文化遗留。“明初于河州卫设立二十四关，作为农牧地区之分界”[2]，其首关“安龙关”，设在“勺哇”人居住的白石山南则，当地人叫“石峡门”[3]。藏文历史文献中，记载为“བྲུ་གུའི་འབབས་ཁ”，意为“朱古人的关隘”。其附近有一处叫“达子湾”的地名，当地老百姓说，是以前蒙古人住过的地方。因“达子湾”紧邻“石峡门”，故笔者认为该地与古代朱古人有必然的联系。以上古老地名文化遗迹，主要聚居在莲花山西侧及其景古、八角、莲麓一带。

这些古代“朱古”部落相关的地名文化遗迹与“勺哇”人有必然的联系。据《安多政教史》记载，洮河（ཀླུ་ཆུ）北部有一处“勺朱古”（སོ་བྲུ་གུ，指今康乐县景古、卓尼县八角一带）的地名，文中把“勺哇”和“朱古”合为一词，专指“勺哇”人聚居的区域。这与笔者在“勺哇”地区考察时，搜集到的长条手写本[4]中的记载非常相符。手写本记载：最初，“勺哇”人居于“勺朱古”一带，后迁移到“勺尕”（སོ་དགས）[5]一带定居，为了便于游牧，其中一部分又迁移至白石山山麓一带，居住在黑色山羊毛制

---

[1] 常宝云，男，60岁，“勺哇”人，勺哇乡拉巴村人。拉巴村原书记，拉巴修行洞管家，卓尼县政协委员。笔者先后三次前往勺哇地区，进行了较为深入的田野调查，常宝云大叔长期接受笔者的采访，并为笔者介绍其他采访人员。

[2] 吴均. 论本教文化在江河源地区的影响［J］. 中国藏学，1994（3）.

[3] “安龙关”，当地老百姓称“石峡门”，位于临潭县冶力关镇北侧的大坪山和白石山相接处。以前，上野和下野间的峡谷内公路尚未开凿，“石峡门”是商旅、信徒等过客们的必经之路。这里不仅山道崎岖危险，还随时会遭遇盗贼拦路抢劫。所以，此关具有“一夫当关，万夫莫开”之险隘。

[4] 2010年9月，笔者在勺哇地区考察时，搜集到一部长条手写本，由拉巴修行洞管家常宝云大叔所提供。写本是第一世勺哇活佛旦增南的传记，但是否真实作者无从考证。写本对“勺哇”人族源及其勺哇活佛旦增南杰的求法生涯进行了较为详细的记述，是考证“勺哇”族源问题的珍贵原始资料。

[5] 勺尕（སོ་དགས）今属冶力关镇管辖，汉语称大岗沟和小岗沟。

成的山羊帐篷，因而被称为"拉巴"（ར་སྦྲ）❶。这些人群称"勺那"（སོ་ནག）部落。在"勺哇"人中，依其生计方式不同分两种类型：居于黑帐篷，主要从事牧业的人群，被称为"勺那"部落；居于土平房，主要从事农业的人群，被称为"勺尕"部落。

通过对地名文化遗迹整理和文献资料对当地地名的记载，笔者初步推断，"勺"是"朱古"部落中的某个氏族，他们迁移到白石山周围后，因生计方式不同，分为两个小部落，即"勺尕"和"勺那"两部。"勺尕"，意为白色"勺哇"人。他们所处地势较为平坦，水源丰富，有利于从事农耕生产并建房定居，他们被称为"白色勺哇"。与此相反，"勺那"，意为黑色"勺哇"人。为便于游牧，他们迁徙至水草富饶白石山山腰一带，并居住于黑色山羊毛制成的山羊帐篷中，因而被称为"黑色勺哇"。因而，勺哇巫师欧智老人❷关于勺哇巫师的仪式、仪规从景古一带传承而来的说法，是有根据的。

综上所述，笔者认为"勺哇"是古"朱古"语与藏语的复合称谓，"勺"是古代"朱古"民族中某个小部落的名称，因而称"སོ་དྲུག"；"哇"系藏语，即"人"之意。解"勺哇"一名，"朱古"语在前，藏语在后，我们可以推断该地区是先由"朱古"人居住，后来吐蕃迁入，即在沉淀于底层的"朱古"语上附加了藏语成分。如"勺哇地方"（སོ་ཡུལ）、"勺哇方言"（སོ་སྐད）、"勺哇妇女"（སོ་མོ）、"勺哇民歌"（སོ་གླུ）、"勺哇服装"（སོ་ལྭ）等，都冠有"勺"（སོ）词，很显然，构词时始终"朱古"语在前，藏语在后。

最初，"勺哇"人的核心属景古一带，为什么后来迁徙至白石山山腰呢？据《康乐县志》记载，"明初实行移民定边，陕西、山西、山东等地移民进入康乐地区屯垦、耕地面积进一步扩大。至明中叶，中原徙来回汉民族繁衍生息，开荒垦地，发展农业，迫使原著藏族南移。"❸其实，迫使南移的原著藏族，是被藏文化涵化的"勺哇"人，他们在与伊斯兰文化发

---

❶ 拉巴村属"勺哇"乡辖区。"拉"（ར）意为山羊，"巴"（སྦྲ）是农区藏人对帐篷的称呼。拉巴祖先居住于黑色山羊毛制成的山羊帐篷，因而被称为"拉巴"（ར་སྦྲ）。据《安多政教史》记载，第一世勺哇罗桑南杰活佛降生于拉巴村。据民间传说，勺哇阿妈周措也降生于拉巴村。该村在"勺哇"地区享有盛名。

❷ 欧智，男，70岁，汉语名为常左义，勺哇乡光尕村人，是勺哇地区最年老的巫师。笔者于2010年12月和2011年6月，先后两次就"勺哇"人的族源、风俗习惯、服饰特色等对其进行了访谈。在勺哇地区，精通勺哇降神仪式和仪规的巫师，只有欧智大叔了。

❸ 康乐县志编纂委员会编. 康乐县志［Z］. 北京：读书·生活·新知三联书店，1995：59.

生冲突过程中，逐渐南迁至莲花山山麓的足古川（རྡུ་གུའི་ཐང་།）一带，后来受道家文化的影响逐渐失去了原文化的特点。其中，南迁至野林关及白石山山麓一带，从事农耕的大岗沟和小岗沟等“勺尕”部落中，因大量迁入“尕房子”❶ 移民，导致了“勺哇”传统文化的解体或萎缩。现在，在“勺尕”部落中，已很难寻到“勺哇”人的文化因子，几乎全部被汉化了。从事牧业的拉巴等“勺那”部落，因地处偏僻而较完整地保留了原文化的特征。近年来，当地政府为了打造“山水野林关，兰州后花园”的旅游品牌，美化并改造历史上原有的山名和地名，如野林关为“冶力关”、将军山为“十里卧佛”、荒山为“皇山”等，导致其固有文化内涵的流失和脱落。抢救和保护这些珍贵的地名文化遗产，对勺哇文化体系的深度研究和有序建构至关重要。

（二）从口述史料讨论“勺哇”人的族源问题

在“勺哇”附近有丰富的古地名文化遗迹，史料上也记载了“朱古”人在这些地方的活动情况。敦煌藏文史籍《北方若干国君之王统叙记》对“朱古”人在青藏高原东北部边缘的活动情况有零星、侧面的记述。《安多政教史》中极为详细地记载了“朱古”人活动的位置，文中指出：今野林关、景古、八角、莲麓一带是吐蕃赤松德赞时期，举兵北伐北方朱古国的地方。❷ 自隋唐以来，“朱古”人经河西走廊相续南下，在洮河流域频繁活动，与吐蕃有和有战，最后被吐蕃所击败。据《卓尼县志》记载，公元583 年，朱古袭击临洮，隋朝派兵迎战，击败朱古。❸ 可见，在隋唐时期，“朱古”人在洮河流域有相当大的势力。可是，目前学术界普遍认为，古代“朱古”人主要活动于西藏、新疆和青海的交界地带，很少提到他们在青藏高原东北部一带活动的足迹。既然“勺哇”地区是古代“朱古”人的活动区域，该地有关于“朱古”人的地名文化遗迹也就顺理成章了。这些史料对进一步研究“勺哇”人的族源提供了有益的资料依据。

文化人类学的实地调查除了在调查点收集具有典型性和代表性的文献

---

❶ 据《卓尼杨土司传略》记载，民国年间及解放初期，临夏等地的汉族因逃避战争和灾难，拖家带口逃到“勺哇”地区，沿磨坊、油坊乞讨，久而久之在磨坊和油坊附近搭起简易房定居下来，当地人称为“尕房子”，他们没有土地，没有林权，不服兵役及各种差事。如遇死亡或缺嗣，田地无人管理者，“尕房子”只要有能力承担这份土地上的一切义务，即租税、徭役，可以通过一定的手续占有使用，谓之“吃田地”。现今，这些“吃田地”的“尕房子”规模很大，各个都成为大大小小的村落。

❷ 智贡巴·贡却丹巴热杰. 安多政教史［M］. 兰州：甘肃民族出版社，1982：707.

❸ 卓尼县地方史志编委员会编. 卓尼县志［Z］. 兰州：甘肃民族出版社，1994：3.

史料之外，还要收集大量的口述资料，这对了解调查点的文化概貌及文化变迁具有重要意义。由于对“勺哇”人的相关研究史料文献较少，系统收集口述资料就显得尤为重要。欧智老人在访谈中介绍，“勺哇”人供奉的神灵体系中，有一位名叫“朱古白神”（གྲུ་གུའི་ཡུལ་ལྷ་དཀར་པོ།）的地方护法神。“朱古白神”是藏语，意为朱古人供奉的白色保护神。在勺哇巫师们的祭祀文中，也常听到“朱古白神”的名字，因勺哇本土信仰体系内，先后融入了藏传佛教、道教等诸多外来文化因子，其本来面貌被这些文化因子所覆盖，故现今难以考述“朱古白神”的详细情况。不过可以断定，“朱古白神”是“勺哇”人的本族护法神，是从古老的勺哇先民那里传承而来的信仰遗存。

1990年，勺哇常公地老人接受曾维群先生的访谈时说：“早些年，勺哇寺的一位僧人前往西藏朝拜，他朝圣了西藏的很多地方。回来后说，西藏的一个地方，那里的服饰和我们很像，说话也能听来呢。”[1]“勺哇”与西藏相隔千里，为什么其服饰和语言有相似之处呢？笔者在藏文典籍《五部遗教》中找到了有力的旁证，文中指出，赤松德赞把“朱古”人彻底击败后，将他们强行迁至西藏门巴一带。[2]此说法与常公地老人的口述不谋而合。更登群培先生在《白史》中，也认可了上述观点。可见，“朱古”人在这一带进行了大规模的活动，其部分迁移至“门域”，因而今“勺哇”人的语言和服饰，接近于西藏门巴人的某一支系[3]。勺哇一带有古代“朱古”人的活动遗迹，“勺哇”人源于“朱古”人有一定历史依据。

（三）从“朱古”人的称谓讨论“勺哇”人的族源问题

在“勺哇”附近，能收集到与古代“朱古”人相关的很多古地名文化遗迹，在藏文史料中也记载了古代“朱古”人在这一带的活动情况。但关于“朱古”人的民族属性依然值得探讨。在敦煌藏汉词汇中，“朱古”译为“突厥”，敦煌卷子（P.2762）中，“朱古”又译为“回纥”，而根据“朱古”在藏文史料中的不同记载方式，“朱古”就是藏人对古代突厥民族的称谓。

突厥分广义和狭义。广义的突厥分布在土耳其、阿塞拜疆、塞浦路斯、哈萨克斯坦、乌兹别克斯坦、土库曼斯坦、吉尔吉斯斯坦等，遍布十

---

[1] 曾维群. 洮迭民俗手札［M］. 北京：中国文联出版社，2010：161.

[2] 多吉杰博整理. 五部遗教（藏）［M］. 北京：民族出版社，1997：118.

[3] 今西藏自治区山南专区洛扎县境内，一个叫“朱古”的村寨，据说其服饰与勺哇“勺莫”服饰极为相似。

多个国家和地区。狭义的突厥则专指公元6至8世纪，中国北方和西北建立突厥汗国的突厥族，本文采用狭义的定义。唐朝时期，“吐蕃与突厥之间的交往甚为频繁。据《敦煌本吐蕃历史文献·大事纪年》中记载，仅675年到736年的60多年中，吐蕃先后派人派兵于突厥8次之多。”[1] 据藏文史料记载，734年，吐蕃以阶娃·赤麻禄为突厥汗王之妃。可见，古代藏族与突厥有着广泛的接触和交往。所以，在藏文史料中，对突厥称谓的记载历史也较为久远。

据相关专家考证，“突厥”是“Türk”的音译，一般在藏文史料中，突厥称“དྲུ་གུ”，即朱古人。也有“ཏུ་རུ་ཀ”、“ཏུར་གྱིས”、“ཏུ་རུག”、“ཏུས”、“དྲུག”、“སྲུ་གུ”等不同称谓的记载。以笔者之见，“དྲུ་གུ”与其他称谓并不矛盾，都是“突厥”一音的演变，只是记载方式不同而已。众所周知，藏语实属拼音文字，在古代藏语拼读时，不仅读辅音和元音，而且清楚地读出前加字、上加字、下加字、后加字的音。如以头发 skr 为例，s 为上加字，k 为辅音，r 为下加字。skr 字发音时，每个音素都能清楚地拼读出来，如果按这种读法记载，skr 字发音应为“萨尕拉”。据更登群派先生游记中的记载，现在的拉达克人，skr 字发音就为“萨尕拉”。元朝帝师八思巴的名号，也属于此类古藏语读音的记载。藏文史料中，对突厥称谓“朱古”一名，源于吐蕃时期，其记载的音也应属于古代藏语的读音方法。依照古代藏语的读法，“དྲུ་གུ”一词拼读时，将每个音素的读音一一独发。从语法分析，“དྲུ་གུ”由“དྲུ”和“གུ”两个音节组成。拼读时，前音节的辅音 d，下加字 r，元音 u，以及后音节的辅音 k，元音 u 等，要一一读出每一个音素，那“དྲུ་གུ”一词的发音应该为“ད་རུ་གུ”了。藏文构词时，按发音的清浊程度而组成。“ད་རུ་གུ”中，前者的发音强于后者，故后者的元音被前者所提取，因而就形成“ཏུ་རུ་ཀ”（古藏语中，经常有 t 与 d 相互替换的记载，这里也把“du”字替换“tu”为字）一音了。可见，“ཏུ་རུ་ཀ”与“Türk”的发音极为相似，毋庸置疑，“ཏུ་རུ་ཀ”是“突厥”一音的演变。“ཏུས”和“ཏུར་གྱིས”是“ཏུ་རུ་ཀ”一音的简化方式。如今三大藏区的藏语发音发生了较大变化，拼读中前加字、上加字和后加字有所简化和省略，只有边缘地区有所保留。

对于藏文文献中对突厥的称谓有“དྲུ་གུ”和“ཏུ་རུ་ཀ”两种截然不同的记载方式的原因，笔者认为是藏语在口语表达上的地区差异。卫藏、安、

---

[1] 格勒．藏族早期历史与文化［M］．北京：商务印书馆，2006：361．

康的书面化藏语是一致的，但是口语在三大藏区有所不同。"དྲུ་གུ"和"དྲུག"是藏人对突厥称谓的书面记载方式，"དུ་རུ་ཀ"、"དུར་གྱིས"和"དུར"三个称谓，乃是"དྲུ་གུ"的口语读法。每个词汇在书面记载和口语读法有所区别，其实，两者是同一个事物的两个层面，没有本质性的区别。当前人把"突厥"民族的藏语称谓记入史册时，有些人把"突厥"一词的口语读法记于文本，于是就出现了突厥称谓的不同记载文献。有些文献典籍中，"དྲུ་གུ"与"ཟླ་གུ"互为兼用，这完全是受到后期藏语语法的影响。吐蕃时期以来，藏语的发音发生了较大变化，后弘期以后藏语拼读时，前加字、上加字和后加字等有所简化和省略现象。

这样"དྲུ་གུ"和"ཟླ་གུ"在同一个音位，其发音几乎没有区别。因而书面记载时两者出现二者通用的现象。综上所述，"དྲུ་གུ"是"དུ་རུ་ཀ"的书面记载方式，"དུ་རུ་ཀ"又是"དྲུ་གུ"的口语读法。两者都是"突厥"一音的演变，其记载方式之外没有差异。可见，"勺哇"人的"勺朱古"称谓，产生较晚。

在青海同仁县境内的"吾屯"人，其服饰文化、生活习俗、宗教信仰等，与"勺哇"人极为相似，当地藏人称"ཧོར་ནེ"。更登群派先生认为，今"ཧོར་ནེ"人可能是古代"དུ་རུ་ཀ"民族的后裔，即突厥人后裔。❶ 故此，经笔者初步推断，所谓"勺朱古"和"ཧོར་ནེ"人，同属于一个族源，都是突厥人后裔。在历史上，由于脱离本文化核心区，持久接触异文 化，逐渐发生文化的变迁，彼此的共性也就减少了。总之，解析藏文文献中关于突厥民族的不同称谓方式，能够进一步推断"勺哇"人是古代突厥民族后裔的论点。

小 结

笔者实地考查发现"勺哇"附近的景古、八角和莲麓一带，有"朱古人居住的山沟"（དྲུ་གུའི་ཁོག）、"朱古人的河水"（དྲུ་གུའི་ཆུ）、"朱古人的城堡"（དྲུ་གུའི་མཁར）、"朱古人居住的川或滩"（དྲུ་གུའི་ཐང་）、"朱古人的关隘"

---

❶ 更登群派先生在《智游佛国》中（更登群派文集第二册，1990 年西藏藏文古籍出版社，第 84 页）记载：དུ་རུ་ཀ་མི་ཉག་དང་ཧོར་ལ་སོགས་པའི་ཡུལ་ཕྲན་བོད་ཀྱི་འབངས་སུ་ཚུད་པ་ལས་ཀྱང་བྱུང་ལ་འདི་ཐེ་ཚོམ་མེད་པ་ཡིན་པས། དེས་ན་རེང་གོང་མཐིལ་དུ་སྡེ་འགའ་ཞིག་གི་སྐད་ལ་ཧོར་སྐད་ཅེས་གྲགས་པ་ཡང་དུ་རུ་ཀའི་སྐད་དེ་དུར་སྐད་བྱ་བ་མིན་ནམ་སྙམ་ལ། དེ་དག་གི་བུད་མེད་ཀྱི་མགོ་ལ་དཀྲིས་ལྟེབ་ནག་པོ་ཞིག་གྱོན་པ་དེ་ཡང་དུ་རུ་ཀའི་སྔོན་གྱི་ཆས་ལ་ཡོད་ཟེར། དེས་ན་དུ་རུ་ཀའི་ཡུལ་རྒྱ་བ。ནི་རྒྱ་གར་ནུབ་བྱང་ངོས་སུ་ཡིན་ལ་དེ་ལས་ལི་ཡུལ་དུ་མཆེད་ཅིང་ལིའི་ཤར་མཐའ་རང་རེའི་མཚོ་སྔོན་གྱི་བྱང་དང་འབྲེལ་བས་རིགས་དེ་སྐྱར་མཆེད་པ་ཡིན།。

（དྲུ་གུའི་འོབས་ཀ།）等与古代“朱古”人相关的很多古地名文化遗迹。在长条手写本和“勺哇”老人的口述中，也得到其祖先源于“勺朱古”（སོ་དྲུ་གུ།）的记载和传说。故此，笔者初步认为，“勺哇”并不是“霍尔”一音的演变。“勺”是“朱古”部落的某部氏族，“哇”是藏语，意为人。明朝时期，“朱古”部落的“勺”氏族，迁徙至白石山山腰一带，因其生计方式有所不同，“勺”氏族又分化为“勺尕”（སོ་དཀར།）和“勺那”（སོ་ནག）两个小部落。从语言学的视角剖析，所谓“朱古”是“突厥”一音演变，是藏人对“突厥”人的称谓。也就是说，“勺哇”人是古代“朱古”人的后裔。

由此可见，更登群派先生认为康区和安多地区的部分藏族源于突厥、西夏和蒙古❶的观点是有根据的。毋庸置疑，“勺哇”人源于古代“朱古”民族，吐蕃时期迁徙到莲花山附近，并繁衍生息于白石山山麓一带。“勺哇”人东有野林关，山狭壑深；北有白石山，高不可攀；西有茫茫的扎尕草原；南有茂密的原始森林。四面凭险的地理环境，有力地保护了“勺哇”人的文化原貌。其语言、服饰等某些文化特质上，仍隐约可寻古代“朱古”人的踪迹，可谓“同而未完全化，融而未完全合”。

“勺哇”部落历史长河领地逐渐被吐蕃人和汉族屯军所蚕食，迫使其紧缩至勺哇白石山脚一带。从清康熙十五年开始，“勺哇”人隶属于卓尼藏人杨土司的“兵马田地”，历时 273 年。久而久之，“勺哇”人因深受藏文化的影响而逐渐失去原有的文化特质，并逐步接受藏族文化，与藏族相融合。

这导致他们没法确切定位自己的身份，有时候认为自己是“勺哇”人，有时候认为自己是藏族，而民族识别时又将“勺哇”人划为土族。诚然，在不同的历史时期，“勺哇”地区融入了不同特质的文化因子，遂逐渐形成了“勺哇”文化的多元化格局，这种文化格局导致了“勺哇”族源问题的多元化结论。

参考文献

[1] 智贡巴・贡却丹巴热杰. 安多政教史［M］. 兰州：甘肃民族出版社，1982.
[2] 曾维群. 洮迭民俗手札［M］. 北京：中国文联出版社，2010.
[3] 宗喀・漾正冈布. 卓尼生态文化：下［M］. 兰州：甘肃民族出版社，2007.
[4] 索南多杰. 历史的痕迹［M］. 北京：中国藏学出版社，2007.
[5] 康乐县志编纂委员会编. 康乐县志［Z］. 北京：读书・生活・新知三联书店，1995.

---

❶ 更登群派. 更登群派文集：第二册［M］. 拉萨：西藏藏文古籍出版社，1990：84.

[6] 卓尼县地方史志编委员会编. 卓尼县志 [Z]. 兰州：甘肃民族出版社，1994.
[7] 多吉杰博整理. 五部遗教：藏 [M]. 北京：北京民族出版社，1997.
[8] 格勒. 藏族早期历史与文化 [M]. 北京：商务印书馆，2006.
[9] 更登群派. 更登群派文集：第三册 [M]. 拉萨：西藏藏文古籍出版社，1990.

多源文化的大漩涡

——塔尔寺与“宗喀六族”文化变迁

先　巴

（青海民族学院民族研究所）

一、宗喀地理环境

宗喀是藏族历史上一个很古老的地区，作为地名，宗喀早在吐蕃时期就已经出现。在藏族传统地理中，广义的宗喀通常是指湟水两岸地区，狭义的宗喀则是指宗拉让摩山北面、湟水南面的地方。“宗”即宗曲，是湟水的藏语名称，“宗喀”就是湟水边的意思。藏文史书中称，宗拉让摩山（即拉脊山）的宗拉杰日峰巍巍如天柱，相传为安多地区最著名的山神阿米玛钦的第三子。这座神山无论从哪一方向看，山形都像转轮王坐在宝座上一样。塔尔寺就坐落在宗拉让摩山北麓、湟水南岸的莲花山坳间，莲花山四围群山环绕，拱卫着圣域。狭义的宗喀即汉文史书中的“湟中”，自古为形胜之地。史称这里“万山环抱，三峡重围。红崖峙其左，青海潴其右。甘肃凉庄之右背，河州洮岷之前户。万山迴合，诸番罗列。水包西北，山阻东南。”[1]《四部丛刊续编史部》31，（嘉庆）《大清一统志·西宁府一·圣地颂》中说：

“天似八辐轮，地如八瓣莲。

后山秀丽而雄伟，前山如麦积成堆；

南面拉摩日山上，有自显莲花生像，

西面高耸石崖上，有自显弥勒佛像；

北面达日山之巅，有自显无量光佛像；

---

[1] 智观巴·贡却乎丹巴饶吉．安多政教史［M］．吴均，等，译．兰州：甘肃民族出版社，1989：159.

南方三具卢舍处，雪山耸峙而连绵；

东南二具卢舍处，乃是著名桑拉塘；

西方二具卢舍处，则是广漠野摩塘；

北面群山峡谷中，湟水源远而流长。”

从上述《圣地颂》中看，塔尔寺四围的山川皆有灵性，许多山峰则是塔尔寺六族的神山。这些圣景从塔尔寺旁的东拉山和刘琪山巅大多都可览入眼帘。

塔尔寺四境山川形貌正好呈现中国传统宗教中的四方四神之相，《塔尔寺志》中说：“东有白虎相，南有青龙征，西呈朱雀相，北有黄龟征。”这是说东方夏宗寺前有一白岩如同一只灰白母虎蹲居，南边的曲噶塘有如同青龙盘绕的麒麟河绕着圣地流淌，西边的西弥塘后山岩峰高耸形似朱雀，北边著名的“龙本曲弥”泉眼形同黄龟。这些山势地相，只有登高望远才能领略到。“山不在高，有仙则名。水不在深，有龙则灵。”正是因为这些山水具备如此多的灵气神异，宗喀巴的诞生就充满了神圣的色彩，而因宗喀巴的名声远播，又使塔尔寺及其周围山川的声誉更添神圣，成为雪域藏区的圣域圣地，被称为“第二蓝毗尼园”。因有塔尔寺，原本人工建成的蚂蚁沟水库，被称为“莲湖”，让人一点也不觉得有造作之嫌。“山以贤称，境缘人胜”，塔尔寺旁的山山水水，都因有“雪域智者”宗喀巴大师而名而灵而胜，但这些灵与胜，随着塔尔寺周边民族格局变化和“汉化”进程，渐成为“隐在文化”，只在塔尔寺六族民间流传。

可以说，塔尔寺四境的山山水水都有宗教象征，并与第二佛陀宗喀巴大师有一定的联系。民间传说东边的阿米杰日山神曾护送宗喀巴入藏，西南方的南佛山的孤魂野鬼曾因宗喀巴大师的口谕而得超度等。这些传说和故事是塔尔寺宗教文化旅游中值得深入挖掘的民族民间文化资源。另外，距塔尔寺十多里的拉脊山北麓有著名的药水滩，历史上是塔尔寺曼巴扎仓（医明学院）进行药浴治疗的地方。

二、塔尔寺六族及其文化

（一）塔尔寺六族

塔尔寺六族，在历史上有“宗喀六族”“湟中六族”“申中六族”、“金塔六族”等多种叫法，藏语称“亘本措周”，它是在古代“宗喀十三族”基础上，随着塔尔寺政教合一统治的建立而形成的。

“宗喀”是藏族历史上一个十分古老的地理名称，早在吐蕃王朝时期就已出现在藏文文献中。在《敦煌本吐蕃历史文书》中就曾多次提到“宗喀”。因此，“宗喀六族”的历史可追溯到吐蕃王朝时期。

吐蕃王朝和唐朝经过长期争战较量，在“安史之乱”后，包括“宗喀”地区在内的河陇地区被吐蕃王朝占领，唐蕃双方经过“清水会盟”“长庆会盟”等多次盟约，最终以陇山、大渡河一线划界，以西为吐蕃地、以东为大唐之地。“宗喀”地区也随之成为东部吐蕃的腹地，经过吐蕃王朝百余年的统治，这一地区的文化逐渐吐蕃化。“8世纪中期开始，尤其是赞普赤松德赞执政时期，吐蕃王室在统治区域内大力普及佛教，‘自首邑直至边鄙四境并建寺宇伽兰，树立教法。’使青海的佛教在已有的基础上得到了进一步的发展，青海地方文化的佛教色彩日渐突出。”[1]

吐蕃王朝崩溃后，唐朝积极筹措收复河陇，但终因藩镇四起，虽有敦煌归义军的归附，但一直到唐亡也未能真正统治河陇。河陇地区的吐蕃遂陷入分裂，“族种分散，大者数千家，小者百十家”，彼此不相统属。到公元10世纪末，河陇吐蕃出现了几个区域性的地方势力，其中较著名的是凉州六谷部和青唐唃厮啰。唃厮啰政权又称青唐政权。“青唐”是藏语“吉塘”的译音，为宗喀之古名，故藏族史称唃厮啰政权为“宗喀王朝”，唃厮啰称为“宗喀王”（音“宗喀嘉沃”）。唃厮啰政权是在鄯州、河州两大集团基础上发展起来的。从史书记载看，唃厮啰辖下的大小部落有百余个，其中影响较大的有青唐族、宗哥族、西纳族等，这些部落为后来宗喀六族的形成奠定了基础。

元明时期，湟水流域的藏族即有了“宗喀十三族”“宗喀十八族”、“宗喀二十五族”等多种族称。后来因为社会变迁和部落纷争，有些部落或融入周邻部落，或迁徙他地，在历史重组中，有的部落衰亡，有的部落兴盛。明初洪武年间，申中等宗喀十三族归附明朝，“其诸豪有力者，或指挥、千户、百户，各授有差。”每年奉贡，成为明朝的纳马之族，明代史书中称为“西番”。明朝正德年间，原居柴达木盆地和青海湖一带的罕东卫受西海蒙古的侵逼，其残部请求内附，明廷将其安置于湟中塔尔寺六族之地，即今湟中汉东乡一带。明中叶以来，塔尔寺六族逐渐由游牧转向农耕，部落的分布也有较大变化，部落组织渐趋松散，但各部落皆与塔尔寺保持着密切的关系，特别是明清两朝中央政府对藏传佛教格鲁派的大力

---

[1] 智观巴·贡却乎丹巴饶吉. 安多政教史［M］. 吴均，等，译. 兰州：甘肃民族出版社，1989：159.

倡导和扶持，使塔尔寺迅速发展，并建立起政教合一的统治，申中、西纳等六族遂成为塔尔寺的寺属部落，史称“塔尔寺六族”。据《安多政教史》载：“寺院所属的豁卡有切嘉（又作祁家等）、肖巴（又作雪巴、西河坝等）、西纳（又作斯纳等）、鲁本（又作隆本等）、木雅（又作米纳等）、申中（又作辛迴等）六个部落，属民众多，地域广阔。”关于塔尔寺六族的历史情况，除西纳族外，史书记载都很简略，现根据有关资料，将塔尔寺六族及各族的具体分布简述如下。

1. 西纳族

西纳族又译作思纳族、斯纳族、希拉族等。其地所属范围按现在的行政区域，包括湟中县西纳川地区的拦隆口、李家山、坡家、多巴、共和等乡镇。据《安多政教史》等藏文史籍的记载，西纳族属于藏族原始四大族姓之一的董氏。董氏又分为白色的南木董即萨迦氏，黄色的尼董即西纳氏和杂色的萨董即灌朗氏等。藏族谚语中有“天下人一半属董氏，董氏中一半属西纳”的说法，可知西纳族在藏族历史上的影响。

据《安多政教史》记载：“早先，有一名叫西纳·多杰坚赞者，武力雄强，在多康包柏尔岗（又译作包波岗、绷波岗，指金沙江和雅砻江下游之间的地区）地方征服了有人数众多勇猛军队的穆氏部落。”其子西纳兰巴和西纳格西两兄弟曾经到卫藏地区。次子西纳格西游学萨迦等地，学习显密经论，成为广闻博学的智者。后来，依照度母“请到北方霍尔地区弘扬佛法”的授记，前往北方，觐见成吉思汗，赢得成吉思汗及其臣僚的赞赏，因而留在了蒙古王宫。由此与蒙古王室结下了政教之缘，为西纳家族的发展带来了新的契机。

后来，西纳格西奉忽必烈之命护送八思巴回藏有功。为了奖赏其功，忽必烈将藏区东部的宗喀、苏甘（兔尔干）、赤噶（今贵德）、盘托、东康、河州及北部的布德（比底）寺、切丹（切顿）寺、康萨寺、拉松寺等地封赐给西纳格西，忽必烈和八思巴还分别赐予珍珠诰命，并册封为宣政院院使。后来，封西纳·华本为“宗喀万户长”，赐予虎头宝印。西纳家族还与蒙元王室联姻，相互关系十分密切。

明朝永乐八年（1410年），明廷封西纳上师曲帕坚赞为帝师，并赐予国师封号、象牙印章、诰命及辖区属民。永乐十年（1412年），曲帕坚赞又被册封为“慈智禅师”。宣德二年（1427年），又加封为“通慧净觉国师”，赐以银印。从曲帕坚赞受封为“通慧净觉国师”以后，历代西纳喇嘛都受封这一封号，成为定例。

西纳族头人以武力收复西宁，平定叛乱，安抚地方。因此，明朝封西纳喇嘛班觉仁钦为“灌顶国师”，赐以金印及诏书，并在西宁城东关为其建造了一座牌楼，以表彰其功。元明以来，西纳喇嘛受到历代皇帝的赐封，因而集西纳地区的政教大权于一身，形成一个地方性的政教合一政权。

到清朝，西纳喇嘛和西纳家族又受到清政府的不断封赐。顺治十年（1653 年），第八代西纳喇嘛班觉彭措受封巡检司之职，在明朝赐封的“通慧净觉国师”上又加封为“灌顶大国师”，这一封号在清代又成为定例。第十代西纳喇嘛洛桑克却曾被西藏噶厦地方政府授予“额尔德尼昂索”的职衔。自此，西纳喇嘛又被称为“西纳昂索”，仍旧维持着地方性政教合一制统治。雍正元年（1723 年），受罗卜藏丹津叛乱事件的牵连，清廷收回了原来赐予西纳喇嘛的土地，属民之诏书、印章等。但事过 20 年后的乾隆十四年（1749 年），清廷又封第十一代西纳喇嘛（西纳昂索）喜饶南杰为“西纳公”，并颁赐诏书。此后直到清末，历代西纳喇嘛（昂索）都受到清朝的赐封。乾隆二十七年（1762 年），第十二代西纳喇嘛阿旺贝丹受封后，在清廷的支持下，大兴土木，对西纳寺进行大规模的整修。

15 世纪后，西纳喇嘛改宗格鲁派，清代时西纳喇嘛派生出两个完全格鲁派化的活佛系统，分别称为西纳夏茸钦哇和西纳夏茸穹哇。西纳活佛在塔尔寺建有自己的噶日瓦（官邸），其宗教活动主要在塔尔寺进行，在夏琼寺和色多寺也有一定影响。后来，西纳家族逐渐衰落，成为塔尔寺所属六族之一，其统辖范围也随之成为塔尔寺所属的“却谿”（俗称香火庄园）。1649 年，西纳喇嘛勒巴嘉措按照四世班禅大师的旨意，建成一座与西藏下密院一样的密宗学院，藏语叫“华旦桑欧德钦林”，意为“具德密宗大乐洲”，简称“居巴札仓”。

2. 隆本族

隆本族，又译作鲁本族、龙本族、隆奔族、鲁绷族等。族称得名于当地著名的“隆本泉”（十万龙泉）。《西宁卫志・蕃族》载：“隆奔族，洪武十三年招抚。居牧塞内，外周西纳南、西、北三隅，有城郭庐室。塞外者列帐，有夷警，徙塞内。俗同申中、西纳也。有国师、指挥……其支属奔巴尔族，居西石峡（即今湟源峡）。”明永乐十六年（1418 年）正月明廷命隆本族首领札省吉省等为指挥佥事。（《明太宗实录》卷一九六，永乐十六年正月己未条）正统十三年（1448 年）十二月，又“赐西宁卫隆奔等族广惠普应国师捨剌札思诰命。”（《明英宗正统实录》卷一七三）在《秦边纪略》中，为西宁附近番子熟番“十三族”之一。（《秦边纪略・西宁卫》，第 51 页）其地所属范围按现在的行政区域，包括湟中县西川地区的小康城、维新、共和、拉沙、拉科（上五庄）、四营等乡镇。隆本昂索驻地在国师营地方。明朝万历年间，隆本昂索贾尔什德归顺明朝，明朝廷赐予“国师”封号。由此，其驻地也更名为国师营。宗喀巴的父亲鲁本格就是隆本措哇苏木什村人，母亲香萨是隆本措哇索尔即村人。

3. 申中族

申中族又译作辛迥族、香均族、兴均族、申冲族等。“申中”，藏语意为“阴山牧地”。早在唃厮啰时，史籍中写为“心牟”或“森摩”。[1]《天下郡国利病书·西宁卫志·番族》载：“申中族，一名申冲。洪武三十年招抚，居牧归德硖，后徙塞内孤山滩古牛心堆西也，去卫治四十里。有城郭、庐室，田畜为业。户三百，口六百有奇。授指挥一，岁输马三百五十有奇。其俗多毛布，男子衣二截，上修倍下，下多纵缝，各衣兽皮，贵贱有异。女子椎发，披颊而下，贵者首项饰珍珠、珊瑚、琥珀、玛瑙、腊珀、海螺之属。饮食恒牛羊、胡饼，重名酪。间猎黄牛、黄鼠、獐鹿、野牛马、雉、兔食之。岁以麝香、犏牛羖尾、马尾、土豹、狐皮出市。”[2]（乾隆）《西宁府新志》载，至雍正初时，申中族在“郡城（即今西宁市）南五十里，相连塔尔寺，计一十三庄……共一千二百七十九户。”《秦边纪略》载：“南川口，各堡之总名也。营在水泉儿寨。明副将达云与夷战于暗门之间，申中等族尾夷于暗门之外，杀夷甚众，京观可筑。东有归德峡，圮塌城沟，西有王沟儿峡，直接青海南。暗门之外，申中、剌卜番族，而南远抵黄河。……归德峡，在东南三十五里，番族住牧。圮塌城沟在东四十里，王沟儿峡在西三十里。……南川暗门外南二十里，申中族堡寨，西四十里剌卜尔族堡寨，南川南二百四十里即黄河，渡河即河州之归德堡矣。”[3] 可见申中族至清初已有较大发展。从史籍所载看，申中族所属范围按现在的行政区域，包括西宁南郊、西郊地区和湟中县的上新庄、土门关、什张家、升平、丹麻、群加等乡镇。申中昂索驻地在申中滩，即今上新庄镇申中村一带。

4. 米纳族

米纳族又译作尼纳族、墨尼哈族、木雅族、梅仰族、弭药族等。“藏语中的米纳（mi－nyag）即汉文古籍中的弥药，是构成西夏主体的党项羌的一个主要支系，米纳部落的名字据说由于是西夏属民的后裔，因而得此

---

[1] 巴明旺．宗喀十三族考［J］．青海藏族，2005（1）．
[2] 王继光．明代安多藏区部族志［J］．西北民族研究．
[3] （清）梁份．秦边纪略［M］．西宁：青海人民出版社，1987.65.

名。”但其历史尚待进一步考证。❶ 也有人认为，明初海喇嘛致书招降住牧于柴达木盆地的罕东、安定等卫，当时居牧嘉峪关西南的番人因受蒙古亦卜剌部侵扰，内迁至西宁近边，明廷将其安置在今湟中县康川（即今湟中县汉东乡和大通县景阳乡一带。据考证，塔尔寺一世赛赤活佛就出生在今大通县景阳乡的兰重村，该村藏语称“米娘热登”；塔尔寺一世米娘活佛的出生地在今贵德县黄河边的米娘川）。他们内迁后以米娘为族名，以示不忘远祖。另外据史书记载，湟中康川一带原来就居住着米娘的同族——“红帽尔族”，即拉卜尔族。❷ 其地所属范围按现在的行政区域，包括湟中县的大康城、甘河滩、汉东、鲁沙尔等乡镇。

5. 祁家族

祁家族又译作奇甲族、齐家族等。其地所属范围按现在的行政区域，包括今平安县（原为湟中县的东川地区）的石灰窑、三合、寺台、古城、沙沟等乡镇。族称因地处祁家川而得名。

6. 雪巴族

雪巴族又译作肖巴族、西合巴族、西河坝族。其地所属范围按现在的行政区域，包括湟中县的盘道、大源、大才、马场乡及贵德县尕让乡十大滩等地。雪巴族是塔尔寺近代最为典型的香火封地。清朝时曾称为“塔尔寺族”，民国时称金塔乡，解放初改为金塔藏族自治乡。

历史上，塔尔寺六族既是塔尔寺僧人的主要来源地，又是塔尔寺僧众的主要供养者，塔尔寺的经济来源也主要依靠塔尔寺六族。因此，塔尔寺六族的经济、文化和生活方式都深深地打上了塔尔寺政教合一统治的历史烙印，正因为如此，在培育塔尔寺旅游市场、拉长塔尔寺旅游产业链的过程中，更应注意对塔尔寺六族历史文化和民俗的挖掘、开发和弘扬，使游人能领略到塔尔寺文化的历史和文化根脉，从而避免使游人只知有塔尔寺而不知有塔尔寺六族，觉得塔尔寺少了社会基础和文化根脉！

塔尔寺六族地处湟中，这里在历史上是一个民族迁徙聚散的民族走廊，元明以来，塔尔寺六族虽属塞内，但历代中央政府对其的管理一直实行“因俗而治”的政策，直到20世纪50年代，塔尔寺政教合一统治才因宗教改革而宣告结束，因此其文化具有强烈的边疆“戎狄”色彩，与当地的汉文化有较大的差异。

---

❶ 陈庆英. 中国藏族部落［M］. 北京：中国藏学出版社，2004：350.

❷ 巴明旺. 宗喀十三族考［J］. 青海藏族，2005（1）.

（二）塔尔寺六族文化

塔尔寺六族自明清以来，先后移居塞内，渐变游牧为农耕，居处服食亦随之变迁，早在明代就有“熟番”与“生番”之别，而西宁“附近番子”，“有十三族，皆熟番也”。其中，有的“有城郭庐室，田畜为业”，有的“无城郭，多毳帐，间有庐室”。塔尔寺六族因长期为塔尔寺统属，其民居的最大特点就是处处有藏传佛教的影子：庄廓院墙四角立有白石，房屋正堂设有佛龛或有专门的佛堂，佛龛内供奉的主要是格鲁派护法神华旦拉毛（即俗称的“骡子天王”），故当地有“藏民家供的是拉毛，汉民家供的是娘娘”之说；院落都有一个约十平方米见方的花坛，俗称“花院”，许多人家坛中埋有“奔巴”（宝瓶），是塔尔寺六族院落中的神圣之处。所以，在物质文化趋同的外形下，塔尔寺六族的庄廓院落与周邻汉族民居相比，仍然保持着自己固有的民族传统文化符号。

1. 饮食文化

塔尔寺六族由于农牧兼营，农业较为发达，所以，其饮食文化较为丰富。与其他地区藏族一样，塔尔寺六族藏族也嗜茶喜酒，食糌粑等。但塔尔寺六族的饮食品类有其特色，如常见于藏区的糌粑，在塔尔寺六族地方就有几种品类，有青稞糌粑、玉麦糌粑、燕麦糌粑，还有用青稞、燕麦、豌豆磨成的三合一糌粑。糌粑在塔尔寺六族生活中不仅是食品，有时也是祝福吉祥之用品，如在马场藏族乡一带的婚宴中，每当酒酣茶足，人们便会歌舞一番，这时人们在袖筒中捏一把糌粑，边歌舞，边向身旁的人的面部打糌粑，不一会儿，人人脸上都带一层白白的糌粑，看上去既热闹又滑稽，为婚礼带来祝福，增添情趣。

2. 服饰文化

塔尔寺六族的服饰与青海其他地区藏族的服饰大同小异，衣着以大襟袍服为主要代表，上衣分为礼服和便服两种，又以季节分为冬装和夏装。旧时，习惯戴礼帽，穿布鞋，喜穿条绒布或棉布长袍（热拉），腰系腰带，男多红色、蓝色，女多红、蓝、粉、绿等色。女子长袍多在脚踝骨以下，并视经济条件，在衣袖和下缘用金线编子、织锦缎、十样锦、羔皮、水獭皮等镶边。男子衣服至膝盖处，一般用十样锦氆氇、水獭皮或羔皮饰窄边。现在，人们虽已基本着现代服装，但绝大多数人在结婚时都要置办一两套传统的藏族服装，以备在节日或重要场合穿着。

姑娘出嫁前只梳小辫或双辫；结婚后，始戴辫套（近年来随着社会潮流的影响，平时基本不戴）。塔尔寺六族妇女头饰因部落不同稍有差异，大致有银盾嘉笼、刺绣辫套和哈热等三种，辫套花纹图样多采用“藏八宝”点缀。申中族的“哈热”头饰较为独特，中心部位的主体花纹是一个“奔巴”，即宝瓶。传说当年宗喀巴的姐姐因思念远去西藏的弟弟，以刺绣弟弟最喜好的“奔巴”来寄托其思念之情。后来被当地妇女用于头饰，相沿成习，成为申中族特有的妇女头饰。辫套上刺绣的花纹图案，绣工精细，色彩艳丽，纹样丰富多变，刺绣的技法有扎法、盘法、缠法等多种，是六族妇女展现自己刺绣技艺的窗口。刺绣作为服装头饰的一种装缀，既有实用功能，又有美的追求。

3. 民族艺术

塔尔寺的酥油花、壁画、堆秀艺术被誉为塔尔寺艺术“三绝”，闻名海内外。

酥油花　酥油花是藏族雕塑艺术中的一枝独具魅力的奇葩。其以用料的独特，色彩的绚丽，造型的逼真，令人惊叹不已，心醉神迷。关于酥油花的缘起，有不同的说法，一说酥油花最早产生于西藏苯教，缘起于朵玛供品上的酥油小贴花。一说始于吐蕃时期。说唐蕃联姻时文成公主进西藏，带去一尊释迦牟尼12岁身量像，供奉于大昭寺。按印度佛教的传统习俗，供奉佛和菩萨的供品有六色，即花、涂香、圣水、薰香、果品和佛灯。但当时正是草枯花谢之时，无法采撷到鲜花，遂用酥油捏塑成一束花献于佛像前，后相沿成俗。还有一种说法称，酥油花缘自宗喀巴大师所做的一个梦。总之，酥油花的缘起充满了神奇的色彩。

酥油花是一种油塑艺术，就是以酥油为主要原料制成的艺术品。酥油是青藏高原藏民族的奶油类食物，它柔软细腻、色泽纯洁、清香扑鼻、可塑性极强。在藏传佛教中将酥油花视为礼佛的珍品，而把酥油花用于塑造艺术，充分展示了藏族人民别具天才的艺术智慧。随着一代又一代艺僧的创造和发展，酥油花艺术在塑造方式、内容、花色品种以及工艺技巧等方面也不断改进、创新。

塔尔寺用酥油花将表现大型故事的人物立体群像搬上艺术舞台，供世人观赏的礼俗，相传是从1409年宗喀巴大师首次在拉萨大昭寺发起的祈愿大法会开始的，至今已有600多年的历史。后来逐渐演变成藏传佛教和藏族的民间节日，藏语叫“觉阿却巴”，意思是“十五供”或“元宵供”，俗称为“灯节”。

塔尔寺有上下两个酥油花院，专门培养捏塑酥油花的艺僧，为每年的“正月十五灯节”准备各自制作的酥油花架，民间俗称为“上花架”和“下花架”。上下酥油花院的艺僧们怀着对佛教的虔诚和对酥油花艺术的执着追求，不畏天寒水冷，苦练技艺，潜心钻研，刻意创新，使塔尔寺酥油花成为代代相传的艺术绝技，享誉海内外。

改革开放后，随着旅游业的发展，塔尔寺酥油花从寺院走向社会，向更多的人展示它的独特风采。1991 年 1 月，塔尔寺的“三绝”艺术首次在北京展出，一位北京参观者看了酥油花后，在留言簿留下了“此花只应天上有，人间能得几回观”的赞誉。

壁画 在塔尔寺的主要殿堂、檐廊、回廊等墙壁上都绘有各种精美绚丽的壁画，被誉为塔尔寺艺术“三绝”之一，是我国绘画艺术宝库中的奇葩。20 世纪 30 年代，中国绘画大师张大千从甘肃敦煌慕名来到塔尔寺，考察壁画的绘画艺术风格，对塔尔寺“三绝”艺术赞不绝口。

壁画有三种制作类型：第一种是布面画，将图案绘在经过加工处理的白布上，然后根据所放置的墙面大小做木框镶嵌在墙壁上，这种壁画称为“间堂壁画”；第二种是墙壁壁画，就是在经过处理的洁白墙面上，打某种底色，直接绘出各种题材的画面，然后上清漆，壁画即成；第三种是在墙面上嵌上木板，进行干燥刨光处理，用胶和石膏合成的白浆打底，再绘上各式图案即成。

壁画内容广泛，多取材于佛经故事、神话故事、因缘故事、箴言故事，释迦牟尼、宗喀巴大师等的生平故事以及各种佛像、神像、香巴拉乐园，阴间地狱画面，生死轮回及高僧大德的形象等等。其中以释迦牟尼十二宏化故事、二十一尊度母、长寿三尊、二胜六庄严、十六尊者、宗喀巴师徒三尊及各种密宗护法神像为多。也有反映世俗人物和藏医等科学技术的壁画。

堆绣 堆绣是一种别具民族特点的藏传佛教寺院艺术种类。从广义上讲，堆绣属于唐卡的一种。唐卡有卷轴（绘画）唐卡、刺绣唐卡、提花唐卡、贴花唐卡（又称剪堆）和宝石唐卡等不同种类。其中堆绣被称为塔尔寺艺术“三绝”之一。

堆绣是用各色绸、缎、棉布剪成所设计的各种图案形状，精心堆贴成一个完整的画面，然后用彩线绣制而成。堆绣有图案设计、剪裁、堆贴、绣制等多道工序，有些图样还需要染色。堆绣又分为平剪堆绣和立体堆绣两种。平剪堆绣是将剪裁好的图样堆贴在预先设计好的白布之上，然后用彩色丝线或金线绣边即告完成；立体堆绣则要在平剪的图样内填充上棉花或羊毛，使图样凹凸有致，然后粘贴在对称的布幔上，再将堆绣好的各种图样用绣缎缀成巨幅画幔，这种堆绣的画面非常逼真而且富有强烈的立体感，因而被称作立体堆绣。大经堂内悬挂的“十六尊者”（罗汉）和“八仙过海”，是塔尔寺的两幅大型堆绣佳作，技法娴熟，造像精巧，引人入胜，是堆绣艺术的传世珍品。

塔尔寺艺术“三绝”是藏族艺术的瑰宝，塔尔寺长年组织艺僧专门制作唐卡、堆绣，使这种独特的传统工艺不断发扬光大，推陈出新，代有佳作。堆绣唐卡已开始远销国外，被称为东方艺术的一大奇观。

事实上，塔尔寺六族文化，历史悠久，内容博大，类目众多，极富特色，而塔尔寺处于塔尔寺六族文化的核心层，是塔尔寺六族历史、文化、宗教的集中表现，其中的塔尔寺艺术“三绝”更是塔尔寺六族文化中奇葩。

4. 宗教信仰

塔尔寺六族的宗教文化由于历史上受塔尔寺政教合一体制的统治，深受藏传佛教的浸染，甚至可以说，塔尔寺六族的宗教文化就是藏传佛教文化。但从整体来看，塔尔寺六族的宗教文化大致由两大部分组成，一是源自羌藏系民族传统文化的山神文化，二是藏传佛教文化。这两种宗教文化从历史渊源上说，是两个系统，前者是古代羌藏民族的固有文化，后者则是一种源于古印度的外来文化。但到今天，这两种宗教文化经过千百年的交融，已难分彼此了。

塔尔寺四围的莲花山素有“宗喀圣域”之称，是“第二佛陀”宗喀巴的诞生地，在塔尔寺方圆十数里内，今共和镇苏木什是宗喀巴大师故居之地，上新庄镇静房寺是宗喀巴大师的上师曲杰顿珠仁钦的静修地，大源乡的南佛山是道教名山，近在咫尺的西山有刘奇拉康（山神庙），时至今日，这些与宗喀巴大师和塔尔寺息息相关的圣景，仍然昭示着塔尔寺的文脉、史脉！

三、宗喀地区多元文化格局的历史性轨迹

历史上，宗喀地区的一个最显著特点就是多民族多文化汇聚此地，并存共生。从历史发展的进程看，在先秦以前，这里是羌戎之地，其文化一般认为属西羌文化，也有人提出先羌文化之说。到了元明时期，在汉藏互动过程中，河湟地区形成了土、回、蒙古、撒拉等民族，他们穿插于汉族与藏族之间，由此形成一种我国其他地区少有的多民族交错杂居的民族分布格局。但由于自然生态的制约，包括汉族在内的各民族向青藏高原区的推进始终存在着一个极限，除蒙古族深入柴达木盆地外，其他民族都以小聚居的形式分布在河湟地区。纵观历史，我们可以将宗喀地区多元文化格

局的进程大致分为五个阶段，即氐羌原始族群时期、秦汉魏晋时期、唐蕃唃厮啰时期、元明清时期和近现代时期。

（一）氐羌原始族群时期

宗喀地处湟水流域，这里自古是黄土高原和蒙古高原各民族进出青藏高原的走廊地带，从地理上看，河西走廊和藏彝走廊交汇于此，是青藏高原羌藏系民族向外迁徙的主要通道。早在新石器时代，宗喀地区的古文化就已显现出十分开放的特点。由于这一地区宜农宜牧，所以历史上既有农耕文化，也有游牧文化，农耕文化和游牧文化在此长期共存，彼此消长，可以说是青藏高原文化和黄土高原文化交汇带。“从考古材料来看，甘青地区早在新石器时代就已形成了一个种植粟米，饲养牛羊，居住半地穴式房屋，使用斜肩的石斧和螺旋纹、贝纹的彩陶，实行石棺葬和火葬的原始族群——氐羌原始族群。”❶ 这个族群古代史籍中称为“西羌”、“西戎”或“氐羌”等。

“在甲骨文字中，羌从羊从人，姜从羊从女，两字相通，表示族类与地望用羌，表示女性与姓用姜。”顾颉刚在《九州之戎与戎禹》中进一步明言：“姜之与羌，其字出于同源，盖彼族以羊为图腾，故在姓为姜，在种为羌。”❷ 在考古学上，一般认为甘青地区先后相继的马家窑文化、齐家文化、卡约文化、辛店文化是羌人早期文化。这些考古文化当是后来湟中羌藏文化的重要源头之一。

（二）秦汉魏晋时期

塔尔寺六族分布于湟水的中游，汉文史书称之为“湟中”。这里山峦起伏，湟水中流，形成“三百里湟川”，古为先零羌人居地。“先零”又作“西零”，《晋书》称这里为“西零之地”。❸ 先零羌源于研种羌，是西羌诸部中的强族，据史书记载，分布在湟水中下游到庄浪河流域。“研”为人名，西羌首领无弋爰剑（前476—前443年）的曾孙忍的儿子。《后汉书·西羌传》载：“研至豪健，故羌中号其后为研种。及秦始皇时，务并六国，以诸侯为事，兵不西行，故种人得以繁息。”秦朝西部疆界大致以黄河为界，西宁等地在“临洮西塞外”，称“湟中地”或“临洮边外地”。

到西汉武帝时，“北却匈奴，西逐诸羌，乃度河湟，筑令居塞，初开

---

❶ 格勒. 藏族早期历史与文化［M］. 北京：商务印书馆，2006：238.

❷ 王钟翰. 中国民族史［M］. 北京：中国社会科学出版社，1994：121.

❸《晋书·四夷传·吐谷浑传》。

河西，列置四郡……时先零羌与封养、牢姐种解仇结盟，与匈奴通，合兵十余万，共攻令居、安故，遂围枹罕。汉遣将军李息、郎中令徐自为将兵十万人击平之。始置护羌校尉，持节统领焉。羌乃去湟中，依西海、盐池左右。汉遂因山为塞，河西地空，稍徙人以实之。”❶ 这是中原王朝移民湟中之始，也是中原王朝统治湟中羌人之始。汉人移居河西湟中羌地，由此形成羌“与汉人杂处”之格局。西汉神爵年间，西汉后将军赵充国奉命安抚河湟羌人，在湟水流域移民屯田，并设郡县，宗喀地区属于金城郡临羌县管辖。西汉元帝时（前49—前33年），研十三世孙烧当继立，“复豪健，其子孙更以烧当为种号”。“自烧当至滇良，世居河北大允谷，种小人贫。而先零、卑湳并皆强富，数侵犯之”。滇良父子集其附落及诸杂种，掩击先零、卑湳而大破之，“掠取财畜，夺居其地大榆中，由是始强”。❷ 从史载看，此“大允谷”即今湟中县李家山乡的云谷川，是湟水北的一条支流。云谷川与西纳川紧邻，向西可通青海湖东北的海晏。由此可见，先零羌的活动中心一直在今湟中地区，今西宁沈那遗址或许就是先零羌、烧当羌的文化遗存。❸

东汉初，置西平郡西都县管辖，班彪曾上言称：“今凉州部皆有降羌，羌胡被发左衽，而与汉人杂处，习俗既异，言语不同。”管理羌人的事务仍归护羌校尉。从史载看，东汉时护羌校尉的治所随东汉王朝对西羌的征伐而不断西移。永平元年（公元58年）窦林任护羌校尉时，居狄道（今甘肃临洮），建初元年（公元76年）吴棠领护羌校尉时居安夷（今青海平安），到吴棠的继任者傅育时，移居临羌（今湟中多巴）。在征讨西羌的战争中，大量汉军士卒随征战而进入湟中屯戍，如汉章帝章和元年（公元87年）张纡为护羌校尉，“将万人屯临羌”。（《后汉书·西羌传》）这些屯戍士卒成为当地新的民族成员，将汉文化带入临羌等地，使湟中地区文化在羌汉两大民族的碰撞中相互融合，不断发展。东汉中后期，政治统治日益腐朽，治理羌人的政策急功近利，边吏更是“赋敛羌胡”，最终引起羌人反抗东汉统治的大起义，前后持续百余年。这可看作是羌汉文化冲突的极端反映，它是历史上青藏高原羌藏系文化与中原汉文化之间一次大较量。由于羌人缺乏统一政权统领，其反抗一次次皆被东汉王朝镇压下去，但东汉统治基础亦大伤，正如史家所言：“惜哉！寇敌略定矣，而汉祚亦

---

❶ 《后汉书·西羌传》。

❷ 《后汉书·西羌传》。

❸ 芈一之. 西宁历史与文化［M］. 沈阳：辽宁民族出版社，2005.

衰焉。”

此外，西汉文帝初年（前180年）前后，匈奴冒顿单于攻破月氏，月氏部众分散，大部分西迁西域，一部分向南逃入祁连山，后移居于湟中，与这里的羌人杂居相处，并和羌人通婚，不断发展，史称“湟中月氏胡”，或称“羌胡”。《后汉书·西羌传》称其“被服饮食言语略与羌同，亦与父母姓为种，其大种有七，胜兵合九千余人，分在湟中及令居”。月氏胡继汉人后进入湟中，使湟中成为羌、汉、胡等民族错居之地，与此相应，文化上也呈现出多民族的特点。

魏晋时，湟中成为“五胡”纷争的舞台，先后为前凉、前秦、后凉、南凉、西秦、北凉、北魏、北周等政权割据统治。这一阶段的特点总起来看，就是羌、胡、汉三大族系在湟中交汇争雄，随之而使羌、胡、汉三大族系文化并存于湟中，呈现出明显的多元性和边缘性，其中羌文化为主体，胡、汉文化有“羌化”现象；同时，羌文化也受到胡、汉文化的很大影响。当时，南凉将国都移至西平，秃发利鹿孤采纳祠部郎中史嵩的建议，“建学校，开庠序，选耆德硕儒以训胄子”。因此使南凉政治、文化深受汉文化影响。从汉文史书记载看，南凉是一个基本汉化了的封建政权，其“政治制度基本上沿袭了魏晋以来中原汉族封建政权形式”❶。由于南凉敦崇儒学，汉文化在河湟曾一度兴盛。

十六国时期，河湟佛教兴盛。当时，“凉州自张轨后，世信佛教……村坞相属，多有寺塔”。(《魏书》卷一百一十四，《释老志》) 西秦乞伏氏崇信佛教，其境内的炳灵寺为当时河湟佛教文化的中心之一。南凉秃发利鹿孤时的高僧释昙霍就是从西秦来到西平的。释昙霍到西平后，深受秃发利鹿孤之敬仰，“国人既蒙其祐，咸曰大师，出入街巷，百姓并迎为之礼”。((梁) 释慧皎《高僧传》，卷第十，《神异下》) 由上可见，这一时期，湟中在羌、汉、胡多元文化的基础上又输入了新的佛教文化，并渐成为各民族交往的文化桥梁，使湟中文化的多元性特点更加显现。同时，“恭事天地名山大川”的原始宗教文化依然流行。这种文化特点正是之后唐蕃唃厮啰时期佛教文化兴盛的重要渊源。

（三）唐蕃唃厮啰时期

在唐蕃唃厮啰时期，河湟地区族际关系的主角变为藏汉两大民族，唐蕃双方长期争雄往来，带动了这一地区羌、鲜卑、回鹘等多民族的大互

---

❶ 崔永红，张得祖，杜常顺. 青海通史 [M]. 西宁：青海人民出版社，1999：107.

动，在这种多民族大互动的历史过程中，甘青河湟的民族格局和文化面貌也随之而变。这一时期又以“安史之乱”为标志，可分为前、后两个阶段，前一阶段从隋初到中唐“安史之乱”，可以说是汉魏时期的继续，汉文化仍呈强劲之势，在河湟地区与羌藏文化交融；后一阶段从吐蕃占领河湟到唃厮啰政权灭亡，羌藏文化成为强势文化，随着吐蕃对这一地区统治的加强，河湟文化逐渐“吐蕃化”。吐蕃崩溃后，立国青唐的唃厮啰政权统治河湟时，这一地区的“吐蕃化”进程继续发展。

隋朝初年，湟中地区经常受到吐谷浑的侵扰。隋朝因北有突厥侵逼，南与陈朝对峙，遂对吐谷浑采取守势。开皇十六年（596 年），隋浑联姻，隋文帝将光化公主嫁给吐谷浑王世伏。当时，吐谷浑和突厥“分领羌胡”，控制丝绸之路，致使隋与西域间的朝贡不通。为此隋朝策动铁勒攻打吐谷浑。大业四年（608 年）铁勒果然攻打吐谷浑，吐谷浑大败。隋朝遂占有自西平临羌城以西、且末以东、祁连以南、雪山以北，南北两千里、东西四千里的吐谷浑故地。大业五年（609 年），隋炀帝西巡，统领大军经西平、浩亹进抵张掖，伊吾王向隋进献西域地数千里。隋朝即在吐谷浑故地和伊吾王所献之地置西海、河源、且末、鄯善四郡，遣发天下轻罪者和戍卒移居四郡，屯田戍卫，以保丝绸之路畅通。这些移民和戍卒的到来，不仅加强了中原王朝对青海的直接统治，而且使河湟汉族人口大增，汉文化随之也有所发展。

唐朝政区制度大体沿隋制而略有变化。贞观元年（627 年），唐将全国划分为十道，甘青河湟地区属陇右道，整个湟水流域为鄯州（今乐都）辖境。为备御吐蕃，在鄯州（乐都）设陇右节度使，引入大批中原汉族到河湟，或戍守或屯田。当时这一地区的民族状况史书中缺少明确记载，但大致仍是羌人为主体，唐朝戍边屯田的军民主要集中在州、城及战略要地，与羌人错处杂居。唐蕃以赤岭为界，唐在湟中设鄯城县，为唐西陲边地，屯驻有大量军队，戍守的同时进行屯田，有许多屯戍士卒即居留于此，融为当地居民。吐蕃占领这一地区后，将俘获的唐人多安置于此，或与这一地区有大量唐人有关。

“安史之乱”后，河陇之地为吐蕃尽占，称之为“朵思麻”（或译“多麦”）。建中四年（783 年），唐蕃双方在清水（今甘肃清水县）会盟，史称“清水会盟”。此次会盟大体上将黄河以北贺兰山区划为“闲田”；黄河以南从六盘山、陇山，沿岷江、大渡河，南抵磨些诸蛮（今云南丽江地区）划线，以东属唐朝，以西属吐蕃。湟水流域被称作“宗喀”。从《敦煌本吐蕃历史文书》中的记载看，吐蕃所称之“宗喀”地区大致即唐之鄯州；并有大小“宗喀”之别，大略今之西宁市及湟中县等地为小宗喀，湟水流域至黄河北岸地区为大宗喀。

《敦煌本吐蕃历史文书》记载：吐蕃在河陇“设立五个通夹（mThong khyab）万户部落，新生一个德论（bDe blon）所辖之大区”进行有效统治。这个所谓“德论所辖之大区”又称“管辖区域广宽之安抚大使”，即唐代汉文史籍中所谓的“东道都元帅”、“东道节度使”或“东面节度使”，“五个通夹万户部落”归“东道都元帅”管辖，由“蕃东节度钵阐布”统领，专理河陇。其中鄯州节度使是“五道节度使”之一，治地仍在鄯州（今乐都县城）。通过以上军政设置，吐蕃最终确立了在河陇地区的统治体系，在近百余年“吐蕃化”统治过程中，吐蕃渐成为该地区的主体民族。

吐蕃将河陇地区新征服的民族编为部落设将统治，这种将新征服的民族编为部落设将统治的政治制度，学界称为“部落—将制”。从史书记载来看，“部落—将制”是一种军政合一的地方管理机构，它“将唐王朝的乡里制改变为吐蕃王朝的部落—将制”。可见，吐蕃设置“部落—将制”是在唐朝河陇地方行政设施基础上，结合自己传统，加以变通后建立起来的。之外，在敦煌文书中常见“节儿”（rtse - rje）的吐蕃官职名。一般认为，“节儿”是“吐蕃占领瓜、沙、河、湟，奄有整个河西走廊以后，在新占区设置的一级官员名称”。[1] 节儿除管理吐蕃驻军外，还管理当地部分行政事务、民事诉讼等，其职权类似于唐朝设在节度使下的“军”。“通颊”也是吐蕃占领河陇后在当地设置的官职，敦煌汉文写卷中音译为“通颊”。其职责是管理由被占领地区各民族编成的部落的行政、生产、兵役征发及劳役等事务，处理这些部落与当地驻守的吐蕃本部部落之间的关系。因此，通颊管辖之下的部落又被称为通颊部落。宗喀地区是否有通颊部落，史无确载，但从唐人零散的闻见中可以肯定，宗喀一带是吐蕃安置被俘唐人的地方之一。

《白氏长庆集》卷四记载：“蕃法唯正岁一日许唐人没蕃者服衣冠”。这些唐人虽久居此地，与吐蕃杂处，但其民族情结长期保持，陈黯在《代河湟父老奏》中称：“臣等世籍汉民也，虽地没戎虏，而常蓄归心……其后国家以内寇时起，不遑西顾，其番戎伺隙，侵掠边州，臣等由此家为虏有。然虽力不支而心不离，故居河湟间世相为训，今尚传留汉之冠裳，每

---

[1] 王尧. 敦煌吐蕃官号“节儿”考［J］//西藏文史考信集［M］. 北京：中国藏学出版社，1994：162.

岁时祭享，则必服之，示不忘汉仪。亦犹越翼胡蹄，有巢嘶之异。”❶

虽然没于吐蕃的唐人在民族心理上对于吐蕃的民族同化政策持有抵触情绪，但是“在统一政权下，由于有统一的文字，共同的经济生活，相近的宗教信仰以及语言的逐步统一，比较顺利地培育了吐蕃文化（也是对羌族文化的继承和发展）为中心的共同心理状态，使河湟、河曲诸羌部落逐步同化到大蕃族之中。经常有从吐蕃本土派遣来的贵族统率部众（多为苏毗人、羊同人）在河湟等地屯驻，这些屯军也与当地部落融为一体了”。从文化上看，宗喀地区的藏族文化逐渐根深叶茂，一枝独秀，使河陇地区自汉魏至唐初的“汉化”进程中断逆转，而日渐“吐蕃化”，成为安多藏区政治、经济和文化的中心。主要表现在三个方面：一是藏语藏文的推广和通用，二是吐蕃佛教的广泛传播，三是风情民俗的吐蕃化。❷

吐蕃王朝及其文化的兴起，可以说是青藏高原羌藏文化的一次大爆发和大展示。范文澜先生认为：“中国西部出现吐国，无疑是历史上的大事件。”松赞干布“在位的时候，创造文字，制定制度和法律，与唐和亲，吸收汉文化，原来寂寞无所闻见的中国广大西部，因强有力的吐蕃国的出现，变得有声有色了”。❸ 黄文焕先生对现存于河西的7至9世纪吐蕃藏文写本经卷进行研究后，对于河陇地区的“吐蕃化”现象也十分慨叹地说：“有如此众多的兄弟民族人士从事吐蕃文字经卷的写制，又有那么众多的兄弟民族人士‘吐蕃化’得简直如同吐蕃人一样，这就从一个特定的方面表明：7至9世纪间，吐蕃领有西域南部以及河西一带广阔地区之时，民族交流不仅存在，而且在原有的基础上以自己的形式继续进行，其规模之宏大、时间之持久、方法之自然、影响之深入，都是极为动人的。”❹ 吐蕃统治河陇的时期，也正是大力弘扬佛教的时代，在吐蕃崇佛政策的影响下，河湟佛教日渐兴盛，至吐蕃中后期，这里已成为吐蕃佛教文化中心之一。正因为这样，朗达玛灭法时，“三贤士”才避居于此继续弘法，并成为藏传佛教后弘期发祥地。

北宋时期，唃厮啰立国河湟地区历百余年，藏史称为“宗喀王朝”，其国都青唐城（今西宁）是当时宗喀地区的政治、经济、文化中心，藏文化继续发展，并带上了深重的佛教文化色彩。汉文史籍《谈苑》中说：吐

---

❶ 张起文. 唐代散文选注：下［M］. 北京：中华书局，1962：63.

❷ 刘夏蓓. 安多藏区族间关系与区域文化研究［M］. 北京：民族出版社，2003；芈一之. 公元八至十世纪甘青藏区社会状况述论［J］. 青海民族学院学报，1986（2）.

❸ 范文澜. 中国通史：第四册［M］. 北京：人民出版社，1978：5（58）.

❹ 黄文焕. 河西吐蕃卷式写经目录并后记［J］. 世界宗教研究，1982（1）.

蕃人“自称曰倘，谓僧曰尊，最重佛法。居者皆板屋，惟以瓦屋处佛。人好诵经，不甚斗争”。[1] 唃厮啰政权早期的宗哥族首领李立遵，被称为“郢成蔺逋叱”“蔺逋叱”，这是藏族对佛教高僧的尊称，现在一般译作“仁波齐”或“仁布且”。可见，李立遵是当时青唐境内的一位佛教高僧，在社会上具有较高的声望。他拥立唃厮啰为青唐国主后，自任大相，辅佐朝政，因而青唐政权具有较明显的政教合一的统治特点。

唃厮啰为了利用佛教巩固统治，在青唐城等地广建佛寺，推崇佛法。李远《青唐录》中说：青唐城之西，“有青唐水，注宗河，水西平远，建佛祠，广五六里，缭以冈垣，屋至千余楹。为大像，以黄金涂其身，又为浮屠十三级以护之。僧丽法〔罹〕无不免者。城中之屋，佛舍居半”。岷州《广仁禅院碑》中称：“西羌之俗，自知佛教，每计其部人之多寡，推择其可奉佛者使为之。其诵贝叶傍行之书，虽侏离鴃舌之不可辨，其音琅然，如千丈之水赴壑而不知止。又有秋冬之间，聚粮不出，安坐于庐室之中，曰‘坐禅’。”“虽然其人多知佛而不知戒，故妻子具而淫杀不止，口腹纵而荤酣不厌。”这是对当时藏传佛教的真实描写，其情景大致与后来的宁玛派相一致。由此可见，唃厮啰时期佛教已成为宗喀藏族社会的主流文化，“重释氏”“好诵经”“好营塔寺”，成为当时宗喀藏族文化最显著的特点。同时，唃厮啰也保留了古代吐蕃文化遗俗，《青唐录》载，青唐城中有唃厮啰国主所居之“禁围”大殿，“直南大衢之西，有坛三级，纵广亩余，每三岁，冕祭天于其上”。这与吐蕃王朝时“一年一小盟、三年一大盟”“令巫者告于天地、山川、日月星辰之神”的传统是一脉相承的。这种既崇尚佛教又信奉传统“苯教”的文化传统，实际上一直延续至今。

北宋一朝中原汉文化对唃厮啰藏族文化也曾有过深刻的影响，尤其是“熙宁开边”以来，北宋采纳王韶的《平戎策》，对秦凤路沿边的河湟藏族诸部“以恩信招抚”，并“辅以汉法”，“使其习用汉法，渐同汉俗”。到北宋中后期，河湟藏族遂有“熟户”“生户”之别，按当时的说法，“接连汉界入州城者，谓之熟户；居深山僻远，横过寇略者，谓之生户”，特别是唃厮啰国都青唐城是当时丝绸之路南道的一大商贸重镇，来自西域以及其他地区的商贾云集于此，商贸活动十分繁荣，逐渐成为河湟地区的一大都会。“熙宁开边”后，北宋灭唃厮啰，改青唐城为西宁，置西宁州统治河湟藏族，西宁作为政治、经济、文化中心，对紧邻的宗喀地区的辐射

[1] 《谈苑》卷一。转引自祝启. 唃厮啰——宋代藏族政权［M］. 西宁：青海人民出版社，1988：271.

是最直接、最广泛的。

（四）元明清时期

13世纪蒙古兴起，建立了强大的蒙古汗国，不久攻灭西夏、辽、金，尽占河湟。元朝建立后，对河湟地区的统治仍沿北宋、西夏之旧，设西宁州，隶属甘州的甘肃行省统辖。元朝对藏族的统治采取“因俗而治”政策，在中央设立宣政院，以帝师统领，官吏选用上实行“僧俗并用”的制度。宣政院在藏族地区设立了三个宣慰使司都元帅府，设元帅、宣抚、安抚、招讨等官职，负责治理各地区的军政事务。设立在安多地区的是吐蕃等处宣慰使司都元帅府，治所在河州。下又设河州、西宁、脱思麻三个宣抚司，管理甘青西北藏区。元朝对藏族地区的“因俗而治”的政治方略符合当时藏族社会的实际情况，因而减少了元朝统一管理藏族社会的阻力和矛盾，对藏族地区的社会经济和文化发展及社会稳定发挥了重要的积极作用，特别是由此而发展起来的政教合一的社会体制对后来的藏族社会影响极为深远。此后，政教合一制度成为藏族地区的一种政治制度，历经元明清，一直延续到解放前。

元代宗喀地区虽属西宁州管辖，但对当地藏族的统治似乎是一种“双轨制”的管理。至元二十四年（1287年），元朝封章吉驸马为宁濮郡王，镇守西宁州。后出伯、速来蛮也曾被封为西宁王，镇守西宁地区。此外，在忽必烈在位时曾设宗喀万户统辖当地藏族。据史书记载，忽必烈即位后，西纳格西因护送八思巴回萨迦有功，处理政教事务，深得忽必烈的欢心，因而忽必烈决定给西纳格西封赐地方和百姓，要求他提出自己所愿的地方。于是西纳喇嘛回到藏区，“把东面的宗喀、甘肃、贵德、般托、东康、噶甘居，北面的卜德寺、切督寺、康萨寺、拉桑寺、仁钦林寺等广大地区的许多村庄、寺院和百姓都写在报告里，回来将文书呈送圣上（忽必烈）”。忽必烈就降旨，把文书内所列各地封给了西纳喇嘛，并颁给珍珠敕书，同时还敕封了西纳泽觉（曾被成吉思汗收为义子）等多人。“以后又给西纳·华本赐了嵌三颗珠宝虎头印，敕授为宗喀万户。”[1] 西纳家族自从受到元室的册封后，西纳川即成为西纳万户的大本营，成为元代宗喀地区政教合一统治的中心。西纳家族一直到明代世世受到朝廷封授，由此，西纳族也成为宗喀地区最具影响的藏族部落。宗喀万户的统治当与元朝设于

---

[1] 智观巴·贡却乎丹巴绕吉．安多政教史［M］．吴均，等，译．兰州：甘肃民族出版社，1989：161－162．

宣慰使司都元帅府下的万户府是一致的。元朝“因俗而治”政策下的政教合一统治，使佛教僧人逐渐走上社会政治的前台，成为藏族社会的主宰者。从此，“在宗教和俗人之间结成了一种充满危险的联盟：它使贵族最终地没落，而寺院将成为胜利者，寺院权力和扩张欲望与日俱增，很快变成西藏命运的主宰”。[1] 这正是明王朝在统治藏族社会时明确推行“多封众建，尚用僧徒”的历史文化背景。

到明清时期，随着藏传佛教的兴盛，宗喀地区的藏族部落组织日渐解体，代之而起的则是一个个以寺院为中心的区域性政教合一体制，塔尔寺就是其中最具影响的实行政教合一统治的寺院之一。它通过严密的政教合一制度，牢牢控制着对寺属六族的统治。

明朝承袭元朝统治藏族的制度，继续“因俗而治”的民族政策。明统治者深知藏族人民“重佛法，而尤重国师”的宗教习俗，特别强调“尚用僧徒”。“僧司制度创设后，明政府又把原属于汉传佛教中的僧纲司体制，移植到藏传佛教地区，而首先接受这种移植的是当时的西宁、河州二卫。”其中，西宁僧纲司以番僧三剌为都刚。藏传佛教中的僧纲司名曰“番僧僧纲司”，在明清官职中自成一个独立的体系。番僧僧纲司作为明清时期土司制度的补充形式，也深深地打上了土司的印记，“与汉区的僧司有很大差异，这不再是纯粹的僧司机构了，而具备有僧司与土司的双重特征。”有的僧官的职掌不仅是“化导群迷”，还要领兵戍守关隘，甚至出征打仗。[2] 明代宗喀十三族中的西纳国师、巴哇族“善智禅师”便是如此。永乐八年（1410 年），西纳喇嘛曲帕坚赞被尊为皇帝的上师，赐予“国师”的诰封，并封给管辖的地区和百姓。永乐十年（1412 年）敕封为“慈智禅师”（《明实录》中作“大国师”）。宣德二年（1427 年）封为“通慧净觉国师”，赐给银印。此后，历代西纳喇嘛被明朝敕封同样的名号，赏赐有加。崇祯七年（1634 年）李自成领导的明末农民起义波及青海，起义者占领了西宁，西纳喇嘛班觉尔仁钦领兵收复了西宁，“献于皇上”，因此明朝封班觉尔仁钦为“灌顶国师”，赐金印和敕书等，并在西宁城东关敕建了一座记功大牌楼，予以嘉奖褒扬。因此有人认为，番僧僧纲司“与其说它是个僧司机构，勿宁说它是冠有‘僧’字标记的土司衙门”。[3]

---

[1] ［意大利］杜齐. 西藏中世纪史［M］. 北京：中国社科院民族研究所，1980 年内部资料版：4.

[2] 谢重光，白文固. 中国僧官制度史［M］. 西宁：青海人民出版社，1990：266，276.

[3] 谢重光，白文固. 中国僧官制度史［M］. 西宁：青海人民出版社，1990：277.

由于明清王朝对藏传佛教的特殊政策，宗喀地区的藏传佛教获得了长足发展，趋于鼎盛之势，随之出现了“番僧寺族，星罗棋布”情景。被封为王、大国师、国师、禅师、都纲等名号和官职的番僧，既是当地的宗教领袖，又是“约僧管民”的一方土司，实行区域性的政教合一统治。据《秦边纪略》载，明朝时，西宁附近番子“岁时纳茶马者，谓之熟番。其散出山外，易有无于熟番者，谓之生番。有十三族，皆熟番也：曰申藏、曰章咂、曰隆奔、曰巴沙、曰革咂、曰申中、曰隆卜、曰西纳、曰果迷卜咂、曰阿齐、曰嘉尔即、曰巴哇、曰即尔嘉，皆羌也。先零、罕千干之遗种也。十三族谓之十三大族，其后小族甚多，如剌卜族、红帽族之类，不可甚计”。[1]《明实录》载：“其西宁边外多系熟番，西纳、陇卜等大者一十三族，附庸不可胜计。”（《神宗万历实录》卷二二八）可见，明代西宁边外除西纳、陇卜等十三大族外，还有很多小部落。塔尔寺六族就是由上述熟番十三族及其他小部落发展演变而来的。既称为“熟番”，则其文化与生番已有较大的区别。

到清朝，藏传佛教僧官制度的主要特征乃是活佛转世制度的确立和完善。活佛转世制度最初源于噶玛噶举派，后来为格鲁派等其他教派普遍采用。这一制度是利用佛教的化身理论对以往家族血缘传承制度加以改造而形成的，它“减弱了法缘关系对世俗血缘关系的依附性，杜绝了某一望族名门把持法位的弊端，使社会僧团取得了相对独立遴选法嗣的权力，并把社会各阶层的人们卷入选择活佛的宗教活动中来”。[2]乾隆时期又创立了金瓶掣签制度，规定达赖以下各大活佛的转世灵童，都要通过金瓶掣签仪式来选定。清朝通过金瓶掣签制度，大大加强了对藏传佛教的管理。从明清时期藏传佛教上层到中央政府朝贡情况看，以宗喀地区人数最多，明清朝政府给塔尔寺等许多寺院的活佛、高僧以各种封号僧职，使之成为明清时期当地藏族社会的政治代表，替封建王朝进行统治。清朝时期，塔尔寺等一批寺院逐渐成为统治一方的政教合一实体，有一大批活佛、高僧获得各种名号，其中以“呼图克图”最受尊崇。“呼图克图”有“驻京呼图克图”和“外呼图克图”之分，清朝一代青海地区向有“八大驻京呼图克图”之说，其中塔尔寺就有阿嘉、赛赤、拉科三位，他们驻京领职，地位显赫。通过这些活佛、高僧的朝贡往还，塔尔寺声名远播，成为宗喀地区最具影响的藏传佛教文化中心。在频繁的政治活动中，这些活佛、高僧也

---

[1] （清）梁份．秦边纪略［M］．西宁：青海人民出版社，1987：51.

[2] 谢重光，白文固．中国僧官制度史［M］．西宁：青海人民出版社，1990：297.

成为宗喀地区藏族文化自觉者，这种自觉的最显著标志，就是这一时期涌现出如宗喀巴、松巴·益希班觉、智贡巴·贡却乎丹巴饶吉、五世赛多·罗桑崔臣嘉措等一大批藏族学者，他们著书立说，弘扬藏族历史、文化，他们的著作和思想极大地增强了藏民族的民族自信心和凝聚力，至今仍是取之不尽的民族文化宝藏。

元明清时期在甘青河湟藏族地区的管理都带有“双轨制”的特点，即在推行土司制度的同时，又加强这一地区的军事和行政建置，以此来加强对河湟藏族地区的政治统治，特别是明朝实行“移民实边”政策，大批汉族人口先后移居河湟，或戍守或屯种，与当地人错居。因此，这一时期是宗喀地区民族格局发生大变动的时期，其标志就是明朝在这一地区设立卫所，并普遍实行屯田。以屯田（包括军屯）解决卫所士兵的给养和官员的薪俸，即“寓兵于农，有事则战，无事则耕，暇则讲武”。当时河湟地区地广人稀，明朝将“城池左近水地给民树艺，边远旱地赐各土司，各领所部耕牧”。[1] 由此形成卫所移民居于城池附近屯种水地，而土司属民退守边远山区耕牧的民族分布特点。这种民族分布特点自明形成以来，一直延续到近现代，没有大的改变。

（五）近现代时期

近现代时期的青海，一直到20世纪初，基本上维持了明清以来的统治体制。宗喀地区藏族社会虽然深受西宁中心城市的强烈辐射，但塔尔寺政教合一制度仍然被保留了下来，在当地社会政治生活中具有很大的影响，特别是20世纪初，受当时政局的影响，十三世达赖喇嘛、九世班禅先后到塔尔寺，当时西宁办事大臣、章嘉呼图克图等许多政治要员和蒙藏上层纷纷到塔尔寺，向达赖、班禅献礼朝拜，一时间塔尔寺成为备受人们关注的地方。塔尔寺的影响可从抵制民国时期的一起开垦寺属牧地事件中窥见一斑。这次事件的原委在塔尔寺内的一通立于中华民国十一年（1922年）的《塔尔寺四至碑》中有详细记载。碑文中称：塔尔寺为“宝贝佛”宗喀巴的诞生地，西藏的达赖、班禅和蒙古王公“最为注重之地”，也就是说塔尔寺在藏族和蒙古族社会具有非常广泛的社会影响力。因此对于民国八年（1919年）西宁“南川汉民”强谋开垦牧地之举进行抵制，最终甘肃省派西宁道尹黎按雍正、乾隆年间的四至发给执照，“勒石立案，永禁不许开垦”，并称将此执照“给塔尔寺阿嘉呼图克图、噶勒旦锡埒呼图克图，并

---

[1] 《西宁府新志》，卷二十四，《官师·附土司》。

法台、僧纲等”。由此可见，直到民国十一年呼图克图、僧纲等僧仍然存在。碑文中提到民国八年“南川汉民”强谋开垦塔尔寺牧地，这与当时甘肃设青海屯垦使署实行放垦的时政有关。塔尔寺在政府倡办垦务的时局下，能够成功抵制“南川汉民”的开垦行为，足见其社会政治影响之大。

当时，塔尔寺拥有大量的土地和草山牧地。新中国建立初期，从塔尔寺保存的旧册籍中统计，其耕地为 90458 亩；而据调查资料之统计，其耕地达 102321 亩。主要分布在今湟中、平安、湟源等地，其中以寺院近旁的湟中县鲁沙尔、上新庄、汉东最为集中。如今上新庄镇的上、下台两村当时有村民 1044 户，共有耕地 30456 亩，其中属塔尔寺所有的就占 27000 余亩，占其耕地总面积的 90%。[1] 当时湟中县金塔乡（原马场藏族乡）的土地、树林全部为塔尔寺所有，全乡农牧民皆为塔尔寺寺属“塔哇”。因此对寺属土地的控制和经营，成为塔尔寺寺院经济最重要的基础。除了对土地的经营外，塔尔寺还经营商业、租赁及借贷等。历史上，塔尔寺“众僧的大‘集体’和大吉哇、大拉昂、各扎仓的小‘集体’以及上层喇嘛个人都从事商业活动。此外还有专门从事商业活动的喇嘛。有的把商业资本贷给喇嘛中的‘生意通’，一年交还原本，利润分成；有的投资给鲁沙尔商人，如马锦、马兴泰等人；也有的同商人合股经营商号，如诚尕德、万保成、永生魁等商号。喇嘛中的‘生意通’以募化布施、朝拜宗教‘圣地’、进行宗教活动为掩护，往来印度和我国西藏及各地大城市如北京、天津、张家口等地，经营贵重药材麝香、鹿茸、藏红花、畜产品和英印物资（手表、毛料、金笔），个别喇嘛甚至倒卖枪支、弹药和鸦片等”。这一切使塔尔寺在保持其固有的宗教功能的同时，又悄然衍生出其他社会性功能，正如有人所说，“寺院既是‘集市’又是‘高原城镇’”。[2] 塔尔寺在每年正月、四月、六月、九月都要举行四次“观经大会”，届时到塔尔寺的各族僧俗多达十余万众。“这些人名义上是朝拜，而实际上多为交易，以其所有，易其所无。各地商人亦多来此，大都能说蒙古语或藏语，交易以银元为主。”塔尔寺的这种融法会和交易会于一体的传统，逐渐在寺院附近形成了一个商贸集镇，到近代发展成为鲁沙尔镇。可以肯定地说，鲁沙尔镇是塔尔寺在历史上影响最大的一个“副产品”，没有塔尔寺的兴盛繁荣，

---

[1] 参见《塔尔寺概况》，青海人民出版社 1987 年版。白文固. 明清以来青海喇嘛教寺院经济发展情况概述［J］. 青海社会科学，1985（2）.

[2] 见尕藏加. 藏传佛教与青藏高原［M］. 南京：江苏教育出版社，拉萨：西藏人民出版社，2004：319－322.

就不可能有今天的鲁沙尔镇。今天的鲁沙尔镇的发展更是得益于塔尔寺宗教文化旅游经济的繁荣。

塔尔寺和鲁沙尔镇，自明清以来逐渐成为塔尔寺六族政治、经济和文化的中心，藏、汉、回、土、蒙古等民族汇集在这里，进行各种经济文化活动，由此给塔尔寺六族的文化带来新的文化因子，使其在多民族多文化的影响下悄然发生着变迁。其中随着汉族人口的不断增加和经济一体化进程的发展，到近现代时期，汉文化逐渐成为宗喀地区的主流文化，原来通用的藏语逐渐失去了往日“中介语”的功能而让位于汉语，操汉语而保持传统信仰和民族心理，成为近现代塔尔寺六族的一个特点。在汉语语境中遂有“家西番”之称。

四、对拦隆口镇白崖村和上新庄镇上、下村个案分析

2006 年笔者在拦隆口镇白崖村和上新庄镇上、下村进行实地考察，从调查走访的情况看，这几个村的藏族村民的民族文化认同大致相同，他们皆认为自己是藏族，宗教上仍然信仰藏传佛教，藏传佛教信仰依然是他们精神上的终极寄托。从文化的物质、制度和精神三个层面来看，当地物质文化变化最为剧烈，人们的衣食住行习惯已与周邻汉族趋同。但是无论从制度还是精神层面看，藏族和当地汉族等其他民族仍有较为明显的差异，各民族各有其自己的文化认同。

从宗教信仰看，藏族仍然保持着传统的信仰体系。我们到塔尔寺六族中“汉化”程度最高的拦隆口镇考察发现，人们通常的语境中仍会区分出“某某为藏族”、“某某为汉族”，表现出较明显的民族归属感。宗教文化仍存在一个由塔尔寺—西纳寺—村庄寺庙（或山神庙）组成的信仰体系，据西纳上寺村的刘家爷（79 岁）回忆，这种状况在他爷爷时代即如此。如白崖村，村南半山腰有座山神庙，在村旁田头建有一座镇邪防雹的“本康”。据称其供奉的山神非常灵验，人们外出常祈祷山神佑助。有一年拉科村的汉族社火队欲到该地表演，说是快到村外不远处的山口时，竟旗折人翻，未能到村中。当年还遭受特大雹灾。村人称这都是他们的山神不悦所致。因为他们的这位山神最不喜欢吹打弹唱。

从通婚状况来看，虽有藏汉通婚的情况，但大多仍以同族内婚为主。我们在乡政府民政部门随机抽查了当地白崖村的婚姻登记，白崖村是一个以藏族为主，藏汉杂居的村庄。该村 1982 年至 1985 年结婚登记的有 12 对，其中不同民族间通婚的 1 对，女方是甘肃张掖人，汉族。2001 年至

2002 年结婚登记的有 5 对，其中不同民族间通婚的 2 对，都是白崖村女方嫁给当地上鲁尔和合尔营的汉族。在中老年中藏汉通婚多为汉族入赘到藏族家中。

在上新庄镇上、下台村中调查时发现，当地村民绝大多数人不会说藏语，但都有藏语名字，有少数年老者会说藏语。近年从化隆、循化等娶来的媳妇较多，她们都会说藏语。这两个村历史上是塔尔寺的“塔哇”部落，老年人中有很多是 1958 年宗教改革中还俗的“阿卡”，人们多以“阿卡爸”相称，给人以较深的印象。这些人中除了本村的人外，还有少数人是民和三川土族，也有化隆的。老年人中入赘现象十分普遍。

在宗教信仰上，两个村都有嘛呢康，内供千手观音、宗喀巴佛像，当地共同信仰牛热、多伙本松、马场拉则（即阿米玛卿）等山神，在两村嘛呢康中都有壁画或唐卡。从信仰体系看，有一个塔尔寺—静房寺（曲噶日朝）—嘛呢康构成的体系，还有一个山神信仰体系。这两个信仰体系在当地村民中至今仍有很大影响，塔尔寺的活佛是人们精神上的最高寄托，为人们所崇敬。山神尤其是牛热山神是人们外出佑护和居家平安保护神，为人们所普遍敬奉。

由此来看，塔尔寺的宗教功能至今仍然保持着，它是塔尔寺六族民众的文化归属，人们在每年的“四大观经”期间，只要有空都会去参加。每年岁末每家每户都要延请僧人念平安经。

青海蒙古族土地信仰*

吉乎林
（青海省社会科学院民族宗教研究所）

青海蒙古族是蒙古族区域划分的统称，指居住在青海省境内的蒙古族，俗称青海蒙古族或“德都蒙古”（意为上边的蒙古、高原蒙古），其主要成员是卫拉特部和硕特蒙古人的后裔（也有少部分土尔扈特、杜尔布特、卓罗斯和喀尔喀蒙古人后裔），总人口为99815人，占全省总人口的1.77%（全国第六次人口普查），聚居于青海省海西蒙古族藏族自治州的德令哈市、格尔木市、乌兰县、都兰县，黄南藏族自治州的河南蒙古族自治县，海北藏族自治州祁连县、海晏县、刚察县、门源县。此外，还有一部分居住在海南藏族自治州共和县、湟源等地，在西宁、大通、互助、乐都等市县也有少数蒙古族散居。

蒙古族在迁居青藏高原的近四百年中，不断地更新和塑造着其特有的民族品格和地域文化。具有显明地域特色的“德都蒙古”文化作为全蒙古族文化的组成部分也有其产生的背景和存在的价值。土壤是有生命的自然体，是生物的乐园，是自然界最复杂的生态系统之一，也是自然界最丰富的生物资源库。“土”是人类发祥和繁育的摇篮、人类文明产生的根基，有着重要的自然科学和人文科学的研究价值，由于它养育的不同民族之间有着民族性的差异，表现在对“土”的认知和体验上又形成了不同的“土文化”，即因不同民族、文化、宗教、地域等因素而产生关于土文化及其文化观念，青海蒙古族在这些方面更具特色。

青海海西蒙古人的自然认知观把土与大地视为一体，把大地和天穹联系起来加以崇拜，这是蒙古人原始思维的遗留。在青海海西蒙古人的自然认知观中，“etsege tenger/eke Gadzar”（天为父、地为母），“unasan siroi

---

* 本文中所使用的音标为国际音标青海海蒙古语方言。本文中所叙述的祭祀仪式及例子为本人田野考察所得。

alta/ u：sen usu aragsijan ”（生我的土是金子、饮我的水是圣水），这也充分说明青海海西蒙古族文化中不仅有着蒙古族原始文化的遗留，也有着自己独特的自然认知观和区域民族文化的特点，这些谚语正是蒙古族原始文化的活化石。通过它可以透视出蒙古族“土”文化的深层次结构。

一、青海蒙古族土文化的崇信内容

自然崇拜是人类共有的一种特性，它是原始社会的产物，在原始社会时期，人类的生产力低下，对自然界不能充分、科学地认识和理解，对自然现象有一种恐惧、敬畏等心理，于是产生了膜拜、崇敬行为。青海海西蒙古族的某些祭祀仪式就是对自然界超能力的畏惧、回馈、感恩、膜拜和贡献的现实活动。祭祀就是崇拜心理产生的对超自然神膜拜的具体实践。它是一种民间自发组织、遵照一定的章程，向“天神地母”神灵致敬、膜拜和献礼的行为，对土的崇拜具体表现为大地崇拜、山崇拜、岩石崇拜三种。

（一）大地崇拜

《蒙鞑备录》中有鞑靼人特别敬仰天和地的记载。“崇拜大地也是神化自然力、崇拜自然力的信仰之一。蒙古人认为大地是万物之母，也是保护子女、五畜、五谷的女神。所以把大地称为额和德勒黑，意为大地母亲。”蒙古人把大地作为神秘的超自然力量来崇拜，这与他们依赖自然草原生活有密切联系。他们把上天和大地联结在一起，称上天为慈爱的父亲，称大地为慈祥的母亲。把天和地信奉数化为“上九十九天，下七十七地”。蒙古人崇拜大地与崇拜“长生天”一样是从古代传承下来的自然崇拜的表现形式。《马可·波罗游记》中记载了古代蒙古人的祭地之习俗，如：名称纳赤该，谓是地神，而保佑其子女、牲畜、田麦者，大受礼敬。各置一神于家，用毡同布制作神像，并制神妻神子之像，位神妻于神左，神子之像全与神同。食时取肥肉涂神及神妻神子之口，已而取肉羹散之家门外，谓神及神之家属由是得食。蒙古人用羊肉、奶食、圣酒祭地并跪拜大地，以祈求大地的保佑和恩赐。”[1]青海海西蒙古人对自己的故土、家乡有着无比的热爱和感情，远去的游子都有带上自己故乡的一把沃土和几粒石子的习惯。在节日、庆典或平时饮酒时都有首先要向“天”、“地”敬献酒（德吉）的习俗。在海西蒙古人的意识里土在某种程度上是先祖和故乡的代表。

也正因为这个原因，青海海西蒙古人非常重视草场和土地的保护，而且至今还保持着比较原始的以人、畜、自然为三要素的游牧生产方式。游牧方式基本上是随着土地草场、气候的变化而迁徙流动，这种传统的游牧方式对减轻大自然、土地的负荷和压力是极为科学和有效的。因其生产方式的特殊性，青海海西蒙古人无不感觉到与大自然发生着直接的关系，所以在他们的观念中对大自然、土地、牧草、水源的保护意识占有绝对的主导地位。他们认为大地是一个有灵魂的整体，是人类的衣食父母，万物的源泉。

（二）山崇拜

山崇拜是蒙古人土地崇拜的一个变体，青海海西蒙古人认为自然界的万物都有灵，祭敖包山就是这种观念的具体表现。

在海西蒙古族地区，敖包比较多，它们通常都设在水草丰美或地势雄壮的山上，这也是源自蒙古族原始文化的山崇拜的习俗。最初，敖包是一种地理标示物，后来演变为一种民间信仰活动。据《蒙古秘史》记载：铁木真被蔑儿乞人攻打，躲进布尔罕山（肯特山）才脱险，事后铁木真将帽子摘下、腰带挂在脖子上，朝着布尔罕山拜了九拜，并且吩咐子孙后代每年都要祭祀布尔罕山。这是祭敖包的最早的传说和最初形式，可见祭敖包作为一种祭祀文化现象距今已经有七八百年的历史了。经过长期的历史演变，祭敖包已经成为蒙古族最具有文化意蕴的一种固化于心的精神文化形态了。

祭敖包不但是蒙古族各地区都普遍存在的祭祀形式，也是蒙古族文化的重要组成部分。青海蒙古族地区是以旗为单位，祭祀各旗的特定敖包，同时也以乡（村）为单位进行祭祀活动。各旗之间的祭祀形式也有所不同，这与当时清朝在青海蒙古族地区实行的“分而治之”以“涣散其势”的政策有关。以海西柯鲁柯旗蒙古人为例，主要祭祀的敖包有“cagan owo”（意为白色敖包）。“cagan owo”可以视为柯鲁柯旗的旗敖包。

柯鲁柯旗蒙古人祭敖包的仪式在每年的夏初、五月进行，具体日期由每个旗里具有威望的喇嘛选定。祭敖包时祭祀人（通常为男性）穿着盛装、背着枪、挎着刀、带上一天的干粮和祭祀品，骑着骏马在太阳升起前赶到敖包山，然后下马、摘帽、按照顺时针方向绕敖包转三圈，再到各桑台煨桑。喇嘛们开始诵经，前来祭祀的人们就往敖包上献酒、徐木尔等祭祀品。参加祭祀的人需要带一根鲜嫩的柏树条，上面绑上五彩的绸缎或风马旗，抹上酥油后，从喇嘛们前面的桑台上燎过（以示净化）再放入敖包堆里，把带来的供品献上后再用金线或银线围绕敖包，并朝天放枪（现在常用鞭炮），撒风马图，大声喊“哈尔加录”，朝天撒青稞种子，煨桑等。喇嘛们经诵完毕后，大家在敖包旁吃午饭。然后重新煨桑，绕着敖包转三圈后赶赴宴会场。这时妇女们在宴会场盖好帐篷、做好食物，等待祭祀人群的归来。祭祀人群基本到齐便开始宴会，同时进行各种娱乐活动，项目主要有赛马、摔跤、射击、拔河、唱歌、跳舞及颁奖等。这时的庆祝宴会也就是在宣告这一年的祭敖包仪式结束。

海西蒙古族的祭敖包仪式是一个复杂多元的文化形态。青海蒙古族视“苍天为父、大地为母”，体现了蒙古族对自然界的一种传统认识观。敖包作为大地的组成部分自然有着不可忽视的信仰地位。因此对敖包祭祀的禁忌中就有女人不可参加祭祀活动（但是在海西蒙古族宗家旗妇女可以参加祭敖包仪式），不许在敖包山周围挖土、开采、狩猎，不许触动敖包山上的草木，不许拿敖包上的祭祀品等习俗规约。海西蒙古人认为敖包山附近的动物、植物、土壤都是有灵性的，是神圣的，不可侵扰和破坏的。如果人为地去破坏，那就是对神灵的大不敬，会给其家人或族人惹来众多灾难、疾病等。

（三）岩石崇拜

在青海海西蒙古人的思想意识里，岩石是大地的产物，是从土壤里面繁衍出来的变体。在“万物有灵”的自然认识观的基础上，蒙古族因岩石有其绚丽的色彩和怪异的形状而被认为是神物加以虔诚崇拜。因此，“石崇拜”是蒙古族对大自然崇拜的又一表现形式。蒙古族的岩石崇拜作为一种特殊的文化现象，同对天体、大地、火与神灵崇拜一样，以其特殊的文化内涵，渗透于古代蒙古人的思想和生活中，在蒙古民俗文化中占有重要的地位”。[2]

《蒙古秘史》中的有关表述正说明了古代蒙古人的原始思维之特点：“帖木真在密林里住了三夜，想要出去，牵着马正走着，他的马鞍子［从马背上］脱落下来。他回头一看，见板胸仍旧扣着，肚带仍旧束着，而马鞍却脱落了。他［自言自语地］说：‘肚带束着，马鞍脱落倒还有可能，这板胸扣着，鞍子怎么会脱落下来呢？莫不是上天阻止我［走出去］？’于是，他走回［密林里］又住了三夜。再次走出来时，［却见］密林出口处有帐庐般大的一块白石倒下来塞住了出口。他说：‘莫不是上天阻止我［走出去］？’他就又走回［密林里］住了三夜。就这样共住了九夜，吃的东西没有了。他说：‘与其这样无声无息地死去，不如走出去吧。’可是密林出口阻塞着那块倒下来的大如帐庐的白石，不能从白石周围走出去。［帖木真］就用他的削箭的刀，砍断一些树木，牵着马一步一滑地走出来。［刚走出密林出口，帖木真］就被泰亦赤兀惕围守者捉住带走了。”[3]

由此可见，蒙古族崇拜岩石的历史不仅源远流长，还蕴含着许多文化底蕴。在青海海西蒙古族地区有一岩洞，称“eke kynda”（母石），据说它具有消灾驱鬼之功能，当地牧人说，如果人们能从岩石洞中顺利地通过，那就意味着这个人没有鬼怪附身或前世是个善者，如果不能通过，就意味着命运不会太顺利或前世做过伤天害理之事。虽然这是一种迷信行为，但是我们可以从中透视出蒙古族比较深层次的原始母系社会的自然崇拜的某些特征。

二、青海蒙古族土文化中的相关禁忌

禁忌是人类普遍具有的文化现象之一。精神分析学者西格蒙德·弗洛伊德对此给了如下界定：“禁忌，就我们来看，它代表了两种不同方面的意义。首先是崇高的、神圣的，另一方面，则是神秘的、危险的、禁止的、不洁的。”[4]一般来说，“禁忌属于风俗习惯中的一类观念。在风俗习惯中，‘禁忌’一类禁制是建立在共同信仰基础上的。民间禁忌，主要是指一社群内共同的文化现象。大体由来有四个方面，即对神灵的崇拜和畏惧，对欲望的克制和限定，对仪式的恪守和服从，对教训的总结和记取。在今天看来，禁忌一部分是科学与唯物的、礼仪的；一部分又是宗教信仰的延伸”。[5]青海海西蒙古族关于土地的禁忌既是恪守和服从，也是教训的总结和记取，更是崇拜和畏惧。对草场、土地的保护不仅是蒙古族原始文化的产物，更是后来许多蒙古族社会统治阶级的意识产物，是蒙古族人民智慧的结晶。“据史料记载，在远古的历史中，某些蒙古部落不太遵循习惯法中禁止破坏草场的规范，曾出现乱掘草根、破坏牧场的事件。成吉思汗第七世祖篾年土敦之妻那莫伦哈屯，因札剌亦儿人被契丹人打败，逃到她的游牧地掘草根为食，挖出了许多的坑，破坏了她的养马场。对此那莫伦哈屯非常气愤，拼着命地质问道：‘你们为什么乱掘一气，掘坏了我儿子们驰马的地方?!’”[6]因而成吉思汗《大札撒》明确规定：“禁草生而镬地。”这就是说，从初春开始到秋末禁止挖掘草场，谁若违反了该法规，就要受到严厉的惩罚。成吉思汗的继承人窝阔台汗在其颁布的法令中说：百姓行分与它地方做营盘住，其分派之人可从各千户内选人教做。[7]成吉思汗建立大蒙古国后，《大札撒》由于吸收了许多以前蒙古人所遵循的习惯法的内容，因此有关禁止草原荒火的法规基本上延续了习惯法的内容，如禁止人们向灰烬上溺尿、禁止跨火、禁止跨灶等。《大札撒》明确制定了“禁遗火而撂荒”的法规，即禁止施放草原荒火，违者要受到严厉处罚。这是在继承蒙古族古代习惯法中有关禁止跨火、玩火的禁忌基础上，进一步形成的成文法。《阿勒坦汗法典》规定：“失火致人死亡者，罚牲畜三九，并以一人或一驼顶替。”该法典中仍然禁止草原荒火，因失火致死人命的，要受到处罚。后来的《喀尔喀七旗法典》规定得更为明确。其中，《六旗法典》规定：“失放草原荒火者，罚一五。发现者，吃一五。荒火致死人命，以人命案惩处。”即“失放草原荒火者”不仅要受到处罚，而且致死人者还要受“人命案”的惩处。显然，对失放草原荒火者的处罚比以前更详细、更严厉。[8]可见蒙古族自古以来就十分重视对草地的保护，把惩处破坏草原植被、禁止放火纳入了国家和政权的重要法律规文中，虽然后来蒙古政权分裂和消失，相关的法律规范在民间已基本没有太大的约束力，但是青海蒙古族以不成文的习惯法或习俗的形式继续保留和沿用，并规范着本族群众，把保护草原植被作为每个人的神圣使命。青海海西蒙古族有许多对土地的禁忌，如忌到处乱挖开垦土地、破坏植被，这样做了“会瞎眼睛、手脚骨折、长疮”的说法规范着人们的行为。此外还有忌草场内放火烧柴（尤其在草、植干枯的秋冬季），乱扔烟头，搬迁时必须把火种埋灭，忌在敖包、神山附近狩猎、开垦、砍伐、放牧，忌讳宰杀牛羊时血液在地面流或泼洒等。以上诸多禁忌对草原生态系统的平衡，保护人类赖以生存的大自然和环保等方面起着积极的引导和规范作用。

三、青海蒙古族崇信土地的原因分析

纵观人类历史，我们知道原始的蒙古人也是穴居山洞，以山体来护佑发展壮大起来的。随着生产力的发展、人类文明的进步，人类开始驯养家畜，出现了游牧人群，于是游牧文化也就应运而生。对逐水草而居的游牧民族而言，草场的丰美、水源的充足是其生存和发展的根本条件。而水草的丰美与否无一不与当地土壤的肥沃程度有着密切的关系，可见土对游牧业的发展起着至关重要的作用，尤其在蒙古族入主中原成为统治民族后，在国家治理中，“土”被广泛地应用到生产和生活，并在军事上用来加固城池、建设要塞，成为维护和巩固政权的重要资源。同时，“土”还在精神生活领域得到了推崇，如在雕塑、瓷器、宗教领域的应用等。

“古代蒙古先民看来，天体与大地、翁贡（神灵）与灵魂等具有至高无上的地位，且发挥着神秘的作用，这些构成了原始崇拜的主要内容。蒙古人称天为‘天父’，古代蒙古人把自己的祖先同天联系在一起，认为宇宙万物只有在‘长生天’力量的恩赐下才能闪耀光芒，因而产生了对太阳、月亮、星星的崇拜。认为大地是孕育万物之源泉，并称其为‘地母’，进而对山川与河流、动物与植物及火等均加以敬仰和崇拜。”[9]蒙古族自古以来就是以狩猎、游牧为主的民族。他们在长期的生产和生活实践中，深刻地认识到“土”是万物生育之源，特别是对以游牧为生的蒙古族人民来说，作为牲畜生存的物质条件，首先是依赖土壤生长出来的野草，而蒙古族人民的生存又以牛羊之乳、肉、皮为主要生活来源，所以，他们视“土”为“金”，“土”的好坏直接关系着他们的生存，从而产生了“土”的崇拜。

四、青海蒙古族土文化的文化价值

（一）学术研究价值

综观青海蒙古族“土”传统文化的发展现状，我们可以知道它不仅具有重要的生态文化价值和学术研究价值，而且涵盖了人类文化学、历史学、宗教学、考古学、民族学、民俗学等多种学科。青海蒙古族“土”文化“积淀厚重，内容丰富，形式独特。这种原生态的文化已成为研究青海蒙古族历史发展的‘活化石’，[10]但对青海蒙古族土文化的研究、发掘相对滞后。土文化作为青海蒙古族文化的重要组成部分具有不容忽视的学术研究价值，尤其现在青海蒙古族人口稀少且分布广，受周边民族的文化影响大，以及现代文明的冲击等诸多主客观因素的影响，导致原本非常脆弱的青海蒙古族“土”文化正趋于同化和消失的危机中。但由于青海蒙古族的历史文化极具研究意义和现实意义。因此，积极研究、及时抢救发掘是势在必行的紧迫任务。

（二）生态保护价值

自远古时期，蒙古族先民就与土建立起了生死攸关的密切关系，也表现出多层次、多领域的互动关系。在青海蒙古人的意识中，大地是孕育人类的摇篮，是生存和发展的基本保障。所以产生了许多关于土的崇拜、祭祀和禁忌。恰恰是这些崇拜、禁忌、祭祀的传统文化和有关的道德行为很好地保护了青海蒙古族地区的生态平衡。

但是随着社会的变迁和现代经济的发展，对土地、草原无休止地开垦利用，导致青藏高原、柴达木盆地脆弱的生态平衡遭到了破坏。挖掘和研究青海蒙古族的“土”文化和生态文明，在促进党的十七大提出的生态文明建设、保护青藏高原生态平衡、柴达木循环经济的可持续发展等方面有重要的现实意义和实践价值。

总而言之，青海蒙古族在几百年的发展中，与大自然长期处于相互依存的关系，在“万物有灵”的原始萨满思维的影响下有了对大地、土壤、山、石等的尊重和敬畏，进而形成了自然崇拜。正是这种质朴的崇拜，才使得青藏高原、柴达木盆地的生态环境得到了一定的保护，青海蒙古族才得以在历史上从濒危境地之中复兴，并在漫长的历史进程中形成了青海蒙古人以大地为母的思想意识。青海蒙古人的生产和生活对土地有着极强的依赖性，他们认为就是这块土地养育了他们，使他们有了最基本的生存和发展的条件，特别是在历史上受到其他民族的压迫和自然灾害的袭击时，正是这片土地给了他们赖以生存和发展的条件。解放后尤其是改革开放以来，在党的民族政策下，青海蒙古族人民的生活得到了日益改善，他们赖以生存的土地也得到了科学保护，发生了巨大的变化，使青藏高原、柴达木盆地变得更加神奇和有生命力。

我们要进一步加深“生我的土地是金、饮我的泉水是圣水”的敬畏感情，珍惜、保护好每一寸土地，每一粒沙土，每一滴泉水，进一步加强对蒙古族“土”文化的研究、保护、传承，使之更具现代化科学的思想，成为教育子孙后代爱护家乡、保护生态、尊重自然规律、珍惜每一寸土地的教科书。

参考文献

[1][8] 呼日勒沙，蒙古族自然崇拜［J/OL］.（2011－4－14）［2013－6－10］内蒙古区情网，http：//www. nmqq. gov. cn.

[2] 扎格尔. 古代蒙古人的岩石崇拜及其象征意义［J］. 内蒙古师范大学学报，2004（6）.

[3] 佚名. 蒙古秘史［M］. 余大钧，译. 石家庄：河北人民出版社，2001：81//扎格尔. 古代蒙古人的岩石崇拜及其象征意义［J］. 内蒙古师范大学学报，2004（6）.

[4] 鄂崇荣. 土族民间信仰解读［M］. 兰州：甘肃民族出版社，2009：66.

[5]〔波斯〕拉施特. 史集：第一卷第一分册［M］. 余大钧，周建奇，译. 北京：商务印书馆，1983：19//金山，陈大庆. 人与自然和谐的法则——探析蒙古族古代草原生态保护法［J/OL］. 博宝艺术网，http：//news. artxun. com［2008－03－24］.

[6]［7］巴雅尔．蒙古秘史：蒙文版［M］．呼和浩特：内蒙古人民出版社，1980：1442 - 1443.

[8] 金山，陈大庆．人与自然和谐的法则——探析蒙古族古代草原生态保护法［J/OL］．博宝艺术网，http：//news. artxun. com［2008 - 03 - 24］.

[9] 仙诛．浅谈青海蒙古族文化艺术的保护与发展［J］．青海社会科学，2009（4）.

政策建议

引领辽宁各民族间文化和谐交流
促进社会主义民族文化大发展大繁荣

何晓芳* 吴　勃**

（辽宁省民族宗教问题研究中心）

中国共产党第十七届中央委员会第六次全体会议全面分析形势和任务，总结我国文化改革发展的丰富实践和宝贵经验，研究部署深化文化体制改革、推动社会主义文化大发展大繁荣，进一步兴起社会主义文化建设新高潮，对夺取全面建设小康社会新胜利、开创中国特色社会主义事业新局面、实现中华民族伟大复兴具有重大而深远的意义。党和国家充分认识到推进文化改革发展的重要性和紧迫性，更加自觉、主动地推动社会主义文化大发展大繁荣。

"文化是民族的血脉，是人民的精神家园。在我国五千多年文明发展历程中，各族人民紧密团结、自强不息，共同创造出源远流长、博大精深的中华文化，为中华民族发展壮大提供了强大精神力量，为人类文明进步作出了不可磨灭的重大贡献。"。

当今世界正处在大发展大变革大调整时期，世界多极化、经济全球化深入发展，科学技术日新月异，各种思想文化交流交融交锋更加频繁，文化在综合国力竞争中的地位和作用更加凸显。一个地区的文化发展前景如何，固然与其自然环境和人文环境等因素密不可分，但关键还在于能否与时俱进，根据本地实际情况适时进行文化变迁，促进民族间文化和谐交流。所以，只有各民族间的文化互相认同、和谐进步，才能促进整个中华民族文化的大发展大繁荣。

民族文化是各民族在社会历史发展进程中共同创造和发展起来的具有

---

* 何晓芳：辽宁省民族宗教问题研究中心主任，《满族研究》主编。

** 吴勃（1979—）毕业于辽宁大学文化传播学院，辽宁省民族宗教问题研究中心助理研究员。

民族特色的文化，是一个民族的灵魂和象征，是构成和谐社会不可缺少的精神支撑。民族文化既包括饮食、服饰、建筑、民族工艺品等物质文化，还包括民族语言、文字、艺术、哲学、道德、宗教、风俗、节庆等精神文化，也包括维护民族共同秩序和组织结构的规制形态。民族地区文化的发展程度，是各民族团结进步、共同繁荣的具体体现，更是经济社会全面、协调、可持续发展的重要尺度和标志。

辽宁是一个多民族省份，具有丰厚的民族文化资源，世居的满、蒙古、回、朝鲜、锡伯五个少数民族在长期的生产生活中，共同创造了光辉灿烂的民族文化。这些宝贵的历史文化遗产承载着厚重的民族文化内涵，是辽宁文化百花园中的一朵朵奇葩。在现代社会发展的浪潮中我们必须坚持引领辽宁各民族间的文化进行和谐的发展与交流，这不仅对促进新形势下社会主义民族关系具有积极意义，更对推动社会主义文化大发展大繁荣具有重要作用。

一、民族间文化和谐交流的重要意义

（一）进一步推动社会经济稳步快速发展

各民族间的文化只有在和谐的氛围之下进行交流，才能产生出巨大的包容性。文化交流的先决条件之一就是要承认不同，接受不同，允许不同。只要不是有害于团结的言论和思想都可以广发言论、畅所欲言。纵观历史发展的轨迹，我们可以发现，只有在各民族文化交流活跃的时期，各民族间文化具有广泛的包容性，国家的经济才能更进一步稳步快速发展；而在动乱年代，各民族思想文化都饱受极大压抑，经济更是衰败不堪。在新的形势下，只有创造各种条件让各民族的文化思想进行广泛的传播、交流，体现“百花齐放、百家争鸣”的包容性，各民族才会对中华民族的文化更加认同，民族间文化和谐交流才能构成社会发展的主旋律，促进社会更加文明，经济快速稳步地繁荣发展。

（二）有利于各民族文化更好地有序传承下去

中国各个民族都有自己丰富多彩的文化积蓄，但必须承认，一些传统文化当中还存在一些愚昧、落后的内容。其原因在于受人们历史上的认知水平所限，还残留一些思想文化上的错误和偏见。而这些错误的思想文化糟粕在各民族间文化交流的过程当中会犹如大浪淘沙般被逐渐淘汰，也许过程是漫长艰巨的，但结果却是更加有利于各民族文化健康科学地可持续发展下去。民族间文化交流的过程，归根结底是一个求同存异的过程。而什么样的文化能够得以保留和发扬，关键在于它自身的鲜明特性以及科学性，正所谓去伪存真、去粗取精，民族间文化的和谐交流需要一个平等完善的先决条件。

（三）促进富有地域性特色文化的形成

辽宁是一个历史悠久的省份，同时也是一个多民族省份，各民族在长期的共同生产生活中创造了富有辽宁特色的地域文化，丰富的民族文化资源使辽宁的地域、民族特色凸显。东北人性格豪爽、敦厚淳朴，辽宁地区的人们给全国其他地方的印象也是如此。辽宁各民族群众长期共同生活、相互影响，在性格方面产生一定的共性。这种性格上的共同点则成为东北地区人民所共有的特点。另外，东北方言朴实无华却又不失幽默感，影响全国文艺界的东北二人转和东北小品，在说口和台词方面的那种诙谐幽默令全国观众捧腹。这些具有特色的地域文化并非哪个民族所独有，而是经过长期的历史发展进程，凝聚了各个民族的特点共同形成的。

（四）促成对中华民族文化的认同，从而促进对社会主义文化的认同

各民族的文化都是在与其他民族文化互相交流交融的过程中逐渐形成的，辽宁各个民族在自身发展的过程中不断地吸收其他民族的文化，充实到自己的民族文化中，形成了自身鲜明的文化特色。正是这种民族间文化的和谐交流促成了各个民族对整个中华民族文化的认同，从而促进了各民族群众对社会主义文化的肯定与认同。

二、民族间和谐文化交流的几种因素

纵观各民族文化发展的历史脉络，可以总结出以下几种民族文化和谐交流的方式和因素。

（一）社会变迁的客观因素

社会变迁是指一切社会现象发生变化的动态过程及其结果。它是社会的发展、进步、停滞、倒退等一切现象和过程的总和。社会变迁既包含社会的进步和退步，又包括社会的整合和解体。纵观历史发展的轨迹，整个社会只有在和平发展进步的大环境之下，各民族间文化的交流才能呈现出一种和谐的氛围，而这种交流方式多数呈现出一种主动的姿态，即各民族之间都是主动向其他民族的先进生产方式和文化进行学习交流，从而促进整个地区或国家文化的繁荣昌盛；相反，如果是在一种动荡分裂的社会环

境下，民族间文化的交流则伴随着一种血腥的味道，弱势民族都是以一种被动的方式接受强势民族的文化，这就会造成那些弱势民族的一些宝贵文化遗产遭受损失，不利于整个人类文明的发展。因此，只有在和平发展的背景之下，民族文化的交流与融合才会是一种和谐互动的方式。

（二）适应经济发展的客观要求

适应经济发展要求是民族间文化和谐交流的必要条件。经济生活是人们的生存需要，人们只有在满足吃、穿、用、住等基本需求后，才能进而开始对精神文化产生需要。正是在这种为了适应共同经济生活的客观条件之下，民族间文化的和谐交流才能进行。辽宁西部在历史上曾出现过汉族人随旗蒙古族的现象，原因之一就是为了适应当时的经济生产方式。由于特殊的历史原因造成当时辽西蒙古族的政治经济地位要高于汉民，为了能够尽快融入到当地的生产生活中去，汉族人首先主动学习蒙古族文化和风俗习惯。经过与蒙古族长期共同生产生活，逐渐形成了蒙古族的自我民族意识，最终融入到蒙古族社会。

（三）共同的地域生活空间

各民族的文化交流必须是在一定的地域空间内完成的。辽宁是一个多民族省份，各个民族都蕴含着丰富的民族文化资源。历史上经过长期的共同生产生活，不同民族之间在辽宁这块土地上进行着活跃的民族文化交流。很多颇具民族特色的生产生活方式以及风俗习惯已经成为辽宁地域特色文化，包括饮食文化等。东北人独具特色的方言中很多都存在满语的因素，还有许多地名也有满语、蒙语成分。另外东北特色菜肴酸菜，也是满族的一项传统食品，而如今生活在东北的各民族群众对酸菜这种满族食品都是非常喜爱的。可以说共同的地域生活空间促成了辽宁各民族之间和谐的文化交流。

（四）一定的行政政治手段

为了进一步促进民族关系和谐和民族文化的交流发展，相关政府部门有必要采取一定的行政手段，来调节和管理民族事务发展中出现的各种问题。通过历史的经验可以发现，民族之间的文化交流并非一帆风顺，为了促成这种交流和谐而有效地进行，政府部门的行政政策可以起到很好的调节作用。因为行政手段具有一定的权威性和强制性，因此可以保证民族间文化交流的平稳有效开展。同时行政命令还凸显出具体性的特点，可以提高解决各种问题的工作效率。行政命令以及政策的颁布实施，都是通过调查研究科学合理制定的，考虑多方因素和各方面利益，具有很强的公正合理性。民族间文化的和谐交流只有在合理的行政手段保证之下，才可以有效进行。

（五）民族思想的统一

在民族思想统一的情况下，各民族之间的文化交流才能更加和谐稳定地进行。各民族经过长期接触形成了稳固的互助关系，在这种关系基础之上的文化交流才能更加稳定和顺；各民族经过长期接触形成了共同的情感道义，在这种感情基础之上中华民族的思想才会更加稳定统一。思想上的统一会促使各民族之间更加团结互助，文化交流更加顺利平稳。

（六）民族文化自身鲜明特点与先进性

在各民族文化交流的过程中，占据先进文化地位的民族文化以其自身的感染力和影响力，吸引着其他民族的人们自愿主动地向其学习。在清代，满族作为统治阶级的民族曾享受着一定的优厚待遇。尤其是在辽宁地区，作为满族人崛起的地方，清代这里的满族民众应该说过着比较优越的生活。但作为曾经的渔猎文化的代表，满族人为了适应新的生活状态，他们很自然地接受了汉族人的农耕文化。汉族人先进的文学、诗歌创作、书画等艺术形式也深深地吸引着满族文艺家，这些满族文艺爱好者主动与汉族文学家、诗人以及书画作家进行接触，向他们学习，并最后成为了伟大的文艺巨匠。历史上满族著名文学家如纳兰性德等，都是如此。每个民族都有自己最优秀的文化内容，这些好的优秀传统文化对其他民族都具有很强的感召力和影响力，都是各民族之间愿意学习交流的重要文化内容。

三、引领民族间和谐文化交流的几点措施

（一）努力维护国家安全、社会政治稳定

历史的经验告诉我们，只有在国家安全受到保障，社会政治稳定的前提下才能谈到民族关系和谐稳定，文化的交流才会顺利进行，整个中华民族的文化才会呈现出大发展大繁荣的景象。而一旦国家安全受到威胁，民族关系破裂，整个社会政局动荡，就无从谈起文化的和谐交流，整个国家的文明恐怕都要遭受到毁灭性的打击。因此，我们应该珍惜这种稳定的政治局面，捍卫国家的主权和国际地位，维护国家的利益和安全，促进各个民族之间团结友爱的关系继续发扬下去，实现民族间文化的和谐交流。

（二）继续保持经济的快速、稳定、可持续发展

经济的持续发展是保证文化繁荣昌盛的必要前提，人们只有在安居乐

业、衣食无忧的基础之上才能考虑如何进一步提高文化生活的问题。近几年，我国的GDP正在以平均每年8%的速度高速发展。为了更加科学合理地延续这种发展态势，中央有意调整了发展速度，但中心思想依然是继续维持经济的发展态势，保持国家各项事业的建设。各民族的文化建设仍然要以经济发展为前提，只有经济搞上去了，文化的建设才能够有足够的资金保障，从而带动各民族间的文化继续和谐稳定地交流下去。

（三）打造地域文化品牌，增强辽宁地区各民族对本地区文化的归属感

辽宁在历史上有多个民族在这里繁衍生息，是重要的经济政治文化中心，有着丰厚的历史文化资源，各个民族在这里创造出了属于本民族独有的特色文化，每个民族的文化都代表着辽宁地区在不同历史发展阶段所展现出的不同特点。因此非常有必要打造辽宁民族文化的品牌，这不仅是对辽宁客观历史发展脉络的尊重，体现了客观的历史唯物主义发展观，同时也有利于对少数民族文化的发展与保护，增进辽宁地区各民族对家乡的热爱以及归属感。应挖掘出能够真正体现出辽宁民族文化特质的内容，并将这些内容进行有机的整合，使其展现出辽宁民族历史文化的深刻脉络，这对于发展和保护辽宁民族历史和文化具有深远意义，同时对辽宁各民族思想统一和凝聚具有重大作用。

（四）采取必要的行政手段促进民族间文化和谐交流

为了进一步促进各民族间文化的和谐交流，相关政府部门应该采取必要的行政措施和手段，团结一切有志于民族文化交流的团体和各界人士，开展各民族间文化交流活动，使博大精深、多姿多彩的中华民族文化大发展大繁荣，让世界各地都能够更多地了解我国民族的优秀文化和艺术；同时通过搭建桥梁，积极借鉴和吸收各民族的优秀文化艺术，充实到我国民族文化当中；另外，应通过采取各种有效方式，增进各个民族的了解和友谊，为民族间文化的和谐交流、交往搭建平台。

（五）发展创新、打造民族文化精品，提升民族文化的市场影响力和感染力

每个民族都有自己引以为豪的灿烂文化，因而在民族文化建设的过程中，应该集中力量重点打造精品，以提升民族文化的影响力和感染力。只有在精品文化的带动下，民族文化的发展才会呈现更加繁荣活跃的景象，民族之间的文化交流也才能更加趋于和谐。民族文化精品具有强大的凝聚力，能吸引本民族与其他民族民众的共同关注与兴趣，并带动其主动向优秀文化艺术作品靠拢。如果每个民族都将自己的文化精品展示给大众，那么国家的文化市场将会极大繁荣，并进而带动各民族之间的文化交流更加顺畅。

四、结　语

民族文化的交流过程可以说就是各民族文化的一种变迁过程，而只有在这种变迁过程中和谐因素占据主导地位，民族文化才能呈现出一种繁荣发展的态势。各民族的文化保留了本民族的特色，是中华民族传统文化的物质财富和精神财富，同时也是中华文化保持长久生命力的重要因素。保护和发展少数民族文化其实就是在保护和发展中华民族的传统文化。

民族文化的交流与变迁应该注意与现代社会主义文化相结合，民族间文化的交流最终结果是要统一融入到整个国家的文化体系中去，促进中华民族传统文化的发展，同时也对社会主义文化建设产生影响。各民族文化的发展要与现代因素相结合，从中汲取养分来发展延续，在社会主义文化总体目标的规范之下发展，以促进整个社会主义文化建设。

如果各民族的文化能够在一种和谐的氛围中进行交流，那么这将为地区政治的稳定提供坚实保障，同时也能丰富民族地区社会和谐的内容与活力。社会的稳定和谐是通过不同的社会控制力量来实现的，其中文化的调和作用尤其重要，而文化的调节是通过文化的和谐交流实现的，从而维持了整个社会的正常运转。

辽宁地区历史上出现的汉族吸收蒙古族文化以及满族吸收汉族文化的过程，都是一种民族之间文化和谐交流的过程。在今天看来，只有在这种和谐的文化交流背景之下，各民族群众才可能树立起正确的人生观和价值观，从而对党和政府的政策、对社会的发展都秉承着积极拥护的态度，进而对中华民族传统文化产生认同，并进而促成对中国政治体制的认同。这对维护各地区民族关系融洽、社会和谐稳定都具有重大的借鉴意义。

甘肃民族问题的症结与出路调查*

敖　东**

（西北民族大学民族学与社会学院）

一、引　言

目前，甘肃民族问题的核心是如何打破制约甘肃少数民族地区发展的瓶颈，以及如何更好地保护甘肃各民族自身的利益和传统文化。这两个问题是在甘肃少数民族社会经济发展中出现的新的社会经济问题。这些社会经济问题，有时候比较温和，有时也比较激烈，但它们仍然是人民内部矛盾。如果被极端主义和分裂国家主义者所利用，就有可能引起恶性冲突或国家分裂。所以，我们不仅要从思想上重视这些问题，更要尽可能地从源头上解决这些问题。我们应该及时研究这些新情况、新问题，正确地评估其发展趋势，尽量提前解决这些民族问题。只有这样，我们才能与时俱进，才能更好地提升少数民族地区的社会管理能力。笔者将在本文中先陈述一些具体民族问题，然后讨论解决这些民族问题的指导思想和具体措施。

二、甘肃少数民族社会经济发展中的民族问题

“发展是硬道理”，这是指导中国各地社会经济发展的普遍的战略指南。虽然语言文化和宗教信仰不同，但是甘肃少数民族社会经济发展和其他地区社会经济发展一样，都应该抓住机遇、发展经济、走向繁荣。我们

---

* 本调查报告系 2010 年至 2011 年笔者在中国科学院数学与系统研究院作访问研究（西部之光）期间在导师汪寿阳副院长的指导下完成，在这里表示衷心的感谢。本调查报告获 2011 年度全国民委系统调研报告优秀奖。

** 作者简介：敖东，男，西北民族大学 民族学与社会学院副教授，主要研究方向：西北口头传统和社会人类学。联系方式：aodongblg@ 126. com。

要注意甘肃少数民族在社会经济发展过程中存在不同于其他地区社会经济发展的特点。比如，他们的社会经济发展程度不同，使用的语言文化不同，宗教信仰和风俗习惯也存在较大的差异。这些独特因素给甘肃少数民族社会经济发展带来很多复杂的影响。当然，我们不能因为存在这些特殊性就忽略“发展是硬道理”的普遍战略规律。所以，我们既要看到甘肃少数民族的发展程度、语言文化和历史特点，也要看到“发展是硬道理”这个发展战略对于甘肃少数民族社会经济发展的普遍指导意义。

甘肃省是一个多民族省份，有回族、藏族、东乡族、裕固族、保安族、蒙古族、哈萨克族、撒拉族、土族、满族等10个世居少数民族，少数民族人口为245万。2009年甘肃常住总人口为2635万，少数民族占10.76%。甘肃少数民族社会经济发展水平不仅与其他地区发展水平有一定的差距，在甘肃省内各地方的经济收入和社会保障水平也各不相同。所以，他们在社会经济发展中面临的问题也各不相同。这些问题中，如何转变少数民族传统生产方式、增加经济收入是最主要的问题。少数民族人民有了最基本的生活保障之后，才能谈论双语教育和文化传统的保护等其他问题。所以我们从最基本的经济问题开始讨论甘肃民族问题。

（一）转变传统生产方式，增加经济收入的问题

改革开放以后，甘肃从本省实际出发，先后从不同角度提出了“一岸两翼”“双带整推”“再造河西”“工业强省”等一系列经济发展战略（王纪伟，2009）。早在1988年就提出了“一岸两翼”战略。它是在著名的社会学家费孝通当年给省委提出“建设黄河上游多民族经济开发区”的建议的基础上构建的一种发展战略。其中“一岸”是指黄河沿岸的兰州、白银、临夏地区；而“两翼”是指西成铅锌基地和金川镍基地，包括河西走廊的金川和陇南地区的西和县至成县。当年国家计委制定“八五”期间区域开发规划时，也将这一经济区列入全国19个重点开发地区之一。

“双带整推”战略是1991年提出的，总的指导方针是以能源工业为先导，以原材料工业为重点，大力发展地县工业战略。1997年提出并开始实施的“再造河西”战略是甘肃省河西地区开发历程中的第三次创业。该战略的指导思想是强化农业基础，调整优化结构，大力发展农业产业化经营；为河西率先实现宽裕型小康打好基础，为全省实现小康提供经验，为实现农业现代化探索路子。

2001年甘肃讨论和制定了“西陇海—兰新经济带（甘肃段）”发展战略规划。党的十六大之后，在2002年11月，甘肃省第十次党代会提出实施“工业强省”战略，走新型工业化道路。随后，省委、省政府又针对甘肃发展中的突出问题，提出了“发展抓项目，改革抓国企”的战略措施，对工业强省战略进行了重要的补充和完善。（安江林，2007）这些战略总的指导思想是清理重复建设项目，加强规划指导和政策引导，鼓励企业联合重组，推动本省钢铁、电解铝、水泥产业结构调整和升级，通过科学整合资源合理确定功能，积极培育特色，使之成为新的经济增长点。（王纪伟，2009）

这些经济发展战略，极大地促进了甘肃省各地方的工业化和城镇化进程。“‘十五’以来，工业成为甘肃支撑经济快速发展的主导力量。2001年到2007年，全省工业在生产总值中的比重由31.5%增加到39.5%，提高了8个百分点，工业对经济增长的贡献率达到了49.41%。近些年，甘肃省财政收入以30%以上的速度增长，主要得益于工业利税的成倍增长。工业发展促进了传统农业的改造升级，带动了现代服务业与城镇化的发展。近几年，甘肃省城镇化水平每年都提高1个百分点。”（陆浩，2008）

但是，这些经济发展战略对民族地区的推动作用比较小。除了费孝通建议下实施的“一岸两翼”之外，很少针对甘肃少数民族地区的发展项目。加之甘肃少数民族地区的发展程度和全省发展战略侧重点不同等诸多因素，导致目前甘肃省内逐渐形成二元分裂的发展格局。（见图1）

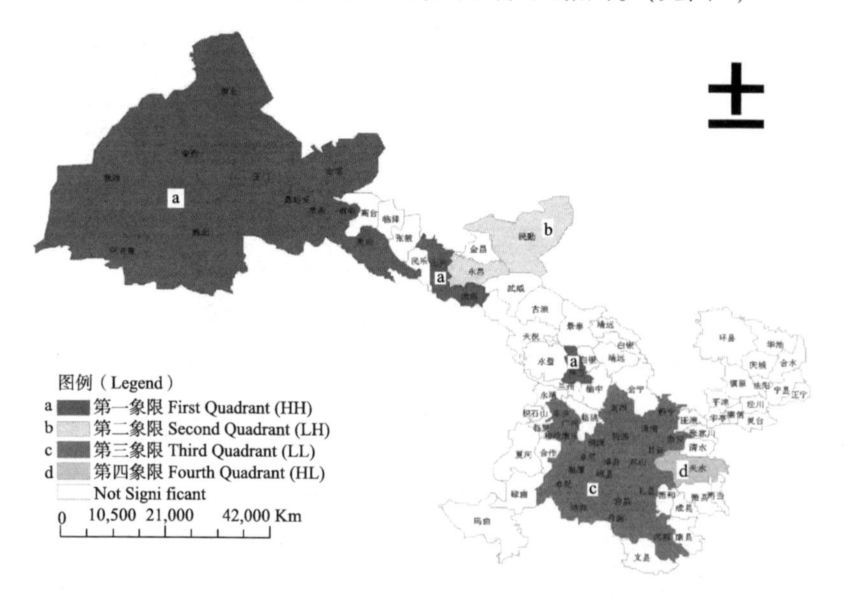

图1 甘肃省县域人均GDP的地理分布

资料来源：转引自“基于空间分析方法的甘肃省经济差异分析”中的图4

图1中a区域属于“L－L”空间关联模式的县域，它构成甘肃省经济水平落后的集聚区域，主要分布在甘肃省东南部少数民族地区，占全省总县数的27.2%。c区域属于“H－H”空间关联模式的县域，它对周边地区经济的带动力较强，经济辐射范围广，构成了甘肃省GDP高值区，主要分布在甘肃省河西地区，占全省总县数的13.6%。d区域是处在它们之间——主要是天水市区。b区域是甘肃民勤县和永昌县。永昌县是甘肃省粮油生产大县，而民勤县地处石羊河流域下游。（史世莲等，2011）

郑周胜采用区位商、库兹涅茨系数和层次聚类分析法对甘肃省14个地级市（州）从1990年到2004年的地区人均GDP、城镇居民与农民收入分配等指标进行分析也获得类似的结论。（郑周胜，2007）

郑周胜在研究中发现“嘉峪关、酒泉、金昌由于丰富的资源储藏和国家重要的工业基地，使得其经济增长保持了良好的局势，从而在甘肃省内占有重要地位。与此相反，甘肃其他地区的区域地位受到比较严重的影响：除了平凉、武威的区位商值有较大幅度的上升外，其他的 $Q_i<1$ 的地区区位商值则长期在低层次徘徊，甚至局部地区如甘南地区、临夏地区在不断拉大与省内其他地区的经济差距，有被边缘化的危险。”（见表1）

表1 甘肃14个地市（州）经济区位商[1]

地区	1990	2004
兰州	3.2498	2.6884
嘉峪关	4.0435	4.0000
金昌	2.8830	3.0000
白银	1.2166	1.1737
天水	0.6596	0.5866
武威	0.5716	0.9091
张掖	1.0986	1.2664
酒泉	1.9006	2.0458
平凉	0.5416	0.7027
庆阳	0.5179	0.6857
定西	0.4034	0.3430
陇南	0.3708	0.3797
临夏回族自治州	0.4405	0.3568
甘南藏族自治州	0.5076	0.5233

资料来源：甘肃统计年鉴［M］．北京：中国统计出版社，1990—2005．

[1] 此表转引自郑周胜的“甘肃区域经济增长差异及其对策选择”。

所以，如何改造和转变甘肃少数民族传统的生产方式，增加他们的经济收入是甘肃各民族的首要问题，它也是甘肃民族问题的主要内容。有了较好的经济基础，我们才能更好地发展民族教育、提高少数民族劳动者的基本素质，保护少数民族文化传统，从而实现各民族共同繁荣。

（二）甘肃藏族和蒙古族的义务教育和双语教学问题

甘肃藏族和蒙古族的义务教育是双语义务教育，因此双语教学直接影响其民族教育质量问题。甘肃两族自治州和七个自治县成立之后，民族教育成为民族自治制度的具体体现，也是民族自治工作的一个主要内容。在各个自治州和自治县都成立了民族中学和小学并得到一定的发展。其中蒙古族和藏族等有文字的少数民族的九年义务教育是用双语来完成的。比如，1950 年设立的肃北蒙古族自治县，当时只有一所蒙古包小学，共 1 名教师，10 名学生，无统一教材。经过 60 多年的发展，目前，已经建成由 5 所学校（1 所民族中学，4 所民族小学）、249 名教师、1468 名学生的比较完整的宿制型民族学校九年义务教育体系，并且蒙汉双语教学体系日渐完善，早在 1997 年就成为全省民族县中率先达到“普九”的县。从 1980 年开始，在“八协”的高度重视和大力支持下，通过委托和对等培养等途径，先后为肃北县培养了大学本科生 138 名，专科生 46 人，中专生 115 人，解决了民族教育的师资问题。（乔潇潇、索伦格，2007）。

甘肃第一所少数民族学校始建于雍正元年（公元 1723 年），当时清政府令“各省改生词书院为义学，迁师授教，以广文教”，甘肃巡抚许客在兰州南关拱兰门内崇新寺北面设立“回民义学”，主要招收回族，亦有少量保安、东乡子弟在内。此后，逐年增加，并推广各地，甘南、临夏地区也相继设立了许多义学。（杨军，1996）

1980 年，教育部和国家民委在《关于加强民族教育工作的意见》中明确指出：“凡是有本民族语言文字的民族，应使用本民族的语文教学，学好本民族的语文，同时兼学汉语文。”为此，甘肃省教委根据本省的实际情况，采取了多种措施，加强了民族语言文字的教学和教材的建设。在有语言文字的藏、蒙、哈萨克等民族中，逐步恢复了双语教学工作。

到 20 世纪 90 年代中期，甘肃省民族地区已有 1 所师专、3 所中专、261 所小学开设民族语文课，共有 27035 名学生学习本民族语文，847 名教师从事民族语文的教学工作。为适应教学需要，甘肃从 1982 年开始参加了五省区藏文教材协作组织，省教委每年派出了 3 ~5 名同志赴青海参加藏文教材编译工作。

经过8年的努力，藏文中小学教材已能基本满足教学需求。蒙哈文教材由内蒙古、新疆编译提供甘肃省使用。为增加蒙、哈文教材内容，1986年，省教委给肃北、阿克塞自治县拨了教材费，委托县教育部门编写。在重视民族语言教材建设同时，也加强了民族语文教师的培训，除在甘南州建立民族师专、民族师范外，还与兄弟民族省区开展教育协作，积极培养了藏、蒙、哈语文教师。通过采取多种措施，使民族地区双语教学已初步形成体系。（杨军，1996）

但是甘肃民族教育中也存在双语教学和女童教育等问题。甘肃各民族地区正在积极探索有效的解决办法。甘南州的“两个为主”的双语教学模式就是一个很好的例子。甘南州教育局提出在牧区、半农半牧区群众通用藏语的地区，教学以藏语文为主；在城镇、农区或藏汉杂居的地区，群众通用汉语，教学以汉语为主，并采用单科加授藏语文的“两个为主”双语教育模式来解决当地的双语教育需求。

（三）回族和藏族的宗教信仰与建设社会化管理问题

甘肃全省五大宗教俱全，信教群众约344万人，占全省总人口的13.15%。全省有批准开放的宗教活动场所6771处，宗教教职人员2万多人，各级爱国宗教组织230个。（丁军年，2009）在甘肃少数民族宗教信徒当中藏族和回族的人口比较多，而且有全民信教的特点。信仰伊斯兰教的民族主要有回族、东乡族、撒拉族、保安族、哈萨克族，信仰藏传佛教的民族主要有藏族、蒙古族、土族、裕固族。

继1996年开展全省宗教基本情况大调研后，甘肃省于2007年年底又开展了一次深入系统的大调研，摸清了全省宗教基本情况，为规范化管理打下了基础。这次调研不仅是要摸清一些基本数据，更重要的是要对改革开放30年来甘肃宗教工作作一次深入的思考和总结。

从2008年4月起，省宗教局对各市（州）调研报告及表册数据进行了认真汇总分析，较为全面地掌握了全省宗教工作的整体情况及存在的问题，研究起草了《关于甘肃省宗教问题的调研报告》和《关于加强藏传佛教寺院管理的意见》，提出了工作建议和政策措施，并针对分析梳理出的20多个重点、难点问题，研究了工作措施，推进了相关规章制度建设。《甘肃省各级领导干部、宗教工作干部和宗教教职人员五年培训规划》及年度培训安排计划，加强了对宗教工作干部及宗教教职人员的培训工作。

在兰州伊斯兰教经学院和省佛学院分别加挂了甘肃省伊斯兰教教职人员培训中心和省藏传佛教教职人员培训中心，把伊斯兰教和藏传佛教教职人员培训工作纳入规范化轨道，并在伊斯兰教教职人员培训中心尝试开展了教职人员函授学历教育。

2009 年，省委、省政府两办下发了《关于印发〈甘肃省宗教界人士生活补助费管理办法〉的通知》，向全省各宗教界人士发放生活补助费。贯彻落实国家五部局《关于妥善解决宗教教职人员社会保障问题的意见》，指导各市州将依法认定和备案的教职人员逐步纳入社会保障范围。（丁军年，2009）

目前，甘肃省虽然初步建立了有关寺庙的管理制度和规范管理体系，但是尚未形成普遍有效的社会化管理体系。当地寺庙的僧侣和阿訇的社会保障制度正在建立当中。此外，仍然有境外势力渗透到甘肃寺庙等宗教活动场所搞一些破坏活动。

（四）发挥少数民族地区比较优势，发展区域旅游经济问题

甘南、临夏是甘肃民族地区旅游资源比较集中分布的地区，也是旅游资源最有特色的区域之一。在甘南有举世闻名的拉卜楞寺，国家级自然保护区的则岔石林，还有名桑科草原等旅游风景区。而临夏州有 AAAA 级松鸣岩风景名胜区、刘家峡水电站、古动物化石博物馆等景区。

根据《甘肃年鉴》统计资料显示，1999 年民族地区接待国内外游客 2.56 万人次，比 1998 年增长了 137%；截至 2000 年年底，甘肃民族地区仅临夏回族自治州和甘南藏族自治州国际外汇旅游收入合计达 784.20 万美元，接待国内外游客人数达 4. 41 万人次。所以，西北师范大学经济管理学院的李泉认为，甘肃民族地区旅游业的总体发展战略应该定位于“丝绸之路民族旅游新区”，并且提出了“走西口丝绸之路，看甘（南）临（夏）民族风情”的甘肃旅游口号。现在看，这个方案对于甘肃旅游来说范围有些狭窄，但是对于发展民族地区来说是一种非常好的战略方案。（李泉，2003）

后来的数据证明，李泉的这条建议是合理的。在 2002 年甘肃省各地州市旅游人数和旅游收入状况及位次排序中，旅游创汇收入最高的前 3 个地区分别是酒泉市、兰州市和甘南州，三者的旅游外汇收入各自占全省比重均高于 20% ，总计为 78. 26% ，处于绝对优势。（王文瑞等，2006）临夏州 2002 年接待国际旅游者 1.86 万人次，旅游创汇 188.67 万美元；甘南州同期接待国际游客近 5.06 万人次，旅游创汇 1178 万美元，两项指标分别占全省的 29.2% 和 27%，国内游客和收入的增长更快，旅游业对其他产业的带动作用也相当明显。（王生鹏，何智奇，2006）

表2 甘肃民族地区旅游业发展指标占甘比重一览表（2001年）[1]

指　　标	甘肃民族地区	甘肃	民族地区比重
国际旅游者（万人次）	6.63	22.3	29.73%
国际旅游外汇收入（万美元）	1860	4481	41.51%
国内旅游者（万人次）	158.01	838.9	18.84%
国内旅游收入（万元）	2500.10	21194	21.18%
总接待人次（万人次）	164.64	861.2	19.12%
旅游总收入（亿元）	1.79	24.9	7.19%

注：美元与人民币汇率国家一般限价为1∶8.26～8.28，在此取8.27核算。

甘肃省少数民族地区生态环境十分脆弱，生态环境恶化日趋严重。（鹿晨昱等，2009）所以，发展甘肃少数民族地区旅游产业也要充分考虑在保护生态的基础上发展生态旅游和文化风情旅游。这样既可以保护生态环境，又可以让少数民族群众收入获得快速增长。

（五）发展经济与保护少数民族文化传统的关系问题

甘肃历来是个多民族地区，有着丰富的文化传统。敦煌就是多民族文化的融合的结晶。解放之后，甘肃省对于少数民族文化保护做了不少工作。从1984年5月到2009年12月历经25年的编纂，三套集成全部出版。甘肃三套集成里收录了很多甘肃少数民族的故事、歌谣和谚语。尤其是在《中国谚语集成·甘肃卷》中特意突出甘肃多元文化特色，在最具民族特色的“花儿谚”和“格萨尔谚”上精工细作，遴选一批“花儿谚”列入“文体”类、集中“格萨尔谚”单列“附类”；筛选异文、变体和注释掌故、土语时，尽量突出了“河西走廊”特色。（米雪连，2009）

最近几年，甘肃省还通过非物质文化遗产保护渠道，对于“格萨尔”、“花儿”等少数民族口头传统文化进行保护，获得了较好的成果。《格萨尔文库》约2000万字，现已出版了三卷，包括第一卷藏族《格萨尔》，第二卷蒙古族《格萨尔》，第三卷土族《格萨尔》。五卷本二十册《格萨尔文库》如果全部出齐，将约3720万字，其中包括第四卷裕固族《格萨尔》，第五卷《格萨尔》曲谱。

甘肃少数民族文化事业工作，目前已有了新的突破。2011年年初，甘肃省为了支持和推动甘肃少数民族文化事业发展，专门设立了“少数民族

---

[1] 此表转引自王生鹏，何智奇．甘肃民族地区旅游资源开发战略构想［J］．干旱区资源与环境，2006（1）．

文化事业发展专项补助资金”。当年安排500万元，以后视财力情况逐年增加，专门用于民族地区（包括民族乡）图书馆、博物馆、民俗馆、文化馆（站、室）等文化场所及少数民族文化艺术单位、文化艺术项目、少数民族文字出版物的补助。（王艳明，2011）此次“少数民族文化事业发展专项补助资金”已经列入省级财政预算，这是非常好的措施。

这些措施对于发展甘肃少数民族文化事业有很好的推动作用，并且正在形成制度。不管是哪个民族，有文化的民族才是有希望的民族。如何将甘肃少数民族经济社会发展问题与保护文化传统问题有机结合起来，是最近出现的新问题。

三、甘肃民族问题的症结

甘肃全省共有2个自治州、7个自治县，30个民族乡。甘肃省2010年第六次全国人口普查发现，全省常住人口中，汉族人口为23164756人，占90.57%；各少数民族人口为2410498人，占9.43%。同2000年第五次全国人口普查相比，各少数民族人口的比重上升了0.74个百分点。（甘肃省统计局，2011）民族自治地方面积为17.49万平方公里，占全省总面积的38.57%。甘肃省内建立民族自治地方，对保障少数民族的平等地位和权利、消除民族隔阂、增强民族团结起了重要的作用。但是随着甘肃各民族社会经济的发展，也出现了很多新的民族问题。如转变生产方式问题、保护少数民族自身利益问题、继承文化传统问题、提高双语教育水平问题、保护地方生态问题等等。这些民族问题的主要症结有两个，第一个症结是把其他地区发展与边疆发展隔离开来，第二个症结是孤立地看少数民族经济社会发展的战略问题。

（一）把其他地区发展与边疆发展隔离开来

从国家的角度看，如何将现代技术、管理、教育、知识、观念推广到甘肃少数民族社会中并使之获得较快发展是迫切需要解决的问题。另一方面，地方少数民族则更关心自身的利益和他们的传统文化、民族语言、宗教信仰等会不会受到现代化和经济发展的冲击，从而受到影响甚至失传等问题。那么，如何衔接这两个问题呢？以前，大家要么把其他地区发展的经验教条搬运到少数民族地区的发展当中，总想获得立竿见影的效果，急于求成；要么把其他地区发展和边疆发展隔离开来，用自然、历史或交通等因素来解释边疆发展的落后状况，表示无奈。似乎其他地区发展与边疆发展之间没有共性，无法用统一的经济规律来讨论其他地区发展与边疆的发展问题。更重要的是，这样一来，我们就无法用普遍意义的经济发展战略来指导少数民族地区的经济发展，从而导致少数民族发展战略成为一种盲目的一刀切或者放任自流的发展。

我们把其他地区经济社会发展与边疆经济社会发展统一起来看，就会发现很多在其他地区经历过的发展问题，现在又重新出现在边疆发展过程中，如投资不足、技术滞后、观念更新缓慢，等等。它也就是如何启动少数民族经济社会发展问题。启动其他地区发展时，我们国家采用建设开发区政策、从国外引进技术等国家级的重大发展战略来启动并且成功积累了巨大财富。那么，现在轮到如何启动少数民族地区的发展的问题。实际上，它是涉及如何用其他地区的社会经济发展成果来启动边疆地区的社会经济发展，实现各民族共同繁荣和发展及和睦共处的大问题。按照罗默的知识溢出效应理论，我们可以用其他地区发展中溢出来的知识启动边疆的发展。但是这个知识溢出效应不会自动出现，必须由我们用专门的发展战略来推动它。孔子说："人能弘道，非道弘人"。经济发展的道理也一样，它也需要我们这些人，采取有针对性的发展战略来启动和推动甘肃民族地区的经济发展。

（二）孤立地看少数民族经济社会发展的战略问题

以前，不管是干部还是群众，都是孤立地看少数民族经济社会发展问题，认为少数民族经济社会发展是一个独特的过程，这些与其他地区社会经济发展不同的特点是在长期的历史发展中形成，也可称为经济社会发展中的事实上的不平等。所以，他们把少数民族发展当成独特的过程来讨论、规划。这种观点片面地夸大了文化历史对社会经济发展的作用，忽略了其他地区发展与边疆发展之间的共性规律。实际上，其他地区和边疆都需要发展，都需要保护文化，都需要有尊严的生活，都需要以法律来保驾护航。如果没有这些共性，我们也无法探讨它们的发展和建设它们的经济。因为这里不存在统一的、普遍的社会经济的发展规律。

要解决甘肃民族问题、尤其是少数民族发展问题，我们必须以其他地区发展溢出效应来启动甘肃少数民族发展，推动甘肃经济大发展的联合互惠发展战略。如何打破现有的少数民族社会发展和其他地区社会经济发展二元分裂发展格局，以联合互惠发展战略模式来推动甘肃少数民族地区经济，把甘肃省建设成一个"团结奋斗、共同繁荣发展"的"多元互惠社会"，可能是甘肃发展的一条很好途径。

以前，甘肃的发展战略，忽略了其他地区经济社会发展对于甘肃少数民族发展的巨大带动效应和启动作用，孤立地谈论甘肃少数民族地区的发展问题。我们应该利用其他地区发展的带动效应来启动甘肃少数民族发展，以解决甘肃少数民族社会经济发展问题。甘肃目前尚未把其他地区社会经济发展与甘肃少数社会经济发展联系起来，找到一种普遍意义的发展战略行动指南。

四、处理甘肃民族问题的基本原则

甘肃少数民族社会经济发展与其他地区的社会经济发展之间有很多共同点。这些共同点使得我们可以用一种普遍意义的发展战略来指导发展。这样，甘肃少数民族社会经济才有可能和其他地区一样发展起来。所以，这种认识是我们谋划甘肃民族社会经济发展的第一条法则。我们首先应当承认其他地区发展与边疆少数民族发展的差异性和各地的特点，然后从其他地区社会经济发展与甘肃社会经济发展中找出共同的规律和具有普遍意义的发展战略。只有这样，我们才能用具有普遍意义的经济发展战略来指导具有自己特点的甘肃少数民族地区的社会经济发展，促进甘肃经济社会全面发展。

首先，不管是汉族还是少数民族，发展才是硬道理。当今世界的主题是和平与发展，抓住机遇发展才是硬道理。这对于各民族人民发展社会经济有着重要的指导意义和现实意义。改革开放之后，有些沿海城市和其他地区很快就发展起来了，但是有些边疆地区和少数民族社会经济却没有很快发展起来，这主要在于民族地区的干部和民众没有清晰地认识到发展才是硬道理这一点。对于中国的每一个民族来说，发展才是硬道理，只有主动发展才有出路。要抛弃“等靠要”的落后思想，抓住机遇主动发展才是出路。怨天尤人不是出路，等待援助更不是出路。物质援助只能解决一时的困难，无法帮助长期的进步。只有让甘肃各民族人民主动参与到当今中国社会经济发展的大潮中来才能真正启动他们的发展，才能创造共存共荣的繁荣格局。所以现在迫切需要建设一种联合互惠发展战略模式来发展甘肃少数民族地区经济，从根本上解决甘肃民族问题。

以前，甘肃民族地区经济发展战略是一种孤立的发展战略。大家把甘肃少数民族社会经济发展当作与其他地区不同的独特的发展战略模式，于是把民族地区与其他地区的发展差距归结为历史文化问题，把促进民族地区发展的途径等同于改良文化的问题，如定居点建设就有“一刀切”的做法。这种做法有几个缺点，第一，把经济发展问题等同于文化落后与先进的问题，就会犯张冠李戴的错误，也伤害少数民族感情。这和以前中国儒家文化与经济发展能否相容的问题一个类型的问题。中国其他地区经济成功的事实证明，中国经济发展程度与儒家传统无关。在甘肃少数民族经济社会发展过程中也存在这样的问题。很多人片面地认为甘肃少数民族经济社会发展与其他地区的差距与其文化有关。这种错误的想法导致错误的少数民族经济发展战略，强调通过文化改良来获得少数民族经济发展成功。可实际上，这种命题已被改革开放之后的中国经济成功经验所证伪。笔者因此认为甘肃少数民族发展的程度与他们的文化传统没有直接联系，所以，发展少数民族经济，不能从改良文化传统、宗教传统入手。

甘肃少数民族社会经济发展首先是个经济社会问题而非历史文化问题，必须以当地人参与发展规划为基础搞经济建设才是正确的道路。这样一种广泛参与的发展规划能充分发挥少数民族的责任感和使命感，引发他们的发展生产热情和创造激情。这里文化传统和民族认同反而成为一种推动少数民族经济社会发展的催化剂。实际上，中国其他地区的经济社会也是这样发展过来的。20 世纪 80 年代的中西文化争论，到了 20 世纪 90 年代就成为一种建立现代企业制度的经济发展策略。从此之后，各种中国传统文化——《西游记》中的团队精神；《三国演义》《孙子兵法》中的博弈思想成为中国现代企业管理的灵感源泉和营养。这些中国传统文化经典成为一种管理经典并流行。

所以，我们不用害怕甘肃少数民族传统文化对经济发展的负面作用，而应将其视为甘肃少数民族经济社会发展的助推器。利用它服务于社会经济发展才是正道。

第二，无论是汉族还是少数民族，只有联合互惠才能双赢，才能共同发展。甘肃少数民族干部和民众清晰地认识到发展才是甘肃各民族问题的出路之后，就有了正确的发展目标。下一个问题是如何发展的问题。我们仅仅知道发展才是甘肃各民族的出路还不够，我们还需要有正确的发展战略。甘肃少数民族地区要实现自己的发展目标，必须与其他地区发展横向联合，与其他经济发达地区建立良好的经济合作关系，通过互补共荣的方式把少数民族地方经济搞活、搞大。经济合作是一种全世界通用的发展经济的常规战略，甘肃少数民族社会经济发展也需要这个常规发展战略。这种联合互惠的发展模式，不仅能够带动甘肃少数民族的经济发展，也能促进其他地区经济的持续增长。其他地区和边疆联合互惠发展模式是中国经济发展实践中的一个创举，它已经在西藏和新疆等边疆地区的经济发展中起到积极作用，不仅推动了新疆和西藏的经济社会发展，也促进了各民族之间的相互了解和相互交融，为中国各民族和谐相处创造了良好的社会经济基础。

以前，大家对于这种发展模式有一些顾虑，认为随着其他地区和边疆地区之间的经济交流增多，这有可能加剧民族矛盾或新的利益分配冲突。但这个顾虑是多余的，从成本和效率平衡看，整个中国经济发展和增长给各民族带来好处远远超出收入分配不公平所带来的差距。另外一种顾虑是认为其他地区和边疆地区之间的频繁经济交流，可能冲击少数民族的文化传统和语言教育。这种顾虑也是多余的，经济是基础，语言文化是上层建筑，只有自己的经济社会发展起来了，才能更好地保护自己的语言文化。英语成为世界第一大强势语言不是因为别的，正是因为使用英语的英国和美国的经济发达。反而是那些濒临灭绝的语言，没有一个是经济发达的，或者以前经济发达，但在经济衰落之后，他们的语言文化同样也衰落了。古罗马拉丁语、中国古代西辽的契丹语都是随着它们的使用者衰落而衰落的。

我们有了正确的经济社会发展目标，又有了实现这个目标的正确的方法——其他地区和边疆联合互惠发展战略，这样，甘肃的少数民族经济就有可能会赶上甚或超过中国经济发展的平均水平。

第三，以经济发展促进文化保护，才能更好地保护少数民族传统文化。我们从中国各地的经验看，只有经济发展起来才能更好地保护好文化传统。云南省以旅游经济发展促进云南各民族原生态文化的繁荣和进一步的发展，《云南映像》是以现代手段来保护传统文化的成功案例。江苏省苏州市的周庄古镇著名历史文化古建筑——沈厅的保护也得益于旅游经济的发展。他们不仅保护了沈厅，而且保护了整个村子的水乡生活的文化气息。内蒙古鄂尔多斯市伊金霍洛旗成吉思汗陵旅游也为当地人的祭祀文化传统起到了很好的促进作用。2008 年，成吉思汗陵旅游区管委会全面恢复了成吉思汗“四时大典”，并成功举行了“夏季淖尔大典”。成吉思汗“四时大典”是成吉思汗时期形成的四季重大典礼活动。元世祖忽必烈将其概括为“四时大典”，由“春季查干苏鲁克大典”“夏季淖尔大典”“秋季斯日格大典”和“冬季达斯玛大典”组成。

在中国文化和经济之间存在相互依赖又相互促进的关系已成为一种不争的事实。那么，甘肃少数民族社会经济发展的出路在哪里？目前看还是通过少数民族社会经济发展来促进文化事业和保护文化传统是最好的选择，也是最迫切需要解决的问题。以经济发展促进文化保护，才能更好地保护少数民族传统文化。所以，我们应该尽早采用这些在其他省份成功的经验，推动甘肃少数民族地区的经济发展，改变发展战略，走出落后的局面，以更好地保护各少数民族的传统文化。

五、处理甘肃民族问题的具体措施

我们考虑甘肃各少数民族经济社会发展战略问题时，不仅要考虑甘肃少数民族地区经济社会发展的特殊性，也要看到其他地区发展和边疆少数民族的共性。一般的发展规律包含于特殊的发展规律当中。这样，大家才能看到甘肃民族问题的全貌，而不致于片面地、孤立地看待甘肃民族问题。

如果我们把少数民族社会经济发展和其他地区社会经济发展联系起来看，就能很容易发现，它们之间虽然有很多历史中形成的发展差距和文化差异，但也有很多共同点。所以，我们可以用具有普遍意义的经济发展战略来指导甘肃少数民族地区的经济发展，以促进甘肃经济社会全面发展。

（一）推行其他地区与边疆联合互惠发展战略，启动少数民族社会经济大发展

尽快地采用其他地区和甘肃少数民族地区之间联合互惠发展战略，启动甘肃少数民族经济社会发展，解决甘肃民族问题。我们必须以其他地区发展溢出效应来启动甘肃少数民族发展，推动甘肃经济大发展。这样可以打破现有的其他地区经济发展和甘肃少数民族发展二元发展格局，扭转甘肃少数民族社会发展和其他地区社会经济发展差距拉大的趋势，以经济社会大发展和深化改革开放来破解甘肃少数民族发展中各种民族问题。我们通过以其他地区发展和少数民族经济社会发展之间的联合互惠发展战略来推动甘肃少数民族社会经济大发展，把甘肃省建设成一种“共同团结奋斗、共同繁荣发展”的“多元互惠社会”典范。

著名的社会学家费孝通 1988 年提出的“建设黄河上游多民族经济开发区”的设想是一种非常及时的发展战略方案，但似乎忽略了少数民族边疆地区与其他地区发展之间的积极的战略联系。所以，“建设黄河上游多民族经济开发区”战略缺少了以其他地区发展推动少数民族社会经济发展的支撑点。但是现在看，20 多年前的这种发展方案仍是一种高瞻远瞩的战略方案。

（二）采用参与式发展模式，增加少数民族人民的参与感和使命感

长期以来，在甘肃少数民族地区有一种“等、靠、要”的落后思想制约着民族地区经济社会的进一步发展。其主要原因是没有能充分激发当地少数民族人民的参与感和使命感。在中国改革开放的历史上，农民的首创精神创造了奇迹。这是因为他们亲自参与了这些经济活动，有了很强的使命感和参与感。另外，在国外获得成功的参与式发展模式，原来就是国内的发展经验，后来“出口”成一种独特发展模式——参与式发展模式。这种参与式发展模式，19 世纪 40 ~ 60 年代西方国家在发展中国家所作的“社区发展战略”（如印度）——旨在组织社区居民处理影响他们生活及发生的问题和发展的机会：一方面进行社区基本建设，动员当地人参与社区建设，另一方面建立社区组织，组织扫盲运动，使社区群众参与管理。60 年代末到 70 年代，联合国在反贫困运动和种族性别平等运动，尤其是拉丁美洲乡村发展项目中开始大量地采用参与式发展模式，从此参与式发展模式成为一种比较成熟的社区发展模式。

我们在甘肃少数民族社会经济发展中完全可以采用这种社区发展模式，以作为省级发展规划的补充和延伸。如我们可针对甘肃的 2 个自治州，7 个自治县，30 个民族乡，设立具体的参与式发展项目，推动甘肃少数民族的发展。这个项目可以动员各方面的力量，通过民族高校的产、学、研一体化规划来让民族高校老师参与到参与式发展项目里面来，关心和帮助家乡的经济发展。这样逐渐改变甘肃少数民族地区的被动发展状态，探索一种当地老百姓和高校老师联合的主动发展模式，真正实现民族教育为民族地区服务的社会功能。

（三）成立全省少数民族双语义务教育协调组织，统一指导管理双语教育工作

甘肃蒙古族和藏族等有文字的少数民族的义务教育是用双语来完成的，但是双语教学管理存在很多漏洞，首先是没有统一的管理机构。语言既是信息储存的载体，又是交流的工具，双语教育在少数民族经济社会发展中占有重要的地位，但目前对双语教学的管理达不到时代的需求。甘肃乃至全国的双语教学管理仍处在一种无政府状态。甘肃省肃北自治县的双语教材主要靠八省、自治区蒙古语文工作协作会协调组织完成，而甘南的藏族教材主要靠拉萨、四川等地方的帮助来完成。英汉双语教学也没有专门的统一管理组织，各个高校只能自己组织管理双语师资和双语教材编写工作。所以，必须建立全省双语义务教育协调组织，集中管理汉藏双语教

学、汉蒙双语教学和英汉双语教学的行政管理体系和教学基础管理体系，以克服无政府状态的双语教学管理，提升双语义务教育教学质量，促进经济社会发展。

（四）实行现代社区管理制度，加强宗教场所和寺庙生活区的管理

甘肃少数民族社会的社会管理，也和经济发展战略一样，既具有自己的特点，也有普遍的规律。以前，我们把其他地区发展和边疆发展隔离开来，孤立地看少数民族经济社会发展问题。于是大家把甘肃少数民族的宗教场所和寺庙生活区管理也当成一个孤立的管理问题。所以，要么实行经验管理，要么照搬其他地区的模式，始终不能很好地管理宗教场所和寺庙生活区。实际上，甘肃少数民族地区的宗教社区管理，也是一种社区管理问题。我们调查研究之后认为，通过建立现代社区管理制度体系就可以解决很多问题，包括这些僧侣的社会保障，医疗费和生活费的问题等都可迎刃而解。有了明确的改革方针和指导思想，地方政府和当地僧侣、信徒以及国内高校、科研机构联合起来，用参与式发展方式建立现代社区，然后可以在运行中逐步完善社区管理制度。这样既可以解决群众反映比较大的寺庙僧侣、阿訇的社会保障问题，又可以建立现代社区管理体系，避免管理漏洞。

（五）针对甘肃少数民族地区生态文化旅游，制定“大九寨”旅游品牌战略

针对甘肃少数民族地区发展生态文化旅游产业可以一箭双雕，既能促进甘肃少数民族地区经济发展，又能保护少数民族地区生态环境。国内发展生态文化旅游产业、保护生态环境、促进经济发展的成功案例很多，其中九寨沟旅游就是一个典型的成功案例。甘肃和四川应联手打造真正的“大九寨”旅游区，制定特色品牌战略，以此为契机发展甘南自治州和临夏自治州的旅游产业。这些地方本来就有很好的资源基础和旅游人气。加上2008年由于四川汶川大地震造成道路中断，原本从成都去九寨沟、黄龙旅游的40万客人只能选择从甘肃入川。这次旅游改道给甘肃旅游经济带来新的机遇，应努力使这条新旅游线成为甘肃旅游亮点。

甘肃少数民族地区如甘南自治州、临夏自治州和肃南裕固族自治县、肃北蒙古族自治县、阿克塞哈萨克自治县等地的旅游经济在整个甘肃经济中占有一定的优势。所以，我们应该因势利导，大力发展甘肃少数民族旅游，以做到双赢：一方面，我们充分地利用当地文化宗教等旅游资源优势，促进经济发展，增加少数民族群众的收入；另一方面，又可以减轻当地生态环境压力，合理限制过度放牧、过度开矿现象，以减少对于生态环境压力，完成产业调整。

参考文献

[1] 安江林. 创新经济发展战略模式 [N]. 中国证券报，2007-12-28.
[2] 王纪伟. 对甘肃省经济发展战略变迁的思考 [J]. 甘肃科技，2009，25 (1).
[3] 罗德惠. 甘肃省委书记陆浩畅谈“工业强省”战略，中国新闻网（北京），2008年05月7日，或原文参看省委书记、省人大常委会主任陆浩在甘肃工业强省大会上的讲话，甘肃省轻纺工业信息网，甘肃工业强省专题，2008-05-06.
[4] 史世莲，王媛媛. 基于空间分析方法的甘肃省经济差异分析 [J]. 安徽农业科学，2011 (7).
[5] 郑周胜. 甘肃区域经济增长差异及其对策选择 [J]. 兰州大学学报，2007 (1).
[6] 乔潇潇，索伦格. 观念的更新 历史的跨越——肃北蒙古族自治县教育发展纪实 [N]. 甘肃经济日报，2007-09-06.
[7] 杨军. 甘肃民族基础教育问题研究 [J]. 甘肃民族研究，1996 (1).
[8] 中国宗教采访组. 不做好宗教工作 我们无法交待——专访甘肃省宗教局局长丁军年 [J]. 中国宗教，2009 (8).
[9] 李泉. 论甘肃民族地区特色旅游业的发展 [J]. 社科纵横，2003 (4).
[10] 王文瑞. 甘肃省旅游业区域差异性分析及发展建议 [J]. 干旱区资源与环境，2006 (3).
[11] 王生鹏，何智奇. 甘肃民族地区旅游资源开发战略构想 [J]. 干旱区资源与环境，2006 (1).
[12] 鹿晨昱. 甘肃省少数民族地区经济与生态环境协调发展研究 [J]. 安徽农业科学，2009 (7).
[13] 米雪连. 甘肃“花儿谚”“格萨尔谚”魅力独具两万条谚语精品结集出版 [N]. 兰州日报，2009-12-11.
[14] 王艳明. 甘肃省设立“少数民族文化事业发展专项补助资金” [EB/OL]. 新华网，新华时政，[2011-01-28].
[15] 甘肃省统计局. 甘肃省2010年第六次全国人口普查主要数据公报 [N]. 甘肃日报，2011-5-4.
[16] 王新. 访甘肃省委统战部副部长郭清祥和省民委副主任柴生祥 [N]. 西部时报，2010-5-14.
[17] 侯万锋. 甘肃省做好宗教工作的重要性、现实性及对策建议 [EB/OL]. 侯万锋，吾思斋博客文章. 2008-1-6.
[18] 陈建华. 甘南藏区构建和谐社会的思考 [N]. 学习时报，2004-3-25.
[19] 马正亮. 甘肃少数民族人口 [M]. 兰州：甘肃科学技术出版社，2004.
[20] 刘毓临，吕文广. 甘肃少数民族地区经济社会发展问题研究 [M]. 兰州：兰州

大学出版社，2006.

[21] 徐晓萍，金鑫. 中国民族问题报告：当代中国民族问题和民族政策的历史反观与现实思考 [M]. 北京：中国社会科学出版社，2008.

[22] 石培基. 甘川青交接区域民族经济发展研究 [M]. 北京：科学出版社，2004.

[23] 王希宁. 少数民族地区经济发展对高等教育的需求分析——以西北地区的甘肃省为个案 [J]. 西南教育论丛，2011 (1).

[24] 陆浩. 积极做好新形势下的宗教工作 为改革发展稳定创造良好环境 [N]. 人民日报，2011-5-24.

[25] 丁连生. 甘肃草业可持续发展战略研究 [M]. 北京：科学出版社，2008.

[26] 张积良. 甘肃民族地区经济发展新模式探索 [J]. 甘肃农业，2009 (11).

[27] 高新才，滕堂伟. 西北区域经济发展蓝皮书：甘肃卷 [R]. 北京：人民出版社，2008.

[28] 陈丽新. 甘肃民族地区经济发展研究 [M]. 北京：中国社会科学出版社，2004.

[29] 陆浩. 加快民族地区发展促进和谐社会建设 [J]. 求是杂志，2006 (16).

[30] 戴维·罗默. 高级宏观经济学 [M]. 北京：商务印书馆，1999.

[31] 卢敏，罗尼·魏努力. 参与式农村发展：理论·方法·实践 [M]. 北京：中国农业出版社，2008.

羌风胡韵　文化昆仑

——论建设西宁高原民族特色文化大都会的关键

马进虎[*]

（青海省社科院文史所所长）

党的十七届六中全会的《决定》指出："发掘城市文化资源，发展特色文化产业，建设特色文化城市……扶持代表国家水准、具有民族特色和地方特色的优秀艺术品种，积极发展新的艺术样式。"西宁如何贯彻执行中央《决定》的精神，应该依据其未来 20 年构架的城市性质和职能及资源禀赋来谋划，下面谈些看法、抛砖引玉。

一、西宁建设高原民族特色文化大都会的尝试

第一，西宁以"创"为主、推进建设和发展，形成了城市特色和精神，打响了"夏都西宁"的品牌。"十一五"期间，西宁位列国家创新型试点城市，建成"国"字头的园林、绿化模范、卫生、双拥模范、优秀旅游城市，启动了创建文明、环保模范城市进程。由于领导的思考与百姓的期待不谋而合，创建了一场激发全市激情与豪情的"人民战役"。上下联动、全民参与、共享，抓重点、攻难点、增亮点，不断掀起创建热潮，每一次创建都是一次升华。与变化共进的是思维，无所作为的意识被城市的快速"变脸"所震撼，不敢想、不敢干、不敢试的思维被全国优秀旅游城市、园林城市、卫生城市的桂冠所扭转，随着创建活动的深入和取得的骄人成绩，市民素质、城市品位明显提高，城市建筑布局的地方特色日趋鲜明，这增强了欠发达地区群众的信心，为争创全国文明城市奠定了基础，更重要的是形成、锤炼出了"包容、诚信、务实、创新"的西宁精神。实

---

* 作者简介：马进虎，男，回族，省社科院文史所所长，副研究员，史学博士，研究方向：民族宗教历史文化。

现了“市民有精神、建筑有个性、城市有特色”的要求。“夏都西宁”的品牌叫响，城市有了自己的灵魂和名片。

第二，西宁成为青藏高原公共文化活动较普及、较丰富，文化氛围较浓厚之地。作为省城文化资源富集，博物馆、图书馆、文化馆、科技馆、大剧院、电影院、文化广场、文化公园等举办的各种展览、展演、展示、讲座、论坛为市民提供了诸多的鉴赏和素养提升的机会。连续举办的西北五省区“花儿”演唱会，成为参加歌手多、曲令多、水准高、规模大、人气旺的一项文化活动，成为西北“花儿”歌手交流的平台，培养了一大批“花儿”歌手，发挥了示范、导向、带动和辐射作用，并已成为一个群众参与度高、影响力强的品牌文化活动。西宁的群众体育活动也有特色，大通成为省级首批篮球之县，塔尔湾为篮球之村，湟中拦隆口镇为篮球之乡，上五庄镇为赛马之乡，成为群众体育蓬勃发展的“排头兵”。文化事业取得丰硕成果，受到文化部表彰：大通成为“中国民间艺术之乡”，湟中、湟源成为“中国民间文化艺术之乡”，日月藏族乡成为“花儿”艺术之乡，大华镇成为“剪纸艺术之乡”，田家寨成为“秦腔文化艺术之乡”；多巴镇成为“鼓锣文化艺术之乡”。此外，大通成为“全国服务农民、服务基层先进集体”和“全国公共文化设施管理先进集体”，还有街道的文艺活动、郊县的广场社火等活跃了群众的文化生活、振奋了市民的精神。

第三，西宁成为青藏高原旅游的重要集散地，文化旅游和文化创意产业进入起步发展阶段，成为国民经济新的增长点。进青游客绝大多数都要中转西宁，带动了文化旅游产业的发展。湟源成为“中国排灯艺术之乡”“中国最具民俗文化特色旅游目的地”“国家4A级旅游景区”。湟源已形成陈醋、排灯、皮绣等“非遗”开发产业，演艺厅、文庙、曲苑、厅署等的古城演艺产业，石刻、牛角挂件、书法、绘画、根雕、剪纸等民间工艺品制造的文化产业格局。湟中打造“八瓣莲花”文化旅游产业园区，建成了“八瓣莲花”产品制作、研发中心，扶持建立基地，加工店、销售点，“八瓣莲花”商标成为青海著名商标。其中，青海藏文化馆是国家3A级景区、省级文化产业示范基地，现正创建民族文化创意产业园，其产业园包括已建成的藏文化馆、“唐卡”原创基地、香巴林卡酒店，中国民族学会青海藏文化研究基地，以及正在规划中的工艺品开发制作和物流中心、户外营地、藏寨等。青海民族文化创意产业园，将成为集文化展示、学术研究、艺术创作以及工艺品制作和交易为一体，融合旅游、休闲、会展等综合性的文化旅游景区，也将成为塔尔寺景区的组成部分。为建成生态文化旅游基地，大通以老爷山4A级景区为核心，深度挖掘其文化内涵，精心打造“夏都生态园”品牌，提升其影响力和竞争力，提高服务承载功能和水平。以“高起点、高标准、高品位”为目标，调整沿街布局和增加绿化，交出了一个环境整洁、特色突出的餐饮街区，“后子河民族餐饮”文化品牌得以打响，并精心打造“六月六”老爷山、“花儿”会文化旅游品牌。

第四，西宁成为青藏高原对外开放、交流、合作、发展的重要平台。青洽会、藏毯展、清食展、环湖赛等大型会展、赛事影响扩大，国际化程度趋高。其中，青海藏毯国际展览会规格之高，规模、影响之大是首屈一指的。它已成为各国地毯品牌展示、业界交流、文化融汇的舞台，为全球业界所瞩目。环湖赛是中国走向世界的第一个民族体育品牌，初现国际化、专业化、市场化。“国际友城论坛”首次亮相夏都，西宁作为首家举办论坛的西北城市，邀请俄、英、美、韩、日、德、新加坡等国的代表参加青洽会，以不断加强国际交往、民间交流，引进先进技术、智力和经验，促进经贸、文化、教育、卫生、科技、旅游等的合作与发展，提高技术和管理水平。以青洽会为例，展会成效明显：签约项目创新高，展会影响增强，规模大、规格高、知名企业多、专业客商、境外客商增加；展示水平大幅提升，扩大展馆，统一布展，集中展示了绿色发展的成果，以及各族人民的崭新形象；展示方式新，布展运用实物、模型、多媒体信息、3D影像技术等，开幕式大气恢宏；展示内容新，循环经济、文化旅游、特色农牧业、特色商品等板块，全面展示了科学发展成果、产业优势和文化魅力。同时，宣传报道声势空前，论坛水平再上档次，展会活动精彩纷呈，服务保障高效有序，体现了青海各族人民的热情好客和开放的胸襟，以及经济发展的勃勃生机。

第五，西宁已显现出青藏高原本味的民族特色文化传承、体验以及与当代文化交融中心的雏形。一方面，以塔尔寺、民族大学、藏文化博物馆、藏医药博物馆、南滩藏族社区、广场锅庄舞、南北山佛塔等为代表的藏族风情渐趋浓郁，藏传佛教气息扑面而来。另一方面，以东关清真大寺、民俗博物馆（磬楼马公馆）、清真餐饮街、南山拱北等穆斯林建筑，以及开斋节、古尔邦节十几万穆斯林的会礼，形成一道白帽海洋的人文历史景观，展现出一派伊斯兰绿风情。同时，西部大开发以来，有学者倡议建成“昆仑神话的九天玄女圣都扎麻隆凤凰山庙宇”，定位是其龙头景点、载体和博物馆、华夏女娲的道场、炎黄子孙寻根拜祖的圣地、了解昆仑文化、净化灵魂的基地；是儒、释、道、民俗文化的融合处、天地人沟通、和谐的“枢纽”。可以说，湟中扎麻隆凤凰山昆仑文化景点是其神话以民间化方式落地的象征性建筑，在常态传承方面已经走在各地前列，因为“四大菩萨”皆有公认的道场，女娲道场是第一个。这样一来，原本青海是藏佛、回伊二教并重，此庙宇一出，则意味着西宁“汉儒、藏佛、回伊”的“三教鼎立”之势由隐成显。三角结构是稳定的，在当代文化的统摄下，这将成为青海创建全国民族团结进步示范区的基础。此外，传统文化与现代科技、服饰、饮食、建筑、体育的初步融合发展也有新的起色。如藏文化馆就是科技融合的例子，其主馆的主题，序厅的宽屏数字电影《青藏高原的形成》，再现了其沧海桑田的历程；又从藏族在雅砻河谷的发源，追溯雪域文明的演进。主馆的第二层，呈现了佛与神灵的奇幻世界，光怪陆离的宗教面具、绚丽多姿的藏艺术，让人领略到浓烈鲜艳的异域文化色彩。而副馆则从宇宙的运行和生命原初的视角，展示藏族的生死观和中观哲学，并将藏医药和民俗风情纳入其中，直观而深刻，堪称藏文化的“百科全书”。而生物园区将文化与企业相融合，经政府支持、企业自筹、股份合作，青海藏文化博物院和青藏高原自然博物馆已经建成，昆仑玉博物馆也已在建。这将提升园区的文化品位，增强园区的竞争力。另外，由西宁总工会推荐、青海伊佳公司设计的伊斯兰服饰荣获第三届全国职工技术创新成果优秀奖。这也是本地企业首次获此殊荣。在东部城市群建设过程中，还将把河湟文化内涵加以挖掘及应用，创新“河湟建筑风格”，形成河湟特色的建筑体系，以提升城市群“软实力”。目前，已形成《青海东部农业区河湟民居调研报告》，筛选了一批民居方案并形成《河湟民居设计方案》，正等待专家论证，并将在修改完善后运用于实际建设。这一切都说明传统与现代在渐趋融合。

二、羌风胡韵　文化昆仑：西宁文化意象定位

西宁的文化建设已经取得较大成就，但与其城市性质和职能定位相比，要成为“文化名省”建设的重镇，仍有较大的差距。根据《西宁市2030年城市空间总体发展规划》，西宁的城市性质——青海省会，西北地区的中心城市，青藏高原生态宜居城市；城市职能——带动青藏高原经济发展，促进民族和谐的区域服务中心；西北地区综合交通枢纽，青藏高原物流中心；全国的夏季会议中心和高原旅游服务基地；国家级循环经济发展基地和高原特色产业基地；集约低碳，特色鲜明的生态宜居城市。可见，西宁城市性质和职能的定位很高，对其文化预期也很高。因此，必须着眼未来，追新潮、瞄前沿、逐时尚、激活力；同时，应依据其文化特征

来综合谋划。作为省城，西宁恰好处在青海四种文化类型交会的关节点上，包括：东部河湟传统耕读文化、民族走廊迁徙商旅文化、西部草原传统马背文化、柴达木当代科技移民创业文化。其中，耕读文化：重农业、尊礼教，好诗文、爱书画，优者考科举、走仕途。其表征为：昆仑神话、玉石传奇、服饰、民俗等。迁徙商旅文化：信仰沙漠中诞生的宗教，适应性强，喜欢沿丝绸之路流动，发现农牧交界的商机，多做传统的坐商或行商。其表征为：服饰、绿色信仰家园、商旅精神、清真餐饮等。草原马背文化：信仰亚热带雨林诞生的宗教，注重人与生态环境的宁静与和谐，喜欢歌舞，离不开水草、马牛羊。其表征为：热贡艺术、格萨尔传奇、康巴风情等。这三者虽然信仰各异，但都有传统的一面：社会关系简单宁静，人与人的关系、人与自然的关系相对简单和谐，人的需求极其有限。当代科技移民创业文化：这是执世界之牛耳的文化，本质是西方的科技机械，人类的四肢无限延长，地球成村，人可上九天揽月，可下五洋捉鳖，人的需求被成倍地放大，但其弊端可捅破天、踩烂地。这种活态文化以及西部大开发和国家支持青海等藏区发展的政策使西宁面临着千古一遇的成为民族特色文化大都会的机遇。因此，笔者认为，西宁提出“羌风胡韵、文化昆仑”的文化意象很重要，把优势文化资源整合起来，逐渐形成品牌，这可反映西宁悠久的历史传统、厚重的文化积淀、多姿多彩的民族风情、大气新潮的都市追求。这里的“羌胡”取其本义：羌是古代游牧民族，此处指称草原马背文化，包括古羌人、鲜卑、吐谷浑、吐蕃以及现代的藏、蒙古等民族；“胡”此处指称其先民从西域中亚迁徙来的撒拉、回等民族。文化昆仑，即中华民族的文化图腾——昆仑山，屈原、孙中山、毛泽东对昆仑山的那种向往、那种讴歌，尤其是毛主席的《念奴娇·昆仑》写出了中华民族伟大复兴、天下大同的理想。这里借用之，一则指称自古重视农耕文化（含土族）的华夏族的昆仑神话，二则指称把西宁打造成传统耕读文化、迁徙商旅文化、草原马背文化、当代科技创业文化四种类型齐备的文化圣山，激发活力、创造传奇，成为吸引八方游客的精神高地。

三、关键是用现代企业制度大力发展西宁文化产业

这些文化资源要转变为文化产业，变成有市场的文化产品乃至精品，尚有艰难、曲折的长路要走。青海与发达地区的差距在继续拉大，这制约了政府的投入和支持力度。同时，青海的教育仍不能满足群众的新需求，“四个发展”也需要教育均衡发展、提高质量，各族人民更迫切需要下一

代接受良好的教育。这导致青海资金缺、人才更缺，成为严重制约发展的“瓶颈”。经验表明，文化创意产业的发展对基础或起点的要求很高，没有全社会水平的提高和发达的教育体系作支撑，其发展就不可能持续。

西宁既不沿海又不靠边，宜居地方不多，人气不旺，造成社会流动性差，视野不宽，市场主体意识不强，接受新事物较慢，人们小富即安，不易做大做强，这导致西宁的文化市场容量有限。其实，各地的文化体制都大同小异，区别在于发达地区改革的转圜余地比较大，再就是建立了高规格、强有力的决策机构。西宁的摊子本来就小，再加多头管理，导致力量分散，搞起来更难。西宁的文化企业不少，但无大的控股公司，即上市公司，说明文化企业家还没有建立适合现代企业制度的法人治理结构以及到资本市场的大风大浪里闯荡的观念。因为从某种意义上讲，一个企业，只有和资本市场打通，才是一个完整的现代企业。这需要宏观管理体制的深刻改革和企业自身的深刻改革。

精神、资金、市场、技术、人才，这五种要素在西宁的文化企业中都不同程度地缺乏，而最缺乏的是能够掌握新技术的专业人才和能叱咤资本市场的文化经营管理人才。此外，文化产业与其他领域的跨界“融合”也还不够，如不能跟科技融合，不能跟金融或资本市场融合，不能跟贸易融合等。西宁至今还没有一家大型的跨行业的国有控股文化企业，私有的企业更谈不上。这造成文化企业规模小、效益差，尚未能成为国民经济的支柱行业。这说明西宁文化产业总体上仍处于传统的商业经营模式的发展阶段，西宁的文化企业要建立现代企业制度还有相当长的路要走！

青海民族关系的新特点与民族团结进步示范区建设研究[*]

赵　英[**]

（中共青海省委党校）

一、引　言

民族团结、社会和睦，是一个常谈常新的话题，也是生活在多民族地区的每一个成员都无法回避的话题。民族团结，具体来讲，实际上就是各民族之间的良性互动，民族个体及群体间的互助、友善、包容。族际关系处理得好坏，不仅直接关系到国家的长治久安与局部地区的稳定，而且深刻地影响各民族的发展与进步。在人类现代化和全球化的进程中，不同民族之间的接触和交流在不断扩大，同时，民族之间的矛盾和冲突也有所凸显。因此，如何增进各民族之间的对话和理解，克服困难与冲突，营造与维护和谐的民族关系，促进各民族的快速发展与进步，一直以来都是各级政府和学术界普遍关注的重要现实问题。在2006年的全国统战工作会议上，时任总书记的胡锦涛同志指出，平等、团结、互助、和谐的社会主义民族关系，体现了中华民族多元一体的基本格局，体现了中华民族大家庭的根本利益。总书记从党和国家事业发展全局的战略高度，指出要全面把握和正确处理民族关系等涉及党和国家工作全局的重大关系，为我们正确认识和研究新世纪新阶段的民族问题，提供了理论指导。

---

* 本文系2012年度青海省全省党校系统重点招标课题《关于我省民族团结进步示范区的理论研究》（批准号：12ZHAOBKTO2）阶段性研究成果。

** 作者简介：赵英（1977—），女，蒙古族，青海门源人，中共青海省委党校民族宗教学教研部讲师，主要从事民族学、民族史教学与研究。

青海历来是一个多民族杂居共处、多宗教并存同传、多元文化交融互补的省份，目前，全省总人口562.67万人，少数民族人口264.32万人，占全省总人口的46.98%，少数民族成分达54种之多；实行民族区域自治的少数民族占全省少数民族人口的81.55%，民族自治地方面积占全省总面积的98%以上，是全国少数民族人口比例最高、民族区域自治面积比重最大的省和除西藏自治区外最大的藏族聚居区。佛教、伊斯兰教、道教、基督教、天主教五大宗教齐全，5个世居少数民族基本为全民信仰宗教，藏传佛教、伊斯兰教在青海有较大的影响。截至目前，全省拥有信教群众292万人，占全省总人口的52%，宗教活动场所2200多座（所），教职人员4.9万人。从历史上发展至今，多民族杂居错处、多元文化碰撞交融，民族关系始终是青海复杂而敏感的问题。当前，青海民族关系从总体看是好的，平等团结互助和谐的社会主义民族关系已基本形成，但在“战略机遇期”和“矛盾凸显期”并存的社会转型时期，青海民族关系发展又呈现出一些新的特点。基于此，青海省委十一届九次全体会议提出：在“十二五”期间将全省建成全国民族团结进步的典范，并“逐步推行和建立全国民族团结进步示范区”。在青海省第十二次党代会报告当中，又明确将“民族团结进步示范区”列入今后全省“三区”建设的行列。因此，加强对青海民族关系新特点及构建和谐民族关系的研判，事关示范区建设目标的实现，事关和谐新青海建设的大局。

二、青海民族关系的新特点

（一）青海民族关系面临的新形势

改革开放三十多年来，国际国内形势发生了深刻的变化，当前青海经济社会的发展也面临着前所未有的新机遇、新挑战。

从国际形势来看，一是世界民族问题的复杂化。冷战结束后，民族问题日益成为世界关注的热点和焦点，国际社会的民族矛盾、种族纠纷、宗教冲突、领土争端和利益争夺日益加剧，在一些地区引起局部动乱、武装冲突，一些国家的民族问题因外部势力的插手而出现国际化趋势，国际范围内的泛民族主义思潮抬头，对有关国家主权构成威胁。波黑的民族冲突、俄罗斯车臣的战火、非洲国家的部族屠杀等，几乎在地球的每一个角落都有因民族问题而产生的冲突和摩擦。

二是世界范围内的第三次民族主义浪潮，无疑会对我省民族关系产生影响。以苏东剧变为肇端引发的民族分离主义向世界蔓延，导致世界范围内的民族意识、宗教意识、分裂和独立意识分外强烈。自20世纪80年代末、90年代初发生了严重威胁我国民族关系的事件后，我省随之也出现了个别影响族际关系的不良势头。同时，以泛民族主义为标志的跨界民族问题也日益凸显，中亚、西亚的泛伊斯兰主义和泛突厥主义等各种思潮及其活动呈强化趋势，对国际地缘政治格局的稳定带来了很大的影响，对包括我省在内的西北民族关系也带来了不稳定的潜在因素。

三是国外敌对势力的西化、分化和渗透。这是影响我省民族关系的又一重要因素。尽管“求和平、谋发展、促合作”一直是时代发展的主流，但境外敌对势力始终在打压我国的崛起，民族、宗教和人权正是他们用来遏制我国发展的主要抓手。近年来，我们在民族、宗教领域遇到的一系列重大的挑战，几乎都有他们公开或暗中插手。

从国内形势来看，一是我国自改革开放以来，经济、政治、文化、社会事业建设成效显著，综合国力日益增强，国际地位显著提升，各民族共同团结奋斗、共同繁荣发展，平等、团结、互助、和谐的社会主义民族关系正在形成。西部大开发战略、国务院扶持青海等省藏区发展的思路举措等，必将为青海民族关系的和谐发展注入新的活力和动力。

二是我国社会结构的急剧变化与对外开放程度的不断提升，也带来了各种社会矛盾和冲突越来越呈现出易发、多发之势。社会结构的日益多元化在给改革开放注入了强大活力的同时，又使得人们的各种观念、许多社会问题同时聚焦，包括党群关系、干群关系、区域和社会之间关系、社会阶层和各利益集团之间关系、社会与自然关系，等等，这些都有可能以民族问题形式出现，给各级政府处理好民族问题带来了前所未有的挑战。

从省内形势来看，一是发展差距拉大，利益诉求多元。城乡之间、区域之间、民族之间的发展差距日益拉大，社会发展中的不平衡因素逐日增多，不和谐因素开始显现。各民族、各阶层及各利益集团已从过去单一的经济诉求转变为包括经济、政治、文化等整体诉求为核心的多元诉求。

二是民族交流频繁，民族意识凸显。当前各民族间、民族内部间交流之频繁为几千年来民族交流之最，民族间的互动与碰撞空前活跃，同时，关注自身民族发展及民族权益的民族意识变得比以往任何时侯都更突出。

三是境外渗透复杂，民族关系受到挑战。境外一些非政府组织打着对我省藏区经济援助、捐资助学等旗号，以民族、宗教为突破口，力图达到其分化目的。2010年以来发生的一些不稳定事件表明，达赖集团正在加紧调整策略、变换手法，在继续以其特殊宗教身份加大对我省寺院僧尼蛊惑煽动的同时，其分裂渗透也进一步向民族地区的知识分子和青年学生扩展。

（二）青海民族关系的新特点

民族关系作为一种社会关系，必然会受到社会利益关系的种种约束或制约，也必然反映社会关系的种种利益调整态势。从本质上说，民族关系就是一种利益关系。能否正确处理好各民族之间的利益关系以及国家利益与民族利益之间的关系，是处理好民族关系的关键。[1] 本文从民族交往联系的政治关系、经济关系、文化关系和社会交往关系入手，将青海民族关系的新特点归纳为以下几方面。

1. 政治关系

青海各民族间政治交往关系呈现的新特点是：整体政治认同感增强与个体政治诉求多元化并存。具体表现在以下几方面。

（1）各民族与国家的关系。主要是少数民族对国家的政治认同感和凝聚力问题。任何一个多民族国家在发展中都要面临的一个永恒话题是：如何协调各民族的利益关系并整合各民族的力量共同致力于国家的发展繁荣。[2] 新中国成立后，我国在宪法中首先规定了各民族的政治平等地位，切实保障了少数民族的各项权利。我省通过全面贯彻实施党的民族宗教政策，建立民族区域自治政权，大力调解各类民族纠纷等，完成了一次大规模且卓有成效的民族整合，各民族对国家的向心力空前提高。此后，全国走过了1958年底“反右”斗争扩大化及“文革”十年的“极左”的痛苦岁月，其间青海民族关系也踏上了正确与错误两种力量的较量之路。如牧业区在走人民公社化道路中，盲目照搬农业区的做法，实行所谓的组织军事化、行动战斗化、生活集体化、帐房街道化等，还硬性规定藏族男子的“分头化”、藏族妇女的“双辫子化”；宗教制度改革有成效也有扩大化的失误，一些干部不了解宗教发展规律，只谈宗教是麻醉人民的鸦片，看不到宗教的正面功能，只讲宗教的反动性、欺骗性、危害性。在个别宗教场所展开无神论和有神论的辩论，刺激信教群众的宗教感情，给民族关系带来了极为不良的影响。以上种种，对今天全省民族宗教工作来说，都

---

[1] 徐晓萍．中国民族问题报告［M］．北京：中国社会科学出版社，2008：114.
[2] 徐晓萍．中国民族问题报告［M］．北京：中国社会科学出版社，2008：114.

是极为深刻的经验教训。当前，除少数极端分子继续从事一些分裂国家与民族的活动外，总体上全省各少数民族对国家的凝聚力与认同感在不断增强。

（2）民族自治地方与中央的关系。主要表现为民族自治地方在国家政治架构中的地位以及权利分享问题。尽管宪法和《民族区域自治法》都明确规定了民族自治地方在国家中的权益分享地位，但面对复杂的现实情况和具体利益，特别是在中央国家权力机关和行政机关与自治地方权力交叉之处，尤其是涉及我省部分民族自治地方的财政、税收、资源开发等方面，仍存在很多分歧与争议。有些中央直属企事业单位，缺乏对自治地方自治机关权威的应有尊重，在民族自治地方开发资源时往往自成一体，未照顾到当地的民族利益，其创造的利税大部分上缴中央财政，民族地区群众不仅受益无几，还要承担资源破坏后的生态灾难，这日益引起了民族地区干部群众的不满。我国很多地区都取消了资源税，但我省海西蒙古族藏族自治州等地区仍要上缴资源税，无疑加重了部分民族自治地方的经济负担。

（3）自治地方内部的民族关系。主要包括自治地方内部的自治民族与非自治少数民族、自治民族与汉族之间的关系。这里仍主要关涉权利分配问题。《民族区域自治法》为保障自治地方各民族都享有平等的权利，规定自治地方的一些政权机关需配备相应比例的其他民族成员。我省13个民族自治地方政府的“一把手”都由自治民族成员担任；全省6个自治州及46个县（市、区）的党委、人大、政府、政协班子“一把手”中，少数民族干部占到67.9%和60.9%。由于干部是国家权力的具体掌握者和执行者，所以不同民族间干部任职的高低和比例，成为各个民族普遍关注的“敏感”问题。有些地方将民族干部比例作为衡量落实民族政策的一个标尺。对于这个问题有两种意见，一种是比较拥护，认为这样有利于保障人口较少民族的权利，有利于体现民族平等；一种则主张应该根据工作和现实需要，按干部选拔任用的德能勤绩廉标准来选配干部。[1] 这两种意见也不同程度地存在于我省各民族干部群众的议论之中。在干部比例要求的大前提下，个别地方还出现一种议论，就是某个职位过去是由某一民族的干部担任，在其退任或另任后，这个职位是否还必须由该民族的干部接任，这是一种很特殊的政治生态。此外，在我省个别地方，由于自治民族在政治、经济、文化等权利享受方面均占有一定的优势，从而容易形成对其他

---

[1] 徐晓萍．中国民族问题报告［M］．北京：中国社会科学出版社，2008：103．

“弱势”民族或非自治民族的排拒和忽视。但这些具象往往潜隐在大众话语体系之下，都能感觉得到，却又说不出来。就各少数民族之间的关系而言，已排除了各少数民族间产生敌我矛盾的可能，但随着各民族成员争取更大发展空间的利益诉求日益增强，交往互动中的“权益摩擦”现象确有存在。

2. 经济关系

青海各民族经济交往关系呈现出的新特点是：互利性与竞争性并存。

在改革开放和市场经济体制快速运转的当下，个体间的竞争关系也被引入民族关系，各民族、阶层、群体之间的利益关系和利益结构的调整与重组使民族矛盾随之不断生成和发展。曾受国家计划支配的地区利益和个人利益不再纯粹顺从国家政令的要求，而更多地追逐自己的机会和权益，国家和发达地区的无偿支援变为有偿，经济政策取代了行政手段，既讲帮助又讲竞争，既讲互助又讲互利。各民族之间，特别是汉族成员一般在市场竞争中凭借其世俗化程度和受教育程度较高的优势，逐渐拉开了和少数民族成员（特别是青南地区的少数民族群体）间的发展和利益差距，受历史发展、思想观念、地理环境等影响，少数民族群体在市场竞争中往往处于劣势。在现实生活中，不同民族间、同一民族内部间、不同利益集团间在经济利益方面的矛盾，仍然是各种矛盾中的焦点。我省各民族在诸多方面存在较大的差异，因而在经济交往和利益分配等方面也难免会出现一些矛盾，如不同民族间的草山纠纷、矿产资源纠纷、土地纠纷、水源纠纷等。在个人发展受阻、家庭生活困难、当地经济滞后的情况下，极易导致部分群众脱贫难、增收难、少数民族大中专毕业生就业难、部分群体心理失衡等问题。这种情况一旦为别有用心者所利用，就会成为引发社会不稳定的渊薮。

3. 文化关系

青海各民族的经济生活、宗教信仰、文化艺术和民俗风情，蕴含着各民族的价值观念、民族性格、宗教感情，构成了各民族文化的主体和核心，民族文化间的良性互动与民族关系呈正相关。当前青海民族文化交流关系呈现出的新特点是：文化的认同性与文化的异质性并存。试举例说明如下。

（1）语言交往。语言是维持民族边界的重要标志，但学习掌握其他民族的语言，则是获得对方认可和接纳的关键所在。笔者在祁连山地区田野调查中发现，很多与藏族打交道的回族、汉族各界人士，都反复强调语言是在与藏族建立关系或者在获得藏族认同中的关键因素。

表1　祁连县俄博镇各民族是否会说藏语的情况（%）

是否会说藏语	民　族					
	藏	撒拉	汉	回	蒙古	土
会	71.5	0	7.9	11.3	7	85.7
会一些	19.6	40	31.4	27.4	35	14.3
不会	8.9	60	60.7	61.3	58	0
总计	100	100	100	100	100	100

表1显示，在被调查者中，会说或会说一些藏语的藏族人占90%以上，会说或会说一些藏语的汉族人占近40%，会说或会说一些藏语的回族人占38%。这部分汉、回、撒拉等族成员主要为在藏区经商和工作。

表2　祁连县阿柔乡各民族是否会说汉语的调查情况（%）

是否会说汉语	民　族					
	藏	蒙古	汉	回	土	撒拉
会	86	85	98.8	100	85.7	84
会一些	10.8	10	0.2	0	14.3	12.5
不会	3.2	5	1	0	0	3.5
总计	100	100	100	100	100	100

表2显示，该乡的各民族对汉语的熟练运用程度非常之高，被调查者中，86.1%的藏族人会说汉语，100%的回族人会说汉语。我们也发现，3.2%的藏族人、4.3%的蒙古族人和1.4%的汉族人不会说汉语，这部分群体基本是各族老人（世代生活在纯牧区的汉族老人也深受当地民族语言的影响），他们基本不与外界打交道。

（2）宗教互动。宗教作为一种社会化的客观存在，是各民族传统文化的重要组成部分，影响着广大民众的价值观念和日常行为，在现实生活中一直都是促进或阻碍民族认同的重要因素。

青海六个世居民族中，回族、撒拉族信仰伊斯兰教，藏族、蒙古族、土族以及一部分汉族信仰藏传佛教，道教的信仰主体为汉族。各民族在宗教归属方面有较大的区别，但是从各种宗教所阐释的终极关怀来看，几种宗教都具有包容性，并不存在消除异己、以己为宗的宗教义理，相反，它们更多地倡导对他人和他文化的接受、容纳。随着社会化、城市化的发展，人与人之间交往频率的增加，宗教差异也并没有阻碍族际间的良性互动，也没有成为社会成员据此划定交际圈、生活圈的参照。因为无论哪种宗教、哪个民族，必须在涵容他人的过程中求得自身的生存与发展。然而，宗教本身强烈的内聚力和排他性在一定程度上依然促使不同宗教群体之间保持了比较明显的“边界”。

笔者在对门源地区所进行的问卷调查中，对“宗教对您日常生活的影响”的回答中，回族、撒拉族多倾向于选择“影响非常大”和“有一些影响”（共计23人），占调查总人数的32.8%；藏族、汉族多选择“有些影响”（共计28人），占调查总人数的40%；也有部分汉族选择了“没有影响”（4人），占5.71%。能够看出，宗教在一定程度上影响着人们的日常生活，同时对由宗教信仰引起的民族认同和族际互动也有一定的影响。

4. 社会交往关系

社会交往指的是各民族成员在生产及其他社会活动中发生的相互联系、交流的基本方式和过程，是各民族个体及群体之间的社会互动。当前青海各民族的社会交往关系呈现出的特点如下。

（1）交往的频繁性与族别的边界性并存。社会交往主体日渐多元化，从社会主体角度而言，有民族社会主体、社会民族主体、民族集团主体、民族个人主体等；从组织程度而言，有民族经济组织、民族政治组织、民族文化组织等。民族社会交往包括个人之间、组织之间、民族之间以及个人与组织、个人与国家之间等的社会交往。[1] 各民族的社会交往长期以来囿于自然地理环境、信息媒体、思想观念等因素，呈现出封闭的自我交往意识。而对外开放程度的不断提升，信息网络、交通运输等各项事业的发展，为不同民族、群体、阶层的各成员间实现全方位的社会交往开辟了广阔的空间。但由于各民族风俗习惯、文化传统、宗教信仰和民族心理不同，不同民族之间的情感疏离与族别意识仍较为广泛地存在。从社会发展的角度看，越是开放的社会，其成员之间越能够相互理解、相互包容，在一致性基础上的共同点也就越多。但是，这并不意味着各民族从语言行为到心理情感都会走向完全趋同。青海各民族间在长期交往过程中所形成的文化涵化现象，如循化地区道帏乡宁巴村汉族向周围藏族的涵化、河湟地区的“家西番”现象，以及化隆县卡力岗地区的“藏回”等，虽然都是民族交往密切的产物，但各民族对自己族属身份的强烈认同感则很难随着环境而被迁移。

（2）交往的频繁性与交往利益的冲突性并存。在少数民族同汉族间交往、联系增多的同时，部分汉族群众对少数民族的历史文化、风俗习惯了

---

[1] 才让加. 改革开放三十年来民族交往的变化及新问题［J］. 西北民族大学学报，2011（4）.

解不深，导致个别地方出现丑化少数民族习俗的言谈行为，以及个别服务行业拒绝接待少数民族群众的现象（主要是在拉萨“3·14”后）。同时，在少数民族聚居区，部分民族成员身上存留有较浓的地方民族主义思想倾向，如在选举时，只投票给本民族成员，表现出强烈的排他性、利己性、狭隘性等极端意识。

随着市场经济的不断发展，内地汉族地区人员大量涌入我省民族地区，省内回族、撒拉族、土族等聚居地的少数民族群众也大量进入藏区或到内地寻求发展，州县离退休人员和先富的农牧民群众纷纷在省城购房定居，城镇少数民族人口持续增加、民族成分增多，传统的民族居住分布格局发生变化，加之现代信息技术广泛应用，各族群众间交往互动比以往任何时候都要密切。往日“大杂居、小聚居”的传统居住格局在频繁的族际流动下又呈现出新的特点。如西宁市东关地区历来是穆斯林群众聚居地，如今被各民族杂居所取代，但依然有相对集中的“小聚居”地带，如其中杨家巷成为撒拉族群众聚居地，建国路为民巷则成为藏族群众聚居地。民族散居化、城镇化进程加快，带来的是影响民族关系的因素逐渐增多，对民族关系日益产生重要影响，也使新形势下的全省民族工作格局正由民族自治地方为主转向自治地方和散居地区并重。

三、关于构建和谐民族关系、促进民族团结进步示范区建设的几点思考

民族团结进步示范区创建活动，是青海省委省政府认真分析全省发展形势，力图充分发挥青海比较优势的思路下作出的重大战略抉择。基于我省多民族杂居、多宗教并存的特殊省情，青海省第十二次党代会报告明确指出：“建设新青海、创造新生活，就必须把正确处理民族关系、宗教关系作为重要任务，建设民族团结进步示范区，建设普惠民生、和谐美好新家园。”从当前全省民族关系呈现的新特点来看，既有互动中一致性因素增多的一面，更有多元化因素增多的趋势；既有包容性因素增多的一面，更有冲突性因素增多的趋势。从“正确处理民族关系、宗教关系是创建民族团结进步示范区建设的核心要素”的角度来看，对于这些趋势的处理正确与否，必将直接影响到示范区建设的成败。至于如何做到扬长避短、趋利避害，笔者认为可从以下方面着手。

（一）民族区域自治制度始终是和谐民族关系的政治保障

民族区域自治制度作为我们党运用马克思主义民族区域自治理论来解

决我国民族问题的一项基本政策和基本政治制度，在青海大地生根之日始，就一直发挥着将民族因素与区域因素、历史因素与现实因素、政治因素与经济因素密切结合的政治效能，为青海少数民族和民族地区的民族平等、经济建设和文化发展保驾护航。在国际政治经济一体化加速、世界民族主义浪潮蔓延、族际关系日益趋紧、民族冲突日益凸显的今天，我国民族区域自治制度成功地防范了某些不利影响，显现了其独特的政治优势。它在满足各民族成员积极参与国家政治生活的愿望及多元化的民主政治诉求的前提下，尊重和保障其管理本民族内部事务的权利，为民族地区的社会稳定与民族关系和谐搭建了平等、良性、共融的平台。有了国内外历史的经验防范，今天我们能做的，就是要积极地应对该制度和政策面临的新情况新问题，处理好国家集中统一与各民族自主、平等间的关系；国家法律政策与青海民族自治地方具体实际间的关系，国家富强民主文明和谐与各民族团结进步繁荣发展间的关系，从而使各民族和睦相处，各展所长。

（二）民族发展进步始终是和谐民族关系的主题

民族问题历来是社会总问题的一部分，现阶段我国的民族问题因受制于社会发展阶段和发展现状的影响，也呈现出与其他社会问题相似或相同的特征和态势，这些问题中，有的是历史遗留问题在新的社会条件下的演化，有些是由于对国家政策的落实不力造成的，有的是因政策长期缺失导致少数民族和民族地区的不满情绪引起的，有些是由于社会发展过程中少数民族民族意识增强引发的，有些是在国际环境和外部势力影响和干涉下的激变。[1] 但在所有问题中，最根本的还是发展问题，尤其对于青海这样一个集中了西部地区、高原地区、民族地区、欠发达地区所有特征的落后省份来说，离开发展，一切都无从谈起。发展虽不是解决一切问题的良药，也不是最终目的，但它是解决民族地区一切问题的关键，因此，在一定程度上，必须用解决经济问题的办法来解决政治问题。强卫书记在省委十一届九次全体会议中指出："由于多民族、多宗教和西部重要战略地位的特殊省情，改善民生关系到民族团结、社会和谐稳定，因此具有特殊重要的政治意义。"但巩固和发展平等、团结、互助、和谐的社会主义民族关系，是一项长期的任务，也是一项涉及经济、政治、文化、社会等各个领域的系统工程，从根本上说，也无外乎通过这样几个途径，即：加快经

---

[1] 徐晓萍．中国民族问题报告［M］．北京：中国社会科学出版社，2008：134.

济发展步伐，奠定民族互动交往的物质基础；促进社会事业发展，提高各民族公共事业服务均等化和共享水平；促进民族文化大繁荣大发展，提升各民族文化自信与文化自觉；促进人与自然协调发展，在提高生态效益的同时兼顾经济效益和社会效益。

（三）推进民族和睦、社会和谐必须有科学的实践抓手

促进民族和睦、推进社会和谐是一项复杂的社会系统性工作，在社会转型的新形势下其复杂性更为突出。做好这项工作，必须要借助相应的平台，或者说科学的实践抓手。民族团结进步事业是当代中国各项事业中重要的组成部分，也是青海推进民族和睦、社会和谐的重要载体，尤其是进入新世纪新阶段，全省在这方面做了许多有益的探索。但无论采取什么政策与措施，促进民族和睦与社会和谐的工作都不是民族工作部门自己的事情，而必须要建立以党和政府为主导、以基层政权为核心、以社会组织为中介、以城乡社区为基础、公众主动参与的社会管理新格局。换言之，民族工作部门在政府领导下，需要采取政策、法规、经济、行政等手段，整合社会资源，让社会各层面参与民族工作、支持民族工作，通过扶持民族地区经济、社会事业发展，增进民族团结、实现各民族共同繁荣。

（四）民族关系和谐发展离不开共同的价值建构

在各族、各级干部群众中开展民族团结教育的同时，很重要的一点是应加强对其“四个认同”的宣传教育，即：对祖国、中华民族、中华文化、社会主义道路的认同。正如胡锦涛同志所言：不仅要教育群众，更要教育干部；不仅要教育少数民族干部，更要教育汉族干部；不仅要教育一般干部，更要教育领导干部；不仅要教育成年人，更要加强对青少年的教育。就目前来看，对包括国家利益、国家公民的责任义务的教育宣传还远远不够，全局观念还远没有形成。我们现在也一致认同民族团结教育要从娃娃抓起，但如果不同时抓孩子们的公民意识和公民道德建设，各民族的孩子们可能从小就会产生比较强烈的族属身份意识，思考问题也只会从本民族的利益出发，缺乏开阔的国际视野和人类整体意识，缺乏包容性。我们今天常说要建设美好家园，而美好家园的建设首先是精神家园的建设，精神上的认同工作没有做好，群众没有从心底认同中华民族精神，空间家园即使建设得再好，投入得再多，群众还是不会有归属感、家园感和幸福感，也就不会有自觉造血的意识和能力了。因此，我们在发展经济的同时，绝不能忽视对各族群众心智的开发和建设。但是，民族团结，“我们更加敬畏来自基层的力量”。一直以来，我们在民族团结教育方面可能有一个误区，总觉得民族团结的概念是从上面、从外部灌输给人们的，一说起民族团结，就动辄讲形式，搞各种“周”“月”，从概念到概念，总像是要上课。但实际上，民族团结就是真实发生在群众自己身上或身边的事，民族团结最大最丰富的教科书就是生活本身，各族群众谁不渴望祥和、宁静的生活，但他们的日常用语中却未必经常有“民族团结”这个词汇。[1]

---

❶ 关凯. 民族团结，我们敬畏来自基层的力量［N］. 中国民族报，2009－11－10.

青海民族文化发展与和谐社会关系研究*

白安良**　吴春香***

（中共青海省委党校）

青海地处中国西部，总人口562.67万人，民族成分达54种之多，其中世居民族6个，民族自治区域占全省面积的98%，少数民族人口占全省总人口的比例在全国仅次于西藏、新疆，居第三位，是一个少数民族聚居的省份。[1]青海多民族聚居的特点决定了其地域文化特征主要是民族文化或少数民族文化，自古以来民族文化一直是青海文化发展的主流，在今天构建青海和谐社会的文化建设中，青海民族文化的发展具有十分重要的地位。

一、青海民族文化的诠释

（一）青海民族文化的基本特征

如何发展青海民族文化，必须首先对文化有一个全面的、较为科学的认识。广义的文化指人类在社会历史发展过程中所创造的物质财富和精神财富的总和。而狭义的文化是指意识形态所创造的精神财富，包括宗教、信仰、风俗习惯、道德情操、学术思想、文学艺术、科学技术、各种制度等。[2]

民族文化是指各民族在其历史发展过程中创造和发展起来的具有本民族特点的文化，它主要包括各民族的历史、语言、经济、政治、观念与心

---

* 本文系国家社会科学基金项目2009年立项课题《新时期藏传佛教伦理思想在构建和谐藏族社会关系中的价值研究》的阶段性成果之一，项目批准号：09XZJ006。

** 白安良（1983— ），男，藏族，青海湟源人，西北工业大学人文与经法学院思想政治教育专业在读博士研究生，中共青海省委党校教师，研究方向：社会主义文化研究。

*** 吴春香（1964— ），女，青海人，陕西师范大学政治经济学院博士研究生，青海师范大学管理科学系教授，主要从事藏传佛教研究。

理素质等文化要素，在发展过程中具有原生性、地域性、延续性、脆弱性、变异性等特征。在历史长河中，每一个少数民族都在各自居住的地域环境中，创造了属于他们自己的丰富多彩的民族文化。

青海民族文化，主要是指按地理学的概念，几千年以来在青海这块土地上形成的各民族多种多样、异彩纷呈的文化观念、文化内容、文化形式以及自然文化资源。它的基本内容主要包括以下几个方面：一是地理的因素，即青海具有独特的地域环境特点，兼有农耕文化和游牧文化的特点，与中原的农耕文化模式有着明显的区别；二是历史的因素，即青海自古以来就是各民族轮番表演的历史舞台；三是民族的因素，青海是我国少数民族最为集聚的地区之一，各民族人民长期以来所创造的多元文化形态构成了青海文化的主体；四是传统文化的因素，青海民族文化包含了几千年历史传承、至今仍具有强大生命力的传统文化。

（二）青海民族文化发展的历史变迁

文化是一种历史现象，在每一个历史阶段都有与之相适应的文化，并随着物质生产的发展而发展。青海民族文化是在青海历史发展过程中创造的，是人类重要的历史文化遗产。为了更好地了解不同历史发展时期青海民族文化的特色和内涵，有必要对青海民族文化的不同发展阶段作一简要论述。

1. 青海民族文化发展的历史过程

在青海民族文化的不同发展阶段中，多元和谐共处是青海民族文化发展最基本、最显著的特征。青海民族文化无论从哪一个阶段考察都显现出其多元和谐相处的历史进程。

（1）青海民族文化的早期阶段。

青海历史文化可追溯到古羌和西羌文化。青海最早的开发者是羌戎，羌戎是我国发祥最久远、分布最广泛、表现最活跃的古代先民，他们所创造的文化是上古时期最优秀的文化。大量史料证明，炎黄文化源于羌戎文化，对于炎黄文化的早期形成有着重大影响。除此之外，在青海这块神奇的土地上还产生了光辉灿烂的马家窑文化和令人心驰神往的昆仑神话文化。这个文化源头，是五千年前中华文化在青海地区的一枝奇葩，汉代以前，羌人在青海历史舞台上基本处于中心地位。

（2）青海民族文化的发展阶段。

西汉武帝后期，汉族文化进入青海，羌人的地位开始发生动摇。魏晋以后，鲜卑等其他民族频繁迁来迁往，兴衰更替，一些古代民族轮番登上青海历史舞台争相扮演主角。南北朝时，汉传佛教开始由中原传入河湟地区。佛教在吐蕃时期由印度传入，逐渐发展形成了藏传佛教，后传布于藏族、蒙古族、土族之中，全民信仰。唐宋时期，中亚、西域的穆斯林开始进入青海，元朝时封速来蛮为西宁王，属下的大批西域兵员驻守或从屯于青海河湟流域，使青海的穆斯林群体有了较大的发展。[3]

（3）青海民族文化的形成阶段。

经过长期的民族大融合和宗教融合，至明清以后，最终发展成回、藏、汉、蒙古、撒拉、土族等多民族聚居，伊斯兰教、藏传佛教、汉传佛教、道教以及儒家理论等众多宗教和政治学说汇聚的多元鼎力、异彩纷呈的多元民族文化格局。

2. 青海民族文化发展的现代考察

建国以来，尤其是改革开放30多年以来，随着青海经济社会的发展和文化设施的不断完善，各民族的文化发展也焕发了勃勃生机，其丰富独特的民族文化资源吸引了国内外的大量游客，旅游成为青海开展民族文化对外展示的重要组成部分。比如闻名遐迩的热贡文化以独具魅力的“唐卡”、“堆绣”、“壁画”三种绘画艺术被称为“藏艺三绝”；被誉为中国民歌之魂的“花儿”艺术更是成为青海民族文化的一张名片而为世人所认知。近年来，前来青海地区旅游的人数一直呈逐年上升态势。青海通过举办各类文化、旅游、体育节庆等活动，形成了河湟地区、青海湖、江河源、昆仑山和热贡等五大民族文化旅游品牌，代表了青海不同地域和民族的文化特色，已成为海内外游客了解青海高原民族文化的重要窗口。

但由于青海经济发展相对滞后，少数民族贫困面大，目前，在民族文化建设方面还存在很多的不足，具体表现在：民族文化基础设施薄弱，民族文化建设经费投入十分有限，专业文化人才缺乏，文化产业发展程度低等。

二、青海民族文化的特点

（一）地域性

从文化产生的规律来讲，人类生存的自然地理环境是影响民族文化产生发展的重要因素，即任何一种文化都是在某种环境中产生和发展的，而特定的环境会对文化的产生和发展产生重大的影响。这种文化与环境之间的关系就会使某一地区的文化具有明显的地域性特征。

青海地区海拔多在3000米以上，气候寒冷、干燥，大部分地区的人类生存条件都比较艰苦。从地理位置上看，青海东部地区属于黄土高原边缘地带，西部和南部属于青藏高原，东部与中原农耕文化相连接，西部等与游牧文化相连接，两种文化类型在境内并存、交错，这就造成了青海民族文化兼有农耕文化和游牧文化的特点，与中原地区的农耕文化有着明显的区别，具有明显的地域性特点。

（二）多元和谐性

青海民族文化的多源性以及地域特点使得青海多民族、多宗教的多元文化特点和各种文化“和而不同”的特点更为突出，在文化形式上形成了“你中有我、我中有你”的格局。从宗教的角度看，藏传佛教、伊斯兰教、汉传佛教、道教、基督教、天主教等众多宗教文化在青海呈现出多元宗教相容共处的文化现象。从文化生态学的角度看，有河湟地区的农耕文化、浅脑山区的耕牧文化、高寒草原的畜牧文化互补共生的文化现象。从民族角度看，有汉族、藏族、回族、蒙古族、土族、撒拉族文化等和谐发展的现象。总之，青海文化具有多元性特征，青海文化不仅多元而且和谐发展。在青海民族文化的多元和谐发展过程中，各民族之间互相学习、互相交流、相互交融，形成了各民族共同具有的文化价值观。

第一，在青海严峻的生存环境条件下，培育了各民族适应保护生存环境的经验和思想。这首先在对待大自然的问题上态度是相同的，都深深地认识到在严峻的生存条件下必须要以大自然为人类生存的根本，特别珍惜、爱护和遵从自然，更不能容忍对自然的侵害与玷污，所以各民族都表现出热爱自然、保护自然、与自然和谐相处的思想观念。

第二，人与人、人与社会和谐相处的思想成为各族人民共同的文化价值观。在人与人、人与社会关系等方面，青海各族人民特别强调和谐相处。这是青海各民族传统文化中共同具有的基本价值观。这种和谐意识简单地说就是你尊重我、我尊重你，因为在高原艰苦的生存环境里，人类要生存和发展并不是一件容易的事情，必须具有一定和谐相处的意识，相互尊重各民族独特的生存方式和行为准则。这种强烈的和谐意识，正是青海各民族文化的一个十分重要的共同特征。[4]

（三）宗教性

民族的宗教信仰与民族文化实质上是一种价值信念与价值实践的关系，离开文化，信仰无以落实；离开信仰，文化无以寄托。所以宗教文化成为民族文化的重要组成部分。

在青海，藏族、蒙古族、土族信仰藏传佛教，回族、撒拉族信仰伊斯兰教。宗教文化深刻影响着广大民族地区的政治、经济、教育及生活方式的各个方面。宗教在自身发展中产生的宗教思想也往往会对民族文化的发展产生不同程度的影响。例如对于藏族文化和藏传佛教文化，我们很难给以明显的界定，藏族文化中融入了藏传佛教的思想，体现了藏传佛教的思想特征。而在藏族文化中，也常常以弘扬佛法、教化民众为核心思想，均富有浓郁的宗教色彩。同时在藏传佛教的伦理思想中蕴含着强调责任、推崇智慧、鼓励无私奉献与自我牺牲的伦理价值，阐释藏传佛教伦理以人为本的基本特色，对当今推动社会的和谐具有重要的理论意义和现实意义。

但宗教文化的消极思想，也在很大程度上影响着青海和谐社会的建设。宗教的世界观从其产生起就把神奉为世界和个人命运的主宰者，有些信徒把在党的领导下取得的成就归功于神的恩赐，把信徒的注意力从现实引向彼岸世界，把命运和幸福寄托于来世。

（四）落后性与保守性

任何一种文化都有两面性即先进性和落后性，因而都有弘扬先进、摈弃落后的必要。在长期的历史发展过程中，青海各民族都创造了各具特色的文化。这些民族文化是历史的产物，但由于青海自然环境封闭、消息闭塞、经济滞后，所以在许多方面表现出了落后、保守的一面，对现代社会发展尤其是和谐社会建设起到消极作用。在青海地域辽阔、自然环境恶劣的现实背景下，人就显得极其弱小，绝大多数人一辈子走不出高原，视野受限，因而在文化中呈现出封闭、保守的一面。

三、青海民族文化的发展与和谐社会的关系

（一）和谐社会的基本内涵

2005年2月，胡锦涛同志在省部级主要领导干部提高社会主义和谐社会能力专题研讨班上的讲话指出："根据马克思主义基本原理和我国社会主义建设的实践经验，根据新世纪新阶段我国经济社会发展出现的新趋势新特点，我们所要建设的社会主义和谐社会，应该是民主法治、公平正义、诚信友爱、充满活力、安定有序、人与自然和谐相处的社会。"[5]这是从诸多方面对于社会主义和谐社会的基本内涵所作的阐释。从文化的角度，和谐社会的建设是以文化、精神和道德为规范和支撑的，在一个文化衰落、精神贫乏的地区，是很难建成和谐社会的。[6]因此，构建和谐社会

必须要进行文化建设，不断满足人民群众日益增长的文化需求，为和谐社会建设提供精神动力、思想保证、道义支撑和智力条件。

（二）青海民族文化的发展与和谐社会的关系

发展的青海民族文化是社会主义和谐文化的子文化，既与和谐文化相互联系，同时也相互区别、相互制约。

1. 青海民族文化的发展与和谐文化建设是相互联系的

首先，二者在本质上是统一的。青海民族文化的发展其本质上是现代化进程中对青海民族传统文化精髓的继承和发扬，对民族传统文化中糟粕的摒弃，是民族文化在适应和推动民族发展中的自我完善。其中，和谐精神作为青海民族传统文化的精髓，有利于巩固和发展平等、团结、互助、和谐的社会主义民族关系，这与所要建设的社会主义和谐社会是相一致的。而和谐文化是和谐社会协调发展的指针，包含着协调发展的理念，充分体现了它所具有的政治、经济、社会、人文、生态等诸多因素共融的多层次关系，在本质上是崇尚和谐理念、体现和谐精神的，并且大力倡导各民族和睦相处、和谐发展，以此影响各种民族文化形式，促进民族地区和谐社会的建设。

其次，二者是紧密联系的。青海民族文化的发展必须是以和谐文化为价值导向和基本原则的。和谐文化属于社会先进文化的范畴，青海民族文化的发展属于建设先进文化的一个方面，与和谐文化的精神保持一致。同时，青海民族文化的发展是青海构建和谐文化的基础，是和谐文化建设的重要组成部分，没有青海民族文化作为基础，和谐文化建设将无从谈起。

2. 青海民族文化的发展与和谐文化建设是相互区别、相互影响的

首先，二者的发展形态不同。和谐文化是一种社会发展的宏观的共性文化，是融思想观念、理想信仰、社会风尚、行为规范、制度体制于一体的文化体系，是社会和谐发展的基本理念和理想追求，因此对民族文化的发展具有宏观指导性；而民族文化是一种社会发展的个性的特色文化，由于各民族、各地区的文化生长环境和发展条件不同，各民族文化各具特色，集中体现为文化形态的多样性、宗教文化的交叉性和保护与发展的矛盾性。因此，在文化发展中要尊重每一个民族、每一个地区自己独特的发展轨迹和生存空间，以自己独具特色的民族文化为载体来推进和谐文化建设。

其次，二者的发展内容不同。和谐文化是以和谐为思想内涵和价值取向的，从根本上讲是社会主义先进文化的一部分，承载的是先进思想和和谐理念，是在中国特色社会主义核心价值体系引导下，科学反映和谐社会

建设需要和文化自身发展的正确的文化形态；而青海民族文化随着社会的发展必然会出现某些消极的、阻碍社会发展的文化因素，这是不利于青海和谐文化建设的，只有和谐的民族文化才能成为社会主义的和谐文化。

再次，二者的发展路径不同。和谐文化是来源于实践、又要指导我们发展实践的指导原则，要使理念最终落地，就必须以党的各项方针政策为政策导向，在社会主义核心价值体系的引领下发展。而对于各民族文化自身存在和发展中出现的消极因素，一方面要以科学发展观为指引，遵循因民族而异、分类指导、因地制宜的原则，创造性地发展；另一方面要对民族文化实现现代转换，对于民族文化自身存在和发展中出现的消极因素要有取有舍，吸取精华，淘汰糟粕。

最后，两者是相互制约的。在和谐社会文化建设中，和谐文化处于最高层面，它从根本上规定了民族文化发展的性质、价值取向和道德底蕴，对民族文化的发展具有“灵魂性”价值，是整个民族文化发展的核心。当然，一个地区的文化发展如果长期停滞不前，民族文化中消极落后的因素就会沉渣泛起，不仅制约民族地区和谐文化的建设，还会为构建社会主义和谐社会带来一定的阻力。

四、大力发展青海民族文化　为构建和谐社会增添新光彩

在青海民族文化的发展过程中，要挖掘继承青海传统民族文化中的和谐因素，培育和发扬新的和谐精神，为青海和谐社会的构建提供重要的精神动力。

（一）要加大研究的力度，增强民族文化的可持续发展

目前，我省学术界在民族文化的研究中取得了丰硕的成果，但是从总体上看，首先，对挖掘青海民族文化的价值还不够深刻，很多都停留在表面，缺乏对民族文化的系统调查和整理；其次，把民族文化的展示简单等同于浅层次的旅游开发，对青海的历史文化缺乏全面系统的研究和提炼，对于民族文化的可持续发展缺乏深入研究与保护的科学意识；最后，作为青海民族文化中最为重要的宗教文化，要重点加强对将宗教伦理思想中的积极因素从宗教形态中剥离开来的研究，使之与社会主义和谐社会建设相适应，这是我们面临的一项重大问题。

（二）加大实践的推广力度，使民族文化发展更好地促进和谐社会的建设

为了使民族文化发展更好地促进和谐社会的建设，首先，要加强对少

数民族文化的保护和挖掘，加大投入和政策扶持，建立起比较完备、有民族地区特色的保护制度，使民族地区的历史文化遗产得到有效的保护并得以传承和发扬，增强民族的凝聚力和文化认同感。其次，要注重打造品牌。发展我省的民族文化，必须扬长避短，突出青海民族文化的优势。要立足青海，面向全国，努力打造和推出一批能够代表青海形象，体现青海特色，既有较高品位和水准，又具有营销价值的文化品牌。再次，改变人才缺乏的状况。目前青海人才资源十分匮乏。我们常说，人是生产力因素中最重要的因素。青海民族文化是否能够不断发展，关键要看是否拥有一支高素质的人才队伍。为此，应当加强文化人才队伍的建设，培养出一批具备较高文化艺术素养和创新能力的复合型人才。最后，要加强政策、制度创新。要增强改革意识，进一步完善体制机制，使民族文化充分体现传统与现代、继承与创新、民族特色与时代精神的结合，实现民族文化在发展中创新，在创新中发展。

（三）加强对寺院文化的引导，使其与社会主义相适应

在青海，必须加强寺院文化的健康发展，引导其与社会主义相适应。寺院是藏区政治、经济、文化和社会生活的中心，实践证明，藏区不稳定的策源地在境外，但根子却在寺院。[7]寺院是达赖集团可以渗透的重点对象，近年来，境外敌对分子针对社会转型期出现的一些社会问题，利用达赖的影响力和部分社会青年狭隘的民族主义情绪不断挑唆不明真相的群众闹事，一些寺院打着保护资源、保护环境、拯救生灵、拯救母语等旗号进行非法活动，鼓吹藏独思想。稳定是和谐社会的前提，一个社会连稳定都保证不了，如何能够实现和谐发展？从民族文化的角度，除了要加强对寺院的管理以外，我们还要发扬民族文化中的积极因素促进寺院文化的健康发展。在漫长的历史发展中，藏传佛教伦理中所倡导的爱国主义传统以及在近代抗击外来侵略者的英雄事迹至今依然具有价值和意义。在维护祖国统一、加强民族团结、构建和谐社会的伟大事业中，藏传佛教中的爱国主义传统既是当代藏传佛教界人士和广大藏民族的强大精神支柱，也是中华民族爱国主义传统的重要组成部分，是坚决反对和挫败一部分藏独分子活动的有力武器。

（四）弘扬现代人文精神，形成青海发展持久而强大的精神动力

人文精神是一个地区文化的魂，是一个地区文化的核心，在推动本地区的经济社会发展以及和谐社会建设中发挥着重要的精神动力作用。在青海各族人民创造文明的历史进程中，人文精神始终作为一股强大的精神力

量发挥着推动作用。在今天构建和谐社会的关键时期，青海各族人民顺应时代发展的客观要求，形成了共同的地域人文精神。在建设现代青海的实践中，形成了“五个特别”的青藏高原精神，“人一之、我十之”的实干精神以及“大爱同心、坚韧不拔、挑战极限、感恩奋进”的玉树抗震救灾精神，充分说明在青海高原地区的实践活动比其他地区需要更大的奉献和努力，要求“特别能吃苦、特别能战斗”。玉树的抗震救灾精神，创造了玉树奇迹和玉树速度，这种精神是长期以来青海各族人民不屈不挠与自然灾害斗争实践的集中反映，是青海各族人民团结和睦、守望相助的美好品格，彰显了青海各族人民追求发展进步的强烈愿望，有助于形成青海发展持久而强大的精神动力，推动青海经济社会的和谐发展。[8]

文化发展的动力在现实而不在历史。由于青海自然环境封闭、经济滞后，民族文化中积极成分长期被尘封禁锢，这既不利于传统文化的创新，又必然会窒息文化发展的生机。要改变这一困局，就要把握改革创新这个立足点，对民族文化中具有进步性的精华部分在理论上作出新的诠释，使民族文化在新的伟大历史时期焕发出新的活力，成为构建社会主义和谐社会的重要精神力量。

参考文献

[1] 2010 年青海省第六次人口普查统计数据。
[2] 徐仲伟. 中国西部构建和谐社会的文化支持系统研究 [M]. 北京：光明日报出版社，2010：4.
[3] 何启林. 论青海民族文化的多元和谐 [J]. 青海社会科学，2007 (9).
[4] 何启林. 对构建和谐青海进程中宗教问题的思考 [J]. 青海民族研究，2007 (7).
[5] 胡锦涛. 省部级主要领导干部提高构建社会主义和谐社会能力专题研讨班上的讲话 [N]. 人民日报，2005 - 05 - 27.
[6] 申维辰. 和谐社会离不开先进文化的精神支撑和智力支持 [J]. 求是，2005 (20).
[7] 门洪华. 中国青海藏区稳定的涉外因素分析与对策 [J]. 国际观察，2010 (6).
[8] 强卫. 玉树不倒　青海常青——关于玉树抗震救灾的形势报告 . 2010 (9).